CHUDENG JIHE YANJIU

初等几何研究

● 左铨如　季素月　编著

哈爾濱工業大學出版社
HARBIN INSTITUTE OF TECHNOLOGY PRESS

内 容 简 介

本书是为培养21世纪的中学数学教师服务的，所以它不局限于现行中学数学教材中的几何部分，还考虑到知识不断更新和中学教材变革的需要. 因此，本书突破了传统体系，介绍数学结构的观点，现代公理化的方法，分析比较了几种几何公理系统，详细地介绍了张景中公理系统. 让读者从整体上对初等几何研究的对象、方法和它的基础地位有一个大概的了解.

本书是师范院校数学专业的必修课教材，也可为中学数学教师的参考书.

图书在版编目(CIP)数据

初等几何研究/左铨如，季素月编著. —哈尔滨：哈尔滨工业大学出版社，2015.2

ISBN 978-7-5603-5165-0

Ⅰ.①初… Ⅱ.①左… ②季… Ⅲ.①初等几何-研究 Ⅳ.①O123

中国版本图书馆 CIP 数据核字(2015)第 015444 号

策划编辑 刘培杰 张永芹
责任编辑 张永芹 张 佳
封面设计 孙茵艾
出版发行 哈尔滨工业大学出版社
社 址 哈尔滨市南岗区复华四道街 10 号 邮编 150006
传 真 0451-86414749
网 址 http://hitpress.hit.edu.cn
印 刷 哈尔滨市石桥印务有限公司
开 本 787mm×960mm 1/16 印张 25.25 字数 454 千字
版 次 2015 年 2 月第 1 版 2015 年 2 月第 1 次印刷
书 号 ISBN 978-7-5603-5165-0
定 价 58.00 元

序

这本《初等几何研究》,是为数学教师,特别是未来的数学教师而写的.

人们常说,“要给学生一碗水,教师要有一桶水”.这一桶水,不应当是一碗水的简单的多少倍.它与一碗水比起来,不仅是量的增多,更应是质的提高.以初等几何而言,教师与学生比起来,不仅是会解更多的题,知道更多的定理、方法和技巧;更重要的是应当对这门学科的来龙去脉,它的历史与未来,它在数学中的地位,它与相邻近的数学分支的关系等方面有更进一步的了解.师范院校、教育学院和教师进修学校里为数学教师和未来的数学教师开的课程,就是要使他们真正掌握这一捅水.这不仅是帮教师解答教学中可能碰到的疑难,更在于提高教师的数学素养.

看来,《初等几何研究》正是朝这个方向努力的一个可喜收获.书中介绍了数学结构的观点,讲了现代公理化的方法,还涉及近年来国外为改革初等几何教材的尝试.在现代数学的高观点指导下,进一步落实到解题思想与方法技巧;居高临下,着眼21世纪,使学生(未来的数学教师)开眼界,破陈规.它出版并在教学中使用后,必将对我国中学几何教学改革起积极推动作用.

当然,数学教育改革,特别是中学几何教材改革的研究,是一个十分活跃的领域.有关初等几何研究的师范教材,也还处在发展、形成过程之中.《初等几何研究》是在这过程中出现的,但它不是这过程的终结.随着教学实践的反复深入,它还会得到修改、补充,变得更加完善,更适合课程的需要,更能满足现代科技发展对中学数学教师的要求.相信这也正是编者的希望.

最后顺便提一下,书中花了一些篇幅介绍了我的一些"教育数学"的观点和冒昧提出的几何教材改革想法.应当承认,这些想法尚未在中学课堂实施,能否在不久的将来实施,也无把握,不过抛砖引玉,希望引起我国同行的进一步探讨而已.

值此书出版之际,赞数言以为序.

张景中

再版前言

喜闻孙文先先生拟将本书再版，可谓慧眼识真金.这对于复兴几何学是做了一件好事.本书定稿 9 章，被多年用作初等几何研究课程的教材.

书中由季素月副教授执笔的 2 至 5 章对传统平面几何的思想和方法作了很好的分析和概括，其中列举了许多名题和典型例题，自然是读者首先掌握的基本内容.末三章对非欧几何和 n 维欧氏几何作了高度的概括性处理，采用了度量几何结构和解析方法，每一章可以发展为一门学科，谓之球面解析几何学、双曲解析几何学.由于内容丰富而浓缩，初读时可能比较费劲，但有助于读者迅速登上解析非欧几何的殿堂.

对又繁又难的几何习题，本书基本上未选入.尽管如此，在古典几何被大大精简了的今天，读者可能仍觉得本书有一定难度.本书还有一个不足之处是未能充分介绍我国几何大师张景中院士的有关成果.撰稿时我对面积证法的通用性认识不足，更没想到他的系统面积方法和消点思想促成了世界上第一个用计算机自动产生几何定理的可读证明(即人容易理解和检验的证明).机器证明的这一突破性进展无疑将对数学教学的现代化起推动作用.

这次由九章出版社出版繁体字版，对初版作了某些改正和修订，尚有不当之处，敬请广大读者和同行专家批评指正.

左铨如

1996.11.1 于扬州

前　言

本书是师范院校、教育学院和教师进修学校的数学专业的必修课教材，也可为中学数学教师的参考书. 由于开设的高等数学课程中，大多数对初等几何的指导作用不够直接、具体，因而有必要开设这样一门“初等几何研究”课程.

因为本书是为培养 21 世纪的中学数学教师服务的，所以它不局限于对现行中学数学教材中有关几何部分(包括平面几何、平面三角、立体几何和解析几何)的复习和提高，还考虑到知识不断更新和中学教材变革的需要. 因此，我们在第 1 章中突破了传统体系，介绍数学结构的观点，现代公理化的方法，分析比较了几种几何公理系统，详细地介绍了张景中公理系统. 让读者从整体上对初等几何研究的对象、方法和它的基础地位有一个大概的了解.

我们在第 2,3,4,5,6 章中安排解题思想方法和技能技巧训练的内容，力求例题典型，以培养读者分析解决问题的能力. 从第 6 章立体几何开始，加强了向量法解题的训练，力求把解析几何与综合几何融为一体. 第 7,8 章采用了度量结构和解析方法，简单又系统地介绍了二维的非欧几何. 第 9 章是将欧氏几何从低维推广到高维，也是对欧氏几何的高度概括. 这三章是为了扩大知识面、开阔眼界，从非欧几何与欧氏几何的区别和联系上，进一步理解初等几何的地位和价值，提高数学素养，增强对几何的研究兴趣和抽象思维能力，从而使读者能用高观点来指导中学数学教学，分析研究几何教材. 多面角的性质隐含在第 7 章内；要求师专开设(几何基础)的内容隐含在第 1,7,

8 章之中;带"＊"号的章节可视具体情况而取舍,也可以作为选修的材料.

每章末精心安排了适量的习题,它们是本书的有机组成部分和正文的补充.为方便教学,书中附有习题答案和提示.书中还列有若干"注记",有些是注意,有些是评论,有些是作者的看法,希望这有助于读者们形成研究讨论的风气.注记部分仅供教学参考,初学时可以略去不读.

在本书的编写过程中,曾得到扬州师范学院、南京师范大学等兄弟院校数学系领导的关怀和支持,还得到张景中院士、张宏裕教授、章士藻副教授等同行专家的热情指导和帮助.在此表示衷心地感谢.还要向陈达、毛鸿翔以及郑君文、邱贤忠、张文华、华大熊等同行致谢,本书引用了他们的许多成果.

本书中某些内容实属新编,曾在毕业班试教过几遍,引起了学生的浓厚兴趣.但由于作者的水平有限,不完善之处在所难免,恳请专家、读者提出批评和建议.

左铨如　季素月

目　录

第 1 章　几何结构

本章用现代数学的观点，从整体上鸟瞰欧氏几何的内在逻辑结构. 着重介绍了若干有关欧氏几何的公理系统，分析比较了它们的优劣，使读者能居高临下，了解公理化方法的意义，熟悉欧氏几何的结构，明确欧氏空间是特殊的向量空间和度量空间，从而深刻理解初等几何研究的对象，领会其在数学科学中所处的基础性地位与作用，进一步认清中学几何教材改革的方向.

§1　数学结构的意义

1.1　数学发展的分化与统一

随着数学的飞速发展，不断出现许多新的数学分支，这些分支有其自身的研究课题，独自的方法，独自的语言. 就拿几何这一源远流长、多彩多姿的学科来说，有古典的欧氏几何、解析几何、球面几何、双曲几何、射影几何、微分几何，还有近代的黎曼几何、代数几何、复几何、辛(symplectic)几何、代数拓扑、微分拓扑，等. 至今，几何学仍然是一门丰富多彩蓬勃发展的学科，如将维数是分数而非整数的图形作为研究对象的分形(fractal)几何就是一例.

另一方面，在这分化过程的同时，还进行着相反的统一过程——数学不同领域的方法和思想的互相渗透，这个过程在 19 世纪末、20 世纪初得到迅速的发展，那时建立了现代数学共同的逻辑基础，集合论的思想成了统一的基础. 希尔伯特(Hilbert, D. 德，1862—1943)的《几何基础》于 1899 年问世后，不仅把公理化方法推向到形式化的阶段，而且使公理化方法进入了数学的其他各个分支. 法国布尔巴基学派发展了形式公理化思想，采用全局观点，着重分析各个数学分支之间的结构差异和内在联系，在他们的百科全书式的数学巨著《数学原本》(Elements of Mathematics，1939 年以来已出版 40 余卷)中实现了数学的统一. 这种统一的基础是所谓的“基本结构”、任何的数学结构都是这些基本结构的适当组合.

1.2 现代数学结构的分类

现代数学,有如下两个特征:

(一)所有数学的基础是纯集合论.

(二)数学的各专门分支研究各种特殊的结构,每一种结构由相应的公理体系所确定.在数学中,仅仅研究由所采用的公理体系导出的结构的性质,即仅仅研究精确到同构的结构.

一个抽象的集合不过是一组元素而已.只有在集合的元素之间引进了某些关系(如运算或变换等)之后,集合上开始出现结构.

布尔巴基学派认为,数学研究的基本结构有三种,称之谓母结构:

(一)**代数结构** 对集合中的元素规定了运算,能够从两个元素生出第三个元素,就叫做有了代数结构.如群、环、域、线性空间等.

(二)**序结构** 集合中某些元素之间有某种序关系,就叫做有了序结构,如半序集、全序集、良序集.生物的亲子关系、类的包含关系、逻辑的蕴涵关系都是序关系.

(三)**拓扑结构** 它用来描述连续性、分离性、附近、边界这些空间性质,如拓扑空间、度量空间、紧致集、列紧空间、连通集、连续性及完备性空间等.

母结构可以加上一些公理派生出子结构.两种以上的结构可以加上连接条件产生复合结构.例如对于实数,如果 $a>b$,则 $a+c>b+c$,这就表明代数结构与序结构联系起来了.通过结构的变化、复合、交叉,形成形形色色的数学分支,表现为气象万千的数学世界.

例 1 拓扑群是群结构上再定义拓扑结构的一门学科.

例 2 实数集 **R** 是一个完备的阿基米德全序域,它乃是由代数结构(域)、序结构(全序)、拓扑结构(完备性)形成的复合结构.

注记 古代曾误认为有理数与数轴上的点是一一对应的.后来发现了无理数,人们又长期地把实数看成与数轴上的点是一一对应的.这是基于这样一条公理,即点是不可分的,是没有内部结构的.

1960 年美国的数理逻辑学家鲁宾生(A. Robinson)成功地证明了无限小的存在性,从而把实数域 **R** 扩展成包含着数不清的无限小和无限大的非标准实数域 $^{*}\mathbf{R}$,它是一个非阿基米德的完备有序域.在 $^{*}\mathbf{R}$ 上展开分析学的讨论,就构成了“非标准分析”.在数轴上要赋予非标准实数的位置,就得假定实数点是可分的.也就是说,在实数点的“内部”凝聚着数不清的无限小点.这样非标准数轴上的点和 $^{*}\mathbf{R}$ 中的数可以看做是一一对应的.

在几何中，我们仍然把点看做不可分的.

这里需要强调指出，实数域 **R** 的直观模型就是数轴，故将 **R** 也称为一维欧氏空间或数直线. 设数轴 OE 上点 O 和点 E 的坐标分别为 0 和 1，任一点 M 的坐标为 x，简记作 $M(x)$（即有 $\overrightarrow{OM}=x\cdot\overrightarrow{OE}$），则下列两个公式是一维欧氏几何的基本公式：

1. 数轴上任意两点 $A(a)$，$B(b)$ 间的距离

$$|AB|=|b-a|,a,b\in\mathbf{R} \tag{1}$$

2. 数轴上任意有向线段 AB 的数量

$$AB=b-a,a,b\in\mathbf{R} \tag{2}$$

其中式(1)使 **R** 具有度量空间的结构，式(2)使 **R** 具有线性空间的结构，下一节将予以详述.

1.3　结构的作用

在谈到结构的作用时，布尔巴基学派写道："数学好比一座大城市，其郊区正在不断地并且多少有些混乱地向外伸展. 与此同时，市中心又在时时重建，每次都根据构思更加清晰地计划和更加合理地布局，在拆毁老旧的迷宫似的断街小巷的同时，修筑起新的更直、更宽、更加方便的林荫大道通向四方."

如果说，恩格斯时代的数学研究的对象还限于空间形式和数量关系，那么，现在数学完成了进一步的抽象，使形式脱离空间，使关系脱离数量，并且形式与关系也统一起来，称之为结构. 于是数学成为研究各种结构的科学.

数学，至少是大部分数学，可以根据结构的不同而将它们分类，找出各数学分支间的结构差异，就会获得各数学分支间的内在联系的清晰图景.

数学家把结构作为研究对象，好比是不再单为固定的顾客加工产品了. 他面向普通的需要，他占领广大的市场. 哪种对象符合某一套结构的条件，那么有关这个结构的结果便可以用上去. 这里，问题只在于选择适当的结构，而不在于探讨数学结论是不是真理. 至于哪些结构要增加，哪些结构要修改，则来自科学实践.

20 世纪 60 年代以来，"结构"的观点广泛地渗入中学数学的教材体系之中，在一些"新数学"教材中，如美国的《统一的现代数学》、英国的《SMP》等，对初等数学以及集论、数理逻辑、近世代数、微积分、概率论、程序设计、线性规划等基本知识，用现代数学的结构思想作了统一地处理. 外国的实践为我们的教材改革提供了宝贵的经验与教训. 为了胜任中学数学的教学工作，我们必须对初等几何的结构有清楚的了解，比较一下几何的现代结构与经典结构的优劣，

可以明确教学改革的方向，少走弯路.

§2　现代数学中欧氏几何的结构

一切近代的欧几里得空间理论的基础是集合论和数的概念.因此，“集合”的概念与“属于”关系是数学（包括几何）的基本概念.实数域或者用来直接定义欧氏几何的结构，或者用作定义其他结构（向量空间、度量空间）的辅助结构.在经典的欧几里得几何理论中，数是作为线段之比或长度而引入的，是在这个理论范围内产生的.这是几何的近代理论与经典理论的根本区别.

1872年德国数学家克莱因（Klein，F. 1849—1925）在爱尔朗根（Erlangen）讲演中首先提出几何学可以按照不同的变换群来分类.这种思想方法就是数学史上著名的爱尔朗根纲领.

克莱因认为，欧氏几何是研究合同变换群作用下的不变性质（如长度不变，角度不变等）.射影几何研究的是射影变换下的不变性质.拓扑学研究的是拓扑变换（即一对一且具有双方连续的变换）下的不变性质.

因此，可以用变换群的观点来处理几何教材，但这样做比较代数化、抽象化.对于射影几何虽较传统方法简单，但对于欧氏几何并不能简化教材.当然利用变换解题有时比较简单，应该提倡.

值得指出，在克莱因时代以后，对克莱因的分类已经有了增加分类与进一步细分的可能，但不是所有的几何都能纳入他的分类方案之中.例如，今日的黎曼几何就不能置于克莱因的方案之下.

因此，在现代数学中，几何学较多地采用下述两类结构——向量结构和度量结构.

2.1　几何学的向量结构

作为几何学基础的公理系统，可以采用不同的系统.下面先介绍一种常用的外尔（H. Weyl，德，1885—1955）公理系统，它是选取“向量”、“点”，对应：“点对→向量”，以及向量的运算（加法、数乘和内积）作为基本概念的.

非空集合 V 的元素称为向量，它满足下列各组公理：

第一组　向量的加法公理

映射 $f: V\times V\to V$ 称为向量的加法，记作 $f(\boldsymbol{a},\boldsymbol{b})=\boldsymbol{a}+\boldsymbol{b}$，称为 $\boldsymbol{a},\boldsymbol{b}$ 的和.

I_1. $\forall \boldsymbol{a},\boldsymbol{b},\boldsymbol{c}\in V,(\boldsymbol{a}+\boldsymbol{b})+\boldsymbol{c}=\boldsymbol{a}+(\boldsymbol{b}+\boldsymbol{c})$.

I_2. $\forall \boldsymbol{a},\boldsymbol{b}\in V,\boldsymbol{a}+\boldsymbol{b}=\boldsymbol{b}+\boldsymbol{a}$.

I_3. $\exists \mathbf{0} \in A, \forall \boldsymbol{a} \in V, \boldsymbol{a}+\mathbf{0}=\boldsymbol{a}$.

I_4. $\forall \boldsymbol{a} \in V, \exists \boldsymbol{b} \in V, \boldsymbol{a}+\boldsymbol{b}=\mathbf{0}$(称 $\boldsymbol{b}$ 是 $\boldsymbol{a}$ 的反向量，记 $\boldsymbol{b}=-\boldsymbol{a}$).

第二组　向量的数乘公理

映射 $h: \mathbf{R} \times V \rightarrow V$ 称为向量的数乘，记作 $h(\lambda, \boldsymbol{a})=\lambda \boldsymbol{a} (\lambda \in \mathbf{R})$.

II_1. $\forall \boldsymbol{a} \in V, 1 \cdot \boldsymbol{a}=\boldsymbol{a}$.

II_2. $\forall \lambda, \mu \in \mathbf{R}, \forall \boldsymbol{a} \in V, \lambda(\mu \boldsymbol{a})=(\lambda \mu) \boldsymbol{a}$.

II_3. $\forall \lambda, \mu \in \mathbf{R}, \forall \boldsymbol{a} \in V,(\lambda+\mu) \boldsymbol{a}=\lambda \boldsymbol{a}+\mu \boldsymbol{a}$.

II_4. $\forall \lambda \in \mathbf{R}, \forall \boldsymbol{a}, \boldsymbol{b} \in V, \lambda(\boldsymbol{a}+\boldsymbol{b})=\lambda \boldsymbol{a}+\lambda \boldsymbol{b}$.

第三组　向量的内积公理

映射 $g: V \times V \rightarrow \mathbf{R}$ 称为向量的内积，记作 $g(\boldsymbol{a}, \boldsymbol{b})=\boldsymbol{a} \cdot \boldsymbol{b}$.

III_1. $\forall \boldsymbol{a}, \boldsymbol{b} \in V, \boldsymbol{a} \cdot \boldsymbol{b}=\boldsymbol{b} \cdot \boldsymbol{a}$.

III_2. $\forall \boldsymbol{a}, \boldsymbol{b}, \boldsymbol{c} \in V,(\boldsymbol{a}+\boldsymbol{b}) \cdot \boldsymbol{c}=\boldsymbol{a} \cdot \boldsymbol{c}+\boldsymbol{b} \cdot \boldsymbol{c}$.

III_3. $\forall \lambda \in \mathbf{R}, \forall \boldsymbol{a}, \boldsymbol{b} \in V,(\lambda \boldsymbol{a}) \cdot \boldsymbol{b}=\lambda(\boldsymbol{a} \cdot \boldsymbol{b})$.

III_4. $\forall \boldsymbol{a} \in V, \boldsymbol{a} \neq \mathbf{0}, \boldsymbol{a} \cdot \boldsymbol{a}>0$.

满足上述三组公理的集合 V 称为实内积空间. 而满足上述一、二两组公理的集合 V 称为向量空间，又称为线性空间. 向量空间对于加法运算具有阿贝尔群的结构. 引入新的关系(向量的数乘)给阿贝尔群赋予了新的性质，可以谈论向量的线性相关与线性无关以及向量空间的维数等.

第四组　维数公理

IV_1. 存在 n 个向量 $\boldsymbol{a}_1, \boldsymbol{a}_2, \cdots, \boldsymbol{a}_n$，仅当 $\lambda_1=\lambda_2=\cdots=\lambda_n=0$ 时，等式 $\lambda_1 \boldsymbol{a}_1+\lambda_2 \boldsymbol{a}_2+\cdots+\lambda_n \boldsymbol{a}_n=\mathbf{0}$ 成立(称这样的 n 个向量是线性无关的，否则称为线性相关的).

IV_2. 任意 $n+1$ 个向量总是线性相关的.

我们称满足维数公理的向量空间是 n 维的，记作 $\dim V=n$. V 中任意 n 个线性无关的向量 $\boldsymbol{e}_1, \boldsymbol{e}_2, \cdots, \boldsymbol{e}_n$ 构成 n 维向量空间的一组基. n 维向量空间的任一向量 $\boldsymbol{a}$ 总可以用一组基向量来线性表示，而且是唯一的，即

$$\boldsymbol{a}=a_1 \boldsymbol{e}_1+a_2 \boldsymbol{e}_2+\cdots+a_n \boldsymbol{e}_n \quad (a_i \in \mathbf{R})$$

数组 $(a_1, a_2, \cdots, a_n)$ 叫做在基底 $\{\boldsymbol{e}_i\}$ 下向量 $\boldsymbol{a}$ 的(仿射)坐标.

第五组　向量存在公理

给定非空集合 E^n，它的元素 $A, B, C, \cdots$ 称为点. 映射 $\sigma: E^n \times E^n \rightarrow V$ 将点对 (A, B) 映为向量，记作 $\sigma(A, B)=\overrightarrow{AB}$.

V_1. $\forall A \in E^n, \forall \boldsymbol{b} \in V, \exists B \in E^n, \overrightarrow{AB}=\boldsymbol{b}$.

V_2. $\forall A, B, C \in E^n, \overrightarrow{AB}+\overrightarrow{BC}=\overrightarrow{AC}$.

V_3. 若$\overrightarrow{AB}=\mathbf{0}$,则点 A 和 B 重合.

满足上述五组共 17 条公理的集合 E^n 称为 n 维欧几里得空间.

注记 1 向量空间以及内积运算都可以推广到复数域 $\mathbf{C}$ 上,只需将上述公理中的 $\mathbf{R}$ 换为 $\mathbf{C}$ 并且将公理III_1 改为 $\boldsymbol{a}\cdot\boldsymbol{b}=\overline{\boldsymbol{b}\cdot\boldsymbol{a}}$(共轭对称性). 复数域上的内积空间称为酉($U$)空间.

注记 2 存在着无限维的向量空间,例如把区间$[a,b]$上的连续函数 $f(t)$ 看做向量,向量的加法与数乘定义为函数的加法与函数和数的乘法,两向量的内积规定为

$$(f\cdot g)=\int_a^b f(t)g(t)\mathrm{d}t$$

在泛函分析中. 将完备的无限维内积空间称为希尔伯特空间.

希尔伯特空间具有较强的几何特性,它是欧几里得空间的直接推广. 学习和研究欧氏几何对于探讨希尔伯特空间理论具有重大的启发作用. 正因为这样,希尔伯特空间理论是泛函分析中最早成熟的,也是内容最丰富,应用最广泛的部分.

注记 3 在高等数学中,常不提第五组向量存在公理,而把有限维的实内积空间就称为欧几里得空间. 这是由于取定一固定点 $O\in E^n$ 以后,E^n 中的任一点 A 就与向径$\overrightarrow{OA}=\boldsymbol{a}\in V$ 之间存在一一对应的关系,从而 $E^n=V$. 即可以把 V 中的向径称为点,记作

$$\overrightarrow{OA}=A$$

设 $A,B\in E^n$,映射 $\sigma:E^n\times E^n\to V$,由如下法则确定

$$\sigma(A,B)=\overrightarrow{AB}=\overrightarrow{OB}-\overrightarrow{OA}=B-A$$

这时外尔公理系统也满足. 我们把欧氏空间的这个模型称为向量模型. 运用这个模型可以十分方便地把几何的推理转化为向量的运算.

如果在欧氏空间结构的定义中不要求满足向量的内积公理,就得到 n 维仿射空间的定义. 因此,欧氏空间也可以看做是仿射空间结构的加强:在仿射空间中引入新的关系——向量的内积. 由此可以在 E^n 中定义向量的模$|\boldsymbol{a}|=\sqrt{\boldsymbol{a}\cdot\boldsymbol{a}}$ 以及向量的正交性($\boldsymbol{a}\cdot\boldsymbol{b}=0$),向量 $\boldsymbol{a}$ 与 $\boldsymbol{b}$ 间的夹角$\angle(\boldsymbol{a},\boldsymbol{b})\in[0,\pi]$,它满足

$$\cos\angle(\boldsymbol{a},\boldsymbol{b})=\frac{\boldsymbol{a}\cdot\boldsymbol{b}}{|\boldsymbol{a}||\boldsymbol{b}|}$$

还可以定义两点 A 与 B 之间的距离

$$\rho(A,B)=|\overrightarrow{AB}|$$

以及“合同变换”等.

概括地说，有限维的实内积空间称为欧氏空间. 它是向量空间（代数结构）添上内积型拓扑（拓扑结构）所构成的数学系统.

例1　内积空间中任意两个向量 $\boldsymbol{a},\boldsymbol{b}$ 有如下的柯西一施瓦兹不等式

$$|\boldsymbol{a}\cdot\boldsymbol{b}|\leqslant|\boldsymbol{a}||\boldsymbol{b}|$$

其中等号当且仅当 $\boldsymbol{a}$ 与 $\boldsymbol{b}$ 线性相关时成立.

证明　由内积公理易证 $\boldsymbol{0}\cdot\boldsymbol{x}=0$. 故当 $\boldsymbol{a}=\boldsymbol{0}$ 时，有 $\boldsymbol{a}\cdot\boldsymbol{b}=0$.

当 $\boldsymbol{a}\neq\boldsymbol{0}$ 时，对于 $\forall t\in\mathbf{R}$，恒有

$$(t\boldsymbol{a}+\boldsymbol{b})^2\geqslant 0$$

即

$$\boldsymbol{a}^2t^2+2(\boldsymbol{a}\cdot\boldsymbol{b})t+\boldsymbol{b}^2\geqslant 0$$

故它的判别式

$$(\boldsymbol{a}\cdot\boldsymbol{b})^2-\boldsymbol{a}^2\boldsymbol{b}^2\leqslant 0$$

等号成立的充要条件是

$$t\boldsymbol{a}+\boldsymbol{b}=\boldsymbol{0}$$

例2　m 个点 P_i 两两之间的距离 $\rho_{ij}=|P_iP_j|(i,j=1,2,\cdots,m)$ 所对应的行列式

$$K(P_1,P_2,\cdots,P_m)=\begin{vmatrix}0&1&1&\cdots&1\\1&0&\rho_{12}^2&\cdots&\rho_{1m}^2\\1&\rho_{12}^2&0&\cdots&\rho_{2m}^2\\\vdots&\vdots&\vdots&&\vdots\\1&\rho_{1m}^2&\rho_{2m}^2&\cdots&0\end{vmatrix}$$

称为凯莱一门格(Cayley-Menger)行列式，简写成 $C-M$ 行列式. 求证：平面 E^2 上任意四点 P_1,P_2,P_3,P_4 两两之间的距离满足 $K(P_1,P_2,P_3,P_4)=0$.

证明　E^2 上四点所连成的六条线段中必有两条相交，不妨设 P_1P_2 与 P_3P_4 相交于点 T. 在 E^2 上任取一点 $X\notin P_1P_2$，则由余弦定理得

$$P_1X^2=P_1P_2^2+P_2X^2-2P_1P_2\cdot P_2X\cdot\cos\angle P_1P_2X$$

$$TX^2=P_2X^2+TP_2^2-2P_2X\cdot TP_2\cdot\cos\angle P_1P_2X$$

消去 $\cos\angle P_1P_2X$，得

$$aP_1X^2+bP_2X^2+cTX^2+d=0$$

其中 a,b,c 不全为零，且

$$a+b+c=0$$

同理有

$$a'P_3X^2+b'P_4X^2+c'TX^2+d'=0, a'+b'+c'=0$$

再消去 TX^2 项，得

$$\lambda_1 P_1X^2+\lambda_2 P_2X^2+\lambda_3 P_3X^2+\lambda_4 P_4X^2+\lambda_5=0$$

其中 $\lambda_1,\lambda_2,\lambda_3,\lambda_4$ 不全为零，且

$$\sum_{i=1}^{4}\lambda_i=0$$

当四点中任意三点共线时，等式依然成立.

由连续性，当点 X 依次与 P_1,P_2,P_3,P_4 重合时，有

$$\lambda_2\rho_{12}^2+\lambda_3\rho_{13}^2+\lambda_4\rho_{14}^2+\lambda_5=0$$
$$\lambda_1\rho_{12}^2+\lambda_3\rho_{23}^2+\lambda_4\rho_{24}^2+\lambda_5=0$$
$$\lambda_1\rho_{13}^2+\lambda_2\rho_{23}^2+\lambda_4\rho_{34}^2+\lambda_5=0$$
$$\lambda_1\rho_{14}^2+\lambda_2\rho_{24}^2+\lambda_3\rho_{34}^2+\lambda_5=0$$

又

$$\lambda_1+\lambda_2+\lambda_3+\lambda_4=0$$

由于 $\lambda_1,\cdots,\lambda_5$ 不全为零，上面的线性方程组的系数行列式必须为零，即

$$K(P_1,P_2,P_3,P_4)=0$$

2.2 几何学的度量结构

先明确度量和度量空间.

定义 设 D 是非空集，映射 $\rho: D\times D\to\mathbf{R}$ 满足如下的距离公理：$\forall x,y,z\in D$，有：

(1) $\rho(x,y)\geqslant 0$，且 $\rho(x,y)=0\Leftrightarrow x=y$； （非负性）

(2) $\rho(x,y)=\rho(y,x)$； （对称性）

(3) $\rho(x,y)+\rho(y,z)\geqslant\rho(x,z)$. （三角不等式）

则称 ρ 是 D 上的度量（仅满足(1)(2)的 ρ 称为半度量）. $\rho(x,y)$ 为点 x 与 y 之间的距离. 定义了度量 ρ 的集 D 称为度量空间或距离空间，记作 (D,ρ).

度量空间是应用中最常见的一类拓扑空间，也是一维欧氏空间 $\mathbf{R}$ 的直接推广，它在泛函分析中的地位和作用相当于 $\mathbf{R}$ 在数学分析中的地位和作用.

度量空间的实例很多. 例如，对于 n 维实数空间

$$\mathbf{R}^n=\{(x_1,\cdots,x_n)\mid x_1,\cdots,x_n\in\mathbf{R}\}$$

令

$$\rho_k(x,y)=\left(\sum_{i=1}^{n}|x_i-y_i|^k\right)^{\frac{1}{k}}\quad(1\leqslant k<\infty)$$

$$\rho_\infty(x,y)=\max_{1\leqslant i\leqslant n}|x_i-y_i|$$

其中 $x=(x_1,\cdots,x_n)$，$y=(y_1,\cdots,y_n)\in\mathbf{R}^n$，则 $(\mathbf{R}^n,\rho_k)$ 与 $(\mathbf{R}^n,\rho_\infty)$ 都是度量空

间.特别地,($(\mathbf{R}^n,\rho_2)$)称为 n 维欧氏空间,其中 $\rho_2(x,y)=\sqrt{\sum_{i=1}^{n}(x_i-y_i)^2}$ 就是欧氏空间中两点间的距离.由此距离公式可以导出欧氏空间几何的一切其他公式.对于二维欧氏几何即平面几何,推导的具体过程可参见《解析几何解疑》问题 11(该书作者:章士藻、左铨如,北京师范大学出版社 1988 年 10 月出版).

显然,欧氏空间的这种定义方式可算是最简单的了,一个距离公式就可以展开全部欧氏几何学的理论.但是,这种体系的解析几何味道较浓,是否适宜作为初中学生几何入门教育的逻辑基础还是值得探讨的.

20 世纪初,俄国几何学家卡冈(B. F. Kagan,1860—1953)阐述的公理系统是建立在"点"与"距离"的概念之上的.建立在距离概念上的度量方法后来是由美国的维布仑(O. Veblen,1880—1960)和伯克荷夫(G. D. Birkhoff,1884—1947)完成的.著名的美国几何学家 L. M. Blumenthal 在 1961 年出版的《A Modern View of Geometry》一书中,给出的有关欧几里得平面几何的(度量)公理系统只有六条公理,都是用两点间的距离来表述的.现介绍如下:

考虑集合 M,它的元素称为点.对于 M 的每个点偶 P,Q 赋予一个非负实数 $\rho(P,Q)$(称为 P,Q 间的距离)使得所得到的空间 M 满足如下六条公理:

公理 1　空间 M 是度量空间.

公理 2　空间 M 是度量凸的.即若 $A,B\in M,A\neq B$,则总存在不同于 A,B 的点 $P\in M$,使

$$\rho(A,P)+\rho(B,P)=\rho(A,B)$$

公理 3　空间 M 是度量外凸的.即对 M 中不同两点 $A,B\in M$,总存在不同于 A,B 的点 $P\in M$,使得

$$\rho(A,B)+\rho(B,P)=\rho(A,P)$$

公理 4　空间 M 是完备的(就是,若 $P_1,P_2,\cdots,P_n,\cdots$ 是 M 的任一无限点列,且 $\lim\limits_{i,j\to\infty}(P_i,P_j)=0$,则存在一点 $P\in M$,使得 $\lim\limits_{n\to\infty}\rho(P_n,P)=0$).

公理 5　空间 M 含有三点 A,B,C,使距离 $\rho(A,B),\rho(B,C),\rho(A,C)$ 中没有一个等于另外两者之和;也就是 $C-M$ 行列式 $K(A,B,C)\neq0$.

公理 6　对于 M 中任意四点,其 $C-M$ 行列式总为零.

满足上述六条公理的空间 (M,ρ) 称为欧几里得平面 E^2.

Blumenthal 公理系统只用到点、距离这两个基本概念,不用直线等元素,而且读者不难将它推广到 n 维欧氏空间.从这套公理系统可以清楚地看出欧氏空间与度量空间的联系和区别.由公理 2,3 可以立刻定义线段、射线、直线等概

念;公理 5 是说存在不共线的三点,确保 M 不会退化为一维;公理 6 实质上是说 M 中任意四点总是共面的,从而限定了 M 是二维. 这六条公理不仅简单明白,而且更有趣的是若将公理中的 $C-M$ 行列式换成如下的行列式

$$H(P_1,P_2,\cdots,P_n)=\det(\operatorname{ch}\frac{\rho_{ij}}{r})=\begin{vmatrix} 1 & \operatorname{ch}\frac{\rho_{12}}{r} & \cdots & \operatorname{ch}\frac{\rho_{1n}}{r} \\ \operatorname{ch}\frac{\rho_{12}}{r} & 1 & \cdots & \operatorname{ch}\frac{\rho_{2n}}{r} \\ \vdots & \vdots & & \vdots \\ \operatorname{ch}\frac{\rho_{1n}}{r} & \operatorname{ch}\frac{\rho_{2n}}{r} & \cdots & 1 \end{vmatrix}$$

则空间(M,ρ)就变成双曲空间,相应的几何称为双曲几何或罗巴切夫斯基几何(罗氏几何). 这样把欧氏空间、双曲空间等都看做特殊的度量空间,只是度量不同而已,这有利于将它们协调起来,从内容和形式上统一起来. 就像微分几何中那样,把它们统一为常曲率空间.

当然,上面介绍的 Blumenthal 公理系统用到了行列式,对于初学者来说似乎有从天而降之感. 其实它们与面积、体积(参见第 9 章)有关. 如果像后面介绍的张景中公理系统那样,选取面积作为基本概念,这个问题就可以得到解决.

欧氏几何是关于直觉空间形体关系分析的数学模型. 学习它对于培养建立数学模型的能力和逻辑推理的方法都具有极重要的科学价值. 从本节所介绍的欧氏几何的结构可知,欧氏空间既具有代数结构(运动群或线性空间),又具有拓扑结构(度量空间,完备性). 因此,中学开设欧氏几何课程,对于进一步学习抽象的线性空间、内积空间、度量空间、拓扑空间等是十分有益的,充分地体现了打基础的教学目的.

§3　经典数学中欧氏几何的结构

3.1　欧几里得《几何原本》——古典公理法

公元前 2 世纪希腊数学家欧几里得(Euclid,约前 330—前 275)系统总结了前人的丰富经验材料,用抽象分析方法提炼出一系列基本概念和公理,写出杰作《几何原本》.《几何原本》集中了当时数学工作的精华,建立了几何学演绎体系,示范地给出了几何证明的方法(如分析法、综合法及归谬法等),标志着“几

何学”真正降临人间. 从 1482 年到 19 世纪末,《几何原本》的印刷本竟用各种文字出了一千版以上.

《几何原本》共十三卷. 第一卷是全书的基础,引入了 23 个定义,5 个公设和 5 个公理,48 个定理. 为便于研究,摘要介绍如下:

定义

1. 点是没有部分的.

2. 线有长无宽.

3. 线的界限是点.

4. 直线是这样的线,它上面的点是同样地放置着的.

5. 面有长和宽.

6. 面的界是线.

7. 平面是这样的面,它上面的直线是同样地放置着的.

8. 平面上的角是在一个平面上的两条相交直线相互的倾斜度.

定义 9～22 是关于平角、直角和垂线、钝角和锐角、圆及有关概念、直线形、三角形、四边形、多边形、等边三角形、等腰三角形、不等边三角形、直角三角形、正方形、菱形、梯形等概念,最后第 23 个定义是关于平行线的概念.

公设

1. 从每一点到另一点可引直线.

2. 每一条直线都可以无限延长.

3. 以任意点为中心可作半径等于任意长的圆.

4. 凡直角都相等.

5. 同一平面上两直线与第三条直线相交,若其中一侧的两个内角之和小于两直角,则该两直线必在这一侧相交.

公理

1. 等于同量的量相等.

2. 等量加等量,其和相等.

3. 等量减等量,其差相等.

4. 能迭合的量相等.

5. 全体大于部分.

欧几里得把公设与公理是这样区别的:公理是适用于一切科学的真理,而公设则只应用于几何.

《几何原本》第一卷的 48 个定理叙述了三角形全等的条件、垂线、外角定理、三角形边角不等关系等,值得注意的是,前 28 个定理都不涉及第五公设,后

20 个定理讨论了平行线的性质、平行四边形的性质、等积形、勾股定理等,可见在命题的取舍方面是费尽心机的.

《几何原本》其他各卷的基本内容如下:

第二卷是一些代数恒等式的几何叙述,包括黄金分割定理,共 14 个命题.

第三卷论述圆的性质,如圆周角、圆心角、切线、割线、圆幂定理等,共 37 个命题.

第四卷讨论圆的内接、外切多边形和正五边形、正六边形、正十五边形的作图,共 16 个命题.

第五卷是比例论.

第六卷是相似多边形理论,共 33 个命题.

第七、八、九卷是算术,包括整数研究的几何方式,以及求最大公约数的欧几里得辗转相除法.

第十卷介绍可公度和不可公度的概念以及不可公度的分类,包括整数开平方的几何运算.

第十一、十二、十三卷是立体几何和"取尽法".

欧几里得在《几何原本》中作了在定义、公设、公理的基础上,逻辑地建立几何学的尝试,是第一个试图建立几何学基础的数学家.《几何原本》是世界上最早的一本内容丰富的空前严谨且完整的数学科学巨著,它的问世标志着数学领域中公理法的诞生.同时,《几何原本》又以它无可争辩的威望,自然而然地成为几何课程的教材,即使是两千年后的今天,我国初中几何课本仍不外乎是《几何原本》的变形或缩影.

《几何原本》把生动直观的图形与严密抽象的论证紧密结合起来,对培养直觉思维能力和逻辑思维能力具有非凡的作用.它的出发点简明而令人难以争辩,特别是它能向学生提供丰富多彩且几乎是具有从易到难的任何一级难度的习题,因而能激起学生的高度兴趣,甚至产生如痴如醉的热情,它在教育上的成功是任何课程无与伦比的.

但是,欧几里得的《几何原本》并非完美无缺,下列不足之处引起了后人的研究兴趣:

(1)欧几里得试图对一切概念都给予定义,但这是不可能的,因而有些定义模糊不清,有些定义不起作用.

在欧几里得以后,人们想把几何的基本概念和命题弄得更清楚的企图一直没有停止过,其中值得一提的是阿基米德(Archimedes,前 287—前 212,希腊).在他的著作《论球和柱体》中提出了五个公理,其中第一、三两条公理就是直线和平面的本质属性，它们要比欧几里得的定义容易理解些，这两条公理是：

直线是两点间的最短距离.

所有以平面上的一条曲线当作周界的面中，平面最小.

还有下面的第五条公理（后来被称为阿基米德公理）：

两条不等的线、两个不等的面、或者两个不等的体，只要把可比较的量中的小的扩大到适当的倍数，便会比大的一个更大.

(2)《几何原本》中的公理不完备，缺少顺序公理、合同公理和连续公理. 因而进行论证时，不得不求助于直观感觉，而且《几何原本》中所列的公理也是不独立的. 例如，公设四可以从其他公理推导出来.

非常有趣的是，对第五公设是否独立的研究导致了非欧几何的发现. 由于第五公设在内容和陈述上的复杂和累赘，加之它在《几何原本》的前 28 个定理的证明中并未用到，引起古代学者们的怀疑：第五公设是不是多余的？它能不能从其他公设、公理逻辑地推导出来呢？甚至认为，欧几里得之所以把它当作公设，只是因为他未能给出这一命题的证明. 以致学者们纷纷致力于证明第五公设. 在欧几里得以后的两千多年时间里，几乎难以发现一个没有试证过第五公设的大数学家.

所有这些证明，一般都利用了直觉性，都不加证明地承认了某个与第五公设等价的命题. 例如，在锐角一边上的垂直线和倾斜线永远相交；通过角内的每个点至少可以作一条直线与其两边相交；平面上不相交的直线不能无限制地彼此远离；至少存在两个相似的三角形，等.

直至 1826 年俄国几何学家罗巴切夫斯基（N. I. Lobachevsky，1792—1856）发现非欧几何——罗氏几何为止，才肯定了第五公设与欧氏系统的其余公理是独立无关的.

应当指出，独立地发现罗氏几何的还有德国大数学家高斯（C. F. Gauss，1777—1855）和匈牙利青年大学生波约（J. Bolyai，1802—1860）. 但是，高斯由于害怕学术界顽固守旧势力的攻击而始终不敢公开发表自己的研究结果.

(3)从数学教育的角度看，欧几里得的逻辑结构是串联型而不是放射型的，《几何原本》的每一节都那么重要，一节学不好，继续前进的路就断了，更令人头痛的是它没有提供一套强有力的、通用的解题方法. 主要解题工具是三角形的全等和相似，而许多几何图形中不包含全等或相似三角形，因此往往要作辅助线，从而几何被公认为是难学的一门课程.

(4)欧几里得的逻辑结构与整个数学大系统匹配得不好：它既不以小学所学的几何知识为发展的基础，又不以代数知识为工具，更没有为解析几何和高等数学的出现打下伏笔.

这些当然不能责怪欧几里得.因为他当时还不知道实数、三角法、代数里的字母运算以及极端重要的0，解析法和向量一直到17世纪和19世纪才出现.惭愧的是我们后人往往习惯于介绍这些方法，把它们分段拼凑在一起，却不善于将这些方法融合在一起.怎样才能使广大中学生更容易地继承古人给我们创造的珍贵遗产，这正是《初等几何研究》所应承担的课题.

3.2 希尔伯特《几何基础》——近代公理法

非欧几何的创立大大提高了公理方法的信誉，接着便有许多数学家致力于公理方法的研究.例如，在1871～1872年间，德国数学家康托(Cantor)与戴德金(Dedekind)不约而同地拟成了连续公理.帕士(Pasch)在1882年拟成了顺序公理.在此基础上，希尔伯特于1899年发表了名著《几何基础》(有中译本，科学出版社1987年第二版据德文第十二版翻译)，完善了几何学的公理化方法，成为近代公理化思想的经典著作.与该书差不多同时发表的意大利数学家皮利(M. Pieri，1860—1913)的欧氏几何学公理系统则是建立在不定义的概念"点"与"运动"之上.

在《几何基础》中，希尔伯特阐明了近代公理法的基本思想，提出了欧氏几何学的一套完整的公理系统，并且讨论了与公理系统有关的许多问题.这样，《几何原本》中存在的问题得到了解决.

近代公理法的基本思想是：先提出几个不予定义的基本概念和若干个不加证明的公理，而这些基本概念的内涵则由这些公理来描述和约束.然后从这些基本概念和公理出发，通过形式逻辑的推理，就导出一系列的结论，同时又可以定义新的概念，并得到新的结论，这些就构成一个学科的全部内容.

希尔伯特在《几何基础》一书中给出的公理系统包括了六个基本概念和五组二十条公理，如下表所示：

基本概念（元词）
- 基本元素（元名）：点，直线，平面
- 基本关系[①]（元谊）：属于（在……上），介于（在……之间），合同于

公理
- 关联公理（结合公理）（$\mathrm{I}_1 \sim \mathrm{I}_8$）
- 顺序公理（次序公理）（$\mathrm{II}_1 \sim \mathrm{II}_4$）
- 合同公理（全等公理）（$\mathrm{III}_1 \sim \mathrm{III}_5$）
- 平行公理（Ⅳ）
- 连续公理（$\mathrm{V}_1 \sim \mathrm{V}_2$）

这里的公理是对诸基本概念相互关系的规定，这些规定是总结了大量经验，从许多体系的共同点抽象出来的.完善的公理系统应该符合如下三个要求：

（一）相容性 又称无矛盾性或协调性.这是指在公理系统内，不允许同时能证明两个互相矛盾的命题.因此，无矛盾性要求是对公理系统的一个基本要求.

（二）独立性 即要求公理系统中每一条公理都有存在的必要.也就是说，它不能由公理系统的其他公理推导出来.《几何原本》中的第五公设问题实质上就是讨论第五公设的独立性问题.

（三）完备性 即要确保从公理系统能够导出所论数学某分支的全部命题.也就是说，这个公理系统不能再增加一条新的独立的公理而仍然没有矛盾.从这个意义来说，公理系统是极大的.例如，群、环、域的公理系统都不是完备的.

怎样验证一个公理系统满足这三条要求呢？

（一）相容性 首先，没有导出矛盾的结论不能说明不存在矛盾的结论，所以直接从公理系统本身进行推导无法验证它是否有矛盾.但是，如果能够在一个已知的事物上实现所讨论的公理系统，那么这个公理系统就不可能存在矛盾；否则，这种矛盾就会反映在已知事物上.这种实现所讨论公理系统的已知事物称为该公理系统的一个模型或解释，有时亦称它为公理系统的实现.

例如，双曲几何的相容性就是通过第8章将介绍的模型成功地归结为欧氏几何的相容性.而希尔伯特公理系统的解析解释（笛卡儿模型，即通过解析几何在实数域上构造出来的模型）又将欧氏几何的相容性转化为实数的相容性问题，结果使算术成为几何的唯一坚固的基础.换句话说，只要承认了关于自然数

---

① 基本关系：a“属于”是集合论语言，如“点 P 属于直线 AB，或直线 AB 包含点 P”可替代传统几何语言“点 P 在直线 AB 上，或直线 AB 通过点 P”，用符号记为 $P\in AB$.又如线段 AB 是直线 l 的子集，即线段 AB 在直线 l 上，记为 $AB\subset l$；b“合同于”又称“全等于”，如对于线段和角，习惯上常说“两线段相等，两角相等”.

集的公理系统是无矛盾的，那么希尔伯特公理系统在相对意义上的无矛盾性就获得了解决.

（二）独立性　不能用直接推导的方法验证公理系统中某个公理是独立的.双曲几何的发现启发了证明独立性的一个方法：

设公理系统 Σ 中除去公理 A 后余下的系统为 Σ'，又设 $\overline{A}$ 是与 A 矛盾的命题.如果 A 在 Σ 中不独立，也就是说，A 是公理系统 Σ' 的推论，那么公理系统 $\Sigma'\cup\{\overline{A}\}$ 将是矛盾的.反之，如果公理系统 $\Sigma'\cup\{\overline{A}\}$ 没有矛盾，那么 A 在 Σ 中是独立的.双曲几何的实现就说明了欧氏平行公理的独立性.

（三）完备性　只要证明公理系统的任意两个模型都是同构的就行了.

必须指出，对于一个公理系统，无矛盾性是必不可少的.但对于一个学科来说，公理的独立性和完备性并不是必需的.独立性仅仅使所讨论的公理最少，但对于学科的结论并未发生根本的变化.有时适当增加一些不独立的公理，可使推导更方便.完备性要求所讨论的对象（在同构意义上）是唯一的，这当然很完美.但在许多情况下，正是由于公理系统的不完备性，使讨论的对象更广泛，更有意义.

希尔伯特对于近代公理法的思想是重要的，它不仅大大丰富了几何学的内容（在《几何基础》中就讨论了非阿基米德几何等），而且对于近代数学基础的研究，甚至整个科学的进展都起了重要作用.

为了便于查阅，现将希尔伯特《几何基础》中的五组公理详细列举如下：

Ⅰ　**关联公理**（结合公理，从属公理）

I_1 过两点 A 和 B，有一直线 a.

I_2 过两点 A 和 B，至多有一直线 a.

I_3 直线上至少有两点，又至少有三点不在同一直线上.

I_4 过不在同一直线上的三点 A,B,C，必有一平面 α.在每一平面上至少有一点.

I_5 过不在同一直线上的三点 A,B,C，至多有一个平面.

I_6 如果一直线的两点在一平面 α 上，则该直线的每一点都在 α 上.

I_7 如果两平面 α,β 有一公共点 A，则它们至少还有另一公共点 B.

I_8 至少有四点不在同一平面上.

Ⅱ　**顺序公理**（次序公理）

II_1 若一点 B 在点 A 与点 C 之间，则 A,B,C 为一直线上的三个点，且点 B 也在点 C 与 A 之间.

II_2 点 A,B 所在的直线上，至少有一点 C，使点 B 在点 A,C 之间.

Ⅱ$_3$直线上的任意三点中，至多有一点在其他两点之间.

Ⅱ$_4$帕士(Pasch)公理. 设 A,B,C 是不在一直线上的三点，直线 a 在平面 ABC 上，但不通过点 A,B 或 C，若直线 a 通过线段 AB 的一内点，则它必定通过线段 AC 或 BC 的一个内点.

Ⅲ　**合同公理**(全等公理)

Ⅲ$_1$设 A 和 B 是一直线 a 上的两点，A'是直线 a 或另一直线 a'上的一点，则在点 A'的给定一侧必可在直线 a 或 a'上找到一点 B'，使线段 AB'合同于 AB，可用符号记为 $A'B'\equiv AB$.

Ⅲ$_2$若 $A'B'\equiv AB,A''B''\equiv AB$，则 $AB\equiv A''B''$(即合同于第三条线段的两条线段彼此也合同).

Ⅲ$_3$设 AB 与 BC 为直线 a 上无公共内点的两条线段，$A'B'$与 $B'C'$为直线 a'上无公共内点的两条线段，若 $AB\equiv A'B'$且 $BC\equiv B'C'$，则 $AC\equiv A'C'$.

Ⅲ$_4$设$\angle(h,k)$是平面 α 上两射线所成的角，a'是平面 α'上的一直线，h'是直线 a'上由某点 O 发出的一射线，则在平面 α'上，直线 a'的一侧恰有一射线 k'，使$\angle(h',k')$合同于$\angle(h,k)$，且$\angle(h',k')$的所有内点均位于直线 a'的给定一侧. 用记号表示，即为$\angle(h',k')\equiv\angle(h,k)$. 每一个角均与其自己合同，即$\angle(h,k)\equiv\angle(h,k)$.

Ⅲ$_5$若两个三角形$\triangle ABC$ 和$\triangle A'B'C'$有 $AB\equiv A'B'$，$AC\equiv A'C'$，且$\angle BAC\equiv\angle B'A'C'$，则$\angle ABC\equiv\angle A'B'C'$.

Ⅳ **平行公理**

设 a 是任一直线，点 A 不在直线 a 上，则在直线 a 和点 A 所决定的平面上，至多有一条直线通过点 A，而与直线 a 不相交.

Ⅴ **连续公理**

Ⅴ$_1$(度量公理或阿基米德公理)若 AB 和 CD 是任意两线段，则在 AB 直线上存在一组点 $A_1,A_2,\cdots,A_n$，使得 $AA_1,A_1A_2,\cdots,A_{n-1}A_n$ 都合同于 CD，而使点 B 在点 A 和 A_n 之间.

Ⅴ$_2$(直线完备公理)直线上的点构成一个满足公理Ⅰ$_1$，Ⅰ$_2$，Ⅱ，Ⅲ和Ⅴ$_1$的点集，而且不可能再把它扩大成一个继续满足这些公理的更大的集合(这条公理相当于要求直线上有足够的点，能够和实数成一一对应，有时称此为康托公理).

由上述五组公理，利用纯逻辑推理法则，可以演绎推导出《几何原本》中的所有定理，进而弥补了《几何原本》的不足之处.

顺便指出，以公理Ⅰ，Ⅱ，Ⅲ，Ⅴ为基础建立起来的几何学叫做绝对几何学，它是欧氏几何与罗氏几何的交集.

希尔伯特的《几何基础》问世后的二三十年间曾引起西方数学界的一阵公理热，足见其影响之大. 30 年代以来，布尔巴基学派开始对全部数学用公理方法进行加工、整理，把各个数学分支中进行论证的最基本最重要的出发点分离出来加以比较，形成了“数学结构”的思想，使得现代公理法进入了数学的各个分支.

希尔伯特的《几何基础》一书对欧氏体系加以完善以后，不仅在公理的表述或定理的论证中摆脱了空间观念的直观成分，而且给出并奠定了对一系列几何对象及其关系进行更高一级抽象的可能性和基础. 把公理方法本身推向了形式化的阶段，这在很大程度上得力于康托创造的抽象集合论和数理逻辑学的近代发展. 形式公理化方法不仅推动着数学基础研究，而且推动着现代算法论研究，从而为把数学应用于电子计算机等现代科学技术领域开辟了新的前景.

在肯定近代公理法的科学价值和巨大作用的同时，希尔伯特本人也预见到公理化倾向(即抽象的倾向)有可能产生忽视直观的危险性. 多少也是为了防止把抽象化的趋势无限发展，希尔伯特不但强调具体问题是数学的新鲜血液，而且还不辞劳苦地于 1900 年在巴黎第二次国际数学家大会上提出了 23 个未解决的问题. 他在 1932 年出版的《直观几何》一书的序中又谈到：“在数学中，像在任何科学研究中那样，有两种倾向：一种是抽象的倾向，即从所研究的错综复杂的材料中提炼出其内在的逻辑关系，并根据这些关系把这些材料作系统地、有条理地处理；另一种是直观的倾向，即更直接地掌握所研究的对象，侧重它们之间关系的具体意义，也可以说领会它们的生动的形象”. 他在指出抽象的作用的同时，强调“直观在几何中起的作用却是更大，过去如此，现在还是如此. 具体的直观不仅对于研究工作有巨大的价值，而且对于理解和欣赏几何中的研究结果也是这样”. 然而，他这样做并没有堵住抽象化推广的势头.

需要指出，由于形式公理化较之《几何原本》中表现的公理化(称为实体公理化)是一种具有更高层次的科学抽象形式，即：一方面，这种抽象形式能够更深刻地、更突出地反映事物的某些本质；另一方面，这种抽象过程又必然舍弃掉事物客体的种种次要环节. 因此，最后反而不能较细致地、逼真地描绘出事物内在本质中相互连接在一起的诸环节. 就这一点来说，实体公理化却比形式公理化更加贴近实体对象的本性和面貌. 总之，在自然科学领域中，如果片面地追求纯粹的形式公理化而放弃实体公理化，则对表述和反映科学真理内容反而会形成片面性，因而未必是很明智的做法.

从数学教育的角度看，希尔伯特公理系统非常繁琐，而且它把几何从其他数学中孤立出来，因而增加了教育的难度. 另外，在希尔伯特去世前，《几何基础》的第七版中，还有着大量的证明方面的空白要读者自己去补全，这种情况大大降低了这本书在教学上的价值. 问题不仅在于被省去了的证明中有一些是十分困难的，更重要的还在于初学者即使作出了证明，也未必能够完全有把握弄清楚自己的证明在逻辑上是否无可责难，还是在其中某处已经混进了从直觉观念借用的假设. 因此，中学几何课程采用这种体系逻辑展开显然是不合适的.

§4 教育数学中欧氏几何的结构

为了教育的需要，对数学研究成果进行再创造式的整理，提供适于教学法的加工材料，往往需要数学上的创新，这属于教育数学的任务.

两千多年前的欧几里得写成的《几何原本》就是教育数学活动的第一个光辉典范. 19 世纪法国数学家柯西的《分析教程》，20 世纪布尔巴基学派，把浩繁的现代数学纳入"结构"的框架，至今已出版了 40 余卷的巨著《数学原本》也是这种再创造的辉煌范例. 如果没有这些再创造，"教学法的加工"就会成为无米之炊.

《初等几何研究》这门课程面临的任务之一就是研究如何使中学几何教育现代化，就是要"跟上时代"，符合现代的思想、方法和要求. 下面先就我国现行中学几何教材所采用的体系，来看看与现代的观点有多大的差距.

4.1 我国现行中学几何教材的结构分析

20 世纪广泛流传的中学几何课本，是仿照勒让德(Legendre，1752—1833)对欧几里得著作的改写本(即 1794 年写的新几何教材，在一百年间共发行了 33 版，影响极大)改写的. 勒让德所用的一些代数在《几何原本》里没有，不过相应的几何材料是有的.

现行中学几何教材(以下简称"教材")是 1950 年后取材于苏联 A · П · 吉西略夫所编的几何课本、H · A · 格拉哥列夫所编的初等几何学和 H · 雷布金所编的几何习题汇编，并参考 1949 年以前采用得比较多的《三 S 平面几何》和其他几何课本而编写的. 这么多年来，虽然经历了六次大的修改，但其逻辑结构基本不变，与欧几里得的《几何原本》出入不大. 因而古典公理法所存在的缺点，"教材"都存在(虽然长期以来反复作了"教学法加工"也无法完善). 具体分析如下：

(一)在概念方面

1."教材"中较为明确地把"体"、"面"、"线"、"点"、"直线"、"平面"选为基本概念,但不是用公理来制约这些概念,而是用描述的方法,通过一些实例使人们获得这些概念的直观形象.这种处理方法容易被学生接受,但是将"体"、"面"、"线"等选为基本概念,在逻辑推理中并没有起什么作用.

2.教材采用了一些没有解释的概念.如"通过"、"在……之间"、"向一方无限延长"、"同侧"、"异侧"、"旋转"等.

3.对有些概念没有作出精确的定义.如"长度"、"角度"、"面积"、"体积"等.

(二)在公理方面

1."教材"选取了13条几何公理,列举如下:

公理1 经过两点有一条直线,并且只有一条直线.

公理2 在所有联结两点的线中,线段最短.

公理3 (平行公理)经过直线外一点,有一条而且只有一条直线和这条直线平行.

公理4 两条直线被第三条直线所截,如果同位角相等,那么这两条直线平行.

公理5 (边角边公理)有两边和它们的夹角对应相等的两个三角形全等.

公理6 (角边角公理)有两角和它们的夹边对应相等的两个三角形全等.

公理7 矩形的面积等于它的长和宽的积.

公理8 如果一条直线上的两点在一个平面内,那么这条直线上所有的点都在这个平面内.

公理9 如果两个平面有一个公共点,那么它们有且只有一条通过这个点的公共直线.

公理10 通过不在同一条直线上的三点,有且只有一个平面.

公理11 平行于同一条直线的两条直线互相平行.

公理12 长方体的体积等于它的长、宽、高的积.

公理13 (祖暅原理)夹在两个平行平面间的两个几何体,被平行于这两个平面的任意平面所截.如果截得的两个截面的面积总相等,那么这两个几何体的体积相等.

"教材"虽然比《几何原本》增加了许多公理,但是仍然不满足完备性的要求,与《几何原本》一样,缺少顺序公理和连续公理.因此,在推理过程中,常常需要借助于直观或默认一些事实.例如,默认了直线、平面、空间含有无穷多个点;平面上有不在同一直线上的点,空间有不在同一平面上的点;线段的中点、角的平分线存在且唯一,等.

2."教材"的公理系统也不满足独立性的要求,而且比《几何原本》的要求还低.例如,上述13条公理中,除公理1,3,8,9,10外,都是欧几里得－希尔伯特公理系统下可以证明的定理.但是,作为数学教育的几何与作为数学科学的几何可以有所不同.为了顾及到学生的年龄特征和思维能力,在"教材"中选取了少数定理而略去证明,从而达到删繁就简和易为学生接受的目的.

3.从教学目的看,日常生活中需要的几何知识,学生可以从小学阶段用实验归纳法建立起来的几何入门课程中获得.因此中学阶段学习几何的目的,主要是引进演绎方法和解析方法,发展学生的逻辑思维能力和形象思维能力.如果坚持采用欧几里得－希尔伯特系统就非常繁琐,而且与其他数学联系不紧密.尤其是与现代数学脱节,更不便于渗透现代数学思想.因此必须改建几何的基础,采用更合理、更简单的几何结构,建立新体系.把中学数学教学建立在现代数学思想的基础上,从而在适当的初等水平上使用现代数学的方法和语言.

由于几何教学问题是中学数学教育现代化的最复杂的问题之一,它引起了广泛的、世界性的探讨.由于建立新的现代几何结构不是某种局部性的改革,因此要想取得改革的成功,必须先让未来的中学数学教师熟悉现代几何结构,在他们习惯采用新的方法解决问题时,再在中学推广新教材,阻力自然会小得多.

4.2　国际中学几何教材改革的趋向

从日、美、英、法等国的中学数学教材来看,近年来为了适应信息时代的需要,教材都有了较大的变化,增添了若干近代数学的基本知识,渗透了现代数学思想和方法,对传统的初等数学进行了改造.比较起来,我国的中学数学教材变化不大.为了适应工业、农业、科学技术的飞跃发展,使我国成为"21世纪的数学大国",赶上世界先进水平,我们必须结合我国的国情,吸取外国教学改革的经验和教训,认真研究并积极慎重地进行教育改革,认真做到教育面向现代化,面向世界,面向未来.就中学几何教材而言,下列改革趋向是值得借鉴学习的:

(一)公理化的方法仍是基础,但几何体系要改造.

几何体系包括三个部分:

(i)公理系统——犹如城市之大门:车站,机场.

(ii)展开结构——犹如交通系统:街道,建筑.

(iii)解题方法——犹如交通工具.

本章主要围绕公理系统进行分析比较.

学习几何对于逻辑思维能力，尤其是直觉思维能力的培养具有不可低估的作用，也是其他学科难以取代的."打倒欧家店"不是要打倒几何，不是要削弱几何基础知识的学习，而是要构造一个简明易学的且与现代几何结构相接近的新体系来代替欧几里得－希尔伯特体系.

例 1 前苏联 A·H·柯尔莫戈洛夫(1903—1987)用变换群观点主编的《几何》(6—8 年级数学教材，有中译本)就是以数集作为辅助结构，使用集合论的语言，选用"点"、"直线"、"距离"为基本概念和下列五组十二条公理：

Ⅰ **结合公理**

公理 I_1 每一直线是点集.

公理 I_2 对于任何两点，存在一条且仅存在一条直线包含这两点.

公理 I_3 至少存在一条直线；每一条直线至少有一个点.

Ⅱ **距离公理**

公理 II_1 对于任意两点. A 和 B，都有一个非负实数 $|AB|$ 与之对应，这个数称为从点 A 到点 B 的距离. 当且仅当点 A 和点 B 重合时，距离 $|AB|$ 等于零.

公理 II_2 从点 A 到点 B 的距离等于从点 B 到点 A 的距离，即

$$|AB|=|BA|$$

公理 II_3 对于任意三点 A,B 和 C，从点 A 到点 C 的距离不大于从点 A 到点 B 与从点 B 到点 C 的距离的和，即

$$|AC|\leqslant|AB|+|BC|$$

Ⅲ **顺序公理**

公理 III_1 三点属于同一直线，当且仅当其中一点位于另外两点之间.

公理 III_1 直线 p 上任一点 O，把直线 p 上除点 O 以外的点分成两个非空子集，使得点 O 位于分属于两个子集的任意两点之间.

公理 III_3 对于任何非负实数 a，在始点为 O 的射线上有且仅有一点，使得 O 到该点的距离等于 a.

公理 III_4 任一直线将平面上不属于它的点的集合分为两个非空凸区域.

Ⅳ **运动公理**

公理Ⅳ 对于任何两条射线 O_1A_1 和 O_2A_2 与分别以它们为边界的半平面 α_1 和 α_2，存在唯一的位移，将射线 O_1A_1 映射到 O_2A_2 上，将半平面 α_1 映射到 α_2 上.

Ⅴ **平行公理**

公理Ⅴ 经过平面上任意一点 A，至多只能作一条直线平行于已知直线.

柯尔莫戈洛夫把关于两点间距离的三条基本性质放在非常突出的位置，实

质上是把欧氏空间放在度量空间的背景之中. 广泛使用集合论的思想和语言，把一切几何图形看做点集，并在图形上使用集合运算，这不仅有利于建立几何理论，而且有助于克服几何与其他课程的割裂，在思想和语言上更接近现代数学. 1984 年后，苏联的波哥列洛夫又改编了《几何》课本，将公理法的观点与变换群的观点结合得更好，把向量、坐标等方法放到了更恰当的位置.

例 2　在日本高中数学ⅡB 中，介绍了平面几何的公理构造. 列举如下：

公理 1　通过相异两点的直线只有一条.

公理 2　直线 l 把平面分成 π_1，π_2 两部分：

(1)联结平面 π_1 的两点的线段或 π_2 的两点的线段，与直线 l 不相交.

(2)联结平面 π_1 的一点和 π_2 的一点的线段必与直线 l 相交.

公理 3　已知$\angle AOB$ 和射线 $O'A'$，则在包含此射线的直线 l 的任何一侧，只能引一条射线 $O'B'$，使

$$\angle AOB=\angle A'O'B'$$

公理 4　已知线段 AB 和直线 l 上的点 O，则在 l 上点 O 的一侧，只能确定一点 C，使

$$OC=AB$$

公理 5　相等的线段、相等的角可互相重合，并且可重合的线段、可重合的角相等(全等公理).

公理 6　过不在直线上的一点，平行于该直线的直线只有一条(平行公理).

除了关于图形的公理外，也使用下面关于数或量相等的法则来证明定理.

相等的基本法则：

$$(1)\begin{cases}a=a\\ 若\ a=b，则\ b=a\\ 若\ a=b，b=c，则\ a=c\end{cases}；$$

(2)若 $a=b$，$a'=b'$，则 $a+a'=b+b'$，$a-a'=b-b'$.

从上述例子可见，中学几何教材的公理体系不是不可改变的.

(二)变换群的观点将会加强；利用变换解题的方法也将得到适当的重视.

(三)形数结合的观点将得到更充分地贯彻；综合法和解析法(包括面积法、代数法、三角法、坐标法、向量法等)兼用；立体几何与空间解析几何将逐步融合为一体. 立体几何将采用向量作为解题的有力工具. 这是因为把向量看做是坐标的速记形式后就显得简单，向量法与其他方法联系特别密切；用向量代数为工具可以把空间的几何结构系统地数量化、代数化、算法化，把几何学的研究从

"定性"推进到"定量"的深度.把向量空间作为研究几何的辅助结构可以使几何理论特别简单,并赋予各种几何以一定的统一性.但是,对于初中学生开始学习平面几何时,则不宜采用向量结构,否则会使几何过分代数化,不利于学生形象思维的发展.

4.3 21世纪中学平面几何新体系的探讨

前面我们已经介绍了若干关于平面几何的公理系统,分析比较了它们的优劣.这对于平面几何的入门教育采用什么样的体系具有启发作用,我们看到了教材改革的必要和可能,也看清了几何教材改革的趋向和途径了.

我们认为从几何的度量结构入手比较好,与传统教材比较接近.事实上,现行教材中一开始就讲线段的度量,只是默认了距离三公理.如果像柯尔莫戈洛夫那样,把距离的基本性质放在突出的位置,教学中不会有什么困难.另外,以数集为几何的辅助结构,既可以简化体系,又能与算术、代数紧密结合,可以自然地将解析几何与平面几何融合在一起.显然,采用集合论的语言也是大势所趋.

改革还在进行之中,这是社会发展的需要,是科学技术进步的需要,也是历史发展的必然.中国人也不甘落后,断断续续进行了一些试验.我国著名学者张景中院士与其他同行一起,自1975年以来大胆探索,开辟了"教育数学"的研究领域,并于1989年提出了一套适于推广使用的以面积为中心的几何新体系,继承和发展了中国古代数学的精华,吸取了现代数学的研究成果,给出了以"线性公理"为主体的一套公理就是一个明证.

张景中公理系统如下(本书摘引时稍作变动并加注释):

所谓平面Π(二维欧氏空间)是由一些称为"点"的元素组成的集合,这些点之间的关系满足下列七条公理:

公理Ⅰ(距离公理) 两点A,B对应一个距离$|AB|$:

(1)$|AB|$是非负实数,且$|AB|=0$的充要条件是A与B为同一个点(记作$A=B$,也称点A与B重合). (非负性)

(2)从点A到点B的距离等于从点B到点A的距离,即

$$|AB|=|BA| \qquad \text{(对称性)}$$

公理Ⅱ(线段连续公理) 给定两点A,B和任一非负实数t,总有唯一的一个点$P\in\Pi$,同时满足下列两个条件:

(1)$|AP|=t|AB|$;

(2)当$0\leqslant t\leqslant 1$时,有

$$|AP|+|PB|=|AB|$$

当 $t>l$ 时，有

$$|AB|+|BP|=|AP|$$

（前者当 $t\neq0,1$ 时，称点 P 位于点 A,B 之间，后者称点 P 位于 AB 的延长线上）.

注记1 公理Ⅰ是说空间 Π 是半度量空间. 三角不等式可以从后面的公理推出.

公理Ⅱ中 t 取实数就自动将实数的完备性转移到几何中来了. 如果限定 t 为有理数，那么虽满足阿基米德公理，但不满足完备公理，极限运算不封闭. 当学生还没有学过实数时，暂把"非负实数"改为"非负数"也无妨.

注记2 在公理Ⅰ,Ⅱ的基础上，可以引入线段、延长线、射线、直线以及线段的长度、线段的内点、外点、中点等概念. 例如，线段可定义为点 A,B 和在点 A,B 之间的所有点的集合.

注记3 若在 BA 的延长线上任取一点 O，则由

$$|AP|=t|AB|,|AP|=|OP|-|OA|,|AB|=|OB|-|OA|$$

得

$$|OP|=(1-t)|OA|+t|OB|$$

在以后引进有向线段或向量的概念时，不管点 O 取在何处，总有

$$\overrightarrow{OP}=(1-t)\overrightarrow{OA}+t\overrightarrow{OB}$$

或简写成

$$P=(1-t)A+tB$$

式中 t 分别属于 $[0,1]$，$[0,+\infty)$，$(-\infty,+\infty)$ 时，就依次是线段、射线、直线的向量式参数方程.

推论1 点 C 在直线 AB 上的充要条件是

$$(|AC|+|CB|-|AB|)(|AB|+|BC|-|CA|)(|CA|+|AB|-|BC|)=0$$

即

$$(p-a)(p-b)(p-c)=0$$

其中

$$a=|BC|,b=|CA|,c=|AB|$$

$$p=\frac{(a+b+c)}{2}$$

公理Ⅲ（非退化公理） 平面上至少有三点不在同一条直线上.

公理Ⅳ（分割公理） 直线 l 把平面 Π 分成 Π_1,Π_2 两部分（即有 $\Pi_1\cup\Pi_2=\Pi/l$ 且 $\Pi_1\cap\Pi_2=\Phi$）：

联结 Π_1 的两点的线段或 Π_2 的两点的线段与 l 不相交；

联结 Π_1 的一点和 Π_2 的一点的线段必与 l 相交.

推论 2 设 A,B,C 是不在直线 l 上的三点,则三条线段 AB,BC,CA 中,或者没有一条与 l 相交,或者其中有两条与 l 相交,第三条与 l 不相交.

注记 将平面的子集称为图形. 如果存在着一个从平面 Π 到 Π 上的对应关系 f. 使得 Π 的任两点 A,X 之间的距离总等于对应点 $A'=f(A)$. $X'=f(X)$ 之间的距离,那么称 f 为合同变换(或刚体运动). 对于两个图形 $\Sigma,\Sigma'\subset\Pi$ 的所有点之间,如果存在着一个合同变换,那么称 Σ 与 Σ' 全等(或合同). 显然,长度相等的两条线段相等;若两个三角形的三对对应边相等,则此两个三角形全等. 还可以定义角、角的内部、两个角的和、平角、两角互补等.

推论 3 平面上四点,若没有三点在一条直线上,则所连成的六条线段中或者互不相交,或者只有两条相交(有公共内点).

公理Ⅴ(面积公理) 三点 A,B,C 对应一个面积 $S(ABC)$:

(1)$S(ABC)$是非负实数,当 $S(ABC)=0$ 时,A,B,C 三点在一直线上;

(非负性)

(2)$S(ABC)=S(BCA)=S(CAB)=S(CBA)=S(ACB)=S(BAC)$;

(对称性)

(3)全等的三角形对应的面积相等. (不变性)

公理Ⅵ(线性公理) 若 A,B,C 三点在一条直线上,$|AC|=t|AB|$,P 是平面上任一点,则

$$S(PAC)=tS(PAB)$$

推论 4 若 A,B,C 三点在一条直线上,则

$$S(ABC)=0$$

证明 设$|AB|=t|AC|$,由线性公理得

$$S(ABC)=tS(ACC)$$

又由

$$|CC|=2|CC|(=0)$$

得

$$S(ACC)=2S(ACC)$$

故 $S(ACC)=0$,因此

$$S(ABC)=0$$

由此推论 4 和面积的非负性可知三点 A,B,C 不共线的充要条件是 $S(ABC)\neq 0$.

推论 5 设 D 是线段 AB 的内点,则对任一点 P,有

$$S(PAB)=S(PAD)+S(PDB) \qquad \text{(可加性)}$$

证明　设 $|AD|=t|AB|, t\in(0,1)$，则由

$$|AD|+|DB|=|AB|$$

可得

$$|DB|=(1-t)|AB|$$

根据线性公理得

$$S(PAD)=tS(PAB)$$
$$S(PDB)=(1-t)S(PAB)$$

两式相加即得所求之等式.

注记 1　张景中公理系统的中心思想是以线性公理为基础和论题工具，由此可推出面积的可加性(推论 5). 而且可以简捷地推出欧几里得平行公理、三角形面积公式等一系列重要定理，并巧妙地回避了传统几何教材中关于面积的度量理论这一大难点.

注记 2　线性公理实质上是说："同高三角形面积之比等于底之比"，这里巧妙地避免了高线的定义和存在、唯一等问题. 高斯早就指出：只要承认有面积任意大的三角形，就能导出平行公理. 换句话说，非欧几何中的三角形的面积是有限的. 因此，线性公理是欧氏几何所特有的.

注记 3　由推论 5 易得下面的推论 6，从而为公理Ⅶ的合理性提供了保证.

推论 6　设 D 是 $\triangle ABC$ 的边 AB 的内点，P 是线段 CD 的内点，则有

$$S(PAB)+S(PBC)+S(PCA)=S(ABC)$$

公理Ⅶ(维数公理)　平面上四点，如果所连接成的六条线段中任两条都没有公共点，则所成的四个三角形中，必有一个三角形的面积等于另外三个三角形的面积之和.

这条公理限定了平面是二维的. 若否定结论，则四点就是三维空间的点，构成一个四面体，因此我们把公理Ⅶ称为维数公理.

注记　由上述七条公理可以定义角的概念. 在课本里为了避免麻烦，也可以把"角度"看做是几何的基本概念，就像上面处理"距离"、"面积"的概念那样，加上角度公理，这里我们就不介绍了.

张景中公理系统以面积为中心，不但逻辑结构简单，而且易使教材体系成放射型，从而使推理途径简洁. 三角形面积公式 $S=\frac{1}{2}bc\sin A$ 沟通了不变量：长度、角度、面积三者之间的关系.

在高等数学中，面积是向量的叉积，是行列式，是积分，是测度，是外微分形

式.抓住面积,从小学、中学到大学,数学的内容可以一线相串;抓住面积,结合代数和三角,可以使几何教材精简,解题方法巧妙.面积方法本质上是无坐标的解析方法,它起点低而观点高.

作为示范,我们由张景中公理系统导出下面几个重要定理:

共边定理 若直线 PQ 和 AB 交于点 M,则

$$\frac{S(PAB)}{S(QAB)}=\frac{PM}{QM}$$

这个平凡的定理概括了在初等几何问题中经常会出现的如图 1.1 所示的四种基本图形,因而它有着不平凡的用途.

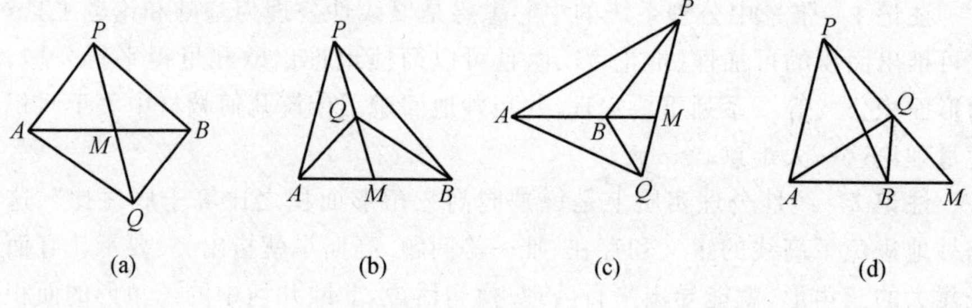

图 1.1

根据线性公理,四种情况都有,即

$$S(PAM)=\frac{PM}{QM}S(QAM),S(PBM)=\frac{PM}{QM}S(QBM)$$

再根据面积可加性,两式相加(图 1.1(a),(b))或相减(图 1.1(c),(d))即获证.

共角定理 若在$\triangle ABC$和$\triangle A'B'C'$中,有

$$\angle A=\angle A'\text{或}\angle A+\angle A'=180^\circ$$

则

$$\frac{S(ABC)}{S(A'B'C')}=\frac{AB\cdot AC}{A'B'\cdot A'C'}$$

定比分点公式 若 P,Q 两点在直线 AB 的同侧(见图 1.1(b),(d),即线段 PQ 不与直线 AB 相交),点 X 在线段 PQ 上,使得

$$|PX|=t|PQ|$$

则有

$$S(XAB)=(1-t)S(PAB)+tS(QAB)$$

证明 因为点 X 在线段 PQ 上,使得 $|PX|=t|PQ|$,则

$$|QX|=(1-t)|QP|$$

根据线性公理，有

$$S(APX)=tS(APQ)$$
$$S(BPX)=tS(BPQ)$$
$$S(BQX)=(1-t)S(BQP)$$

(1)当六条线段 AB,PQ,PA,BQ,PB,AQ 中任两条都没有公共内点，有一点 Q 在$\triangle PAB$ 内部时（如图 1.1(b)所示），则点 X 也在$\triangle PAB$ 内部. 再根据维数公理，有

$$S(QAB)+S(QBP)+S(QPA)=S(ABP)$$
$$S(XAB)+S(XBP)+S(XPA)=S(ABP)$$

因此

$$\begin{aligned}S(XAB)&=S(PAB)-S(XBP)-S(XPA)\\&=S(PAB)-tS(QBP)-tS(QPA)\\&=S(PAB)-t[S(ABP)-S(QAB)]\\&=(1-t)S(PAB)+tS(QAB)\end{aligned}$$

(2)当六条线段 AB,PQ,PA,BQ,PB,AQ 中有两条相交时（如图 1.1(d)所示），根据面积可加性有

$$\begin{aligned}S(XAB)&=S(PABQ)-S(PAX)-S(XBQ)\\&=S(PABQ)-tS(PAQ)-(1-t)S(PBQ)\\&=S(PABQ)-t[S(PABQ)-S(QAB)]-\\&\quad(1-t)[S(PABQ)-S(PAB)]\\&=(1-t)S(PAB)+tS(QAB)\end{aligned}$$

注记 1　在刚证明的公式中，若令 $t=\dfrac{\lambda}{1+\lambda}$，则有

$$S(XAB)=\frac{S(PAB)+\lambda S(QAB)}{1+\lambda}$$

它在形式上和分点公式一样. 事实上，在引进面积坐标（即重心坐标）以后，它就是分点公式的坐标分量形式.

注记 2　在上面的证明中，假定了 $t\in[0,1]$，然而不难证明：当 $t>1$，即点 X 在 PQ 的延长线上时，公式也成立. 但是，若 $S(PAB)>S(QAB)$，且 t 适当大时，点 X 与点 P 将位于直线 AB 的异侧，这时在分点公式中就会出现 $S(XAB)<0$ 的现象.

为使分点公式对任何情况都成立，我们可以引进有向三角形的面积 $\overline{S}$ 的概念. 即将“面积公理”的“非负性”取消，将“对称性”改为

$$\overline{S}(ABC)=\overline{S}(BCA)=\overline{S}(CAB)$$
$$=-\overline{S}(CBA)=-\overline{S}(ACB)=-\overline{S}(BAC)$$

将“不变性”改为“镜照相等的两个有向三角形的面积互为相反数”，并且将“线性公理”改为：

若$\overrightarrow{AC}=t\overrightarrow{AB}$，则对任一点 P，皆有

$$\overline{S}(PAC)=t\overline{S}(PAB)$$

将“维数公理”改为：

对平面上任意四点 A,B,C,P，恒有

$$\overline{S}(PAB)+\overline{S}(PBC)+\overline{S}(PCA)=\overline{S}(ABC)$$

这样推广[①]以后，不管 P,Q 两点是否在直线 AB 的同侧，总有

$$\overline{S}(XAB)=(1-t)\overline{S}(PAB)+tS(QAB)$$

其中$\overrightarrow{PX}=t\overrightarrow{PQ}$，$t$ 为任意实数.

引进有向面积，就可以引入面积坐标.

在平面上任取一个有向三角形$\triangle A_1A_2A_3$，叫它“坐标三角形”(图 1.2). 对平面上任一点 M，记

$$s_1=\overline{S}(MA_2A_3)$$
$$s_2=\overline{S}(A_1MA_3)$$
$$s_3=\overline{S}(A_1A_2M)$$

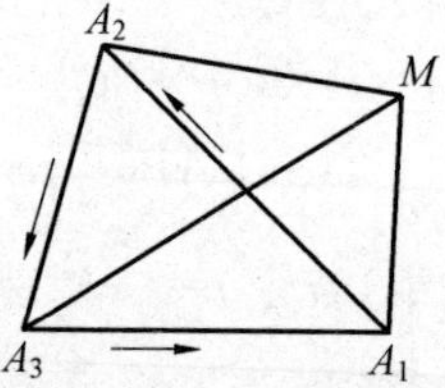

图 1.2

以$\triangle A_1A_2A_3$ 为坐标三角形时，把三元数组(s_1,s_2,s_3)叫做点 M 的面积坐标，记作 $M(s_1,s_2,s_3)$. 而 s_1,s_2,s_3 叫做点 M 的三个“坐标分量”.

根据推广了的维数公理，有

$$s_1+s_2+s_3=\overline{S}(A_1A_2A_3)=s$$

如果记

① 先不考虑方向的差异，然后又加以区别而引进有向线段、有向角、有向面积等概念，实质上是遵循数学发展的历史进程的.

$$\lambda_1=\frac{s_1}{s},\lambda_2=\frac{s_2}{s},\lambda_3=\frac{s_3}{s}$$

则有

$$\lambda_1+\lambda_2+\lambda_3=1$$

这时，$(\lambda_1,\lambda_2,\lambda_3)$称为点 M 的重心坐标. 注意，三个坐标分量不独立，即知道其中两个就可以写出第三个. 例如，基点 A_1 的重心坐标为$(1,0,0)$，A_2 为$(0,1,0)$，A_3 为$(0,0,1)$.

若点 P,Q 的重心坐标分别为(p_1,p_2,p_3)，(q_1,q_2,q_3)，直线 PQ 上任一点 X，使$\overrightarrow{PX}=t\overrightarrow{PQ}$，则点 X 的重心坐标(x_1,x_2,x_3)可用下列公式计算

$$\begin{cases}x_1-(1-t)p_1+tq_1\\x_2=(1-t)p_2+tq_2\\x_3=(1-t)p_3+tq_3\end{cases}$$

当 t 取一切实数时，它也就是直线 PQ 的参数方程. 消去参数得直线 PQ 的一般方程

$$\begin{vmatrix}x_1&p_1&q_1\\x_2&p_2&q_2\\x_3&p_3&q_3\end{vmatrix}=0$$

即
$$c_1x_1+c_2x_2+c_3x_3=0$$

利用余弦定理，可推出两点 $P(p_1,p_2,p_3)$，$Q(q_1,q_2,q_3)$的距离

$$|PQ|=\sqrt{g_1(p_1-q_1)^2+g_2(p_2-q_2)^2+g_3(p_3-q_3)^2}$$

其中

$$g_1=\frac{1}{2}(a_2^2+a_3^2-a_1^2)=a_2a_3\cos A_1$$

$$g_2=\frac{1}{2}(a_3^2+a_1^2-a_2^2)=a_3a_1\cos A_2$$

$$g_3=\frac{1}{2}(a_1^2+a_2^2-a_3^2)=a_1a_2\cos A_3$$

这里

$$a_1=|A_2A_3|,a_2=|A_3A_1|,a_3=|A_1A_2|$$

如果取$\triangle A_1A_2A_3$ 为等腰直角三角形，且 $a_1=a_2=1$，则(p_1,p_2)，(q_1,q_2)成为点 P,Q 的笛卡儿直角坐标，距离公式成为

$$|PQ|=\sqrt{(p_1-q_1)^2+(p_2-q_2)^2}$$

关于面积坐标在解题时的大量应用，读者可参看《初等数学论丛》(上海教

育出版社)第(3)辑中杨路的论文“谈谈重心坐标”.

以张景中公理系统为背景的平面几何,它的逻辑展开结构大致如图 1.3 所示.

从逻辑展开结构图 1.3 可以看出,它与旧体系的距离不太大,教师容易采纳,学生容易学习.只要允许学生早一点运用共边定理、共角定理和三角形面积公式,即用面积法证题,就可以突破传统教材中主要采用全等与相似的方法,即古典欧氏法,还可以较早地采用三角法和解析法,使得平面三角、解析几何与古典几何融合在一起.

张景中提出的平面几何改革方案是一套富有弹性的方案.在推广使用上述公理系统时,可以分阶段进行.例如开始时,对中学教材现行体系不作大的变动,先在教材中突出距离三条基本性质,推广使用面积坐标,提倡用面积法、三角法、解析法和运用几何变换(包括等积变换)解题的训练.我们在高师院校的初等几何研究课程中,介绍这套新的公理系统,熟悉这些内容和方法,在体会了它的优越之处以后,再在中学推广使用新体系就是水到渠成的事了.

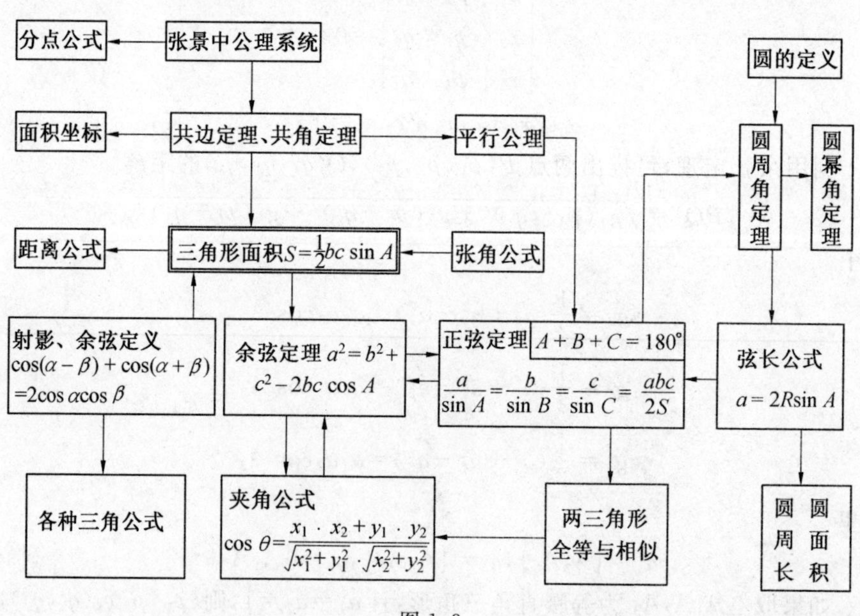

图 1.3

习题1

1. 布尔巴基学派将数学结构分为哪几类？

2. 一维欧氏空间具有怎样的结构？

3. 数轴上互不重合的三点 A,B,C 的坐标分别为 a,b,c，求证：点 B 在 A,C 两点之间（即 $|AB|+|BC|=|AC|$）的充要条件是 $a<b<c$ 或 $c<b<a$.

4. 设 A,B,C,D 是数轴上的任意四点，求证

$$AB\cdot CD+BC\cdot AD=AC\cdot BD$$

在平面几何中，与此相类似的是何定理？

5. 在一维欧氏空间中，求将点 $P(x)$ 变为点 $P'(x')$ 的合同变换公式，设此变换将点 $O(0)$ 变为点 $O'(h)$.

6. 向量 $\overrightarrow{AB}$ 与 $\overrightarrow{AC}$ 的夹角记作 $\angle A$，试由夹角公式 $\cos\angle A=\dfrac{\overrightarrow{AB}}{|AB|}\cdot\dfrac{\overrightarrow{AC}}{|AC|}$ 导出余弦定理：$a^2=b^2+c^2-2bc\cos\angle A$，其中 $a=|BC|$，$b=|CA|$，$c=|AB|$.

7. 求证：对于任意不共线三点 $A,B,C\in E^n(n\geqslant 2)$，必有

$$K(A,B,C)=\begin{vmatrix}0 & 1 & 1 & 1\\ 1 & 0 & c^2 & b^2\\ 1 & c^2 & 0 & a^2\\ 1 & b^2 & a^2 & 0\end{vmatrix}<0$$

其中 $a=|BC|$，$b=|CA|$，$c=|AB|$.

8. 试证：

(1)
$$\begin{aligned}\Delta=&\begin{vmatrix}1 & \cos\gamma & \cos\beta\\ \cos\gamma & 1 & \cos\alpha\\ \cos\beta & \cos\alpha & 1\end{vmatrix}\\ =&4\sin p\sin(p-\alpha)\sin(p-\beta)\sin(p-\gamma)\end{aligned}$$

其中 $\alpha,\beta,\gamma\in[0,\pi]$，$p=\dfrac{1}{2}(\alpha+\beta+\gamma)$；

(2)
$$\begin{aligned}H=&\begin{vmatrix}1 & \operatorname{ch} c & \operatorname{ch} b\\ \operatorname{ch} c & 1 & \operatorname{ch} a\\ \operatorname{ch} b & \operatorname{ch} a & 1\end{vmatrix}\\ =&4\operatorname{sh} p\operatorname{sh}(p-a)\operatorname{sh}(p-b)\operatorname{sh}(p-c)\end{aligned}$$

其中 $a,b,c\in\mathbf{R}$，$p=\dfrac{1}{2}(a+b+c)$.

9. 设(D,ρ)为度量空间,定义

$$\rho'(x,y)=\frac{\rho(x,y)}{1+\rho(x,y)}$$

则(D,ρ')也是度量空间,且是有界的(即$\rho'(x,y)\leqslant$常数).

10. 用符号"$\subset$"(包含于)表示下列概念的外延的相互关系:

向量空间,内积空间,度量空间,欧氏空间,拓扑空间.

11.《几何原本》有何价值?它的公理系统存在哪些缺陷?

12. 与欧几里得的第五公设等价的命题有哪些?试举六个以上的例子.

13. 希尔伯特公理系统包括哪些基本概念和哪几组公理?

14. 近代公理法的基本思想是什么?完善的公理系统应符合哪些要求?

15. 希尔伯特的著作《几何基础》1899 年问世有何价值?

16. 考虑一组几何对象集合,规定:

(1)点:A,B,C,D,E;

(2)直线:$AB,AC,AD,AE,BCD,BE,CEDE$;

(3)平面:$ABE,ACE,ADE,ABCD,BCDE$;

(4)点在直线上:该直线记号中含有该点之记号(字母);

(5)点在平面上:该平面记号中含有该点之记号(字母);

(6)顺序关系:只有$B\dot{C}D$和$D\dot{C}B$(记号$B\dot{C}D$表示点C在点B与点D之间).问:在上述规定下,希尔伯特公理Ⅰ,Ⅱ两组中哪些成立?哪些不成立?

17. 证明希尔伯特公理系统中的平行公理与欧几里得的第五公设等效.

18. 从结构看,我国现行中学几何教材中有哪些缺陷?有何办法克服?

19. 张景中公理系统包括哪些基本概念和公理?

20. 利用线性公理推证共角定理.

21. 设P,Q两点在直线AB的同侧,则直线PQ与AB不相交的充要条件是

$$S(PAB)=S(QAB)$$

22. 利用上题证明平行公理:在平面上过直线AB外一点P,有且仅有一条直线PQ与AB不相交.

23. 在$\triangle ABC$内任取一点P,连AP,BP,CP并延长之,分别交对边于点D,E,F.求证:

(1)$\dfrac{PD}{AD}+\dfrac{PE}{BE}+\dfrac{PF}{CF}=1$;

(2)$\dfrac{AF}{FB}\cdot\dfrac{BD}{DC}\cdot\dfrac{CE}{EA}=1$.

24. 在$\triangle ABC$的三边上分别取点D,E,F，使$BD=\lambda DC,CE=\mu EA,AF=\rho FB$. AD与BE交于点C'，BE与CF交于点A'，CF与AD交于点B'. 求证：

(1)$\dfrac{S(ABC')}{S(ABC)}=\dfrac{\lambda}{1+\lambda+\lambda\mu}$；

(2)$S(A'B'C')=\dfrac{(1-\lambda\mu\rho)^2 S(ABC)}{(1+\lambda+\lambda\mu)(1+\mu+\mu\rho)(1+\rho+\rho\lambda)}$.

25. 证明："张角公式"：由点P发出三条射线PA,PB,PC，使

$$\angle APC=\alpha,\angle CPB=\beta,\angle APB=\alpha+\beta<180^\circ$$

则A,B,C三点共线的充要条件是

$$\frac{\sin(\alpha+\beta)}{PC}=\frac{\sin\alpha}{PB}+\frac{\sin\beta}{PA}$$

26. 试证明余弦定理与射影定理

$$\begin{cases}a=b\cos C+c\cos B\\ b=c\cos A+a\cos C\\ c=a\cos B+b\cos A\end{cases}$$

等价.

27. 试证明余弦定理与正弦定理及内角和定理等价.

28. 已知两点P,Q的面积坐标分别为(p_1,p_2,p_3)，(q_1,q_2,q_3)，求证

$$|PQ|=\frac{\sqrt{g_1(p_1-q_1)^2+g_2(p_2-q_2)^2+g_3(p_3-q_3)^2}}{s}$$

其中s为坐标三角形$\triangle A_1A_2A_3$的面积，且

$$g_1=\frac{1}{2}(a_2^2+a_3^2-a_1^2)=a_2a_3\cos A_1$$

$$g_2=\frac{1}{2}(a_3^2+a_1^2-a_2^2)=a_3a_1\cos A_2$$

$$g_3=\frac{1}{2}(a_1^2+a_2^2-a_3^2)=a_1a_2\cos A_3$$

这里

$$a_1=|A_2A_3|,a_2=|A_3A_1|,a_3=|A_1A_2|$$

第 2 章 几何证题

学习几何，离不开几何证明. 然而，几何问题浩如烟海，变化无穷；几何证明，方法各异，形式多样. 因此，研究证题的一般思维方法，探索证题过程中的数学思想，总结证题的一般规律，形成和积累证题的技能技巧，应该是初等几何研究的重点内容.

本章在介绍命题与证明等知识的基础上，分别从平面几何证题的逻辑推理方法、平面几何证题的思考方法以及其他数学方法在平面几何证题中的应用等方面作一系统介绍. 关于立体几何题的研究，将在第 6 章给予介绍.

§1 命题与证明

1.1 命 题

在思维过程中，抽象概括出来的概念并非零散地、杂乱无章地存在于头脑之中，而是以一定方式彼此联系着. 判断是概念相互联系的一种形式.

在形式逻辑中，我们把反映事物具有或不具有某种属性或关系的思维形式叫做判断. 例如：

"英国的首都是伦敦"，

"苏格拉底是哲学家"等，都是判断.

表达判断的语句叫做命题. 在数学中，用语言、符号或式子表示的能够判别真假的语句叫做数学命题. 例如：

"6＋1＝7"，

"27 是 9 的倍数"，

"三角形内角和为 180°"，

"有些梯形是直角梯形"，

"对顶角相等"，

等，都是数学命题.

必须注意，一个命题或者是真命题，或者是假命题，没有第三种可能.

有些命题，如“$2+3=5$”，“$4>\pi$”，“$\sqrt{2}$是无理数”等不含有逻辑连接词，这样的命题叫做简单命题. 然而，在数学中，许多定理与命题，一般由几个简单命题构成. 例如：

“$\sqrt{2}$不是有理数”

“2 是偶数，也是质数”

“$2\leqslant 5$”

“若 $2=3$，则 $6=7$”

等命题，若分别改写成：

“$\sqrt{2}$”并非是“有理数”

“2 是偶数且 2 是质数”

“$2=5$ 或者 $2<5$”

“若 $2=3$，则 $6=7$”

那么，上述命题可以认为是用“非”、“且”、“或”、“若……则……”等逻辑连接词，从简单命题构造而成的复合命题.

复合命题的逻辑结构取决于逻辑连接词的逻辑意义. 下面我们简单介绍一下用逻辑连接词组成的复合命题的五种形式以及它们的真值定义.

为方便起见，用字母 $p,q,r,\cdots$ 表示命题. 如果命题 p 是真命题，则称 p 的真值为 1，记为 $p=1$. 如果 p 是假命题，则称 p 的真值为零，记为 $p=0$. 符号 1，0 分别表示真、假命题，所以也叫命题常元.

定义 1　给定命题 p，用连接词“非”构成的复合命题“非 p”，叫做命题 p 的否定式(或称为非命题)，记为 $\overline{p}$.

必须注意，“非”在日常语言中，相当于“不”、“没有”，因此，要否定一个简单命题，必须把否定词“不”、“没有”放在适当的位置上.

定义 2　给定两个命题 p,q，用连接词“且”构成的复合命题“p 且 q”，叫做命题 p,q 的合取式(或称为联言命题)，记作 $p\wedge q$. 用连接词“或”构成的复合命题“p 或 q”，叫做命题 p,q 的析取式(或称为选言命题)，记作 $p\vee q$. 它们的真值定义如下：

p	q	$p\wedge q$	$p\vee q$
1	1	1	1
1	0	0	1
0	1	0	1
0	0	0	0

必须说明，数学命题中的“或”是可兼的，即“或”所连接的两个命题并不互相排斥，在“$\angle A=\angle B$，或者$\angle A+\angle B=180°$”中，“$\angle A=\angle B$”和“$\angle A+\angle B=180°$”可能同时成立.

定义 3 给定两个命题 p，q，用连接词“若……则……”构成的复合命题“若 p 则 q”，叫做 p，q 的蕴涵式(或称做假言命题)，记为“$p\to q$”. 其中，p 称为前件，q 称为后件. 蕴涵式的真值定义：

p	q	$p\to q$
1	1	1
1	0	0
0	1	1
0	0	1

假言命题往往反映了客观事物之间的规律与联系. 数学中的大量定理都是假言命题.

“$p\to q$”有多种语言表达形式. 例如：

如果 p，那么 q；

由 p 推出 q；

因为 p，所以 q；

p 是 q 的充分条件；

q 是 p 的必要条件，等.

如果把“$p\to q$”的前件、后件换位，则得到“$p\to q$”的逆命题“$q\to p$”；如果将“$p\to q$”的前件、后件同时否定，则得到“$p\to q$”的否命题“$\bar{p}\to\bar{q}$”；如果将原命题的前件、后件否定后换位，则得到原命题的逆否命题“$\bar{q}\to\bar{p}$”.

定义 4 给定两个命题 p，q，用连接词“等值”构成的复合命题“p 等值 q”叫做 p，q 的等值式，记作“$p\leftrightarrow q$”.

上述五个基本的命题形式及其真值定义如下表：

p	q	$\bar{p}$	$p\wedge q$	$p\vee q$	$p\to q$	$p\leftrightarrow q$
1	1	0	1	1	1	1
1	0	0	0	1	0	0
0	1	1	0	1	1	0
0	0	1	0	0	1	1

等值式“$p\leftrightarrow q$”的语言表达也有多种形式. 如：

p 当且仅当 q；

p 是 q 的充分必要条件；

若 p 则 q 并且若 q 则 p.

复合命题的五种基本形式，分别用五个逻辑连接词由命题 p 或 q 组成. 在这基础上，可以进一步运用逻辑连接词构成新的更复杂的命题. 例如：$p\vee\overline{q}$，$(p\wedge q)\to q$，$p\wedge(p\to q)\to q$，等. 这些复合命题都有相应的真值，其真值可以通过真值表加以计算.

例1 求出下列命题的真值：

(1) $\overline{p}\vee q\to q$；

(2) $(p\to q)\wedge\overline{q}\to\overline{p}$；

(3) $p\wedge\overline{q}$ 与 $\overline{p\to q}$.

解 命题的真值表如下：

(1)

p	q	$\overline{p}$	$\overline{p}\vee q$	$\overline{p}\vee q\to q$
1	1	0	1	1
1	0	0	0	1
0	1	1	1	1
0	0	1	1	0

(2)

p	q	$p\to q$	$(p\to q)\wedge\overline{q}$	$(p\to q)\wedge\overline{q}\to\overline{p}$
1	1	1	0	1
1	0	0	0	1
0	1	1	0	1
0	0	1	1	1

(3)

p	q	$\overline{q}$	$p\to q$	$p\wedge\overline{q}$	$\overline{p\to q}$
1	1	0	1	0	0
1	0	1	0	1	1
0	1	0	1	0	0
0	0	1	1	0	0

在(3)中，命题 $p\wedge\overline{q}$ 与 $\overline{p\to q}$ 的真值完全相同，像这样的两个命题称为互为等价(或等效)的命题.

定义5 设 α,β 是两个命题，如果不论对它们的全部命题变元如何赋值，α，β 的真值完全相同，则称 α,β 是互为等价的命题(或等效的命题)，记为 $\alpha=\beta$.

互为等价的两个命题，在推理证明时可以相互替代.

例 2　验证下列命题是否等价

$$p\to q,\bar{p}\to\bar{q},q\to p,\bar{q}\to\bar{p}$$

解

p	q	$\bar{p}$	$\bar{q}$	$p\to q$	$\bar{p}\to\bar{q}$	$q\to p$	$\bar{q}\to\bar{p}$
1	1	0	0	1	1	1	1
1	0	0	1	0	1	1	0
0	1	1	0	1	0	0	1
0	0	1	1	1	1	1	1

可以看出，$p\to q$ 与逆否命题 $\bar{q}\to\bar{p}$ 等价，逆命题 $q\to p$ 与否命题 $\bar{p}\to\bar{q}$ 等价.一般情况下，原命题 $p\to q$ 与逆命题 $q\to p$ 并不等价，但两种特殊情况例外，一是同一性命题，一是分断式命题.

所谓同一性命题指的是，命题的条件与结论所含事项都唯一存在.这样的命题与它的逆命题等价，即同真同假.例如：英国的首都是伦敦；等腰三角形的顶角平分线也是底边上的中垂线，是同一性命题.原命题真，它们的逆命题：伦敦是英国的首都；等腰三角形底边上的中垂线也是顶角的平分线，也是真命题.

一个命题如果是同一性命题，在直接证明该命题时如有困难，可以换证它的逆命题.具体应用在§2“同一法”中介绍.

所谓分断式命题，指的是由 n 个命题合起来叙述而成的一个命题，这 n 个命题的条件与结论所含事项，既要面面俱到，又要没有遗漏，且互不相容，相互排斥.例如：

$$\text{在}\triangle ABC\text{中}\begin{cases}\text{若 }AB<AC\text{，则}\angle C<\angle B\\\text{若 }AB=AC\text{，则}\angle C=\angle B\\\text{若 }AB>AC\text{，则}\angle C>\angle B\end{cases}$$

是分断式命题.原命题真，其逆命题：

$$\text{在}\triangle ABC\text{中}\begin{cases}\text{若}\angle C<\angle B\text{，则 }AB<AC\\\text{若}\angle C=\angle B\text{，则 }AB=AC\\\text{若}\angle C>\angle B\text{，则 }AB>AC\end{cases}$$

亦真.

1.2　推理与证明

如前所述，命题或真或假，没有第三种可能，那么，我们如何判定一个数学命题的真假性呢？

令 p 表示命题：所有三角形的三个内角之和等于 $180°$. 命题 p 是真还是假呢？根据欧几里得几何的知识，可以证得 p 是真命题. 换句话说，命题 p 是欧氏几何公理体系的逻辑推导的必然结果. 倘若承认欧几里得公理是真命题，则命题 p 也是真命题. 如果在罗巴切夫斯基几何体系中讨论这问题，那么"三角形内角和为 π"就是假命题.

这事实说明两个问题：其一，一个数学命题的真假性是相对于所在的公理系统而言的，同一个命题在不同的公理系统中可能具有不同的真假值；其二，在某一公理系统内，一个命题是真的，则意味着它是一些已确认其真实性的命题的逻辑推论. 如果推理是可靠的，那么这个命题的真实性就确定了.

可见，命题的真假判定，必须借助于推理与证明等高级的思维形式来进行.

从一个或几个已知的命题得到一个新命题的思维形式叫做推理. 其中，已知的命题叫做前提(或条件)，得到的新命题叫做结论. 在形式逻辑中，常把一个推理形式表示为

$$\frac{\text{前提}}{\text{结论}}$$

或

$$\text{前提} \Rightarrow \text{结论}$$

例如，(1)所有的矩形对角线相等

$$\frac{\text{正方形是矩形}}{\text{正方形对角线相等}}$$

(2)黑人是黑头发

$$\frac{\text{中国人是黑头发}}{\text{中国人是黑人}}$$

推理有正确与错误之分，推理(1)由正确的前提得出正确的结论，推理(2)由正确的前提得出错误的结论.

由三段论知识可知，第一个推理形式是正确的，第二个推理形式是错误的.

一个推理形式是正确有效的，就不可能由真的前提推出错误的结论. 换句话说，只要推理形式正确，一定能从真前提推出真结论，而这正是我们在推理论证中所希望的.

证明是通过一连串的推理，由一些真实的命题来确定另一命题真实性的过程. 任何证明都由三部分组成：论题、论据、论证方式.

论题就是需要确定其真实性的命题. 在几何中，论题一般具有假言命题"若 A 则 B"的形式，其中 A 是条件(或题设)，B 是结论(未知事项).

论据是被用来作为证明论题真实性的根据的命题. 在几何证明中，充当论

据的命题主要是公理系统内的公理、已知定义、定理以及论题中的条件等.

论证方式是指论据与论题之间的逻辑联系方式,也就是从论据推出论题的过程中的推理形式.例如,三段论、联言推理、选言推理、假言推理、关系推理等,它们统称为演绎推理,演绎推理保证了由正确的前提得到正确的结论.

例 3 求证:在四边形 $ABCD$ 中,若 $AC\perp BD$,则 $AB^2+CD^2=AD^2+BC^2$.

论题的条件:$ABCD$ 是四边形,且 $AC\perp BD$.

论题的结论:$AB^2+CD^2=AD^2+BC^2$.

证明 设 AC 与 BD 交于点 O,因 $AC\perp BD$(论据 1),所以由垂线的性质(论据 2)知,$\triangle ABO$,$\triangle ADO$ 为直角三角形.根据勾股定理(论据 3),有

$$AO^2+BO^2=AB^2,AO^2+OD^2=AD^2$$

因为等量减等量,其差相等(论据 4),所以

$$AB^2-AD^2=BO^2-OD^2$$

同理

$$CB^2-CD^2=BO^2-OD^2$$

因为同等于第三个量的两个量相等(论据 5),所以有

$$AB^2-AD^2=CB^2-CD^2$$

即

$$AB^2+CD^2=CB^2+AD^2$$

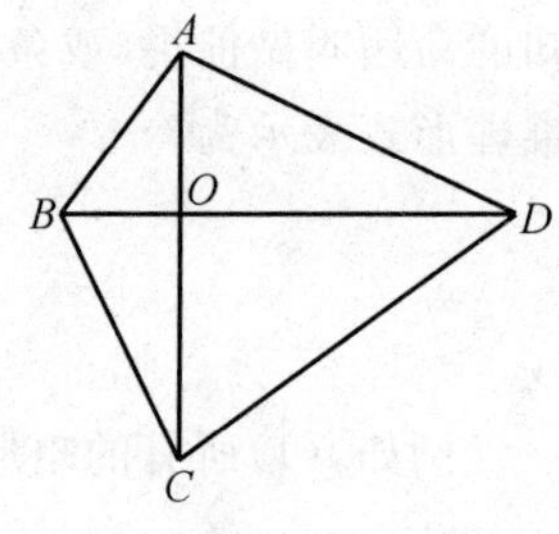

图 2.1

在上述证明过程中,论据 1 是条件,论据 2,3 是已知定理,论据 4,5 是公理.由于采用的演绎推理形式是正确的,所以论题是这些论据的逻辑推论.只要这些论据是真实的,那么,经过证明后的论题的真实性也确定了.

证明的注意点:

①认真审题.要明确了解论题中已知条件与待证结论的含义,以掌握命题的结构,准确地作出图形,并把论题翻译成符号或式子正确地反映在图形上.认真审题是证题的一个重要环节.

②论题必须同一.在整个证明过程中,论题应当始终同一,不得随意改变.违反这条规则的逻辑错误是“偷换论题”.例如,给出的是一般三角形的垂心,证明时偷换成锐角三角形的垂心.这种把一般情况改为特殊情况来证明,均属偷换论题.

③论据必须是真实的.论据是论证的依据,如果论据虚假,就不能确定论题的真实性.违反这条规则的逻辑错误是“虚假理由”或“预期理由”.

例 4 已知在四边形 $ABCD$ 中,$AB>CD$,$BC>AD$.

求证：$\angle D > \angle B$.

证明　以 AC 的中垂线为对称轴，作点 B 的对称点 B'（图 2.2），则

$$B'A = BC, \angle CBA = \angle AB'C, AB = B'C$$

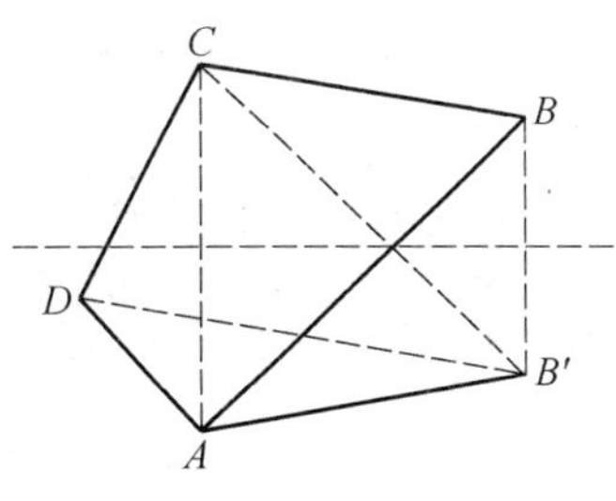

图 2.2

因为

$$B'C > CD$$

所以

$$\angle CDB' > \angle CB'D$$

因为

$$AB' > AD$$

所以

$$\angle B'DA > \angle DB'A$$

故

$$\angle D > \angle AB'C = \angle B$$

证明似乎无可挑剔，证法也很巧妙，但是非常遗憾，论题是个假命题.

存在反例：取 $AB = AC = 1$，$\angle BAC = 90°$，$\angle DCA = 120°$，$DC = \frac{1}{2}$（图 2.3），则

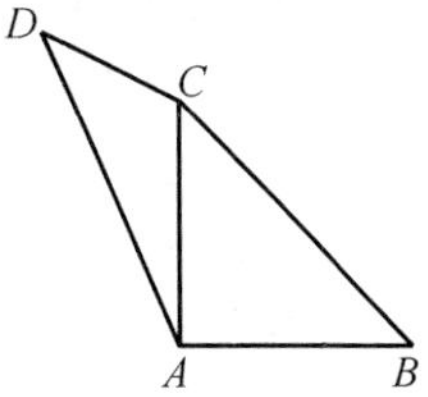

$$\angle B = 45°, AD = \frac{\sqrt{7}}{2} < \sqrt{2} = BC$$

图 2.3

但是

$$\sin D = \frac{\sin 120°}{\frac{\sqrt{7}}{2}} = \sqrt{\frac{3}{7}} < \frac{\sqrt{2}}{2} = \sin B$$

又

$$\angle D > 0, \angle B < \frac{\pi}{2}$$

所以

$$\angle D < \angle B$$

原因在于，前面的证明过程中应用的一个论据"DB' 在 $\angle D$ 内"是不真实的.

④论据不能依赖于论题. 论题的真实性是从论据的真实性推出的，如果论据反过来又依赖于论题的真实性，那么就犯了"循环论证"的错误.

例 5　已知 D 是 $\triangle ABC$ 的边 AC 上的一点，$AD : DC = 2 : 1$，$\angle C = 45°$，$\angle ADB = 60°$，求证：AB 是圆 BCD 的切线（图 2.4）.

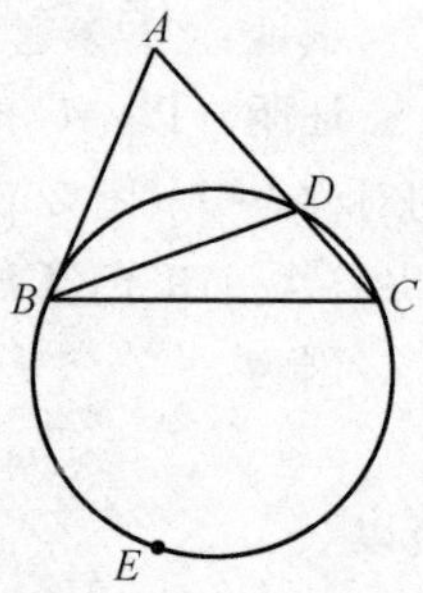

明证 因为

$$\angle ACB=45^\circ$$

所以

$$\overset{\frown}{BD}=90^\circ$$

又 $\angle ADB=60^\circ$

所以

$$\angle BDC=120^\circ,\overset{\frown}{BEC}=240^\circ$$

$$\angle A=\frac{1}{2}(\overset{\frown}{BEC}-\overset{\frown}{BD})=75^\circ$$

$$\angle ABD=180^\circ-\angle ADB-\angle A=45^\circ$$

所以$\angle ABD=\angle C$，AB 为圆 BCD 的切线.

图 2.4

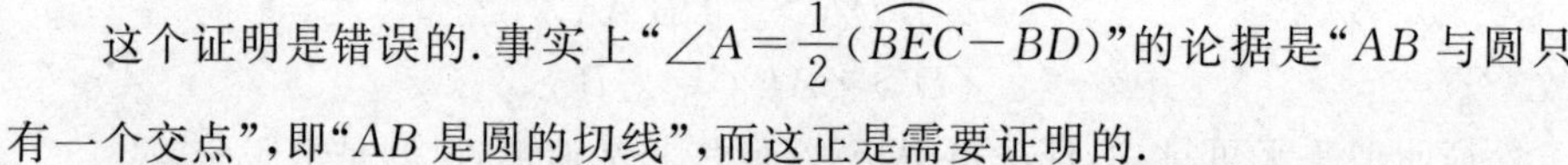

这个证明是错误的.事实上“$\angle A=\frac{1}{2}(\overset{\frown}{BEC}-\overset{\frown}{BD})$”的论据是“$AB$ 与圆只有一个交点”，即“AB 是圆的切线”，而这正是需要证明的.

如前所述，数学证明是根据论题去寻找使论题成立的论据.因此，要完成一个命题的证明，除了遵守上述规则外，还必须在论题的已知条件与待证结论之间建立一条逻辑通道.所以，探求解题途径，寻找证明方法，正是数学证明的困难而复杂的地方，需要我们进行创造性的思维活动.下面三节分别从不同的角度介绍几何证题的思考方法.

§2 几何证题的推理方法

2.1 综合法与分析法

按照证题的思路顺逆，证题方法有“综合”与“分析”之分.

所谓综合法，就是从已知条件出发，根据已知的公理、定义、定理进行逻辑推理，最后达到待证结论.其特点是由因导果，步步寻求命题成立的必要条件.

如果要证明的命题是“若 A 则 B”，那么综合法的逻辑思维过程可用图 2.5 表示.

从图 2.5 可知，综合法是从条件 A 出发，推出命题 A 成立的必要条件 C，C_1，C_2 等，再由 C，C_1，C_2 推出若干必要条件.这样依次顺推，如果能发现从条件 A 到达待证结论 B 的逻辑通路，我们就得到“$A\Rightarrow C\Rightarrow D\Rightarrow\cdots\Rightarrow B$”的证明途径.

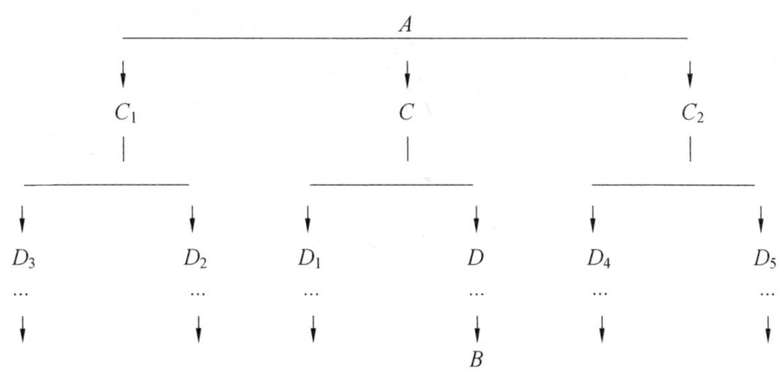

图 2.5

例 1　已知 PA,PB 切圆 O 于 A,B 两点，PO 交 AB 于点 M，QR 是过点 M 的任意一条弦，求证：OP 平分 $\angle QPR$（图 2.6）.

若用综合法探求解题途径，其思路可表示如下：

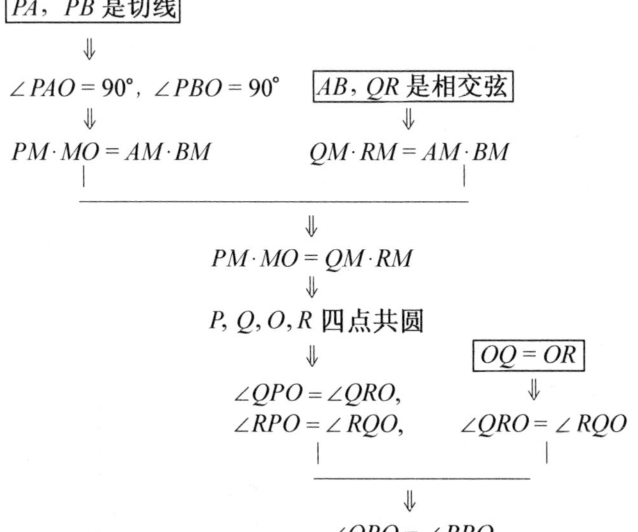

所谓分析法，是从待证结论出发，然后逆求命题成立的原因，逐步追溯上去，最后到达已知条件. 分析法的特点是执果索因，步步寻求命题成立的充分条件.

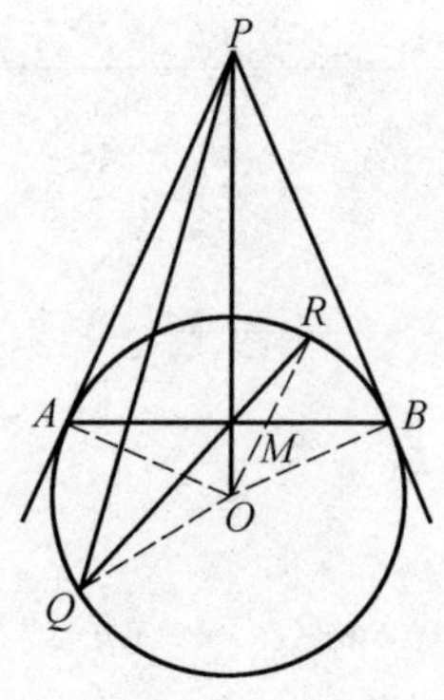

图 2.6

如果要证明的命题是"若 A 则 B"，那么分析法的思维过程如图 2.7 所示. 从图中可见，欲证结论 B 成立，需要寻找 B 成立的充分条件 D,D_1,D_2 等，要证 D,D_1,D_2 成立，再寻求 D,D_1,D_2 的充分条件，……，如此逐层上溯，如果能发现一条从结论 B 上接已知条件 A 的逻辑通道，我们就得到"$B\Leftarrow D\Leftarrow C\Leftarrow\cdots\Leftarrow A$"的证题思路.

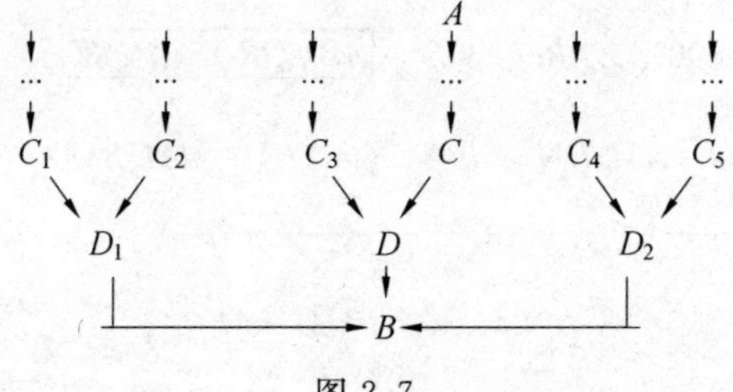

图 2.7

例 2　凸四边形 $ABCD$ 内接于圆，BA,CD 相交于点 E，BC,AD 相交于点 F，$\angle E,\angle F$ 的平分线交于点 O，求证：$\angle EOF=90^\circ$(图 2.8).

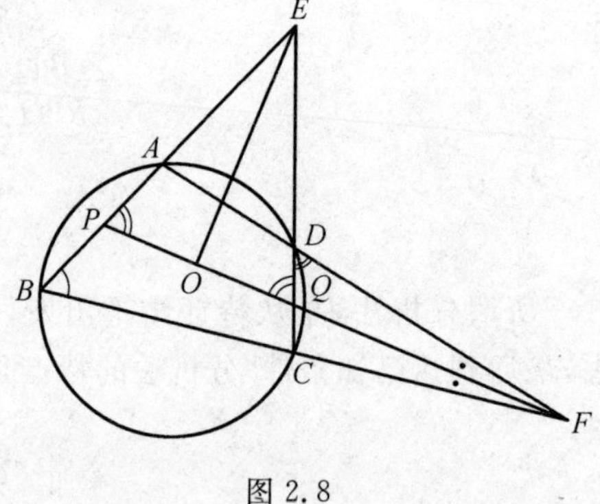

图 2.8

分析　设直线 FO 交 AB,CD 于点 P,Q.

欲证 $\angle EOF=90^\circ$，需证 $EP=EQ$，即证 $\angle EPF=\angle EQP$.

因为

$$\angle EPO=\angle B+\frac{1}{2}\angle F$$

$$\angle EQP=\angle CDF+\frac{1}{2}\angle F$$

所以需证

$$\angle CDF=\angle B$$

而$\angle CDF=\angle B$由已知条件"A,B,C,D共圆"直接得到，思路接通，问题解决.

一般说来，运用综合法叙述推理过程，简明扼要，条理清楚，但是，前进的道路往往不只一条，所以每逢歧路，选择甚难，有时单纯从条件出发，想不到从何处入手才有效. 而分析法执果索因，寻根较易，便于思考. 所以，几何证题在探索途径时，分析法优于综合法；在表述方面，分析法不如综合法.

在实际解题时，常常需要把分析法与综合法结合使用：一方面执果索因，追溯待证结论成立所必须的条件；另一方面由因导果，探求由已知条件必然产生的种种结果. 当两种思路接通时，问题便得到解决.

例3　已知在$\triangle ABC$中，$AB=AC$，圆O_1与$\triangle ABC$的外接圆圆O内切于点D，且与AB,AC切于P,Q两点，求证：PQ的中点M是$\triangle ABC$的内心(图2.9).

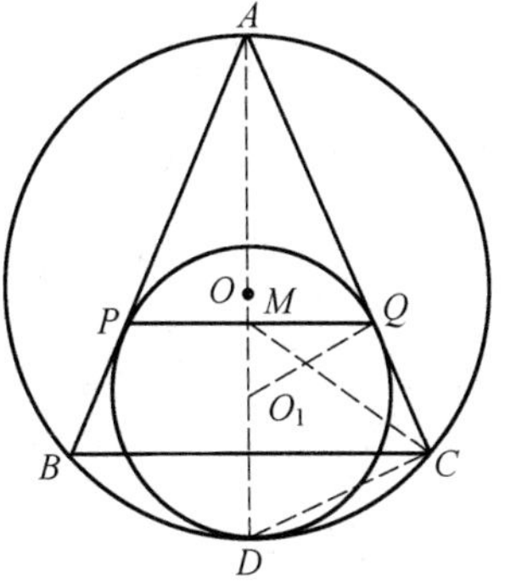

图2.9

分析　从已知得：由圆、等腰三角形的对称性，知A,M,O,O_1,D五点共线，且AD为圆O之直径，AD平分$\angle A$.

从未知看：欲证点M为$\triangle ABC$内心，需要证MC平分$\angle ACB$，即证$\angle ACM=\frac{1}{2}\angle ACB$.

连CD,O_1Q,DQ.

因为

$$O_1Q\perp AC$$

所以

$$\angle AO_1Q=\angle ACB$$

欲证$\angle ACM=\frac{1}{2}\angle ACB$，应设法证$\angle ACM=\frac{1}{2}\angle AO_1Q$.

再由已知得：因为M,D,C,Q四点共圆，所以

$$\angle MCQ=\angle MDQ$$

显然，$\angle MDQ=\frac{1}{2}\angle AO_1Q$，思路接通，证明途径唾手可得.

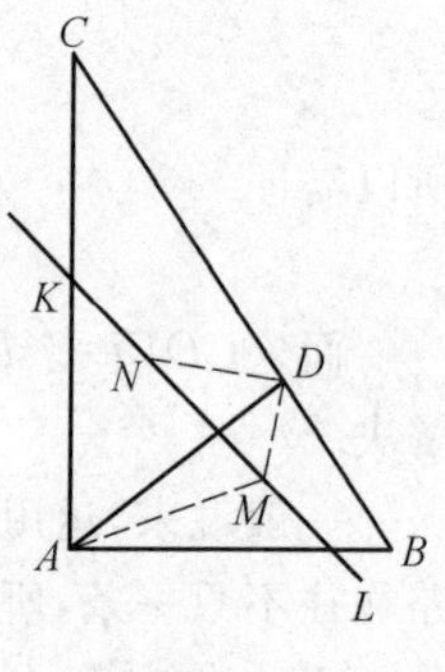

图 2.10

例 4 在 Rt△ABC 中，AD 是斜边 BC 上的高，点 M，N 分别为△ABD，△ADC 的内心，连 MN 并延长交 AB，AC 于点 L，K，求证：$S_{\triangle ABC} \geqslant 2S_{\triangle AKL}$（图 2.10）.

分析 欲证 $S_{\triangle ABC} \geqslant 2S_{\triangle AKL}$，需要证 $AB \cdot AC \geqslant 2AK \cdot AL$，即寻找出 AB，AC，AK，AL 之间的关系.

由已知条件可以推出

$$\mathrm{Rt}\triangle DAB \backsim \mathrm{Rt}\triangle DCA$$

因为点 M，N 为两相似三角形内心，所以

$$\angle MDN = 90°, DM : DN = AB : AC$$

故 $$\mathrm{Rt}\triangle DMN \backsim \mathrm{Rt}\triangle ABC$$

$$\angle DMN = \angle ABC$$

于是 D，M，L，B 四点共圆，$\angle ALK = \angle MDB = 45°$，$AK = AL$. 并且易证 $AL = AD$.

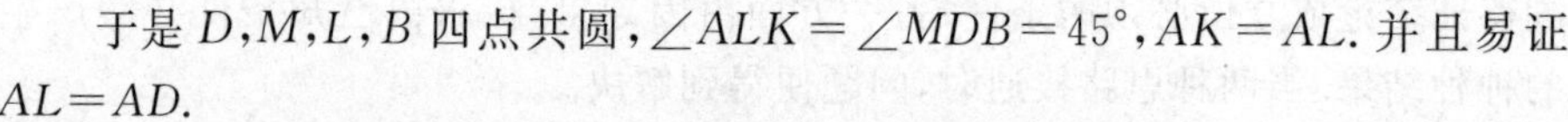

于是，只需要证明 $AB \cdot AC \geqslant 2AD^2$. 由于 $AD = \dfrac{AB \cdot AC}{BC}$，所以，只需要证明 $BC^2 \geqslant 2AB \cdot AC$. 因 $BC^2 = AC^2 + AB^2$，故命题得证.

2.2 直接证法与间接证法

要证明某个命题是真实的，可以根据具体情况，或者直接从原题入手，或者转而证明原命题的等效命题. 前者称为直接证法，后者称为间接证法.

一、直接证法

我们要证明命题“若 A 则 B”成立，可以从条件 A 出发，根据本系统公理和已知定理，按照逻辑推理规则，一直推出待证结论 B. 其思维过程如下

$$\text{条件 } A \Rightarrow A_1 \Rightarrow A_2 \Rightarrow \cdots \Rightarrow \text{结论 } B$$

像这样从原题入手的证明方法，叫做直接证法. 前面所举的例子都采用了直接证法.

二、间接证法

对于有些命题，如果不容易或者根本不可能从原题直接证明，这时不妨改证原命题的等效命题成立，这样的证明方法叫做间接证法.

在几何证题中，常见的间接证法有三种：

1. 同一法

如果一个命题是同一性命题，并且直接证明有困难，那么可以改证与原命题等效的逆命题，这种方法叫做同一法.

运用同一法证明“具有条件 A 的图形 F 必具有性质 B”，可按下列步骤进行：

(1)另作一图形 F'，使之具有结论性质 B(或部分结论性质)；

(2)证明所作图形 F'符合已知条件 A；

(3)由于已知条件所制约的图形具有唯一性，从而判定图形 F 与 F'重合，于是图形 F 具有性质 B.

例 5 在正方形内有一点 P，满足 $\angle PAB=\angle PBA=15^\circ$，求证：$\triangle PCD$ 是正三角形(如图 2.11).

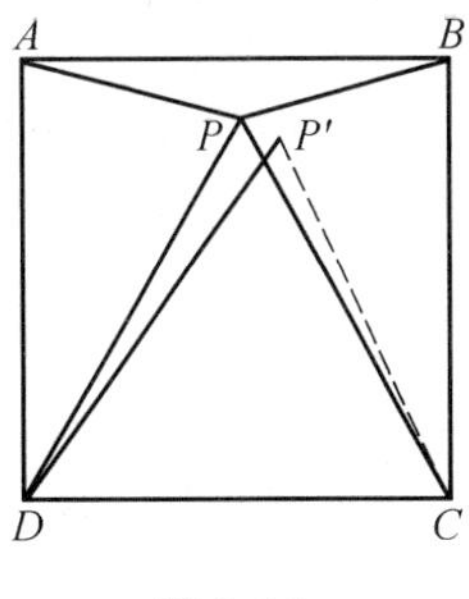

图 2.11

证明 以 DC 为边在正方形内作正三角形 $\triangle P'DC$，连 $P'A$，$P'B$.

因为

$$\angle P'DC=\angle P'CD=60^\circ$$

所以

$$\angle P'DA=\angle P'CB=30^\circ$$

且

$$AD=DP'=CP'=BC$$

于是

$$\angle DAP'=\angle CBP'=75^\circ$$
$$\angle P'AB=\angle P'BA=15^\circ$$

而$\angle PAB=15^\circ$，点 P'，P 在 AB 的同侧，所以 AP 与 AP'重合，同理 BP 与 BP'重合，则点 P 与 P'重合. 即$\triangle PCD$ 是正三角形.

此题用同一法思路简单. 如果用直接证法，虽构思巧妙，但不易想到. 下面介绍两种：

直接证法思路一：作正$\triangle QAB$(如图 2.12). 易知$\triangle PAB\cong\triangle QCD$，从而得 $PDQB$，$APCQ$ 是平行四边形，所以 $PD=BQ$，$AQ=PC$，$\triangle PDC$ 是正三角形.

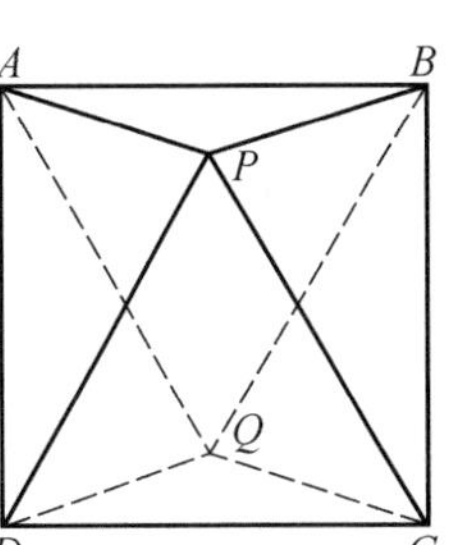

图 2.12

直接证法思路二：延长 BP 交 AD 于点 F(如图 2.13). 取 AB 中点 M，在 BM 上取点 N，使 $PN=BN$，则$\angle MNP=30^\circ$，$BN=PN=2PM=AF$. 于是，$\triangle AFB\cong\triangle BNC$.

因为$\angle ABF=\angle BCN=15^\circ$，所以$\angle BNC=75^\circ$，$\angle PNC=180^\circ-75^\circ-30^\circ=75^\circ$，故$\triangle BNC\cong\triangle PNC$，$\angle PCB=2\angle BCN=30^\circ$，$\triangle DPC$为正三角形.

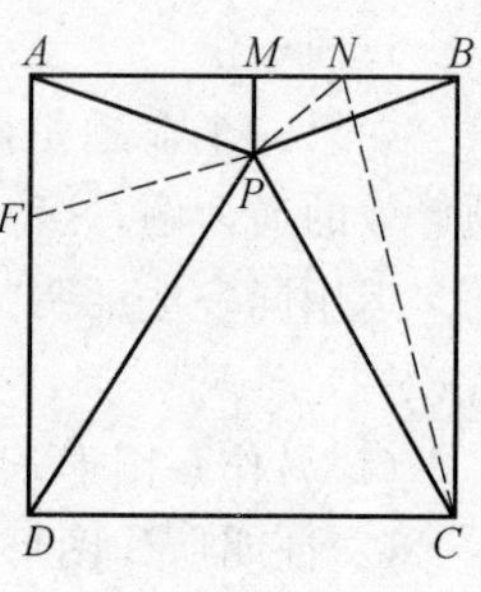

图 2.13

例 6(梅涅拉斯定理) 设 X,Y,Z 是$\triangle ABC$三边 BC,CA,AB 或延长线上的点，求证：三点 X,Y,Z 共线的充分必要条件是

$$\frac{\overline{XB}}{\overline{XC}}\cdot\frac{\overline{YC}}{\overline{YA}}\cdot\frac{\overline{ZA}}{\overline{ZB}}=1$$

证明 假定 X,Y,Z 三点共线，过点 C 作直线 XYZ 的平行线交 AB 于点 D(图 2.14). 则

$$\frac{\overline{XB}}{\overline{XC}}=\frac{\overline{ZB}}{\overline{ZD}},\frac{\overline{YC}}{\overline{YA}}=\frac{\overline{ZD}}{\overline{ZA}}$$

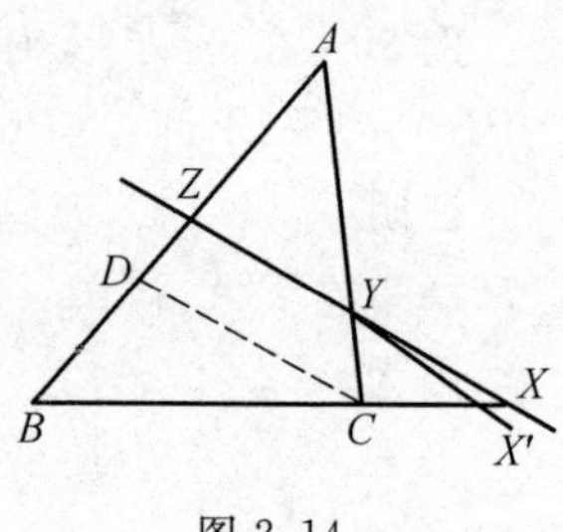

图 2.14

于是

$$\frac{\overline{XB}}{\overline{XC}}\cdot\frac{\overline{YC}}{\overline{YA}}\cdot\frac{\overline{ZA}}{\overline{ZB}}=\frac{\overline{ZB}}{\overline{ZD}}\cdot\frac{\overline{ZD}}{\overline{ZA}}\cdot\frac{\overline{ZA}}{\overline{ZB}}=1$$

下面运用同一法证明充分性.

如果

$$\frac{\overline{XB}}{\overline{XC}}\cdot\frac{\overline{YC}}{\overline{YA}}\cdot\frac{\overline{ZA}}{\overline{ZB}}=1$$

因$\frac{\overline{XB}}{\overline{XC}}\neq1$，故

$$\frac{\overline{ZA}}{\overline{ZB}}\neq\frac{\overline{YA}}{\overline{YC}}$$

于是，连线 ZY 必与 BC 相交，不妨设交点为 X'，由必要性证明知

$$\frac{\overline{X'B}}{\overline{X'C}}\cdot\frac{\overline{YC}}{\overline{YA}}\cdot\frac{\overline{ZA}}{\overline{AB}}=1$$

从而

$$\frac{\overline{X'B}}{\overline{X'C}}=\frac{\overline{XB}}{\overline{XC}}$$

点 X 与 X' 重合，则 X,Y,Z 三点共线.

梅涅拉斯定理是证明三点共线的有效工具. 运用类似的思想方法可以证明塞瓦定理：设 X,Y,Z 是$\triangle ABC$三边 BC,CA,AB 或其延长线上的点，则 AX，BY,CZ 三线共点或相互平行的充分必要条件是

$$\frac{\overline{XB}}{\overline{XC}}\cdot\frac{\overline{YC}}{\overline{YA}}\cdot\frac{\overline{ZA}}{\overline{ZB}}=-1$$

塞瓦定理解决线共点的问题十分有效.

例 7(西姆松定理)　P 是$\triangle ABC$ 外接圆上任一点,D,E,F 为点 P 在 BC,CA,AB 边上的射影,则 D,E,F 三点共线(此线称为西姆松线).

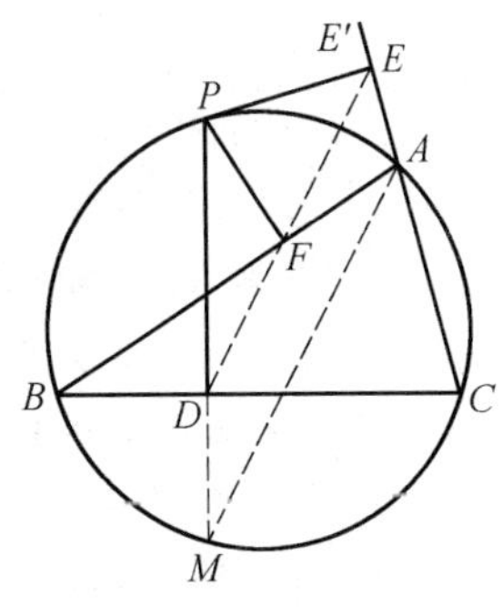

图 2.15

证明　如图 2.15,连 DF 并延长,与 AC 交于点 E'.

因为 P,B,D,F 四点共圆,所以

$$\angle PFE'=\angle PBD$$

又因为 P,B,C,A 四点共圆,所以

$$\angle PBD=\angle PAE'$$

故$\angle PFE'=\angle PAE'$,P,F,A,E' 四点共圆且

$$\angle PE'A=\angle PFB=90^\circ$$

又$\angle PEA=90^\circ$,所以点 E,E' 重合,则 D,E,F 三点共线.

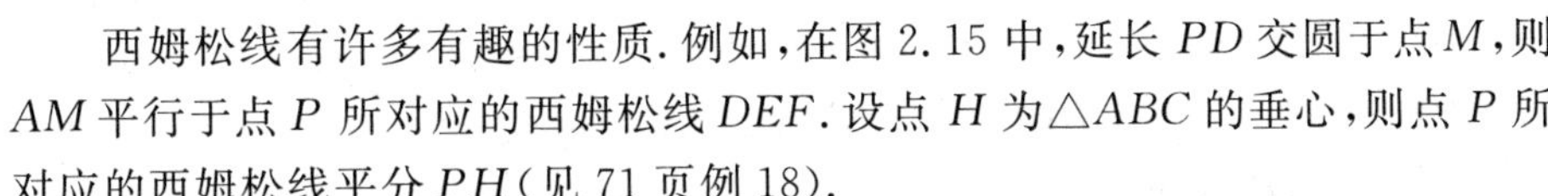
西姆松线有许多有趣的性质.例如,在图 2.15 中,延长 PD 交圆于点 M,则 AM 平行于点 P 所对应的西姆松线 DEF.设点 H 为$\triangle ABC$ 的垂心,则点 P 所对应的西姆松线平分 PH(见 71 页例 18).

必须注意,运用同一法证题的关键是证明所作的"具有性质 B 的图形 F'"与"具有条件 A 的图形 F"重合,因此必须熟悉、掌握一些有关点、线唯一性的命题.

2. 逆否命题法

欲证命题"$A\rightarrow B$"成立,改证其逆否命题"$\overline{B}\rightarrow\overline{A}$"成立.即从 $\overline{B}$ 出发,推导出 $\overline{A}$.

例 8　在凸四边形 $ABCD$ 中,已知 $AB+BD\leqslant AC+CD$,证明:$AB<AC$(见图 2.16).

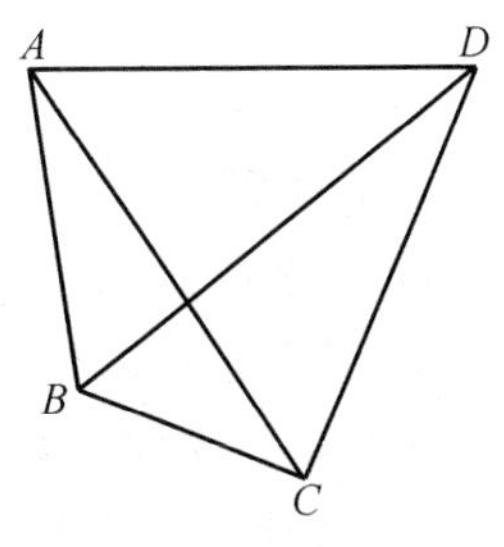

图 2.16

分析　直接证明原命题有困难,改证其逆否命题:在凸四边形 $ABCD$ 中,已知 $AB\geqslant AC$,则 $AB+BD>AC+CD$.

证明　因为 $AB\geqslant AC$,所以

$$\angle ACB\geqslant\angle ABC$$

于是

$$\angle BCD>\angle ACB\geqslant\angle ABC>\angle DBC$$

所以

$$BD>DC$$
$$AB+BD>AC+DC$$

原命题得证.

1840 年,莱默斯(C. L. Lehmus)提出了"等腰三角形两底角的角平分线长相等"的逆命题. 首先给出证明的是瑞士大几何学家斯泰纳(J. Steiner),后来此定理就以斯泰纳-莱默斯命名,并载入数学史册. 该定理的证法,至 1980 年已有 80 多种,但多数为间接证法.

下面介绍的是较简单的一种证法——逆否命题法.

例 9(斯泰纳-莱默斯定理) 两内角平分线相等的三角形是等腰三角形.

已知在$\triangle ABC$中,BE,CF是$\angle B$,$\angle C$的角平分线,且$BE=CF$.

求证:$\angle B=\angle C$(图 2.17).

证明 若$\angle B\neq\angle C$,不妨设$\angle B<\angle C$,则

$$\angle ECF>\angle EBF$$

在$\angle ECF$内作$\angle FCE'=\angle EBF$,交BE于点E',则F,B,C,E'四点共圆.

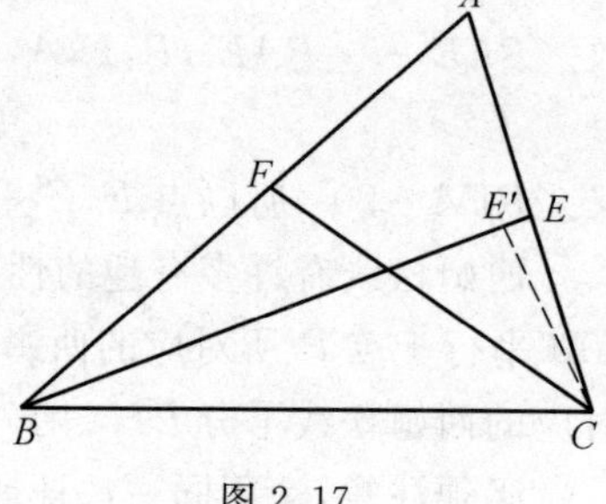

图 2.17

因为

$$\angle B<\frac{1}{2}(\angle B+\angle C)<\frac{1}{2}(\angle B+\angle C+\angle A)=\frac{\pi}{2}$$

所以,在圆BCF中,圆周角$\angle FBC$,$\angle BCE'$都是锐角. 较小的角所对的弦较短. 由于$\angle FBC<\angle BCE'$,故

$$FC<BE'<BE$$

即

$$FC\neq BE$$

原命题得证.

3. 反证法

欲证命题"$A\to B$"成立,改证其等效命题"$A\wedge\overline{B}\to C\wedge\overline{C}$"成立,其中$C$为任一命题,这种证法叫做反证法.

用反证法完成命题"若A则B"的证明,大体上有三个步骤:

(1)反设——否定结论B,即假设结论的否定$\overline{B}$成立;

(2)归谬——把反设$\overline{B}$作为辅助条件,添加到题设中去,然后从这些条件出发,通过一系列正确的逻辑推理,得到矛盾命题C,$\overline{C}$;

(3)结论——由所得矛盾说明原命题成立.

例 10　证明:圆内非直径的两条弦不能相互平分.

已知:AB,CD 是圆 O 的两条相交弦,但不是直径.

求证:AB,CD 不能相互平分(图 2.18).

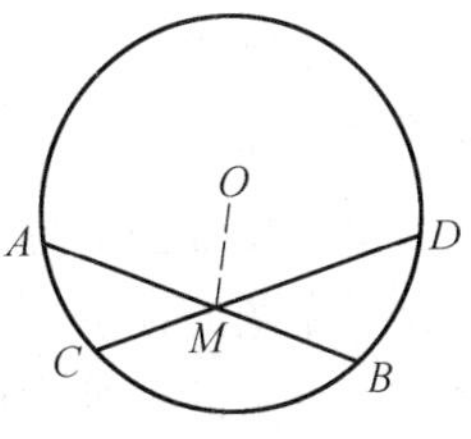

图 2.18

证明　如果 AB,CD 相互平分于点 M,则

$$AM=BM,CM=DM$$

因为 AB,CD 非直径,所以圆心 O 不在 AB,CD 上,连 OM,则

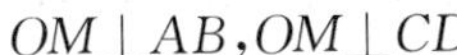

$$OM\perp AB,OM\perp CD$$

这说明过点 M 有两条直线 AB,CD 与 OM 垂直,与垂线的唯一性矛盾.

所以,AB,CD 不能相互平分.

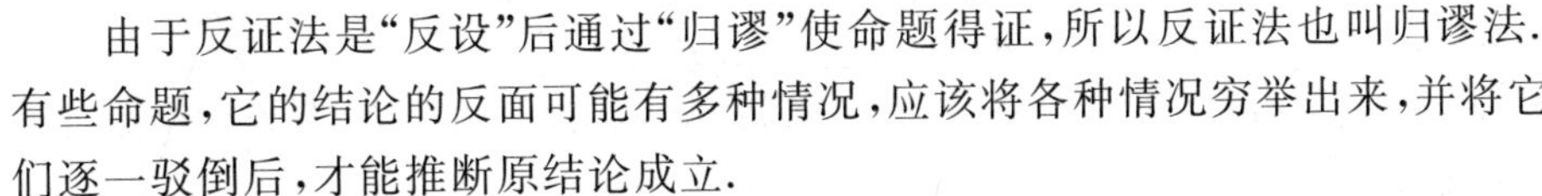

由于反证法是“反设”后通过“归谬”使命题得证,所以反证法也叫归谬法.有些命题,它的结论的反面可能有多种情况,应该将各种情况穷举出来,并将它们逐一驳倒后,才能推断原结论成立.

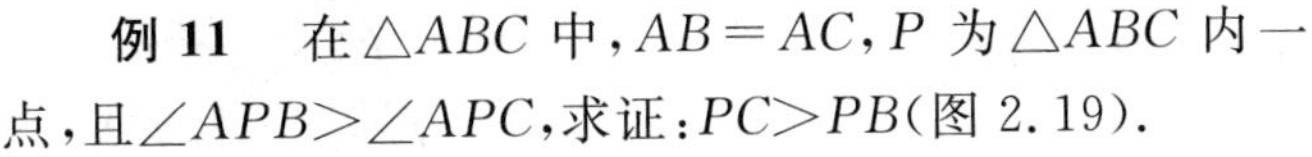

例 11　在$\triangle ABC$ 中,$AB=AC$,P 为$\triangle ABC$ 内一点,且$\angle APB>\angle APC$,求证:$PC>PB$(图 2.19).

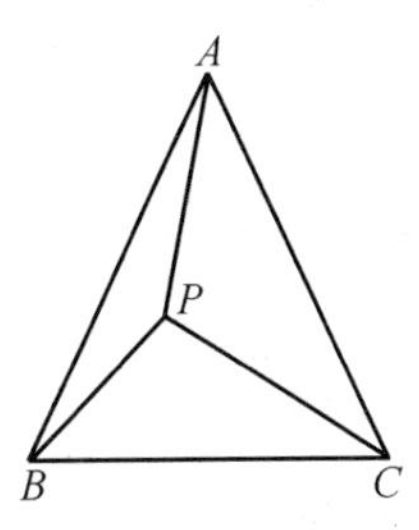

图 2.19

反证　(1)若 $PC=PB$,由于 $AB=AC$,所以

$$\triangle ABP\cong\triangle ACP$$

$$\angle APB=\angle APC$$

与$\angle APB>\angle APC$ 矛盾.

(2)若 $PC<PB$,则

$$\angle PBC<\angle PCB$$

于是

$$\angle ABP>\angle ACP$$

又$\angle APB>\angle APC$,从而

$$\angle BAP<\angle CAP$$

在$\triangle BAP$ 和$\triangle CAP$ 中,有

$$AB=AC,AP=AP,\angle BAP<\angle CAP$$

所以

$$PB<PC$$

与 $PC<PB$ 矛盾.

原命题得证.

由上述例子可知,运用反证法证题的逻辑思路和逻辑依据可以写成下面的形式:

$$\left.\begin{array}{l}\text{已知条件 } A\\ \text{否定结论 } \overline{B}\end{array}\right\}\Rightarrow B_1\Rightarrow B_2\Rightarrow\cdots\Rightarrow C \text{ 及 } \overline{C}$$(C 是公理、定义、定理、已知条件或假设等任一命题)$\underset{\text{矛盾律}}{\Rightarrow} A\wedge\overline{B}$ 假,即 $\overline{A\rightarrow B}$ 假 $\underset{\text{排中律}}{\Rightarrow} A\rightarrow B$ 为真命题.

由于反证法的推理过程无既定目标,只要由正确的推理导致矛盾的结果就完成了命题的证明,这正是反证法的优越之处.有些数学问题用直接证法,会遇到难以克服的困难或根本不可能予以解决,而用反证法来证明却能迎刃而解.因此,反证法是证明一些难题的钥匙.

例 12 在 $\triangle ABC$ 的 AB,AC 边上截取 $AD=AE$,连 CD 与 BE,相交于点 F.若 $\triangle BDF$,$\triangle CEF$ 的内切圆半径相等,求证:$\triangle ABC$ 是等腰三角形.

证明 如图 2.20 所示,设两个内切圆圆心分别为 O_1,O_2,圆 O_1,圆 O_2 分别切 CD,BE 于点 G,H.容易证明 $\mathrm{Rt}\triangle O_1FG\cong\mathrm{Rt}\triangle O_2FH$,$FG=FH$.因为 $AD=$
54 AE,所以 $\angle ADE=\angle AED$,如果能证得 $DF=EF$,则

$$\angle FDE=\angle DEF$$

于是

$$\angle AEB=\angle ADC$$

$$\triangle ABE\cong\triangle ACD$$

$$AB=AC$$

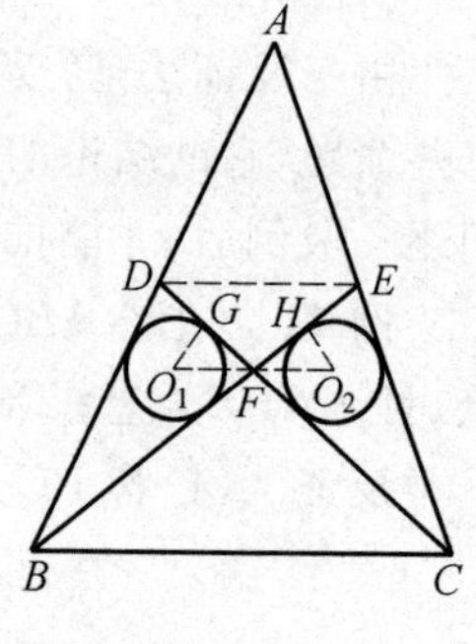

图 2.20

命题得证.

下面用反证法证明 $DF=EF$.

若 $DF>EF$,则 $DG>EH$,$\angle DEF>\angle EDF$.

由于 $\angle ADE=\angle AED$,所以 $\angle CDB>\angle BEC$,$\angle O_1DC>\angle O_2EB$.

在 $\mathrm{Rt}\triangle O_1DG$,$\mathrm{Rt}\triangle O_2HE$ 中,有

$$O_1G=O_2H$$

$$\angle O_1DG>\angle O_2EH$$

所以

$$DG=O_1G\cdot\cot\angle O_1DG<O_2H\cdot\cot\angle O_2EH=HE$$

与 $DG>EH$ 矛盾.

同理,由 $DF<EF$ 也可推出矛盾.所以 $DF=EF$.

在用反证法证题时必须注意以下几个问题:

(1)必须正确地“否定结论”,这是运用反证法的前提.例如,“平面上两直线至多有一个交点”的否定是“平面上两直线至少存在两个交点”;“至少有一条边小于$\sqrt{3}$”的否定是“所有的边大于或等于$\sqrt{3}$”;“$\triangle ABC$是锐角三角形”的否定是“$\triangle ABC$是直角三角形或者$\triangle ABC$是钝角三角形”.

(2)在添加补充“假设”后,由原题结论的否定和条件出发进行推导,整个推理过程必须准确无误.否则,不是推不出矛盾,就是无法判断所得结论是否正确.

(3)反证法虽然是解决数学问题的利器,但并非所有的证明题都适宜用反证法.适宜用反证法证明的数学问题有这样几种类型:

①已知条件少而简单的命题;

②结论是否定形式的命题;

③关于“存在性”及“唯一性”的命题;

④直接证明有困难的命题,等.

注记 三种间接证法中.反证法应用范围最广.凡是可用同一法、逆否命题法解决的问题都可用反证法来证明.

2.3 演绎推理与合情推理

根据已知的公理、定义、定理、定律,遵循正确的推理规则来推断某个结论或命题成立,亦即由一般到特殊的推理,叫做演绎推理.演绎推理是论证一个数学命题真实性的重要推理方法与手段.一个命题经过演绎推理的证明,其真实性就毫无疑问地被确认、被接受.

合情推理是一种可能性推理,它是根据人们的观察、试验、分析,融直觉、灵感与逻辑于一体而得到的一种可能性推理.

例13 $\triangle A_0A_1A_2$是单位圆内接正三角形,通过计算知

$$|A_0A_1|\cdot|A_0A_2|=3$$

$A_0A_1A_2A_3$是单位圆内接正四边形,通过计算得

$$|A_0A_1|\cdot|A_0A_2|\cdot|A_0A_3|=4$$

$$\vdots$$

猜测一般结论:单位圆内接正n边形$A_0A_1\cdots A_{n-1}$

$$|A_0A_1|\cdot|A_0A_2|\cdots|A_0A_{n-1}|=n$$

也成立.

上述由特殊情况得出一般结论的推理就是一种合情推理.

事实上，论证数学知识用的是演绎推理，而知识的发现则来自于合情推理.演绎推理不能提供有关周围世界的新知识，只能从逻辑上论证某命题的真实性，而合情推理却能帮助我们发现真理和探究证明的线索、途径与方法.

然而，演绎推理具有逻辑可靠性，但合情推理得出的结论可能正确，也可能错误，因此要通过演绎推理证明其结论成立，或者举反例推翻它.不管哪种形式，演绎推理对于结论的最后裁决起着决定性的作用.

由此可见，数学知识的学习与问题的解决，既含有演绎推理的成分，又含有合情推理的成分，两者相辅相成，共同发挥作用.合情推理虽然有不可靠的一面，但是，它依赖于对特殊情况的观察、归纳；对相似问题的类比、概括，它的结论就有合乎情理的一面.充分运用合情推理为自己提供依据，又善于借助演绎推理肯定或修正结论，我们就能灵活地处理各种数学问题.

常用的合情推理的形式有特殊化、归纳、类比.特殊化是从一类对象的研究，转向考虑包含在这类对象中较小的一类对象的研究；归纳是从特殊事物的性质推得一般对象的性质的思维；类比是根据两个问题系统在某些方面的一致性来推测另一部分的一致性的思维.

例 14　问题 1　求三维空间至多被 n 个平面分割的区域个数 $F(n)$.

先考虑特殊情况：$F(1)=2,F(2)=4,F(3)=8$，但凭借几何直观难以想象四个平面的情况，不妨转向考虑平面上类似的问题：

问题 2　求一个平面至多被 n 条直线分割的区域个数 $G(n)$.

先考虑特殊情况：$G(1)=2,G(2)=4,G(3)=7,G(4)=11$，但是随着直线数目的增多，情况越来越复杂，不能立即得出 $G(n)$ 的一般表达式.于是，通过类比进一步考虑更简单的问题：

问题 3　求一直线至多被 n 个点分成的段数 $S(n)$.

显然，这个问题极易解决. $S(1)=2,S(2)=3,\cdots,S(n)=n+1$.

将以上讨论的结果整理成下表：

分割元素的数目 n	被分割出的数目		
	空间被平面 $F(n)$	平面被直线 $G(n)$	直线被点 $S(n)$
1	2	2	2
2	4	4	3
3	8	7	4
4	16	11	5
⋮	⋮	⋮	⋮
n	2^n	$\frac{(2+n)(n-1)}{2}$	$n+1$

观察上表,发现 $G(n)$ 和 $S(n)$ 列中的并列两数之和,等于 $G(n)$ 的下列中的数字;$F(n)$ 和 $G(n)$ 列中的并列两数之和等于 $F(n)$ 的下列中的数字. 于是猜想出一般结论

$$G(n)=G(n-1)+S(n-1)$$
$$F(n)=F(n-1)+G(n-1)$$

这个结论是否正确? 如果正确,又应怎样进行证明呢?

还是从特殊情况进行分析:三条直线把平面至多分成七部分,第四条直线 l 与前三条直线均相交,三个交点分别为 A_1,A_2,A_3(图 2.21). 直线 l 所穿过的区域均被 l 分为两部分,于是增加的区域数就等于直线 l 穿过的区域数,而直线 l 穿过的区域数等于 l 被点 A_1,A_2,A_3 分成的段数 $S(3)$,于是

$$G(4)=G(3)+S(3)$$

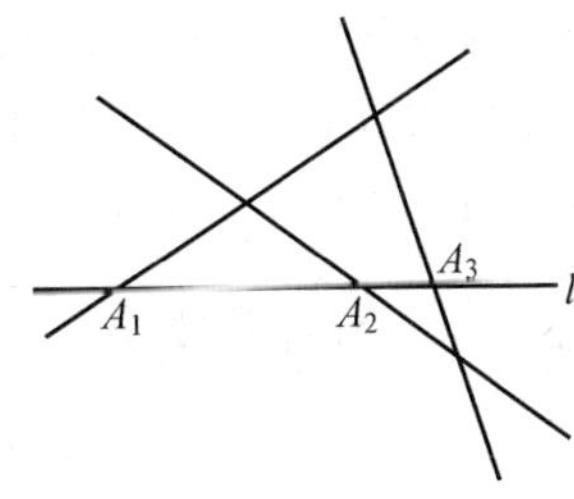

图 2.21

对 $n=4$ 的分析,可以一字不差地适用于一般情况 $G(n)=G(n-1)+S(n-1)$,一般地总有

$$G(n)=G(n-1)+n$$

于是

$$G(n)=1+n+\sum_{i=1}^{n-1} i=\mathrm{C}_n^0+\mathrm{C}_n^1+\mathrm{C}_n^2$$

关于平面的 $G(n)$ 表达式的推导也可以类比到三维空间,于是

$$F(n)=F(n-1)+G(n-1)$$

$$\begin{aligned}F(n)&=F(1)+\sum_{i=1}^{n-1}\mathrm{C}_i^0+\sum_{i=1}^{n-1}\mathrm{C}_i^1+\sum_{i=2}^{n-1}\mathrm{C}_i^2\\&=2+(n-1)+\mathrm{C}_n^2+\mathrm{C}_n^3\\&=\mathrm{C}_n^0+\mathrm{C}_n^1+\mathrm{C}_n^2+\mathrm{C}_n^3\quad(n\geqslant 3)\end{aligned}$$

这样,刚开始提出的三个问题均得到圆满的解决.

当然,如果把 $S(n)=n+1$ 记为 $S(n)=\mathrm{C}_n^0+\mathrm{C}_n^1$,那么,由 $S(n),G(n),F(n)$ 的表达式可以归纳出更一般的结论:m 维空间最多能被 n 个 $m-1$ 维平面分割的区域数为 $E_m^{(n)}=\mathrm{C}_n^0+\mathrm{C}_n^1+\cdots+\mathrm{C}_n^m$.

我们通过一个例子说明了合情推理(特殊化、归纳、类比等)在解决问题过程中所发挥的作用. 至于如何运用合情推理来探索几何证题的途径,寻求几何证明的方法,详见 §3 及第 6 章有关内容.

§3　几何证题的思考方法

进行几何证明,首先必须准确理解题意,然后根据问题所提供的信息,探索解题途径.

在数学证题中,问题的解决常贯穿着"转化"的思想,就是设法将较难问题转化为较易问题,将未知问题转化为已知问题,将复杂问题转化为简单问题.本节介绍的分解拼补、问题转换、特殊化与类比、面积法等证题方法,从不同的角度说明了转化的途径,启发我们如何去思考问题、解决问题.

3.1　分解拼补法

分解法是将一个图形分解成几个简单的图形或者具有某种关系的几个图形,然后通过对分解后图形的研究来推出原题的结论.

 拼补法是将两个图形拼合成一个图形,或者把一个图形扩充为一个新图形,然后借助于新图形推导出所求结论.

例 1　设 $ABCD$ 是任意四边形,点 E,F 将 AB 三等分,点 G,H 将 CD 三等分,连 EH,FG,求证

$$S_{四边形EFGH}=\frac{1}{3}S_{四边形ABCD}$$

分析　要想直接寻找四边形 $EFGH$ 与四边形 $ABCD$ 之间的面积关系有困难,考虑到点 E,F 均分 AB,点 G,H 均分 CD,不妨把四边形 $EFGH$ 分解为两个三角形,然后逐步寻找与四边形 $ABCD$ 的面积关系.

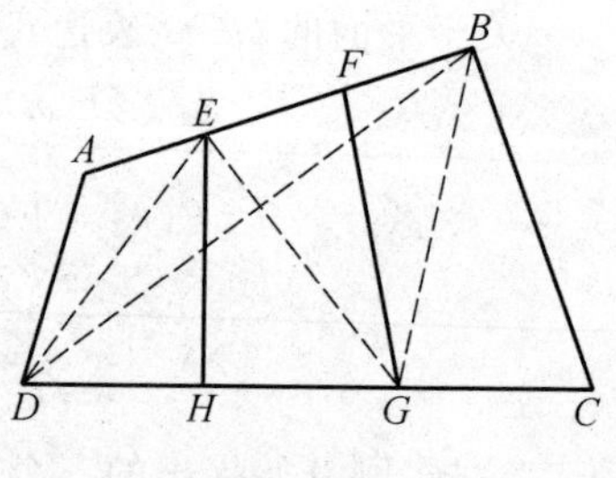

图 2.22

证明　连 EG(如图 2.22 所示),则

$$S_{\triangle EGH}=\frac{1}{2}S_{\triangle DEG},S_{\triangle EFG}=\frac{1}{2}S_{\triangle EGB}$$

$$S_{EFGH}=\frac{1}{2}S_{\triangle DEG}+\frac{1}{2}S_{\triangle EGB}=\frac{1}{2}S_{DEBG}$$

要找出四边形 $DEBG$ 与四边形 $ABCD$ 面积之间的关系,需要对四边形 $DEBG$ 重新分解.连 DB,则

$$S_{\triangle DBE}=\frac{2}{3}S_{\triangle DBA},S_{\triangle DBG}=\frac{2}{3}S_{\triangle DBC}$$

所以

$$S_{\text{四边形}EFGH}=\frac{1}{2}S_{\text{四边形}DEBG}=\frac{1}{2}\cdot\frac{2}{3}S_{\text{四边形}ABCD}=\frac{1}{3}S_{\text{四边形}ABCD}$$

例 2(托勒密定理)　如图 2.23 所示，$ABCD$ 是圆内接四边形，AC，BD 为对角线，求证

$$AB\cdot CD+AD\cdot BC=AC\cdot BD$$

分析　待证结论是个关于几何量运算的二次齐次式. 在一般情况下，不可能像代数式那样对之进行恒等变形，必须设法把 $AC\cdot BD$ 分解成两个乘积的和，使 $AC\cdot BD=BD\cdot x+BD\cdot y$，且 $x+y=AC$，这就启发我们把图形分解：在 AC 上取一点 E，使得 $AB\cdot CD=BD\cdot AE$，然后证明 $AD\cdot BC=BD\cdot CE$.

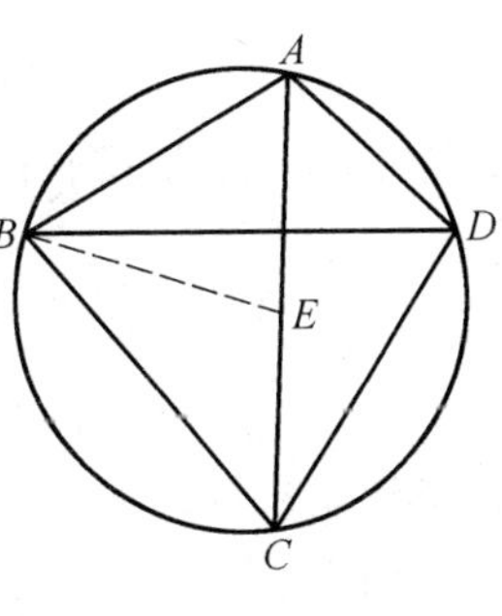

图 2.23

由于$\triangle ABE\backsim\triangle DBC$，所以$\angle ABE=\angle DBC$，于是$\angle ABD=\angle EBC$，又$\angle BCE=\angle BDA$，所以$\triangle ABD\backsim\triangle EBC$，$AD\cdot BC=BD\cdot CE$.

托勒密定理是个重要的基本定理，它揭示了圆内接四边形六条线段之间的量的关系. 运用托勒密定理可以证明一些与圆有关的命题. 例如，“正三角形外接圆上一点，到一顶点的距离为到其他两顶点的距离之和”.

托勒密定理有多种证明方法，例 2 通过对结论等式的分析，从而求得从图形分解的途径，以致问题得到解决.

例 3　若两个三角形两边对应相等，而夹角不等，则夹角大的所对边也大.

已知在$\triangle ABC$，$\triangle A'B'C'$中，$AB=A'B'$，$AC=A'C'$，$\angle A>\angle A'$，求证

$$BC>B'C'$$

分析　要比较 BC 与 $B'C'$ 的大小，而它们分散于两个三角形中，不容易产生联系. 于是运用拼合的方法，将$\triangle A'B'C'$搬至$\triangle A''B''C''$的位置，使得 $A''C''$ 与 AC 重合(如图 2.24). 作$\angle BAB''$的平分线 AE，由于$\angle BAC>\angle CAB''$，所以角平分线落在$\angle BAC$ 内，设交 BC 于点 E. 因为 $AB=A'B'=AB''$，所以 $B''E=BE$.

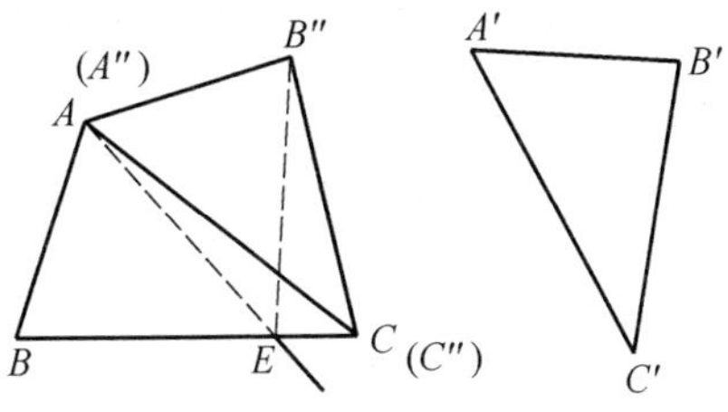

图 2.24

在$\triangle B''EC$ 中，$EC+B''E>B''C$，即 $BC>B'C'$.

拼合法常应用于证明两个图形之间具有某种性质的命题.

例 4　如图 2.25 所示，AD 是$\triangle ABC$ 的 BC 边上的中线，O 为 AD 上一点，BO，CO 与 AC，AB 分别交于点 E，F，求证

$$EF /\!/ BC$$

分析 已知条件中没有角相等的前提，于是设法借助于比例关系来证 $EF /\!/ BC$.

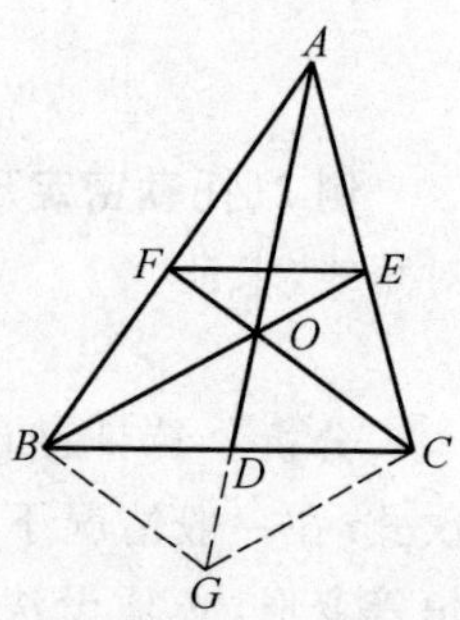

图 2.25

要证$\frac{AF}{FB}=\frac{AE}{EC}$，必须有个过渡比.而 D 是 BC 中点，延长 OD 至点 G，使得 $DG=OD$，则$\triangle BOC$ 扩充为平行四边形，得到两组平行线 $BG /\!/ FC$，$CG /\!/ BE$. 由$\frac{AF}{FB}=\frac{AO}{OG}$，$\frac{AO}{OG}=\frac{AE}{EC}$知$\frac{AF}{FB}=\frac{AE}{EC}$，从而证得 $EF /\!/ BC$.

上例说明，题目中有中点条件，常把三角形扩充为平行四边形，利用平行四边形性质来证题.

例 5 如图 2.26 所示，$\triangle ABC$ 的内切圆 I 切 BC 于点 N，$CE\perp AI$，CE 交 AI 于点 E，$BF\perp AI$ 于点 F，M 为 BC 中点.求证

$$ME=MF=MN$$

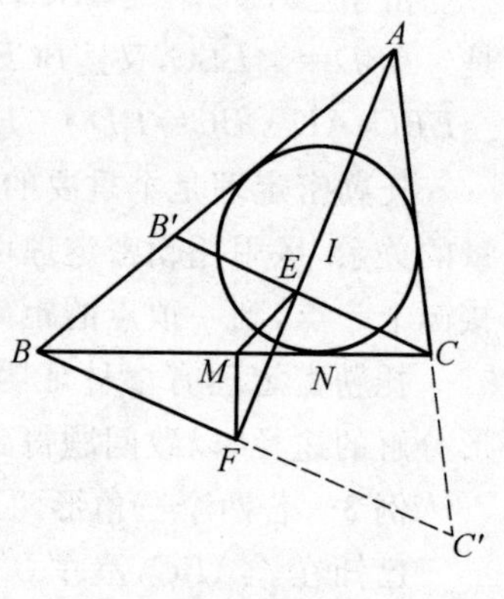

图 2.26

分析 AI 是角平分线，$CE\perp AI$，$BF\perp AI$，因此延长 CE，BF 分别交 AB，AC 于点 B'，C'，则扩充后的图形$\triangle ACB'$，$\triangle ABC'$为等腰三角形，点 E，F 为 $B'C$，BC'的中点，由中位线定理，$EM=\frac{1}{2}BB'$，$FM=\frac{1}{2}CC'$，易知 $BB'=CC'$，所以 $EM=MF$.

通过直接计算可知

$$EM=\frac{1}{2}BB'=\frac{1}{2}(AB-AC)$$

$$\begin{aligned}MN&=BN-\frac{1}{2}BC\\&=\frac{1}{2}(AB+BC-AC)-\frac{1}{2}BC\\&=\frac{1}{2}(AB-AC)\end{aligned}$$

于是

$$MN=EM=FM$$

例 5 的分析告诉我们,如有一线段垂直于一角的平分线的条件,则可把图形扩充为等腰三角形.

例 6 在$\triangle ABC$中,从顶点 A 出发的中线 AM、角平分线 AT、高 AH 若将$\angle A$四等分,求$\triangle ABC$三内角的度数.

分析 在$\triangle ABC$中考察从一个顶点出发的中线、角平分线、高线,难以发现它们之间的关系.不妨作出$\triangle ABC$的外接圆,将图形放在圆中来分析(图 2.27).

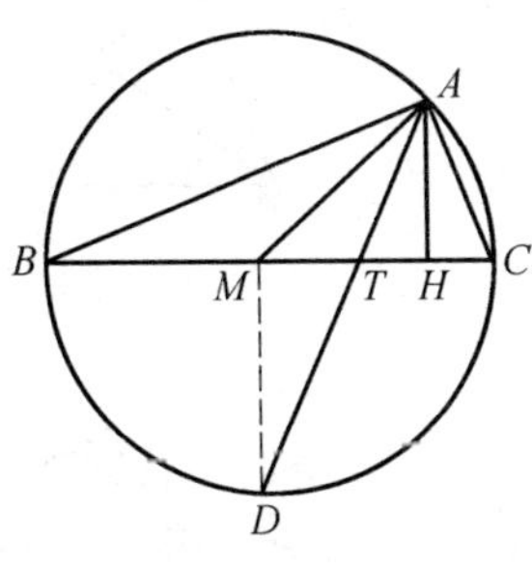

图 2.27

延长 AT 交圆于点 D,则 D 为$\overset{\frown}{BC}$中点,$DM \perp BC$,故外接圆圆心应该是 DM 与 AD 中垂线的交点.由于 $DM \parallel AH$,$\angle MAD=\angle DAH$,所以$\triangle AMD$是等腰三角形,M 为圆心,$\angle A=90°$,从而易求得$\angle B=22.5°$,$\angle C=67.5°$.

本题如果利用三角形角平分线的性质,也可以得到解决,但不及上述解法简洁、巧妙.

可以看出,运用分解、拼合、扩补等手段对几何图形进行重新组合,从而使隐蔽的已知与未知的关系明朗化,可以达到解题的目的.所以,分解、拼补法是几何证题的一种基本的思考方法.它不仅适用于平面几何,也适用于立体几何(见第 6 章有关内容)的解题.在平面几何中,许多基本定理的证明常采用此方法.不仅如此,对于某些复杂的问题,灵活运用合与分的思想,也可使解题简便.

例 7 斯泰纳一莱默斯定理的又一证法.

证明 把图 2.28(a)分解,重新拼补成图 2.28(b).在图 2.28(b)中,因为

$$\angle BA'E=\angle BA''E=\angle A$$

所以 A',A'',E,B 四点共圆,$\angle 1=\angle 2$.

因为

$$\angle A''I''E=\angle 2+\angle \alpha=\angle 1+\angle \alpha=\angle A''A'I'$$

所以 A',A'',I',I''四点共圆.

由于

$$A'I'=A''I''=AI$$

从而 $A'A''I''I'$ 是等腰梯形.$\angle A'EB=\angle 1=\angle 2$,于是,在图 2.28(b)中

$$\angle ACF=\angle ABE$$

即

$$\angle B=\angle C$$

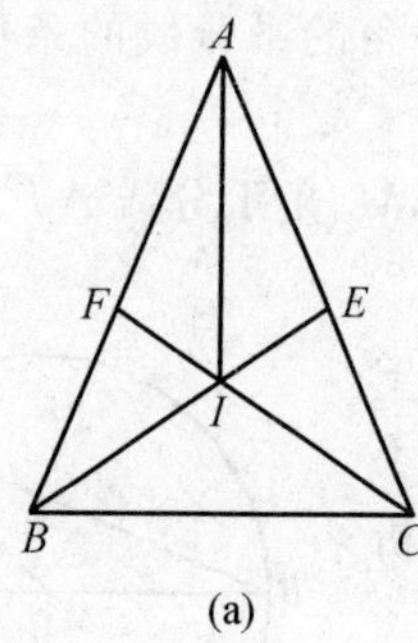

(a)

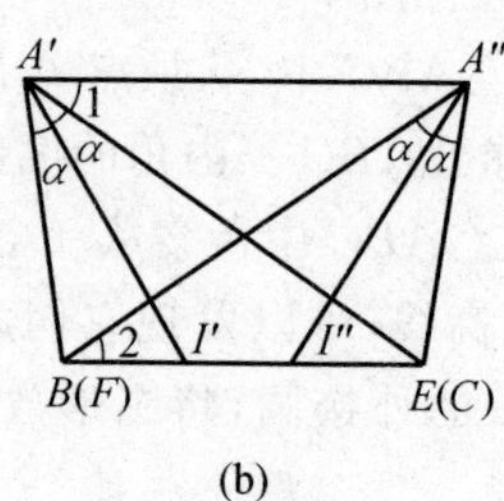

(b)

图 2.28

这是斯泰纳一莱默斯定理的一种比较简单的直接证法. 它运用分解、拼合、叠置等手段,对图形图 2.28(a)进行变化,使之重新组合成图形 2.28(b),且保留了其中关键元素的量与相互之间的关系不变. 在图 2.28(b)中,由于条件增多,所以容易寻找出已知与未知的关系.

例 8 一个圆内接凸八边形的四条相邻边的边长等于 3,另四条相邻边边

长为 2. 求凸八边形的面积(图 2.29).

思路分析一 先直接求出圆半径. 设半径为 x,则$\angle AOB=2\arcsin\frac{3}{2x}$,$\angle EOF=2\arcsin\frac{1}{x}$.

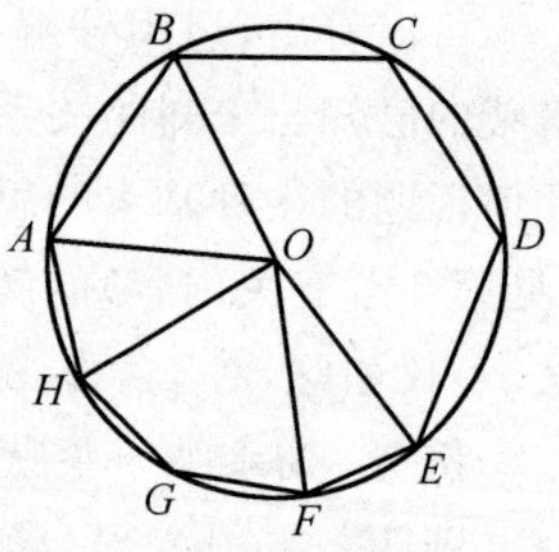

图 2.29

由 $8\left(\arcsin\frac{3}{2x}+\arcsin\frac{1}{x}\right)=360^\circ$,得

$$\arcsin\frac{3}{2x}+\arcsin\frac{1}{x}=45^\circ$$

然后解此三角方程,得

$$x^2=\frac{13+6\sqrt{2}}{2}$$

圆心 O 到 AB,EF 的距离分别为

$$h_1=\frac{3+2\sqrt{2}}{2},h_2=\frac{3\sqrt{2}+2}{2}$$

$$S=4\times\frac{1}{2}\times\left(3\times\frac{3+2\sqrt{2}}{2}\times2\times\frac{3\sqrt{2}+2}{2}\right)=13+12\sqrt{2}$$

此法思路简单,但计算繁琐.

思路分析二 将八边形分解成八个等腰三角形,把底边为 2 和底边 3 的两三角形拼合,构成一个四边形(如图 2.29 中的四边形 $OHAB$).

在四边形 $OHAB$ 中,连 HB,则四边形分解为两个三角形,于是

$$S_{\text{四边形}OHAB}=S_{\triangle OHB}+S_{\triangle HAB}$$

因为$\angle HAB=135^\circ$,所以

$$S_{\triangle HAB}=\frac{1}{2}\times 2\times 3\sin 135^\circ=\frac{3\sqrt{2}}{2}$$

又

$$S_{\triangle OHB}=\frac{1}{4}HB^2=\frac{1}{4}(2^2+3^2-12\cos 135^\circ)$$

$$=\frac{1}{4}(13+6\sqrt{2})$$

$$S_{\text{四边形}OHAB}=\frac{1}{4}(13+12\sqrt{2})$$

所以八边形面积为

$$S=13+12\sqrt{2}$$

思路分析三　将八边形分解成八个三角形,然后重新拼合成一个具有对称性的八边形,再把它扩充为正方形(如图 2.30).

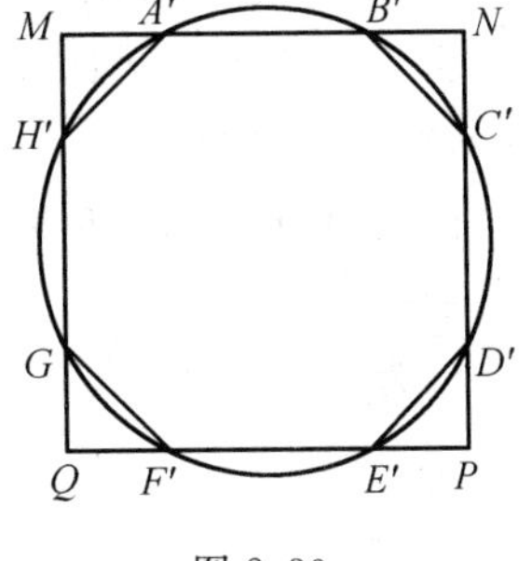

图 2.30

于是,原八边形的面积

$$S=S_{MNPQ}-4S_{\triangle MA'H'}$$

$$=(3+2\sqrt{2})^2-4$$

$$=13+12\sqrt{2}$$

第二、三种方法不受原来图形的束缚,利用在运动过程中图形面积不变的性质,将原图形分解,重新组合成新的规则图形,使得解题途径清晰可见,问题解答唾手可得.

3.2　命题转换法

善于应用转换的思想去解决问题是数学思维的一个特点.当直接求解某一个问题有困难时,常常把它转化为另一个形式,成为某个容易解决的问题,或已经解决的问题.前面我们已经不只一次地使用过这种方法,这里着重从转换命题形式和分割命题的角度来研究几何证题.

一、转换命题的结论

欲证命题"$A\to B$"成立,如果不能直接寻找出条件 A 与结论 B 之间的关系,可设法将结论 B 转化为命题 B'(B'是 B 的等效命题,或者是 B 的充分条

件)，然后证明新命题"$A \to B'$".证题时常用的分析法也是一种结论的转换，每向前追溯一步相当于将结论转化了一次.常见的转换结论的类型有：

1.相等问题

欲证 $a=b$，可找出中间量 c，使 $c=a$，再证 $c=b$；或作 $c=a$，$d=b$，再证 $c=d$（a,b,c,d 表示同类几何量，如线段、角、比、面积等）.

例9 如图 2.31 所示，$\triangle ABC$ 中，$AD\perp BC$，$CE\perp AB$，取 $AF=AD$，$FG/\!/BC$，求证

$$CE=FG$$

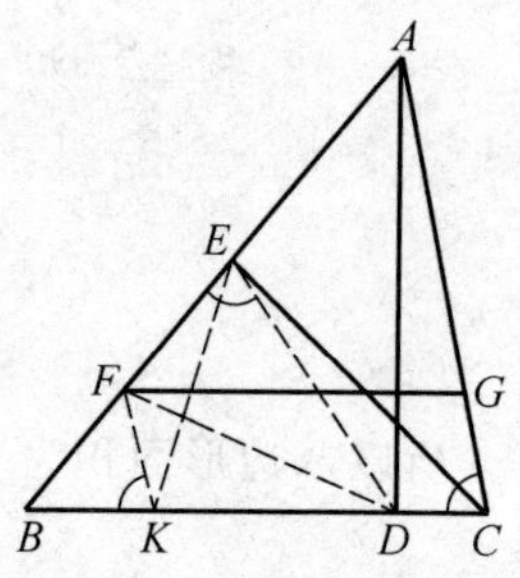

图 2.31

分析 线段 CE，FG 相交，它们既不是等腰三角形的两条腰，也不属于一对全等的三角形.要证 $CE=FG$，想法寻找中间量作为媒介，为此引 $FK/\!/AC$ 交 BC 于点 K，则 $CK=FG$.从而改证 $CE=CK$，即证 $\triangle CEK$ 为等腰三角形.

由于 $\angle BCE=\angle BAD$，$AF=AD$，所以只需证明 $\triangle CEK\backsim\triangle AFD$.

因为 A,E,D,C 四点共圆，所以

$$\angle BED=\angle C$$

因为

$$FK/\!/AC$$

所以

$$\angle FKC+\angle BED=180°$$

又 F,K,D,E 四点共圆，则

$$\angle AFD=\angle EKC$$

问题得证.

2.和差倍分问题

对于和差问题，欲证 $a=b+c$，可先作 $p=b+c$，再证 $a=p$，或者作 $p=a-b$，再证 $p=c$，即把和差问题转化为相等问题，这种转换方法俗称取长补短法.

例10 在等腰$\triangle ABC$ 中，顶角$\angle A=100°$，$\angle B$ 的平分线交 AC 于点 E，求证

$$AE+BE=BC$$

思路分析一 在 BC 上取 $BD=BE$，只需证明 $AE=DC$(图 2.32).

因为

$$\angle ABE=\angle EBC=20°$$

所以

$$\angle BEA=60°$$

$$\angle BED=\angle BDE=80°$$

于是

$$\angle DEC=\angle C=40°, ED=DC$$

下面证明 $AE=DE$.

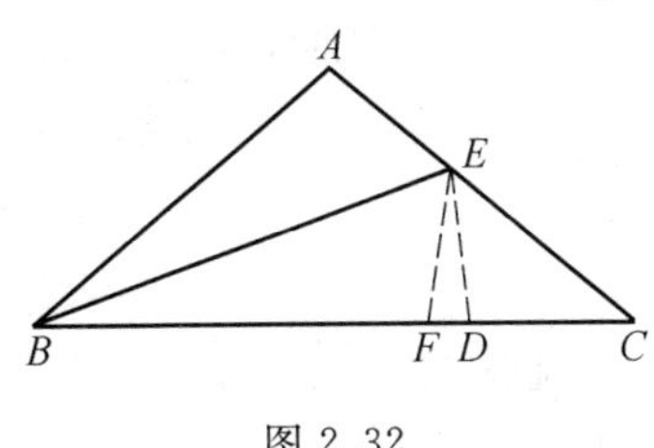

图 2.32

在 BD 上取点 F，使 $AB=BF$，容易证得 $AE=EF=ED$，于是命题得证.

思路分析二　延长 BE 至点 F，使 $BF=BC$，改证 $AE=EF$，如图 2.33.

延长 BA，CF，设交于点 D，则 $\angle D=60°$.

因为

$$\angle BFC=\angle DAC=80°$$

所以 D,A,E,F 四点共圆.

因为

$$\angle BCA=\angle ACD=40°$$

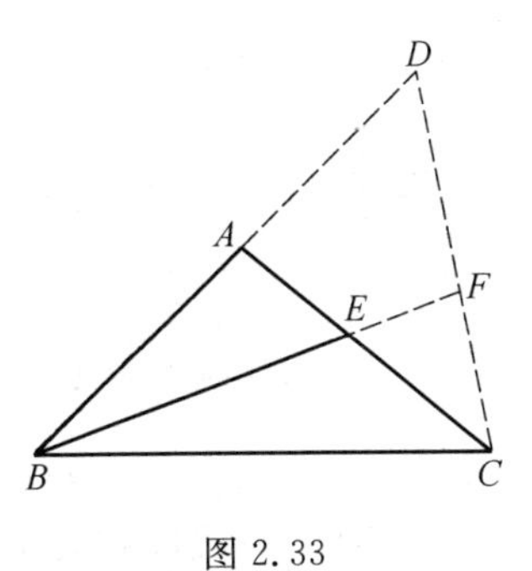

图 2.33

所以 E 为 $\triangle DBC$ 的内心，AE，EF 为同圆中相等的圆周角所对的弦，$AE=EF$.

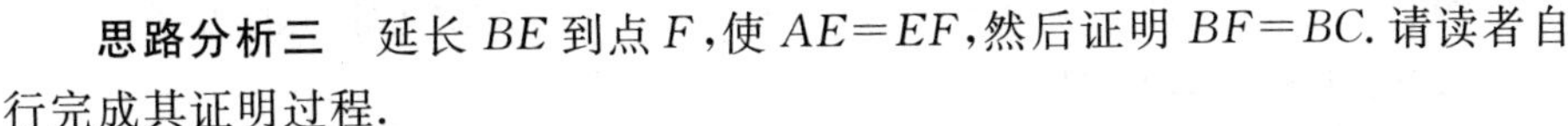

思路分析三　延长 BE 到点 F，使 $AE=EF$，然后证明 $BF=BC$. 请读者自行完成其证明过程.

例 11　$ABCD$ 是圆内接四边形，圆 O 与 AD，DC，BC 相切，且圆心 O 在 AB 上，求证

$$AB=BC+AD$$

(第 26 届奥林匹克试题).

证法一　延长 BC 到点 E，使 $CE=AD$. 设法证明 $BE=AB$(如图 2.34).

过点 O 作 $OF\parallel BC$，$CN\perp OF$，$OM\perp AD$，则

$$\text{Rt}\triangle FNC\cong\text{Rt}\triangle AMO$$

$$OA=FC$$

于是

$$\triangle AOD\cong\triangle CFE$$

$$\angle CFE=\angle AOD$$

因 $\angle FOB=\angle D$，从而 D,A,O,F 四点共圆.

因 $\angle DFA=\angle DOA=\angle CFE$，则 E,F,A 三点共线.

又 $\angle FAO=\angle FDO=\angle ADO$

$$=\angle AFO=\angle CEF$$

所以

$$AB=BE$$

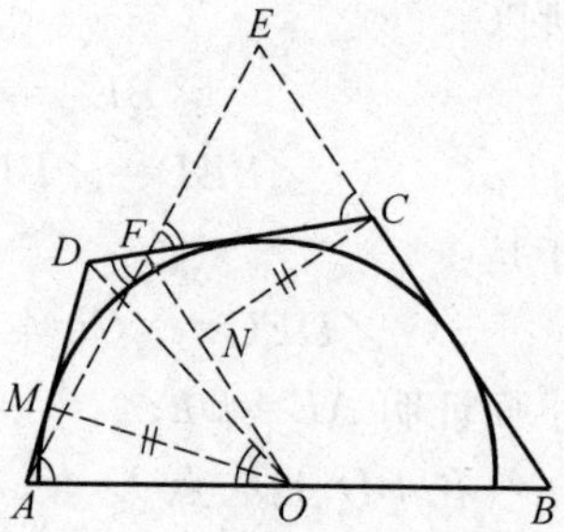

图 2.34

证法二 在 AB 上取 $BE=BC$，设法证明 $AD=AE$.

因$\angle CEB=\dfrac{\pi-\angle B}{2}$，$\angle D+\angle B=\pi$，$\angle CDO=\dfrac{\pi-\angle B}{2}$，所以 D,C,O,E 四点共圆(如图 2.35).

$$\angle AED=\angle DCO=\frac{\pi-\angle A}{2}$$

从而

$$\angle ADE=\pi-\angle A-\angle AED=\frac{\pi-\angle A}{2}$$

$$AD=AE$$

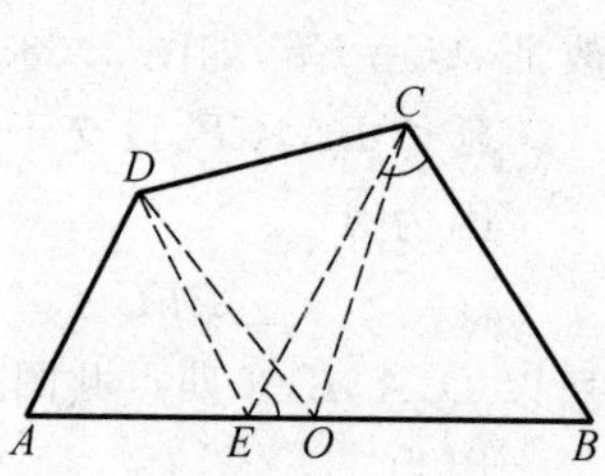

图 2.35

对于倍分问题，欲证 $a=nb$，可作 $p=nb$，再证 $a=p$，或作 $p=\dfrac{1}{n}a$，再证 $p=b$(a,b,p 是同类几何量，n 为自然数).

例 12 三角形任一顶点至垂心的距离等于外心至对边距离的两倍.

已知：O 为$\triangle ABC$ 的外心，$OM\perp BC$，M 为垂足，H 为$\triangle ABC$ 的垂心，如图 2.36. 求证

$$AH=2OM$$

思路分析一 欲证 $AH=2OM$，可先找一线段，使之等于 OM 的两倍. 在图 2.36 中，M 为 BC 中点，O 为圆直径中点，连 OC 交圆于点 D，则 OM 为$\triangle CBD$ 的中位线，$BD=2OM$. 然后只需证明 $AH=BD$，这可由 $BDAH$ 是平行四边形推得.

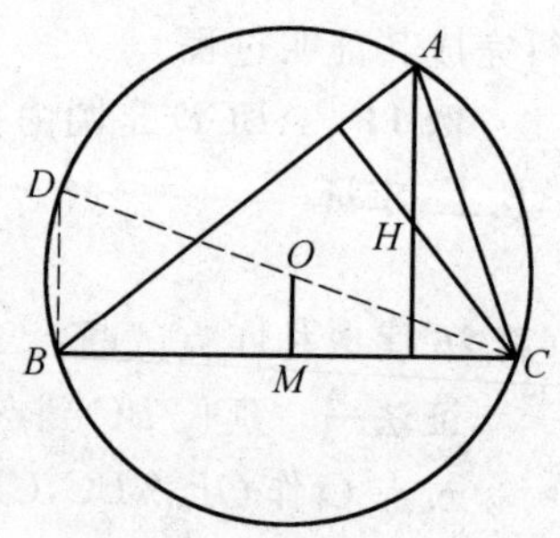

图 2.36

思路分析二 设法寻找一线段，使之等于 AH 的一半. 设 N,E 分别为 AB,BH 之中点，则 $EN=\dfrac{1}{2}AH$，由 $NEMO$ 是平行四边形不难证得 $EN=OM$(图 2.37).

由例 12 的结论不难证明下列定理：三角形的外心、垂心、重心在同一直线上，并且重心把垂心与外心的连接线段分成 2∶1 的比. 这三点所在的直线叫做

三角形的欧拉线.

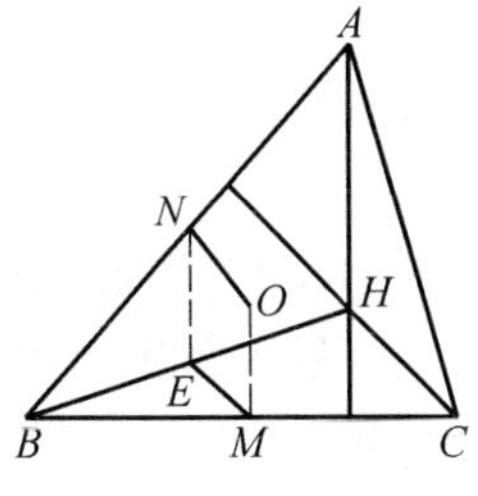

图 2.37

3. 位置关系问题

例如平行问题与垂直问题的相互转化，平行问题与比例线段问题的转化；点共线与线共点的转化，点共线、点共圆与角度相等的转化，等.

例 13　在$\triangle ABC$中，BC边等于另两边之和之半，O，I分别为$\triangle ABC$的外心和内心，求证

$$AI\perp OI$$

(苏联第 27 届奥林匹克竞赛题).

分析　延长AI交外接圆于点P，连OP，设交BC于点M. 则$\overset{\frown}{BP}=\overset{\frown}{PC}$，$OP$垂直平分$BC$.

欲证$AI\perp OI$，只需证明$AI=IP$.

因为

$$\angle PBI=\frac{1}{2}(\angle A+\angle B)=\angle BIP$$

所以

$$IP=BP$$

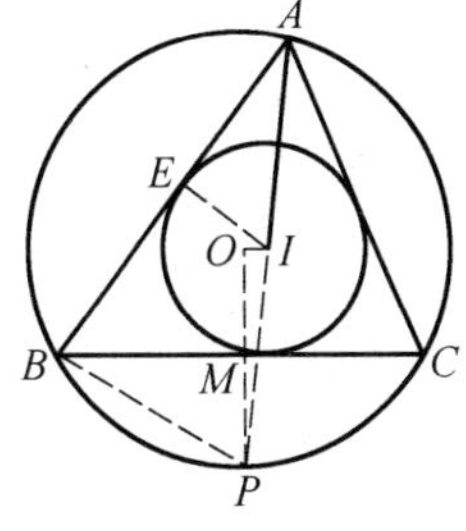

图 2.38

设E为AB与圆I相切的切点，由条件知

$$AE=\frac{1}{2}(AB+AC-BC)=\frac{1}{2}BC=BM$$

$$\angle PBC=\angle BAP$$

所以

$$\mathrm{Rt}\triangle AEI\cong\mathrm{Rt}\triangle BMP$$

$$AI=BP$$

问题解决(如图 2.38).

例 13 是关于三角形外心与内心性质的命题，在一般情况下有察波尔(Chapple)定理：设R，r分别是$\triangle ABC$外接圆圆O，内切圆圆I的半径，则$OI^2=R^2-2Rr$. 利用察波尔定理，也可以证明例 13，这里不再赘述.

二、转换命题的条件

欲证命题“$A\rightarrow B$”，而条件A比较复杂. 不易入手，则设法将条件A转换为命题A'(A'与A等效，或者A'是A的必要条件)，然后改证命题“$A'\rightarrow B$”. 证题时常用的综合法也隐含着条件转化的思想.

例 14　M 是 $\triangle ABC$ 平面上一点，作 $\angle BAP = \angle MAC$，使 $AP = AM$；作 $\angle CBQ = \angle MBA$，使 $BQ = BM$；作 $\angle ACR = \angle MCB$，使 $CR = CM$. 求证：P,O,R,M 四点共圆(如图 2.39).

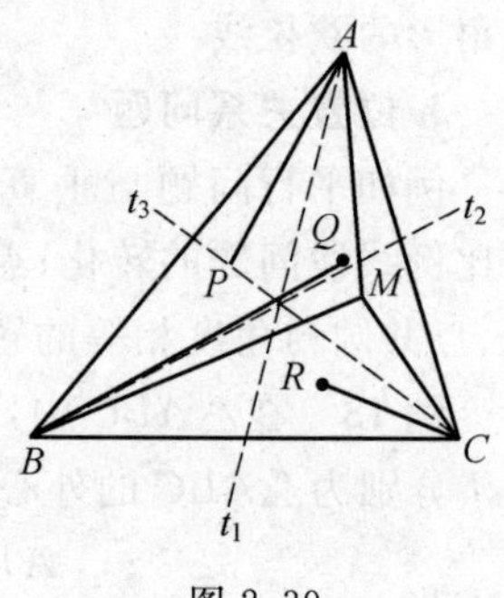

图 2.39

分析　此题条件复杂，如按常规方法证明四点共圆，不易入手.

从另一个角度考察条件 $\angle MAC = \angle BAP$，$AP = AM$，可能发现 AP，AM 关于 $\angle A$ 的平分线 t_1 对称；M,P 是一对对称点. 同理，Q,M 是关于 $\angle B$ 的平分线 t_2 的一对对称点；R,M 是关于 $\angle C$ 的平分线 t_3 的一对对称点. 因此，原命题转化为：

"若 M 是平面上一点，P,Q,R 是点 M 关于 $\triangle ABC$ 三个内角平分线的对称点，求证：P,Q,R,M 四点共圆".

由于三角形三内角平分线交于一点，此点到点 P,Q,R,M 的距离相等，问题得证.

例 15　设 $ABCD$ 是一个凸四边形，$AB = AD + BC$. 四边形内，距离 CD 为 h 的地方有一点 P，使 $AP = h + AD$，$BP = h + BC$(如图 2.40). 求证

$$\frac{1}{\sqrt{h}} \geqslant \frac{1}{\sqrt{AD}} + \frac{1}{\sqrt{BC}}$$

分析　与条件 $AB = AD + BC$，$AP = h + AD$，$BP = h + BC$ 的等价命题是：以 A,B 为圆心，AD,BC 为半径的两圆相外切，与 DC 相切的圆 $P(h)$ 也与圆 A、圆 B 外切，于是要证三圆半径之间具有关系：$\dfrac{1}{\sqrt{h}} \geqslant \dfrac{1}{\sqrt{AD}} + \dfrac{1}{\sqrt{BC}}$.

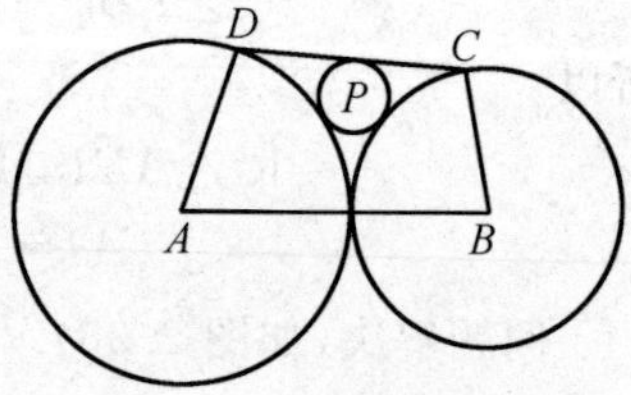

图 2.40

可以设想，当 A,B 两点固定，AB,AD,BC 长不变时，h 的值随着点 C,D 的位置的变化而变化. 显然，当 CD 与圆 A、圆 B 相切时 h 取得最大值. 于是原命题转换为：

"CD 是圆 A 和圆 B 的公切线，C,D 是切点，圆 A、圆 B 相外切，圆 $P(h_0)$ 与圆 A、圆 B 外切，也与 CD 相切，求证：$\dfrac{1}{\sqrt{h_0}} = \dfrac{1}{\sqrt{AD}} + \dfrac{1}{\sqrt{BC}}$(见图 2.41)".

这是一个比较容易证明的命题. 令 $AD=x$, $BC=y$, 过点 P 作 CD 的平行线分别交 AD, BC 于点 E, F, 则

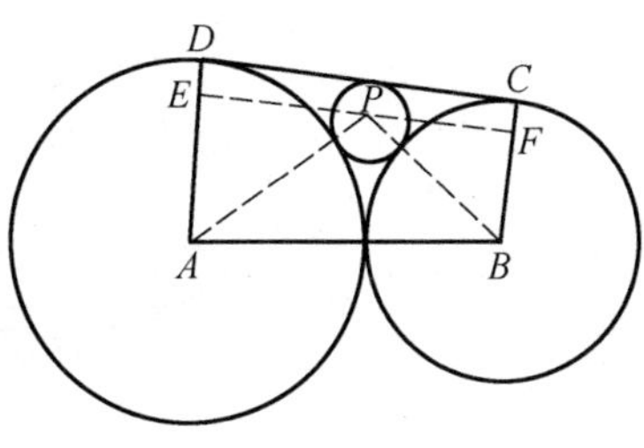

图 2.41

$$AE^2+EP^2=AP^2, BF^2+FP^2=BP^2$$

于是

$$(x-h_0)^2+EP^2=(x+h_0)^2$$
$$(y-h_0)^2+FP^2=(y+h_0)^2$$
$$EP=2\sqrt{xh_0}, FP=2\sqrt{yh_0}$$

又

$$(EP+FP)^2=(x+y)^2-(x-y)^2$$

所以

$$h_0(\sqrt{x}+\sqrt{y})^2=xy$$
$$\frac{1}{\sqrt{h_0}}=\frac{1}{\sqrt{x}}+\frac{1}{\sqrt{y}}$$

当 CD 处于一般位置时, $h\leqslant h_0$, 故

$$\frac{1}{\sqrt{h}}\geqslant\frac{1}{\sqrt{AD}}+\frac{1}{\sqrt{BC}}$$

例 16　已知$\triangle ABC$及一点 P, 自点 P 引直线垂直于 PA, PB, PC, 分别交圆 PBC、圆 PCA、圆 PAB 于点 A', B', C', 求证: P, A', B', C'四点共圆.

分析　这是个条件复杂的问题, 先把它写成对称的形式: $\triangle ABC$ 及平面上一点 P, 设圆 $O_1\equiv$圆 PBC, $PA'\perp PA$, 且 PA'交圆 O_1 于点 A'; 圆 $O_2\equiv$圆 PAC, $PB'\perp PB$, 且 PB'交圆 O_2 于点 B'; 圆 $O_3\equiv$圆 PAB, $PC'\perp PC$, 且 PC'交圆 O_3 于点 C'. 求证: P, A', B', C'四点共圆.

仔细观察图 2.42 中的三圆的相互位置关系, 排除$\triangle ABC$ 的干扰因素, 问题可改写为: PA, PB, PC 分别是圆 O_2 与圆 O_3、圆 O_1 与圆 O_3, 圆 O_1 与圆 O_2 的公共弦. A, B, C 三点不共线, 且圆 O_1、圆 O_2、圆 O_3 的弦 PA', PB', PC'分别垂直于 PA, PB, PC, 求证: P, A', B', C'四点共圆.

因为 $O_1O_2\perp PC$, 所以 $O_1O_2/\!/PC'$.

因为 PC'是圆 O_3 的弦, 故 PC'的中垂线 n 过圆心 O_3, 且垂直于 O_1O_2, 所以它是$\triangle O_1O_2O_3$ 的边 O_1O_2 上的高. 同理, PB', PA' 的中垂线 m, l 也是$\triangle O_1O_2O_3$ 的高, 三高线共点于点 O, 则 $OP=OA'=OB'=OC'$.

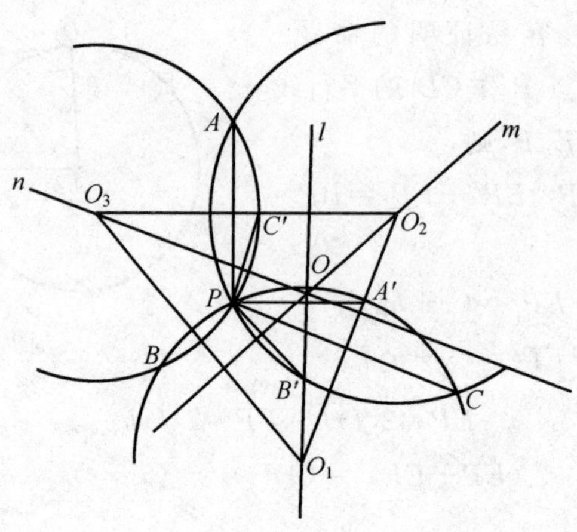

图 2.42

从上述例子可见，转换命题的条件主要是排除条件中干扰因素，将隐蔽的条件转化为较明显的数量关系或位置关系；或者改变观察问题的角度及叙述方式，将原问题转化为较熟悉的问题或已解决的问题.

三、分割命题为几个简单命题

有些命题表面看起来比较复杂，实际上是由若干个简单命题组合而成的，有时由于缺少过渡性命题，故证明显得困难，此时可通过分析，增加过渡性命题，或添置辅助线，把原命题分割成若干个容易解决的简单命题.

例 17 $\triangle ABC$ 中，$\angle B=2\angle C$，M 是 BC 的中点，$\angle A$ 的平分线 AT 与 BC 交于点 E，MD 与 AT 垂直且交 AB 的延长线于点 D，交 AT 于点 F，求证

$$BE=2BD$$

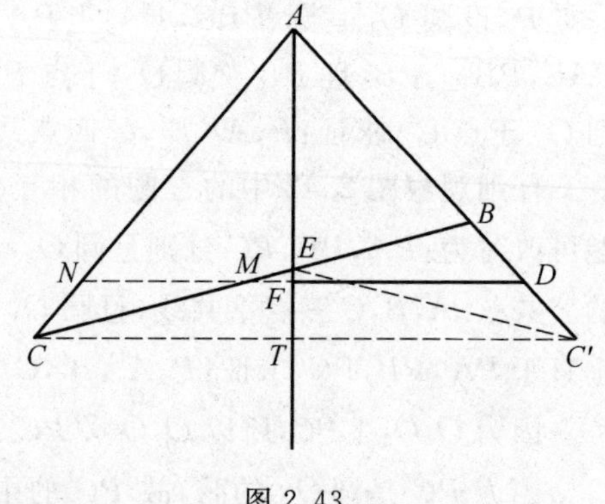

图 2.43

分析 延长 DM 交 AC 于点 N，则$\triangle AND$ 为等腰三角形. 过点 C 作 $CC'\parallel DN$ 交 AD 于点 C'，则 $NC=DC'$，$\angle AC'E=\angle ACB$(见图 2.43).

要证 $BE=2BD$，需要证明 $BD=DC'$ 以及$\triangle BEC'$是等腰三角形. 因此，必须借助以下两个命题：

(1)M 是等腰$\triangle ADN$ 底边上的点，BC 交两腰于点 B，C，且 M 为 BC 之中

点,则 $BD=NC$.

(2) $\triangle BC'E$ 的外角 $\angle ABE$ 等于内角 $\angle AC'E$ 的两倍,则 $\triangle BC'E$ 为等腰三角形.

添置辅助线使这两个命题建立了联系.

例 18 求证:$\triangle ABC$ 外接圆上任一点 P 的关于边 BC,CA,AB 的对称点 D,E,F 与 $\triangle ABC$ 的垂心 H 共线(如图 2.44).

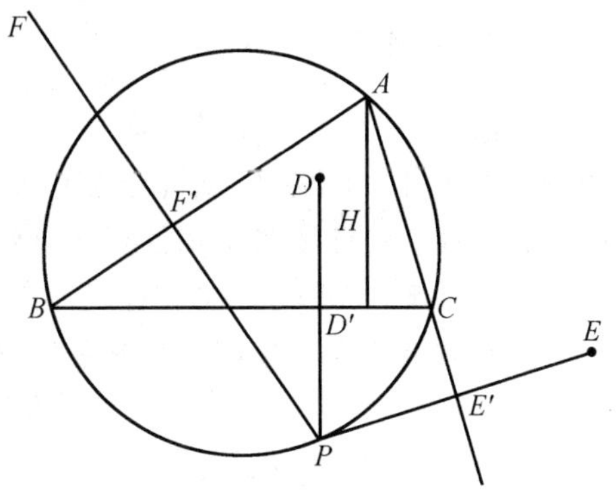

图 2.44

分析 四点分散,难找关系.设 PD,PE,PF 分别交三角形的边于点 D',E',F',则 $PD'\perp BC$, $PE'\perp AC$, $PF'\perp AB$.要证 D,E,F 三点共线,首先证 D',E',F' 三点共线.由于 D',E',F' 分别为 PD,PE,PF 的中点,所以要证点 H 在直线 DEF 上,需要证直线 $D'E'F'$ 过 PH 的中点.于是原命题可分解为三个命题:

(1) P 为 $\triangle ABC$ 外接圆上一点,那么点 P 在三边上的射影 D',E',F' 三点共线(此线称为点 P 关于 $\triangle ABC$ 的西姆松线).

(2) 设 H 为 $\triangle ABC$ 的垂心,P 为 $\triangle ABC$ 外接圆上一点,则点 P 关于 $\triangle ABC$ 的西姆松线过 PH 的中点 M.

(3) 点 D',E',F',M 各为 PD,PE,PF,PH 的中点,若 D',E',F',M 四点共线,则 D,E,F,H 四点共线.

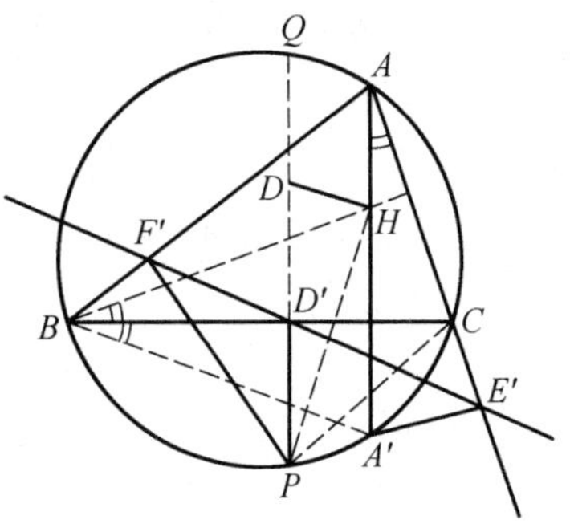

图 2.45

证明 命题(1)为西姆松定理,命题(3)显然成立,下面证明命题(2)(图2.45).

延长 AH,PD' 交圆于点 A',Q,则 BC 垂直平分 HA',$PQ/\!/AA'$,在 PQ 上取点 P 关于 BC 的对称点 D,则

$$\angle DPA'=\angle PDH$$

而

$$\angle DPA'=\angle PAQ$$

所以

$$QA/\!/DH$$

因为

$$\angle PD'E' = \angle PCE' = \angle PQA$$

所以

$$D'E' \parallel QA$$

故 $$D'E' \parallel DH$$

又因为点 D' 为 PD 中点，所以 $D'E'$ 过 PH 中点 M.

3.3 特殊化

如前所述，特殊化是从对象的一个给定集合，转向考虑包含在这个集合内的较小的集合. 由于特殊化符合人们从具体到抽象、从特殊到一般的思维规律，所以它是我们在证题时常用的行之有效的思考方法.

一般说来，特殊化的模式有三种：

一是对被研究对象增加限制条件，例如，从多边形考虑正多边形；

二是将可变因素换成固定因素，例如，从正 n 边形考虑正三角形；

三是考虑运动变化的极端情形，例如，从割线考虑其极限位置——切线.

由于特殊情况的研究要比一般情况的研究容易，而特殊情况的结论的发现与证明，往往又是解决一般问题的桥梁与先导. 因此，特殊化常在两方面有特殊功效：寻求结论或探明思路. 下面举例说明.

例 19 平面上有 $2n+3(n\geqslant 1)$ 个点，其中无三点共线，无四点共圆. 证明：存在一个圆过某三点，其余 $2n$ 个点，一半在圆内，一半在圆外.

分析 先考虑 $n=1$ 的简单情况，这时平面上有五个点，那么一定存在两点，不妨设 A_1，A_5，使得其余三点在直线 A_1A_5 的同侧(如图 2.46).

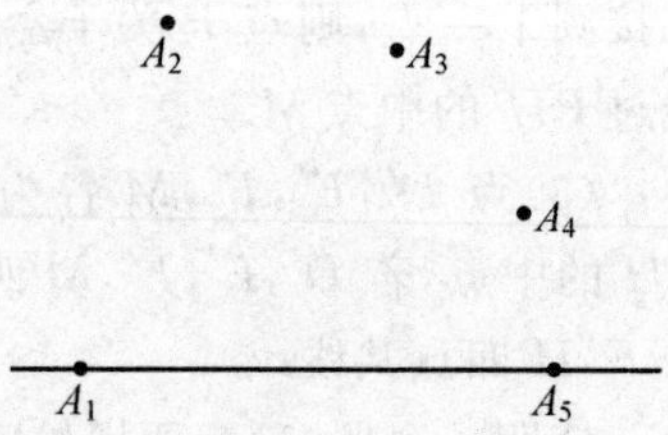

考察 A_2，A_3，A_4 三点对线段 A_1A_5 的张角的大小. 不失一般性，设 $\angle A_1A_2A_5 < \angle A_1A_3A_5 < \angle A_1A_4A_5$，则圆 $A_1A_3A_5$ 符合条件，点 A_2 在圆外，点 A_4 在圆内.

A_2 A_3 A_4 A_1 A_5

图 2.46

上述分析过程不难推广到一般情况.

例 20 任何面积为 1 的凸四边形的周长与对角线之和不小于 $4+2\sqrt{2}$.

分析 先看边长为 1 的正方形，其周长为 4，对角线之和为 $2\sqrt{2}$. 再看面积为 1 的菱形：设两对角线长为 a,b，则 $a\cdot b=2$. 于是周长 $2\sqrt{a^2+b^2}\geqslant 4$，对角线

之和 $a+b\geqslant 2\sqrt{2}$.

特殊情况的分析提供了一个有用的信息:将周长及对角线分别考虑.

证明　如图 2.47 所示,有

$$2=2S_{ABCD}=\frac{1}{2}ad\sin\alpha_1+\frac{1}{2}ab\sin\alpha_2+\frac{1}{2}bc\sin\alpha_3+\frac{1}{2}cd\sin\alpha_4\leqslant\frac{1}{2}(ad+ab+bc+cd)=\frac{1}{2}(a+c)(b+d)\leqslant\frac{1}{2}\left(\frac{a+b+c+d}{2}\right)^2$$

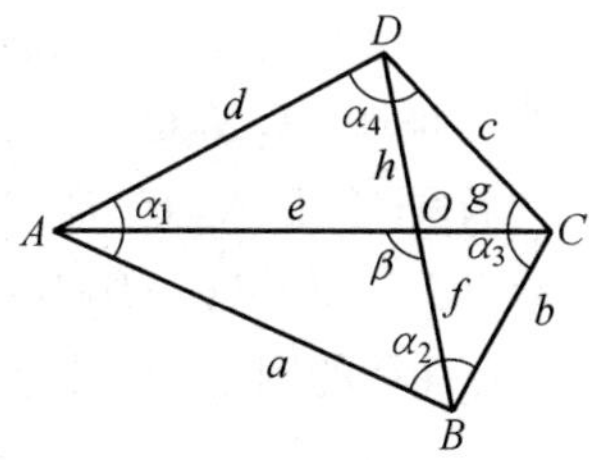

图 2.47

从而,周长为

$$a+b+c+d\geqslant 4$$

又

$$1=S_{ABCD}=\frac{1}{2}\sin\beta(ef+fg+gh+he)\leqslant\frac{1}{2}(e+f)(g+h)\leqslant\frac{1}{2}\left(\frac{e+f+g+h}{2}\right)^2$$

故对角线之和

$$e+f+g+h\geqslant 2\sqrt{2}$$

例 21　在定线段 AB 上任取一点 M,以 AM,BM 为边在 AB 的一侧作正方形 $AMCD$,$BMEF$. 圆 O_1、圆 O_2 外接于正方形 $AMCD$,$BMEF$,N 为两圆的另一交点,求证:MN 过某定点 Q(如图 2.48).

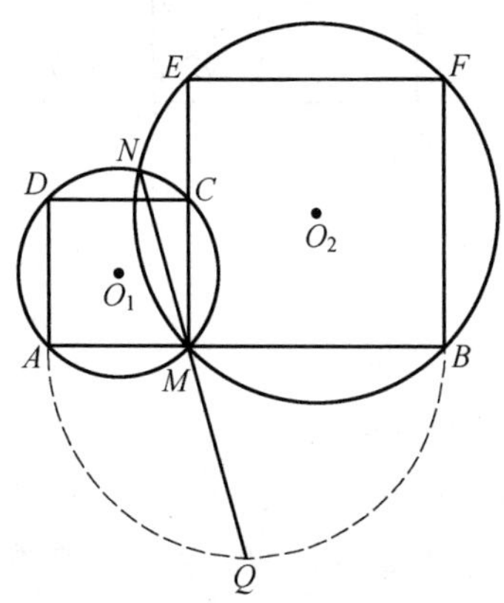

图 2.48

分析　动直线通过某定点,由于定点的位置不知,于是先考虑特殊情况,以对定点的性质作出合理判断.

如果 M 是 AB 中点,则 MN 是 AB 的中垂线. 若定点 Q 存在,它必在 AB 的中垂线上. 如果点 M 趋近于点 A,那么点 N 也趋

近于点 A，圆 O_1 退化为点 A，圆 O_2 的割线 MN 逐渐趋近于以 AB 为弦的圆的切线 AT. 若定点 Q 存在，则点 Q 应在切线 AT 上.

综合上述分析，点 Q 应是以 AB 为直径的半圆弧 $\overset{\frown}{AB}$ 的中点. 于是，待证结论改为证明 M,N,Q 三点共线，这是容易解决的问题.

首先可证 N,C,B 三点共线. 因为 $\angle ANM=45°$，$\angle ANC=90°$，所以 $\angle MNC=45°$. 又 $\angle MNB=45°$，故 N,C,B 三点共线，$\angle ANB=90°$，点 N 在以 AB 为直径的圆上. 又因为 MN 平分 $\angle ANB$，所以 MN 过点 Q.

由此可见，某些定值（定点、定直线）问题，可以先通过特殊情况的分析探求解题方向.

例 22 如图 2.49 所示，大小两个矩形 $ABCD$，$AB'C'D'$ 固定叠合，$AB=a$，$AB'=\lambda a$，$AD=b$，$AD'=\mu b(\lambda,\mu<1)$. 设 P,Q 是矩形 $AB'C'D'$ 内的点，R 是矩形 $ABCD$ 内的点，求证

$$S_{\triangle PQR}\leqslant\frac{1}{2}ab(\lambda+\mu-\lambda\mu)$$

分析 先考虑特殊情况：如果点 P,Q 分别与点 B'，D' 重合，点 R 与点 C 重合（图 2.50）. 于是，有

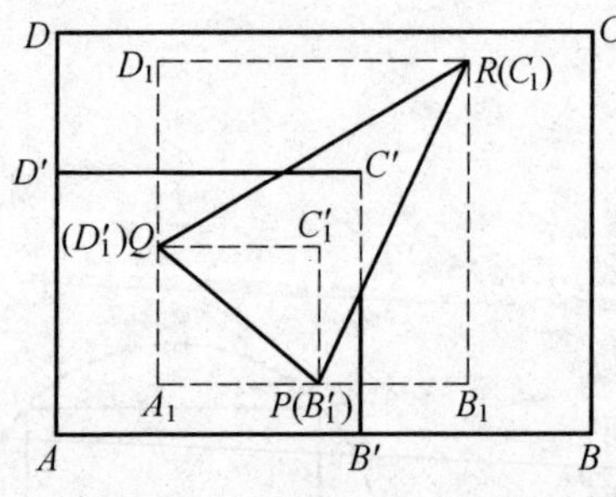

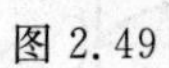
图 2.49

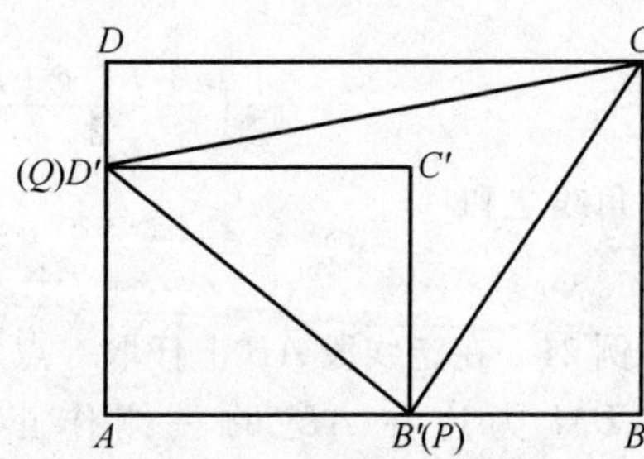

图 2.50

$$\begin{aligned}S_{\triangle B'CD'}&=S_{\triangle AB'C}+S_{\triangle ACD'}-S_{\triangle AB'D'}\\&=\frac{1}{2}ab(\lambda+\mu-\lambda\mu)\end{aligned}$$

因此只需证明 $S_{\triangle PQR}\leqslant S_{\triangle B'CD'}$.

在图 2.49 中，作两个小矩形 $A_1B_1C_1D_1$ 与 $A_1B'_1C'_1D'_1$，使点 B'_1，D'_1 分别与点 P,Q 重合，点 C_1 与点 R 重合.

令 $A_1B_1=ma$，$A_1D_1=nb(m\leqslant 1,n\leqslant 1)$，则

$$A_1B'_1=\lambda' A_1B_1=\lambda' ma=\lambda_1 a$$

$$A_1D'_1=\mu' A_1D_1=\mu' nb=\mu_1 b$$

$$S_{\triangle PQR}=\frac{1}{2}ab(n\lambda_1+m\mu_1-\lambda_1\mu_1)$$

故只需证

$$n\lambda_1+m\mu_1-\lambda_1\mu_1\leqslant\lambda+\mu-\lambda\mu$$

即
$$(1-n\lambda_1)(1-m\mu_1)-(1-\lambda)(1-\mu)+\lambda_1\mu_1(1-mn)\geqslant 0$$

由于 $m,n\leqslant 1,n\lambda_1\leqslant\lambda_1\leqslant\lambda,m\mu_1\leqslant\mu_1\leqslant\mu$，易知上式成立.

3.4　类　比

类比是思维方法之一. 当我们要解决问题 A 时，会联想到一个熟悉的或容易解决的问题 B，而问题 B 与问题 A 有许多相似之处. 这可以启发我们，问题 A 可能具有与问题 B 类似的结论，或者问题 A 可用解决问题 B 的相似或变通方法来解.

在探索几何证题途径时，常用的类比方法有：特殊与一般的类比，题型结构的类比，空间与平面问题的类比，等. 下面举例说明.

例 23　周长为 $2l$ 的封闭曲线一定可以用一个直径是 l 的圆覆盖它.

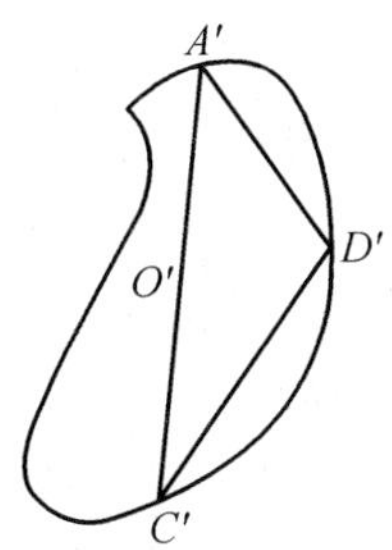

图 2.51

分析　假如曲线是一个边长为 $\frac{1}{2}l$ 的正方形 $ABCD$，那么，把直径为 l 的圆的圆心 O 与正方形中心重合，由于 $OA=OB=OC=OD=\frac{1}{2}AC\leqslant\frac{1}{2}(AB+BC)=\frac{1}{2}l$. 故圆 O 覆盖了正方形 $ABCD$.

现在考虑任意形状的曲线 L. 将 L 与正方形 $ABCD$ 类比：对角线 AC 将正方形周长一分为二，曲线 L 上也有两点 A',C'，把 L 的周长等分(如图 2.51).

现取 $A'C'$的中点 O'，把直径为 l 的圆心放在点 O' 上. 令 D' 为曲线上任意一点，则 $O'D'\leqslant\frac{1}{2}(A'D'+D'C')\leqslant\frac{1}{2}\overset{\frown}{A'D'C'}=\frac{1}{2}l$. 故曲线 L 能被直径为 l 的圆覆盖.

例 24　设 H 是锐角$\triangle ABC$ 的垂心. $BC=a,CA=b,AB=c,AH=m,BH=n,CH=p$. 求证

$$\frac{a}{m}+\frac{b}{n}+\frac{c}{p}=\frac{abc}{mnp}$$

分析　由待证结论联想到具有类似形式的三角公式：若 $\alpha+\beta+\gamma=\pi$，则

$$\tan\alpha+\tan\beta+\tan\gamma=\tan\alpha\tan\beta\tan\gamma$$

于是受到启发：寻找三个角，其和为 π，且

$$\tan\alpha=\frac{a}{m},\tan\beta=\frac{b}{n},\tan\gamma=\frac{c}{p}$$

根据条件

$$\tan A=\frac{BE}{AE}=\frac{BC}{AH}=\frac{a}{m}$$

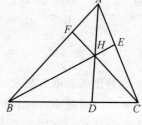

（如图 2.52，$\triangle AHE\backsim\triangle BCE$）. 同理

$$\tan B=\frac{b}{n},\tan C=\frac{c}{p}$$

图 2.52

并且

$$A+B+C=\pi$$

所以

$$\frac{a}{m}+\frac{b}{n}+\frac{c}{p}=\frac{abc}{mnp}$$

例 25　勾股定理在立体几何中的推广.

分析　勾股定理的条件是三边中有两边相互垂直的直角三角形，勾股定理的结论是 $c^2=a^2+b^2$，这是一个关于线段长度的二次齐次式.

考虑在空间中的推广：

对象：三角形→四面体；

条件：两边垂直→三面相互垂直；

结论：边长的关系式→面积的关系式.

如果设四面体 $OABC$ 中相互垂直的面的面积为 S_1，S_2，S_3，第四个面 ABC 的面积为 S_0，那么面积之间具有怎样的关系呢？根据与 $c^2=a^2+b^2$ 的类比进行猜测：

猜想 1　$S_0^3=S_1^3+S_2^3+S_3^3$.

现取特例进行检验：令 $OA=OB=OC=1$，等式不成立，故猜想错误.

猜想 2　$S_0^2=S_1^2+S_2^2+S_3^2$.

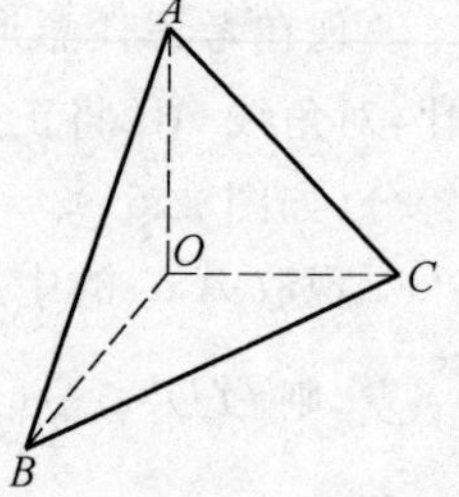

图 2.53

这个等式对于 $OA=OB=OC=1$ 是成立的. 如再取几个特例检验也成立，故可靠性增大，因此应从逻辑上确立它的真实性.

证明从略.

例 26　O 为锐角$\triangle ABC$的外心，AO,BO,CO 分别交对边、外接圆于点 D，D',E,E',F,F'. 求证

$$\frac{DD'}{AD}+\frac{EE'}{BE}+\frac{FF'}{CF}=1$$

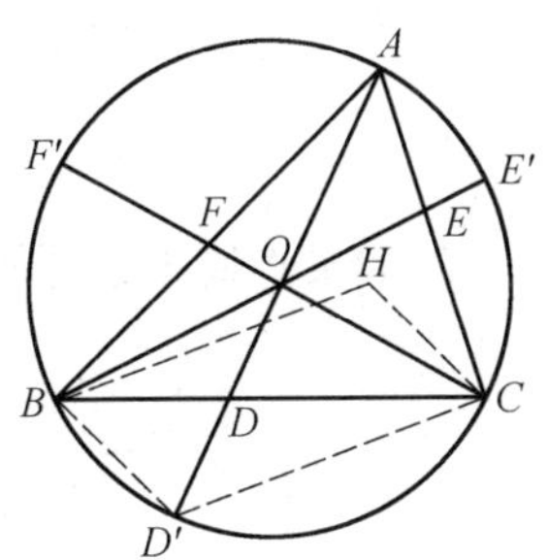

图 2.54

分析　本题与命题"O 为$\triangle ABC$内一点，AO,BO,CO 交对边于点 D,E,F，则$\frac{OD}{AD}+\frac{OE}{BE}+\frac{OF}{CF}=1$"有相似之处. 而后者是通过面积得证的，从而受到启发.

要证原式成立，只需证明

$$\frac{S_{\triangle BD'C}}{S_{\triangle ABC}}+\frac{S_{\triangle CE'A}}{S_{\triangle ABC}}+\frac{S_{\triangle AF'B}}{S_{\triangle ABC}}=1$$

即
$$S_{\triangle BD'C}+S_{\triangle CE'A}+S_{\triangle AF'B}=S_{\triangle ABC}$$

接下来考虑，能否在$\triangle ABC$内找一点，与三角形顶点相连，把$\triangle ABC$分成三个小三角形，而且这三个小三角形的面积分别与$\triangle BD'C$，$\triangle CE'A$，$\triangle AF'B$的面积相等？

注意到 O 是外心，$\angle ABD'$，$\angle ACD'$为直角，如果 H 是$\triangle ABC$的垂心，那么 $BH\perp AC$，$CH\perp AB$（图 2.54），$BD'CH$ 是平行四边形，$S_{\triangle BD'C}=S_{\triangle HBC}$. 同理，$S_{\triangle CE'A}=S_{\triangle CHA}$，$S_{\triangle AF'B}=S_{\triangle AHB}$. 于是命题可证得.

综上所述，类比是几何证题中有效的思考方法. 正如大哲学家康德所说："每当理智缺乏可靠论证的思路时，类比这个方法往往能指引我们前进."

3.5　面积法

面积是平面封闭图形所具有的量，由于面积与三角函数、比例线段具有内在联系，于是用面积作为媒介来联系各种几何量，成为几何证题的一种有效方法，也成为揭示图形性质的强有力的直观工具.

现将有关面积的知识介绍如下：

一、三角形面积公式

$$S_{\triangle ABC}=\frac{1}{2}ah_a=\frac{1}{2}al\sin\alpha=rp$$

（a,b,c 为三边之长，h_a 为 a 边上的高，$p=\frac{1}{2}(a+b+c)$，l 为点 A 与 BC 边上任一点的连线，α 为 l 与 a 的夹角，r 为$\triangle ABC$内切圆半径）.

二、面积与比例线段

1. 若$\triangle ACD$与$\triangle BCE$有公共的高CH，则

$$\frac{S_{\triangle ACD}}{S_{\triangle BCE}}=\frac{AD}{BE}$$

2. 如果直线PQ交直线AB于点M，则

$$\frac{S_{\triangle PAB}}{S_{\triangle QAB}}=\frac{PM}{QM}$$

3. 若DB，EC交于点A，则

$$\frac{S_{\triangle ABC}}{S_{\triangle ADE}}=\frac{AB\cdot AC}{AE\cdot AD}$$

三、面积与位置关系

1. 若点P，Q在直线AB的一侧，则$PQ/\!/AB$的充要条件是$S_{\triangle PAB}=S_{\triangle QAB}$.

2. A，B，C，P是平面上四点，则点C在线段AB上的充要条件是$S_{\triangle PAB}=S_{\triangle PAC}+S_{\triangle PCB}$.

利用上述知识，以面积为中介，可使问题的解决十分简便.

例 27 如图 2.55 所示，已知$ABCD$是正方形，$BE/\!/AC$，$AC=CE$，EC的延长线交BA的延长线于点F.求证

$$AE=AF$$

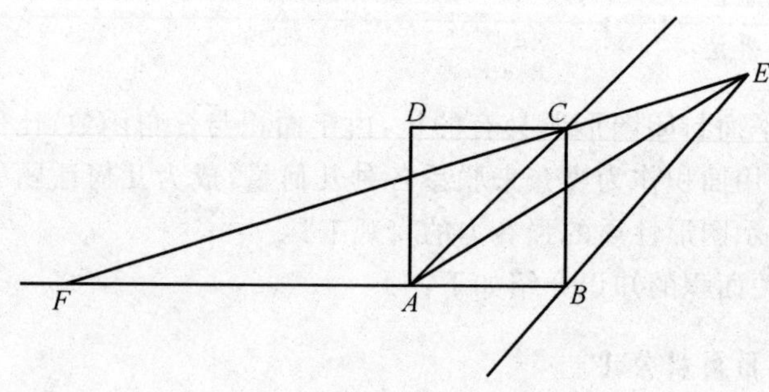

图 2.55

证明 设$S_{ABCD}=1$，则$S_{\triangle ABC}=\frac{1}{2}$.

因为

$$AC/\!/BE$$

所以

$$S_{\triangle ACE}=S_{\triangle ABC}$$

$$\frac{1}{2}AC\cdot CE\sin\angle ACE=\frac{1}{2}$$

于是

$$\sin\angle ACE=\frac{1}{2},\angle ACF=30^{\circ},\angle AEC=15^{\circ}$$

又 $$\angle AFE=180^{\circ}-\angle FAC-\angle ACF=15^{\circ}$$

所以

$$AE=AF$$

本题的纯几何证法不太容易，但从面积入手，思路自然，计算简捷.

例28 在$\square ABCD$内有一点O，过点O作$EF /\!/ AB$，$GH /\!/ BC$，交各边于点E,F,G,H，连BE，HD，交GH，EF于点P,Q，且$OP=OQ$，求证：$ABCD$是菱形（图2.56）.

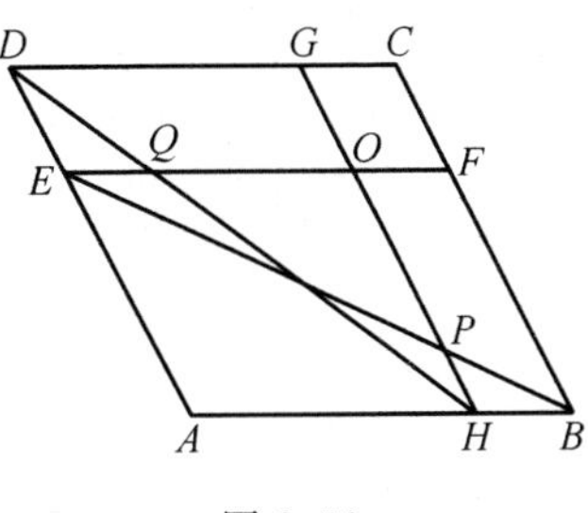

图2.56

分析 欲证$ABCD$是菱形，只需证$AB=AD$或$EF=GH$，由于条件中有众多平行线可以利用，所以可以进行等积变形，从中寻找几何元素之间的关系

由于

$$S_{\triangle QGH}=\frac{1}{2}OQ\cdot GH\cdot\sin\angle QOP$$

$$S_{\triangle PEF}=\frac{1}{2}OP\cdot EF\cdot\sin\angle QOP$$

所以要证$EF=GH$，只需证明$S_{\triangle QGH}=S_{\triangle PEF}$.

因为

$$GH /\!/ BC /\!/ AD$$

所以

$$S_{\triangle OPF}=S_{\triangle OPB},S_{\triangle OEH}=S_{\triangle ODH}$$

又因为

$$EF /\!/ DC /\!/ AB$$

所以

$$S_{\triangle ODQ}=S_{\triangle OGQ},S_{\triangle OEH}=S_{\triangle OEB}$$

故 $$S_{\triangle PEF}=S_{\triangle OEB}=S_{\triangle OEH}=S_{\triangle ODH}=S_{\triangle QGH}$$

由此可证得 $ABCD$ 是菱形.

例 29 在四边形 $ABCD$ 中，$\triangle ABD$，$\triangle BCD$，$\triangle ABC$ 的面积之比是 $3:4:1$，点 M，N 分别在 AC，CD 上，且满足 $AM:AC=CN:CD$，并且 B，M，N 三点共线. 求证：M，N 分别是 AC，CD 的中点(如图 2.57).

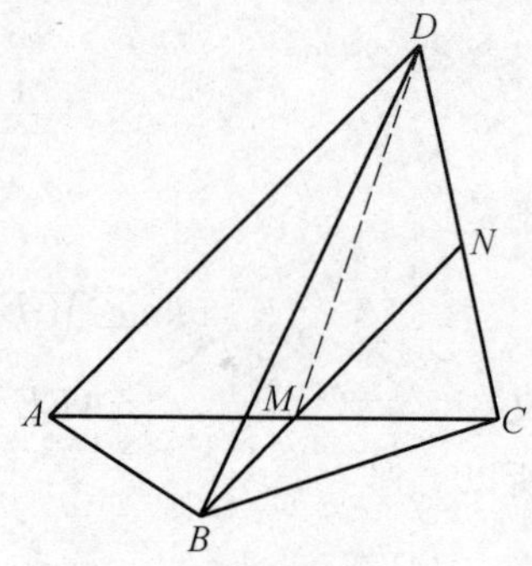

图 2.57

证明 设 $AM:AC=CN:CD=r$，$S_{\triangle ABC}=1$，则

$$S_{\triangle ABD}=3, S_{\triangle BCD}=4, S_{ABCD}=7, S_{\triangle ACD}=6$$

由于

$$S_{ABCD}=S_{\triangle ABM}+S_{\triangle BCN}+S_{\triangle AMN}+S_{\triangle AND}$$

而

$$S_{\triangle ABM}=r, S_{\triangle BCN}=4r$$

$$S_{\triangle AMN}=rS_{\triangle ACN}=6r^2, S_{\triangle AND}=S_{\triangle ACD}\cdot\frac{ND}{CN}=6(1-r)$$

故

$$7=r+4r+6r^2+6(1-r)$$

$$6r^2-r-1=0, r=\frac{1}{2}$$

即 M，N 为 AC，CD 的中点.

例 30 D 是 $\triangle ABC$ 的边 BC 上一点，$BD:DC=\mu:\lambda$，一直线分别交 AB，AD，AC 于点 P，Q，R(如图 2.58). 求证

$$(\lambda+\mu)\frac{AD}{AQ}=\lambda\frac{AB}{AP}+\mu\frac{AC}{AR}$$

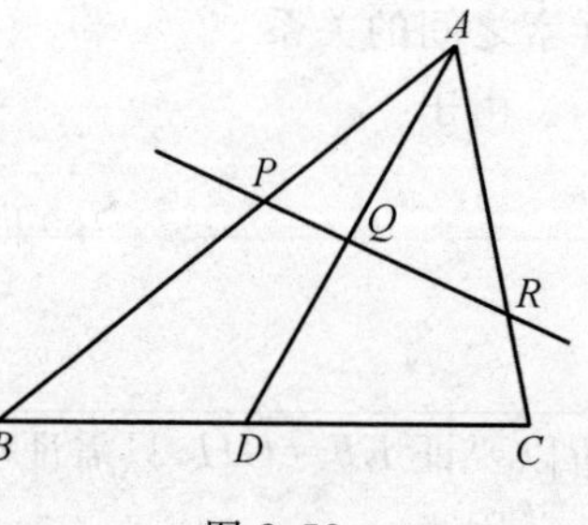

图 2.58

分析 这是从一点出发的三条射线上六条线段之间的比例关系，利用面积证明比较方便.

证明 $$\frac{S_{\triangle APQ}}{S_{\triangle ABD}}=\frac{AP\cdot AQ}{AB\cdot AD}$$

$$\frac{S_{\triangle AQR}}{S_{\triangle ADC}}=\frac{AQ\cdot AR}{AD\cdot AC}, \frac{S_{\triangle APR}}{S_{\triangle ABC}}=\frac{AP\cdot AR}{AB\cdot AC}$$

因为

$$S_{\triangle ABD}:S_{\triangle ABC}=\mu:(\lambda+\mu)$$

所以

$$S_{\triangle ABD}=\frac{\mu}{\lambda+\mu}S_{\triangle ABC}, S_{\triangle ACD}=\frac{\lambda}{\lambda+\mu}S_{\triangle ABC}$$

于是

$$S_{\triangle APQ}=\frac{AP\cdot AQ}{AB\cdot AD}\cdot\frac{\mu}{\lambda+\mu}S_{\triangle ABC}$$

$$S_{\triangle AQR}=\frac{AQ\cdot AR}{AD\cdot AC}\cdot\frac{\lambda}{\lambda+\mu}S_{\triangle ABC}$$

$$\frac{AP\cdot AR}{AB\cdot AC}=\frac{S_{\triangle APR}}{S_{\triangle ABC}}=\frac{S_{\triangle APQ}+S_{\triangle AQR}}{S_{\triangle ABC}}$$

$$=\frac{1}{\lambda+\mu}\cdot\frac{AQ}{AD}\left(\mu\frac{AP}{AB}+\lambda\frac{AR}{AC}\right)$$

故

$$(\lambda+\mu)\frac{AD}{AQ}=\lambda\frac{AB}{AP}+\mu\frac{AC}{AR}$$

当 D 为 BC 中点时，$\frac{AD}{AQ}$是$\frac{AB}{AP}$，$\frac{AC}{AR}$的等差中项.

上述例子说明，利用面积关系也可以证明比例式.

关于点共线或线共点的问题，也可以用面积法来解决，请看下例.

例 31　圆 O 为四边形 $ABCD$ 的内切圆，M，N 分别为 AC，BD 的中点，求证：M，N，O 三点共线(如图 2.59).

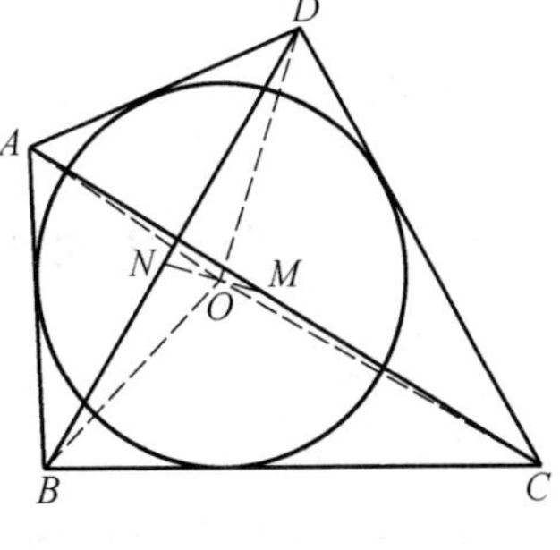

图 2.59

证明　因 $AB+CD=AD+BC$，故

$$S_{\triangle OAB}+S_{\triangle OCD}=S_{\triangle OAD}+S_{\triangle OBC}=\frac{1}{2}S_{ABCD}$$

又 M 为 AC 的中点，从而

$$S_{\triangle ABM}+S_{\triangle CDM}=\frac{1}{2}S_{ABCD}$$

于是

$$S_{\triangle OAB}+S_{\triangle OCD}=S_{\triangle MAB}+S_{\triangle MCD}$$

$$S_{\triangle OCD}-S_{\triangle MCD}=S_{\triangle MAB}-S_{\triangle OAB}$$

即

$$S_{\triangle OMD}+S_{\triangle OMC}=S_{\triangle OMA}+S_{\triangle OMB}$$

因 $S_{\triangle OMC}=S_{\triangle OMA}$，故

$$S_{\triangle OMD}=S_{\triangle OMB}$$

可以证明，若点 B，D 在 OM 同侧，则 $OM/\!/BD$，由此推得 $ABCD$ 为筝形，M，N，O 三点共线. 若点 B，D 在 OM 异侧，则 OM 的延长线过 BD 的中点 N.

对于某些复杂问题，如果用面积法考虑，有时会收到意想不到的效果.

例 32 在$\angle A$内有一定点P，过点P作直线交两边于B，C两点，问：$\frac{1}{PB}+\frac{1}{PC}$何时取得最大值？

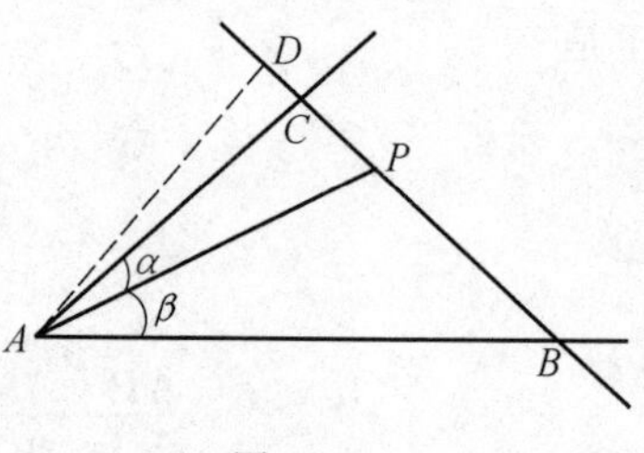

图 2.60

解 如图 2.60，令$\angle PAC=\alpha$，$\angle PAB=\beta$，$AD\perp BC$，S_1，S_2分别表示$\triangle ABP$，$\triangle ACP$的面积，则

$$\begin{aligned}\frac{1}{PB}+\frac{1}{PC}&=\frac{AD}{2}\left(\frac{1}{S_1}+\frac{1}{S_2}\right)=\frac{AD}{2}\cdot\frac{S_{\triangle ABC}}{S_1\cdot S_2}\\&=\frac{AD}{2}\cdot\frac{2AB\cdot AC\sin(\alpha+\beta)}{AB\cdot AC\cdot AP^2\sin\alpha\sin\beta}\\&=\frac{AD}{AP^2}\cdot\frac{\sin(\alpha+\beta)}{\sin\alpha\sin\beta}\leqslant\frac{\sin(\alpha+\beta)}{AP\sin\alpha\sin\beta}\end{aligned}$$

由于点P是定点，所以上式右边为常数. 当且仅当$AD=AP$时等号成立，即$BC\perp AP$时，$\frac{1}{PB}+\frac{1}{PC}$取得最大值.

此例说明，用面积关系也可以解决几何极值和几何不等式的问题.

§4 其他数学方法在几何证题中的应用

中学数学各分支虽然各有自身的研究对象与方法，但各分支之间却有着紧密的内在联系. 初等几何是三角与解析几何的基础；反之，三角、代数、解析几何的方法有时对某些几何问题的解决有着特殊的威力. 有些问题用纯几何的方法很难解决，而运用其他的数学方法却能奏效.

下面举例说明三角、代数、坐标、向量、复数等工具在几何证题中的运用.

4.1 三角法

利用三角函数建立线段、角、面积等几何量之间的关系，把几何问题转变为三角问题（三角变换、三角运算等）是三角法的特点.

三角法证题常运用下列有关知识：三角函数的定义；正、余弦定理；三角形面积公式$S=\frac{1}{2}bc\sin A$；在圆$O(R)$中，弦a与所对圆周角A的关系：$a=2R\sin A$，以及边长为a,b,c的$\triangle ABC$的内切圆半径r与三内角的关系：$\cot\frac{A}{2}+\cot\frac{B}{2}+\cot\frac{C}{2}=\frac{1}{2r}(a+b+c)$，等.

例 1　用三角法证明托勒密定理.

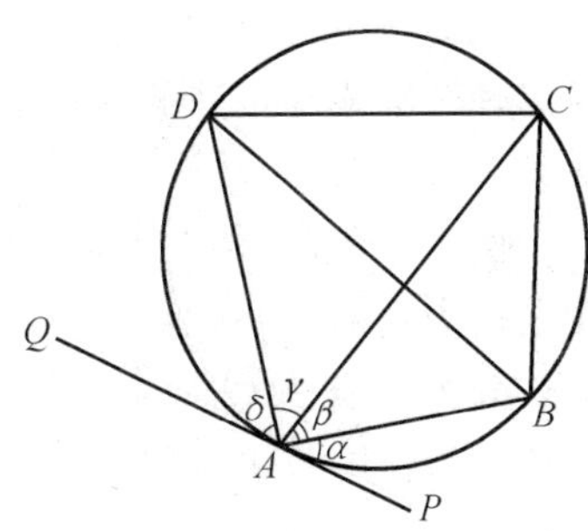

图 2.61

分析　待证结论是几条线段之间的数量关系,设法用三角函数表示这几条线段(如图 2.61).

过点 A 作圆的切线 PQ,令 $\angle PAB=\alpha$,$\angle BAC=\beta$,$\angle CAD=\gamma$,$\angle DAQ=\delta$,显然 $\alpha+\beta+\gamma+\delta=\pi$.

由于 $AB=2R\sin\alpha$(R 为 $\triangle ABC$ 的外接圆半径,下同),$CD=2R\sin\gamma$,$BC=2R\sin\beta$,$AD=2R\sin\delta$,$AC=2R\sin(\alpha+\beta)$,$BD=2R\sin(\beta+\gamma)$,因此,欲证 $AB\cdot CD+BC\cdot AD=AC\cdot BD$,只需证明:在 $\alpha+\beta+\gamma+\delta=\pi$ 的条件下,有

$$\sin\alpha\sin\gamma+\sin\beta\sin\delta=\sin(\alpha+\beta)\sin(\beta+\gamma)$$

这一三角恒等式是不难证明的.

例 2　如图 2.62 所示,过圆 O 的弦 PQ 的中点 O' 引任意两条弦 AB,CD,连 AD,BC 交 PQ 于点 M,N,求证

$$O'M=O'N$$

证明　令 $\angle A=\angle C=\alpha$,$\angle D=\angle B=\beta$,$\angle AO'M=\angle BO'N=\gamma$,$\angle MO'D=\angle CO'N=\delta$,则:

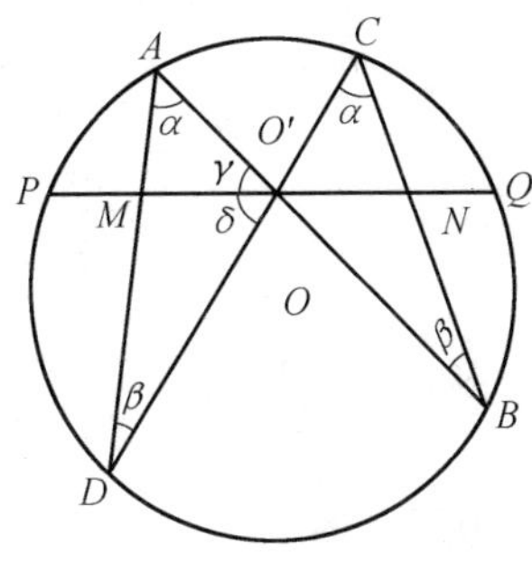

图 2.62

在 $\triangle AMO'$ 中,有 $MO'=AM\cdot\dfrac{\sin\alpha}{\sin\gamma}$;

在 $\triangle DMO'$ 中,有 $MO'=MD\cdot\dfrac{\sin\beta}{\sin\delta}$.

于是

$$MO'^2=AM\cdot MD\cdot\frac{\sin\alpha\sin\beta}{\sin\gamma\sin\delta}$$

同理可得

$$NO'^2=CN\cdot NB\cdot\frac{\sin\alpha\sin\beta}{\sin\gamma\sin\delta}$$

所以

$$\frac{MO'^2}{NO'^2}=\frac{AM\cdot MD}{CN\cdot NB}=\frac{PM\cdot MQ}{QN\cdot NP}=\frac{O'P^2-MO'^2}{O'Q^2-NO'^2}$$

故

$$O'M=O'N$$

例 2 是个世界数学名题，由于圆内图形像个翩翩起舞的蝴蝶，故取名为“蝴蝶定理”. 在蝴蝶定理的多种证法中，三角法的思路比较简单，用面积法证明更加简单.

例 3　求证：内接于定圆 O 的所有腰长为 a 的等腰梯形的高与中位线的长度之比为定值(1988 年，第 22 届全苏数学竞赛题).

分析　设圆 O 是半径为 R 的定圆，$ABCD$ 是腰长为 a 的等腰梯形，弦 CD 所对的圆周角为定角 α，动角 $\angle BCD$ 为 β，设法用这些量来直接表示出梯形的高 h 与中位线 m 之长(如图 2.63).

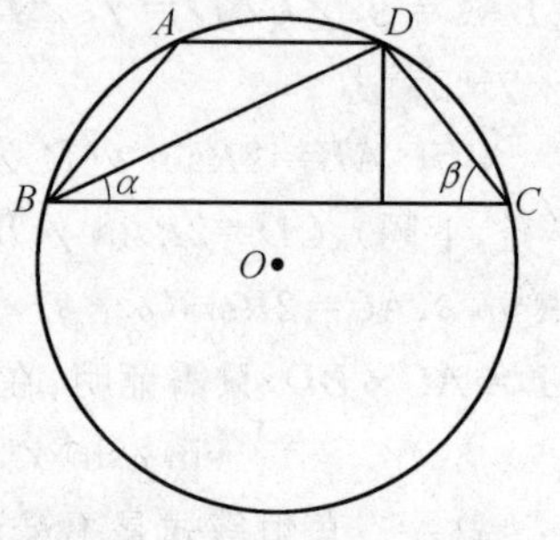

图 2.63

因为

$$BD=2R\sin\beta$$

梯形高

$$h=BD\cdot\sin\alpha=2R\sin\alpha\sin\beta$$

而

$$AD=2R\sin(\beta-\alpha)$$

$$BC=2R\sin(\alpha+\beta)$$

于是中位线

$$m=\frac{1}{2}(AD+BC)=R[\sin(\beta-\alpha)+\sin(\alpha+\beta)]$$

$$=2R\sin\beta\cos\alpha$$

$$h:m=\tan\alpha\text{(定值)}$$

从上述例题可以看出，运用三角函数解题，思路清楚、简单，容易找到解题途径.

例 4　图 2.64 所示，在 $\triangle ABC$ 的 AC 边上有点 M，使 $\triangle ABM$ 和 $\triangle BCM$ 的内切圆相等，求证

$$BM^2=S\cot\frac{B}{2}$$

(S 是 $\triangle ABC$ 的面积).

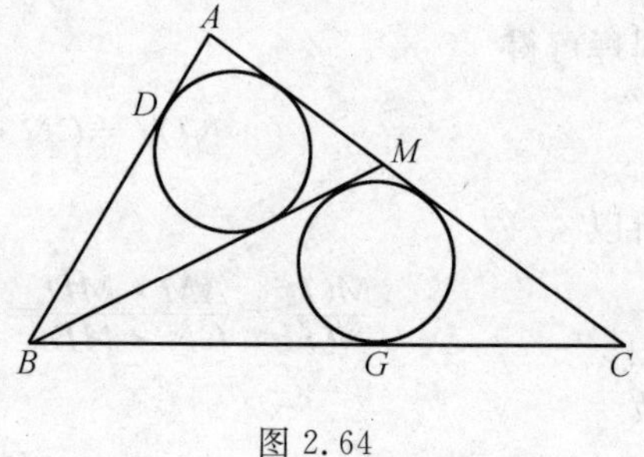

图 2.64

分析　由于待证结论涉及线段、面积与余切，运用三角法是很自然的.

证明　设 $\triangle ABM$，$\triangle BCM$ 的内切圆半径为 r，$BC=a$，$AC=b$，$AB=c$，$BM=x$，则

$$r(c+x+AM)+r(a+x+CM)=2S$$

即
$$r(a+b+c+2x)=2S$$

又
$$r\cot\frac{A}{2}=AD=\frac{1}{2}(c+AM-x)$$

$$r\cot\frac{C}{2}=CG=\frac{1}{2}(a+CM-x)\quad (D,G\text{ 为切点})$$

所以

$$r\left(\cot\frac{A}{2}+\cot\frac{C}{2}\right)=\frac{1}{2}(a+b+c-2x)$$

$$S\left(\cot\frac{A}{2}+\cot\frac{C}{2}\right)=\frac{1}{4}[(a+b+c)^2-4x^2]$$

令 R 为 $\triangle ABC$ 内切圆半径,则

$$S=\frac{R}{2}(a+b+c)$$

$$\cot\frac{A}{2}+\cot\frac{B}{2}+\cot\frac{C}{2}=\frac{1}{2R}(a+b+c)$$

于是

$$S\left(\cot\frac{A}{2}+\cot\frac{B}{2}+\cot\frac{C}{2}\right)=\frac{1}{4}(a+b+c)^2$$

$$x^2=S\cot\frac{B}{2}$$

例 5 P 为 $\triangle ABC$ 内一点,点 P 到三顶点的距离分别为 ρ_1,ρ_2,ρ_3,到三边的距离分别为 r_1,r_2,r_3,求证

$$\rho_1+\rho_2+\rho_3\geqslant 2(r_1+r_2+r_3)$$

(Erdös-Mordell 不等式).

分析 求证几何不等式是比较困难的,我们不妨构造直角三角形,利用三角函数来寻找 ρ_1,ρ_2,ρ_3 与 r_1,r_2,r_3 之间的关系.

证明 设 PA,PB,PC 分别为 ρ_1,ρ_2,ρ_3;PD,PE,PF 分别为 r_1,r_2,r_3(如图 2.65),则

$$EF=\rho_1\sin A$$

过点 F 作 BC 的平行线 l,延长 DP 交 l 于点 H,过点 E 作 $EG\perp l$ 于点 G,则有

$$FH=FP\cdot\sin\angle FPH=r_3\sin B$$

$$HG=PE\cdot\sin\angle HPE=r_2\sin C$$

由于 $EF\geqslant FG=FH+HG$,即

$$\rho_1 \sin A \geqslant r_3 \sin B + r_2 \sin C$$

所以

$$\rho_1 \geqslant r_3 \frac{\sin B}{\sin A} + r_2 \frac{\sin C}{\sin A}$$

同理

$$\rho_2 \geqslant r_1 \frac{\sin C}{\sin B} + r_3 \frac{\sin A}{\sin B}$$

$$\rho_3 \geqslant r_1 \frac{\sin B}{\sin C} + r_2 \frac{\sin A}{\sin C}$$

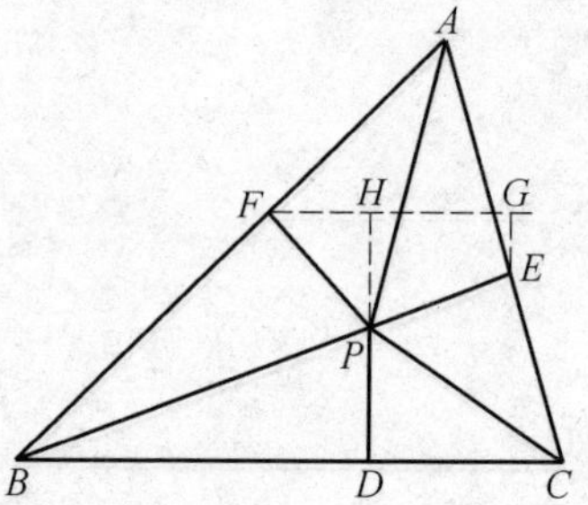

图 2.65

故 $$\rho_1 + \rho_2 + \rho_3 \geqslant 2(r_1 + r_2 + r_3)$$

注记 此例亦可用面积法证. 过点 P 作 $B'C'$ 交 AC 于点 B'，交 AB 于点 C'，使$\triangle AB'C' \backsim \triangle ABC$，则

$$S_{AB'C'} \leqslant \frac{1}{2} B'C' \cdot AP$$

即 $$AB' \cdot r_2 + AC' \cdot r_3 \leqslant B'C' \cdot \rho_1$$

从而

$$\rho_1 \geqslant r_3 \frac{b}{a} + r_2 \frac{c}{a}$$

4.2 代数法

代数法是利用有关代数知识来解决几何问题的一种思考方法. 此法的运用必须善于抓住图形中的数量关系，有效地利用代数工具（如代数式恒等变形、方程、函数、不等式、行列式等）达到解题目的.

例 6 求证：每个三角形都存在等截线（同时平分三角形面积和周长的直线），且此线通过三角形的内心.

分析 这是几何存在的命题，设法作出满足条件的直线.

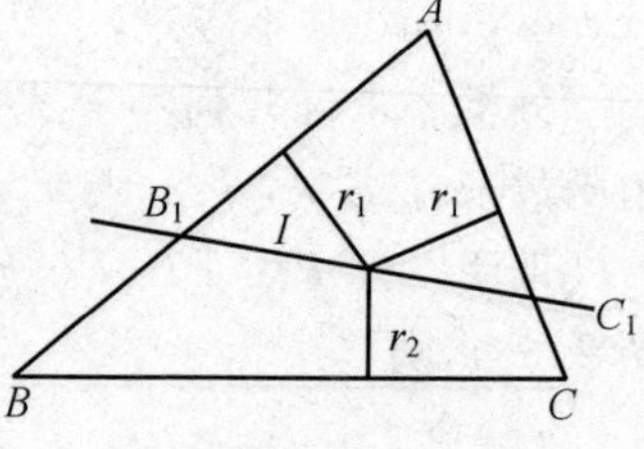

图 2.66

如图 2.66 所示，设$\triangle ABC$ 三边长为 a，b，c，如果等截线存在，且各交 AB，AC 于点 B_1，C_1，令 $AB_1 = x$，$AC_1 = y$，则

$$x + y = \frac{1}{2}(a + b + c), xy = \frac{1}{2}bc$$

于是 x，y 是关于 z 的一元二次方程

$$z^2-\frac{1}{2}(a+b+c)z+\frac{1}{2}bc=0$$

的两个根. 当 $c\geqslant a\geqslant b$ 时,有

$$\Delta=\frac{1}{4}[(a+b+c)^2-8bc]\geqslant$$

$$\frac{1}{4}[(2b+c)^2-8bc]\geqslant 0$$

所以,方程总有两个实根. 取

$$x=\frac{a+b+c+2\sqrt{\Delta}}{4}, y=\frac{a+b+c-2\sqrt{\Delta}}{4}$$

容易验证 $0<x<c, 0<y<b$. 于是在最长边 AB 上取 AB_1,使 $AB_1=x$;在最短边 AC 上取 AC_1,使 $AC_1=y$,则直线 B_1C_1 为 $\triangle ABC$ 的等截线.

作 $\angle A$ 的平分线交 B_1C_1 于点 I,设点 I 到 AB, AC 的距离为 r_1,到 BC 的距离为 r_2,则

$$AB_1\cdot r_1+AC_1\cdot r_1=\frac{1}{2}(AB+AC)\cdot r_1+\frac{1}{2}BC\cdot r_2$$

因为

$$AB_1+AC_1=\frac{1}{2}(AB+AC+BC)$$

所以 $r_1=r_2$, B_1C_1 过 $\triangle ABC$ 内心 I.

例 7　在一个面积为 32 cm^2 的平面凸四边形中,两对边与一条对角线长度之和为 16 cm,试确定另一条对角线的所有可能长度(1976 年国际中学生数学竞赛试题).

已知:四边形 $ABCD$ 的面积为 32 cm^2, $AB+BD+DC=16$ cm. 求 AC 长的范围(如图 2.67).

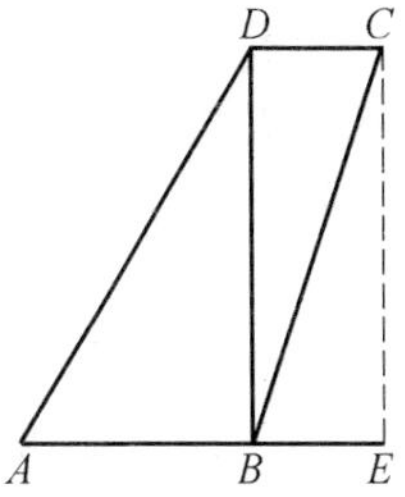

图 2.67

分析　一般说来,只知四边形的面积以及对边与一条对角线之和,另一条对角线的长度不能唯一确定. 要使问题确定,给定的数据必须具有特殊的性质,利用代数不等式的有关知识,可先研究所给的条件能带给我们哪些信息.

解　设 $\angle ABD=\alpha$, $\angle BDC=\beta$,则

$$S_{ABCD}=S_{\triangle ABD}+S_{\triangle BCD}$$

$$=\frac{1}{2}AB\cdot BD\sin\alpha+\frac{1}{2}DC\cdot BD\sin\beta\leqslant$$

$$\frac{1}{2}BD(AB+AC)\leqslant$$

（当且仅当 $\alpha=\beta=90°$ 等号成立）

$$\frac{1}{2}\left[\frac{1}{2}(BD+AB+DC)\right]^2$$

（利用不等式 $x\cdot y\leqslant\left(\frac{x+y}{2}\right)^2$）

$$=\frac{1}{8}(BD+AB+DC)^2$$

于是

$$32\leqslant\frac{1}{8}(16)^2$$

所以上述演算推理必须都是在等号条件下才能成立．于是

$$\alpha=\beta=90°, BD=AB+CD$$

此时，$ABCD$ 是梯形，且

$$BD=\frac{1}{2}(BD+AB+CD)=8\ \text{cm}$$

过点 C 作 $CE\perp AB$，则

$$CE=AE=8\ \text{cm}, AC=8\sqrt{2}\ \text{cm}$$

因此，另一对角线长只能是 $8\sqrt{2}$ cm．

例 8 AD 为 $\triangle ABC$ 的中线，E 为 AB 上一点，CE 与 AD 交于点 F，试确定使 $\triangle EDF$ 面积最大时点 E 的位置(如图 2.68)．

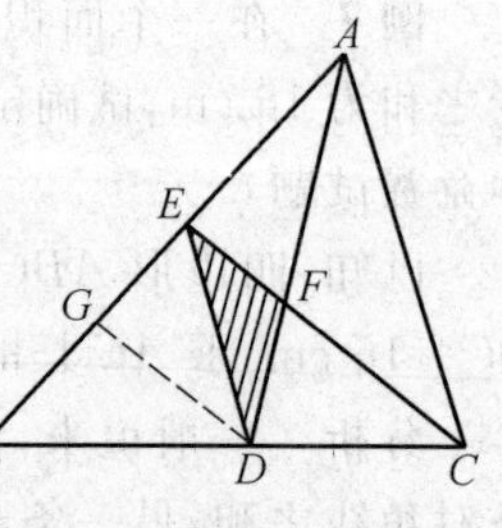

图 2.68

分析 对于几何极值问题，建立变量之间的函数关系是有效途径之一．

解 设 $AB=c, AE=x$，则

$$BE=c-x, 0<x<c$$

过点 D 作 $DG\,/\!/\,CE$ 交 AB 于点 G，则

$$\frac{S_{\triangle EFD}}{S_{\triangle AED}}=\frac{DF}{AD}=\frac{\frac{1}{2}BE}{AG}=\frac{c-x}{c+x}$$

又

$$\frac{S_{\triangle AED}}{S_{\triangle ABD}}=\frac{AE}{AB}=\frac{x}{c}$$

所以

$$S_{\triangle EFD}=\frac{x(c-x)}{c+x}\cdot\frac{1}{2c}S_{\triangle ABC}$$

记 $y=\frac{x(c-x)}{c+x}$，则有

$$yc+yx=xc-x^2$$

方程 $x^2+(y-c)x+yc=0$ 要有实根，必须

$$\Delta=(y-c)^2-4yc\geqslant 0$$

即

$$y\geqslant(3+2\sqrt{2})c \text{ 或 } y\leqslant(3-2\sqrt{2})c$$

当 $y=(3+2\sqrt{2})c$ 时，$x=(1+\sqrt{2})c$，即点 E 不在 AB 边上，不符合题意.

当 y 取极大值 $(3-2\sqrt{2})c$ 时，$x=(\sqrt{2}-1)c$，即当 $AE:AB=\sqrt{2}-1$ 时，$\triangle EFD$ 的面积最大，为 $\frac{3-2\sqrt{2}}{2}S_{\triangle ABC}$.

例 9　如图 2.69 所示，已知圆 O 的直径 AB 的长为 $\sqrt{2}$，弦 CD 和 EF 平行，且都与 AB 相交成 $45°$ 角，CD 交 AB 于点 P，EF 交 AB 于点 Q，求证

$$PC\cdot QE+PD\cdot QF\leqslant 1$$

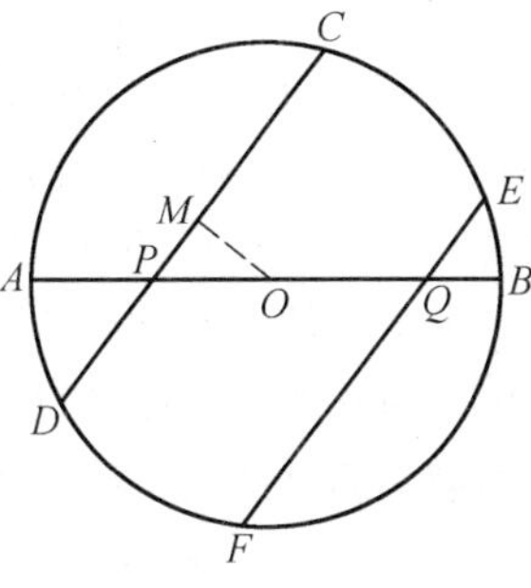

图 2.69

分析　PC,QE,PD,QF 分别在两条直线上，不易发生联系. 但从代数角度看

$$PC\cdot QE\leqslant\frac{PC^2+QE^2}{2}$$

$$PD\cdot QF\leqslant\frac{PD^2+QF^2}{2}$$

因此只需证明

$$PC^2+QE^2+PD^2+QF^2\leqslant 2$$

这样，可以把 PC,PD,QE,QF 分别处理，比证原不等式容易多了.

证明　在图 2.69 中作 $OM\perp CD$ 于点 M，因 $\angle CPB=45°$，有

$$OM=PM,DM=MC$$

于是

$$\begin{aligned}PC^2+PD^2&=(CM+MP)^2+(DM-MP)^2\\&=2(CM^2+MP^2)\\&=2(CM^2+OM^2)\\&=2OC^2=1\end{aligned}$$

同理

$$QE^2+QF^2=1$$

所以

$$PC\cdot QE+PD\cdot QF\leqslant\frac{1}{2}(PC^2+PD^2+QE^2+QF^2)=1$$

4.3 坐标法

用坐标法解几何题,具有思路自然、易于掌握的特点.在解题时,只需建立适当的坐标系,不添辅助线便可达到目的.一般说来,有关直线与二次曲线的问题用坐标法都能解决,但有时计算量较大,容易出错.因此,在证题时选取恰当的坐标系显得十分重要.

例 10 作正方形 $ABCD$ 的外接圆,再在弓形内作一内接正方形 $EFMN$,求证:小正方形边长是原正方形边长的五分之一.

分析 弓形与内接正方形边长的关系不明显,考虑用坐标法.

注意到图形的对称性,以圆心为原点,AB 方向为 x 轴正方向建立直角坐标系(如图 2.70).设正方形 $ABCD$ 边长为 $2a$,正方形 $EFMN$ 边长为 $2b$,则

$$B(a,a),C(a,-a),F(b,a),M(b,a+2b)$$

因为点 M 在圆周上,所以

$$|OM|=\sqrt{2}a$$

$$b^2+(2b+a)^2=2a^2$$

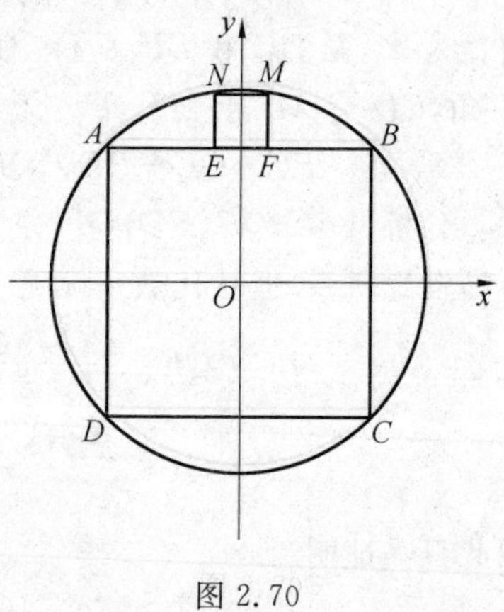

图 2.70

整理得

$$(b+a)(5b-a)=0$$

因为

$$b+a\neq 0$$

所以

$$a=5b$$

例 11 H 为 $\triangle ABC$ 高 AD 上一点,CH 交 AB 于点 F,BH 交 AC 于点 E,求证

$$\angle FDA=\angle ADE$$

证明 考虑到待证结论是两角相等,于是以 BC 为 x 轴,DA 为 y 轴建立直角坐标系(如图 2.71).

设 $B(b,0)$，$C(c,0)$，$H(0,h)$，$A(0,a)$，则：

AC 方程为 $\frac{x}{c}+\frac{y}{a}=1$；

BE 方程为 $\frac{x}{b}+\frac{y}{h}=1$.

两式相减得

$$x\left(\frac{1}{c}-\frac{1}{b}\right)+y\left(\frac{1}{a}-\frac{1}{h}\right)=0$$

这是一条过原点和点 E 的直线方程，即为直线 DE 的方程.

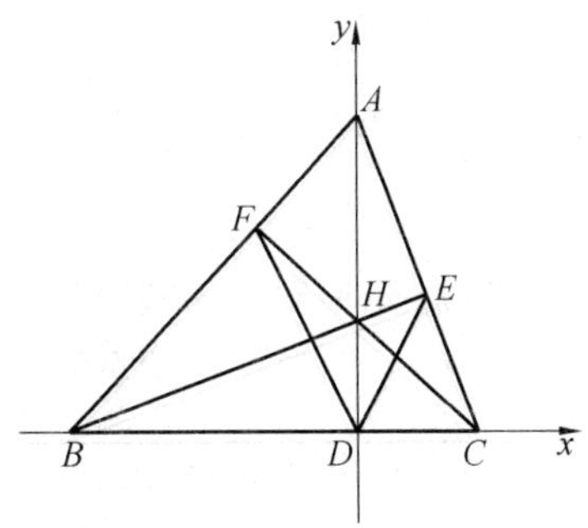

图 2.71

同理，$x\left(\frac{1}{b}-\frac{1}{c}\right)+y\left(\frac{1}{a}-\frac{1}{h}\right)=0$ 是表示直线 DF 的方程. 因为 $K_{DE}=-K_{DF}$，所以

$$\angle EDC=\angle FDB$$

于是

$$\angle FDA=\angle ADE$$

问题得证.

在上述解法中，直线 DE，DF 方程的导出值得玩味. 它通过直线方程的变形，巧妙地避开求点 E，F 的坐标的计算. 此法颇具匠心.

在一般情况下，充分利用图形或方程的对称性，以及通过方程变形避免繁琐计算，是运用坐标法解题的两大技巧，值得我们学习掌握.

例 12　在四边形 $ABCD$ 中，两组对边 AB 与 CD，BC 与 AD 的垂直平分线分别相交于点 P，Q. M，N 分别为对角线 AC，BD 的中点. 求证

$$PQ\perp MN$$

证明　为了使点 A，B，C，D 处于平等、对称的地位，不妨设 $A(x_A,y_A)$，$B(x_B,y_B)$，$C(x_C,y_C)$，$D(x_D,y_D)$. 并设法证明直线 PQ 的斜率 K_{PQ} 与直线 MN 的斜率 K_{MN} 满足关系：$K_{PQ}\cdot K_{MN}=-1$.

AB 的垂直平分线方程为

$$\left(y-\frac{y_A+y_B}{2}\right)(y_A-y_B)+\left(x-\frac{x_A+x_B}{2}\right)(x_A-x_B)=0$$

CD 的垂直平分线方程为

$$\left(y-\frac{y_C+y_D}{2}\right)(y_C-y_D)+\left(x-\frac{x_C+x_D}{2}\right)(x_C-x_D)=0$$

两式相加,得过交点 P 的直线方程

$$y(y_A+y_C-y_B-y_D)+x(x_A+x_C-x_B-x_D)$$
$$=\frac{1}{2}(y_A^2+y_C^2-y_B^2-y_D^2+x_A^2+x_C^2-x_B^2-x_D^2)$$

由于对称性,如果将点 B 与点 D 的坐标互换,那么上述方程不变,这说明此直线又过 AD 与 BC 的垂直平分线的交点 Q,因此它是直线 PQ 的方程.

因为点 M 坐标为 $\left(\frac{x_A+x_C}{2},\frac{y_A+y_C}{2}\right)$,点 N 坐标为 $\left(\frac{x_B+x_D}{2},\frac{y_B+y_D}{2}\right)$. 显然,$K_{PQ}\cdot K_{MN}=-1$.

例 13 由圆 O 的直径 AB 两端引切线 l_1,l_2. 在 l_1 上取点 C,割线 CM,CN 各交圆 O 于点 M',N'. 直线 AM,AM',AN,AN' 分别交 l_2 于点 E,E',D,D'. 求证

$$DE=D'E'$$

证明 欲证 $DE=D'E'$,设法证明 EE' 的中点也是 DD' 的中点.

建立坐标系如图 2.72,设 $A(0,0)$,$B(0,b)$,$C(c,0)$,则图 O 的方程为

$$x^2+y^2-by=0 \tag{1}$$

令 CM 的方程为

$$y=k(x-c) \tag{2}$$

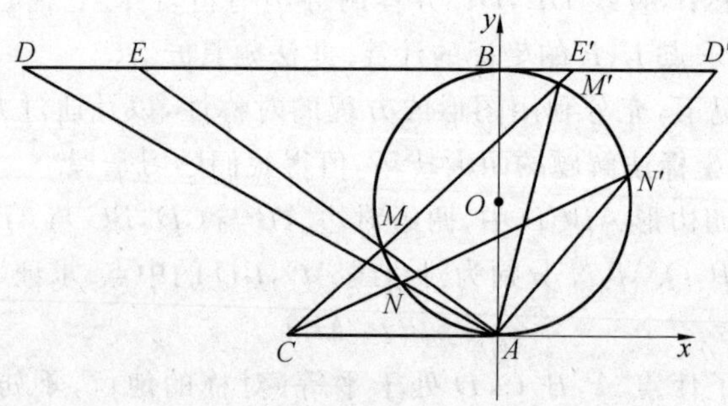

图 2.72

即
$$\frac{y-kx}{-kc}=1$$

把它代入圆的方程中,得

$$x^2+y^2-\frac{by(y-kx)}{-kc}=0 \tag{3}$$

这是一个二次齐次式,表示两条过点(0,0)的直线. 由于点 M,M' 的坐标既适合方程(1),又适合方程(2),所以适合方程(3). 因此,方程(3)表示直线 AM,

AM'.

把 l_2 的方程 $y=b$ 代入式(3),得

$$x^2-\frac{b^2}{c}x+b^2+\frac{b^3}{kc}=0$$

故 EE' 的中点为 $\left(\frac{b^2}{2c},b\right)$ 与 k 无关. 同理,DD' 的中点也是 $\left(\frac{b^2}{2c},b\right)$. 故 DD',EE' 的中点重合,即 $DE=D'E'$.

在上述解法中,有两个技巧值得注意:其一,经过巧妙的方程变形,用退化的二次曲线表示两条直线 AM,AM';其二,不直接求出点 D,D',E,E' 的坐标,而是通过 DD',EE' 的中点重合达到证明 $DE=D'E'$ 的目的. 这样,计算量大大减少,运用坐标法证题的优点更加突出.

在用坐标法解题时,如能随时注意运用几何性质,会使问题变得较易解决.

4.4　向量法

所谓向量法,是根据向量的几何意义把几何问题转化为相应的向量问题,通过向量运算达到解题目的.

用向量法解几何题的关键是熟练掌握向量运算以及向量表达式的几何意义. 例如:

1) $AB/\!/CD \Leftrightarrow \overrightarrow{AB}=\lambda\overrightarrow{CD}$($\lambda$ 为实数)$\Leftrightarrow \overrightarrow{AB}\times\overrightarrow{CD}=\mathbf{0}$.

特别地,A,B,C 三点共线 $\Leftrightarrow \overrightarrow{AB}=\lambda\overrightarrow{AC}$.

2) 若 $k_1\overrightarrow{AB}+k_2\overrightarrow{CD}=\mathbf{0}$,$\overrightarrow{AB}$,$\overrightarrow{CD}$ 线性无关,则 $k_1=k_2=0$.

$\overrightarrow{AB}\cdot\overrightarrow{CD}=|\overrightarrow{AB}|\cdot|\overrightarrow{CD}|\cos\alpha$($\alpha$ 为 $\overrightarrow{AB}$,$\overrightarrow{CD}$ 间的夹角).

(3) $\overrightarrow{AB}$ 与 $\overrightarrow{CD}$ 共线或平行,则 $\overrightarrow{AB}\cdot\overrightarrow{CD}=\pm|\overrightarrow{AB}|\cdot|\overrightarrow{CD}|$.

(4) $\overrightarrow{AB}\perp\overrightarrow{CD}\Leftrightarrow\overrightarrow{AB}\cdot\overrightarrow{CD}=0$.

(5) $AB=CD\Leftrightarrow\overrightarrow{AB}^2=\overrightarrow{CD}^2$.

例 14　如图 2.73 所示,正方形 $ABCD$ 中,E 为 AB 上一点,F 为 BC 上一点,$BE=BF$,$BG\perp CE$ 于点 G. 求证

$$DG\perp GF$$

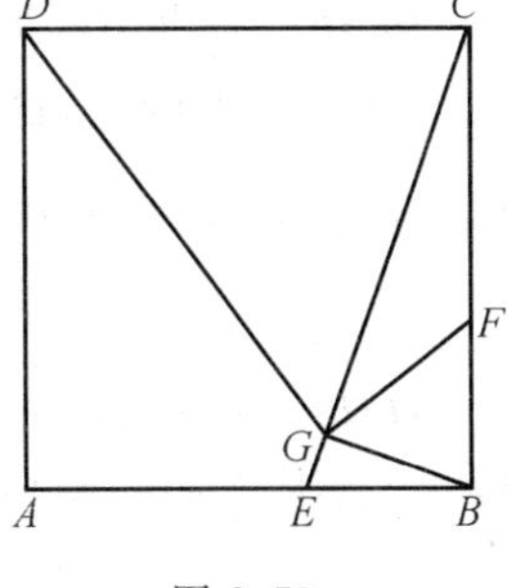

图 2.73

证明　设 $\angle ECB=\angle EBG=\theta$,因为

$\overrightarrow{DG}\cdot\overrightarrow{GF}=(\overrightarrow{DC}+\overrightarrow{CG})\cdot(\overrightarrow{GB}+\overrightarrow{BF})$

$$=\overrightarrow{DC}\cdot\overrightarrow{GB}+\overrightarrow{DC}\cdot\overrightarrow{BF}+\overrightarrow{CG}\cdot\overrightarrow{GB}+\overrightarrow{CG}\cdot\overrightarrow{BF}$$
$$=\overrightarrow{DC}\cdot\overrightarrow{GB}+\overrightarrow{CG}\cdot\overrightarrow{BF}$$
$$=|\overrightarrow{AB}|\cdot|\overrightarrow{GB}|\cdot\cos\theta+|\overrightarrow{CG}|\cdot|\overrightarrow{BF}|\cos(\pi-\theta)$$
$$=|\overrightarrow{AB}|\cdot|\overrightarrow{BE}|\cdot\cos^2\theta-|\overrightarrow{BC}|\cdot|\overrightarrow{BF}|\cos^2\theta=0$$

所以

$$DG\perp GF$$

例 15 设 AC 是$\square ABCD$ 的长对角线,从点 C 引 AB,AD 的垂线 CE,CF,垂足分别为点 E,F(如图2.74),求证

$$AB\cdot AE+AD\cdot AF=AC^2$$

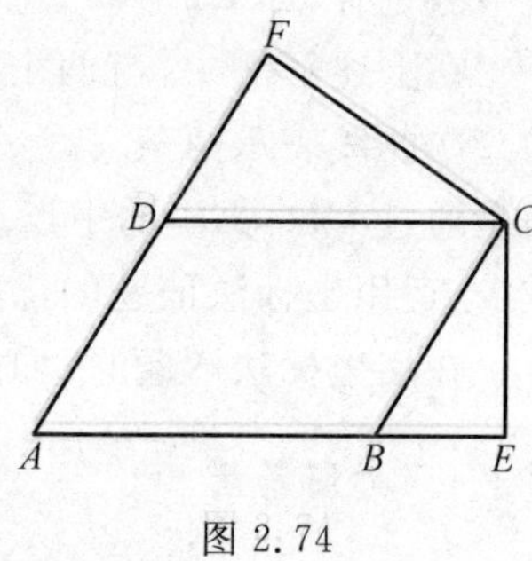

图 2.74

证明 由于 A,B,E 三点共线,所以

$$|\overrightarrow{AB}|\cdot|\overrightarrow{AE}|=\overrightarrow{AB}\cdot\overrightarrow{AE}$$

同理

$$|\overrightarrow{AD}|\cdot|\overrightarrow{AF}|=\overrightarrow{AD}\cdot\overrightarrow{AF}$$

于是

$$|\overrightarrow{AB}|\cdot|\overrightarrow{AE}|+|\overrightarrow{AD}|\cdot|\overrightarrow{AF}|$$
$$=\overrightarrow{AB}\cdot\overrightarrow{AE}+\overrightarrow{AD}\cdot\overrightarrow{AF}$$
$$=\overrightarrow{AB}\cdot(\overrightarrow{AC}+\overrightarrow{CE})+\overrightarrow{AD}\cdot(\overrightarrow{AC}+\overrightarrow{CF})$$
$$=\overrightarrow{AB}\cdot\overrightarrow{AC}+\overrightarrow{AD}\cdot\overrightarrow{AC}$$
$$=\overrightarrow{AC}(\overrightarrow{AB}+\overrightarrow{AD})=\overrightarrow{AC}^2=|AC|^2$$

由上述例子可见,如果向量法运用得当,有利于问题解决.

在用向量求解某些计算题时,常用的方法是把平面上的向量用基向量表示,然后列出向量方程或方程组,并解此方程(组)而求得答案.

例 16 如果 D,E,F 分别是$\triangle ABC$ 的三边 BC,CA,AB 上的点,试证明:$\triangle ABC$ 与$\triangle DEF$ 的重心重合的充要条件是 $\dfrac{BD}{DC}=\dfrac{CE}{EA}=\dfrac{AF}{FB}$(如图 2.75).

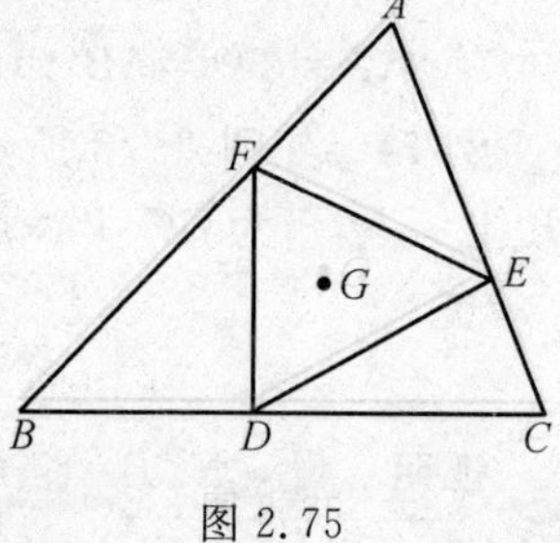

图 2.75

证明 必要性:设 $\overrightarrow{BD}=x\overrightarrow{BC}$,$\overrightarrow{CE}=y\overrightarrow{CA}$,$\overrightarrow{AF}=z\overrightarrow{AB}$,令两三角形重心为 G,则有

$$\overrightarrow{AG}=\frac{1}{3}(\overrightarrow{AB}+\overrightarrow{AC})$$

$$\overrightarrow{FG}=\frac{1}{3}(\overrightarrow{FD}+\overrightarrow{FE})$$

由于

$$\begin{aligned}\overrightarrow{AG}&=\overrightarrow{AF}+\overrightarrow{FG}\\&=z\overrightarrow{AB}+\frac{1}{3}(\overrightarrow{FD}+\overrightarrow{FE})\\&=z\overrightarrow{AB}+\frac{1}{3}(\overrightarrow{FB}+\overrightarrow{BD}+\overrightarrow{FA}+\overrightarrow{AE})\\&=z\overrightarrow{AB}+\frac{1}{3}[(1-z)\overrightarrow{AB}+\\&\quad x(\overrightarrow{AC}-\overrightarrow{AB})-z\overrightarrow{AB}+(1-y)\overrightarrow{AC}]\end{aligned}$$

故有

$$\frac{1}{3}(\overrightarrow{AB}+\overrightarrow{AC})=\frac{1}{3}(1+z-x)\overrightarrow{AB}+\frac{1}{3}(x+1-y)\overrightarrow{AC}$$

得

$$x=y=z$$

即

$$\frac{BD}{DC}=\frac{CE}{EA}=\frac{AF}{FB}$$

充分性：设两三角形重心分别为 G,G'，$\overrightarrow{BD}=k\overrightarrow{BC}$，$\overrightarrow{CE}=k\overrightarrow{CA}$，$\overrightarrow{AF}=k\overrightarrow{AB}$，那么仿照上述运算可证得$\overrightarrow{AG}=\overrightarrow{AG'}$，$G$ 与 G' 重合，详细过程请读者补充.

本题用其他方法并不很容易，而用向量来解只是计算问题. 关键是都用$\overrightarrow{AB}$，$\overrightarrow{AC}$线性组合起来.

4.5　复数法

复数 $Z=x+y\mathrm{i}=r\mathrm{e}^{\mathrm{i}\theta}$ 既可以用来表示平面上的点，也可以解释为平面向量. 复数的加法相当于平面向量的加法，平面上向量的旋转可以借助 $\mathrm{e}^{\mathrm{i}\theta}$，通过乘法运算来实现. 不仅如此，由于许多特殊的几何性质可以用复数的代数关系式来刻画，因此可借用复数进行几何证题.

为方便起见，复数 Z 所对应的复平面上的点仍用 Z 表示.

(1) $\overrightarrow{Z_1Z_2}=Z_2-Z_1$. 若点 Z 在以点 Z_1，Z_2 为端点的线段上，且

$$|\overrightarrow{Z_1Z}|:|\overrightarrow{ZZ_2}|=\mu:\lambda$$

则有

$$Z=\frac{\lambda Z_1+\mu Z_2}{\lambda+\mu}=(1-t)Z_1+tZ_2$$

其中

$$t=\frac{\mu}{\lambda+\mu}=\frac{Z-Z_1}{Z_2-Z_1}$$

由此可知，三点 Z_1,Z_2,Z_3 共线的充要条件是$\frac{Z_2-Z_1}{Z_3-Z_1}$为实数.

(2)$\overrightarrow{Z_1Z_2}$与$\overrightarrow{Z_3Z_4}$平行（即共线）的充要条件是$\frac{Z_4-Z_3}{Z_2-Z_1}$为实数.

(3)$\overrightarrow{Z_1Z_2}$与$\overrightarrow{Z_3Z_4}$垂直的充要条件是$\frac{Z_1-Z_2}{Z_3-Z_4}$为纯虚数.

(4)$\triangle Z_1Z_2Z_3$ 与$\triangle W_1W_2W_3$ 同向相似的充要条件是

$$\frac{Z_3-Z_1}{Z_2-Z_1}=\frac{W_3-W_1}{W_2-W_1}$$

即

$$\begin{vmatrix}1 & 1 & 1\\ Z_1 & Z_2 & Z_3\\ W_1 & W_2 & W_3\end{vmatrix}=0$$

(5)$\triangle Z_1Z_2Z_3$ 是正三角形的充要条件是

$$Z_1^2+Z_2^2+Z_3^2=Z_1Z_2+Z_2Z_3+Z_3Z_1$$

(6)$\triangle Z_1Z_2Z_3$ 的有向面积

$$S=\frac{1}{2}Im\overline{(Z_2-Z_1)}(Z_3-Z_1)$$

$$=\frac{1}{2}Im(\overline{Z}_1Z_2+\overline{Z}_2Z_3+\overline{Z}_3Z_1)$$

$$=\frac{\mathrm{i}}{4}\begin{vmatrix}1 & 1 & 1\\ Z_1 & Z_2 & Z_3\\ \overline{Z}_1 & \overline{Z}_2 & \overline{Z}_3\end{vmatrix}$$

(7)Z_1,Z_2,Z_3,Z_4 共圆的充要条件是$\frac{Z_3-Z_1}{Z_4-Z_1}:\frac{Z_3-Z_2}{Z_4-Z_2}$为实数.

例 17　如果三角形的重心与外心重合，则三角形为等边三角形.

证明　取$\triangle Z_1Z_2Z_3$ 的外心为原点，则$|Z_1|=|Z_2|=|Z_3|=r$（r 为外接圆半径）.

设重心 G 对应的复数为 Z，则 $Z=\frac{1}{3}(Z_1+Z_2+Z_3)$. 由条件知

$$Z_1+Z_2+Z_3=0$$

因为

$$Z_2Z_3+Z_3Z_1+Z_1Z_2=Z_1Z_2Z_3\left(\frac{1}{Z_1}+\frac{1}{Z_2}+\frac{1}{Z_3}\right)$$

$$=Z_1Z_2Z_3\left(\frac{\overline{Z}_1}{r^2}+\frac{\overline{Z}_2}{r^2}+\frac{\overline{Z}_3}{r^2}\right)$$
$$=0$$

又 $$Z_1^2+Z_2^2+Z_3^2=(Z_1+Z_2+Z_3)^2-2(Z_1Z_2+Z_2Z_3+Z_3Z_1)=0$$

所以

$$Z_1^2+Z_2^2+Z_3^2=Z_1Z_2+Z_2Z_3+Z_3Z_1$$

故$\triangle Z_1Z_2Z_3$ 是正三角形.

例 18 证明:三角形的外心、重心、垂心、九点圆圆心在同一直线上.

证明 设三角形三顶点 A,B,C 对应的复数是 Z_1,Z_2,Z_3,取外心为原点,重心 G、垂心 H、九点圆圆心 K 对应的复数分别记为 Z_G,Z_H,Z_K,则

$$Z_G=\frac{1}{3}(Z_1+Z_2+Z_3)$$

令 L 为 BC 中点,则

$$Z_L=\frac{1}{2}(Z_2+Z_3)$$

由于$\overrightarrow{AH}=2\overrightarrow{OL}$,所以

$$Z_H-Z_1=2\cdot\frac{1}{2}(Z_2+Z_3)$$
$$Z_H=Z_1+Z_2+Z_3$$

设 P,Q 分别为 AH,CH 的中点,则

$$PQ/\!/AC,QL/\!/BH,\angle PQL=90^\circ$$

因为 P,Q,L 是九点圆上的点,所以 PL 是九点圆直径(如图 2.76).

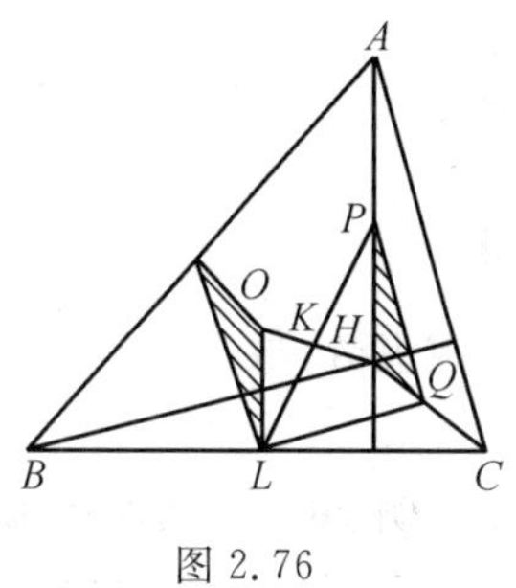

图 2.76

$$\begin{aligned}Z_K&=\frac{1}{2}(Z_P+Z_L)\\&=\frac{1}{2}\left[\frac{1}{2}(Z_H+Z_1)+\frac{1}{2}(Z_2+Z_3)\right]\\&=\frac{1}{2}(Z_1+Z_2+Z_3)\end{aligned}$$

因为 $0,\frac{1}{3}(Z_1+Z_2+Z_3),\frac{1}{2}(Z_1+Z_2+Z_3),(Z_1+Z_2+Z_3)$成比例,所以外心、重心、九点圆圆心、垂心共线.

例 19 如图 2.77 所示,$\triangle ABC$ 的外心为 $O,AB=AC,D$ 为 AB 的中点,G 为$\triangle ACD$ 的重心,求证

$$OG\perp CD$$

证明 令点 C,B,A,O 对应的复数分别为 a，$-a,bi,ci(a,b,c$ 为实数)，则

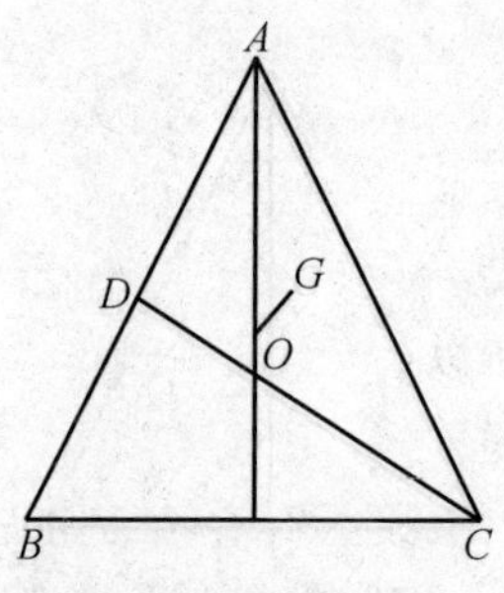

图 2.77

$$Z_D=\frac{1}{2}(bi-a)$$

$$Z_G=\frac{1}{3}(a+bi+Z_D)$$

$$=\frac{1}{6}(a+3bi)$$

因为 $OC=OA$，即

$$c^2+a^2=(b-c)^2$$

所以

$$c=\frac{b^2-a^2}{2b}$$

于是

$$Z_G-Z_O=\frac{1}{6}(a+3bi)-ci$$

$$=\frac{1}{6}(a+3bi)-\frac{b}{2}i+\frac{a^2}{2b}i$$

$$=\frac{a}{6b}(b+3ai)$$

而
$$Z_C-Z_D=a-\frac{1}{2}(bi-a)=\frac{1}{2}(3a-bi)$$

则
$$\frac{Z_C-Z_D}{Z_G-Z_O}=-\frac{3b}{a}i$$

是纯虚数，故

$$CD\perp GO$$

例 20 一凸四边形被其对角线分成四个小三角形，如果一对对边上的小三角形面积的平方和等于另一对边上的两个小三角形面积的平方和.求证：至少有一条对角线被交点平分.

证明 为了使运算简便，不妨令四边形 $ABCD$ 的对角线交点 O 为原点，直线 AC 为实轴，并设点 A,B,C,D 对应的复数分别为 $a,z,c,\lambda z(a,c,\lambda$ 为实数，$a\neq c,\lambda\neq 1)$，如图 2.78.

设$\triangle OAB,\triangle OBC,\triangle OCD,\triangle ODA$ 的面积依次为 S_1,S_2,S_3,S_4，则有

$$S_1=\frac{1}{2}I_m(az)=\frac{1}{2}aI_m(z)$$

$$S_2=\frac{1}{2}I_m(c\bar{z})=\frac{1}{2}cI_m(\bar{z})$$

$$S_3=\frac{1}{2}I_m(\lambda cz)=\frac{1}{2}\lambda cI_m(z)$$

$$S_4=\frac{1}{2}I_m(\lambda a\bar{z})=\frac{1}{2}\lambda aI_m(\bar{z})$$

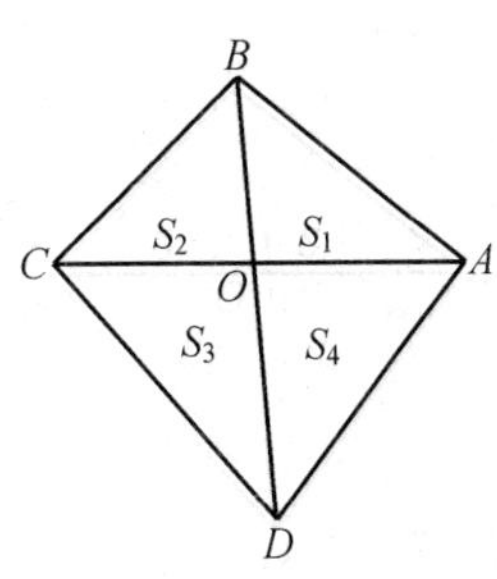

图 2.78

由假设

$$S_1^2+S_3^2=S_2^2+S_4^2$$

又 $$I_m(\bar{z})=-I_mz\neq 0$$

则有

$$a^2+\lambda^2c^2=c^2+\lambda^2a^2$$

即 $$(a^2-c^2)(1-\lambda^2)=0$$

因 $$a\neq c,\lambda\neq 1$$

故 $$a=-c,\text{或者 }\lambda=-1$$

当 $a=-c$ 时，点 O 平分 AC；当 $\lambda=-1$ 时，点 O 平分 BD.

例 21 求证：圆外切四边形对角线的中点与内切圆圆心共线.

证明 设四顶点分别为 Z_1,Z_2,Z_3,Z_4，四切点依次为 W_1,W_2,W_3,W_4，内切圆圆心 O 为原点，半径为 1(如图 2.79).

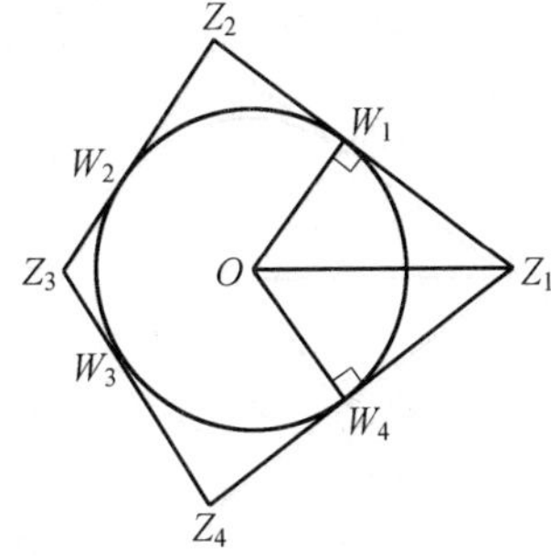

图 2.79

因为

$$Z_1-W_1=-\lambda W_1\mathrm{i}$$

其中 $\lambda=|Z_1-W_1|$，又 $Z_1-W_4=\lambda W_4\mathrm{i}$，所以

$$Z_1=(1-\lambda\mathrm{i})W_1,Z_1=(1+\lambda\mathrm{i})W_4$$

$$\overline{W}_1Z_1=(1-\lambda\mathrm{i}),\overline{W}_4Z_1=1+\lambda\mathrm{i}$$

消去 λ，得

$$Z_1=\frac{2}{\overline{W}_1+\overline{W}_4}$$

同理

$$Z_2=\frac{2}{\overline{W}_1+\overline{W}_2},Z_3=\frac{2}{\overline{W}_2+\overline{W}_3},Z_4=\frac{2}{\overline{W}_3+\overline{W}_4}$$

设两对角线中点为 Z_P,Z_Q，则

$$Z_P=\frac{1}{2}(Z_1+Z_3)=\frac{\overline{W}_1+\overline{W}_2+\overline{W}_3+\overline{W}_4}{(\overline{W}_1+\overline{W}_4)(\overline{W}_2+\overline{W}_3)}$$

$$Z_Q=\frac{1}{2}(Z_2+Z_4)=\frac{\overline{W}_1+\overline{W}_2+\overline{W}_3+\overline{W}_4}{(\overline{W}_1+\overline{W}_2)(\overline{W}_3+\overline{W}_4)}$$

要证 Z_P, Z_Q, O 三点共线,只需证 $Z_P : Z_Q$ 是实数.

由于 $W_1, W_3, -W_2, -W_4$ 共圆,所以

$$\frac{(W_1+W_2)(W_3+W_4)}{(W_3+W_2)(W_1+W_4)}$$

是实数. $Z_P : Z_Q$ 也是实数.

上述例子说明,利用复数解几何题并不需要太多的技巧,只要求踏踏实实计算,便可达到目的.

在一般的向量运算中,将一个向量绕定点旋转 θ 角,并没有简易的表示方法,而用复数乘法可以很方便地实现平面上向量的旋转. 在例 21 中,已经利用了这种技巧,下面再举几个例子加以说明.

例 22 由 $\triangle ABC$ 的两边向形外作正方形 $ABDE$, $ACFG$. 若 M 为 BC 中点,求证

$$MA\perp EG, MA=\frac{1}{2}EG$$

证明 如图 2.80 所示建立坐标系,令 $\overrightarrow{MC}=a$, $\overrightarrow{MB}=-a$(a 为实数), $\overrightarrow{MA}=z$,则有

$$\overrightarrow{BA}=z+a, \overrightarrow{CA}=z-a$$

$$\overrightarrow{BD}=(z+a)\mathrm{i}, \overrightarrow{CF}=-(z-a)\mathrm{i}$$

$$\overrightarrow{EG}=\overrightarrow{EA}+\overrightarrow{AG}=\overrightarrow{DB}+\overrightarrow{CF}=-(z+a)\mathrm{i}-(z-a)\mathrm{i}=-2z\mathrm{i}$$

所以

$$MA\perp EG, MA=\frac{1}{2}EG$$

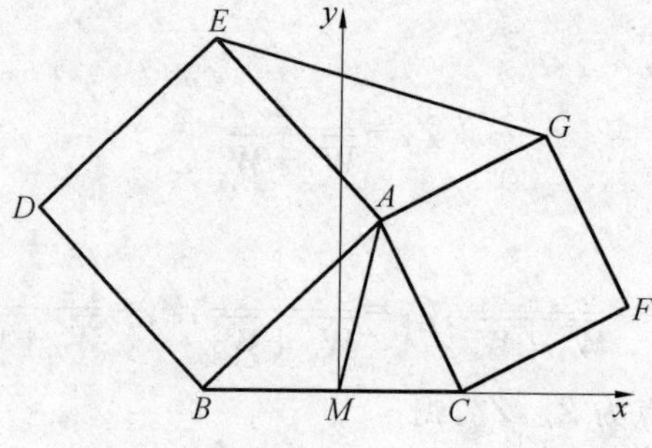

图 2.80

例 23 已知正方形 $ABCD$ 边长为 1 000. 平面上另有一点 P, $PD=10$. 将点 P 绕点 A 顺时针转 $90°$ 得点 P_1, 称为 P 对 A 向左转. 点 P 依次对 $A,B,C,D,A,B,\cdots$ 向左转, 转了 11 111 次到达点 Q, 求 DQ.

解 以正方形 $ABCD$ 中心为原点, 点 A,B,C,D,P 对应的复数分别为 z_A, z_B, z_C, z_D, z, 则 $z_B=z_A\cdot \mathrm{i}$, $z_C=z_B\cdot \mathrm{i}$, $z_D=z_C\cdot \mathrm{i}$, 且 $|z-z_D|=10$.

令点 P 旋转后得到的点依次为 $z_1, z_2, z_3, \cdots$, 由

$$z_1=z_A+(z-z_A)(-\mathrm{i})=-\mathrm{i}z+z_A\mathrm{i}+z_A=-\mathrm{i}z+z_B+z_A$$

$$z_2=z_B+(z_1-z_B)(-\mathrm{i})=z_B-\mathrm{i}(-\mathrm{i}z+z_A)=-z$$

$$z_3=z_C+(z_2-z_C)(-\mathrm{i})=z_C+z_C\mathrm{i}+z\mathrm{i}=z_C+z_D+z\mathrm{i}$$

$$z_4=z_D+(z_3-z_D)(-\mathrm{i})=z_D-z_C\mathrm{i}+z=z$$

$$\vdots$$

可推得

$$z_{11\,108}=z$$

$$z_{11\,111}=z_3=\mathrm{i}z+z_C+z_D$$

$$|z_3-z_D|=|\mathrm{i}z+z_C|=|z-z_C\mathrm{i}|=|z-z_D|=10$$

即

$$QD=10$$

可以看出, 在证题过程中, 正方形边长 1 000 的条件并没有起作用, 所得的结论与正方形边长无关.

利用复数还可以很方便地解决一些几何不等式以及正 n 边形、单位圆有关的问题.

例 24 用复数证明托勒密定理的一般形式: 在四边形 $ABCD$ 中, $AB\cdot CD+AD\cdot BC\geqslant AC\cdot BD$.

证明 以 A 为原点, 点 B,C,D 对应的复数分别为 z_1, z_2, z_3, 则

$$|AB|=|z_1|, |AC|=|z_2|, |AD|=|z_3|$$

$$|BC|=|z_1-z_2|, |CD|=|z_2-z_3|, |BD|=|z_1-z_3|$$

因为

$$z_1(z_2-z_3)+z_3(z_1-z_2)=z_2(z_1-z_3)$$

所以

$$|z_1(z_2-z_3)|+|z_3(z_1-z_2)|\geqslant|z_2(z_1-z_3)|$$

即

$$AB\cdot CD+AD\cdot BC\geqslant AC\cdot BD$$

例 25 若多边形 $A_1A_2\cdots A_n$ 内部有一点 O, 满足

$$\angle A_1OA_2=\angle A_2OA_3=\cdots=\angle A_nOA_1=\frac{2\pi}{n}$$

则对于平面上任一点 P,有

$$\sum_{k=1}^{n} PA_k \geqslant \sum_{k=1}^{n} OA_k$$

证明 以 O 为原点,$A_1,A_2,\cdots,A_n$ 对应的复数分别为 $z_1,z_2,\cdots,z_n$,则

$$z_k=|z_k|\cdot e^{i(\theta+\frac{2(k-1)\pi}{n})} \quad (k=1,2,\cdots,n,\theta \text{ 为 } z_1 \text{ 的辐角})$$

设点 P 对应的复数为 z,记 $\omega=e^{i\frac{2\pi}{n}}$,则

$$\begin{aligned}\sum_{k=1}^{n} PA_k &= \sum_{k=1}^{n} |z_k-z| = \sum_{k=1}^{n} |z_k-z|\cdot|\omega^{-(k-1)}| \\ &= \sum_{k=1}^{n} |z_k\cdot\omega^{-(k-1)}-z\omega^{-(k-1)}| \geqslant \\ &\quad \left|\sum_{k=1}^{n} z_k\cdot\omega^{-(k-1)}-z\sum_{k=1}^{n}\omega^{-(k-1)}\right| \\ &= \left|\sum_{k=1}^{n}|z_k|\cdot e^{i\theta}\right| = \sum_{k=1}^{n}|z_k| = \sum_{k=1}^{n} OA_k\end{aligned}$$

证题中有几点技巧值得指出:

(1) 在和式 $\sum\limits_{k=1}^{n} |z_k-z|$ 中每一项乘以 $|\omega^{-(k-1)}|$,值虽不变,却使向量 z_k 按顺时针方向旋转了 $\dfrac{2(k-1)\pi}{n}$ 后成为共线同向的向量.

(2)利用 $1+\omega^{-1}+\omega^{-2}+\cdots+\omega^{-(n-1)}=0$ 的性质.

(3)利用三角不等式.这是用复数证明几何不等式常见的手法.

例 26 已知单位圆上一点 P,及内接正 n 边形 $A_1A_2\cdots A_n$.求证:

(1) $\prod\limits_{k=2}^{n} |A_1A_k|=n$;

(2) $\sum\limits_{j,k=1}^{n} |A_jA_k|^2=2n^2$;

(3) $\sum\limits_{k=1}^{n} |PA_k|^4=6n$;

(4) 求 $\prod\limits_{k=1}^{n} |PA_k|$ 的最大值.

分析 这是与单位圆及正 n 边形有关的问题.由于正 n 边形的 n 个顶点可以用 $z^n-1=0$ 的 n 个根表示,所以这一类问题用复数解比较方便.

证明 设 $A_1,A_2,\cdots,A_n$ 对应的复数为 $1,\omega,\cdots,\omega^{n-1}$.点 P 对应的复数为 z,$|z|=1$.

(1) $\prod_{k=2}^{n}|A_1A_k|=|1-\omega||1-\omega^2|\cdots|1-\omega^{n-1}|$.

因为 $\omega,\omega^2,\cdots,\omega^{n-1}$ 是方程 $z^n-1=0$ 的根,所以

$$z^{n-1}+z^{n-2}+\cdots+1=(z-\omega)(z-\omega^2)\cdots(z-\omega^{n-1})$$

令 $z=1$,得

$$n=(1-\omega)(1-\omega^2)\cdots(z-\omega^{n-1})$$

两边取模,即得

$$\prod_{k=2}^{n}|A_1A_k|=n$$

(2)

$$\begin{aligned}\sum_{j,k=1}^{n}|A_jA_k|^2&=\sum_{j,k=1}^{n}(\omega^{j-1}-\omega^{k-1})(\omega^{-(j-1)}-\omega^{-(k-1)})\\&=\sum_{j,k=1}^{n}(2-\omega^{j-k}-\omega^{-(j-k)})\\&=2n^2-\sum_{j,k=1}^{n}(\omega^{j-k}+\omega^{-(j-k)})\\&=2n^2\end{aligned}$$

(3),(4) 请读者自解.

注记　由于复数可以表示平面向量,所以向量法与复数法解几何题有异曲同工之处.但因为向量的平移与旋转可通过复数的运算来实现,所以对于平面几何题而言,复数法的优越性更加显著.而向量法解决立体几何问题可以发挥更大的威力,详见第 6 章.

习题 2

1.用真值表证明下列等价命题:

(1) $p\to q=\bar{p}\lor q=p\land\bar{q}\to\bar{p}$;

(2) $p\to q=p\land\bar{q}\to s\land\bar{s}$($s$ 为任一命题);

(3) $\overline{p\lor q}=\bar{p}\land\bar{q}$, $\overline{p\land q}=\bar{p}\lor\bar{q}$.

2.指出下列证明中的错误:

(1)论题:四边形 $ABCD$ 中,$AB=CD$,$\angle B=\angle D$,则 $ABCD$ 是平行四边形.

证明 在图 2.81 中,引 $AE\perp BC,CF\perp AD$,则

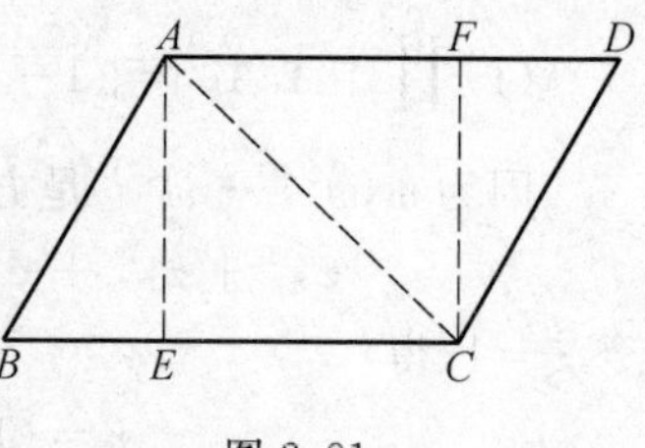

图 2.81

$$\mathrm{Rt}\triangle BEA\cong \mathrm{Rt}\triangle DFC$$

于是

$$AE=CF,BE=DF$$

连 AC,则

$$\mathrm{Rt}\triangle ACE\cong \mathrm{Rt}\triangle CAF$$

故

$$\angle ACB=\angle CAF$$

所以 $BC/\!/AD$,又 $CE=AF$,所以 $BC=AD$,$ABCD$ 是平行四边形.

(2)论题:已知$\triangle ABC$ 中,AD 为$\angle A$ 平分线,$BD>DC$,求证:$AB>AC$.

证明 如图 2.82,在 AB 上取点 E,使 $AE=AC$,则有

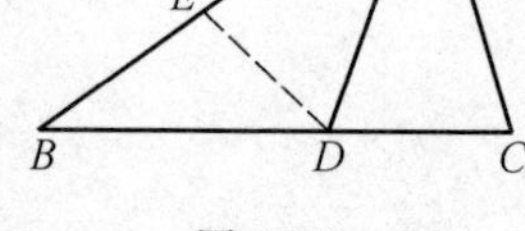

图 2.82

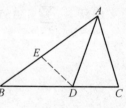

$$\triangle ADC\cong\triangle ADE,\angle C=\angle AED$$

因为$\angle AED>\angle B$,故

$$\angle C>\angle B,AB>AC$$

3.已知圆 O_1,圆 O_2 外离,过点 O_2 作圆 O_1 的两切线交圆 O_2 点于 M_1,N_1,过点 O_1 作圆 O_2 的切线交圆 O_1 于点 M,N,求证:$MN=M_1N_1$.

4.设 L,M,N 是$\triangle ABC$ 三边 BC,CA,AB 上的中点,D,E,F 为三边上高线的垂足.若 H 为$\triangle ABC$ 的垂心,X,Y,Z 为 AH,BH,CH 的中点.求证:L,M,N,D,E,F,X,Y,Z 九点共圆(此圆叫做$\triangle ABC$ 的九点圆).

5.过圆外一点 P 引圆 O 的切线 PA,PB,A,B 是切点,CD 是圆 O 直径,AD,BC 交于点 E.求证:$PE\perp CD$.

试用间接证法证明下列各题(6~11):

6.H 为$\triangle ABC$ 垂心,$AD\perp BC$ 交圆 ABC 于点 D',M 为 BC 中点,HM 交圆 ABC 于点 M'.求证:$DH=DD'$,$HM=MM'$.

7.如果梯形两底的和等于一腰长,那么这腰同两底所夹的两角的平分线必过另一腰的中点.

8.凸四边形 $ABCD$ 中,已知 $AB+CD=AD+BC$,则四边形一定有内切圆.

9.若四边形对边中点距离之和等于其周长之半,求证:此四边形一定是平行四边形.

10.圆 O'经过圆 O 的圆心,从圆 O'上一点 P 向圆 O 引两条切线 PA,PB,

A,B 为切点.求证:AB 被公共弦 EF 所平分.

11.用凸四边形 $ABCD$ 的四条边为直径在四边形内部画四个半圆.求证:

(1)四边形 $ABCD$ 内任一点至少被其中一个半圆所覆盖;

(2)四边形 $ABCD$ 内最多只有一点同时被这四个半圆覆盖.

12.在$\triangle ABC$中,$\angle C=90^\circ$,$AC=2BC$,求证:$\angle B>2\angle A$.

13.若$\triangle ABC$的$\angle A$的平分线AD恰好平分高AH与中线AM的夹角.求证:$AD^2<AM\cdot AH$.

14.$ABCD$是圆$O(R)$的内接四边形,设AB,CD延长相交于点E,BC,AD延长相交于点F.求证:$EF^2=OE^2+OF^2-2R^2$.

15.在$\triangle ABC$中,$\angle A$的平分线交BC于点P,从点B作AP的垂线BH,H为垂足,M为BC中点,连AM并延长交BH于点Q.求证:$PQ/\!/AB$.

16.在等腰$\triangle ABC$的腰AB的延长线上取一点D,腰AC上取一点E,使$BD=CE$,设$\angle A$的平分线交圆ABC于点F,DE与BC交于点G.求证:$FG\perp ED$.

17.B为圆O直径PQ上任一点,$AB\perp OB$交圆O于点A,C为AO上任一点,$CD\perp AO$交圆O于点D,$DE\perp OE$交直径于点E.求证:$CE=AB$.

18.D是$\triangle ABC$的边AC上的一点,$AD:DC=2:1$,$\angle C=45^\circ$,$\angle ADB=60^\circ$.求证:AB是圆BCD的切线.

19.已知D为半圆O的直径AB上的点,$CD\perp AB$交半圆于点C,圆O'切BD于点E,切CD于点F,切半圆于点G.求证:

(1)A,F,G三点共线;

(2)$AC=AE$.

20.E是$\angle XOY$外一点,过点E引两条直线,一条交OX,OY于点B,C,另一条交OX,OY于点A,D,又AC,BD交于点G,EG交OX于点P.

求证:$\dfrac{2}{OP}=\dfrac{1}{OA}+\dfrac{1}{OB}$.

21.在$\triangle ABC$的形外作正方形$ABEF$及$ACGH$,并引$AD\perp BC$.求证:

(1)BH,CF,EG三线共点;

(2)AD,BG,CE三线共点.

22.$\triangle ABC$中,$AB=AC$,$AD\perp BC$于点D,BE是角平分线,点E在AC上,$EG\perp BE$交BC于点G,$EF\perp BC$于点F.求证:$DF=\dfrac{1}{4}BG$.

23.BE,CF是$\triangle ABC$的两内角平分线,P是EF的中点.过点P向三边

BC,CA,AB 引垂线 PL,PM,PN,L,M,N 是垂足，则 $PL=PM+PN$.

24. E 是正方形 $ABCD$ 的边 CD 的中点，F 是 CE 的中点. 求证：$\angle DAE=\frac{1}{2}\angle BAF$.

25. 在 $\triangle ABC$ 中，$AB\geqslant AC$，$BE\perp AC$ 于点 E，$CF\perp AB$ 于点 F，求证：$AB+CF\geqslant AC+BE$.

26. 三角形中一顶点在两底角的平分线上的射影间的距离等于两腰之和与底边之差的一半.

27. 设锐角 $\triangle ABC$ 的外接圆、内切圆半径分别是 R,r，外心 O 到三边距离分别为 d_a,d_b,d_c. 求证：$d_a+d_b+d_c=R+r$.

28. 点 P 是四边形 $ABCD$ 对角线交点. 设圆 PAB 与圆 PCD 交于点 Q，圆 PAD 与圆 PBC 交于点 R. 求证：P,Q,R 三点与 AC,BD 的中点 M,N 共圆.

29. 由任一点向正三角形的三条高作垂线，求证：三条垂线中最长者是其余两者之和.

30. AD,BE,CF 为 $\triangle ABC$ 的三高，自点 D 作 AB,AC,BE,CF 的垂线，则四垂足共线.

31. 两直线相交于点 O，在一直线上取 A,B,C 三点，使 $OA=AB=BC$，在另一直线上取三点 L,M,N，使 $LO=OM=MN$. 求证：AL,BN,CM 共点.

32. 在 $\triangle ABC$ 的 BC 边上截取 $BD=CE<\frac{1}{2}BC$. 设圆 AEC 与圆 ABD 交于另一点 F，圆 ABE 与圆 ADC 交于另一点 G. 求证：G,D,F,E 恰为平行四边形的四个顶点.

33. 在 $\triangle ABC$ 中，$AB=AC$，$AD\perp BC$ 于点 D，BE,BF 三等分 $\angle ABC$，且交 AD 于点 E,F，连 CE 交 AB 于点 G. 求证：$GF\parallel BE$.

34. P,Q,R 是 $\triangle ABC$ 中 BC,CA,AB 三边的中点. 求证：$\triangle ABC$ 的外接圆在点 A 的切线与圆 PQR 在点 P 的切线平行.

35. 若梯形内部 n 个点（$n\geqslant 3$）到梯形四边距离之和皆相等，则此 n 个点必共线.

36. 任一直线截 $\square ABCD$，分别交 AB,BC,CD,DA 所在直线于点 E,F,G,H. 试证：圆 EFC 与圆 GHC 的另一交点 Q 必在某定直线上.

37. 已知半径为 $R,r(R>r)$ 的两圆内切于点 A，直径 AE 的垂线分别交两圆于点 B,C，且 B,C 两点在 AE 的同侧. 求证：$\triangle ABC$ 的外接圆半径是定值.

38. $\triangle ABC$ 为正三角形，Q 为内切圆上任一点，求证：$QA^2+QB^2+QC^2$ 为

定值.

39.在圆 O 的直径 EF 上取一定点 C，点 C 异于点 O，再在圆周上取两点 A，B，它们在 EF 的同侧，且 $\angle ACE=\angle BCF$. 试证明：AB 与 EF 相交于定点 D.

40.过三角形的重心任作一直线，把这三角形分成两部分. 求证：这两个部分面积之差不大于整个三角形面积的 $\frac{1}{9}$.

41.设圆内接四边形 $ABCD$ 的四边 AB，BC，CD，DA 的长顺次为 a，b，c，d，并设 $p=\frac{1}{2}(a+b+c+d)$. 求证

$$S_{ABCD}=\sqrt{(p-a)(p-b)(p-c)(p-d)}$$

42.O 为锐角$\triangle ABC$ 的外心，R 为外接圆的半径，AO，BO，CO 分别交对边于点 L，M，N. 求证：$\frac{1}{AL}+\frac{1}{BM}+\frac{1}{CN}=\frac{2}{R}$.

43.设 P 为$\triangle ABC$ 内一点，直线 AP，BP，CP 分别交 BC，CA，AB 于点 Q，R，S. 求证：$AP:PQ$，$BP:PR$，$CP:PS$ 中，至少有一个不大于 2，也至少有一个不小于 2.

44.在$\triangle ABC$ 内任取一点 O，连 AO，BO，CO，并延长交对边于点 D，E，F. 求证：$\frac{AO}{OD}\cdot\frac{BO}{OE}\cdot\frac{CO}{OF}\geqslant 8$.

45.以直角$\triangle ABC$ 的两直角边向形外作正方形 $ABDE$，$ACHG$，连 DC，EH 交 AB，AC 于点 M，N. 求证：$AM=AN$.

46.凸五边形 $ABCDE$ 的对角线 CE 交对角线 BD，AD 于点 F，G. 已知 $BF:FD=5:4$，$AG:GD=1:1$，$CF:FG:GE=2:2:3$. 求 $S_{\triangle CFD}$ 与 $S_{\triangle ABE}$ 之比.

47.设正六边形 $ABCDEF$ 的对角线 AC，CE 分别被内点 M，N 分成的比为 $\frac{AM}{AC}=\frac{CN}{CE}=r$，且 B，M，N 三点共线，求 r.

48.已知 PQ 垂直平分 AB，在 P，Q 两点之间取一点 C，使 $PC:QC=PA:QB$. 求证：$\angle PAC=\angle QBC$.

49.在$\square ABCD$ 中，$\angle ABO=\angle ADO$，作 $OE\perp AD$，交 AB 延长线于点 E，$OF\perp AB$ 交 AD 延长线于点 F，作$\square AFGE$. 求证：G，O，C 三点共线.

50.过$\triangle ABC$ 的重心 G，作三条直线分别交 AB，AC 于内点 D，D'，交 CA，CB 于内点 E，E'，交 BC，BA 于内点 F，F'，求证

$$AB\left(\frac{1}{AD}+\frac{1}{BF'}\right)+AC\left(\frac{1}{AD'}+\frac{1}{CE}\right)+BC\left(\frac{1}{BF}+\frac{1}{CE'}\right)=9$$

51. 在$\triangle ABC$中，a,b,c表示三角形三边，h_a,h_b,h_c表示a,b,c边上的高，R,r_a,r_b,r_c分别表示外接圆、旁切圆半径，$p=\frac{1}{2}(a+b+c)$. 求证：

(1)$r_a+r_b+r_c\geqslant h_a+h_b+h_c$；

(2)$\frac{1}{p-a}+\frac{1}{p-b}+\frac{1}{p-c}\geqslant 2\left(\frac{1}{a}+\frac{1}{b}+\frac{1}{c}\right)$；

(3)$\frac{1}{a}+\frac{1}{b}+\frac{1}{c}\geqslant\frac{\sqrt{3}}{R}$.

52. 点E,F,G,H在$\square ABCD$四边上，$AE:EB=BF:FC=CG:GD=DH:HA=1:2$. AG,BH,CE,DF两两相交于点I,J,K,L.

求$\square IJKL$与$\square ABCD$面积之比.

53. $\triangle ABC$中，$AB=AC$，$EF/\!/BC$，$AH\perp BF$交BF于点M，交BC,EF于点H,G. 求证：若$EG=HG$，则$\angle A=90°$.

54. 试用三角法解决下列各题：

(1)自$\triangle ABC$的顶点引两条射线交BC于点X,Y，使$\angle BAX=\angle CAY$，求证：$\frac{BX\cdot BY}{CX\cdot CY}=\frac{AB^2}{AC^2}$.

(2)E为正方形$ABCD$边CD的中点，F是CE的中点，求证：$\angle DAE=\frac{1}{2}\angle BAF$.

(3)$ABCD$是圆内接四边形，过AB上一点M作MP,MQ,MR垂直于BC,CD,DA，连PR与MQ相交于点N，求证：$\frac{PN}{NR}=\frac{BM}{MA}$.

(4)设点M在$\triangle ABC$的边AB上，r_1,r_2,r分别是$\triangle AMC,\triangle BMC,\triangle ACB$的内切圆半径，$q_1,q_2,q$分别是在$\angle ACM,\angle BCM,\angle ACB$内的旁切圆半径. 求证：$\frac{r_1}{q_1}\cdot\frac{r_2}{q_2}=\frac{r}{q}$.

55. 用代数法证明下列各题：

(1)在$\square ABCD$中，$\angle A$是锐角，且$AC^2\cdot BD^2=AB^4+AD^4$，求证：$\angle A=45°$.

(2)在$\triangle ABC$中，BE,CF是中线，已知$AC=b,AB=c,BE\perp CF$. 求BC的长；并讨论$\frac{b}{c}$在什么范围内，这样的三角形才存在？

(3)直线 APQ 与位于 $\angle A$ 内的 $\triangle ABC$ 的旁切圆交于点 P,Q,求证:$AP+AQ>AB+BC+CA$.

(4)扇形 OAB 的中心角为 $45°$,半径为 R,矩形 $PQMN$ 内接于这扇形(点 P,Q 在 OA 上,点 M,N 分别在 $\overset{\frown}{AB}$ 及 OB 上),求矩形的对角线长 l 的最小值.

56.用坐标法解下列几何题:

(1)M 是等腰直角三角形 $\triangle ABC$ 的腰 CA 的中点,$\angle C=90°$,自点 C 引 BM 的垂线交斜边于点 D,则 $\angle AMD=\angle BMC$.

(2)用坐标法证明蝴蝶定理.

(3)$ABCD$ 是平行四边形,直线 $CF\perp AD$,交直线 AD 于点 F. 直线 $CE\perp AB$ 交直线 AB 于点 E,EF 与 BD 交于点 P,则 $\angle ACP=90°$.

(4) M, N 为四边形 $ABCD$ 对角线中点,AD, BC 交于点 F,求证:$S_{\triangle FMN}=\frac{1}{4}S_{ABCD}$.

57.用向量法或复数法证明下列各题:

(1)平面四边形两对对边的平方和相等的充要条件是对角线互相垂直.

(2)在 $\triangle ABC$ 中,$AK:KC=3:1$,$BP:PC=2:1$,AP,BK 交于点 M,求 $AM:AP$ 以及 $BM:BK$ 的值.

(3)$ABCD,DEFG,FHIJ$ 都是正方形,AJ 中点为 P. 求证:$PE\perp CH$ 且 $PE=\frac{1}{2}CH$.

(4)如果圆内接六边形 $ABCDEF$ 满足 $AB=CD=EF=R$,R 为圆半径,求证:BC,DE,FA 的中点 P,Q,R 连成一个正三角形.

(5)若凸四边形 $ABCD$ 内有一点 P,使得 $\triangle PAB$ 与 $\triangle PBC$ 的面积相等,$\triangle PCD$ 与 $\triangle PDA$ 的面积相等,则 P 或是 AC 之中点,或在 BD 上.

(6)以任意四边形各边为边在形外各作正方形,求证:两组相对正方形中心的连线垂直且相等.

(7)线段 AB 的中点是 C,以 AC,BC 为对角线分别作平行四边形 $AECD$,$BFCG$,又作平行四边形 $CFHD,CGKE$,求证:H,C,K 三点共线.

(8)任给 n 个点 $P_1,P_2,\cdots,P_n$,求证:在单位圆上存在点 A,使 $|AP_1|\cdot|AP_2|\cdots|AP_n|\geqslant 1$.

第3章　几何变换

在现实生活中，我们会遇到几何图形的各种变换. 例如，将一块三角板移动位置；把一张照片放大若干倍；当阳光斜照时，窗玻璃上的纸花投影到地面上，得到窗花的影子，等. 在上述变化中，图形的某些性质发生了变化，而某些性质却保留下来了，这些在某种变换下保持不变的性质反映了图形性质在某种程度上的稳定性.

本章将系统介绍合同变换、相似变换、反演变换的概念与性质，以及运用几何变换来进行几何证题的思想与方法. 至于几何变换在轨迹作图中的应用，将在第 4 章介绍.

§1　变换与变换群

1.1　映　射

定义 1　设 A，B 是两个非空集合，如果按照某种对应法则 f，A 中每一个元素 x，在 B 中都有唯一的元素 y 与之对应，则称 f 是从 A 到 B 的映射，记为 $f:A\to B$ 或 $A\xrightarrow{f}B$. 此时，x 叫做 y 的原象，y 叫做 x 的象，记为 $y=f(x)$，或 $x\xrightarrow{f}y$. 而 A 中所有元素的象的集合记为 $f(A)$.

(1)如果 B 中每一个元素都有原象，那么，映射 f 叫做满射.

(2)如果对于集合 A 中不同元素，它们在集 B 中的象也不同，那么，f 叫做单射.

(3)若 f 既是满射又是单射，则称 f 是双射(或一一映射).

定义 2　设 $f:A\to B$ 是双射，则对于 B 中每一个元素 y，在集 A 中有唯一的元素 $x(y=f(x))$与之对应，这样确立的从 B 到 A 的映射叫做 f 的逆映射，记为 $f^{-1}:B\to A$.

1.2　变　换

定义 3　设 $f:A\to B$ 是映射，若 $A=B$，则称 f 是集 A 上的变换. 若 f 是从

A 到其自身的一一映射，则称 f 是集 A 上的一一变换.

在初等几何中，主要研究平面点集 Π 到其自身的一一变换.

定义4　使得集合 A 中任何元素都不变的变换，叫做集 A 上的恒等变换，记为 I_A，或简记为 I.

定义5　设 f,g 是集 A 上的两个变换，如果对于 A 中任一元素 a，有

$$a \xrightarrow{f} a' \xrightarrow{g} a''$$

则变换 $a \xrightarrow{\varphi} a''$ 叫做变换 f,g 的乘积，记为 $\varphi = g \circ f$. 显然

$$\varphi(a) = g \circ f(a) = g(f(a))$$

变换的乘积具有下述性质：

(1)若 f,g 是一一变换，则 $g \circ f$ 也是一一变换；

(2) $f \circ I = f, I \circ f = f$；

(3)若 f,g,h 是集 A 上的三个变换，则

$$(f \circ g) \circ h = f \circ (g \circ h)$$

(4)一般地，$g \circ f \neq f \circ g$.

例如，令 f 是绕原点按逆时针方向旋转 $90°$ 的变换，g 是平面上的平移，若

$$(1,0) \xrightarrow{f} (0,1) \xrightarrow{g} (0,0)$$

则

$$(1,0) \xrightarrow{g} (1,-1) \xrightarrow{f} (1,1)$$

所以

$$f \circ g \neq g \circ f$$

1.3　变换群

定义6　设 A 为点集，G 是集合 A 上若干个一一变换的集合，若 G 关于变换的乘法构成一个群，则称 G 为点集 A 上的变换群.

根据定义，要判断点集 A 上的一一变换的集合 H 是否为集合 A 上的变换群，只需证明两点：

(1)若 $f,g \in H$，则 $f \circ g \in H$；

(2)若 $f \in H$，则 $f^{-1} \in H$.

定义7　设 f 是平面 Π 上的变换，$F \subseteq \Pi$，若 $f(F) = F$，则称 F 是变换 f 下的不变图形(或二重图形)，点集 $F' = \{P \mid f(P) = P, P \in \Pi\}$ 叫做不变点的集合.

显然，不变点的集合一定是不变图形，反之不一定成立.

现举例说明上述有关概念.

例　l 是平面上的定直线，k 是给定的正实数. 建立平面上点集的对应关系 f_κ，使平面上任一点 A 与点 A' 对应，且满足下列条件：

(1)点 A' 在过点 A 且垂直于 l 的直线上(M 是垂足)；

(2)$\overrightarrow{MA'}=k\overrightarrow{MA}$(如图 3.1).

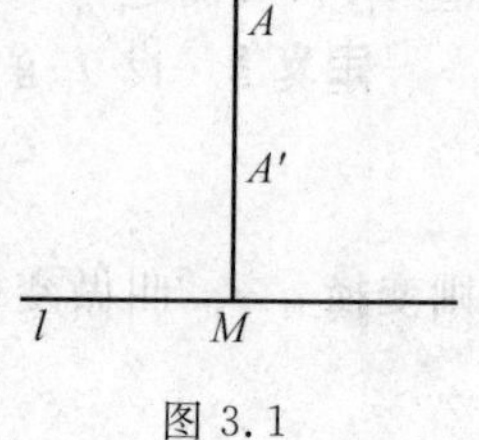

图 3.1

变换 f_κ 叫做伸缩变换. 当 $k>1$ 时，f_κ 叫做平面 Π 的均匀伸长；当 $k<l$ 时，f_κ 叫做平面 Π 的均匀压缩；当 $k=1$ 时，f_κ 是恒等变换.

伸缩变换具有下述结论：

1. 给定直线 l 后，每一个正实数 k，唯一决定了一个伸缩变换 f_κ，所有伸缩变换 f_κ 的集合构成一个可交换的变换群 G. 这是因为：

(1)若 $f_\kappa, f_l\in G$，则 $f_\kappa\circ f_l=f_{\kappa l}\in G$；

(2)若 $f_\kappa\in G$，则 $f^{-1}=f_{\frac{1}{k}}\in G$，使 $f_\kappa\circ f_{\frac{1}{\kappa}}=I$；

(3)$f_\kappa\circ f_l=f_l\circ f_\kappa$.

2. 对于伸缩变换 $f_\kappa(k\neq1)$，不变点集合是直线 l，直线 l 以及垂直于 l 的直线是不变直线.

3. 在 f_κ 变换下，直线变为直线，平行直线变为平行直线.

事实上，若直线 a 平行于定直线 l，易知 a 的象是平行于 l 的一条直线.

若直线 a 与 l 交于一点 O(如图 3.2)，设直线 a 与 l 的交角为 α，A 为 a 上任一点，$A\xrightarrow{f_\kappa}A'$，则

$$\frac{A'M}{OM}=\frac{kAM}{OM}=k\tan\alpha$$

可见，a 上所有点的象在过点 O 且与 l 交角为 $\operatorname{arccot}(k\tan\alpha)$ 的直线 a' 上. 反之，同理可证 a' 上任一点的原象必在直线 a 上，所以，a' 是直线 a 的对应直线.

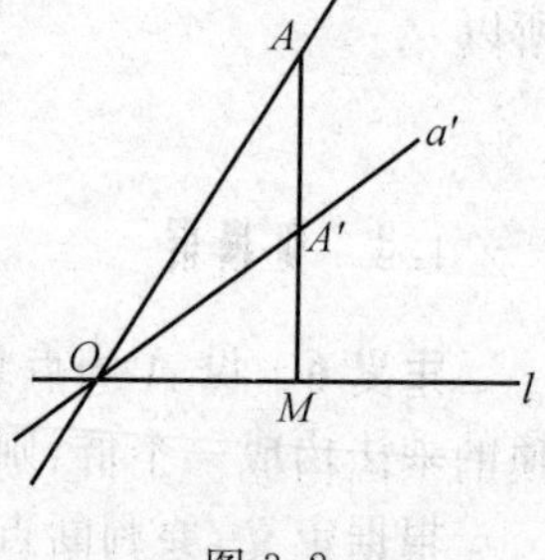

图 3.2

由上述证明可知，若两直线平行，那么，它们的对应直线也平行.

4. 在 f_κ 变换下，三角形变为三角形，其面积为原三角形面积的 k 倍. 证明从略.

有了变换群的概念，可以对平面图形进行等价分类.

定义 8　设 F, F' 是平面 Π 上两个图形，G 为平面 Π 的某个变换群. 如果 G 中存在一个变换 f，把图形 F 变为图形 F'. 那么，称图形 F, F' 关于变换群 G 等

价，记为 $F\overset{G}{\sim}F'$.

由于 G 是个变换群，所以平面 Π 上的图形之间的“$\overset{G}{\sim}$”关系满足三个条件：

(1)反身性：$F\overset{G}{\sim}F$；

(2)对称性：若 $F\overset{G}{\sim}F'$，则 $F'\overset{G}{\sim}F$；

(3)传递性：若 $F\overset{G}{\sim}F$，$F'\overset{G}{\sim}F''$，则 $F\overset{G}{\sim}F''$，则 $F\overset{G}{\sim}F''$.

可见，“$\overset{G}{\sim}$”关系是个等价关系. 利用关系“$\overset{G}{\sim}$”可把平面上所有图形进行分类，同一类两个图形可以认为在 G 中变换的意义下是“相同”的. 凡是同一类中一切图形所共有的性质，叫做关于变换群 G 的不变性质.

我们常把关于变换群 G 不变的性质的研究，作为某种几何学的特征. 这种把几何学与变换群联系起来给予几何学一种新的解释的观点，是由德国数学家克莱因于1872年提出来的.

§2 合同变换

2.1 合同变换及其性质

合同变换的概念来源于刚体运动这种物理现象. 一个刚性的物体经过运动后，仅改变了物体的位置，并没有改变物体的形状与大小. 因此，对于合同变换，可作如下数学定义.

定义1 一个平面到其自身的变换 ω，如果对于平面上任意两点 A，B，其距离 $\rho(A,B)$ 总等于它们的对应点 A'，B' 间的距离 $\rho(A',B')$，那么，ω 叫做平面上的合同变换.

平面 Π 上合同变换由不共线的三对对应点唯一确定.

设 A，A'，B，B'，C，C' 是合同变换 ω 的不共线的三对对应点，那么对于平面上任一点 P，由这三对对应点可以唯一确定点 P 的对应点 P' 的位置.

事实上，如果点 P 在 AB 直线上，不妨设点 P 在 A，B 两点之间，那么

$$\rho(A,B)=\rho(A,P)+\rho(P,B)$$

于是

$$\rho(A',B')=\rho(A',P')+\rho(P',B')$$

这说明，点 P' 在线段 $A'B'$ 上，且由 $P'A'=PA$，$P'B'=PB$ 唯一确定.

如果点 P 不在 AB 直线上，不妨设点 P 与点 C 在直线 AB 同侧，那么点 P'

与点 C' 也在直线 $A'B'$ 的同侧(如图 3.3),且由 $P'A'=PA,P'B'=PB$ 知道,点 P' 是圆 $A'(AP)$ 与圆 $B'(BP)$ 的交点.点 P' 的位置唯一确定.

由上可见,合同变换是由一对对应三角形完全确定.这样可能出现两种情况:

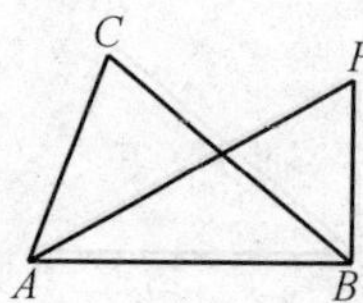

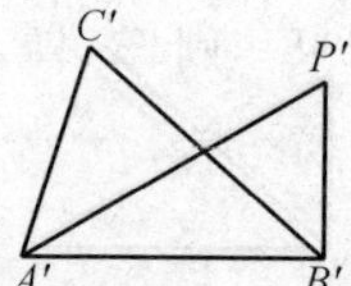

图 3.3

如果对应$\triangle ABC$,$A'B'C'$ 沿三角形周界 $ABCA$,$A'B'C'A'$ 的环绕方向相同(都是顺时针方向或者都是逆时针方向),那么,由这一对三角形确定的合同变换称为第一类合同变换(如图 3.4(a));

如果对应三角形沿周界环绕方向相反,那么,由这对三角形确定的合同变换称为第二类合同变换(如图 3.4(b)).

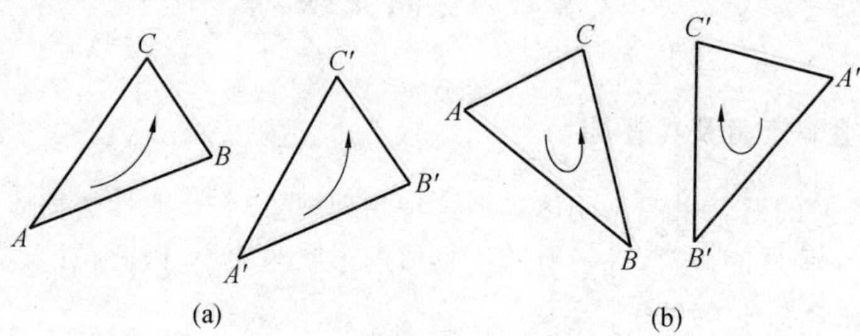

图 3.4

下面讨论合同变换的性质:

1. 合同变换是一一变换.

2. 平面上所有合同变换的集合构成一个合同变换群.

3. 合同变换的基本不变量是两点间的距离.因此,两条直线间的夹角、平面图形的面积等也是合同变换的不变量.

4. 在合同变换下,共线点变为共线点,且保持顺序关系不变(结合性).

5. 在合同变换下,直线变为直线,线段变为线段,射线变为射线(同素性).

综上所述,两点之间的距离是合同变换的基本不变量;元素的结合性、同素性、直线上点的顺序是合同变换的基本不变性.由这些不变量和不变性还可推知,两直线的平行性、正交性也是合同变换的不变性.

定义 2　设 F,F' 是两个图形，如果存在一个合同变换 ω，使 $F\xrightarrow{\omega}F'$，那么称 F 与 F' 合同(或全等)，记为 $F\cong F'$.

由于合同变换有第一类、第二类之分，相应地合同图形也分为两类. 如果两个合同图形上的对应三角形有同一定向，那么称这两个图形真正合同；如果在两个合同图形上的对应三角形定向相反，那么称这两个图形镜像合同.

下面介绍三种基本的合同变换：平移变换、旋转变换、反射变换.

2.2　平移变换

定义 3　$\boldsymbol{a}$ 是已知向量，T 是平面上的变换. 如果对于任一对对应点 P,P'，总有 $\overrightarrow{PP'}=\boldsymbol{a}$，那么 T 叫做平移变换，记为 $T(\boldsymbol{a})$. 其中，$\boldsymbol{a}$ 的方向叫做平移方向，$|\boldsymbol{a}|$ 叫做平移距离.

由定义可知，平移变换由一向量或一对对应点所唯一确定.

恒等变换可以看成是平移变换，其平移向量是零向量，即 $I=T(\boldsymbol{0})$.

在 $T(\boldsymbol{a})$ 变换下，点 A 变为 A'，图形 F 变为 F'，可表示为

$$A\xrightarrow{T(\boldsymbol{a})}A',F\xrightarrow{T(\boldsymbol{a})}F'$$

平移变换具有下述性质：

1. 平移变换是第一类合同变换. 因此，平移变换具有合同变换的一切性质.

2. 平面上所有平移变换的集合对于变换的乘法构成一个交换群.

事实上，若 $T(\boldsymbol{a}_1),T(\boldsymbol{a}_2)$ 是平移变换，则

$$T(\boldsymbol{a}_2)\circ T(\boldsymbol{a}_1)=T(\boldsymbol{a}_1)\circ T(\boldsymbol{a}_2)$$

也是平移变换(如图 3.5). 显然

$$T(\boldsymbol{a}_2)\circ T(\boldsymbol{a}_1)=T(\boldsymbol{a}_1)\circ T(\boldsymbol{a}_2)$$

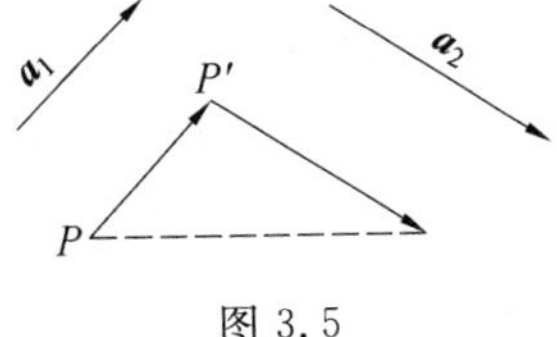

图 3.5

若 $T(\boldsymbol{a})$ 是平移变换，则 $T(-\boldsymbol{a})$ 是 $T(\boldsymbol{a})$ 的逆变换，满足条件

$$T(\boldsymbol{a})\circ T(-\boldsymbol{a})=T(-\boldsymbol{a})\circ T(\boldsymbol{a})=T(\boldsymbol{0})=I$$

所以，平移变换的集合构成一个交换群，它是合同变换群的子群.

3. 非恒等变换的平移没有不变点，但有无数条不变直线，它们都平行于平移方向.

4. 在平移变换下，直线 l 变为直线 l'，并且 $l/\!/l'$ 或者 l 与 l' 重合. 线段 AB 变为线段 $A'B'$，且 $\overrightarrow{AB}=\overrightarrow{A'B'}$.

例 1　P 为 $\square ABCD$ 内一点，试证：以 PA,PB,PC,PD 为边，可以构成一个凸四边形，其面积恰为 $\square ABCD$ 面积的二分之一(如图 3.6).

分析　PA,PB,PC,PD 是从一点出发的一束线段,要构成首尾相连的凸四边形,必须将部分线段移动位置,而不改变它们的大小.由于已知条件中有较多的平行线,故考虑运用平移变换,将 PA,PD 平移到 $P'B,P'C$ 的位置.

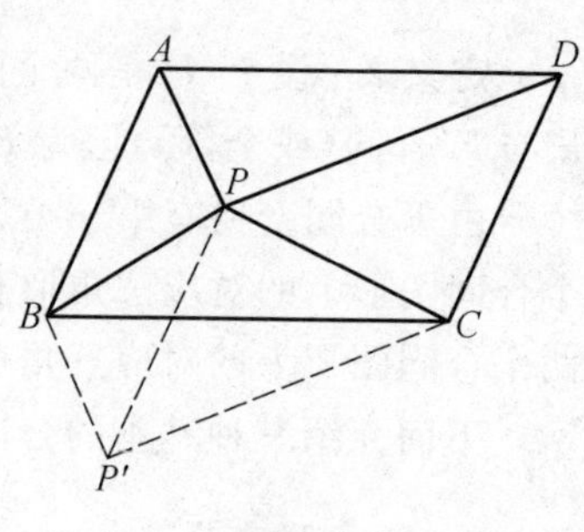

图 3.6

证明　令 $P\xrightarrow{T(\overrightarrow{AB})}P'$,则 $\overrightarrow{AB}=\overrightarrow{PP'}=\overrightarrow{DC}$.于是 $ABP'P,PP'CD$ 是平行四边形,$BP'=AP$,$P'C=PD$,四边形 $BP'CP$ 是一个以 AP,BP,CP,DP 为边的凸四边形.

因为

$$S_{\triangle BP'P}=S_{\triangle ABP},S_{\triangle PP'C}=S_{\triangle PCD}$$

又

$$S_{\triangle ABP}+S_{\triangle PCD}=\frac{1}{2}S_{\square ABCD}$$

所以

$$S_{BP'CP}=\frac{1}{2}S_{\square ABCD}$$

例 2　A',B',C' 分别是 $\triangle ABC$ 的边 BC,CA,AB 的中点,O_1,O_2,O_3,I_1,I_2,I_3 分别是$\triangle AB'C'$,$\triangle C'A'B$,$\triangle B'CA'$的外心和内心(如图 3.7).求证

$$\triangle O_1O_2O_3\cong\triangle I_1I_2I_3$$

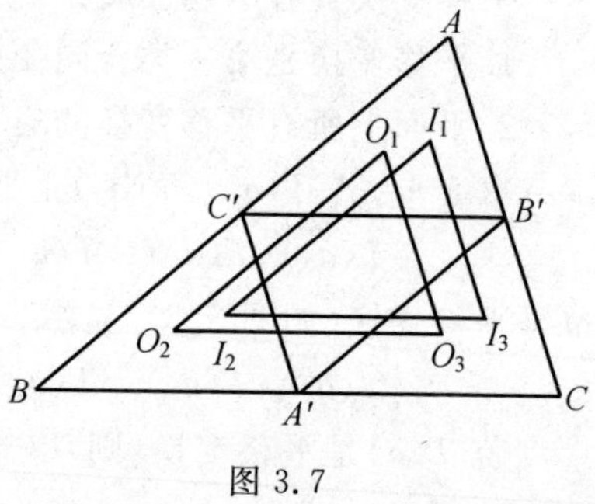

图 3.7

分析　如果用三角形全等的判定定理来证明$\triangle O_1O_2O_3\cong\triangle I_1I_2I_3$,似乎无路可走.但注意到$\triangle AB'C'$,$\triangle B'CA'$,$\triangle C'A'B$的位置关系,发现运用平移变换来解题是个妙法.

证明　由三角形中位线性质知

$$\overrightarrow{C'B}=\overrightarrow{B'A'}=\overrightarrow{AC'}$$

故

$$\triangle AB'C'\xrightarrow{T(\overrightarrow{AC'})}\triangle C'A'B$$

于是

$$O_1\xrightarrow{T(\overrightarrow{AC'})}O_2,I_1\xrightarrow{T(\overrightarrow{AC'})}I_2$$

所以

$$\overrightarrow{O_1O_2}=\overrightarrow{I_1I_2}=\overrightarrow{AC'}$$

同理

$$\overrightarrow{O_1O_3}=\overrightarrow{I_1I_3},\overrightarrow{O_2O_3}=\overrightarrow{I_2I_3}$$

故

$$\triangle O_1O_2O_3\cong\triangle I_1I_2I_3$$

例 3　如图 3.8 所示，AT 为 $\triangle ABC$ 的角平分线，M 为 BC 中点，$ME /\!/ AT$ 交 CA 于点 E，交 AB 于点 D，求证

$$BD=CE$$

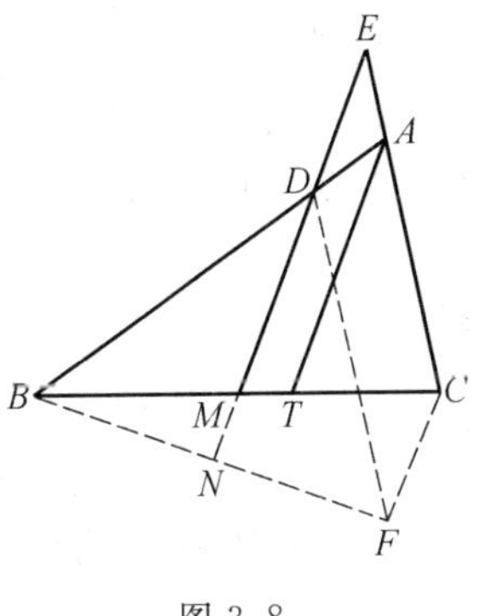

图 3.8

分析　线段 BD，CE 处于分散的位置，不容易进行比较. 设法移动 CE 的位置，使它们相对集中.

令 $EC\xrightarrow{T(\overrightarrow{ED})}DF$，则 $\overrightarrow{CF}=\overrightarrow{ED}$. 欲证 $BD=EC$，只需证 $BD=DF$.

延长 DM 交 BF 于点 N，则 N 为 BF 中点，又 DM 为 $\angle BDF$ 的平分线，所以 $\triangle BDF$ 为等腰三角形，$BD=DF$.

证明从略.

上述例子说明，在有较多的平行线和相等线段的条件下，常常运用平移变换将有关元素相对集中，从而易于发现新的关系.

2.3　旋转变换

先介绍有向角的概念.

规定有向角 $\angle POP'$ 的方向为始边 OP 向终边 OP' 旋转的方向. 一般地，逆时针方向为正，顺时针方向为负.

显然

$$\angle POP'=-\angle P'OP$$

$$\angle POP''=\angle POP'+\angle P'OP''$$

（如图 3.9）.

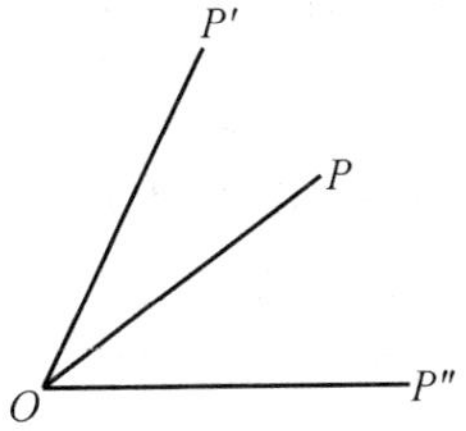

图 3.9

定义 4　设 O 为平面上一定点，φ 为一定有向角，R 是平面上的变换. 如果对于任一对对应点 P,P'，总有 $OP=OP'$，$\angle POP'=\varphi$. 那么，变换 R 叫做以 O 为旋转中心，φ 为旋转角的旋转变换，记为 $R(O,\varphi)$.

显然，旋转变换由旋转中心与旋转角唯一确定.

中心相同、旋转角相差 2π 的整数倍的旋转变换被认为是相同的，即

$$R(O,\varphi)=R(O,\varphi+2n\pi) \quad (n\in\mathbf{Z})$$

旋转角为零的旋转变换是恒等变换.

在旋转变换 $R(O,\varphi)$ 下,点 A 变为点 A',图形 F 变为图形 F',可表示为

$$A\xrightarrow{R(O,\varphi)}A',F\xrightarrow{R(O,\varphi)}F'$$

旋转变换具有下列性质:

1. 旋转变换是第一类合同变换. 因此,旋转具有合同变换的一切性质.

2. 具有同一旋转中心的所有旋转变换的集合构成一个可换群.

事实上,若 $R(O,\varphi_1)$, $R(O,\varphi_2)$ 是具有同一旋转中心 O 的两个旋转变换,则 $R(O,\varphi_2)\circ R(O,\varphi_1)$ 是个以 O 为旋转中心,$\varphi_1+\varphi_2$ 为旋转角的旋转变换 $R(O,\varphi_1+\varphi_2)$,并且 $R(O,\varphi_1)\circ R(O,\varphi_2)=R(O,\varphi_2)\circ R(O,\varphi_1)$.

若 $R(O,\varphi)$ 是旋转变换,则 $R(O,-\varphi)$ 是 $R(O,\varphi)$ 的逆变换,满足条件

$$R(O,\varphi)\circ R(O,-\varphi)=R(O,-\varphi)\circ R(O,\varphi)=R(O,0^\circ)=I$$

所以,同中心的旋转变换构成一个旋转变换群,它也是合同变换群的子群.

3. 非恒等的旋转变换只有一个不变点——旋转中心. 当旋转角 $\varphi\neq180^\circ$

时,旋转变换没有不变直线.

4. 当旋转角 $\varphi\neq180^\circ$ 时,直线与其对应直线的交角等于 φ.

事实上,如果直线 l 过旋转中心 O,则对应直线 l' 也过点 O. 显然,l 与 l' 的交角等于旋转角 φ.

如果直线 l 不过中心 O,设 A,B 是直线 l 上两点,且

$$A\xrightarrow{R(O,\varphi)}A',B\xrightarrow{R(O,\varphi)}B'$$

以 OA,AB 为边作平行四边形 $OABC$(如图 3.10),设 OB,AC 交于点 M,则 $AB\parallel OC$,点 M 平分 OB,AC.

令 $\quad C\xrightarrow{R(O,\varphi)}C',M\xrightarrow{R(O,\varphi)}M'$

根据旋转变换的结合性,M' 是 OB',$A'C'$ 的中点,$OA'B'C'$ 是平行四边形,$A'B'\parallel OC'$.

由于 OC 与 OC' 间交角为 φ,所以 AB 与 $A'B'$ 间交角为 φ.

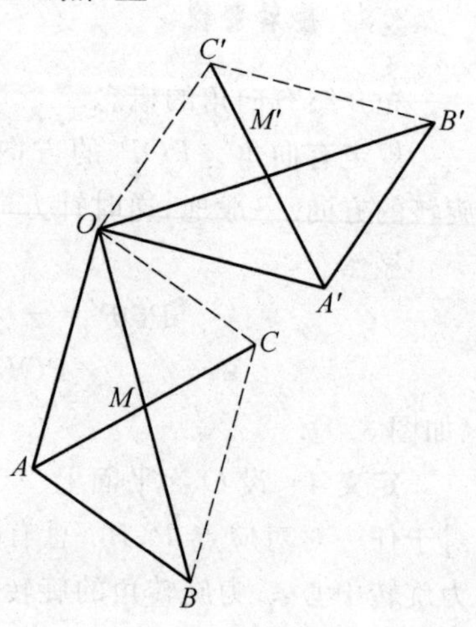

图 3.10

定义 5 旋转角为 180° 的旋转变换称为中心对称变换或点反射,其旋转中心叫做对称中心.

中心对称变换还具有一些特殊的性质：

1. 中心对称变换是对合变换，即 $R(O,180^\circ)=I$.

2. 在中心对称变换下，过对称中心的直线是不变直线.

3. 在中心对称变换下，对应点连线过对称中心且被它平分；对应线段相等且反向平行或共线.

4. 在中心对称变换下，不过中心的直线与其对应直线平行；反之，若两直线平行，则它们是某个中心对称变换下的两条对应直线.

证明　设 $R(O,180^\circ)$ 是以 O 为中心的中心对称变换，直线 a 的对应直线是 a'，A，B 是直线 a 上两点，A'，B' 是直线 a' 上两点，且

$$A \xrightarrow{R(0,180^\circ)} A',\ B \xrightarrow{R(0,180^\circ)} B'$$

因为 A，O，A' 三点共线且 B，O，B' 也三点共线，且 $OA=OA'$，$OB=OB'$，所以

$$\triangle ABO \cong \triangle A'B'O'$$

$$\angle BAO=\angle B'A'O$$

从而

$$a /\!/ a'$$

反之，如果直线 a 与 a' 平行，作公垂线 AA'，点 A，A' 分别在直线 a，a' 上，取 AA' 中点 O，则

$$A \xrightarrow{R(O,180^\circ)} A'$$

（如图 3.11）.

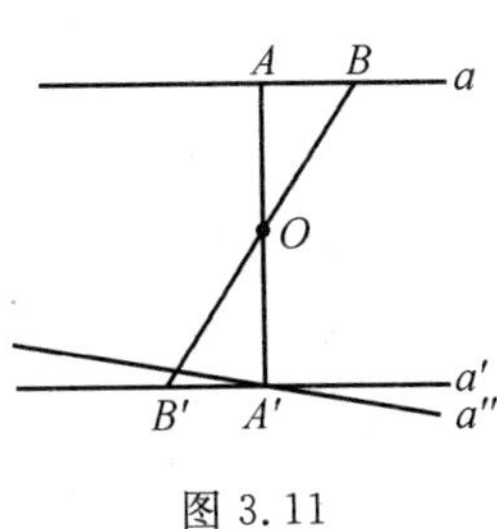

图 3.11

令 $a \xrightarrow{R(O,180^\circ)} a''$，则 a'' 过点 A'，且 $a /\!/ a''$. 而 $a /\!/ a'$，a' 过点 A'，所以 a'' 与 a' 重合，a' 为直线 a 的对应直线.

下面举例说明旋转变换在几何证题中的应用.

例 4　如图 3.12 所示，已知 $\triangle ABC$ 中，$AB=AC$，P 为形内一点，$\angle APB<\angle APC$，求证

$$PB>PC$$

证明　将 $\triangle ABP$ 绕点 A 按逆时针方向旋转 $\angle BAC$ 的度数，则

$$\triangle ABP \xrightarrow{R(A,\angle BAC)} \triangle ACP'$$

连 PP'，因为

$$AP=AP'$$

所以

$$\angle APP'=\angle AP'P$$

由已知条件知道

$$\angle APC>\angle AP'C$$

故$\angle CPP'>\angle CP'P$，从而$PC<P'C$，即$PB>PC$.

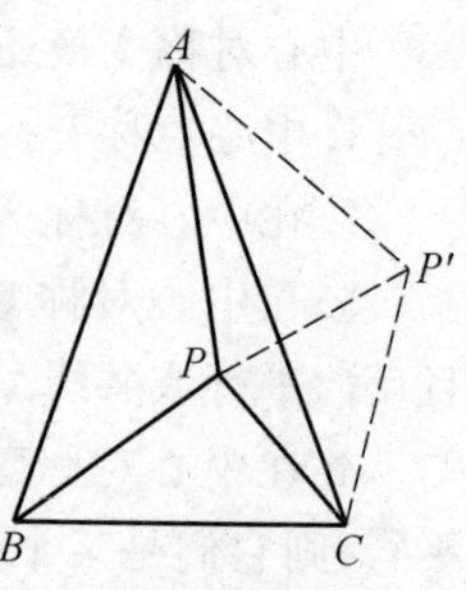

图 3.12

例 5 $\triangle ABC$中，A,B为定点，C为动点. $AB=3$，$AC=2$，$\triangle PBC$为正三角形(点P,B,C按顺时针方向走向). 求AP的最大、最小值.

分析 由于$\triangle PBC$是正三角形，B为定点，所以

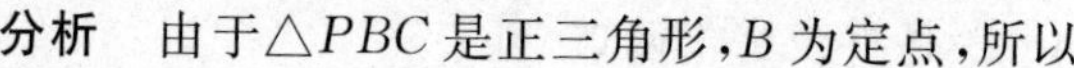

$$C\xrightarrow{R(B,-60^\circ)}P$$

令$A\xrightarrow{R(B,-60^\circ)}A'$，则点$A'$为固定点，且$A'P=AC=2$. 点$P$在以$A'$为圆心，2为半径的圆上(如图3.13). 于是问题转化为在圆A'上确定点P的位置，使AP最大或最小.

事实上，我们只要连AA'，与圆A'交于点P_1，P_2，则点P_1，P_2满足要求. 易知$AP_1=1$，$AP_2=5$，所以，AP的最大、最小值分别为5，1.

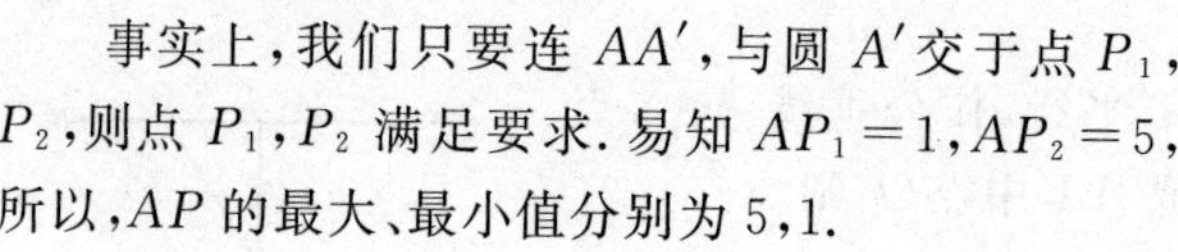

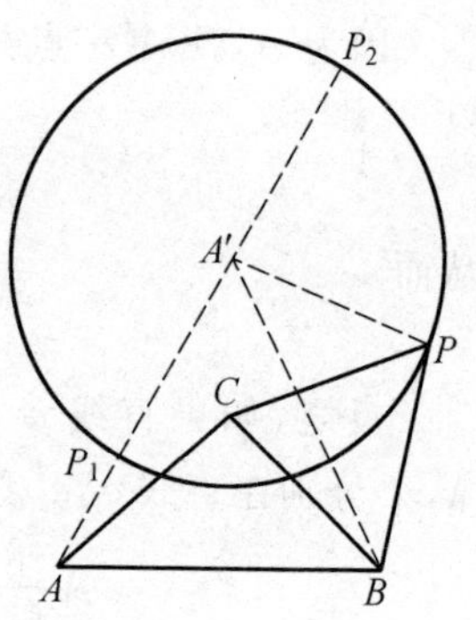

图 3.13

证明从略.

例 6 在$\triangle ABC$内有一点P，满足条件$\angle APB=\angle BPC=\angle CPA=120^\circ$. 求证：点$P$是到三顶点距离之和最小的点.

证明 因$\angle CPA=\angle BPC=120^\circ$，故对$\triangle APC$施行变换$R(C,-60^\circ)$，则

$$\triangle APC\xrightarrow{R(C,-60^\circ)}\triangle EP'C$$

(如图3.14).

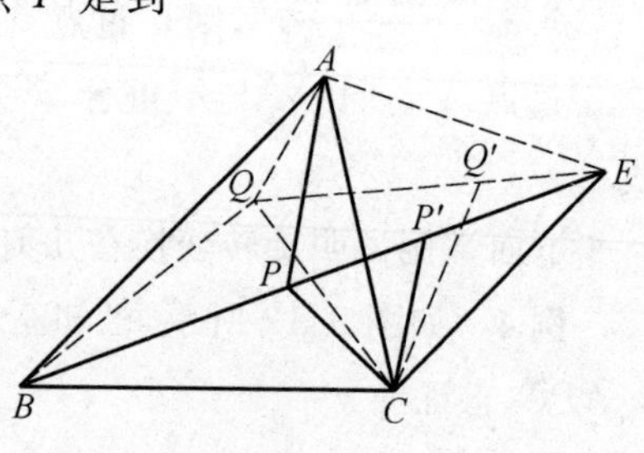

图 3.14

由于

$$\angle P'PC=\angle PP'C=60^\circ$$

所以B,P,P',E四点共线，且

$$BE=BP+PP'+P'E=BP+CP+AP$$

对于平面上任一点Q，令

$$\triangle AQC\xrightarrow{R(C,-60^\circ)}\triangle EQ'C$$

则
$$QQ'=QC,Q'E=OA$$
于是
$$QA+QB+QC=Q'E+QB+QQ'\geqslant BE=BP+CP+AP$$
故点 P 是到三顶点距离之和最小的点.

注记 1　本例称为三角形的费马问题(多边形的费马问题见第 2 章).此题有多种证法,比较简洁的方法是运用旋转变换,将从一点出发的三条线段适当变位,使它们首尾相连,处于同一条直线(或折线)上,以利比较.

注记 2　由例 6 的证明过程可知,到三角形三顶点之和最小的点 P 的作法:

(1)当$\triangle ABC$的最大角小于 $120°$时,以$\triangle ABC$的三边为边在外作正三角形$\triangle BCD$,$\triangle ACE$,$\triangle ABF$.容易证明 AD,BE,CF 交于一点 P,且$\angle APB=\angle BPC=\angle CPA=120°$,点 P 满足要求.

(2)当$\angle BAC\geqslant 120°$时可以证明,到三角形三顶点之和最小的点就是点 A,即对于平面上任一点 Q,有
$$QA+QB+QC\geqslant AB+AC$$

注记 3　设例 6 中的$\triangle ABC$三边长为 a,b,c,$PA=u$,$PB=v$,$PC=\omega$,那么存在一正三角形$\triangle XYZ$,使得$\triangle XYZ$内有一点 O,$OX=a$,$OY=b$,$OZ=c$,且$\triangle XYZ$的边长为 $u+v+\omega$(在图 3.14 中,令$\triangle AEB\xrightarrow{R(E,60°)}\triangle CEF$,则$\triangle BEF$为所求的正三角形).

反之,设正三角形$\triangle XYZ$的外接圆为圆 $O(R)$,P 为$\triangle XYZ$内一点,且 $OP=r$,那么,以 PX,PY,PZ 为边能构成一个三角形,这个三角形的面积为定值$\dfrac{\sqrt{3}}{4}(R^2-r^2)$.

上述结论均可利用旋转变换的方法证明,具体过程从略.

一般说来,在题设中如果有正多边形或定角等边的条件,那么可以用旋转变换的方法试一试,有时会收到事半功倍之效.

例 7　圆 O 交$\triangle ABC$的边 BC,CA,AB 于点 A_1,A_2,B_1,B_2,C_1,C_2.如果过点 A_1,B_1,C_1 引 BC,CA,AB 的垂线相交于一点,求证:过点 A_2,B_2,C_2 所引 BC,CA,AB 的垂线也相交于一点(如图 3.15).

证明　可利用中心对称变换的性质来证.设过点 A_1,B_1,C_1 引 BC,CA,AB 的垂线为 l_1,l_2,l_3,过点 A_2,B_2,C_2 引 BC,CA,AB 的垂线为 m_1,m_2,m_3.

因为 A_1A_2 是圆 O 的弦,又 $l_1\,/\!/\,m_1$,所以 l_1,m_1 是以 O 为对称中心的中心

对称变换下的一对对应直线，即

$$l_1 \xrightarrow{R(O,180^\circ)} m_1$$

同理

$$l_2 \xrightarrow{R(O,180^\circ)} m_2$$

$$l_3 \xrightarrow{R(O,180^\circ)} m_3$$

若 l_1, l_3, l_3 交于点 P，且 $P \xrightarrow{R(O,180^\circ)} P'$，则点 P' 必在直线 m_1, m_2, m_3 上，m_1, m_2, m_3 共点于 P'.

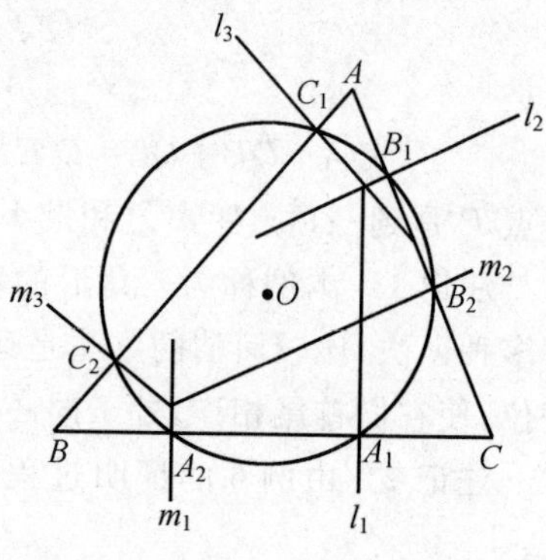

图 3.15

2.4　**反　射**

定义 6　l 是平面上定直线，S 是平面上的变换，P, P' 是一对对应点. 如果线段 PP' 被直线 l 垂直平分，那么 S 叫做平面上的直线反射，简称反射，记为 $S(l)$，l 叫做反射轴.

反射变换由反射轴或一对对应点唯一确定.

在反射变换 $S(l)$ 作用下，点 A 变为点 A'，图形 F 变为图形 F'，可表示为

$$A \xrightarrow{S(l)} A', F \xrightarrow{S(l)} F'$$

反射具有下列性质：

1. 反射是第二类合同变换，因此反射具有合同变换的所有性质.

2. 具有同一条反射轴的两个反射的乘积是恒等变换，即 $S^2(l) = I$.

然而，具有不同反射轴的两个反射的乘积不一定是反射变换. 所以平面上所有反射变换的集合不构成变换群.

3. 在直线反射 $S(l)$ 变换下，反射轴 l 是不动点的集合，垂直于反射轴的直线是不变直线.

4. 设 P 为反射轴 l 上一点，A, A' 是一对对应点，则 $\angle APA'$ 被 l 所平分.

利用直线反射变换可以解决一些几何问题.

例 8　$\triangle ABC$ 中，$AB = AC$，O 为形内一点，$\angle A = 80^\circ$，$\angle OBC = 10^\circ$，$\angle OCB = 20^\circ$，求 $\angle CAO$ 的度数(如图 3.16).

解　由条件知

$$\angle ABC = 50^\circ, \angle ACO = 30^\circ, \angle BOC = 150^\circ$$

令 $O \xrightarrow{S(AC)} O'$，则有

$$\triangle AOC \cong \triangle AO'C$$

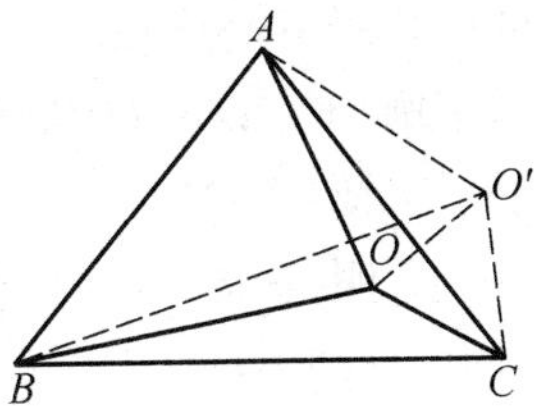

于是 $\angle OCO' = 60°$，$\triangle OCO'$ 是正三角形，并且 $\angle OAC = \angle CAO'$. 又

$$\angle BOO' = 360° - \angle BOC - \angle COO' = 150°$$

所以

$$\triangle BOC \cong \triangle BOO',\ \angle O'BC = 20°$$

又因为

$$\angle ABO' = 30°,\ \angle ACO' = 30°$$

所以 A,B,C,O' 四点共圆. 则

$$\angle O'AC = \angle O'BC = 20°$$

故

$$\angle OAC = 20°$$

图 3.16

例 9　如图 3.17 所示，点直线 l 与圆 O 相离，$OO' \perp l$，O' 为垂足. 过点 O' 作两割线 $O'AB$，$O'CD$，连 BC，DA 交 l 于点 M，N. 求证

$$O'M = O'N$$

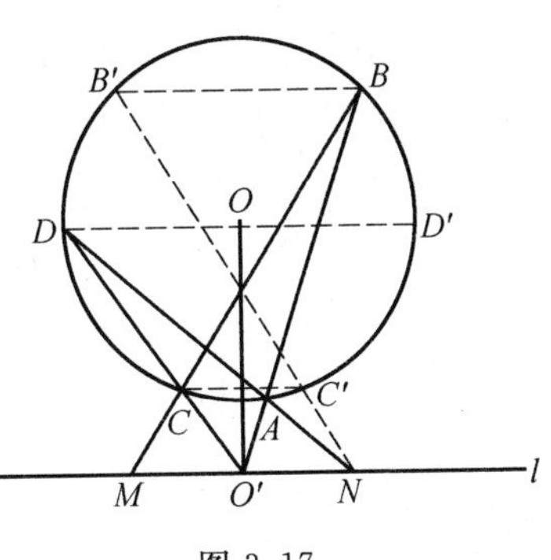

图 3.17

分析　圆 O 与直线 l 是关于直线 OO' 的轴对称图形. 要证 $O'M = O'N$，只需证明点 M，N 是关于直线 OO' 的对称点即可.

证明　作点 B，D，C 关于直线 OO' 的对称点 B'，D'，C'，连 $B'C'$，$C'N$，下面证明 B'，C'，N 三点共线.

因为

$$\angle AC'B' = \angle B'BA = \angle BO'N$$

所以欲证 B'，C'，N 三点共线，只需证 $\angle BO'N + \angle AC'N = 180°$，即证 A，C'，N，O' 四点共圆.

因为

$$\angle C'O'N = \angle CO'M = \angle D'DO' = \frac{1}{2}(\overset{\frown}{D'C'} + \overset{\frown}{C'C})$$

而

$$\angle C'AN = 180° - \angle BAC' - \angle BAD = \frac{1}{2}(\overset{\frown}{DC} + \overset{\frown}{C'C})$$

所以

$$\angle C'O'N = \angle C'AN$$

故 A，O'，N，C' 四点共圆. 问题得证.

本例是蝴蝶定理(见第 2 章 § 4 中的例 2)的一种变形. 利用图形的对称性

可以找到解题途径.

例 10 设$\triangle DPQ$是锐角$\triangle ABC$的垂足三角形(即 D,P,Q 是三高线的垂足),求证:$\triangle DPQ$是$\triangle ABC$中周长最短的内接三角形(许瓦兹三角形问题).

证明 设$\triangle DPQ$是$\triangle ABC$的垂足三角形,易知AD,BP,CQ是$\triangle DPQ$的内角平分线.令$\triangle DEF$是$\triangle ABC$中以点D为一顶点的任一内接三角形,且

$$D\xrightarrow{S(AB)}D',D\xrightarrow{S(AC)}D''$$

则点D',D''落在直线PQ上,且

$$D'Q=DQ,D''P=DP$$

线段$D'D''$之长等于$\triangle DPQ$之周长(如图3.18).连$D'E,D''F$,则折线$D'EFD''$之长等于$\triangle DEF$之周长.显然

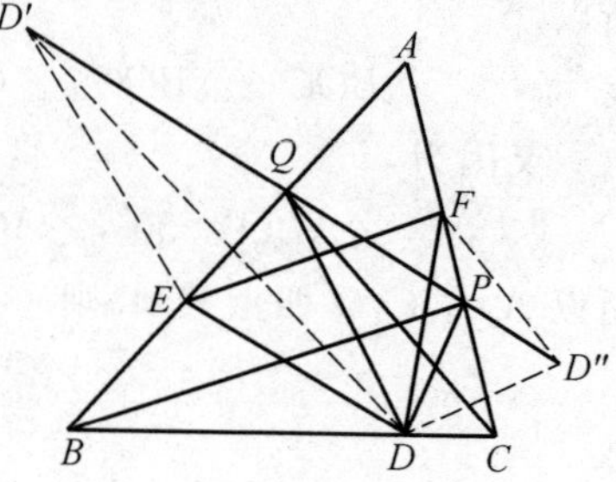

图 3.18

$$DD''\leqslant D'E+EF+FD''$$

不难计算

$$D'D''=2AD\cdot\sin\angle BAC=4R\sin A\sin B\sin C$$

若$\triangle GST$是$\triangle ABC$的任一内接三角形(如图3.19),则用类似方法可以证得$\triangle GST$的周长大于或等于$2AG\cdot\sin\angle BAC$.因为$AG\geqslant AD$,所以$\triangle GST$的周长大于或等于$\triangle DPQ$的周长.即垂足三角形$\triangle DPQ$的周长最短.

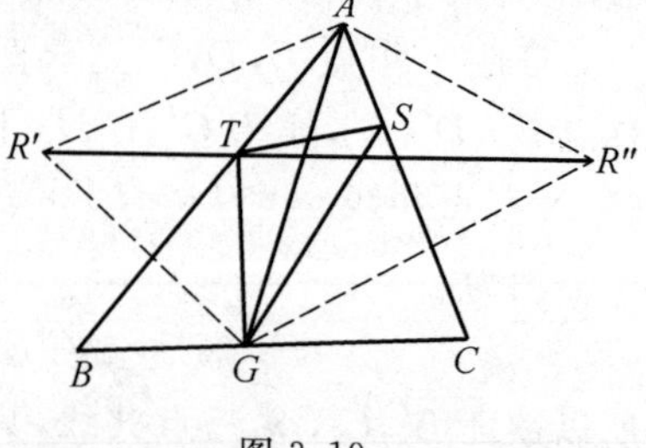

图 3.19

本例说明,在寻求几何最小值时,常常运用直线反射的方法来解决.

2.5 平移、旋转、反射之间的关系

定理 1 设$S(l_1),S(l_2)$是两个直线反射变换.

(1)如果$l_1/\!/l_2$,那么$S(l_2)\circ S(l_1)$是个平移变换;

(2)如果l_1与l_2相交,那么$S(l_2)\circ S(l_1)$是个旋转变换.

证明 (1)设A_1A_2是平行线l_1,l_2之间的公垂线,点A_1,A_2分别在直线l_1,l_2上,则$\overrightarrow{A_1A_2}$是个定向量.

对于平面上任一点P,令

$$P \xrightarrow{S(l_1)} P' \xrightarrow{S(l_2)} P''$$

且 PP'，$P'P''$ 分别与直线 l_1，l_2 交于点 P_1，P_2.

如图 3.20 所示，因为 $PP' \perp l_1$，$P'P'' \perp l_2$，又 $l_1 /\!/ l_2$，所以 P，P'，P'' 三点共线，并且

$$\begin{aligned}\overrightarrow{PP''} &= \overrightarrow{PP'} + \overrightarrow{P'P''} \\ &= 2\,\overrightarrow{P_1P'} + 2\,\overrightarrow{P'P_2} \\ &= 2\,\overrightarrow{P_1P_2} = 2\,\overrightarrow{A_1A_2}\end{aligned}$$

故
$$S(l_2) \circ S(l_1) = T(2\,\overrightarrow{A_1A_2})$$

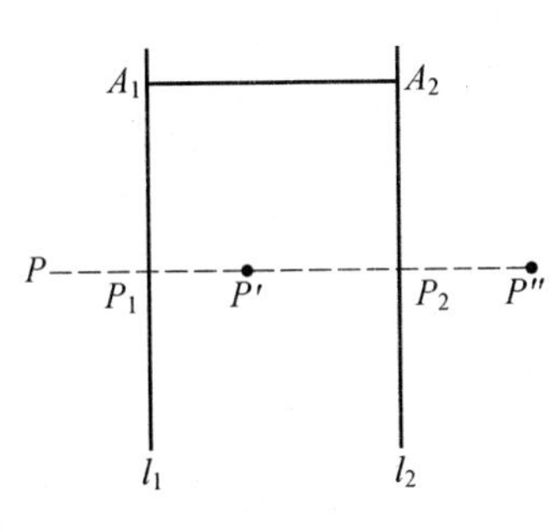

图 3.20

(2) 设 l_1 与 l_2 交于点 O，有向角 $\varphi = 2\angle(l_1, l_2)$. 对于平面上任一点 P，令

$$P \xrightarrow{S(l_1)} P' \xrightarrow{S(l_2)} P''$$

则
$$OP = OP' = OP''$$

并且

$$\angle POP' = 2\angle(l_1, OP')$$
$$\angle P'OP'' = 2\angle(OP', l_2)$$
$$\begin{aligned}\angle POP'' &= \angle POP' + \angle P'OP'' \\ &= 2\angle(l_1, OP') + 2\angle(OP', l_2) \\ &= 2\angle(l_1, l_2) = \varphi\end{aligned}$$

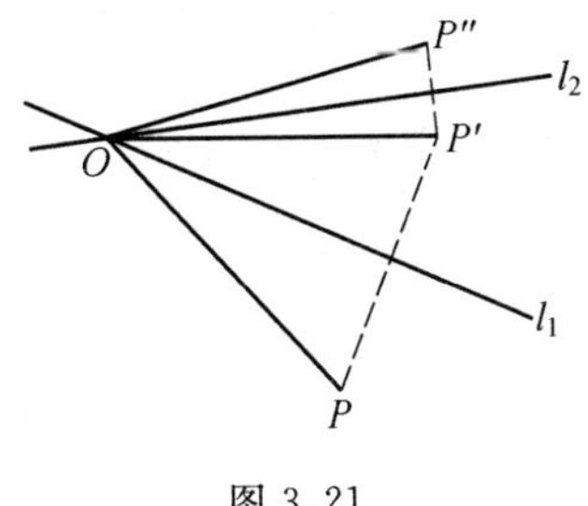

图 3.21

所以

$$S(L_2) \circ S(l_1) = R(O, \varphi)$$

特别地，如果 $l_1 \perp l_2$，则 $S(l_2) \circ S(l_1)$ 就是中心对称变换 $R(O, 180°)$.

定理 1 的逆命题也成立. 即：

定理 2　任何一个平移可以表示为两个反射轴平行的反射变换的乘积；任何一个旋转可以表示为两个反射轴相交的反射变换的乘积.

证明　设 $T(\boldsymbol{a})$ 是平移变换. 对于平面任一点 P，令

$$P \xrightarrow{T(\boldsymbol{a})} P''$$

则
$$\overrightarrow{PP''} = \boldsymbol{a}$$

任作一直线 l_1 垂直于 PP''，垂足为 P_1，再作直线 l_2 垂直于 PP''，垂足为 P_2，使得 $\overrightarrow{P_1P_2} = \frac{1}{2}\boldsymbol{a}$（图 3.22）.

另外，令 $P \xrightarrow{S(l_1)} P'$，则点 P' 在直线 PP'' 上.

因为

$$\overrightarrow{P'P''}=\overrightarrow{PP''}-\overrightarrow{PP'}=\boldsymbol{a}-2\overrightarrow{P_1P'}$$
$$=2(\overrightarrow{P_1P_2}-\overrightarrow{P_1P'})=2\overrightarrow{P'P_2}$$

所以

$$P'\xrightarrow{S(l_2)}P''$$

则 $$T(\vec{a})=S(l_2)\circ S(l_1)$$

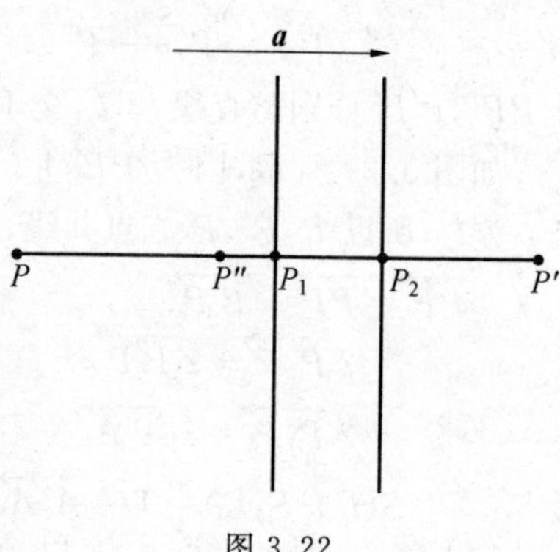

图 3.22

也就是说，任一个平移可以分解为两个反射变换的乘积，它们的反射轴垂直于平移方向，反射轴之间的距离等于平移距离的一半，第一条反射轴到第二条反射轴的方向与平移方向相同.

类似地，如果 $R(O,\varphi)$ 是个旋转变换，对于平面上任一点 P，令

$$P\xrightarrow{R(O,\varphi)}P''$$

则 $$OP=OP'',\angle POP''=\varphi$$

过点 O 任作一直线 l_1，再过点 O 作直线 l_2，使 $\angle(l_1,l_2)=\frac{1}{2}\varphi=\frac{1}{2}\angle POP''$（如图 3.23）.

容易证明

$$R(O,\varphi)=S(l_2)\circ S(l_1)$$

详细过程从略.

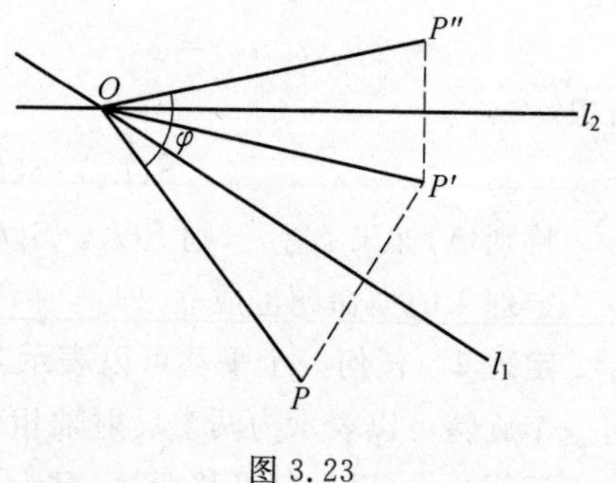

图 3.23

可见，任一旋转变换可以分解为两个反射的乘积. 它们的反射轴通过旋转中心，两反射轴的夹角等于旋转角的一半，第一条轴到第二条轴的方向与旋转角方向相同.

必须注意，由于第一条轴可以任意取，所以上述分解并不唯一.

定理 3 对于两个不同中心的旋转变换 $R(O_1,\varphi_1)$，$R(O_2,\varphi_2)$，如果 $\varphi_1+\varphi_2\neq 2k\pi(k\in\mathbf{Z})$，则 $R(O_2,\varphi_2)\circ R(O_1,\varphi_1)$ 是个旋转变换；如果 $\varphi_1+\varphi_2=2k\pi(k\in\mathbf{Z})$，则 $R(O_2,\varphi_2)\circ R(O_1,\varphi_1)$ 是个平移变换.

分析 由定理 2 知，过点 O_1 作两直线 l_1,l_2，使 $\angle(l_1,l_2)=\frac{1}{2}\varphi_1$，过点 O_2

作两直线 l_3,l_4，使$\angle(l_3,l_4)=\frac{1}{2}\varphi_2$，则有

$$R(O_1,\varphi_1)=S(l_2)\circ S(l_1)$$
$$R(O_2,\varphi_2)=S(l_4)\circ S(l_3)$$
$$R(O_2,\varphi_2)\circ R(O_1,\varphi_1)=S(l_4)\circ S(l_3)\circ S(l_2)\circ S(l_1)$$

由于第一条轴可以任意取，为了研究问题方便，不妨令 l_2 与 l_3 重合，即直线 O_1O_2 成为一条公共轴.

证明　取 O_1O_2 为公共反射轴，记为 l，再作直线 l_1,l_4，使 l_1 过点 O_1，l_4 过点 O_2，且

$$\angle(l_1,l)=\frac{1}{2}\varphi_1,\angle(l,l_4)=\frac{1}{2}\varphi_2$$

（如图 3.24），于是有

$$R(O_1,\varphi_1)=S(l)\circ S(l_1)$$
$$R(O_2,\varphi_2)=S(l_4)\circ S(l)$$
$$R(O_2,\varphi_2)\circ R(O_1,\varphi_1)$$
$$=S(l_4)\circ S(l)\circ S(l)\circ S(l_1)$$
$$=S(l_4)\circ S(l_1)$$

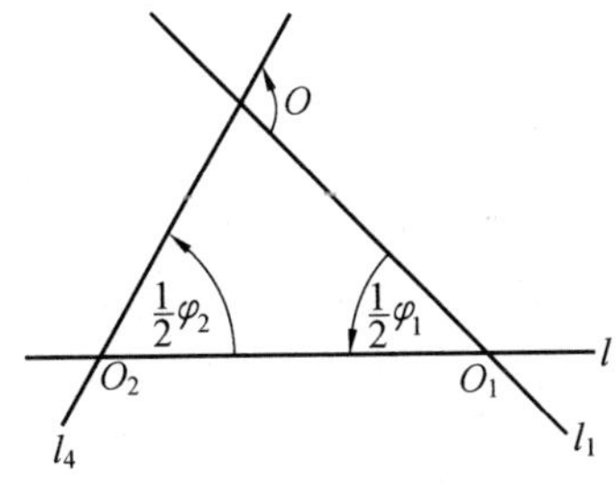

图 3.24

如果 $\varphi_1+\varphi_2\neq 2k\pi$，则$\frac{1}{2}(\varphi_1+\varphi_2)\neq k\pi$，于是直线 l_1,l_4 必相交. 设交点为 O. 因为$\angle(l_1,l_4)=\frac{1}{2}(\varphi_1+\varphi_2)$，所以，根据定理 1，有

$$R(O_2,\varphi_2)\circ R(O_1,\varphi_1)=R(O,\varphi_1+\varphi_2)$$

并且新旋转中心 O 与 O_1,O_2 构成一个三角形（如图 3.24），其中

$$\angle OO_1O_2=\frac{1}{2}\varphi_1,\angle O_1O_2O=\frac{1}{2}\varphi_2,\angle O_2OO_1=\pi-\frac{1}{2}(\varphi_1+\varphi_2)$$

如果 $\varphi_1+\varphi_2=2k\pi$，则$\frac{1}{2}(\varphi_1+\varphi_2)=k\pi$，此时，直线 l_1 与 l_4 平行. 根据定理 1，$S(l_4)\circ S(l_1)$是个平移变换. 也就是说，$R(O_2,\varphi_2)\circ R(O_1,\varphi_1)$是个平移变换.

推论　O_1,O_2,O_3 是不共线的三点，如果 $\varphi_1+\varphi_2+\varphi_3=2\pi$，且

$$R(O_3,\varphi_3)\circ R(O_2,\varphi_2)\circ R(O_1,\varphi_1)=I\text{（恒等变换）}$$

则
$$\angle O_3O_1O_2=\frac{1}{2}\varphi_1,\angle O_1O_2O_3=\frac{1}{2}\varphi_2,\angle O_2O_3O_1=\frac{1}{2}\varphi_3$$

证明　因为

$$\varphi_1+\varphi_2\neq 2k\pi$$

所以

$$R(O_2,\varphi_2)\circ R(O_1,\varphi_1)=R(O,\varphi_1+\varphi_2)$$

这里

$$\angle OO_1O_2=\frac{1}{2}\varphi_1,\angle O_1O_2O=\frac{1}{2}\varphi_2,\angle O_2OO_1=\pi-\frac{1}{2}(\varphi_1+\varphi_2)$$

倘若点 O 与点 O_3 不重合，那么 $R(O_3,\varphi_3)\circ R(O,\varphi_1+\varphi_2)$ 是个平移变换，但根据条件，$R(O_3,\varphi_3)\circ R(O,\varphi_1+\varphi_2)$ 是恒等变换，所以平移向量为 $\mathbf{0}$，O 与 O_3 两点重合. 故有

$$\angle O_3O_1O_2=\frac{1}{2}\varphi_1,\angle O_1O_2O_3=\frac{1}{2}\varphi_2,\angle O_2O_3O_1=\pi-\frac{1}{2}(\varphi_1+\varphi_2)=\frac{1}{2}\varphi_3$$

利用变换之间的关系也可以进行几何证题.

例 11 以 $\triangle ABC$ 两边 AB，AC 为边向形外作正方形 $ABEF$，$ACGH$，M 为 EG 的中点（如图 3.25）. 求证

$$MB=MC,MB\perp MC$$

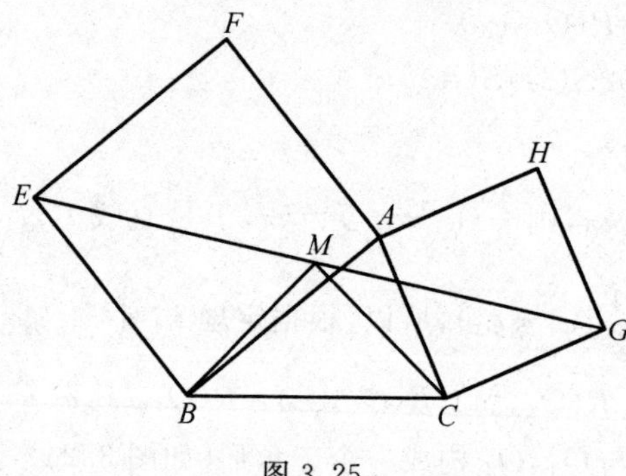

图 3.25

证明 因为

$$EB=AB,\angle EBA=90^\circ$$

所以

$$E\xrightarrow{R(B,-90^\circ)}A$$

同理

$$A\xrightarrow{R(C,-90^\circ)}G$$

于是

$$E\xrightarrow{R(C,-90^\circ)\circ R(B,-90^\circ)}G$$

因为 $R(C,-90^\circ)\circ R(B,-90^\circ)$ 是个中心对称变换 $R(O,180^\circ)$，并且

$E \xrightarrow{R(O,180^\circ)} G$，所以对称中心 O 为 EG 的中点，O 与 M 两点重合，根据定理 3 的推论知

$$\angle MBC=45^\circ, \angle BCM=45^\circ$$

故有

$$MB=MC, MB\perp MC$$

上述解法充分运用了正方形的条件，通过旋转变换之间的关系寻找出 B，C，M 三点之间的位置关系，解法简捷明了.

例 12 平面上有三个点 A，B，C，一个人从平面上一点 P_0 出发，直线行进到点 A，然后向右转 60° 后直线前进同样距离到达点 P_1（称为完成一次运动），接着从点 P_1 对点 B 再完成一次运动，……，这样不停地运动下去，在进行了 1 992次运动后，回到原来的点 P_0，求证：$\triangle ABC$ 是正三角形.

证明 根据题意

$$P_0 \xrightarrow{R(A,120^\circ)} P_1 \xrightarrow{R(B,120^\circ)} P_2 \xrightarrow{R(C,120^\circ)} P_3 \cdots$$

由于在进行了 1 992 次运动后又回到原来点 P_0，所以

$$\begin{aligned}&\underbrace{R(C,120^\circ)\circ R(B,120^\circ)\circ R(A,120^\circ)\cdots}_{1\,992\text{个}}\\&=[R(C,120^\circ)\circ R(B,120^\circ)\circ R(A,120^\circ)]^{664}\\&=T(\boldsymbol{a})^{664}\end{aligned}$$

是个恒等变换. 因此

$$T(\boldsymbol{a})=I$$

即
$$R(C,120^\circ)\circ R(B,120^\circ)\circ R(A,120^\circ)=I$$

根据推论，$\angle ABC=\angle BCA=\angle BAC=60^\circ$，$\triangle ABC$ 是正三角形.

例 13 如图 3.26 所示，在 $\triangle ABC$ 外侧作等腰直角三角形 $\triangle ABF$，$\triangle BCD$，$\triangle ACE$. 求证

$$EF=AD, EF\perp AD$$

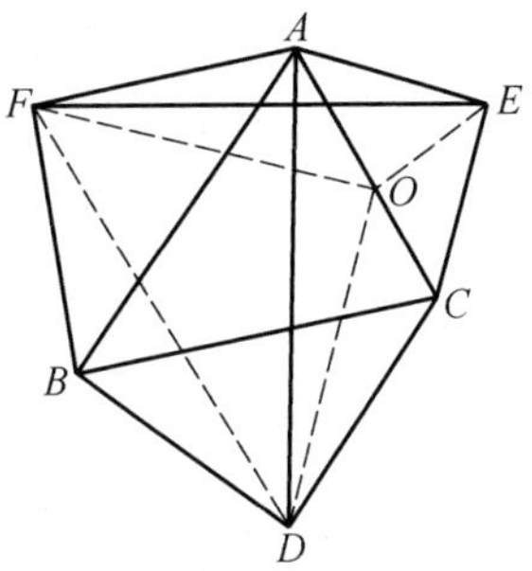

图 3.26

证明 由于 $\triangle ABF$，$\triangle BDC$ 是等腰直角三角形，所以

$$C \xrightarrow{R(D,90^\circ)} B, B \xrightarrow{R(F,90^\circ)} A$$

从而

$$C \xrightarrow{R(F,90^\circ)\circ R(D,90^\circ)} A$$

又 $R(F,90^\circ)\circ R(D,90^\circ)$ 是个中心对称变换 $R(O,180^\circ)$，对称中心 O 为 AC 的中点，并且

$$\angle DFO=\angle ODF=45^\circ, OF=OD$$

作旋转变换 $R(O,90^\circ)$，则

$$\triangle OEF \xrightarrow{R(O,90^\circ)} \triangle OAD, AD=EF, AD\perp EF$$

定理 4 任一合同变换可表示为不多于三个反射的乘积.

证明 设合同变换 ω 由三对不共线的对应点 $A,A';B,B';C,C'$ 所确定(如图 3.27).

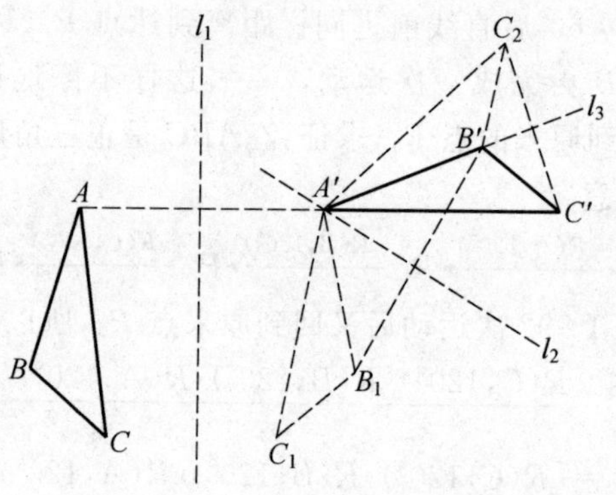

图 3.27

作 AA' 的垂直平分线 l_1，那么，在以 l_1 为反射轴的反射变换 $S(l_1)$ 作用下，$\triangle ABC$ 变为 $\triangle A'B_1C_1$（若 A 与 A' 两点重合，则没有必要施行 $S(l_1)$）. 此时

$$AB=A'B_1=A'B'$$

再作线段 B_1B' 的垂直平分线 l_2，则点 A' 必在 l_2 上. 以 l_2 为反射轴的反射变换 $S(l_2)$ 将 $\triangle A'B_1C_1$ 变为 $\triangle A'B'C_2$（如果 B_1 与 B' 两点重合，也没有必要施行变换 $S(l_2)$）. 此时

$$A'C'=AC=A'C_1=A'C_2, B'C'=BC=B_1C_1=B'C_2$$

最后作线段 $C'C_2$ 的垂直平分线 l_3，点 A',B' 必在直线 l_3 上. 在反射 $S(l_3)$ 作用下，$\triangle A'B'C_2$ 变为 $\triangle A'B'C'$（如果 C' 与 C_2 两点重合，则不必施行变换 $S(l_3)$）. 于是，有

$$\triangle ABC \xrightarrow{S(l_1)} \triangle A'B_1C_1 \xrightarrow{S(l_2)} \triangle A'B'C_2 \xrightarrow{S(l_2)} \triangle A'B'C'$$

即

$$\omega=S(l_3)\cdot S(l_2)\cdot S(l_1)$$

进一步研究表明，对于第一类合同变换，总可以表示为两个反射的乘积；对于第二类合同变换，总可以表示为一个或三个反射的乘积. 详见下表：

- 合同变换
  - 第一类合同变换（平移、旋转）——两个反射的乘积
  - 第二类合同变换
    - 反射
    - 反射与平移的乘积、反射与旋转的乘积——三个反射的乘积

2.6　自对称图形

定义 7　ω 是非恒等的合同变换，F 是平面上的图形. 如果 $\omega(F)=F$，则称 F 为平面上的自对称图形(或对称图形).

在初等几何中，一般仅讨论有限对称图形.

定理 5　有限图形不可能经过平移变换后不变.

证明　设 F 是有限图形，$T(\boldsymbol{a})(\boldsymbol{a}\neq\boldsymbol{0})$ 是平移变换. 假如 F 在平移变换 $T(\boldsymbol{a})$ 下不变，那么对于 F 上一点 A_1，在 $T(\boldsymbol{a})$ 变换下

$$A_1\to A_2\to A_3\to\cdots\to A_n\to\cdots,A_1,A_2,\cdots,A_n\cdots\in F$$

且点 $A_1,A_2,\cdots,A_n,\cdots$ 共线. 于是，当 n 趋于无穷时，$A_1A_{n+1}=n|\boldsymbol{a}|$ 也趋于无穷大，这与 F 是有限图形矛盾.

所以，只存在反射变换与旋转变换下的自对称图形.

定义 8　若 $S(l)(F)=F$，则称 F 为轴对称图形，l 叫做图形 F 的对称轴. 若 $R(O,\varphi)(F)=F$，则称 F 为旋转对称图形，O 叫做图形 F 的旋转对称中心. 特别地，若 $R(O,180°)(F)=F$，则称 F 为中心对称图形. 此时，O 叫做图形 F 的对称中心.

对于旋转对称图形，有下述结论：

定理 6　如果图形 F 在旋转变换 $R\left(O,\dfrac{2\pi}{n}\right)(n\geqslant2,n\in\mathbf{N})$ 下不变，那么 F 在旋转变换 $R\left(O,\dfrac{2k\pi}{n}\right)$ 下不变($k=0,1,2,\cdots,n-1$). 这时，称 F 为 n 次旋转对称图形.

证明　对于图形 F 中任一点 A，在变换 $R\left(O,\dfrac{2\pi}{n}\right)$ 下，有

$$A\to A_1\to A_2\to\cdots\to A_\kappa\quad(k\geqslant2)$$

于是

$$OA=OA_1=OA_2=\cdots=OA_\kappa$$

其中 $A_1,A_2,\cdots,A_\kappa\in F$，且

$$\angle AOA_1=\angle A_1OA_2=\cdots=\angle A_{\kappa-1}OA_\kappa=\frac{2\pi}{n}$$

所以

$$\angle AOA_\kappa=\frac{2k\pi}{n}$$

取 $A'=A_\kappa$，从而对 F 中任一点 A，它在变换 $R(O,\frac{2k\pi}{n})$ 下的象 $A'\in F$.

类似可证，对于 F 中任一点 A'，总存在点 $A\in F$，使 A' 为 A 在变换 $R\left(O,\frac{2k\pi}{n}\right)$ 下的象. 所以 F 在变换 $R\left(O,\frac{2k\pi}{n}\right)$ 下不变.

定理 7 当 n 是偶数时，n 次旋转对称图形必为中心对称图形.

请读者完成其证明.

下面是一些常见的自对称图形：

1. 圆是轴对称图形，每一条直径都是对称轴；圆又是旋转对称图形，圆心为旋转中心，旋转角可以任意选取. 可以说，圆是最富有对称性的图形.

2. 正 n 边形既是轴对称图形又是 n 次旋转对称图形. 对于每一个正 n 边形，总有一个阶为 $2n$ 的变换群与之对应.

例如，使得正三角形 $\triangle ABC$ 不变的三个旋转 $R(O,0°)=I$，$R(O,120°)$，$R(0,240°)$ 和三个直线反射 $S(l_1)$，$S(l_2)$，$S(l_3)$ 所组成的集合构成一个阶为 6 的变换群（如图 3.28）. 这个变换群完全刻画了正三角形的对称性.

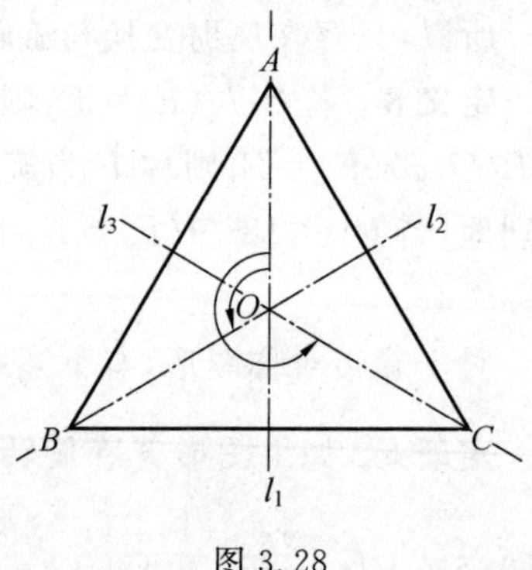

图 3.28

3. 等腰梯形是轴对称图形，上下两底中点的连线是对称轴.

等腰三角形也是轴对称图形，对称轴是顶角的平分线.

4. 平行四边形是以对角线交点为对称中心的中心对称图形.

5. 角是轴对称图形，对称轴是角的平分线.

6. 线段是以中点为对称中心的中心对称图形，又是以垂直平分线为对称轴的轴对称图形.

了解掌握一些常见的对称图形，对于我们在解决问题时构造适当的合同变换是有帮助的.

注记 1 按照克莱因的用变换群对几何学分类的思想，欧氏几何可以看成是研究合同变换群的不变量与不变性的一门几何学. 但是,用合同变换群及其不变量的观点来解释欧氏几何应该说是对几何学的一种理解,一种分类标准. 由于合同变换的基本不变量是两点间的距离,两个合同的图形除了占有不同的位置,其形状与大小皆相同. 所以,不可能通过讨论合同变换的不变量来代替欧氏几何的实际背景、推理方法以及各种图形的位置和度量关系的研究.

我们常说,用变换思想来解题,其具体含义是,在解决某一几何问题时,可以对平面上部分点进行某种变换(平移、旋转或反射等),从而移动图形中部分元素的位置,构成新图形. 在新图形中容易发现已知元素与未知元素的关系. 这种利用变换来解题的思想方法与用变换群的观点来解释几何学是两回事,前者是微观解题的方法,后者是宏观结构的理解,两者不可混为一谈.

注记 2　运用合同变换解题一般有两个途径:一种途径是根据已知图形的特点,对图形中部分元素施行某种合同变换,使之移动位置构成新图形,这里变换思想的运用实际上启发了我们如何添置辅助线(如例 1,例 3,例 6,例 8,例 9). 另一种途径是构造若干个变换,利用变换乘积的性质,从整体结构入手,达到解题的目的. 一般说来,这一种思考方法不需要添置辅助线(如例 11,例 12,例 13).

注记 3　在平面直角坐标系中,第一类合同变换由

$$\begin{cases} x'=ax-by+c_1 \\ y'=bx+ay+c_2 \end{cases} \tag{1}$$

(a,b,c_1,c_2 是实数,$\begin{vmatrix} a & -b \\ b & a \end{vmatrix}=a^2+b^2=1$)所确定. 利用坐标变换式也可以证明,平面上所有第一类合同变换的集合构成一个变换群. 而平面上两点间的距离是合同变换的不变量.

在式(1)中取 $c_1=c_2=0,a=\cos\theta,b=\sin\theta$,则式(1)为

$$\begin{cases} x'=x\cos\theta-y\sin\theta \\ y'=x\sin\theta+y\cos\theta \end{cases}$$

这是以原点为旋转中心,θ 为旋转角的旋转变换的变换式.

在式(1)中取 $a=1,b=0$,则式(1)为

$$\begin{cases} x'=x+c_1 \\ y'=y+c_2 \end{cases}$$

这是以(c_1,c_2)为平移向量的平移变换式.

第二类合同变换由坐标变换式

$$\begin{cases}x'=-ax+by+c_1\\y'=bx+ay+c_2\end{cases}\qquad(2)$$

(a,b,c_1,c_2 是实数，$\begin{vmatrix}-a & b\\ b & a\end{vmatrix}=-(a^2+b^2)=-1$)所确定.

当 $a=1,b=0,c_1=c_2=0$ 时，式(2)为

$$\begin{cases}x'=-x\\y'=y\end{cases}$$

这是以 y 轴为反射轴的反射变换式.

如果 $b=1,a=c_1=c_2=0$，式(2)成为以直线 $y=x$ 为反射轴的反射变换式.

§3 相似变换

3.1 相似变换及其性质

定义 1 一个平面到自身的变换，如果对于任意两点 A,B，以及对应点 A',B'，总有

$$A'B'=k\cdot AB\quad(k\text{ 为正实数})$$

那么，这个变换叫做相似变换，实数 k 叫做相似比. 相似比为 k 的相似变换常记为 $H(k)$.

显然，当 $k=1$ 时，$H(1)$就是合同变换.

在相似变换下，点 A 变为点 A'，图形 F 变为图形 F'，可表示为

$$A\xrightarrow{H(k)}A',F\xrightarrow{H(k)}F'$$

此时，称 F,F'是相似图形，记为 $F\backsim F'$.

与合同图形类似，如果在两个相似图形上，每两个对应三角形沿周界环绕方向相同，则称这两个图形真正相似；如果对应三角形沿周界环绕方向相反，那么称这两个图形镜像相似.

相似变换具有下列性质：

1. 平面上所有相似变换构成一个相似变换群.

事实上，恒等变换 I 是相似变换. 如果 $H(k_1)$，$H(k_2)$是相似变换，则它们的乘积 $H(k_2)\circ H(k_1)$也是相似变换，相似比为 k_1k_2. 如果 $H(k)$是相似变换，那么 $H\left(\frac{1}{k}\right)$是 $H(k)$的逆变换，满足

$$H(k)\circ H\left(\frac{1}{k}\right)=H\left(\frac{1}{k}\right)\circ H(k)=1$$

所以，平面上全部相似变换构成一个相似变换群，合同变换群是它的一个子群.

2. 相似变换保持点与直线的结合关系，以及点在直线上的顺序关系不变.

事实上，如果 A,B,C 是平面上共线的三点，且点 B 在 A,C 两点之间，A'，B'，C'是它们在相似变换 $H(k)$下的对应点，那么，由于

$$A'C'=k\cdot AC=k(AB+BC)$$

$$A'B'+B'C'=k\cdot AB+k\cdot BC=k(AB+BC)$$

所以，$A'C'=A'B'+B'C'$，A'，B'，C'三点共线，且点 B'在 A'，C'两点之间.

由性质 2 可推知，相似变换把直线变为直线，线段变为线段，射线变为射线. 换句话说，相似变换具有同素性.

3. 在相似变换下，三点 A,B,C 的简单比保持不变.

共线三点 A,B,C 的简单比定义为 $AC:BC$. 在相似变换下，虽然两点间的距离可能发生变化，但三点的简单比却保持不变. 简单比是相似变换的基本不变量.

相似变换的其他不变量还有两直线间夹角的大小，两平面图形的面积之比，等.

3.2 位似变换

位似变换是最简单的相似变换.

定义 2 O 是平面 π 上一定点，H 是平面上的变换. 若对于任一对对应点 P,P'，都有$\overrightarrow{OP'}=k\overrightarrow{OP}$($k$ 为非零实数)，则称 H 为位似变换，记为 $H(O,k)$，O 叫做位似中心，k 叫做位似比.

定义中的条件“$\overrightarrow{OP'}=k\overrightarrow{OP}$”等价于如下三个条件：

(1)O,P,P'三点共线；

(2)$OP'=|k|\cdot OP$；

(3)当 $k>0$ 时，点 P,P'在点 O 同侧(此时 O 叫做外位似中心)；当 $k<0$ 时，点 P,P'在点 O 异侧(此时点 O 叫做内位似中心).

显然，位似变换 $H(O,1)$就是恒等变换，而位似变换 $H(0,-1)$是以点 O 为中心的中心对称变换.

位似变换由位似中心与位似比所确定，也可以由一对对应点和位似中心(或位似比)确定. 此外，我们还有下述判定定理：

定理　f 是平面上一个变换，那么 f 是位似变换或平移变换的充分必要条件是，对于 f 的任两对对应点 P，P' 和 Q，Q'，总有

$$\overrightarrow{P'Q'}=k\cdot\overrightarrow{PQ}\quad(k\neq 0)$$

证明　必要性：若 f 是平移变换，则

$$\overrightarrow{P'Q'}=\overrightarrow{PQ}$$

若 f 是位似变换，设 O 为位似中心，则

$$\overrightarrow{OP'}=k\overrightarrow{OP},\overrightarrow{OQ'}=k\overrightarrow{OQ}$$

$$\overrightarrow{P'Q'}=\overrightarrow{P'O}+\overrightarrow{OQ'}=k(\overrightarrow{PO}+\overrightarrow{OQ})=k\overrightarrow{PQ}$$

充分性：设 A 为平面上一固定点，P 为平面上任一点，且

$$A\xrightarrow{f}A',P\xrightarrow{f}P',\overrightarrow{A'P'}=k\overrightarrow{AP}$$

(1)如果 $k=1$，那么

$$\overrightarrow{PP'}=\overrightarrow{PA}+\overrightarrow{AA'}+\overrightarrow{A'P'}=\overrightarrow{AA'}$$

所以

$$f=T(\overrightarrow{AA'})$$

(2)如果 $k\neq 1$，在直线 AA' 上取点 O，使

$$\overrightarrow{OA}=\frac{1}{k-1}\cdot\overrightarrow{AA'}$$

则

$$\overrightarrow{OA'}=k\overrightarrow{OA}$$

设 $O\xrightarrow{f}O'$，由 $\overrightarrow{O'A'}=k\overrightarrow{OA}$ 知，O 与 O' 两点重合，点 O 是 f 的不变点.

对于平面上任一点 P 以及对应点 P'，有

$$\overrightarrow{OP'}=\overrightarrow{OA'}+\overrightarrow{A'P'}=k\overrightarrow{OA}+k\overrightarrow{AP}=k\overrightarrow{OP}$$

所以

$$f=H(O,k)$$

此定理给出了判别位似变换的又一标准. 从证明过程可以看出，平移是位似变换的一种极端情况，它的位似中心是无穷远点，位似比等于1.

位似变换具有下列性质：

1. 位似变换是相似变换，所以位似变换具有相似变换的所有性质.

2. 具有相同位似中心的所有位似变换构成一个变换群.

3. 在位似变换下，位似中心是不变点，过位似中心的直线是不变直线.

4. 在位似变换下，对应线段之比相等，对应角相等且转向相同，不过中心的对应直线平行（当 $k>0$ 时，同向平行；当 $k<0$ 时，反向平行）.

以上性质的证明留给读者完成.

5. 两个不同中心的位似变换的乘积或者是位似变换(此时三个位似中心共线);或者是平移变换(平移方向平行于两中心所在直线).

证明　设 $H(O_1,k_1)$,$H(O_2,k_2)$是两个位似变换,对于平面上任意两点 P,O,令

$$P\xrightarrow{H(O_1,k_1)}P'\xrightarrow{H(O_2,k_2)}P'',Q\xrightarrow{H(O_1,k_1)}Q'\xrightarrow{H(O_2,k_2)}Q''$$

则

$$\overrightarrow{P'Q'}=k_1\ \overrightarrow{PQ},\overrightarrow{P''Q''}=k_2\ \overrightarrow{P'Q'}$$

于是

$$\overrightarrow{P''Q''}=k_1k_2\ \overrightarrow{PQ}$$

如果 $k_1k_2\neq 1$,那么乘积 $H(O_2,k_2)\circ H(O_1,k_1)$是个位似变换 $H(O_3,k_1k_2)$. 因为直线 O_1O_2 过位似中心 O_1,O_2,所以 O_1O_2 是 $H(O_3,k_1k_2)=H(O_2,k_2)\circ H(O_1,k_1)$的不变直线,中心 O_3 必在直线 O_1O_2 上,三中心共线(如图 3.29).

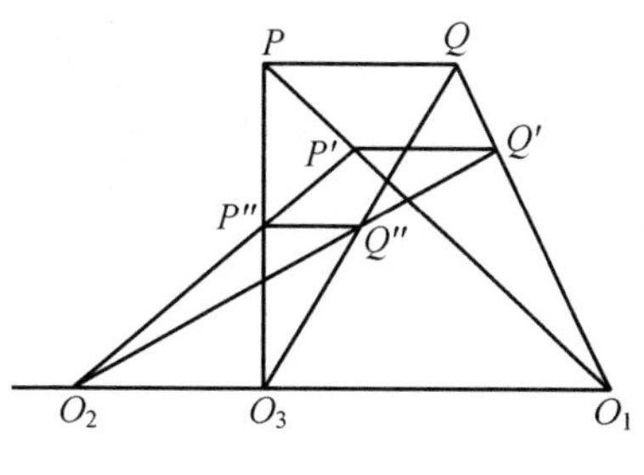

图 3.29

如果 $k_1k_2=1$,则乘积 $H(O_2,k_2)\circ H(O_1,k_1)$是个平移变换. 如图 3.30 所示,对于平面上任一对对应点 P,P'',有

$$\begin{aligned}\overrightarrow{PP''}&=\overrightarrow{PO_1}+\overrightarrow{O_1O_2}+\overrightarrow{O_2P''}\\&=\frac{1}{k_1}\overrightarrow{P'O_1}+\overrightarrow{O_1O_2}+k_2\ \overrightarrow{O_2P'}\\&=k_2(\overrightarrow{P'O_1}+\overrightarrow{O_2P'})+\overrightarrow{O_1O_2}\\&=(1-k_2)\overrightarrow{O_1O_2}\end{aligned}$$

定义 3　F,F'是两个平面图形,如果存在一个位似变换 $H(O,k)$,使得

$$F\xrightarrow{H(O,k)}F'$$

那么称图形 F 与 F'是位似图形. 当 $k>0$ 时,称 F,F'为顺位似图形;当 $k<0$ 时,称 F,F'为逆位似图形. 点 O 也叫做位似图形 F,F'的位似中心.

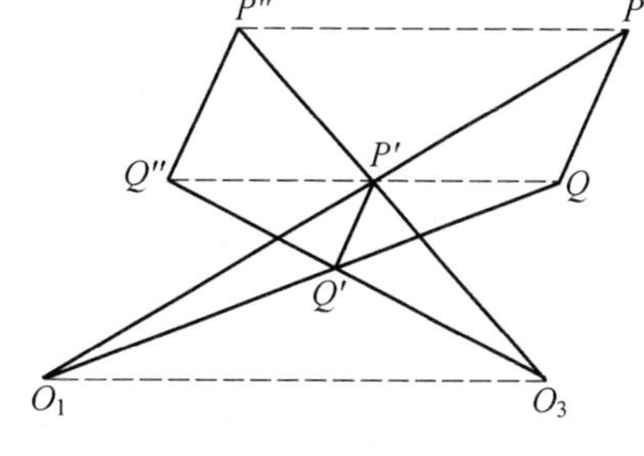

图 3.30

位似图形有下列性质:

1. 位似图形一定是相似图形,并且位似图形的对应线段平行,过对应顶点

的直线共点.

2. 如果三个图形两两位似,那么每两个位似图形的位似中心(共三个)一定共线,这条直线叫做这三个图形的位似轴(如图 3.29).

3. 平面上任意两个不等的圆可以看成是一对位似图形,并且有两种方法使它们位似,其中,两圆心是一对对应点.

证明 设圆 $O(r)$,圆 $O'(r')$ 是两个不等圆. 在圆 O 上取一点 P(不在直线 OO' 上),在圆 O' 中作 $O'P'$,使之与 OP 同向平行;再作 $O'P''$,使之与 OP 反向平行. 设 PP' 交直线 OO' 于点 S_1,PP'' 交直线 OO' 于点 S_2(如图 3.31). 于是

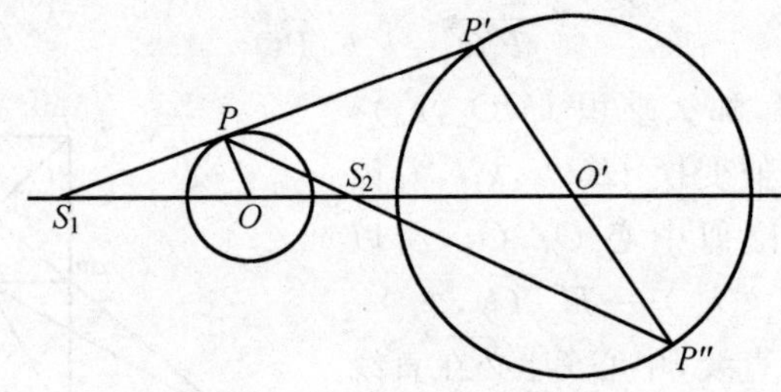

图 3.31

$$\overrightarrow{S_1O'}=\frac{r'}{r}\overrightarrow{S_1O},\overrightarrow{S_1P'}=\frac{r'}{r}\overrightarrow{S_1P}$$

$$\overrightarrow{S_2O'}=-\frac{r'}{r}\overrightarrow{S_2O},\overrightarrow{S_2P''}=-\frac{r'}{r}\overrightarrow{S_2P}$$

下面只需证明,在位似变换 $H\left(S_1,\frac{r'}{r}\right)$ 下,圆 O 与圆 O' 是顺位似图形;在位似变换 $H\left(S_2,-\frac{r'}{r}\right)$ 下,圆 O 与圆 O' 是逆位似图形.

设 Q 为圆 O 上任一点,在直线 S_1Q 上取点 Q',使

$$Q\xrightarrow{H\left(S_1,\frac{r'}{r}\right)}Q$$

则

$$\overrightarrow{S_1Q'}=\frac{r'}{r}\overrightarrow{S_1Q}$$

于是

$$\overrightarrow{O'Q'}=\overrightarrow{O'S_1}+\overrightarrow{S_1Q'}=\frac{r'}{r}\overrightarrow{OS_1}+\frac{r'}{r}\overrightarrow{S_1Q}=\frac{r'}{r}\overrightarrow{OQ}$$

这说明 $O'Q'$ 与 OQ 同向平行,且 $|O'Q'|=r'$,点 Q' 在圆 O' 上,圆 O 与圆 O' 是顺位似图形.

同理可证,圆 O 与圆 O' 是逆位似图形,S_2 是内位似中心.

从上述证明过程可以看出，如果两圆心不重合，那么可将两圆心间的线段按两圆半径的比外分或内分．外分点、内分点分别是两圆的外位似中心和内位似中心，两半径的比就是位似比．

如果两圆相切，那么切点是两位似中心之一；如果两圆心重合，那么圆心是两圆的外位似中心．

由于位似图形具有对应线段平行、对应线段之比等于位似比和对应点的连线过位似中心等性质．因此，若证图形 F 具有性质 φ，则可改证它的位似图形 F' 具有性质 φ'．在具体证题时，如果位似中心和位似比选得恰当，证法往往显得简捷明了．

例 1　PT,PB 是圆 O 的切线，AB 是直径，点 H 为点 T 在 AB 上的射影．求证：PA 平分 TH．

证明　设 AP 交 TH 于点 M，因为

$$TH\perp AB$$

所以

$$M\xrightarrow{H\left(A,\frac{AB}{AH}\right)}P$$

连点 AT 交 BP 于点 S，则

$$T\xrightarrow{H\left(A,\frac{AB}{AH}\right)}S$$

欲证 $TM=MH$，只需要证明 $SP=PB$．由于 $PB=PT$，故只需要证明 $SP=PT$ 如(图 3.32)．

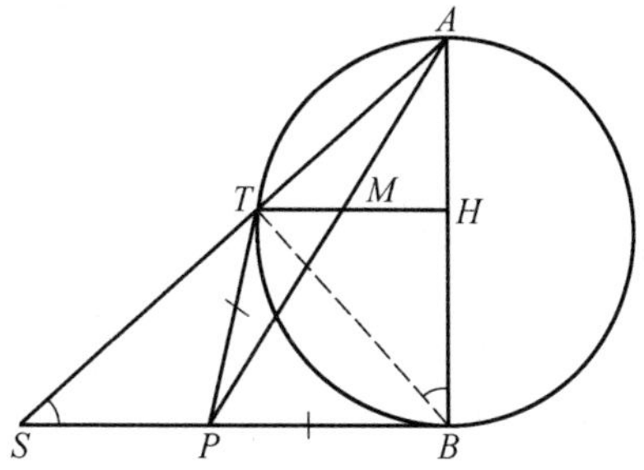

连 BT，因为

$$\angle TBA=\angle S$$

而

$$\angle TBA=\angle STP$$

所以

$$\angle S=\angle STP,SP=PT$$

命题得证．

图 3.32

例 2　在$\triangle ABC$ 中，$AB=AC$，圆 O_1 与$\triangle ABC$ 的外接圆 O 内切于点 D，与 AB,AC 切于点 P,Q，求证：PQ 的中点 M 是$\triangle ABC$ 的内心．

分析　第 2 章§2 例 3 运用综合法证明了本题，这里用位似变换的方法进行证明．

证明　由$\triangle ABC$ 及圆 O，圆 O_1 的对称性，知点 M,O,O_1 在 AD 上，且 AD 为圆 O 的直径．

过点 D 作圆 O 的切线，与 AB，AC 的延长线交于点 B'，C'，则 O_1 是 $\triangle AB'C'$的内心，且

$$\triangle ABC \xrightarrow{H\left(A,\frac{AB'}{AB}\right)} \triangle AB'C'$$

欲证 M 是$\triangle ABC$ 的内心，只需证明 M，O_1 是位似变换 $H\left(A,\dfrac{AB'}{AB}\right)$下的一对对应点，即证

$$\frac{AO_1}{AM}=\frac{AB'}{AB}$$

事实上

$$\frac{AO_1}{AM}=\frac{AO_1}{AP}\cdot\frac{AP}{AM}=\frac{AD}{AB}\cdot\frac{AB'}{AD}=\frac{AB'}{AB}$$

所以原命题得证.

此题是奥林匹克竞赛题，运用位似法证明思路清晰，方法简便.

例 3 $\triangle ABC$ 中，$AE : EB=1 : 2$，$AD : DC=2 : 1$，BD 与 CE 交于点 F，求 $S_{\triangle BEF} : S_{\triangle CFD}$（如图 3.33).

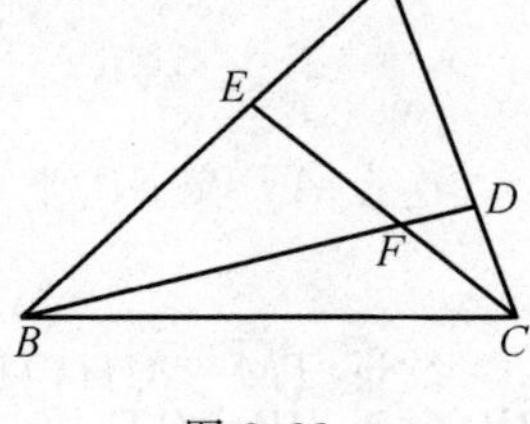

图 3.33

分析 欲求 $S_{\triangle BEF} : S_{\triangle CFD}$，只需求$\dfrac{FB}{FD}\cdot\dfrac{FE}{FC}$，亦即只要求出 $FB : FD$ 和 $FE : FC$.

解 因为

$$B\xrightarrow{H\left(E,-\frac{1}{2}\right)}A\xrightarrow{H\left(C,-\frac{1}{3}\right)}D$$

所以

$$B\xrightarrow{H\left(C,-\frac{1}{3}\right)\cdot H\left(E,-\frac{1}{2}\right)}D$$

由于$\dfrac{1}{3}\cdot\left(-\dfrac{1}{2}\right)\neq 1$，所以乘积 $H\left(C,\dfrac{1}{3}\right)\circ H\left(E,-\dfrac{1}{2}\right)$仍然是位似变换，位似比为$-\dfrac{1}{6}$，位似中心既在 BD 上，又在 CE 上，即为点 F.故

$$FD : FB=1 : 6$$

同理可证

$$FE : FC=4 : 3$$

于是

$$\frac{S_{\triangle BEF}}{S_{\triangle CFD}}=\frac{FB\cdot FE}{FD\cdot FC}=6\times\frac{4}{3}=8$$

利用位似变换也可以用来证明点共线、线共点的有关问题.

例 4　设 H 是非直角三角形$\triangle ABC$ 的重心，A'，B'，C'分别是$\triangle BHC$，$\triangle CHA$，$\triangle AHB$ 的外心. 试证：AA'，BB'，CC'相交于一点.

证明　如图 3.34 所示，设圆 O 为$\triangle ABC$ 的外接圆，G 为$\triangle ABC$ 的重心. 作直线反射 $S(BC)$.

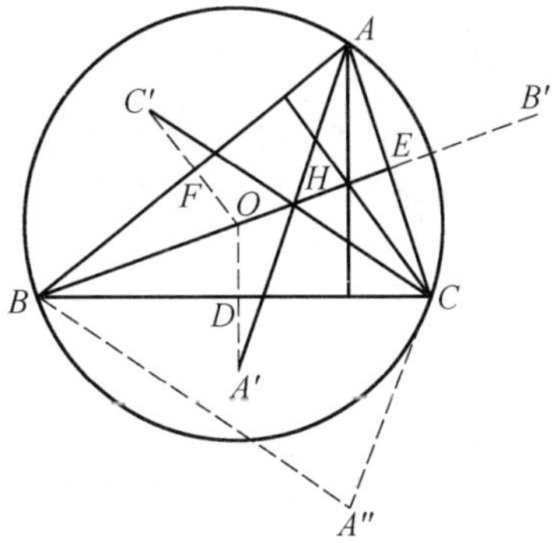

图 3.34

令 $A \xrightarrow{S(BC)} A''$，则

$$\angle A=\angle BA''C$$

所以

$$\angle BHC+\angle BA''C=180^\circ$$

则点 A''在圆 HBC 上，并且

$$圆\ O \xrightarrow{S(BC)} 圆\ HBC$$

故圆心 O 与点 A'关于直线 BC 对称.

同理，B'，C'也是点 O 关于直线 CA，AB 的对称点.

设 OA'，OB'，OC'分别交 BC，AC，AB 于点 D，E，F，则 D，E，F 分别为 BC，CA，AB 之中点. 因为

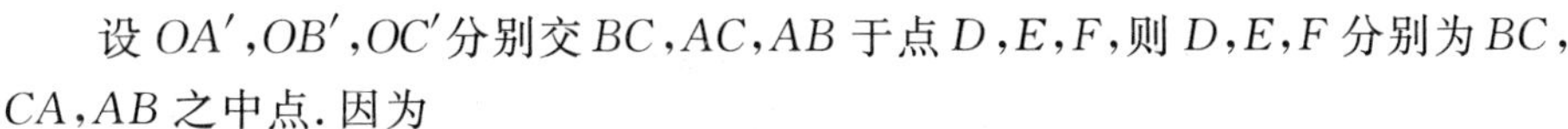

$$\triangle ABC \xrightarrow{H\left(G,-\frac{1}{2}\right)} \triangle DEF$$

$$\triangle DEF \xrightarrow{H(O,2)} \triangle A'B'C'$$

所以

$$\triangle ABC \xrightarrow{H(O,2)\cdot H\left(G,-\frac{1}{2}\right)} \triangle A'B'C'$$

而 $2\times\left(-\frac{1}{2}\right)=-1\neq 1$，故$\triangle A'B'C'$是$\triangle ABC$ 的中心对称图形，AA'，BB'，CC'交于一点，且相互平分.

注记 1　根据位似变换的性质知道，两个位似变换 $H(O_1,k_1)$，$H(O_2,k_2)$，当 $k_1k_2=1$ 时，它们的乘积是平移变换. 所以，平面上所有位似变换不能组成位似变换群. 但是，如果把平移变换看成位似变换的特殊情况，那么平面内所有位似变换构成位似变换群.

注记 2　在直角坐标平面上，相似变换 $H(k)$将点 $P(x,y)$变为 $P'(x',y')$，那么，它们的坐标变换式是

$$\begin{cases}x'=ax+by+c_1\\ y'=-bx+ay+c_2\end{cases} \tag{1}$$

或
$$\begin{cases}x'=ax+by+c_1\\y'=bx-ay+c_2\end{cases}\tag{2}$$
其中，$a^2+b^2=k^2\neq 0$.

在式(1)中，令 $a=k\neq 1,b=0$，则变换 $H(k)$ 就是以点 $\left(\frac{c_1}{1-k},\frac{c_2}{1-k}\right)$ 为位似中心，k 为位似比的位似变换. 若 $a=k=1,b=0$，则位似变换 $H(k)$ 就是以 (c_1,c_2) 为平移向量的平移变换.

*§4　反演变换

4.1　反演变换及其性质

定义 1　圆 $O(k)$ 是平面上定圆，I 是去掉点 O 的平面到其自身的变换. 如果对于平面上异于点 O 的任一点 P，其对应点 P' 在射线 OP 上，且 $OP\cdot OP'=k^2$，那么称 I 为关于圆 $O(k)$ 的反演变换，记为 $I(O,k^2)$，其中，圆 O 叫做反演圆，圆心 O 叫做反演极(反演中心)，k^2 叫做反演幂.

在反演变换 $I(O,k^2)$ 下，点 P 变为点 P'，图形 F 变为 F'，可表示为

$$P\xrightarrow{I(O,k^2)}P',F\xrightarrow{I(O,k^2)}F'$$

此时，点 P' 叫做点 P 的反点，图形 F' 叫做图形 F 的反形.

由定义可知，如果点 P' 是点 P 的反点，图形 F' 是图形 F 的反形，那么，点 P 也是点 P' 的反点，图形 F 也是图形 F' 的反形. 即图形 F 与 F' 互为反形.

在反演变换 $I(O,k^2)$ 下，异于点 O 的任一点 P，一定存在一个反点 P'，而反演极 O 在欧氏平面上不存在它的反点. 也可以说，由于 $OP\cdot OP'=k^2\neq 0$，当点 P 充分接近点 O 时，它的反点 P' 远离点 O 而去. 反演极与无穷远点相对应.

给出反演圆圆 $O(k)$，对于平面上一点 P，可作出它的反点，方法如下：

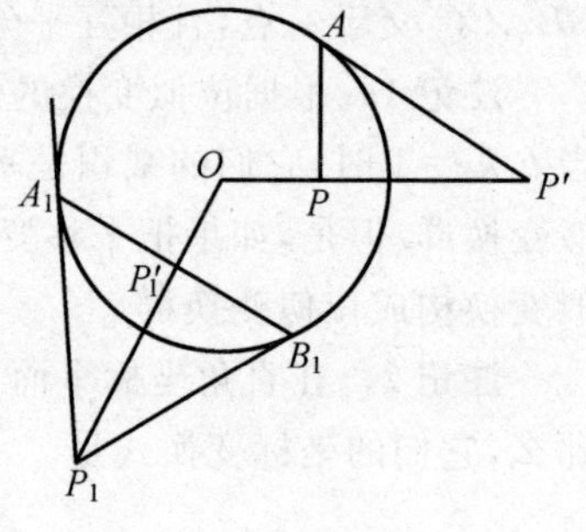

图 3.35

若点 P 在圆 $O(k)$ 内，过点 P 作 OP 的垂线与圆 O 相交. 设交点之一为点 A，过点 A 作圆 O 的切线交 OP 于点 P'，则点 P' 为点 P 关于圆 $O(k)$ 的反点. 倘若点 P_1 在圆 O 外，自点 P_1 作圆 O 的切线 P_1A_1，P_1B_1(A_1，B_1 为切点)，连 A_1B_1 交 OP_1 于点 P'_1，则 P'_1 为点 P_1

关于圆 $O(k)$ 的反点(如图 3.35). 若点 P 在圆 O 上，则点 P 的反点为自身.

如果给定反演极 O 以及一对对应点 P，P'，那么，对于平面上任一点 Q，由关系 $OP\cdot OP'=OQ\cdot OQ'$，也可以唯一决定点 Q 的反点 Q' 以及反演圆. 具体过程请读者完成.

关于反点有如下两个性质：

定理 1　在反演变换下，不共线的两对反点必共圆.

证明　设 $A\xrightarrow{I(O,k^2)}A'$，$B\xrightarrow{I(O,k^2)}B'$，且 A，A'，B，B' 四点不共线. 由反点定义知

$$OA\cdot OA'=k^2$$

$$OB\cdot OB'=k^2$$

于是

$$OA\cdot OA'=OB\cdot OB'$$

因而 A，A'，B，B' 四点共圆，并且 $\triangle OAB$ 与 $\triangle OB'A$ 镜照相似(如图 3.36).

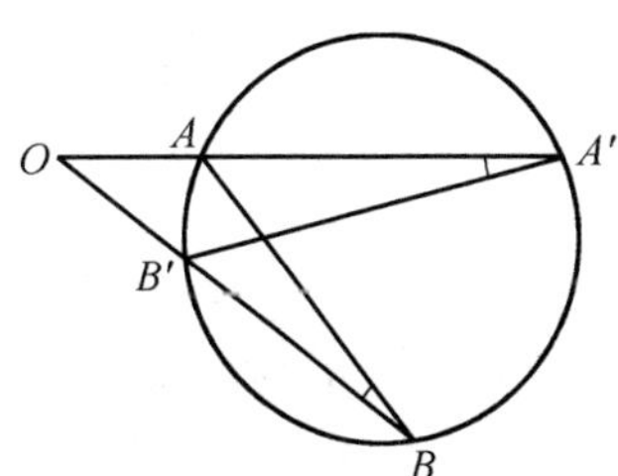

图 3.36

定理 2　如果在以圆 $O(k)$ 为反演圆的反演变换下，A 与 A'，B 与 B' 是两对反点，则

$$\frac{A'B'}{BA}=\frac{k^2}{OA\cdot OB}$$

证明　若 O，A，B 三点共线，不妨设点 A 在 O，B 两点之间，则

$$OB=OA+AB$$

且 O，A'，B' 三点共线，点 B' 在 O，A' 两点之间. 于是

$$OA'=OB'+B'A'$$

$$B'A'=OA'-OB'=\frac{k^2}{OA}-\frac{k^2}{OB}=\frac{k^2\cdot AB}{OA\cdot OB}$$

若 O，A，B 三点不共线，由 $\triangle OAB\backsim\triangle OB'A'$，得

$$\frac{A'B'}{BA}=\frac{OB'}{OA}=\frac{OB'\cdot OB}{OA\cdot OB}=\frac{k^2}{OA\cdot OB}$$

必须注意，定理 2 仅给出两对反点距离之间量的关系. 尽管 A 与 A'，B 与 B' 是两对反点，但线段 $A'B'$ 并不是线段 AB 在变换 $I(O,k^2)$ 下的反形.

下面讨论反演变换的性质：

1. 反演变换 $I(O,k^2)$ 是对合变换，即 $I^2(O,k^2)$ 是恒等变换.

由于没有一个反演变换是恒等变换，所以反演变换的集合不构成群.

2. 在反演变换下，反演圆是不变点的集合，过反演极的直线是不变直线，与

反演圆正交的圆是不变图形.

3. 在反演变换下，不过反演中心的直线的反形是过反演中心的圆.

证明 设圆 $O(k)$ 是反演圆，l 是不过反演中心的一条直线. 过点 O 作 l 的垂线，垂足为 H. 设 H' 是 H 的反点，由于 $OH \cdot OH' = k^2$，所以 H' 是定点（如图 3.37）.

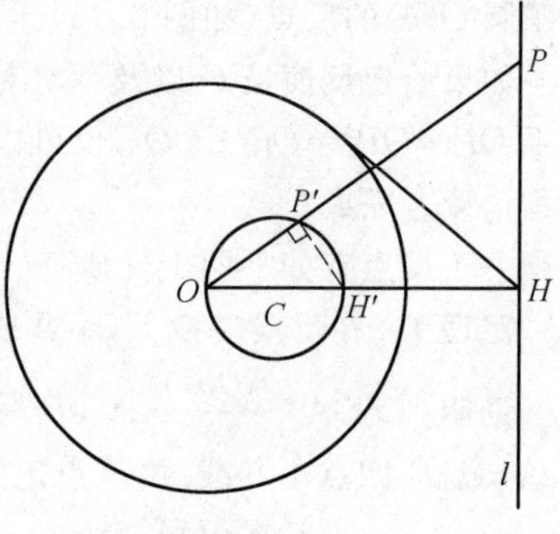

图 3.37

令 P 是直线 l 上任一点，P' 是其反点. 根据定理 1，P, P', H, H' 四点共圆，$\angle OP'H' = \angle OHP = 90°$，点 P' 在以 OH' 为直径的圆 C 上.

反之，设 Q' 是以 OH' 为直径的圆 C 上异于 O 的任一点，连 OQ' 交 l 于点 Q. 因为 $\angle OQ'H' = \angle OHQ = 90°$，所以 H', Q', Q, H 四点共圆，$OQ \cdot OQ' = OH \cdot OH' = k^2$. 这说明圆 C 上异于点 O 的任一点都是 l 上某点的反点.

所以，不过反演中心的直线的反形是过中心的圆.

由于反形是相互对偶的，所以过反演中心的圆的反形是不过反演中心的直线.

容易看出，若直线 l 与反演圆圆 $O(k)$ 相离，则反形圆 C 与圆 $O(k)$ 相离；若 l 与圆 $O(k)$ 相切于点 T，则反形圆 C 与圆 $O(k)$ 相切于点 T；若 l 与圆 $O(k)$ 交于 A, B 两点，则圆 OAB 就是 l 的反形.

从证明过程还可以看出，具有相同反演中心的两个反演变换的乘积把不过中心的直线变为与它平行的直线.

4. 在反演变换 $I(O, k^2)$ 下，不过反演中心 O 的圆 $C_1(R_1)$ 的反形是不过中心的圆 $C_2(R_2)$，并且

$$\frac{R_2}{R_1} = \frac{k^2}{r_1^2}\left(\text{或}\frac{R_1}{R_2} = \frac{k^2}{r_2^2}\right)$$

其中，r_1^2, r_2^2 分别是点 O 关于圆 C_1、圆 C_2 的幂，即

$$r_1^2 = |R_1^2 - OC_1^2|, r_2^2 = |R_2^2 - OC_2^2|$$

证明 设圆 $O(k)$ 是反演圆，圆 $C_1(R_1)$ 不过点 O. 连 OC_1 交圆 C_1 于 A, B 两点，设 A, B 的反点分别是 A', B'，则 O, A, B, A', B' 四点共线（如图 3.38）.

令 P 为圆 C_1 上任一点，P' 为其反点. 倘若点 P 不在直线 OAB 上，则

$$\angle OAP = \angle OP'A', \angle OBP = \angle OP'B'$$

于是

$$\angle B'P'A'=\angle OP'A'-\angle OP'B'=\angle OAP-\angle OBP=\angle ABP=90^\circ$$

所以,点 P'在以 $A'B'$为直径的圆 C_2 上.

反之,可以证明,以 $A'B'$为直径的圆 C_2 上任一点必是圆 C_1 上某一点的反点.

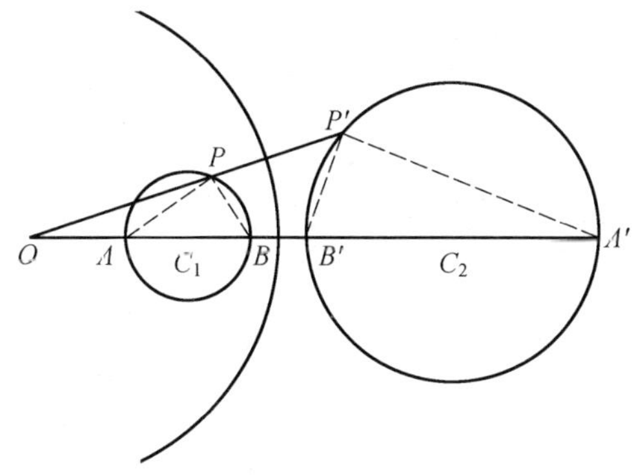

图 3.38

所以,不过反演中心 O 的圆 C_1 的反形是不过中心的圆 C_2,其半径记为 R_2.

由于

$$\frac{A'B'}{BA}=\frac{k^2}{OA\cdot OB},\frac{AB}{B'A'}=\frac{k^2}{OA'\cdot OB'}$$

而

$$OA\cdot OB=r_1^2,OA'\cdot OB'=r_2^2$$

所以

$$\frac{R_2}{R_1}=\frac{k^2}{r_1^2}\text{或}\frac{R_1}{R_2}=\frac{k^2}{r_2^2}$$

注记1 由性质4知,若圆 $C_1(R_1)$,圆 $C_2(R_2)$是一对反形,则$\frac{R_1}{R_2}=\frac{r_1}{r_2}$. 由此可见,反演中心 O 也是互为反形的圆 C_1、圆 C_2 的外位似中心、位似比为$\frac{r_1}{r_2}$.

反之,任两个圆的外位似中心也是这两圆的反演中心.

事实上,设 O 为圆 C_1、圆 C_2 的外位似中心,P 与 P'是一对位似对应点,P''是 OP 与圆 C_2 的另一个交点(如图 3.39),则

$$\frac{OP}{OP'}=\frac{r_1}{r_2}$$

于是,有

$$\frac{OP \cdot OP''}{OP' \cdot OP''}=\frac{OP}{OP'}=\frac{r_1}{r_2}$$

又因为

$$OP' \cdot OP''=r_2^2$$

所以

$$OP \cdot OP''=r_1 r_2$$

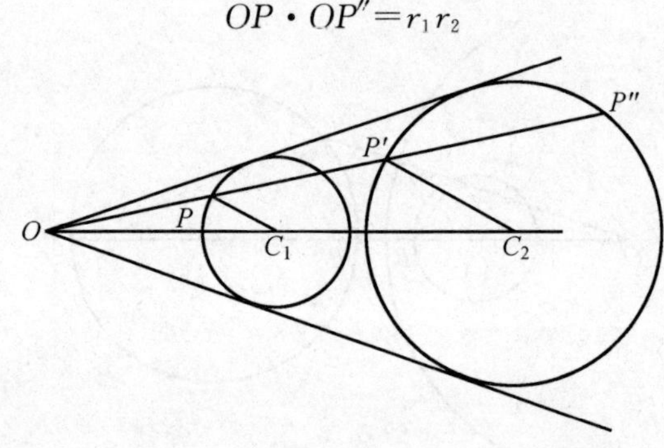

图 3.39

这说明 P 与 P''是以 O 为反演中心，$r_1 r_2$ 为反演幂的反演变换下的一对反点.

必须注意，两圆圆心是一对位似对应点，但不是一对反点，尽管两圆是一对反形.

注记 2 当反演中心 O 对圆 C_1 的圆幂 r_1^2 等于反演幂 k^2 时，圆 C_1 经过反演变换后变为自身(如图 3.40). 此时，圆 C_1 上任一点 P 的反点 P' 仍在圆 OC_1 上. 由于 $OP \cdot OP'=OT^2$，所以 OT 是圆 C_1 的切线，$\triangle OTC_1$ 是直角三角形. 圆 C_1 与反演圆正交.

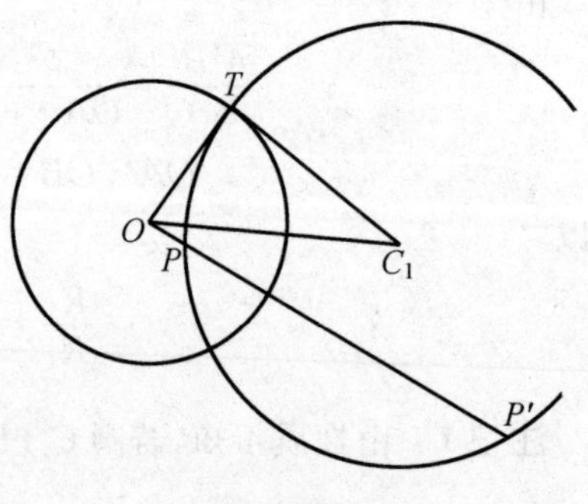

图 3.40

下面讨论反演变换的不变量与不变性.

定义 2 对于任意四个不同点 A,B,C,D，比值

$$\frac{AC \cdot BD}{AD \cdot BC}$$

叫做有序四点的交比，记为(AB,CD).

于是，由定理 2 可得反演变换的又一性质.

5. 在反演变换下，四个点的交比保持不变. 也就是说，如果 A',B',C',D'是

A,B,C,D 的反点，则

$$(AB,CD)=(A'B',C'D')$$

定义 3　设曲线 u,v 交于点 A，l 与 l' 是曲线 u,v 在点 A 处的切线，则切线 l 与 l' 的交角叫做曲线 u,v 在点 A 处的交角. 如果两曲线相切，则两曲线交角为 $0°$.

特别地，如果两圆 O_1、圆 O_2 交于点 A，那么过点 A 作两圆切线，切线交角即为两圆交角. 两圆交角也可以用 $\angle O_1AO_2$ 或其补角表示. 当 $\angle O_1AO_2=90°$ 时，圆 O_1 与圆 O_2 正交. 圆 O_1 与圆 O_2 正交的充要条件是，O_1A 是圆 O_2 的切线，或者 O_2A 是圆 O_1 的切线.

如果直线与圆相交，那么过交点作圆的切线，切线与直线的交角就是直线与圆的交角. 直线与圆正交的充要条件是直线过圆心.

关于曲线间的交角，反演变换有下述性质：

6. 在反演变换下，两条曲线在交点处交角保持不变，但方向相反(保角性).

证明　设曲线 u,v 交于点 A，u,v 在反演变换 $I(O,k^2)$ 下的反形是 u',v'，A 的反点是 A'. 过点 O 任引直线 OS 交 u,v,u',v' 于点 M,N,M',N'，则点 M 与 M'，N 与 N' 是两对反点，且

$$\angle MAN=\angle OMA-\angle ONA=\angle OA'M'-\angle OA'N'=\angle N'AM'$$

令 $\alpha=\angle AOS$ 趋于零，则直线 OS 趋于 OA，点 M,N 趋于点 A，M'，点 N' 趋于点 A'，割线 $AM,AN,A'M',A'N'$ 分别趋于各相应曲线的切线 $t_u,t_v,t_{u'},t_{v'}$ 的位置(如图 3.41). 由于

$$\lim_{\alpha\to 0}\angle MAN=\lim_{\alpha\to 0}\angle N'A'M'$$

所以

$$\angle(t_u,t_v)=\angle(t_{v'},t_{u'})$$

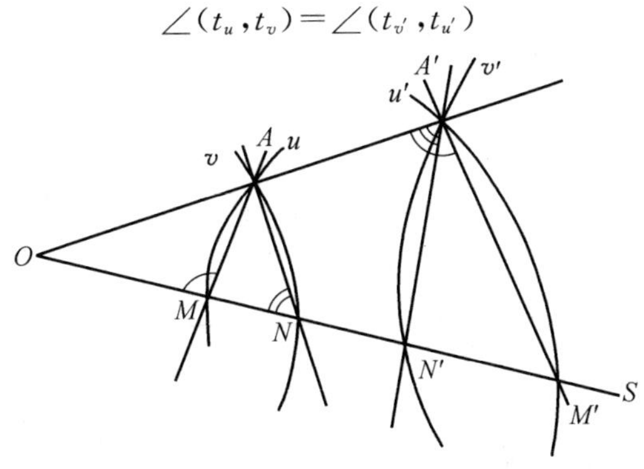

图 3.41

由保角性可知：

(1)若两直线平行，则其反形(两圆或一圆一直线)相切于反演中心.

(2)若两圆相切(或一直线一圆相切)，则其反形相切或平行.

(3)两圆正交(或一圆一直线正交)，则反形亦正交.

(4)过反演中心并且彼此相切的圆系，其反形是一束平行线.

对于一些与圆有关的几何题，可以施行适当的反演变换，利用反演变换的性质来解决. 举例说明如下：

例 1 设 A,B,C,D 是平面上四点，证明

$$AB \cdot CD + AD \cdot BC \geqslant AC \cdot BD$$

证明 以点 A 为反演中心，任取 k^2 为反演幂进行反演变换 $I(A,k^2)$. 令 B,C,D 的反点分别是 B',C',D'，则有

$$B'C' + C'D' \geqslant B'D'$$

因为

$$B'C' = \frac{k^2 \cdot BC}{AB \cdot AC}, C'D' = \frac{k^2 \cdot CD}{AC \cdot AD}, B'D' = \frac{k^2 \cdot BD}{AB \cdot AD}$$

所以

$$\frac{BC}{AB \cdot AC} + \frac{CD}{AC \cdot AD} \geqslant \frac{BD}{AB \cdot AD}$$

即

$$AD \cdot BC + AB \cdot CD \geqslant AC \cdot BD$$

若 A,B,C,D 四点共圆，则 B'，C'，D' 三点共线，于是上述证明过程中等号成立. 这就是运用反演变换证明托勒密定理的一种证法.

例 2 已知圆 O_1、圆 O_2、圆 O_3 交于点 P，圆 O_1、圆 O_2 的公共弦过点 O_3，圆 O_1、圆 O_3 的公共弦过点 O_2，求证：圆 O_2、圆 O_3 的公共弦过点 O_1 (如图 3.42).

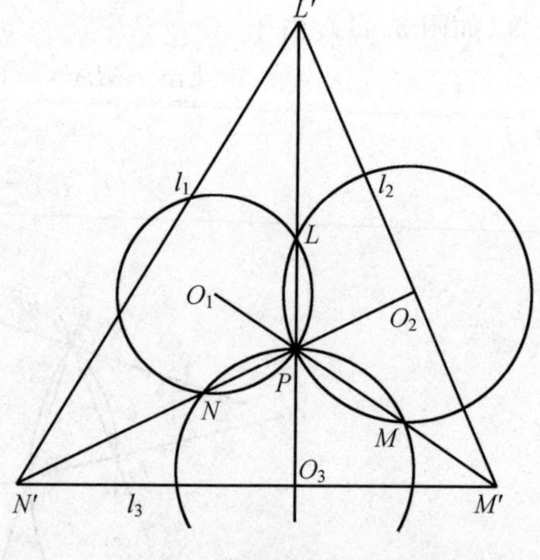

图 3.42

证明 设 L,M,N 为三圆的另一个交点. 以点 P 为反演中心作反演变换 $I(P,k^2)$，则

圆 $O_1 \to l_1$，圆 $O_2 \to l_2$，圆 $O_3 \to l_3$

并且

$$O_1P\perp l_1, O_2P\perp l_2, O_3P\perp l_3$$

设 l_1, l_2, l_3 两两相交，其交点分别是 L', M', N'，则 L', M', N' 分别是 L，M, N 的反点. 根据反演变换的性质，点 L', M', N' 分别在射线 PL，PM, PN 上.

在 $\triangle L'M'N'$ 中，LP 过点 O_3，PN 过点 O_2，所以

$$L'P\perp M'N', N'P\perp M'L'$$

且 P 为 $\triangle L'M'N'$ 的垂心，$M'P\perp L'N'$，又 $PO_1\perp L'N'$，从而 M', M, P, O_1 四点共线，MP 过点 O_1.

例 3(察波尔定理) 设 R, r 分别是 $\triangle ABC$ 的外接圆与内切圆的半径. d 是外心 O 与内心 I 之间的距离，则

$$d^2=R^2-2Rr$$

分析 察波尔定理揭示了外接圆半径、内切圆半径以及内、外心距离之间的关系. 利用反演变换可以达到目的，关键是选取适当的反演中心和反演幂.

证明 如图 3.43 所示，设 D, E, F 是切点，EF, FD, DE 的中点分别为 A', B', C'. 如果以圆 $I(r)$ 为反演圆进行反演变换，那么 A', B'，C' 是 A, B, C 的反点，于是圆 O 的反形就是圆 $A'B'C'$. 由于 $\triangle A'B'C\backsim\triangle DEF$，且相似比为 $1:2$，所以圆 $A'B'C'$ 的半径为 $\frac{r}{2}$，根据性质 4，有

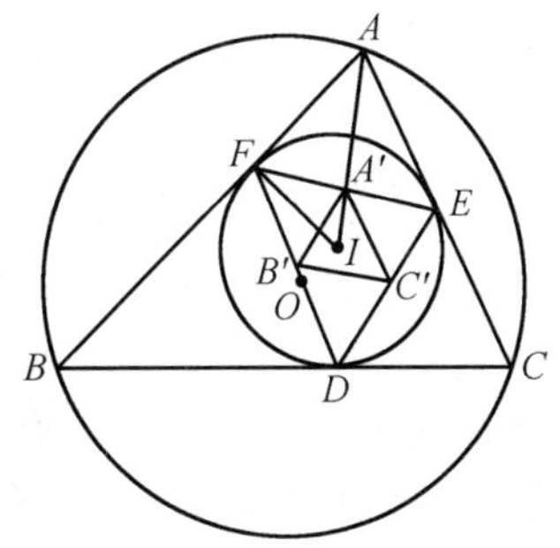

图 3.43

$$\frac{\frac{r}{2}}{R}=\frac{r^2}{R^2-d^2}$$

即
$$d^2=R^2-2Rr$$

例 4 在线段 AB 上取点 C，以 AC，BC, AB 为直径在 AB 的同侧作三个半圆，设圆 S 与三个半圆相切，试证：圆 S 的直径等于从圆心 S 到 AB 的距离.

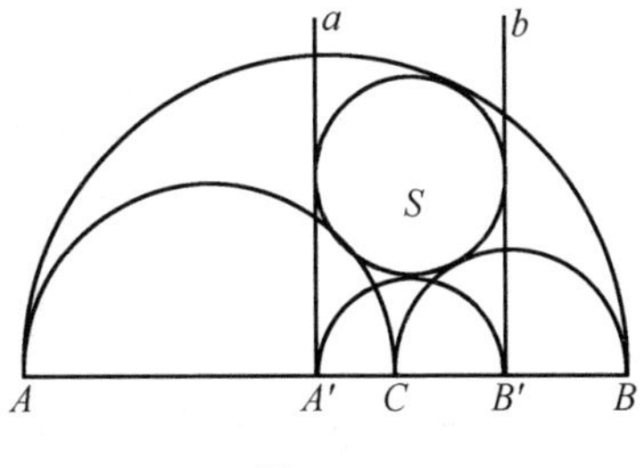

图 3.44

证明 以点 C 为反演中心，点 C 到圆 S 的圆幂为反演幂进行反演变换. 令 A, B 的反点为 A', B'，则以 AC, BC 为直径的两个半圆的反形是过点 A', B' 且垂直于 AB 的两条射线 a, b(如图 3.44)；以 AB 为直径的半圆的反形是以 $A'B'$ 为直径的半圆；圆 S 的反形是自身.

由保角性可知，$a /\!/ b$，a，b 与圆 S 相切，以 $A'B'$ 为直径的半圆分别与直线 a，b 及圆 S 相切. 所以 OS 的直径等于 $A'B'$，点 S 到 AB 的距离等于圆 S 的直径，命题得证.

例 5 **(费尔巴哈定理)**三角形的九点圆与其内切圆及旁切圆皆相切.

已知：$\triangle ABC$ 中，A'，B'，C' 分别为 BC，CA，AB 的中点，圆 $A'B'C'$ 是 $\triangle ABC$ 的九点圆. 圆 I 是 $\triangle ABC$ 的内切圆，它切 BC 于点 X，圆 I_a 是 $\triangle ABC$ 的旁切圆，它切 BC 于点 X_a（如图 3.45）.

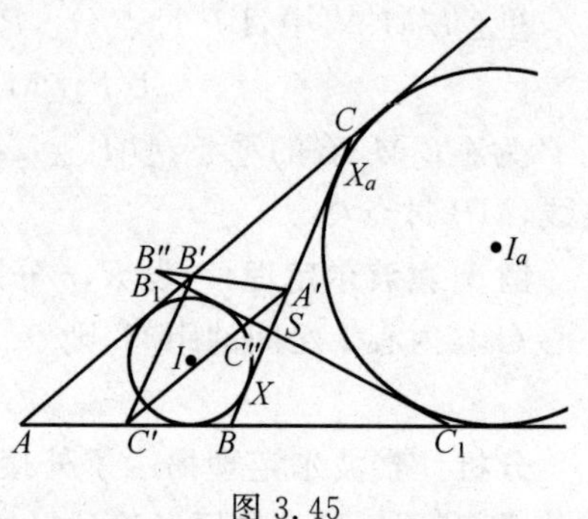

图 3.45

求证：圆 $A'B'C'$ 与圆 I 及圆 I_a 相切.

分析 设 BC，CA，AB 三边长分别为 a，b，c，且 $b\neq c$. 易证 $BX=CX_a=\frac{1}{2}(c+a-b)$，于是 $A'X=A'X_a=\frac{1}{2}|c-b|$. 故以点 A' 为圆心，$r=\frac{1}{2}|c-b|$ 为半径的圆必与圆 I 及圆 I_a 正交.

如果以圆 $A'(r)$ 为反演圆进行反演变换，那么，圆 I 及圆 I_a 的反形均是自身，而九点圆 $A'B'C'$ 的反形是一条直线. 于是，问题转化为：证明圆 $A'B'C'$ 在反演变换 $I(A',r^2)$ 下的反形是圆 I 及圆 I_a 的公切线. 设 B_1C_1 是圆 I 及圆 I_a 的另一条公切线，则要证圆 $A'B'C'$ 的反形是直线 B_1C_1.

证明 作圆 I 及圆 I_a 的另一条公切线分别交 AC，AB 于点 B_1，C_1，交 $A'B'$ 于点 B''，交 $A'C'$ 于点 C''，交 BC 于点 S.

因为

$$BX=CX_a=\frac{1}{2}(a+c-b)$$

所以

$$A'X=A'X_a=\frac{1}{2}|b-c|$$

又因为 I，S，I_a 在 $\angle A$ 的平分线上，所以

$$\frac{SC}{SB}=\frac{b}{c},SC=\frac{ab}{c+b}$$

同理

$$SB=\frac{ac}{b+c}$$

于是

$$SA'=\frac{1}{2}|SB-SC|=\left|\frac{a(b-c)}{2(b+c)}\right|$$

因为

$$A'B'/\!/AB$$

从而

$$\triangle SA'B''\backsim\triangle SBC_1$$

则

$$\frac{A'B''}{BC_1}=\frac{SA'}{SB}=\frac{|b-c|}{2c}$$

又

$$BC_1=|b-c|$$

所以

$$A'B''=\frac{(b-c)^2}{2c}$$

$$A'B''\cdot A'B'=\left(\frac{b-c}{2}\right)^2=r^2$$

这说明点 B''是点 B' 在 $I(A',r^2)$变换下的反点. 同理可证，点 C''是点 C' 在 $I(A',r^2)$变换下的反点. 可见圆 $A'B'C'$ 的反形是直线 $B''C''$，即直线 B_1C_1. 由于圆 I 和圆 I_a 是反演变换 $I(A',r^2)$下的不变圆，B_1C_1 与圆 I 与圆 I_a 相切，所以圆 $A'B'C'$ 与圆 I 及圆 I_a 相切.

注记 1　用圆与直线的正交性来重新定义直线反射变换与反演变换，可以发现两者的关系：

设 l 是定直线，如果 P,P' 是两个与直线 l 正交的圆的交点，则称 P,P' 是关于直线 l 的直线反射变换下的一对对应点(图 3.46).

设圆 $O(k)$是定圆，如果 P,P' 是两个与圆 $O(k)$正交的圆的交点，那么称 P,P' 是以圆 $O(k)$为反演圆的反演变换下的一对反点，圆 $O(k)$上的点的反点是其自身(如图 3.47).

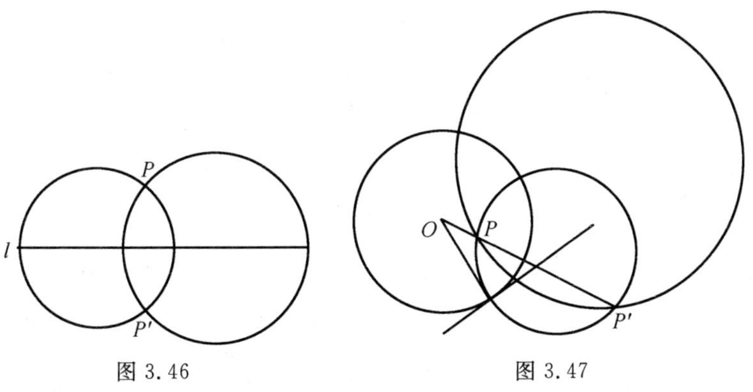

图 3.46　　　　图 3.47

由此可见，反演变换可以看成是圆反射；直线反射可以看做是对半径无穷大的圆的反演.

事实上，设 P,P' 是圆 $O(k)$ 的一对反点，点 O，P,P' 所在直线交圆 O 于点 M（如图 3.48），则

$$k^2=OP\cdot OP'=(k-PM)\cdot(k+P'M)$$

$$P'M=\frac{k^2}{k-PM}-k=\frac{PM}{1-\frac{PM}{k}}$$

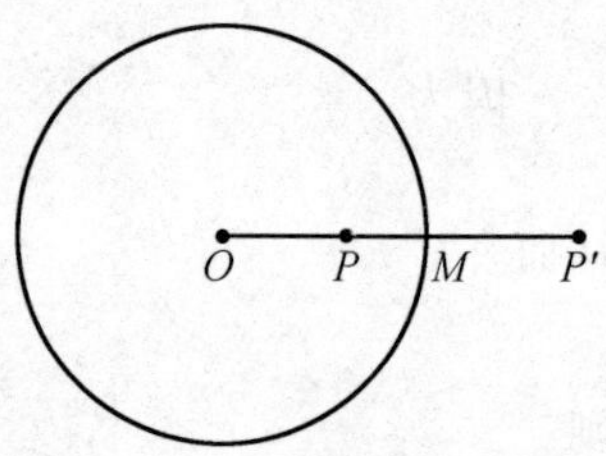

图 3.48

如果固定 P,M 两点，当 $k\to\infty$ 时，那么圆 O 趋于过点 M 且垂直于 PM 的直线，$P'M$ 的长度趋于 PM.

注记 2 在坐标平面上，如果以圆 $x^2+y^2=k^2$ 为反演圆进行反演变换，点 $P(x,y)$ 变为点 $P'(x',y')$，那么，坐标之间的关系为

$$\begin{cases}x'=\dfrac{k^2x}{x^2+y^2}\\[2mm] y'=\dfrac{k^2y}{x^2+y^2}\end{cases}$$

在极坐标平面上，如果以圆 $\rho=k$ 为反演圆进行反演变换，点 $P(\rho,\theta)$ 变为点 $P'(\rho',\theta')$，则坐标之间的关系式为

$$\begin{cases}\rho'=\dfrac{k^2}{\rho}\\[2mm] \theta'=\theta\end{cases}$$

利用坐标变换，也可以导出下表中的结论：

原象		反形	
过中心	直线 $Ax+By=0$	过中心	直线 $Ax+By=0$
	射线 $\theta=\alpha$		射线 $\theta=\alpha$
不过中心	直线 $Ax+By+C=0(C\neq0)$	不过中心	圆 $C(x^2+y^2)+Ak^2x+Bk^2y=0$
	直线 $\rho=\dfrac{p}{\cos(\theta-\alpha)}$		圆 $\rho=\dfrac{k^2}{p}\cos(\theta-\alpha)$
过中心	圆 $x^2+y^2+2Ax+2By=0$	不过中心	直线 $2Ax+2By+k^2=0$
	圆 $\rho=2\rho_0\cos(\theta-\theta_0)$		直线 $\rho=\dfrac{k^2}{2\rho_0\cos(\theta-\theta_0)}$
不过中心	圆 $x^2+y^2+2Ax+2By+C=0(C\neq0)$	不过中心	圆 $C(x^2+y^2)+2k^2Ax+2k^2By+k^4=0$
	圆 $\rho^2-2\rho\rho_0\cos(\theta-\theta_0)+\rho_0^2=R^2$		圆$(\rho_0^2-R^2)\rho^2-2k^2\rho\rho_0\cos(\theta-\theta_0)+k^4=0$

4.2 极点与极线

定义4 已知圆 $O(k)$是定圆,如果异于点 O 的点 P 关于反演圆 $O(k)$的反点是 P',那么过点 P'且垂直于OP 的直线 l 叫做点 P 关于圆 $O(k)$的极线,点 P 叫做直线 l 的极点.

显然,对于平面上不经过点 O 的直线 l,它的极点是从点 O 向直线 l 所引垂足 P'的反点.

可以看出,给出定圆 $O(k)$以后,上述法则确定了平面上点(除点 O 外)与平面上直线(除过圆心 O 的直线)之间的一一对应关系.

为叙述方便起见,点 $A,B,C,\cdots$的极线用相应的小写字母 $a,b,c,\cdots$表示.

根据定义,若点 P 在圆 O 外部,则点 P 的极线是从点 P 向圆 O 作的两切线的切点的连线;若点 P 在圆 O 上,则点 P 的极线是过点 P 的圆 O 的切线.

关于极点和极线,有下述重要性质:

定理3 已知圆 $O(k)$以及点 A,B,直线 a,b 是点 A,B 关于圆 $O(k)$的极线. 若点 A 在直线 b 上,则点 B 在直线 a 上.

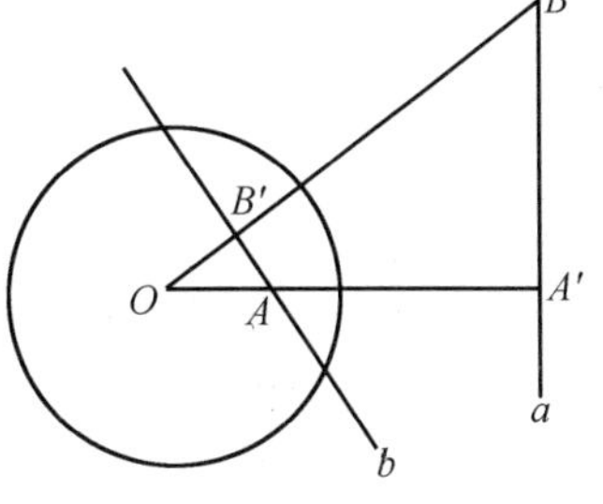

图 3.49

证明 若 A,B 是关于圆 $O(k)$的一对反点,则结论自然成立. 若点 A,B 不互为反点,由于点 A 在点 B 的极线 b 上,所以 O,A,B 三点不可能共线(如图 3.49).

设 A,B 的反点分别为点 A',B',根据定理 1,A,A',B,B'四点共圆. 因点 A 在直线 b 上,故$\angle BB'A=90°$,从而$\angle BA'A=90°$,$BA'\perp AA'$,BA'是点 A 的极线 a,且点 B 在直线 a 上.

由定理 3 可以直接得到下述结论:

定理4 任意一条直线 l(不过圆心 O)的极点是直线 l 上在圆外的任意两点的极线的交点;任意一点 P(除圆心 O)的极线是经过点 P 的任意两条割线的极点的连线.

利用极点与极线的性质,可以很方便地解决一些几何题.

例6 如图 3.50 所示,$ABCD$ 是圆 O 的外切四边形,切点依次为 G,H,K,L. AB,CD 交于点 E,AD,BC 交于点 F,GK,HL 交于点 P. 求证

$$OP\perp EF$$

证明 因点 E、点 F 关于内切圆圆 O 的极线分别为 GK,HL,且点 P 在

GK，HL 上. 所以，点 P 的极线过点 E，F，即 EF 为点 P 的极线，则 $OP \perp EF$.

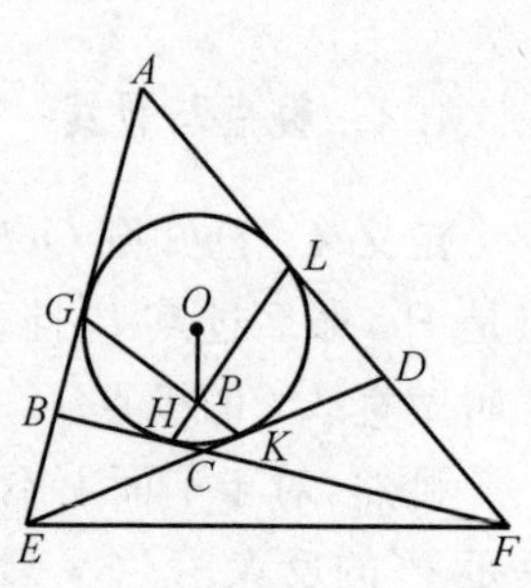

图 3.50

在图 3.50 中，如果点 E 在直线 HL 上，那么点 F 在直线 GK 上. 此时，$\triangle PEF$ 具有这样的性质：三角形的每一个顶点是对边的极点. 像这样的三角形称为自极三角形.

关于自极三角形，有下述结论：

1. 自极三角形是钝角三角形，钝角顶点在圆内，另两个顶点在圆外.

2. 圆心 O 是自极三角形的垂心.

3. 任一个钝角三角形唯一决定了一个圆，使得该三角形关于这个圆是自极三角形.

4. 任意一个钝角三角形的外接圆和九点圆关于其反演圆是一对反形.

证明请读者自行完成.

习题 3

1. 合同变换有哪些不变量与不变性？

2. $\square ABCD$ 中有一点 P，已知 $\angle PAD = \angle PCD$，求证

$$\angle PBC = \angle PDC$$

3. 七条直线两两相交，试证：所有交角中至少有一角小于 $26°$.

4. $\triangle ABC$ 中，$AB > AC$，CD，BE 为 AB，AC 边上的中线. 求证

$$CD < BE$$

5. 设 P 为正方形 $ABCD$ 内一点，$PA=1$，$PB=3$，$PD=\sqrt{7}$，求正方形的面积.

6. 已知正六边形 $ABCDEF$，M，N 分别是边 CD，DE 的中点，L 为 AM 与 BN 的交点.

(1)求 AM 与 BN 的夹角；

(2)求证：$S_{MDNL} = S_{\triangle ABL}$.

7. Rt△ABC 中，斜边 $AB=2$，形内一动点到三顶点距离和的最小值为$\sqrt{7}$，求这个三角形的锐角.

8. 在 Rt$\triangle ABC$ 中，M 为斜边 AB 的中点，过点 M 引两条相互垂直的射线

交 AC,BC 于点 P,Q,求证

$$AP^2+BQ^2=PQ^2$$

9. 等边△ABC 内有一点 P,已知 $PA=a$,$PB=b$,$PC=c$,求△ABC 的面积.

10. $\angle MON=120°$,OE 是$\angle MON$ 的平分线,一直线交 OM,ON,OE 于点 P,Q,R,求证

$$\frac{1}{OP}+\frac{1}{OQ}=\frac{1}{OR}$$

11. $CDEF$ 是一矩形弹子球台,A,B 为球台上两台球,试求把 A 球打出后,使 A 球依次撞击 CD,DE,EF,FC 后与 B 球相击的路线(球碰到障碍物后,遵从光的反射定律弹出).

12. 用长方形的金属片造渡水槽. 水槽截面为等腰梯形,金属片宽为 a. 问:当水槽的截面积最大时,水槽侧面与底宽各为多少? 侧面与底的夹角多大?

13. 以△ABC 的边 AB,AC 为斜边向形外作等腰直角三角形△ABD,△ACE,M 为 BC 中点. 求证

$$MD=ME,MD\perp ME$$

14. 用几何变换证明命题:在正方形 $ABCD$ 中,若$\angle EAD=\angle EDA=15°$,点 E 在正方形内,则△EBC 是正三角形.

15. 以凸四边形 $ABCD$ 的各边为斜边. 分别向形内作等腰直角三角形△ABO_1,△BCO_2,△CDO_3,△DAO_4. 如果 O_1 与 O_3 两点重合,试证:点 O_2 必与点 O_4 重合.

16. 相似变换有哪些不变性与不变量?

17. 利用位似变换证明:三角形的外心、垂心、重心共线.

18. 过半圆 O 的直径 AB 上一点 C 作 $CD\perp AB$. 交半圆于点 D. 另一圆 O_1 内切半圆于点 P,切 CD 于点 M. 试证:P,M,A 三点共线.

19. 圆 O_1,圆 O_2,圆 O_3 是三个等圆,它们相交于一点 K,并且都在△ABC 内,每一个圆与△ABC 的两边都相切. 试证:△ABC 的内心 I、外心 O 与 K 共线.

20. 圆 I 是△ABC 的内切圆,它分别切 BC,CA,AB 于点 D,E,F. DG 是圆 I 的直径,连 AG 并延长交 BC 于点 P,求证:$BP=CD$.

21. △ABC 的内切圆圆 I 切 BC 于点 F. 旁切圆圆 I_1 切 BC 于点 D,AD 交圆 I 于点 E,M 是 BC 的中点. 求证:F,I,E 三点共线,且 $AD\parallel IM$.

22. D,E,F 各是△ABC 的边 BC,CA,AB 的中点,P 是△ABC 内一点. 设

P 关于 D,E,F 的对称点分别是 M,N,S,又 G 是△ABC 的重心,求证:AM,BN,CS 交于一点 Q,且 Q,G,P 三点共线.

23.试证:两个同中心的反演变换的乘积是个位似变换.

24.△ABC 中,$\angle C=90°$,$CD\perp AB$ 于点 D,$AC=3$,$BC=4$,若 $D\xrightarrow{I(A,k^2)}B$,问:(1)k 的值等于多少?

(2)$I(A,k^2)$的反演圆是什么?

(3)直线 CB 在 $I(A.k^2)$下的反形是什么?

(4)直线 CD 在 $I(A,k^2)$下的反形是什么?

25.已知一点 P 及不经过点 P 的两个圆 w_1,w_2,求作一个圆,使它经过点 P,且与 w_1,w_2 都正交.

26.四个圆 O_1,O_2,O_3,O_4,每一个与相邻两个都外切.求证:四切点共圆.

27.已知:圆内接凸四边形 $ABCD$ 中,从点 D 向 AB,BC,CA 作垂线,其长分别为 p,q,r.求证

$$\frac{AB}{p}+\frac{BC}{q}=\frac{AC}{r}$$

28.AB,AC 切圆 S 于点 B,C,O 是$\overset{\frown}{BC}$上任一点,在 OA,OB,OC 上分别取点 A',B',C',使得 $OA\cdot OA'=OB\cdot OB'=OC\cdot OC'$.设圆 $OA'B'$,圆 $OB'C'$,圆 $OC'A'$的直径分别是 d_1,d_2,d_3,求证

$$d_2^2=d_1\cdot d_3$$

29.设△ABC 的外接圆半径为 R,旁切圆半径为 r_a,外心与旁心的距离为 d.求证

$$d^2=R^2+2Rr_a$$

30.内切于点 P 的两圆直径分别是 PA,PB,这两圆叫做原圆,以 AB 为直径的圆叫做始圆;然后再作圆,使之与两原圆及始圆相切,叫做第一圆;再作圆与两原圆及第一圆相切,叫做第二圆.如此继续下去,求证:第 n 圆圆心到直线 AB 的距离等于第 n 圆直径的 n 倍.

第 4 章　几何轨迹

初等几何问题除了几何证明与几何计算，还有几何轨迹与几何作图两大类. 第 2 章对各种几何证明与计算题的解法进行了研究，在此基础上，本章重点讨论几何轨迹，下一章讨论几何作图的有关问题.

§1　轨迹的有关概念

1.1　轨迹的意义

几何学研究几何图形的性质与位置关系. 把图形看成是点的集合，是近代数学的一个基本而又重要的观点. 在平面几何中，平面图形就是一个平面点集.

把点分类是几何学里一项经常要做的工作. 给定了某一几何条件 φ，那么，凡完全适合条件 φ 的点归于一类，不适合条件 φ 的点归于另一类. 于是，适合条件 φ 的点的全体构成了一个点集.

定义 1　在几何中，把具有某性质 φ 的点 P 组成的集合叫做具有这种性质的点的轨迹.

虽然轨迹与图形都是点集，但两者是有区别的. 一个图形可以用它特有的形状来表示，然而它的构造规律和性质，未必是我们已经掌握的，即所谓知其形不知其性；轨迹则不然，它的点所具有的性质、构造规律都是已知的，而这些点构成什么形状的图形，则有待于我们去探索去发现，即所谓知其性不知其形. 我们研究轨迹问题，就是要探求适合某条件的点的集合 L 是怎样的图形，使形和性得到统一.

L 为适合某条件 φ 的点的轨迹，F 为具有某形状的图形，L，F 都是点集，前者只知其性，后者只知其形. 于是，"合乎某条件 φ 的点的轨迹 L 是否是图形 F"的问题，实质上也就是确定两个点集 L 与 F 是否相等的问题.

我们知道

$$L=F\Leftrightarrow\begin{cases}\forall P\in L\Rightarrow P\in F\\ \forall P'\in F\Rightarrow P'\in L\end{cases}$$

即
$$L=F\Leftrightarrow\begin{cases}(1)\text{任意点 }P\text{ 适合某条件 }\varphi\Rightarrow P\in F\\(2)\text{任意点 }P'\in F\Rightarrow\text{点 }P'\text{适合某条件 }\varphi\end{cases}$$

这样，命题(1)，(2)任意完全保证了“合乎某条件 φ 的点的轨迹是图形 F”的真实性.

定义 2 如果：(1)适合某条件的任意一点都在图形 F 上；

(2)图形 F 上任一点适合某条件.

那么，就称图形 F 是适合某条件的点的轨迹.

在定义 2 中，命题(1)保证了没有一个适合条件的点不在图形 F 上，也就是适合条件的点一个也没有遗漏，这叫做轨迹的完备性(或称轨迹的充分性)；命题(2)保证了图形 F 上的点没有一个不合乎条件，也就是图形 F 上的点没有鱼目混珠，这叫做轨迹的纯粹性(或称轨迹的必要性). 轨迹的完备性、纯粹性确保了适合某条件的点的轨迹就是图形 F.

由于轨迹具有完备性与纯粹性两大基本属性，所以要证明轨迹命题“合乎某条件的点的轨迹是图形 F”，必须从两方面进行：

(1)完备性的证明：若 P 为合乎某条件的任一点，则点 P 必在图形 F 上；

(2)纯粹性的证明：若 P' 为图形 F 上任一点，则点 P' 合乎某条件.

也可证明(1)，(2)的逆否命题：

(1′)若 O 为不在图形 F 上的任一点，则点 Q 不符合某条件(完备性)；

(2′)若 Q' 为不符合某条件的任一点，则点 Q' 不在图形 F 上(纯粹性).

因此，轨迹命题的证明就有(1)与(2)，(1′)与(2′)，(1)与(2′)，(1′)与(2)四种证法，究竟采用哪一种，可视问题的具体情况灵活选取.

例 1 直角三角形斜边固定，则它的重心轨迹是以斜边中点为圆心，斜边的 $\frac{1}{6}$ 为半径的圆.

已知：AB 为定线段，M 为 AB 中点，P 是以 AB 为斜边的直角$\triangle ABC$ 的重心.

求证：点 P 轨迹是圆 $M\left(\frac{1}{6}AB\right)$.

证明 (1)完备性：设 P 是以 AB 为斜边的 $\mathrm{Rt}\triangle ABC$ 的重心，连 CP 交 AB 于点 M，则

$$PM=\frac{1}{3}MC=\frac{1}{3}\left(\frac{1}{2}AB\right)=\frac{1}{6}AB$$

故点 P 在圆 $M(\frac{1}{6}AB)$上(如图 4.1).

(2)纯粹性:设 P' 为圆 $M(\frac{1}{6}AB)$ 上任一点(AB 与圆 M 交点 E,F 除外),则

$$P'M=\frac{1}{6}AB$$

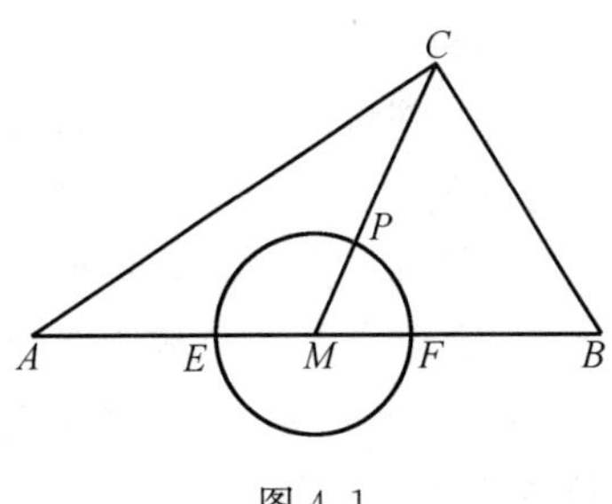

图 4.1

连 $P'M$ 延长至点 C,使 $MC=3P'M$.

因为

$$MC=\frac{1}{2}AB, MC=MA=MB$$

所以$\triangle ABC$是以 AB 为斜边的直角三角形,且点 P'为其重心,点 P'符合条件.

综合(1),(2)可知,点 P 的轨迹是圆$M\left(\frac{1}{6}AB\right)$(其中 AB 与圆 M 的交点 E,F 除外).

例 2 动梯形 $EFGH$ 的一底 EF 的两端点分别固定在$\triangle ABC$ 的两边 AB,AC 上,$EF/\!/BC$,另一底 GH 的端点分别在 AC,AB 上滑动.求证:GH 的中点 P 的轨迹是$\triangle ABC$ 的中线 AD.

证明 (1)完备性:设 P 为动梯形 $EFGH$ 一底 GH 的中点,连 AP 交 BC 于点 D.

因为

$$GH/\!/EF/\!/BC$$

所以

$$HP:BD=PG:DG$$

故 $\qquad BD=DC$

即点 P 在中线 AD 上(如图 4.2).

(2)纯粹性:设 P'为$\triangle ABC$ 的中线 AD 上的任一点,过点 P'作 $H'G'/\!/EF$ 交 AB,AC 于点 H',G',由 $H'P':BD=P'G':DC$ 知

$$H'P'=P'G'$$

则点 P'符合条件.

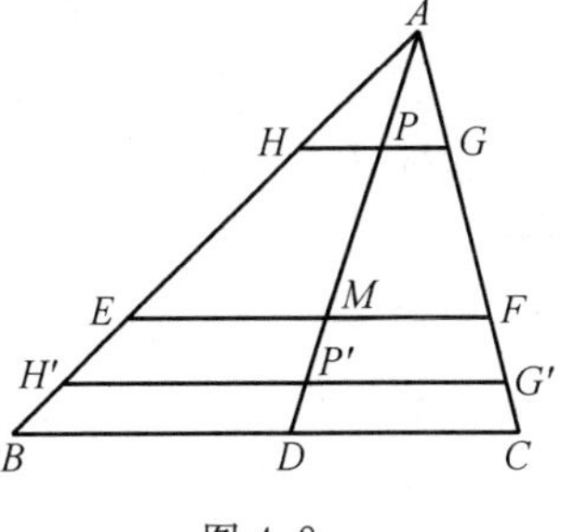

图 4.2

综合(1),(2),点 P 的轨迹是$\triangle ABC$ 的中线 AD(点 A 以及 AD 与 EF 的交点 M 除外).

应该注意,在例 2 的纯粹性证明中,点 P'不能取点 A 或 EF 的中点 M 的位置.这是因为,当点 P'与点 A 重合时,梯形 $EFGH$ 已退化为$\triangle AEF$.同样,当点 P'与点 M 重合时,梯形 $EFGH$ 退化为一线段 EF.由此可见,点 A,M 是动

梯形 $EFGH$ 一底 GH 的中点的极限位置，它们本身并不符合轨迹条件，但在它们任意小的邻域内都有符合条件的点，我们把这种点叫做轨迹的极限点. 其中点 A 与点 M 又有所不同，它处于轨迹的边界位置，这种处于边界位置的极限点叫做轨迹的临界点. 点 D 也处于边界位置，但它本身却符合条件，这种处于边界位置的符合条件的点称为终止点.

极限点、临界点、终止点常常能够反映轨迹图形的位置或形状. 虽然极限点、临界点不是轨迹上的点，但由于它们对轨迹的探求有一定的作用，如一一排除将使叙述增添许多麻烦，同时也使轨迹图形发生中断现象. 因此，不妨把它们也列入轨迹之中，或者在最后结论中加以说明. 例如，"其中 E,F 是极限点"，或"其中 E,F 两点除外"等.

1.2 轨迹基本定理

由于轨迹命题具有纯粹性和完备性两个基本属性，所以一个轨迹命题实际上是由原命题与逆命题合并而成的. 在平面几何中，有些揭示图形上的点所具有的性质的定理和它的逆定理往往可以合并成一个轨迹定理. 其中有的轨迹定理可以作为研究复杂轨迹问题的基础，我们称之为基本轨迹定理，现提出六个，列举如下：

定理 1 和一个定点的距离等于定长的点的轨迹是以已知点为圆心，定长为半径的圆.

定理 2 和两个定点的距离相等的点的轨迹是联结这两个已知点的线段的垂直平分线.

定理 3 和一条已知直线的距离等于定长的点的轨迹，是平行于已知直线且位于此直线两侧并和这直线的距离等于定长的两条直线.

定理 4 与两条平行线距离相等的点的轨迹，是和这两条平行线平行且距离相等的一条直线.

定理 5 与两条相交直线距离相等的点的轨迹，是分别平分两已知直线交角的互相垂直的两条直线.

定理 6 对已知线段的视角等于定角 $\alpha(0^\circ<\alpha<180^\circ)$ 的点的轨迹，是以已知线段为弦，所含圆周角等于 α 的两段弓形弧.

推论 对已知线段的视角为直角的点的轨迹，是以已知线段为直径的一个圆.

上述轨迹定理的证明从略.

1.3 三种类型的轨迹题

与其他几何题一样,轨迹题也包括条件与结论两部分.

轨迹题的条件部分指出了动点所适合的几何性质,结论部分应该说明动点的轨迹是什么图形.轨迹题根据结论部分叙述是否完整可分为三种类型:

第一类型——结论部分明确说出了轨迹图形的形状、位置和大小.

第二类型——结论部分只说明了轨迹图形的形状,对图形的位置和大小叙述不全,或没有提及.

第三类型——结论部分只说求适合某条件的点的轨迹,对轨迹图形的形状、位置和大小一概没有提及.

对于第一类型的轨迹题,由于结论指明了轨迹图形的形状、位置和大小,因此只要给予证明即可,这类问题的解题步骤为:写出已知与求证,证明完备性与纯粹性,作出结论.

例 3 $\triangle ABC$ 中,BC 边固定,$\angle A$ 等于定角 α.求证:$\triangle ABC$ 的内心 I 的轨迹是以 BC 为弦、圆周角等于 $90°+\frac{\alpha}{2}$ 的两段弓形弧.

证明 (1)完备性:设 I 为 $\triangle ABC$ 的内心,则

$$\begin{aligned}\angle BIC&=180°-\frac{1}{2}\angle B-\frac{1}{2}\angle C\\&=180°-\frac{1}{2}(180°-\alpha)\\&=90°+\frac{1}{2}\alpha\end{aligned}$$

所以,I 在以 BC 为弦,圆周角等于 $90°+\frac{\alpha}{2}$ 的弓形弧上(如图 4.3).

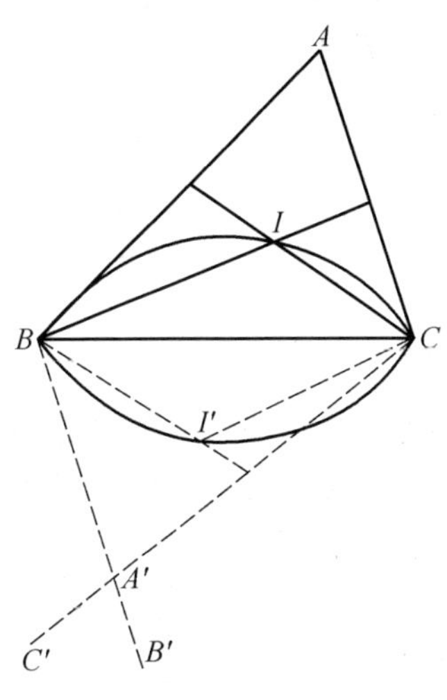

图 4.3

(2)纯粹性:设 I' 为以 BC 为弦,圆周角等于 $90°+\frac{1}{2}\alpha$ 的弓形弧上任一点(B,C 两点除外),连 BI',CI',作 $\angle I'BB'=\angle CBI'$,$\angle I'CC'=\angle BCI'$,由于

$$\begin{aligned}&\angle B'BC+\angle BCC'\\=&2(\angle I'BC+\angle BCI')\\=&2(180°-\angle BI'C)\end{aligned}$$

$=180°-\alpha$

所以，BB'，CC'必相交．设交点为A'，则$\angle A'=\alpha$，I'为$\triangle BCA'$的内心，点I'符合条件．

综合(1)，(2)，点I的轨迹是以BC为弦、圆周角等于$90°+\frac{\alpha}{2}$的两段弓形弧．

对于第二、三类型的轨迹题，由于不完全明确或根本不知道轨迹图形的具体形状，因此完整探求，确定轨迹图形的形状、位置、大小是证明之前应该做的工作．这样，解第二类型的步骤就是：写出已知与求证、探求、证明完备性与纯粹性，作出结论，讨论(如果有必要的话)．至于解第三类型的步骤，只需把“求证”换为“求”即可．

例 4 平面上动点与两定点的距离的平方差等于定值的轨迹，是垂直于两定点连线的一条直线．

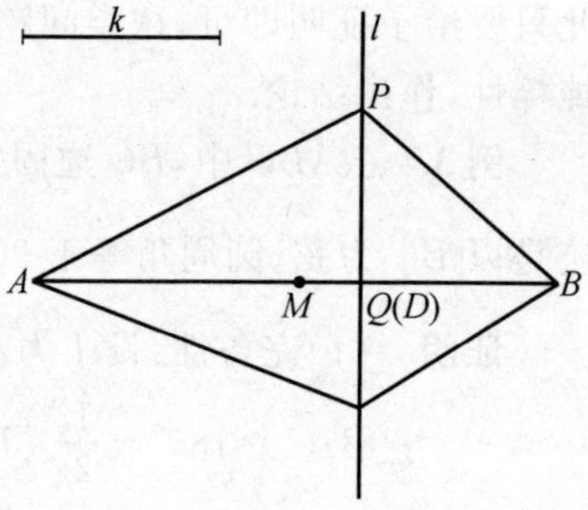

已知：两定点A，B，定长线段k，动点P满足条件$PA^2-PB^2=k^2$．

求证：点P的轨迹是垂直于AB的一条直线．

图 4.4

这是第二类轨迹题，由于轨迹的位置不明确，还需作进一步的探求．

探求 设Q是AB上符合条件的点，$QA^2-QB^2=k^2$，设AB中点为M，则

$$\begin{aligned}k^2&=(QA+QB)\cdot(QA-QB)\\&=AB(QA-QB)\\&=2AB\cdot MQ\end{aligned}$$

故
$$MQ=\frac{k^2}{2AB}(\text{定值})$$

Q是AB上确定的一点．因此，点P的轨迹可能是过点Q的AB的垂线．

证明 (1)完备性：设点P符合条件，即$PA^2-PB^2=k^2$，过点P作AB的垂线，设垂足为D，则

$$AD^2-DB^2=(AP^2-PD^2)-(PB^2-PD^2)=AP^2-PB^2=k^2$$

易证

$$DM=\frac{k^2}{2AB},DM=QM$$

由于 $AQ>BQ,AD>BD$，故点 Q,D 在 AB 中点 M 的一侧，D 与 Q 两点重合(如图 4.4)．点 P 在过点 Q 的垂线 l 上．

(2)纯粹性：设 P' 是 l 上任一点，则

$$\begin{aligned}P'A^2-P'B^2&=(AQ^2+P'Q^2)-(BQ^2+P'Q^2)\\&=AQ^2-BQ^2=k^2\end{aligned}$$

故点 P' 满足条件．

综合(1)，(2)，点 P 的轨迹是过点 Q 且垂直于 AB 的一条直线，其中 $QM=\frac{k^2}{2AB}$，M 为 AB 的中点．

例 4 中的轨迹 l 叫做两定点的定差幂线．这是一个著名轨迹．如果定值 k 为零，那么点 Q 与点 M 重合，定差幂线就成为 AB 的中垂线．

例 5　求证：到两定点的距离的平方和为定值的点的轨迹是一个圆，两定点所连线段的中点是圆的圆心．

已知：A,B 是两定点，k 为定长线段，O 为线段 AB 的中点，动点 P 满足条件 $PA^2+PB^2=k^2$．

求证：点 P 的轨迹是以点 O 为圆心的一个圆．

探求　设法确定圆的半径的大小．

设点 P 符合条件，即 $PA^2+PB^2=k^2$．连 PO，则 PO 是 $\triangle PAB$ 的中线．令 $AB=a$，由三角形中线长公式知

$$\begin{aligned}PO&=\frac{1}{2}\sqrt{2(PA^2+PB^2)-AB^2}\\&=\frac{1}{2}\sqrt{2k^2-a^2}\text{(定值)}\end{aligned}$$

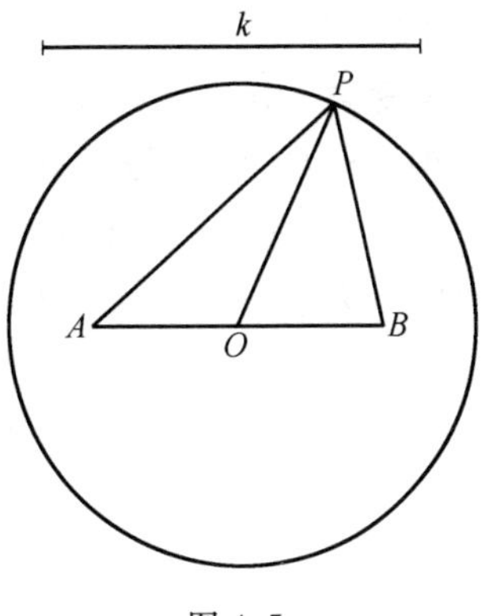

图 4.5

所以，当 $k>\frac{\sqrt{2}}{2}a$ 时，点 P 的轨迹可能是以 O 为圆心，$\frac{1}{2}\sqrt{2k^2-a^2}$ 为半径的圆(如图 4.5)．

证明　(1)完备性：由探求过程可知，若点 P 满足条件 $PA^2+PB^2=k$，则点 P 在圆 $O\left(\frac{1}{2}\sqrt{2k^2-a^2}\right)$ 上．

(2)纯粹性：设 P' 为圆 $O(\frac{1}{2}\sqrt{2k^2-a^2})$ 上任一点，则 $P'O=\frac{1}{2}\sqrt{2k^2-a^2}$，又

根据三角形中线公式,得

$$P'O=\frac{1}{2}\sqrt{2(P'A^2+P'B^2)-AB^2}$$

故
$$P'A^2+P'B^2=k^2$$

即点 P'符合条件.

综合(1),(2),点 P 的轨迹是以 AB 中点为圆心,$\frac{1}{2}\sqrt{2k^2-a^2}$ 为半径的一个圆.

讨论:当 $k>\frac{\sqrt{2}}{2}a$ 时,所求轨迹为圆 O;当 $k=\frac{\sqrt{2}}{2}a$ 时,所求轨迹为点 O;当 $k<\frac{\sqrt{2}}{2}a$ 时,轨迹不存在.

例 5 中的圆 $O\left(\frac{1}{2}\sqrt{2k^2-a^2}\right)$也是一个著名轨迹,叫做两定点的定和幂圆.

例 6 在定线段 AB 上任取一点 C,在 AB 的同侧作正三角形$\triangle ACD$ 和$\triangle BCE$,求 AE 与 BD 的交点 P 的轨迹.

这是第三类型的轨迹题,在证明之前必须先探求轨迹图形的形状、位置和大小.

探求 设点 P 满足条件(如图 4.6),易证$\triangle ACE\cong DCB$,于是

$$\angle BDC=\angle EAC,\angle CBD=\angle AEC$$

则四点 D,P,C,A 和 C,P,E,B 分别共圆.

所以

$$\angle APC=\angle ADC=60°$$
$$\angle CPB=\angle CEB=60°$$
$$\angle APB=120°$$

点 P 的轨迹可能是以 AB 为弦,圆周角等于120°的两段弓形弧.

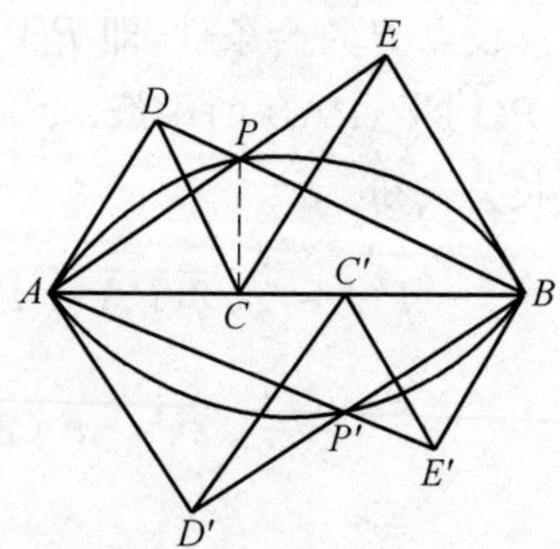

图 4.6

证明 (1)完备性:略(参见探求部分).

(2)纯粹性:设点 P'为以 AB 为弦,圆周角等于 120°的弓形弧上任一点(A,B 两点除外).连 AP',BP',作$\angle ABE'=60°$,交 AP'于点 E'.在 AB 上取点 C',使$\triangle BC'E'$为正三角形,由于$\angle AP'B=120°$,所以$\angle BP'E'=60°$,C',B,E',P'四点共圆.故$\angle C'P'A=\angle C'BE'=60°$.

再作$\angle AC'D'=60°$，交BP'的延长线于点D'，则A,C',P',D'四点共圆，$\angle AD'C'=\angle AP'C'=60°$，$\triangle AD'C'$是正三角形，点$P'$满足条件.

综合(1),(2)，点P的轨迹是以AB为弦，圆周角等于$120°$的两段弓形弧.

例7 求到两相交直线的距离之和等于定长的点的轨迹.

已知：定直线a,b相交于点O，l是定长线段.

求：与a,b两直线距离之和等于l的动点P的轨迹.

探求 根据"等腰三角形底边上任一点到两腰距离之和等于此三角形一腰上的高"，作以O为顶点的等腰$\triangle OAB$，使得点A,B分别在直线a,b上，$\triangle OAB$腰上的高等于定长l，此时底边AB上任一点到OA,OB的距离之和等于定长l，所以，AB上的点满足要求. 再由对称性可知，点P的轨迹可能是以O为中心的矩形$ABCD$(如图4.7).

证明 (1)完备性：设点P'不在矩形$ABCD$上，过点P'作$A'B'\parallel AB$交直线a,b于点A',B'，则P'为等腰$\triangle OA'B'$底边上一点，点P'到直线a,b的距离之和等于$\triangle OA'B'$腰上的高，不等于l，所以点P'不满足条件. 这说明满足条件的点必在矩形$ABCD$上.

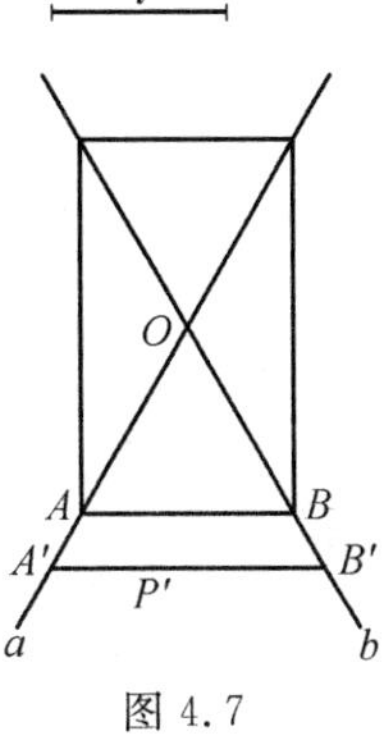

图4.7

(2)纯粹性：略(参见探求部分).

综合(1),(2)，点P轨迹是以O为中心的矩形$ABCD$，$ABCD$的对角线位于相交直线a,b上.

例7说明，对于某些轨迹问题，可利用已学过的几何命题，直接探求出轨迹图形. 探求过程中所应用的几何命题只说明了图形上的点具有怎样的性质，也就是仅仅完成了纯粹性的证明.

解第三类型的轨迹问题，探求轨迹图形是一项重要而困难的工作. 下面我们从综合和解析两个不同的角度介绍一些探求点的轨迹的方法.

§2 用综合法探求点的轨迹

2.1 描迹法

在初等几何中，轨迹图形不外乎是点、直线、圆及其部分，或者是它们的组合. 如果在探求轨迹时，先找出符合条件的若干个点，再观察动点的变化趋势，那么，就可以初步确定轨迹图形的大致形状和位置，这种探求轨迹的方法，叫做描迹法，它是探求轨迹的一种直接而有效的方法.

要确定轨迹的形状和位置，必须掌握图形的定形和定位条件，见下表.

	定形条件	定位条件
直线	无端点，趋于无穷	两定点，或一点及一方向
射线	一端点，趋于无穷	端点及另一点，或一端点及一方向
线段	两端点，任一动点在两端点之间	两端点
圆	无端点，不趋于无穷	圆心及半径，或直径，或不共线的三定点
圆弧	有两个端点，任一动点与之不共线	两端点及一定角，或两端点及另一定点

例 1　求到两定点距离之比为定值 $m(m\neq 1)$ 的点的轨迹.

已知：A,B 是两定点，a,b 是两条不等的定长线段，$a:b=m$.

求：满足条件 $PA:PB=a:b$ 的点 P 的轨迹.

探求　设 C,D 是定线段 AB 的内、外分点，使得 $CA:CB=DA:DB=a:b$（如图 4.8），则 C,D 是满足条件的两个特殊点.

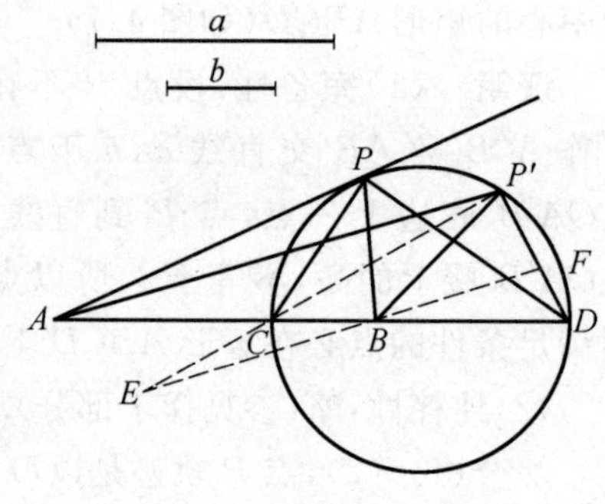

图 4.8

若 P 是满足条件的任一点，则点 P 关于 AB 的对称点也满足条件，可见点 P 的轨迹是以 AB 所在直线为对称轴的图形.

连 PA,PB,PC,PD，则

$PA:PB=CA:CB,PA:PB=DA:DB$

PC,PD 分别为 $\angle APB$ 的内、外角平分线，所以 $\angle CPD$ 为直角. 又因 C,D 是两个定点，可见点 P 的轨迹可能是以 CD 为直径的圆.

证明　(1)完备性：略(参见探求部分).

(2)纯粹性：设 P' 为以 CD 为直径的圆上任一点(C,D 两点除外)，连 $P'C$，$P'D$，则 $\angle DP'C=90°$.

连 $P'A,P'B$，过点 B 作 $BF\parallel AP'$ 交 $P'D,P'C$ 于点 F,E，则

$$DA:DB=AP':BF,CA:CB=AP':BE$$

又 $DA:DB=CA:CB$，故

$$BF=BE$$

在 $\mathrm{Rt}\triangle P'EF$ 中，$P'B$ 是斜边中线，$P'B=BE=BF$，所以

$$P'A:P'B=CA:CB=a:b$$

点 P' 满足条件.

综合(1)，(2)，点 P 的轨迹是以 CD 为直径的圆，其中 C,D 分别是两定点

所连线段的内外分点.

本例所求轨迹叫做阿波罗尼斯圆(简称阿氏圆),它也是一个著名的轨迹.

例 2 求到两相交直线距离之比为定值的点的轨迹.

已知:两条定直线 a,b 相交于点 O,m,n 是两条不等的定线段,动点 P 到直线 a,b 的距离为 PE,PF,且有 $PE:PF=m:n$.

求:点 P 的轨迹.

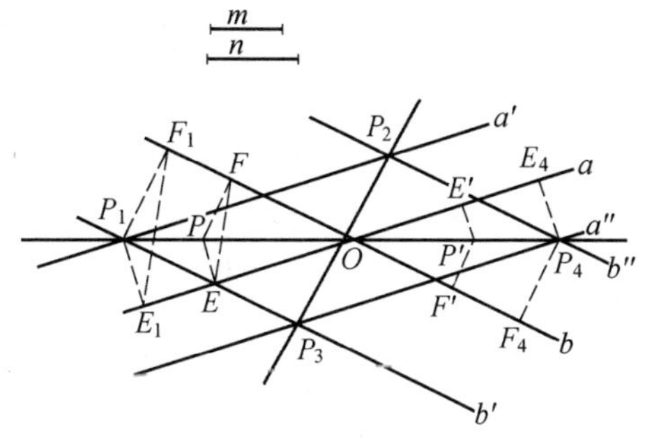

图 4.9

探求 在直线 a 的两旁作直线 a',a''平行于 a,使得 a',a''到 a 的距离等于 m;在直线 b 的两旁作直线 b',b''平行于 b,使得 b',b''到 b 的距离等于 n.设 a',a'',b',b''的交点是 P_1,P_2,P_3,P_4(如图 4.9),则点 P_1,P_2,P_3,P_4 适合条件,是轨迹上的四个特殊点.

由于 $PE:PF=m:n$ 是定值,故当 PE 趋于零时,PF 也趋于零,此时点 P 充分靠近点 O,故 O 为轨迹的一个极限点.当 $PE\to\infty$时,$PF\to\infty$,此时点 P 趋于无穷,所以点 P 的轨迹可能是两条相交于点 O 的直线 P_1P_4,P_2P_3.

证明 (1)完备性:设点 P 满足条件.不妨假定点 P 与 P_1 在同一角内.作 $PE\perp a,PF\perp b,P_1E_1\perp a,P_1F_1\perp b$.连 OP,OP_1,E_1F_1,EF,因 O,E_1,P_1,F_1 四点共圆,O,E,P,F 四点共圆,故

$$\angle POF=\angle PEF,\angle P_1OF_1=\angle P_1E_1F_1$$

易证$\triangle P_1E_1F_1\backsim\triangle PEF$,$\angle P_1E_1F_1=\angle PEF$,所以$\angle POF=\angle P_1OF_1$,且 O,P,P_1 三点共线,点 P 在直线 P_1P_4 上.

(2)纯粹性:设点 P'是直线 P_1P_4,P_1P_2 上任一点(点 O 除外),不妨假定点 P'在射线 OP_4 上,过点 P',P_4 作 $P'E'\perp a,P'F'\perp b,P_4E_4\perp a,P_4F_4\perp b$,易知

$$P'E':P'F'=P_4E_4:P_4F_4=m:n$$

故点 P'满足条件.

综合(1),(2),点 P 轨迹是两相交直线 P_1P_4,P_2P_3.

本例轨迹是第四个著名轨迹,叫做定比双交线.

例 3 已知 AB 为定圆 O 的一定弦,动弦 CD 等于定长,M,N 分别为 AB,CD 的中点,求 MN 的中点 P 的轨迹.

探求 先寻找特殊位置的点.当动弦 CD 运动到与定弦 AB 平行时(如图 4.10(a)中 C_1D_1 和 C_2D_2 位置),N_1M,N_2M 的中点 P_1,P_2 是满足要求的点

(其中 N_1, N_2 分别为 C_1D_1, C_2D_2 的中点),因为

$$OP_1=\frac{1}{2}(OM+ON_1)$$

$$OP_2=\frac{1}{2}(ON_2-OM)$$

所以

$$P_1P_2=ON_1=ON_2\text{(定值)}$$

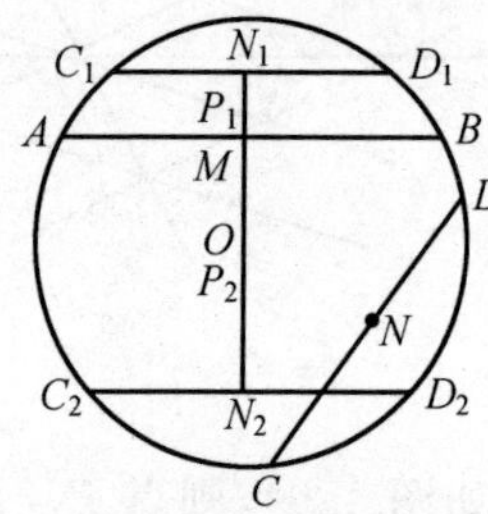

图 4.10(a)

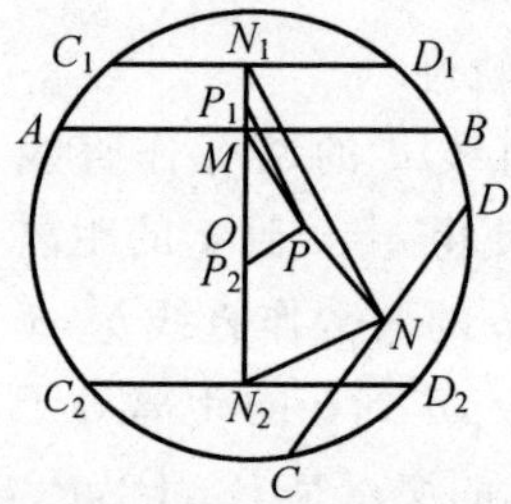

图 4.10(b)

如图 4.10(b),设 P 为任一动弦 CD 的中点 N 与 M 所连线段的中点,连 ON, ON_1, ON_2,由于 $ON=ON_1=ON_2$,所以

$$\angle N_1NN_2=90^\circ$$

又因为

$$PP_1 /\!/ NN_1, PP_2 /\!/ NN_2$$

故

$$\angle P_1PP_2=90^\circ$$

点 P 对定线段 P_1P_2 张定角,点 P 的轨迹可能是以 P_1P_2 为直径的圆.

证明 (1)完备性:略(参见探求部分).

(2)纯粹性:如图 4.10(c),设 P' 是以 P_1P_2 为直径的圆上任一点,则

$$\angle P_1P'P_2=90^\circ$$

连 MP' 延长至点 N',使 $MP'=P'N'$,过点 N' 作弦 $C'D'$,使 $C'D'\perp ON'$,则 N' 为 CD' 的中点.由于

$$P'P_1 /\!/ N'N_1, P'P_2 /\!/ N'N_2$$

故

$$\angle N_1N'N_2=\angle P_1P'P_2=90^\circ$$

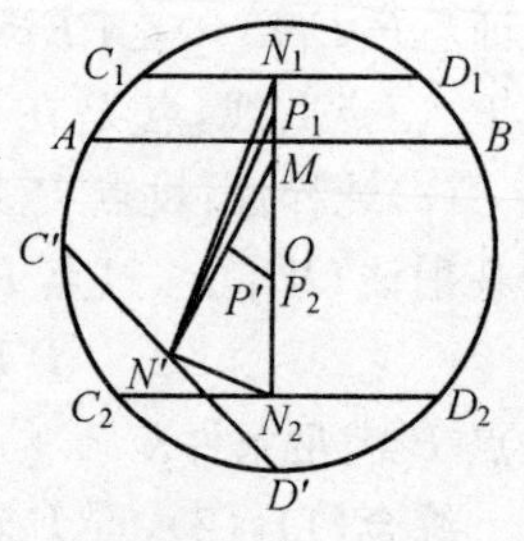

图 4.10(c)

且 $\text{Rt}\triangle N_1N'N_2$ 的中线

$$ON'=ON_1=ON_2, C'D'=C_1D_1=C_2D_2\text{(定长)}$$

点 P' 满足条件.

综合(1),(2),点 P 的轨迹是以 P_1P_2 为直径的圆.

例 4 已知 M 是定圆 O 的直径 AB 的延长线上一动点，过点 M 作圆 O 的切线 MT，T 为切点，过点 O 作 $\angle OMT$ 的平分线的垂线，垂足为 D.

求：垂足 D 的轨迹.

探求 当 $M\to B$ 时，切线 MT 的极限位置是过点 B 的切线，过点 O 作 $\angle B'BO$ 的平分线的垂线，垂足 D_1 是个特殊点，由于 $\triangle OD_1B$ 是等腰直角三角形，所以点 D_1 到 AB 的距离等于圆 O 半径的一半.

当点 M 充分远离点 B 时，切点 T 趋近于点 T_1，$OT_1\perp AB$. 此时，OT_1 的中点 D_0 是轨迹的一个极限点，并且点 D_0 到 AB 的距离也等于圆 O 半径的一半（如图 4.11(a)).

如图 4.11(b)，设 D 为任一满足条件的点，延长 OD 交 MT 于点 C，则 $\triangle OMC$ 为等腰三角形，D 为底边 OC 的中点. 由于点 C 到 AB 的距离等于 OT，所以点 D 到 AB 的距离等于 $\frac{1}{2}OT$（即圆 O 半径之半)，故点 D 在线段 D_0D_1 上.

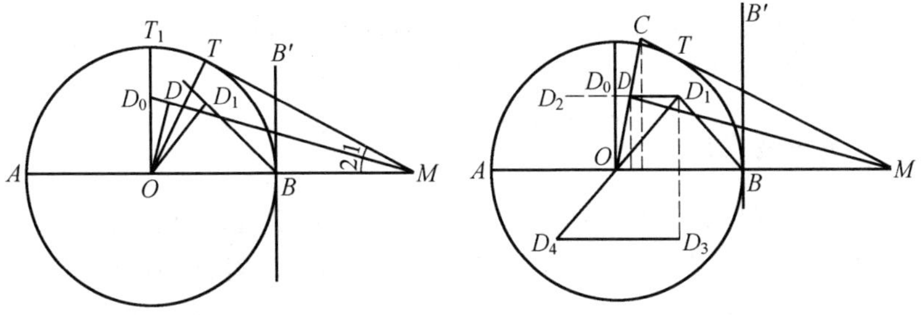

图 4.11(a)　　　　图 4.11(b)

再由对称性知，点 D 的轨迹可能是线段 D_1D_2，D_3D_4，其中 D_2，D_3，D_4 分别是点 D_1 关于 OT_1，AB 以及点 O 的对称点.

证明 (1)完备性：略（参见探求部分).

(2)纯粹性：如图 4.11(c)，设 D' 是线段 D_1D_2 或 D_3D_4 上任一点（D_1D_2，D_3D_4 中点除外)，不妨设点 D' 在 D_3D_4 上，过点 D' 作 OD' 的垂线交 AB 于点 M'，由于 $\angle D'OM'>45°$，所以点 M 在 AB 的延长线上. 延长 OD' 至点 C'，使 $OD'=D'C'$，则 $\triangle OC'M'$ 为等腰三角形，$M'D'$ 平分 $\angle OM'C'$. 过点 O 作 $M'C'$ 的垂线，垂足为 T'，则 OT' 等于点 D' 到 $M'C'$ 的距离的两倍，即为点 D' 到 AB

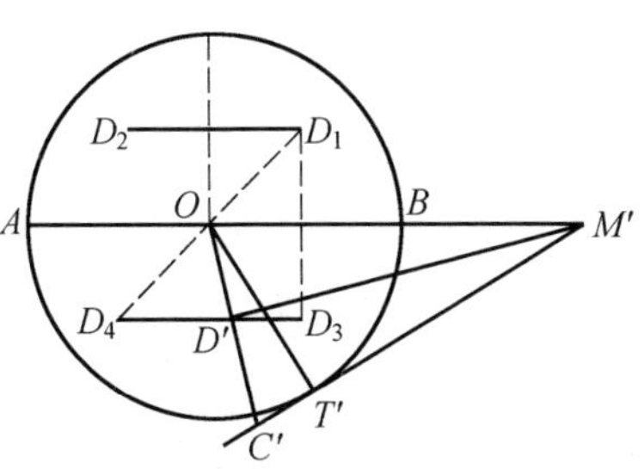

图 4.11(c)

距离的两倍. 由于点 D' 在 D_3D_4 上，故 OT' 等于圆 O 的半径，$M'C'$ 与圆 O 相切. 点 D' 满足条件.

综合(1)，(2)，点 D 的轨迹是线段 D_1D_2，D_3D_4（D_1D_2，D_3D_4 的中点为极限点）.

在用描迹法探求轨迹时，必须注意下列几点：

1. 寻找轨迹的特殊点. 如例 1 中的点 C，D，例 2 中的点 P_1，P_2，P_3，P_4，例 3 中的点 P_1，P_2，都是处于特殊位置的点，这些点的确定可以启迪探求轨迹的思路.

2. 注意动点的极限状态. 当满足条件的点运动时，要考察它有无极限状态，因而有无极限点产生. 如果极限点存在，则把它找出来，这对于了解轨迹图形有一定的作用. 如例 4 中的点 D_0.

3. 注意动点的临界位置. 轨迹的临界点与终止点，有限制轨迹的作用，所以非常重要. 如果掌握了它们，那么轨迹的大致形状就基本清楚了，如例 4 中的点 D_1.

4. 分析轨迹的对称性. 使动点充分运动，观察轨迹图形是否具有对称性，这对于探求轨迹的形状和位置有事半功倍之效，如例 4.

2.2 几何变换法

在探求轨迹时，如果发现动点 P 随着另一动点 Q 运动而运动，并且在运动过程中，P，Q 始终是某一初等几何变换（平移、旋转、反射、位似或反演）的一对对应点，那么，点 P 集合与点 Q 集合间的一一对应就是这种变换. 倘若已知点 Q 的轨迹是图形 L'，则施行相应的初等变换后，就得到点 P 的轨迹 L，这种探求轨迹的方法，叫做几何变换法. 见以下示意图.

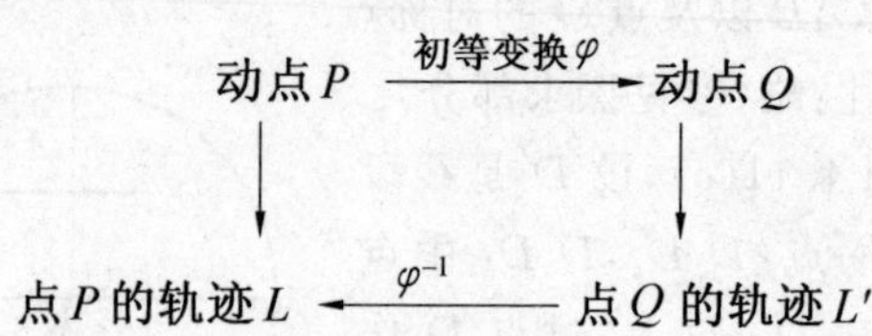

例 5 已知 AB 是定圆 O 上的一条定弦，动点 C 在圆 O 上移动，M 是弦 BC 的中点，连 AM，并延长 AM 至点 P，使 $MP=AM$，求点 P 的轨迹（如图 4.12）.

探求 设点 P 满足条件，则 $ABPC$ 是平行四边形，$CP=AB$，因此 $C\xrightarrow{T(\overrightarrow{AB})}P$. 由于点 C 在圆 O 上滑动，显然点 C 轨迹就是圆 O.

令圆 $O \xrightarrow{T(\overrightarrow{AB})}$ 圆 O'，则点 P 的轨迹可能是圆 O'.

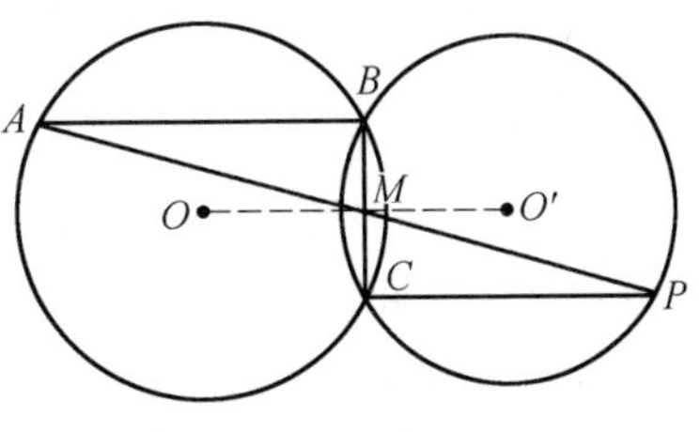

图 4.12

证明　(1)完备性：设点 P 满足条件，因 $CP=AB$，故点 P 是点 C 在平移变换 $T(AB)$ 下的对应点，因点 C 在圆 O 上，所以点 P 必在圆 O' 上.

(2)纯粹性：设 P' 是圆 O' 上任一点，由于圆 O' 是圆 O 在平移变换 $T(\overrightarrow{AB})$ 下的象，所以在圆 O 上必有一点 C'，使 $C' \xrightarrow{T(\overrightarrow{AB})} P'$，连 BC'，AP'，设交于点 M'，则

$$AM'=M'P'$$

故点 P' 满足条件.

综合(1)，(2)，点 P 的轨迹是圆 O'(圆 O' 是定圆 O 在平移变换 $T(\overrightarrow{AB})$ 下的象).

例 6　OX，OY 是两条互相垂直的固定直线，在 $\angle XOY$ 内有一变动的正 $\triangle ABC$，点 A 固定在 OY 上，点 B 在 OX 上移动，求第三顶点 C 的轨迹(如图 4.13).

图 4.13

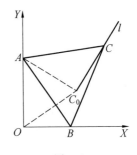

探求　由于正 $\triangle ABC$ 的顶点 A 固定，$AB=AC$，$\angle BAC=60°$，所以

$$B \xrightarrow{R(A,60°)} C$$

因点 B 的轨迹是射线 OX，令

$$O \xrightarrow{R(A,60°)} C_0, OX \xrightarrow{R(A,60°)} l$$

以 C_0 为端点的射线 l 可能是点 C 的轨迹.

证明　略.

例 7　已知 $\triangle ABC$ 一边 BC 固定，AC 边上中线 BD 等于定长 l，求 $\triangle ABC$ 顶点 A 的轨迹.

探求　BC 固定，动点 A 随点 D 运动而运动. 在运动中，$CD : CA=1 : 2$，所以

$$D \xrightarrow{H(C,2)} A$$

因为 $BD=l$，故 D 点的轨迹是以 B 为圆心，l 为半径的圆. 令

$$\text{圆 } B(l)\xrightarrow{H(C,2)}\text{圆 } O(2l)$$

则圆 $O(2l)$ 可能是点 A 的轨迹(图 4.14).

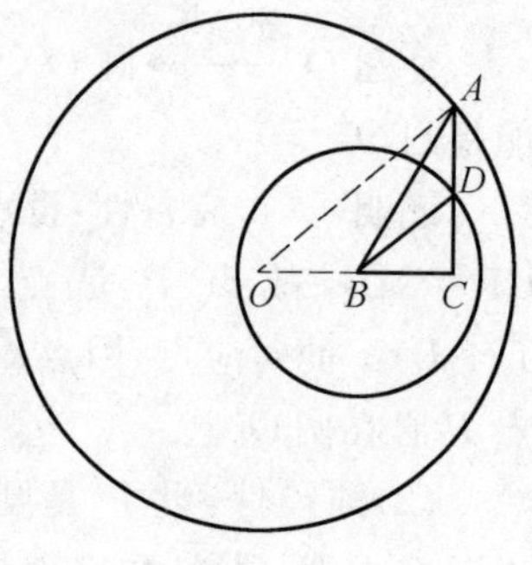

图 4.14

证明 略.

例 8 设矩形有一边落在定三角形的底边上，另外两顶点在另两边上，求矩形中心的轨迹.

已知：动矩形 $EFGH$ 的边 FG 在定三角形 $\triangle ABC$ 的 BC 边上，顶点 E,H 分别在 AB,AC 上.

求：动矩形 $EFGH$ 中心 O 的轨迹.

探求 O 是动矩形 $EFGH$ 的中心，过点 O 作 BC 的垂线，分别交 EH,BC 于点 P,Q，则 $PQ=2OQ$(如图 4.15).

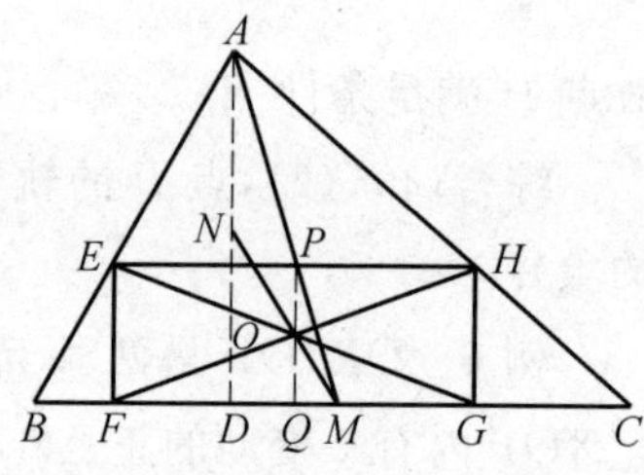

图 4.15

令 $f_{\frac{1}{2}}$ 是第 3 章例 1 中所提及的伸缩变换，则有

$$P\xrightarrow{f_{\frac{1}{2}}}O$$

由于 P 是 EH 的中点，$EH\parallel BC$，所以点 P 的轨迹是线段 AM(M 为 BC 中点). 可见，点 O 的轨迹可能是线段 AM 在变换 $f_{\frac{1}{2}}$ 下的象 NM(N 为 $\triangle ABC$ 的高 AD 的中点).

证明 略.

例 9 已知定圆 $O(R)$ 内一定点 C，过点 C 作弦 AB，圆 O 在点 A,B 处的切线相交于点 P. 求点 P 的轨迹.

探求 设点 P 符合条件，连 OP 交 AB 于点 M，则 OM 垂直平分 AB，动点 P 与 M 之间有关系 $OM\cdot OP=R^2$，故 M,P 是反演变换 $I(O,R^2)$ 下的一对反点.

现考虑点 M 的轨迹. 因为

$$OM\perp AB,\angle OMC=90^\circ$$

而 OC 是定线段，所以 M 点的轨迹是以 OC 为直径的圆(如图 4.16). 此圆在 $I(O,R^2)$ 下的反形是直线 l，则直线 l 可能是点 P 的轨迹(设 $OC\cdot OP_0=R^2$，直线 l 过点 P_0 且垂直于 OC).

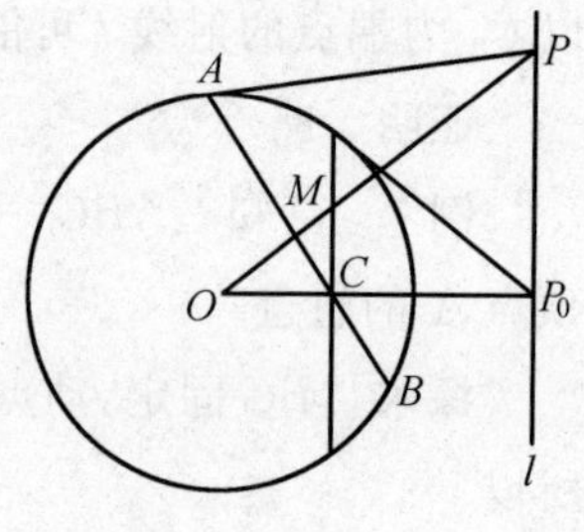

图 4.16

证明　略.

2.3　条件代换法

对于某些轨迹问题，如果将条件进行一系列演绎推理，发现动点与固定元素之间具有基本轨迹或其他已知的轨迹命题（如著名轨迹命题等）所反映的某种关系，则可将问题转化为基本轨迹或其他轨迹命题来解决. 这种探求轨迹的方法，叫做条件代换法.

例 10　设射线 AX，BY 同垂直于定线段 AB 且在 AB 的同侧，在射线 AX，BY 上各有点 P，Q，满足条件 $AP \cdot BQ = AB^2$. 求 AQ 与 BP 的交点 M 的轨迹.

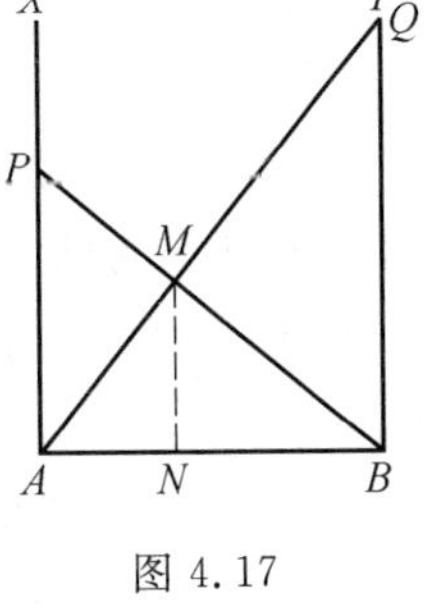

图 4.17

探求　对动点 P，Q 满足的条件进行分析. 因

$$AP \cdot BQ = AB^2$$

故

$$AP : AB = AB : BQ$$

$$\triangle PAB \backsim \triangle ABQ$$

$$\angle ABP = \angle BQA$$

$$\begin{aligned}\angle AMB &= \angle BQA + \angle PBQ \\ &= \angle ABP + \angle PBQ \\ &= 90^\circ\end{aligned}$$

可见，点 M 的轨迹可能是以 AB 为直径的半圆.

证明　略.

例 11　设两个定点 A，B 在定圆 O 外，过点 A 作割线交圆 O 于点 C，D，求 $\triangle BCD$ 外心 P 的轨迹.

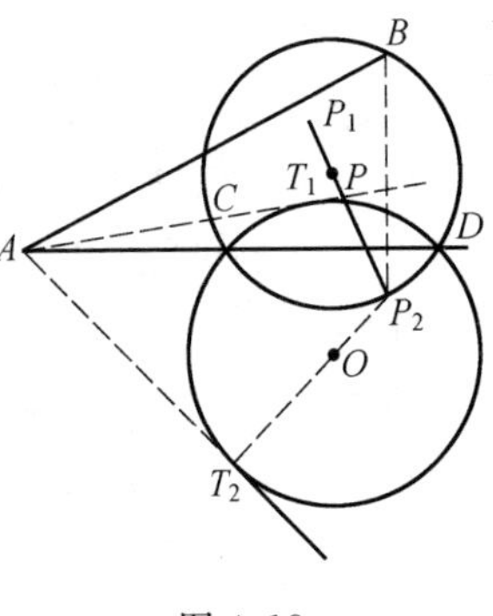

图 4.18

探求　设 P 为 $\triangle BCD$ 的外心（如图 4.18），则点 A 对圆 O 及圆 P 的幂相等. 所以，$AP^2 - BP^2 = AC \cdot AD = AO^2 - r^2$（$r$ 为圆 O 半径）. 由于 A，B 是定点，$AO^2 - r^2$ 是定值，所以满足条件 $AP^2 - BP^2 = AO^2 - r^2$ 的点的轨迹应该是两定点 A，B 的定差幂线 l. 但由于弦 CD 在定圆 O 上，点 P 是 $\triangle BCD$ 的外心，从而点 P 的轨迹只能是定差幂线 l 的一部分.

设 AT_1，AT_2 为圆 O 的切线，T_1，T_2 为切点，则

$$AT_1^2=AT_2^2=AO^2-r^2$$

在 OT_1,OT_2 上取点 P_1,P_2,使 $P_1T_1=P_1B$,$P_2T_2=P_2B$. 因

$$AP_i^2-BP_i^2=AP_i^2-P_iT_i^2=AT_i^2=AO^2-r^2 \quad (i=1,2)$$

故点 P_1,P_2 在直线 l 上. 当割线 ACD 趋近切线 AT_1 时,$\triangle BCD$ 的外心趋近点 P_1,P_1 是轨迹的一个临界点. 同理,P_2 也是一个临界点. 可见点 P 的轨迹可能是两定点 A,B 的定差幂线 l 上的一条线段 P_1P_2.

证明 略.

例 12 求对半径不等的两定圆张等角的点的轨迹.

已知:两定圆圆 $O(r)$ 和圆 $O'(r')$ $(r\neq r')$,PA,PB 为圆 $O(r)$ 的切线,PA',PB' 是圆 $O'(r')$ 的切线,且 $\angle BPA=\angle B'PA'$(如图 4.19).

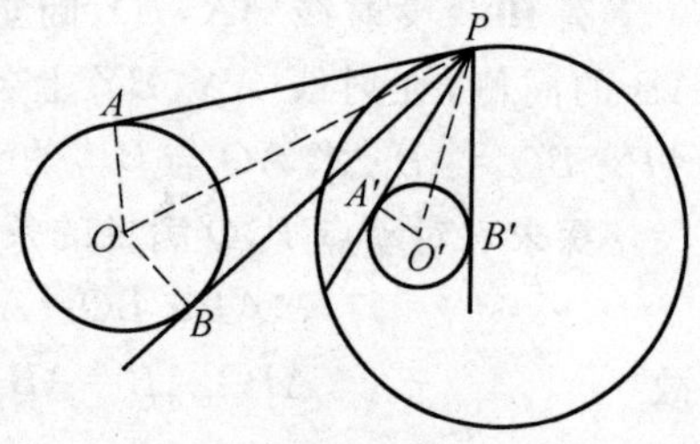

图 4.19

求:点 P 的轨迹.

探求 连 AO,$A'O$,PO,PO',则

$$\angle OAP=90^\circ$$

$$\angle O'A'P'=90^\circ$$

$$\angle OPA=\angle O'PA'$$

所以

$$\triangle APO\backsim\triangle A'PO'$$

$$PO:PO'=OA:O'A'=r:r'$$

可见,动点 P 到两定点 O,O' 的距离之比为定值.

设 C,D 分别是线段 OO' 的关于比 $r:r'$ 的内、外分点,又点 P 在两圆外,所以点 P 的轨迹可能是以 CD 为直径的阿氏圆在两圆外的部分.

证明 略.

例 13 已知两同心圆 $O(r)$ 及 $O(r')$ $(r'>r)$. 圆 $O(r)$ 上一定点 A,在两圆上分别取点 P,Q,使 $\angle PAQ=90^\circ$.

求:PQ 中点 M 的轨迹.

探求 考察动点 M 与定点 A,O 的关系.

设 AQ 与圆 $O(r)$ 的另一交点为 N,连 MO,MA,QP,ON,则由 $\angle PAQ=90^\circ$ 知,P,O,N 三点共线. 又

$$MO^2=\frac{1}{4}QN^2=\frac{1}{4}(QA-NA)^2$$

$$MA^2=\frac{1}{4}PQ^2=\frac{1}{4}(PA^2+QA^2)$$

故
$$\begin{aligned}MO^2+MA^2&=\frac{1}{4}(NA^2+PA^2+\\&\quad 2QA^2-2QA\cdot NA)\\&=\frac{1}{4}(NP^2+2QA\cdot QN)\\&=r^2+\frac{1}{2}(QO^2-r^2)\\&=\frac{1}{2}(r^2+r'^2)\end{aligned}$$

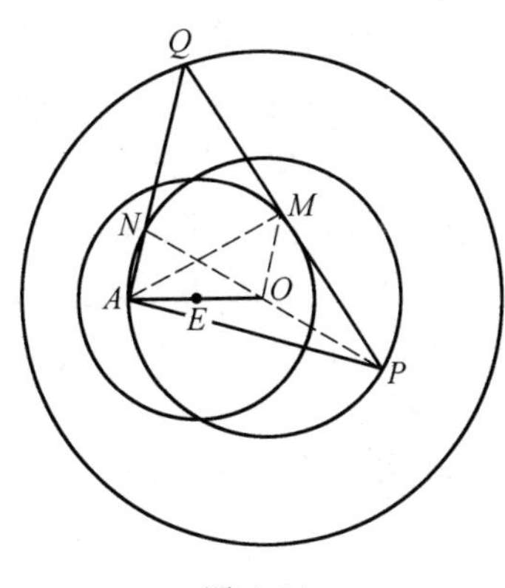

图 4.20

这说明动点 M 到两定点 O,A 的距离的平方和为定值，所以点 P 的轨迹是关于两定点 O,A 的定和幂圆（如图 4.20 中圆 E）.

例 14 已知 $\mathrm{Rt}\triangle ABC$ 的形状、大小一定，斜边 BC 的端点 B,C 分别在定直角 $\angle XOY$ 的两边 OX,OY 上移动，并且点 A,O 在 BC 异侧，求顶点 A 的轨迹.

探求 因 $\angle BAC=\angle XOY=90^\circ$，故 A,C,O,B 四点共圆. 作 $AM\perp OX$，$AN\perp OY$. 因 $\angle ABO=\angle ACY$，故 $\triangle ABM\backsim\triangle ACN$（如图 4.21）. 于是

$$AM:AN=AB:AC\text{（定值）}$$

这说明动点 A 到定直线 OX,OY 的距离之比为定值.

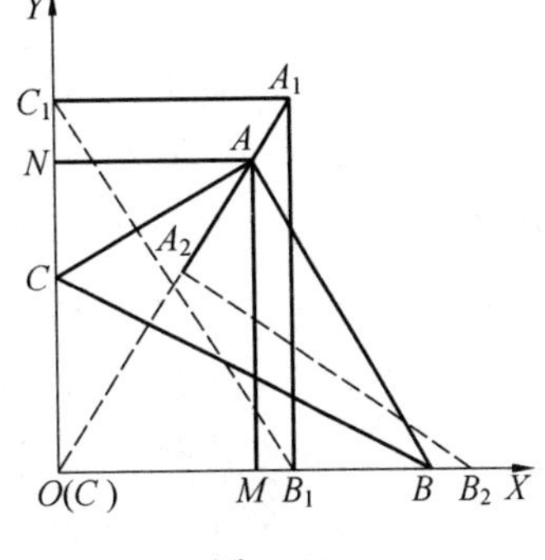

图 4.21

由于 BC 是经过 A,C,O,B 四点的圆的直径，所以 $OA\leqslant BC$，这说明点 A 到点 O 的最大距离为 BC. 当 $\triangle ABC$ 移动到 $\triangle A_1B_1C_1$ 的位置（$A_1B_1\perp OX,A_1C_1\perp OY$）时，$OA_1=BC$，$A_1$ 是轨迹的一个终止点. 当 $\triangle ABC$ 移动到 $\triangle A_2B_2C_2$ 的位置（C_2 与 O 两点重合）时，A_2 也是轨迹的一个终止点.

因此，点 A 的轨迹可能是两相交直线 OX,OY 的定比双交线，位于 $\angle XOY$ 内的射线上的线段 A_1A_2.

证明 略.

以上介绍了用综合法探求轨迹的三种方法——描迹法、初等变换法、条件代换法. 在应用这些方法探求轨迹时，必须注意以下一些问题：

1. 注意轨迹的界限

确定轨迹的界限，是探求轨迹的过程中所必须考虑的一个问题，否则轨迹中就会混入“瑕点”. 前面例 4、例 11、例 12、例 14 都涉及轨迹界限的确定问题，下面再举一例加以说明.

例 15 已知 BC 是定半圆的直径，A 是半圆上的动点，P 是 $\triangle ABC$ 对着点 A 的旁心. 求点 P 的轨迹.

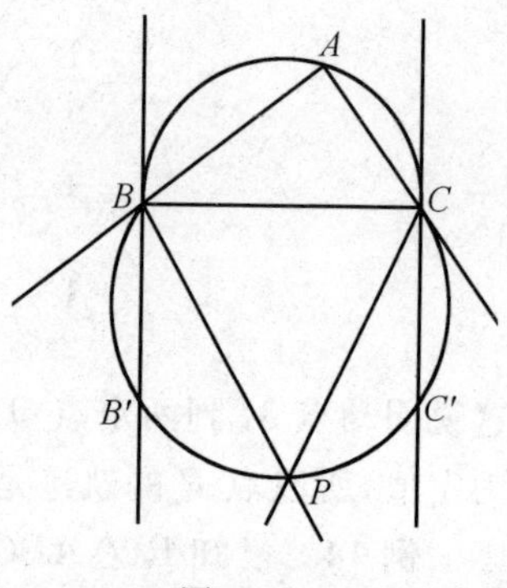

图 4.22

探求 因为 $\angle A=90^\circ$，所以

$$\begin{aligned}\angle BPC&=180^\circ-\angle PBC-\angle PCB\\&=180^\circ-\frac{1}{2}(180^\circ-\angle ABC)-\\&\quad\frac{1}{2}(180^\circ-\angle ACB)\\&=45^\circ\end{aligned}$$

可见点 P 对定线段 BC 张等角，即点 P 的轨迹可

能是以 BC 为弦，圆周角等于 45° 的弓形弧 $\overset{\frown}{BPC}$（如图 4.22）.

但是，弓形弧 $\overset{\frown}{BPC}$ 上有不符合条件的点. 这是因为 $\angle CBP$ 与 $\angle BCP$ 分别是 $\angle CBA$，$\angle BCA$ 的外角之半，不管 $\triangle ABC$ 如何变动，$\angle CBP$，$\angle BCP$ 只能是锐角. 因此，若过点 B，C 作 BC 的垂线交 $\overset{\frown}{BPC}$ 于点 B'，C'，则点 B'，C' 应是轨迹的临界点，即弧 $\overset{\frown}{B'PC'}$ 才是点 P 的轨迹.

2. 注意条件代换的等价性

在运用条件代换法探求轨迹时，必须注意原题设条件和由它推出的条件所确定的轨迹完全相同，否则会破坏轨迹的完备性或纯粹性.

例 16 在 $\triangle ABC$ 中，BC 边固定，$AD\perp BC$ 于点 D，已知 $AB^2:AC^2=BD:DC$，且点 D 在 B，C 两点之间，求点 A 轨迹.

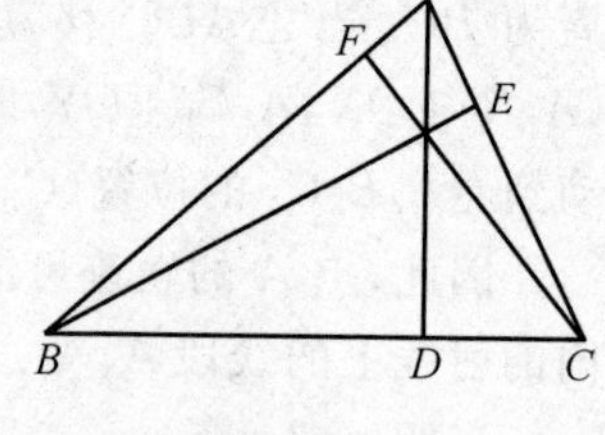

图 4.23

探求 作 $BE\perp AC$ 于点 E，$CF\perp AB$ 于点 F，由 A，C，D，F 四点共圆，知

$$BA\cdot BF=BD\cdot BC$$

由 A，B，D，E 共圆知

$$CA\cdot CE=CB\cdot CD$$

所以

$$\frac{AB}{AC}\cdot\frac{BF}{CE}=\frac{BD}{CD}$$

而$\frac{AB^2}{AC^2}=\frac{BD}{CD}$,故

$$\frac{AB}{AC}=\frac{BF}{CE},EF/\!/BC$$

又 B,C,E,F 四点共圆,从而 $BCEF$ 为圆内接梯形,$AB=AC$,这说明点 A 轨迹可能是 BC 的中垂线.

然而,这轨迹是不完备的.事实上,当$\angle A=90°$时,$AB^2:AC^2=BD:DC$,也就是说,遗漏了以 BC 为直径的圆上的点.那么问题出在什么地方呢?事实上,过点 B,C 作对边的垂线时,是先假定了$\angle A\neq 90°$.否则点 E,F 必与点 A 重合.

下面介绍例16比较理想的探求思路:

由
$$\frac{AB^2}{AC^2}=\frac{AD^2+DB^2}{AD^2+DC^2}=\frac{DB}{DC}$$
得
$$AD^2\cdot DC+DB^2\cdot DC=AD^2\cdot BD+DC^2\cdot BD$$
即
$$(DC-BD)(AD^2-DB\cdot DC)=0$$

当 $DC=BD$ 时,点 A 轨迹可能是 BC 的垂直平分线;

当 $AD^2=BD\cdot DC$ 时,点 A 轨迹可能是以 BC 为直径的圆.

3.认真审题,充分考虑条件中各种可能情况

为了防止发生不完备不纯粹的错误,在考察分析问题时,务必周密细致、面面俱到,特别要将条件中隐含的各种可能情况逐一进行分析.例如,若动圆与定圆相切,就有外切与内切两种情况;给了两定直线,就有相交与平行两种可能;若动点到定圆的距离等于定长,那么动点就有在圆内、圆外之分;对于动三角形,就会出现锐角三角形、直角三角形、钝角三角形三种可能等.

例17 在$\triangle ABC$中,已知底边 BC 固定,顶角$\angle A$ 等于定锐角α,求其垂心 H 的轨迹.

探求 当点 A 在$\overset{\frown}{BmC}$,$\overset{\frown}{Bm'C}$上移动时,尽管$\angle A$ 保持不变,但$\triangle ABC$ 可能是锐角三角形、直角三角形或钝角三角形.

当$\triangle ABC$是锐角三角形时,垂心 H 在形内,$\angle BHC=180°-\alpha$;

当$\triangle ABC$是直角三角形时,垂心 H 与点 B(或 C)重合;

当$\triangle ABC$是钝角三角形时,垂心 H 在形外,$\angle BHC=\alpha$,点 A,H 在 BC 的两侧.

因此,要求出点 H 的轨迹,必须找出锐角、直角、钝角三角形的分界点.

过点 B,C 分别作 BC 的垂线交 $\overset{\frown}{BmC}$,$\overset{\frown}{Bm'C}$ 于点 A_1,A'_1,A_2,A'_2(如图 4.24).

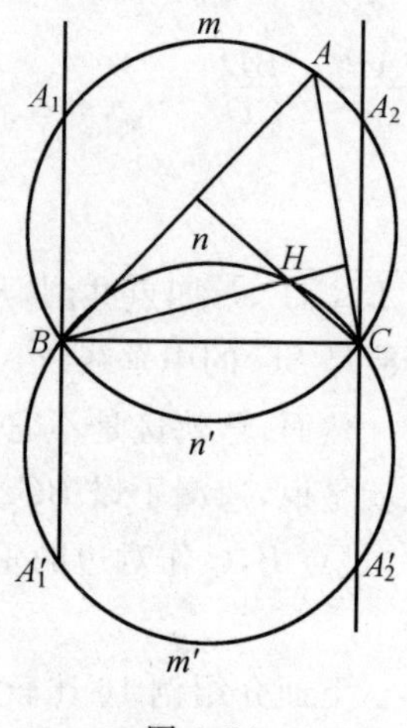

图 4.24

(1)当点 A 在 $\overset{\frown}{A_1A_2}$,$\overset{\frown}{A'_1A'_2}$ 上移动时,$\triangle ABC$ 是锐角三角形,点 H 的轨迹可能是以 BC 为弦,圆周角为 $180°-\alpha$ 的弓形弧 $\overset{\frown}{BnC}$,$\overset{\frown}{Bn'C}$.

(2)当点 A 与点 A_1,A_2,A'_1,A'_2 重合时,$\triangle ABC$ 是直角三角形,垂心 H 与 B,C 两点重合.

(3)当点 A 在劣弧 $\overset{\frown}{A_1B}$(或 $\overset{\frown}{A_2C}$)上时,$\triangle ABC$ 是钝角三角形. 点 H 与点 A 分居于 BC 两侧,$\angle BHC=\alpha$,且 $\angle HBC$ 是钝角,故点 H 在劣弧 $\overset{\frown}{BA'_1}$(或 $\overset{\frown}{CA'_2}$)上. 同理,当点 A 在劣弧 $\overset{\frown}{A'_1B}$(或 $\overset{\frown}{A'_2C}$)上时,点 H 在劣弧 $\overset{\frown}{A_1B}$(或 $\overset{\frown}{A_2C}$)上.

综上所述,点 H 的轨迹可能是弧 $\overset{\frown}{A_1Bn'CA_2}$ 和弧 $\overset{\frown}{A'_1BnCA'_2}$.

证明 略.

§3 用解析法探求点的轨迹

如前所述,轨迹是适合某条件的点所组成的图形,它必须满足两个条件:①适合某条件的点在图形上;②图形上的点都适合某条件. 这表明,如果称“适合条件 φ 的点的轨迹是图形 F”,那么,“点适合条件 φ”必须是“点在图形 F 上”的充分必要条件.

如果我们在平面上建立了坐标系,那么平面上的点就可以用它的坐标来表示,于是点所满足的条件 φ 就可以用与它等价的代数条件来表示. 这个代数条件经过整理、化简后,通常是含有两个变量的方程 $\varphi(x,y)=0$,我们称之为轨迹方程. 方程 $\varphi(x,y)=0$ 所对应的图形(一般是平面曲线)就是所求的轨迹图形.

这样,“适合条件 φ 的点的轨迹是图形 F”等价于:①坐标满足方程 $\varphi(x,y)=0$ 的点在图形(或曲线)F 上;②图形(或曲线)F 上的点的坐标都满足方程 $\varphi(x,y)=0$. 即如下示意图:

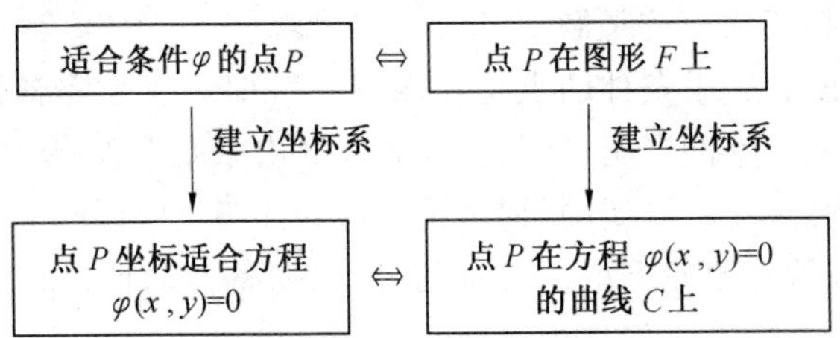

用解析法探求点的轨迹的步骤：

(1)建立适当的坐标系.

(2)列出动点 $P(x,y)$(如果选用极坐标，则动点坐标为(ρ,θ)以示区别)在轨迹上的充要条件，并将它用含有流动坐标 x,y(或 ρ,θ)的解析式表示. 一般情况下便可得到所求轨迹的原始方程.

(3)对原始方程进行必要的化简，得到最简形式的方程. 其中最简方程与原始方程的解集必须相同. 这样，最简方程就是所求的轨迹方程.

(4)对轨迹方程进行必要的讨论.

(5)根据轨迹方程确定轨迹图形的形状、位置与大小.

例 1　求到定点的距离的平方与到定直线距离成正比的点的轨迹.

解　设 A 为定点，l 为定直线，$AO\perp l$，垂足为 O，动点 P 到 l 的距离为 PE，且满足条件

$$|AP|^2:|PE|=k\quad(k\text{ 是正常数})$$

以 O 为坐标原点，l 为 y 轴建立直角坐标系(如图 4.25). 设 $A(a,0)(a>0)$，$P(x,y)$，那么点 $P(x,y)$ 在轨迹上的充分必要条件是

$$\frac{(x-a)^2+y^2}{|x|}=k$$

即
$$\left(x-a-\frac{k}{2}\right)^2+y^2=\frac{k^2}{4}+ak\quad(x>0)$$

即
$$\left(x-a+\frac{k}{2}\right)^2+y^2=\frac{k^2}{4}-ak\quad(x<0)$$

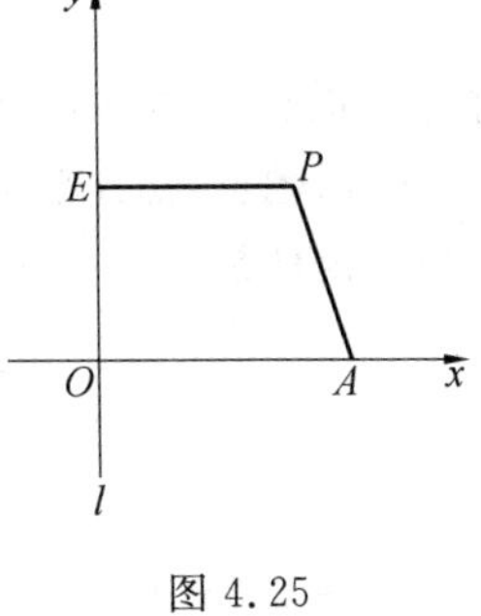

图 4.25

由此可见：

当 $k>4a$ 时，所求轨迹是位于定直线 l 两侧的两个圆 C_1，C_2，它们分别以 $\left(a+\frac{k}{2},0\right)$，$\left(a-\frac{k}{2},0\right)$为圆心，$\sqrt{\frac{k^2}{4}+ak}$，$\sqrt{\frac{k^2}{4}-ak}$的长为半径.

当 $k=4a$ 时，所求轨迹是以$(3a,0)$为圆心，$2\sqrt{2}a$ 为半径的圆及一点$(-a,0)$.

当 $k<4a$ 时,所求轨迹是圆 C_1.

上述推导表明"合乎条件的点均在图形上",即完成了完备性的证明.在一般情况下,如果完备性的证明(即从已知条件导出原始方程,从原始方程化简为最简方程的过程)是步步可逆的,那么纯粹性的证明也就同时完成了.因为轨迹所适合的充要条件与原始方程是等价的,所以完备性的证明过程能否逆推,关键在于原始方程与最简方程是否等价.

要使最简方程与原始方程等价,这两个方程的解集必须保持不变.如果化简是同解变形,这显然不成问题;如果化简是非同解变形,但在对变量取值范围加以限制后,或者在舍去增解、找回失解后,仍能保持方程的解集不变,那么得到的最简方程与原始方程等价.所以,在用解析法探求轨迹时,常常省去纯粹性的证明.

下面再举数例加以说明.

例 2 设 $\angle COD=135^\circ$,定长线段 AB 的两端分别在 OC,OD 上滑动,过点 A,B 分别作 OC,OD 的垂线交于点 P,求点 P 的轨迹.

解 如图 4.26 所示建立直角坐标系.设 $AB=l$,$P(x,y)$,$B(u,v)$,则 $A(x,0)$,且 $0<x<l$,$y>0$.

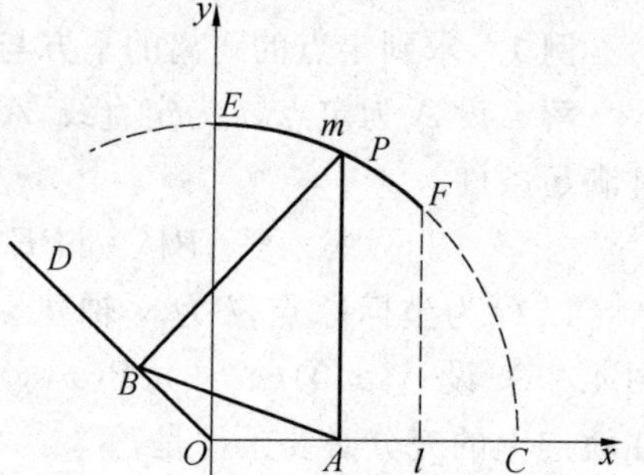

图 4.26

因为

$$\frac{v}{u}=\tan 135^\circ=-1$$

所以 B 的坐标为 $(u,-u)$.

根据题意,点 $P(x,y)$ 在轨迹上的充分必要条件是

$$\frac{y+u}{x-u}=\tan 45^\circ$$

$$\sqrt{(x-u)^2+u^2}=l$$

由两式消去 u,得

$$x^2+y^2=2l^2 \quad (0<x<l,y>0)$$

故所求轨迹是以 O 为圆心、以 $\sqrt{2}\,l$ 为半径的圆在 x 轴上方且介于 $x=0$,$x=l$ 之间的一段圆弧 $\overset{\frown}{EmF}$.

本例说明,如果忽视了坐标 x,y 的限制条件 $0<x<l$,$y>0$,则得到的轨迹不具有纯粹性.

例3 设 $ABCD$ 为已知正方形,求满足 $\angle APD=\angle BPC$ 的动点 P 的轨迹.

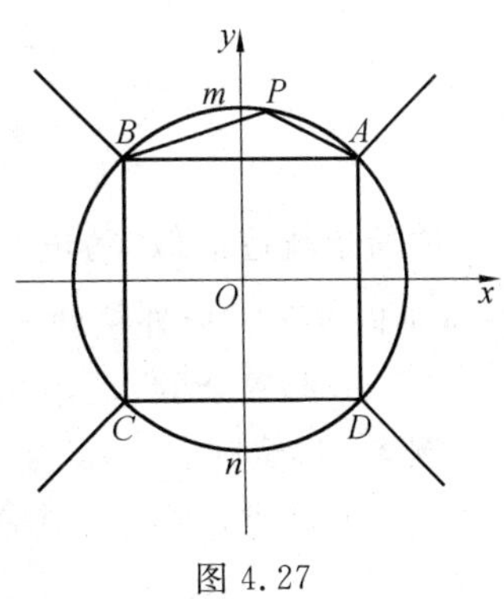

图 4.27

解 如图 4.27 所示建立直角坐标系.设 $A(a,a)$,$B(-a,a)$,$C(-a,-a)$,$D(a,-a)$ $(a>0)$,$P(x,y)$,则

$$K_{AP}=\frac{y-a}{x-a},K_{DP}=\frac{y+a}{x-a}$$

$$K_{BP}=\frac{y-a}{x+a},K_{CP}=\frac{y+a}{x+a}$$

于是

$$\tan\angle APD=\frac{\frac{y+a}{x-a}-\frac{y-a}{x-a}}{1+\frac{y+a}{x-a}\cdot\frac{y-a}{x-a}}=\frac{2a(x-a)}{(x-a)^2+y^2-a^2}$$

$$\tan\angle BPC=\frac{\frac{y+a}{x+a}-\frac{y-a}{x+a}}{1+\frac{y+a}{x+a}\cdot\frac{y-a}{x+a}}=\frac{2a(x+a)}{(x+a)^2+y^2-a^2}$$

根据题意,点 $P(x,y)$ 在轨迹上的充分必要条件是

$$|\tan\angle APD|=|\tan\angle BPC|$$

即
$$\left|\frac{x-a}{(x-a)^2+y^2-a^2}\right|=\left|\frac{x+a}{(x+a)^2+y^2-a^2}\right|$$

当 $x>a$ 或 $x<-a$ 时,有

$$\frac{x-a}{(x-a)^2+y^2-a^2}=\frac{x+a}{(x+a)^2+y^2-a^2}$$

整理得

$$x^2-y^2=0$$

即
$$y=\pm x$$

当 $-a<x<a$ 时,有

$$\frac{x-a}{(x-a)^2+y^2-a^2}=-\frac{x+a}{(x-a)^2+y^2-a^2}$$

整理得

$$x(x^2+y^2-2a^2)=0$$

即
$$x=0 \text{ 或 } x^2+y^2-2a^2=0$$

综合上述讨论,所求轨迹方程是

$$y=\pm x \quad (x<-a \text{ 或 } x>a)$$

或

$$x=0$$

$$x^2+y^2=2a^2 \quad (-a<x<a)$$

故所求轨迹形似"乌龟",它是由正方形的对角线的延长线在顶点外的部分、y 轴以及正方形外接圆上的两段弧$\overset{\frown}{AmB}$,$\overset{\frown}{CnD}$四部分构成的.

对于一些复杂的、运用综合法难以解决的轨迹问题,利用解析法常能奏效.

例 4 过定圆 O 上定点 A 作圆的切线,S 是这切线上的动点,过点 S 作圆 O 的另一条切线,切点为 R. 求$\triangle ARS$ 的垂心 H 的轨迹(如图 4.28).

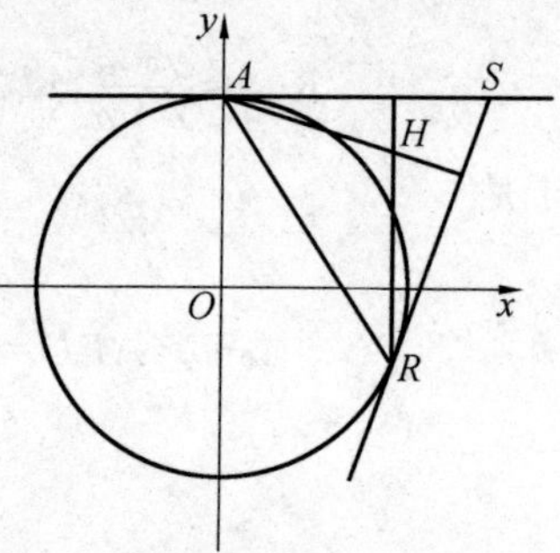

图 4.28

解 以圆心 O 为原点,OA 直线为 y 轴建立直角坐标系.设圆的方程为 $x^2+y^2=a^2$,点 R 的坐标为$(a\cos\alpha, a\sin\alpha)$$\left(0\leqslant\alpha<2\pi, \alpha\neq\frac{\pi}{2}, \alpha\neq\right.$

$\left.\frac{3}{2}\pi\right)$,则点 A 坐标是$(0,a)$,点 H 的横坐标

$$x=a\cos\alpha$$

直线 SR 的方程是

$$x\cos\alpha+y\sin\alpha=a$$

SR 的垂线 AH 的直线方程为

$$(y-a)\cos\alpha-x\sin\alpha=0$$

于是,点 H 的纵坐标为

$$y=a(1+\sin\alpha)$$

由 $x=a\cos\alpha$,$y=a(1+\sin\alpha)$两式消去 α,得

$$x^2+(y-a)^2=a^2 \quad (x\neq 0)$$

可见,这是以点 $A(0,a)$为圆心,a 为半径的圆,这圆与 y 轴的两个交点$(0,0)$,$(0,2a)$是极限点.

例 5 已知 AB 是定圆 O 的定直径,直线 l 与圆 O 相切于点 B.过点 A 作直线交圆 O 于点 Q,在这直线上取点 P,使点 P 到直线 l 的距离等于点 P 到点 Q 的距离.求点 P 的轨迹.

解 以 O 为圆心,BA 直线为 x 轴建立直角坐标系(如图 4.29),设圆 O 方程为 $x^2+y^2=1$,点 A 坐标为$(1,0)$,则切线 l 的方程为 $x=-1$.

动点 $P(x,y)$到 l 的距离为$|x+1|$,又根据圆幂定理

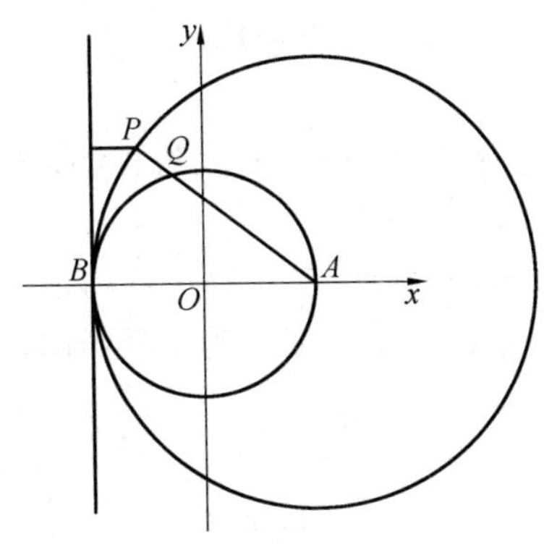

图 4.29

$$|PQ|\cdot|PA|=|OP^2-1|$$

故有

$$|x+1|=\frac{|x^2+y^2-1|}{\sqrt{(x-1)^2+y^2}}$$

即

$$(x+1)^2[(x-1)^2+y^2]=(x^2+y^2-1)^2$$

展开整理后，得

$$y^2(y^2+x^2-2x-3)=0$$

可见，所求轨迹是 x 轴和以点 $A(1,0)$ 为圆心，2 为半径的圆.

在用解析法探求轨迹时，必须注意下列问题：

1. 选取恰当的坐标系.

为了表达与计算的简便，必须建立恰当的坐标系. 一般情况下，总是先考虑选用直角坐标系. 有时也可根据题目特点选用极坐标系.

在建立坐标系时，必须充分利用图形的对称性，以及特殊的定点、定直线，特殊的位置关系(如平行、垂直等).

2. 注意化简方程时的同解性.

如前所述，在用解析法探求轨迹时，一般可省去纯粹性的证明. 因此为了保证轨迹的纯粹性，原始方程与化简后的最简方程必须等价. 同时，还必须注意到动点 $P(x,y)$ 的流动坐标 x,y 的取值范围，否则也可能破坏轨迹的纯粹性.

3. 与综合法配合使用.

运用解析法探求轨迹，思路自然、简单，可以解决一些综合法难以解决的轨迹题. 不仅如此，运用解析法探求的轨迹，并不限于直线、线段、圆或圆弧，还可以是一般曲线. 所以，解析法的应用范围比较广泛，但有时解析法的计算比较繁琐，因此在实际解题时，还要注意配合运用综合法．至于选择哪一种方法为好，可视具体情况灵活掌握．

注记 1 就研究方法而言，除了综合法、解析法，还可用复数法研究点的轨迹问题．

注记 2 除了点的轨迹的概念，还有关于动图形（如动直线、动圆）的轨迹的概念．例如，以定点 O 为中心，以定长 r 为半径的圆，可看成是到定点 O 的距离为 r 的动直线的轨迹．

习题 4

1．轨迹的基本属性是什么？各有什么含义？

2．梯形 $ABCD$ 内接于定圆 O，其中 AB 为定圆 O 的定直径，求证：梯形 $ABCD$ 的对角线交点的轨迹是垂直于 AB 的直径 EF．

3．设 AB 是定圆 O 的定直径，P 为圆 O 上一点，$PQ\perp AB$ 于点 Q，求证：

$\triangle OPQ$ 的内心轨迹是以 OA，OB 为弦，圆周角等于 $135°$ 的四段弓形弧．

4．$\angle XOY$ 是定直角，斜边为定长的等腰直角 $\triangle ABC$ 的顶点 B，C 分别在 OX，OY 上移动，顶点 A 与 O 位于斜边 BC 两侧．求证：顶点 A 的轨迹是一条线段．

5．$\triangle ABC$ 中，$\angle A$ 的位置固定，$AB+AC=l$（定长），M 为 BC 的中点，求点 M 的轨迹．

6．两定圆 O 与 O' 相交，过其中一交点 A 作直线交两圆于 B，C 两点，求 BC 的中点 M 的轨迹．

7．过 $\mathrm{Rt}\triangle ABC$ 斜边 BC 上一点 D，作 BC 的垂线，分别与 AB，AC 所在直线交于点 E，F．在 EF 上取点 P，使 $DP^2=DE\cdot DF$．求点 P 的轨迹．

8．菱形 $ABCD$ 的边 AB 固定，O 是 AB 的中点，求 CO 与 BD 的交点 P 的轨迹．

9．已知定圆 O 和定直线 MN，定长为 l 的线段 AB 平行于 MN．当 AB 的一端点 A 在圆 O 上移动时，求另一端点 B 的轨迹．

10．梯形 $ABCD$ 的底边 AB 固定，BC，DC 分别等于定长线段 m，n，求点 D 的轨迹．

11．已知定点 A 和定直线 l，点 B 在直线 l 上移动，作 $\angle CAB$ 等于定角 α，且使 $AB:AC=m:n$（定比），求点 C 的轨迹．

12．从定圆 O 外一定点 A 到圆 O 引任意线段 AB，以 AB 为边作正 $\triangle ABC$，

并且 C,O 两点在 AB 的两旁,求点 C 的轨迹.

13. 已知 A 是定圆 O 上一定点,C 为圆上动点,连 AC 并延长到点 P,使 $CP=AC$. 求点 P 的轨迹.

14. AB 是定圆 O 上的定弦,AD 是动弦,以 AB,AD 为两相邻边作 $\square ABCD$,求 $\square ABCD$ 的对角线交点 P 的轨迹.

15. 在定正 $\triangle ABC$ 的两边 AB,AC 上各有一动点 D,E,使 $BD=AE$,求 BE,CD 交点 P 的轨迹.

16. 在锐角 $\angle XOY$ 内作等腰 $\mathrm{Rt}\triangle PAB$,使腰 $PA\perp OX$,且点 A 在 OX 上,点 B 在 OY 上,求点 P 的轨迹.

17. 设动圆 P 过定点 A 且与定圆 O 相交,它与圆 O 的两个交点的联结线段是圆 O 的直径. 求动圆圆心 P 的轨迹.

18. 三点 A,B,C 在一直线上(点 B 在 A,C 两点之间),求对 AB,BC 夹等角的点的轨迹.

19. 动圆与不同心的两个不等圆都正交,求动圆圆心的轨迹.

试用解析法探求下列轨迹:

20. 动点到两个同心圆的切线长的比等于两同心圆半径的反比,求这个动点的轨迹.

21. 设定圆 O_1,O_2 内切于点 O,过切点 O 引直线与圆 O_1,圆 O_2 分别交于点 A,B,求线段 AB 中点的轨迹方程.

22. 不定 $\mathrm{Rt}\triangle ABC$ 的直角顶点 A 固定,而点 B,C 分别在两正交直线 l_1,l_2 上滑动,点 A 在 BC 上的射影为 R,求 R 的轨迹.

23. 已知 $\triangle ABC$ 的顶点 A 固定,BC 边等于定长 l,并在定直线 m 上移动. 求 $\triangle ABC$ 的外心 O 的轨迹.

24. 已知定 $\triangle ABC$ 中,$AB=AC$,P 是 $\triangle ABC$ 内一动点,点 P 到 AB,BC,AC 的距离分别是 PD,PE,PF,求满足条件 $PD\cdot PF=PE^2$ 的点 P 的轨迹.

第 5 章　几何作图

根据预先给出的条件,作出具备这些条件的图形,这类问题叫做几何作图题. 对某作图题完成作图之后,我们便可以断定合乎某条件的图形是存在的. 因此,几何作图是从构造的角度来研究几何图形的性质,它也是初等几何的重要组成部分.

§1　几何作图基本知识

1.1　作图工具与作图公法

在传统的初等几何中,几何作图是指用直尺(没有刻度)和圆规两件工具,并在有限次步骤中作出合乎预先给定条件的图形,因而又称为尺规作图,有时也叫做欧几里得作图.

作图工具确定以后,还应明确工具所具有的功能问题. 我们约定,所谓完成了一个平面几何作图,就是说能把问题归结为有限次的如下几个认可的简单作图:

1. 通过两个已知点可作一条直线;
2. 已知圆心和半径可作一个圆;
3. 若两已知直线,或一已知直线和一已知圆(或圆弧),或两已知圆相交,则可作出其交点.

并且约定:在已知直线上或直线外,均可取不附加任何特殊性质的点.

上面三条叫做作图公法,是尺规作图的理论依据. 根据作图公法,可见直尺与圆规只能被认为具有三种功能:画直线,作圆,求交点. 此外,解尺规作图题,只能有限次地使用直尺与圆规. 否则,虽然作出图形,但不是尺规作图.

如果一个作图题经过有限次使用直尺与圆规,根据公法仍不能作出图形,那么这个作图题叫做几何作图不能问题(或叫做尺规作图不能问题),否则就是作图可能问题. 古希腊人提出的三个作图题:(1)化圆为方问题:求作一个正方形,使它的面积与一已知圆的面积相等;(2)立方倍积问题:求作一个立方体,使它的体积是一已知立方体的两倍;(3)三等分任意角问题.以上就是数学史上三个著名的几何作图不能问题.

1.2　作图成法

正如几何证明不可能也没有必要每次、每步都追溯到公理一样,几何作图也不可能而且也没有必要每次、每步都根据公法.我们把根据作图公法或一些已经解决的作图题而完成的作图,叫做作图成法.以后,在解作图题时,可以直接引用作图成法时,就不必详细叙述其作图过程.

现在列举一些作图成法如下:

(1)任意延长已知线段.

(2)在已知射线上自端点起截一线段等于已知线段.

(3)以已知射线为一边,在指定一侧作角等于已知角.

(4)已知三边,或两边及其夹角,或两角及其夹边作三角形.

(5)已知一直角边和斜边,作直角三角形.

(6)作已知线段的中点.

(7)作已知线段的垂直平分线.

(8)作已知角的平分线.

(9)过已知直线上或直线外一已知点,作此直线的垂线.

(10)过已知直线外一已知点,作此直线的平行线.

(11)已知边长作正方形.

(12)以定线段为弦,已知角为圆周角,作弓形弧.

(13)作已知三角形的外接圆、内切圆、旁切圆.

(14)过圆上或圆外一点作圆的切线.

(15)作两已知圆的内、外公切线.

(16)作已知圆的内接(外切)正三角形、正方形,或正六边形.

(17)作一线段,使之等于两已知线段的和或差.

(18)作一线段,使之等于已知线段的 n 倍或 n 等分.

(19)内分或外分一已知线段,使它们的比等于已知比.

(20)作已知三线段 a,b,c 的第四比例项.

(21)作已知两线段 a,b 的比例中项.

(22)已知线段 a,b,作一线段 $x=\sqrt{a^2+b^2}$,或作一线段 $x=\sqrt{a^2-b^2}$ $(a>b)$.

必须说明，要完全明确“作图成法”的范围是不可能的. 在不同的教材体系中，作图成法的内容也可能有多寡之别.

1.3 作图题的条件与分类

既然作图题是求作一个具有已知条件的图形的问题，那么，问题有无结果、是否确定，自然与给定的条件是否得当有密切关系. 作图题给出的条件必须满足下列三个要求：

(1)相容性：在同一个作图题中，给出的条件不能互相矛盾，否则，合乎全部条件的图形必不存在.

(2)独立性：在同一个作图题中，任一条件不能由其他条件推出，否则，就会有多余的条件.

(3)条件不多不少：若独立条件过少，则合乎条件的图形可能有无穷多个；若独立条件过多，则势必相互矛盾. 因此，给定的条件必须不多不少.

以上三点是拟定作图题时所必须考虑的，但这三点并不是能够作图的充分条件. 除了尺规作图不能问题外，还有一种情况：虽然给出的条件符合这三个要求，但在某些场合下所求图形并不存在. 这是属于图形的变化范围问题，不应认为作图题有缺陷. 例如，“已知三边长，求作三角形”，只有当其中一边不小于另两边之和时，三角形才不存在. 这种情况叫做作图题的“无解”.

必须注意作图题的“无解”与“作图不能问题”的区别.

根据题中对所作图形位置的要求不同，作图题可分为两类：

(1)定位作图　如果求作的图形必须在指定的位置上. 就叫做定位作图. 凡定位作图，能作出多少个符合条件的图形，就算有多少个解.

(2)活位作图　如果对于所求作的图形的位置没有给予限制，就叫做活位作图. 这一类又分为两种：对求作图形的位置没有任何限制的作图叫做全活位作图；限定在某范围内，但在此范围内，图形位置不加限制的作图叫做半活位作图. 在活位作图中，若作出的图形是全等形，则只算一解，不全等的图形才算是不同解.

1.4 解作图题的步骤

解作图题一般分为六个步骤：

1. 已知

详细写出题设条件，并用相应的符号或图形来表示条件中的已知元素. 例如，画一线段(或角)表示已知线段(或已知角)，画两线段表示已知定比，作一正方形表示已知面积，等.

2. 求作

说明要作的图形是什么，以及该图形应具备的题设条件.

3. 分析

在正式作图之前，寻求作图的线索. 具体做法是：先假定所求作图形已经完成，并画出符合题设条件的草图；然后分析图中已知条件与未知部分之间的联系，必要时可添置适当的辅助线，以便通过已知条件确定某些关键点或线段，从而分析出作图的程序与方法.

4. 作法

根据分析得到的线索，按步叙述作图方法，并作出所求作的图形. 作图时，每作一点、一线或一角，必须分别定名（即字母符号）并写明它们满足的条件. 作图必须步步有据，其根据是作图公法或作图成法.

5. 证明

作图之后验证所作图形确实满足题设条件.

6. 讨论

通过对题设条件中已知元素的大小、位置和相互关系的讨论和推究，确定本题解的情况. 即何时有解，何时无解；有解时，是一解还是多解，等.

例 1　已知一边上的中线与高及另一边，求作三角形.

已知　线段 m_a，h_a，b.

求作　$\triangle ABC$，使 $AC=b$，高 $AH=h_a$，中线 $AM=m_a$.

分析　若$\triangle ABC$已作成，在草图中可以发现 Rt$\triangle AMH$ 与 Rt$\triangle AHC$ 可先行作出. 由于 M 是 BC 中点，故当点 H，C 确定后，只要延长 CM 到点 B，使 $BM=MC$ 便得点 B，从而$\triangle ABC$可完全作出（如图 5.1）.

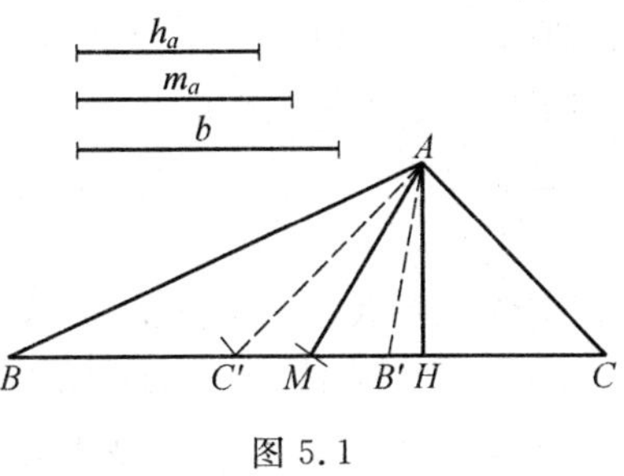

图 5.1

作法　(1)作 Rt$\triangle AHM$，使得

$$\angle AHM=90^\circ, AH=h_a, AM=m_a$$

(2)以 A 为圆心，b 为半径作弧，若与直线 MH 相交，则记交点为 C.

(3)延长 CM 到点 B，使 $BM=MC$.

(4)连 AB.

则$\triangle ABC$为所求作的三角形.

证明　由作法知，$AC=b$，$AH\perp BC$，$AM=m_a$，$AH=h_a$. 且 AM 为 BC 边上中线，故$\triangle ABC$ 满足要求.

讨论　由作法，根据三角形成形条件可知：

$m_a<h_a$ 时无解；

若 $m_a=h_a$，则当 $b\leqslant h_a$ 时无解，当 $b>h_a$ 时有一解；

若 $m_a>h_a$，则当 $b<h_a$ 时无解；当 $b=h_a$ 时一解；当 $b>h_a$，但 $b=m_a$ 时一解；当 $b>h_a$，但 $b\neq m_a$ 时有两解.

在实际解题的六个步骤中，分析是关键，它为解题提供线索与途径，这一步有时可以不写，但不能不考虑. 讨论是难点，必须善于将可能发生的情况合理分类，要做到这一点，常需要在作图过程中慎重分辨"交点"的有无与多少.

§2　常用的作图方法

2.1　交轨法

一些作图题，常常归结为确定某一点的位置. 在平面几何中，点的位置确定，一般需要两个条件，于是可以分别作出只符合其中一个条件的轨迹，则这两个轨迹的交点就是所求的点. 像这样利用轨迹的交点来解作图题的方法叫做交轨法. 交轨法是最基本的一种作图方法.

例 2　从圆 O 外一定点 A 求作圆的割线，使割线与圆的两个交点到直线 AO 的距离之和等于定长 l.

已知　圆 $O(r)$及圆 O 外一点 A，定长线段 l.

求作　直线 ADE，使直线 ADE 与圆 O 的交点 D，E 到直线 AO 的距离之和等于 l.

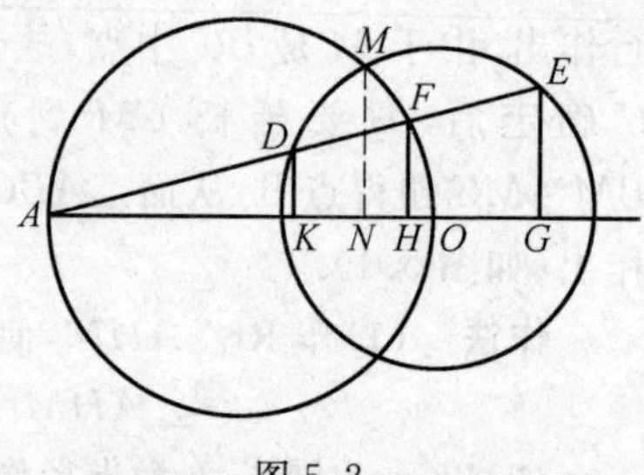

图 5.2

分析　由于点 A 已知，故要作直线 ADE 只需确定另一点 D（或 E）的位置即可. 若直线 ADE 为所求（如图 5.2），则点 D，E 到 AO 的距离之和 $DK+EG=l$. 考虑到 DK，EG 是直角梯形 $DKGE$ 的上下底，它们的和是定值，从而梯形的中位线也是定值. 设 F 是 DE 的中点，它必须具备两个条件：

(1)点 F 到定直线 AO 的距离等于$\frac{1}{2}l$；

(2)因为 $OF\perp ADE$,所以点 F 对定线段 AO 张直角. 于是点 F 就是满足上述性质(1),(2)的两轨迹的交点,点 F 位置可以确定.

作法 (1)作 OA 的平行线 BC,且与 OA 相距 $\frac{1}{2}l$.

(2)以 OA 为直径作圆,设圆与 BC 在圆 O 内相交,交点记为 F.

(3)连 AF,与圆 O 交于点 D,E.

则直线 ADE 为所求.

证明 略.

讨论 这是定位作图,点 F 必须在圆 O 内,否则无解. 设 M 为两圆交点,点 F,M 在 AO 上的射影分别是 H,N,则当 $FH\leqslant MN$ 时,交点 F 必在圆 O 内. 因为 $MN=\frac{OM\cdot MA}{OA}=\frac{r\sqrt{OA^2-r^2}}{OA}$,所以当 $l<\frac{2r\sqrt{OA^2-r^2}}{OA}$ 时有两解,否则无解.

题中原设的已知量(如 $DK+EG=l$)叫做原始已知量,由原始已知量导出的其他量(如 $FH=\frac{1}{2}l$),叫做派生已知量. 在讨论时,都必须归结为原始已知量来进行.

例3 已知两边的积,夹角的大小,第三边的长,求作三角形.

已知 线段 a,p,角 α.

求作 $\triangle ABC$,使 $BC=a$,$\angle A=\alpha$,$AB\cdot AC=p^2$.

分析 设 $\triangle ABC$ 为所求作的三角形,则 $\triangle ABC$ 外接圆确定,由于已知 BC,$\angle A$,故只需确定点 A 的位置即可. 根据条件,点 A 具备两个性质:

(1)点 A 对定线段 BC 张定角 α;

(2)设 AD 为 BC 边上的高,因 $AB\cdot AC=p^2$,$AD\cdot BC=\sin\alpha\cdot AB\cdot AC=\sin\alpha\cdot p^2$,$AD=\frac{\sin\alpha\cdot p^2}{a}$(定值),即点 A 到定直线 BC 的距离为定长 $\frac{\sin\alpha\cdot p^2}{a}$,于是点 A 是满足上述性质(1),(2)的两轨迹的交点,点 A 位置可以确定(如图5.3).

作法与证明 略.

讨论 设弓形弧的中点为 E,$EF\perp BC$ 于点 F,则

$$EF=BF\cdot\cot\frac{\alpha}{2}$$

于是,当 $AD\leqslant EF$,即

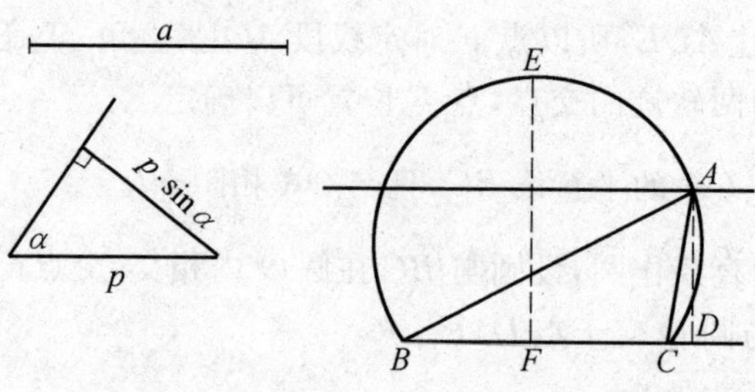

图 5.3

$$p^2 \leqslant \frac{1}{2}a^2 \csc\alpha \cdot \cot\frac{\alpha}{2}$$

时，本题有一解；当 $AD > EF$，即

$$p^2 > \frac{1}{2}a^2 \csc\alpha \cdot \cot\frac{\alpha}{2}$$

时，无解.

本例中满足 $AB \cdot AC = p^2$ 的点 A 的轨迹是卡西尼卵形线，不可能用尺规作出这条曲线，故利用条件代换，转化为我们熟悉的，且能用尺规作出的轨迹.

例 4 已知一边，此边所对的两对角线的夹角，两对角线之和，求作平行四边形.

已知 线段 a, l，角 α.

求作 $\square ABCD$，使 $AB = a$，$AC + BD = l$，对角线夹角 $\angle AOB = \alpha$.

分析 若 $\square ABCD$ 已作出，则 $\angle AOB = \alpha$，可见点 O 在以 AB 为弦，圆周角为 α 的弓形弧上. 但由 $AO + BO = \frac{1}{2}l$ 决定不了点 O 在什么样的图形上，所以必须添置辅助线，寻找新的关键点.

在 AO 上取点 B'，使 $OB = OB'$（如图 5.4），则

$$AB' = \frac{1}{2}l$$

且
$$\angle AB'B = \frac{1}{2}\angle AOB = \frac{1}{2}\alpha$$

故点 B' 满足条件：

(1)点 B' 对 AB 张 $\frac{1}{2}\alpha$ 的定角；

(2)点 B' 与点 A 距离等于定长 $\frac{1}{2}l$.

从而点 B' 可以确定，随即点 O 也可作出.

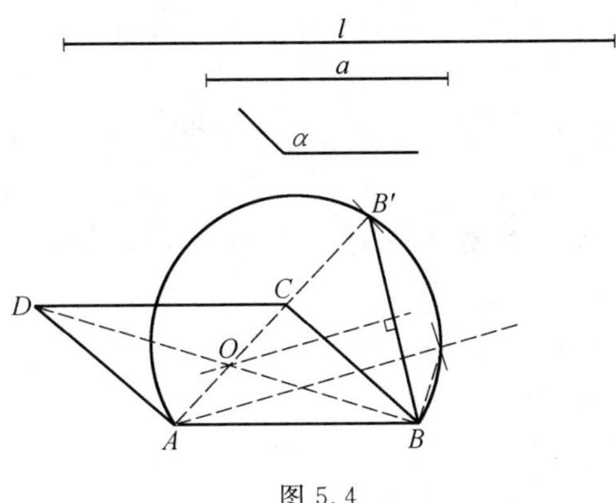

图 5.4

作法　(1)作线段 AB，使之等于 a，以 AB 为弦，$\frac{1}{2}\alpha$ 为圆周角作弓形 $\overparen{AmB}$.

(2)以 A 为圆心，$\frac{1}{2}l$ 为半径作弧，设此弧与 $\overparen{AmB}$ 交于点 B'.

(3)连 BB'，作 BB' 的中垂线，设交 AB' 于点 O.

(4)连 AO，并延长 AO 到点 C，使 $AO=OC$；连 BO，并延长 BO 到点 D，使 $BO=OD$.

(5)连 AD，DC，CB，则▱$ABCD$ 为所求.

证明　略.

讨论　问题是否有解，关键在于点 B' 和点 O 能否作出. 由于弓形弧 $\overparen{AmB}$ 的直径为 $a\cdot\csc\frac{\alpha}{2}$，所以当 $\frac{l}{2}>a\csc\frac{\alpha}{2}$ 或 $\frac{l}{2}\leqslant a$ 时，无解；当 $a<\frac{l}{2}\leqslant a\csc\frac{\alpha}{2}$ 时，有一解.

这里必须注意，当 $a<\frac{l}{2}<a\csc\frac{\alpha}{2}$ 时，以 A 为圆心，$\frac{l}{2}$ 为半径的弧与 $\overparen{AmB}$ 有两个交点，根据这两个交点分别作出的两个平行四边形，虽然位置不同，但可以证明它们是全等的，故只能算一解.

2.2　三角形奠基法

三角形是平面中最简单的稳定图形，一般只需三个适当的条件便可作出. 对于某些作图题，如果可以先作出所求图形中的某一个三角形，便奠定了整个图形的基础. 这种用某个三角形为基础的作图方法叫做三角形奠基法. 这种作图方法应用也很广泛，前面例 1 就是运用三角形奠基法来解决的. 下面再举数例加以说明.

例 5 已知两边上的高及其中一边上的中线，求作三角形.

已知 线段 h_b，h_c，m_b.

求作 $\triangle ABC$，使 AC 边上的高 $BD=h_b$，中线 $BM=m_b$，AB 边上的高 $CE=h_c$.

分析 假定$\triangle ABC$已经作出，但在草图中，已知线段 BD，BM，CE 不能构成奠基三角形，必须重新寻找.

如果过点 M 作 $MN\perp AB$，交 AB 于点 N，则 $MN=\frac{1}{2}CE=\frac{1}{2}h_c$，故 Rt$\triangle BMN$ 可先行作出. 以点 B 为圆心作圆 $B(h_b)$，过点 M 作圆 $B(h_b)$的切线，若切线与 BN 有交点，则点 A 位置可确定，$\triangle ABC$ 可以作出(如图 5.5).

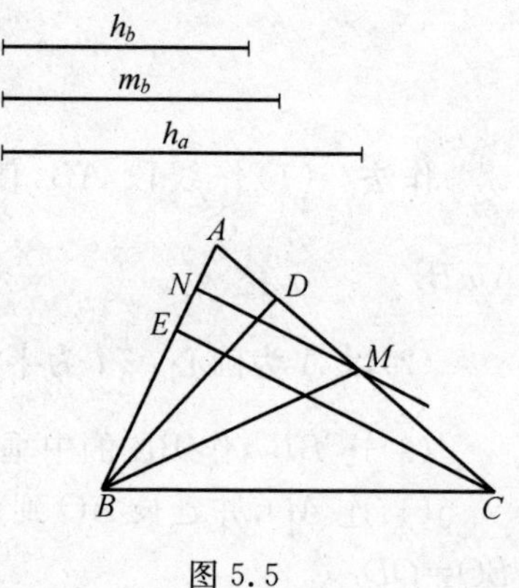

图 5.5

作法 (1)作 Rt$\triangle BMN$，使得

$\angle BNM=90^\circ$，$MN=\frac{1}{2}h_c$，$BM=m_b$

(2)以 B 为圆心，h_b 为半径作圆$B(h_b)$，过点 M 作圆 $B(h_b)$的切线，交直线 BN 于点 A.

(3)连 AM 并延长到点 C，使得

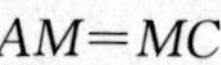

$$AM=MC$$

(4)连 BC.

则$\triangle ABC$ 为所求.

证明 略.

讨论 考虑到 $BM>MN$，$BM\geqslant BD$，以及圆 $B(h_b)$与直线 BN 的交点情况，所以：

(1)当 $m_b\leqslant\frac{1}{2}h_c$ 或 $m_b<h_b$ 时，本题无解.

(2)当 $m_b>\frac{1}{2}h_c$ 且 $m_b=h_b$ 时，本题有一解.

(3)当 $m_b>\frac{1}{2}h_c$ 且 $h_b=\frac{1}{2}h_c$ 时，本题有一解.

(4)当 $m_b>\frac{1}{2}h_c$ 且 $m_b>h_b$，$h_b\neq\frac{1}{2}h_c$ 时，本题有两解.

在用三角形奠基法解作图解时,"讨论"这一步可先分析三角形是否存在,然后再结合其他条件进行分析.

例 6 已知一边及其对角,另外两边上高的和,求作三角形.

已知 线段 a,l,角 α.

求作 $\triangle ABC$,使 $BC=a$,$\angle BAC=\alpha$,AB,AC 边上的高 CD,BE 之和等于 l.

分析 假定$\triangle ABC$已作出,为了寻找奠基三角形,不妨延长 BE 到点 F,使 $EF=CD$,则 $BF=l$. 过点 F 作 BF 的垂线交 BA 的延长线于点 A',则$\angle A'=\alpha$(如图 5.6),于是 Rt$\triangle A'BF$ 可先行作出. 由于点 C 到 $A'B$,$A'F$ 的距离相等,所以点 C 在$\angle BA'F$ 的平分线上. 又由 $BC=a$ 知点 C 在圆 $B(a)$上,因此点 C 位置可以确定,点 A 位置也随之可定.

作法 (1)作 Rt$\triangle A'BF$,使 $BF\perp A'F$,$BF=l$,$\angle BA'F=\alpha$(α 为锐角).

(2)作$\angle BA'F$ 的平分线 $A'T$.

(3)以 B 为圆心,a 为半径作弧,若与 AT 相交,则记交点为 C.

(4)过点 C 作 AF 的平行线交 $A'B$ 于点 A.

则$\triangle ABC$ 为所求①.

证明 略.

讨论 (1)当 $a<A'B\cdot\sin\frac{\alpha}{2}=\frac{l}{2}\cos\frac{\alpha}{2}$时无解;

(2)当 $a=\frac{l}{2}\cos\frac{\alpha}{2}$时一解;

(3)当$\frac{l}{\sin\alpha}>a>\frac{l}{2}\cos\frac{\alpha}{2}$时有两解.

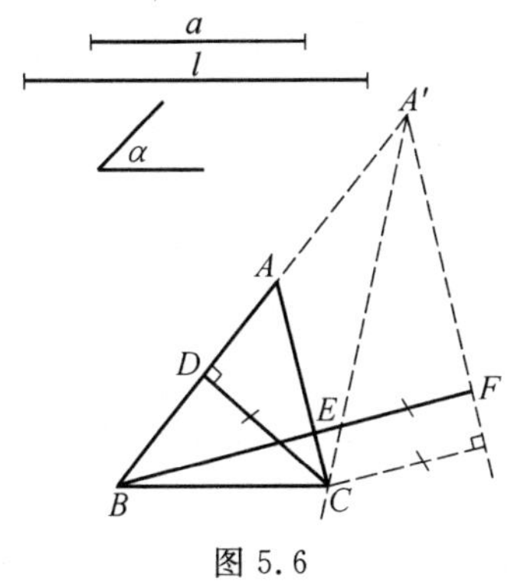

图 5.6

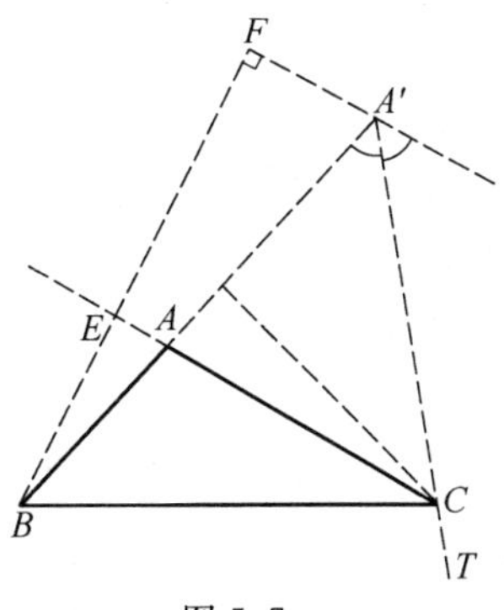

图 5.7

① 若 $\alpha>90°$,则作法稍有不同,如图 5.7.

2.3 变位法

利用合同变换解作图题的方法，叫做变位法. 将合同变换用于作图的具体作法是：把图形中某些元素施行适当的合同变换，然后借助于各元素的新旧位置关系发现作图的方法.

合同变换有平移、旋转、反射三种基本类型，所以变位法又分为平移法、旋转法、反射法. 分别举例如下：

例 7 已知四边形的四条边以及一组对边的夹角，求作四边形.

已知 线段 a,b,c,d，角 α.

求作 四边形 $ABCD$，使 $AB=a$，$BC=b$，$CD=c$，$AD=d$，AB，CD 间夹角等于 α.

分析 假定四边形 $ABCD$ 已作出（如图 5.8），由于已知条件太分散，不易发现它们之间的关系，所以设法使部分元素相对集中. 若把 CD 沿 DA 方向平移 DA 长度之距离，则 CD 落到 $C'A$ 的位置上，且 $AC'=CD=c$，$\angle BAC'=\alpha$，于是 $\triangle BAC'$ 可先作出. 然后再由 $C'C=AD=d$，$BC=b$ 确定点 C 的位置，点 D 也可随之确定.

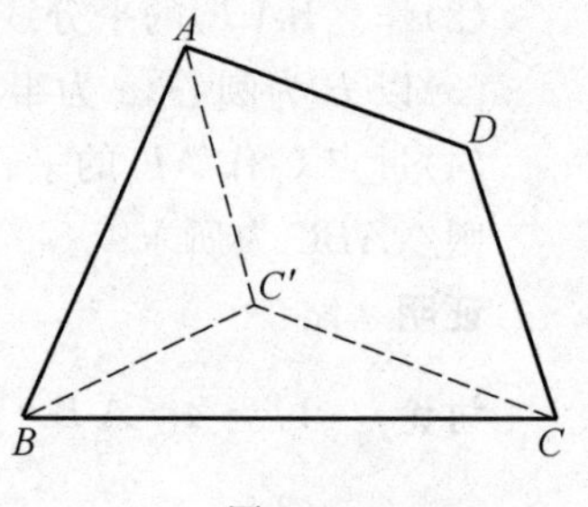

图 5.8

作法 (1)作 $\triangle ABC'$，使 $\angle BAC'=\alpha$，$AB=a$，$AC'=c$.

(2)分别以 B，C' 为圆心，b，d 为半径作弧，若两弧相交，则记交点为 C.

(3)过点 C 作 AC' 的平行线，在平行线上取点 D，使 $CD=C'A$.

(4)连 AD.

则四边形 $ABCD$ 为所求.

证明与讨论 略.

本例利用平移变换把分散的已知量集中起来，以便发现奠基三角形，使问题容易解决.

例 8 设直线 AC 与 BD 交于点 O，A，B 分别为直线 AC，BD 上两定点，在 AC，BD 上分别求作点 M，N，使 $AM=BN$，且 MN 最短.

分析 若 $AO=BO$，则点 O 即为所求，所以不妨假定 $AO\neq BO$. 如果点 M，N 已作出（如图 5.9），那么，把 AM 沿 MN 之方向平移 MN 之距离，使 AM 落

到 $A'N$ 的位置,那么,$\triangle A'NB$ 为等腰三角形,$\angle DBA'=\frac{\pi}{2}-\frac{1}{2}\angle AOB$(定角).这样点 A' 就在过点 B 且与 BD 夹角为定值 $\frac{\pi}{2}-\frac{1}{2}\angle AOB$ 的定直线 l 上.因 $MN=AA'$,所以若 MN 最短,则 AA' 必须最短.于是,过点 A 作直线 l 的垂线,垂足即为点 A'.

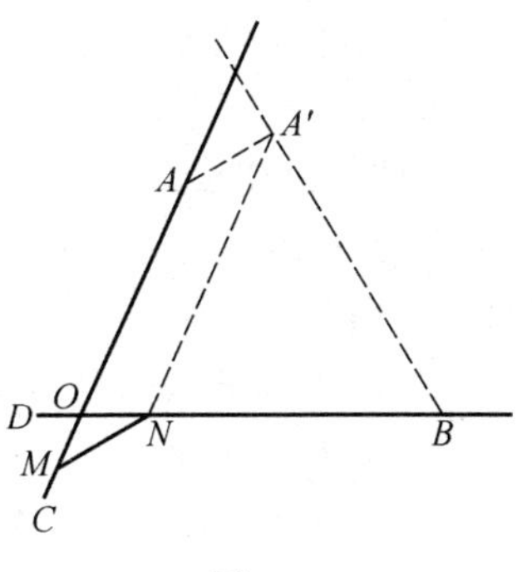

图 5.9

作法 (1)过点 B 作直线 l,使 l 与 BD 夹角为 $\frac{\pi}{2}-\frac{1}{2}\angle AOB$.

(2)过点 A 作 $AA'\perp l$ 于点 A'.

(3)作$\square AMNA'$,使点 M,N 分别在 AC,BD 上,则点 M,N 为所求.

证明 因为

$$\angle NBA'=\frac{\pi}{2}-\frac{1}{2}\angle AOB=\frac{\pi}{2}-\frac{1}{2}\angle BNA'$$

所以$\triangle NBA'$为等腰三角形,$NB=NA'$.

又因为

$$AM \underline{\parallel} NA'$$

所以

$$AM=NB$$

下面证明 MN 最短.设 M',N' 是 AC,BD 上满足条件 $AM'=BN'$ 的任两点,过点 N' 作 AM' 的平行线交 BA' 于点 A''.因 $N'B=N'A''$,故 $N'A''=AM'$,则 $AM'N'A''$ 是平行四边形,$AA''=M'N'$.由于 $AA''>AA'$,所以 $M'N'\geqslant MN$.

讨论 略.

例9 以已知点 A 为顶点,作一正$\triangle ABC$,使 B,C 两顶点分别在两已知相交直线 l_1,l_2 上.

分析 假定正$\triangle ABC$ 已作成,点 B,C 分别在直线 l_1,l_2 上.如果将直线 l_1 绕点 A 旋转 $60°$,则 l_1 落在 l'_1 上,B 与 C 两点重合,所以点 C 是 l_2 与 l'_1 的交点.可见,若能作出直线 l'_1,则点 C 可确定,点 B 也随之而定.

作法 (1)作 $AC_0\perp l_1$ 于点 C_0.

(2)以 A 为顶点,AC_0 为一边作正$\triangle AC_0B_0$.

(3)过点 B_0 作 AB_0 的垂线 l'_1,设交 l_2 于点 C.

(4)以 AC 为边,作$\angle BAC=60°$,设 AB 与 l_1 的交点为 B.

则$\triangle ABC$为所求的正三角形(如图5.10).

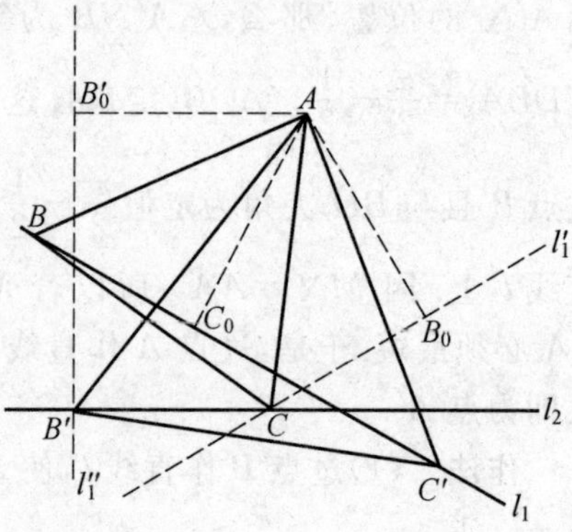

证明 由作法知道

$$\angle C_0AB_0=\angle BAC=60^\circ$$

所以

$$\angle B_0AC=\angle C_0AB$$

又$AB_0=AC_0$,故

$$\mathrm{Rt}\triangle AB_0C\cong\mathrm{Rt}\triangle AC_0B$$

所以

$$AB=AC$$

故$\triangle ABC$为正三角形.

图 5.10

讨论 由于l_1可以顺时针或逆时针旋转60°,所以当l_1,l_2夹角为60°时有一解,当l_1,l_2夹角不等于60°时有两解.

利用旋转法作图,关键在于选择适当的旋转中心、旋转角和旋转方法.如果题目中有定点、定角的条件,或者是求作正多边形,那么,用旋转法比较有效.

利用反射变换解作图题,是常用作图方法之一.反射法的作用在于将条件相对集中以寻求解题线索,或者用来探求最短路线.

例 10 已知四边的长,且知一角被对角线平分,求作四边形.

已知 线段a,b,c,d.

求作 四边形$ABCD$,使$AB=a,BC=b,CD=c,DA=d$,且对角线AC平分$\angle A$.

分析 若四边形已作出,如图5.11所示.因AC平分$\angle A$,故以AC为对称轴作反射变换,则AD落在AD'位置上,且点D'与A,B两点共线,于是得到一个奠基三角形$\triangle BCD'$.$\triangle BCD'$的三边已知,从而可以先作出.在此基础上再确定点A,D的位置.

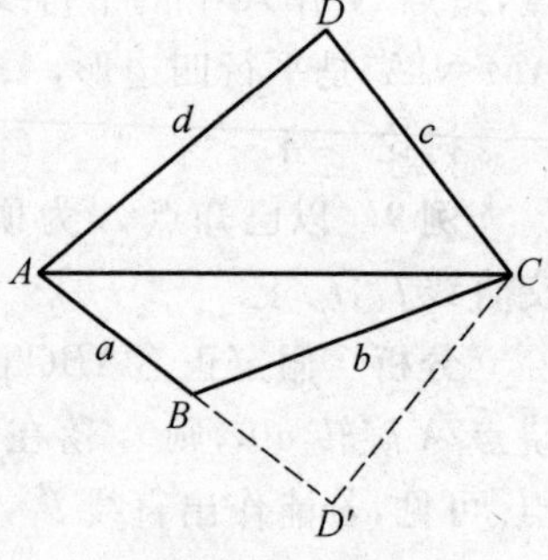

图 5.11

作法 (1)作$\triangle BD'C$,使

$$BD'=|d-a|,D'C=c,BC=b$$

(2)延长$D'B$到点A,使

$$AD'=d$$

(3)连AC,在AC的另一侧作$\triangle ADC$,使

$$\triangle ADC \cong \triangle AD'C$$

则四边形 $ABCD$ 为所求.

证明与讨论　略.

利用反射法求线段和为最短的问题,请读者参阅第 3 章 §2 例 10.

2.4　位似法

利用位似变换的性质解作图题的方法,叫做位似法.位似法作图,常先舍弃图形的大小、位置条件(或部分位置条件),作出满足形状要求的图形 F',然后选择适当的位似中心和位似比,作出符合大小要求(或位置要求),并与 F' 位似的图形 F.

例 11　在已知半圆内求作内接矩形,使矩形的一边在半圆直径上,并且相邻边之比等于定比.

已知　以 AB 为直径的半圆 O,线段 m,n.

求作　矩形 $EFGH$,使 EF 在 AB 上,点 G,H 在圆弧上,并且

$$EF:FG=m:n$$

分析　因为"矩形邻边之比为定比 $m:n$"这一条件决定了矩形的形状,而内接于半圆的位置条件决定了矩形的大小.于是先作出符合形状要求的矩形 $E'F'G'H'$,然后以圆心 O 为位似中心,作出与 $E'F'G'H'$ 位似的内接于半圆的矩形.

作法　(1)以 O 为中点,在 AB 上作线段 $E'F'$,使 $E'F'=m$.

(2)以 $E'F'$ 为一边,作矩形 $E'F'G'H'$,使 $F'G'=n$(如图 5.12).

(3)连 OG',OH',设交半圆于点 G,H.

(4)连 GH,过点 G,H 作 AB 的垂线,垂足分别是 F,E.

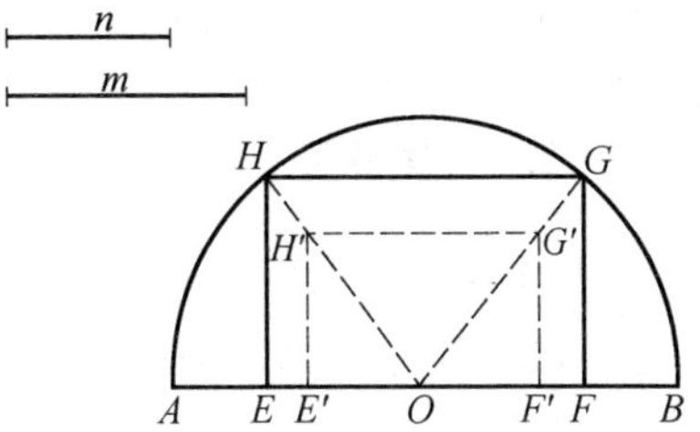

图 5.12

则 $EFGH$ 为所求作的矩形.

证明　略.

讨论　本题恒有一解.

例 12　已知三角形的两内角以及两角夹边与高的和,求作三角形.

已知　角 α,β,线段 l.

求作　$\triangle ABC$,使 $\angle A=\alpha$,$\angle B=\beta$,高 CD 与 AB 的和为 l.

分析　$\angle A=\alpha$,$\angle B=\beta$ 是 $\triangle ABC$ 的形状条件,$CD+AB=l$ 是决定 $\triangle ABC$

大小的条件.

先作出符合形状要求的图形$\triangle CA_1B_1$,使$\angle A_1=\alpha$,$\angle B_1=\beta$.以点C为位似中心作$\triangle CA_1B_1$的位似$\triangle ABC$,下面决定位似比.

因为

$$\triangle ABC \backsim \triangle A_1B_1C$$

所以

$$\frac{AB}{A_1B_1}=\frac{CD}{CD_1}=\frac{CB}{CB_1}$$

则
$$\frac{AB+CD}{A_1B_1+CD_1}=\frac{CB}{CB_1}$$

即
$$\frac{l}{A_1B_1+CD_1}=\frac{CB}{CB_1}$$

这样,点B可确定,点A亦随之可定.

作法 (1)作$\triangle A_1B_1C$,使$\angle A_1=\alpha$,$\angle B_1=\beta$,再作A_1B_1边上的高CD_1(如图5.13).

(2)在射线CA_1上取$CK_1=CD_1+A_1B_1$,取$CK=l$.

(3)连K_1B_1,过点K作K_1B_1的平行线交CB_1于点B.

(4)过点B作A_1B_1的平行线交CA_1于点A.

则$\triangle ABC$为所求.

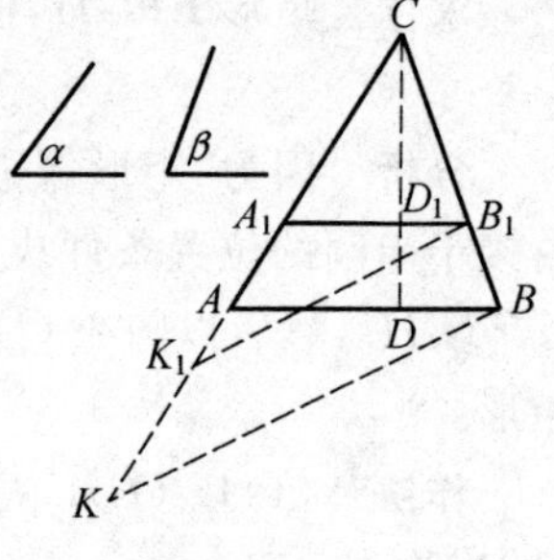

图5.13

*2.5 反演法

利用反演变换的性质(如过反演中心的圆变为直线,保角性等)来解作图题的方法,叫做反演法.反演法常用于与圆有关的一类作图题.

例13 求作一圆,使它通过一已知点且切于两已知圆.

已知 点P及圆O_1,圆O_2.

求作 圆O,使圆O过点P且与圆O_1,圆O_2相切.

分析 假定圆O已作出,它过点P,且与圆O_1,圆O_2相切于点T_1,T_2(如图5.14).如果以P为反演中心,点P到圆O_1的圆幂为反演幂进行反演变换$I(P,k^2)(k^2=PT^2)$.则

$$\text{圆}O_1\to\text{圆}O'_1,\text{圆}O_2\to\text{圆}O'_2,T_1\to T'_1,T_2\to T'_2,\text{圆}O\to T'_1T'_2$$

由保角性知道，$T'_1T'_2$ 与圆 O_1，圆 O'_2 相切，于是，原作图题转变为作圆 O_2 的反形圆 O'_2 及圆 O_1，圆 O'_2 的公切线.

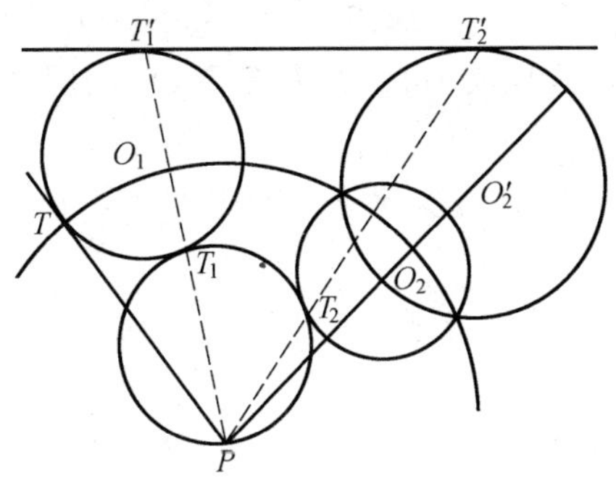

图 5.14

作法　(1)以 P 为反演极，点 P 关于圆 O_1 的圆幂(图 5.14 中的 PT^2)为反演幂作圆 O_2 的反形圆 O'_2.

(2)作圆 O_1 与圆 O'_2 的公切线，设切点分别为 T'_1，T'_2.

(3)连 PT'_1，PT'_2，分别交圆 O_1，圆 O_2 于点 T_1，T_2.

(4)过点 P，T_1，T_2 作圆 O.

则圆 O 为所求.

证明　略.

讨论　由圆 O_1，与圆 O'_2 有无公切线，以及公切线的条数分析，本题至多有四解.

用反演法作图，关键在于反演中心与反演幂的选取. 为了使作图简便，反演幂常常取为反演中心对某个圆的圆幂，在这种情况下，该圆的反形就是自身.

例 14　过一已知点作一圆，使之切于一已知圆且正交于另一已知圆.

已知　点 P，圆 O_1，圆 O_2.

求作　圆 O，使之过点 P，与圆 O_1 相切且与圆 O_2 正交.

分析　设圆 O 过点 P，与圆 O_1 相切于点 A，与圆 O_2 正交，交点为 B，C(如图 5.15). 那么，不妨以点 P 为反演中心，点 P 到圆 O_2 的圆幂为反演幂施行反演变换，于是

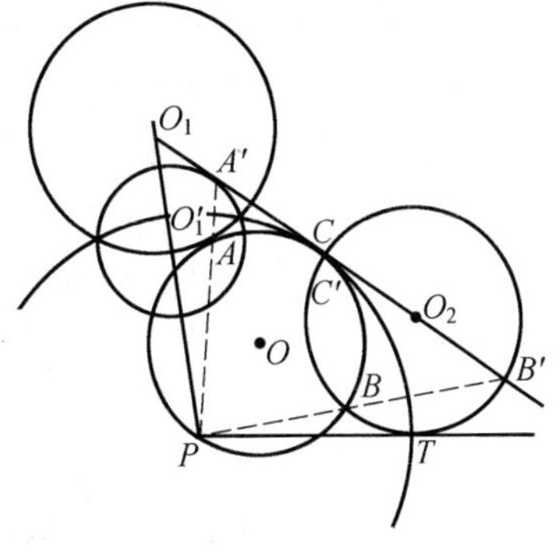

图 5.15

$$圆\ O_1 \to 圆\ O'_1，圆\ O_2 \to 圆\ O_2$$

$$A \to A'，B \to B'，C \to C'$$

$$圆 O \to 直线 A'B'C'$$

由保角性知，直线 $A'B'C'$ 与圆 O'_1 相切于点 A'，且过圆 O_2 的圆心. 这样，原作图题转化为作出圆 O_1 的反形圆 O'_1 以及过点 O_2 作圆 O'_1 的切线.

作法 (1)以点 P 为反演中心，点 P 到圆 O_2 的圆幂为反演幂，作出圆 O_1 的反形圆 O'_1.

(2)过点 O_2 作圆 O'_1 的切线，设此切线交圆 O_2 于点 B'，C'，与圆 O'_1 切于点 A'.

(3)连 PA'，PB'，设分别与圆 O_1，圆 O_2 交于点 A，B.

(4)过点 P，A，B 作圆 O.

则圆 O 为所求作的图形.

证明与讨论 略.

2.6 代数法

有些作图题的解决常归结为求作一条线段，而这未知线段的量可以用一些已知线段的代数式来表示，于是根据这个代数式先作出所求线段，然后再完成整个图形. 这种借助于代数运算来解作图题的方法叫做代数分析法，简称代数法.

代数法作图的一般步骤是：

(1)用字母 a，b，…，x 分别表示已知线段与求作线段.

(2)根据条件，找出已知量和未知量之间的关系，列出方程(组).

(3)解此方程(组)，求出根的表达式.

(4)根据根的表达式，作出所求线段.

(5)完成满足全部条件的图形.

例 15 在定圆圆 O 内求作内接正十边形.

分析 要作圆内接正十边形，只需作出 $36°$ 的角. 如图 5.16 所示，假设 $\angle AOB=36°$，则

$$\angle OAB=\angle OBA=72°$$

作 $\angle OBA$ 的平分线交 OA 于点 C，易知

$$OC=BC=AB$$

并且

$$\triangle BAC \backsim \triangle OAB$$

于是

$$BA : OA=AC : AB$$

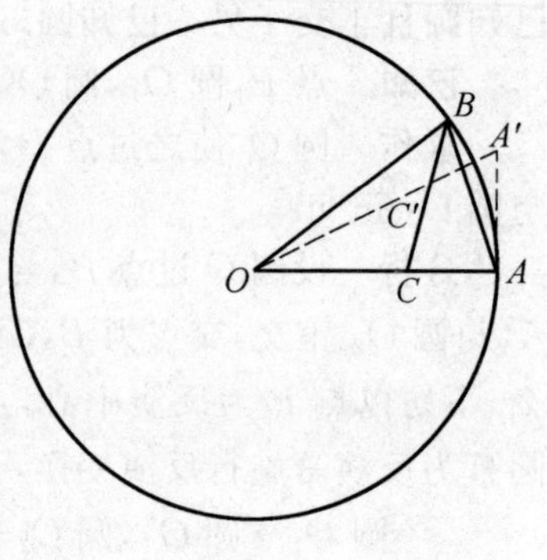

图 5.16

$$AB^2=OA\cdot AC$$

即
$$OC^2=OA\cdot AC$$

于是问题归结为在已知线段 OA 上作一点 C，使

$$OC^2=OA\cdot AC$$

设 $OA=a$，$OC=x$，则 $x^2=a(a-x)$，即

$$x=\frac{\sqrt{5}-1}{2}a\approx 0.618a\text{（负根已舍去）}$$

根据这个代数式作出线段 OC，从而点 B 可以确定.

作法 (1)作 $AA'\perp OA$，且 $AA'=\frac{1}{2}OA$.

(2)连 OA'，在 OA' 上截取 $A'C'=A'A$.

(3)在 OA 上取点 C，使 $OC=OC'$.

(4)以 C 为圆心，OC 长为半径作弧，交圆 O 于点 B.

(5)以 AB 为边长.作圆内接正十边形.

证明与讨论 略.

用代数法作图的关键在于寻找能用已知量的代数式来表示所求作的线段.但是，并非所有的表达式都可以进行尺规作图（如 $x=\sqrt[3]{a^3+b^3}$）.那么，具有怎样性质的代数式可以进行尺规作图呢？这是运用代数法作图首先要解决的问题.

一、几何线段关系的齐次性

如果函数 $f(x_1,x_2,\cdots,x_n)$ 具有性质

$$f(tx_1,tx_2,\cdots,tx_n)=t^k f(x_1,x_2,\cdots,x_n)$$

那么，$f(x_1,x_2,\cdots,x_n)$ 叫做 k 次齐次函数或 k 次齐次式.

欧氏几何中的关系式，多半由线段长度组成.凡由线段组成的关系式，都是齐次关系式.这个特性叫做几何线段关系的齐次性.例如：

在$\triangle ABC$ 中，三边之间的关系

$$AB^2=CA^2+CB^2-2CA\cdot CB\cos C$$

是二次齐次式；

圆外切四边形 $ABCD$ 的四边之间的关系

$$AB+CD=AD+BC$$

是一次齐次式；

在$\triangle ABC$ 中，若 AD 平分$\angle A$，则有

$$AB:AC=BD:DC$$

这是零次齐次式.

显然,如果一个关系式不是齐次的,那么这个关系式就没有几何意义.

次数不等于0,1,2或3的齐次式,我们也认为它无几何意义.但一个齐次式总可经过某种运算,把它变形为0,1,2或3次的齐次式,使它具有几何意义.

二、一次式作图的充分条件

用已知线段 $a_1,a_2,\cdots,a_n$ 表示未知线段 x 的关系式 $x=f(a_1,a_2,\cdots,a_n)$ 是一次齐次式,简称一次式.那么,一次式可进行尺规作图的充分条件是什么呢?

根据作图成法,设 a,b,c 是已知线段,则可作出下列各式所表示的未知线段 x:

①$x=a+b$;

②$x=a-b(a>b)$;

③$x=\frac{m}{n}a(m,n\in\mathbf{N})$;

④$x=\frac{ab}{c}$;

⑤$x=\sqrt{ab}$;

⑥$x=\sqrt{a^2+b^2}$;

⑦$x=\sqrt{a^2-b^2}(a>b)$.

可以看出,这七个关系式仅含有加、减、乘、除、开平方五种运算.

这些一次式作图是代数式作图的基础.对于一般的一次式,如果能变形为它们的有限次的有序组合,那么就可以进行尺规作图.于是有下述定理:

定理1 含有已知线段 $a_1,a_2,\cdots,a_n$ 的一次齐次式 $F(a_1,a_2,\cdots,a_n)$,若其中仅含有限次加、减、乘、除、开平方五种运算,F 在定义域中能取实值,则此值所对应的线段可用尺规作图.

事实上,含有加、减、乘、除、开平方五种运算的一次式不外乎下列三种形式:

(1)$x=\frac{f(a_1,a_2,\cdots,a_n)}{g(a_1,a_2,\cdots,a_n)}>0$,其中 f,g 分别是有理系数的 $n+1$ 次、n 次有理整式.

(2)$x=\sqrt{F(a_1,a_2,\cdots,a_n)}$,其中 $F>0$,F 是二次齐次有理式.

(3)$x=\sqrt{\Phi(a_1,a_2,\cdots,a_n)}$,其中 $\Phi>0$,并且 Φ 是仅含平方根式的二次齐次

无理式.

这三种形式的一次式都可以归结为七种代数基本作图的有序组合①. 举例说明如下.

例 16　设 a,b,c,d 是已知线段,求作下列各式所表示的线段:

(1)$x=\dfrac{a^3+b^3}{ac+ad}$;

(2)$x=\sqrt{3a^2+\sqrt{b^4+c^4}}$;

(3)$x=\sqrt{\dfrac{a^2b^2+c^2d^2}{ac+bd}}$.

解　(1)原式写成

$$x=\frac{a\left(a+b\cdot\dfrac{b}{a}\cdot\dfrac{b}{a}\right)}{c+d}$$

根据代数基本作图①,④,就可以作出线段 x.

(2)原式写成

$$x=\sqrt{a\cdot\left(3a+\sqrt{\left(\frac{b\cdot b}{a}\right)^2+\left(\frac{c\cdot c}{a}\right)^2}\right)}$$

根据代数基本作图①,③,④,⑤,⑥,可以作出线段 x.

(3)原式写成

$$x=\sqrt{a\cdot\frac{b\cdot\left(b+\dfrac{c^2d^2}{a^2b}\right)}{c+\dfrac{bd}{a}}}$$

根据代数基本作图①,④,⑤,可以作出线段 x.

由于一元二次方程 $x^2\pm px+qr=0$ 的根可用关于系数的加、减、乘、除、开平方五种运算的一次式表示,所以根据定理 1,如果方程系数是已知线段,就一定可以用尺规作出它的实根. 事实上,二次方程的系数可以规定得更广泛一些,于是得到下述定理:

定理 2　设 A,B,C 分别是仅含有限次加、减、乘、除、开平方五种运算的零次齐次式、一次齐次式、二次齐次式,则可以用尺规作出方程 $Ax^2+Bx+C=0$ 的实根.

---

① 详细证明见梁绍鸿编《初等数学复习及研究》(平面几何)P. 402～P. 404.

例 17 在已知矩形内作两个等圆，使它们相互外切，又分别切于矩形的一组对角的两边.

已知 矩形 $ABCD$.

求作 两等圆 O_1，圆 O_2，使圆 O_1 与 AB，AD 相切，圆 O_2 与 CB，CD 相切，圆 O_1 与圆 O_2 外切.

分析 假设两等圆已作出(如图 5.17). 设圆半径为 x，$AB=a$，$BC=b$，连 O_1O_2，作 $\mathrm{Rt}\triangle O_1O_2E$，使 $O_1E/\!/AB$，$O_2E/\!/BC$. 由相切关系及勾股定理，得

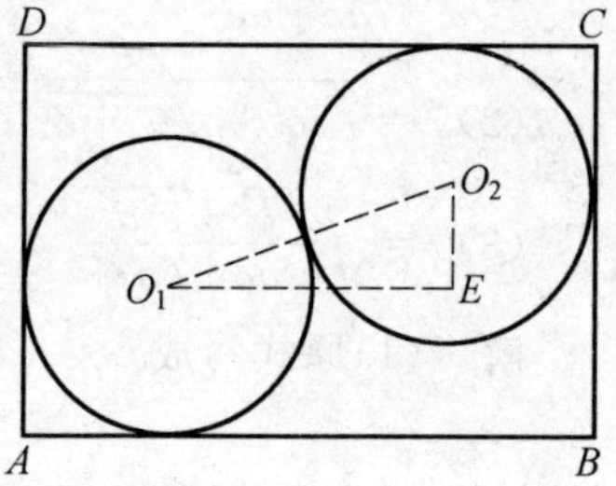

$$4x^2=(a-2x)^2+(b-2x)^2$$

即

$$4x^2-4(a+b)x+a^2+b^2=0$$

$$x_1=\frac{a+b+\sqrt{2ab}}{2}(\text{舍去}),x_2=\frac{a+b-\sqrt{2ab}}{2}$$

图 5.17

作法与证明 略.

讨论 当 $b>2a$ 或 $a>2b$ 时无解.

§3 尺规作图可能性的判断准则

3.1 尺规作图的充分必要条件

如前所述，判断一个作图题能否用尺规作图的基本标准是看它能否有限次地运用作图公法来完成作图. 但在实际作图时，用这个标准直接判断尺规作图的可能与否是有困难的. 现在我们来讨论尺规作图的充分必要条件.

我们已经知道，线段 x 能用尺规作图的充分条件是，用已知线段 a_1，a_2，…，a_n 表示的一次齐次式 $x=F(a_1,a_2,\cdots,a_n)$ 在实数域中取实值，且仅含有限次加、减、乘、除、开平方五种运算. 现在反过来考虑这样的问题，能用尺规作图的线段 x，是否一定是具有这种形式的一次齐次式.

任何能用尺规完成的作图，无论它多么复杂，都不外乎归结为三条公法的有限次的有序组合. 仔细分析三条公法的实质，我们可以看出，尺规作图的过程，就是由一些已知点作直线(公法 1)、作圆(公法 2)，再由直线或圆产生新点(公法 3)的有限组合过程. 也就是说尺规作图的实质无非是从一些已知点(包括任意取的点和中间过程作出的点)出发来求作新点的过程.

根据公法 3，得到新点的途径有三条：直线与直线交点，直线与圆的交点，

圆与圆的交点. 在直角坐标平面上,这些交点的坐标必定是下列三种方程组的解.

(1)设点 A,B,C,D 的坐标分别是$(a_1,a_2),(b_1,b_2),(c_1,c_2),(d_1,d_2)$,那么过点 A,B 的直线与过点 C,D 的直线的交点坐标(x,y)是下列方程组的解

$$\begin{cases}\dfrac{x-a_1}{b_1-a_2}=\dfrac{y-a_2}{b_2-a_2}\\ \dfrac{x-c_1}{d_1-c_1}=\dfrac{y-c_2}{d_2-c_2}\end{cases}$$

(2)设 A,B,C,D 的坐标分别是$(a_1,a_2),(b_1,b_2),(c_1,c_2),(d_1,d_2)$,那么过点 A,B 的直线和以 D 为圆心,DC 为半径的圆的交点坐标(x,y)是下述方程组的解

$$\begin{cases}\dfrac{x-a_1}{b_1-a_1}=\dfrac{y-a_2}{b_2-a_2}\\ (x-d_1)^2+(y-d_2)^2=(c_1-d_1)^2+(c_2-d_2)^2\end{cases}$$

(3)设点 O_1,O_2,C,D 的坐标分别是$(a_1,a_2),(b_1,b_2),(c_1,c_2),(d_1,d_2)$,那么分别以 O_1,O_2 为圆心,O_1C,O_2D 为半径的两圆交点坐标(x,y)是下述方程组的解

$$\begin{cases}(x-a_1)^2+(y-a_2)^2=(c_1-a_1)^2+(c_2-a_2)^2\\ (x-b_1)^2+(y-b_2)^2=(d_1-b_1)^2+(d_2-b_2)^2\end{cases}$$

根据初等代数知识,这些方程组的解是通过方程系数(已知点的坐标)之间进行加、减、乘、除、开平方运算而得到的. 可见,由尺规作出的线段,可由已知线段的量通过加、减、乘、除、开平方运算得到. 换句话说,凡可用尺规作图的线段 x,均可用仅含有限次的加、减、乘、除、开平方运算的一次齐次式 $F(a_1,a_2,\cdots,a_n)$表示,其中 a_i 是已知线段.

将上述结论与上节定理 1 合并,得到尺规作图的充分必要条件.

定理 1　一个作图题中所要求出的线段 x,可由一次齐次式 $x=F(a_1,a_2,\cdots,a_n)$表示. 那么,这个作图题能用尺规作出的充分必要条件是:F 仅含有关于已知线段 a_i 的有限次加、减、乘、除、开平方运算.

3.2　三次方程的根能否尺规作图的判定

我们知道,一次、二次方程的根可用尺规作出. 对于三次方程,如果直接求出它的根,然后用定理 1 来判定,那是很麻烦的. 事实上,我们有下述定理:

定理 2　有理系数的三次方程 $ax^3+bx^2+cx+d=0$ 的实根能用尺规作图

的充分必要条件是它有一个有理根.

证明 略.

至于判断方程是否有有理根,可利用下面的结论:

定理 3 若整系数方程 $a_0x^n+a_1x^{n-1}+\cdots+a_{n-1}x+a_n=0$ 有有理根 $\frac{p}{q}$(p,q 互质),则 p 是 a_n 的约数,q 是 a_0 的约数.

利用上述有关定理,可以证明前面提及的三大作图不能问题.

3.3 三大尺规作图不能问题

一、立方倍积问题

求作一立方体,使它的体积等于已知立方体体积的两倍.

设已知立方体棱长为 a,所求作立方体棱长为 x,则有 $x^3=2a^3$,即 $x^3-2a^3=0$. 令 $a=1$,方程变为 $x^3-2=0$. 根据定理 3,此方程没有有理根,因此立方倍积问题属于尺规作图不能问题.

二、三等分任意角的问题

设已知角 $\angle XOY=\theta$(如图 5.18),OP,OQ 是它的三等分线,$\angle XOP=\angle POQ=\angle QOY=\frac{1}{3}\theta$.

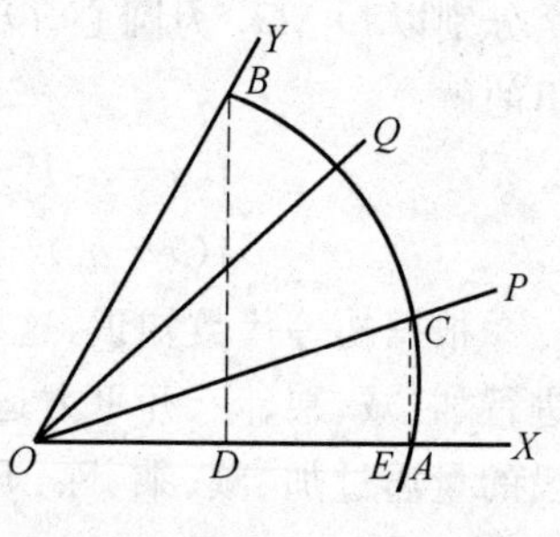

图 5.18

以 O 为圆心,单位长为半径作弧交 OX,OP,OY 于点 A,C,B,作 $BD\perp OA$,$CE\perp OA$,D,E 是垂足. 令 $OD=a$,$OE=x$,则

$$a=\cos\theta,x=\cos\frac{\theta}{3}$$

由三角公式知

$$\cos\theta=4\cos^3\frac{\theta}{3}-3\cos\frac{\theta}{3}$$

故有

$$a=4x^3-3x$$

即

$$4x^3-3x-a=0 \quad ①$$

当 $\theta=60°$时,$a=\cos\theta=\frac{1}{2}$,代入方程①得

$$8x^3-6x-1=0 \quad ②$$

方程②如有有理根，只能是$\pm1,\pm\frac{1}{2},\pm\frac{1}{4},\pm\frac{1}{8}$，而这些都不能满足方程，故方程②没有有理根.这说明仅用尺规不能三等分60°的已知角，即三等分任意角也是尺规作图不能问题.

三、化圆为方问题

求作一个正方形，使它的面积等于一个已知圆的面积.

设已知圆为单位圆，求作的正方形边长为x，则$x^2=\pi,x=\sqrt{\pi}$.由于$\sqrt{\pi}$是超越数，它不能用已知量经有限次的加、减、乘、除、开平方运算得出，所以化圆为方问题不能仅用尺规作图.

3.4 尺规作图不能问题的判别方法

尺规作图不能问题，多得不可胜数.因此，对尺规作图不能问题的判别，除直接应用前面的定理外，常采用两种间接判别方法：

1. 把问题归结为已知的作图不能问题.

2. 证明问题的某个特例不能作图，从而断言一般情况不能作图.

下面举例加以说明.

例1 证明：正七边形与正九边形不能仅用尺规作出.

证明 正九边形的作图，归结为作一个角$\theta=\frac{360°}{9}=40°$.由于不能仅用尺规三等分60°角，所以$\theta=40°$的角也不能仅用尺规作出，正九边形属于尺规作图不能问题.

正七边形的作图，归结为作一个角$\theta=\frac{2\pi}{7}$的作图.因为

$$3\theta=2\pi-4\theta$$

故

$$\cos 3\theta=\cos 4\theta$$

根据三角公式，有

$$4\cos^3\theta-3\cos\theta=2(2\cos^2\theta-1)^2-1$$

即

$$8\cos^4\theta-4\cos^3\theta-8\cos^2\theta+3\cos\theta+1=0$$

令$\cos\theta=x$，得

$$8x^4-4x^3-8x^2+3x+1=0$$

$$(x-1)(8x^3+4x^2-4x-1)=0$$

因$x-1\neq0$，故有

$$8x^3+4x^2-4x-1=0$$

容易看出，此方程没有有理根，所以正七边形尺规作图不可能.

这里，正七边形作图不可能的判别，直接应用了前面的定理；正九边形尺规作图不可能的判断，归结为三等分角这已知的作图不能问题.

例 2 AB 为圆 O 的直径，P 为圆上一定点，过点 P 作一弦 PR，使 PR 交 AB 于点 Q，且 $QR=OR$.

分析 假设 PR 已作出(如图 5.19). 设定角$\angle POA=\alpha$，$\angle AOR=\beta$，则

$$\angle OQR=\beta, \angle ORP=\angle OPR=\beta-\alpha$$

于是在$\triangle ORQ$中，有

$$2\beta+\beta-\alpha=\pi$$

故
$$\beta=\frac{\pi+\alpha}{3}$$

原作图题转化为"作一个角 β 是已知角 $\alpha+\pi$ 的三分之一"，这属于尺规作图不能问题，所以原作图题是尺规作图不能问题，尽管满足条件的弦 PR 是存在的.

例 3 已知外心至三边的距离，求作三角形.

分析 假定$\triangle ABC$已作出(如图 5.20). 设外接圆半径为 x，外心 O 到三边的距离 $OA'=a$，$OB'=b$，$OC'=c$ 是已知长，设$\angle AOC'=\alpha$，$\angle AOB'=\beta$，$\angle COA'=\gamma$，则

$$\alpha+\beta+\gamma=\pi$$

于是，有

$$\cos(\alpha+\beta)=-\cos\gamma, \cos\alpha\cos\beta+\cos\gamma=\sin\alpha\sin\beta$$

$$\frac{c}{x}\cdot\frac{b}{x}+\frac{a}{x}=\frac{\sqrt{x^2-c^2}}{x}\cdot\frac{\sqrt{x^2-b^2}}{x}$$

整理得

$$x^3-(a^2+b^2+c^2)x-2abc=0$$

令 $a=1$，$b=2$，$c=3$，得

$$x^3-14x-12=0$$

容易验证，此方程没有有理根，可见本题为尺规作图不能问题.

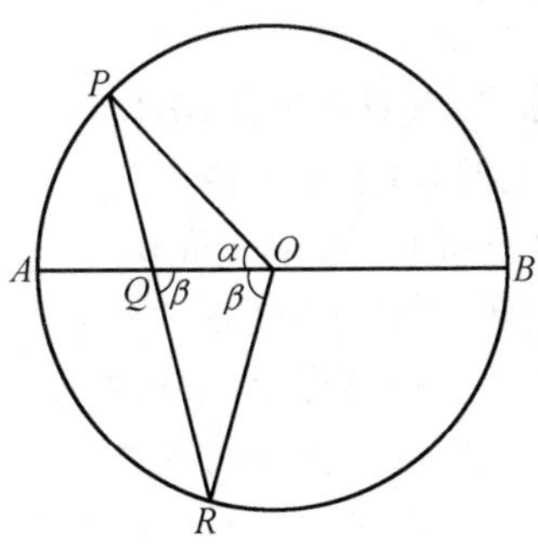

图 5.19

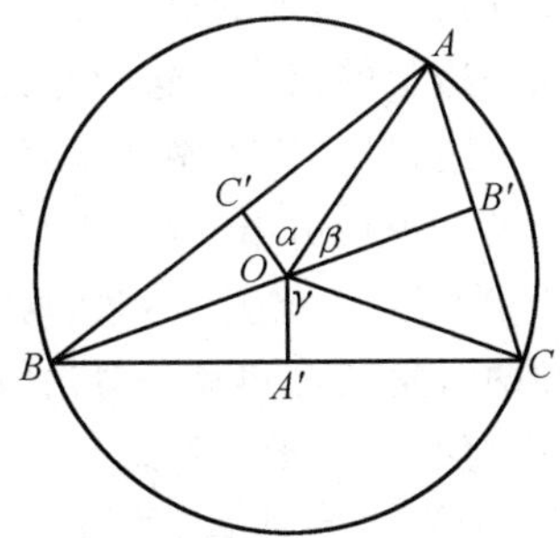

图 5.20

注记 1　三大几何作图不能问题，是著名的古典难题. 两千多年来，许多学者都曾致力于这三个问题的研究. 虽然借助于其他工具或曲线可以作出这些图形，但仅用尺规作图却未能如愿以偿. 直到 1637 年笛卡儿创立了解析几何之后，才借助于代数的力量建立了尺规作图的判别准则. 1837 年万兹尔(Wantzel，1814—1848)证明了前两个问题是尺规作图不能问题. 1882 年，林德曼(Lindeman，1852—1939)证明了 π 的超越性. 因此化圆为方也属不能问题，从此这古典难题的研究宣告结束.

注记 2　正多边形的作图，就是等分圆周的问题. 人们早就会用尺规作出边数为 3，4，5，6，8，10，15 等正多边形. 至于怎样判断一个正 n 边形能否尺规作图，一直到 1801 年高斯(Gauss，1777—1855)才给出一个结论：

定理 4　可用尺规 n 等分圆周的充要条件是 n 为如下形式的自然数

$$n=2^m p_1 p_2 \cdots p_\kappa$$

其中 m 是零或自然数，$p_1，p_2，\cdots，p_\kappa$ 等于 1 或者是可以表示为 $2^{2^t}+1(t=1,2,\cdots)$ 形式的互异质数.

这个定理从理论上彻底解决了等分圆周的尺规作图可能性问题. 但是，如何判断形如 $2^{2^t}+1$(称为费马数)的数是质数以及如何作出图形，仍然是很困难的问题，未能得到彻底解决.

习题 5

1. 求作一圆与定角的两边相切，且与一边切于一定点.

2. 设 $a，b$ 是平行的两定直线，P 是 a 上的定点，Q 是 $a，b$ 外的定点. 求过点 Q 作直线 l 交 $a，b$ 于点 $A，B$，使 $PA=PB$.

3. 已知顶角、底边以及顶角平分线分底边两部分之比，求作三角形.

4.已知顶角、底边上的高以及周长,求作三角形.

5.已知一边上的高和这边对角的平分线,内切圆半径,求作三角形.

6.已知一边,另一边上中线及第三边上的高,求作三角形.

7.已知同一顶角引出的高、中线、角平分线长,求作三角形.

8.已知正方形的一边与一条对角线之和,求作正方形.

9.已知两对角线之和及一对角线与它的邻边的夹角.求作菱形.

10.引一直线平行于定直线,使得截两已知圆所得的两弦之长相等.

11.已知 l 为定长线段,在定 $\triangle ABC$ 内,求作一平行 BC 而两端分别在 AB,AC 上的线段 EF,使 $BE+CF=l$.

12.已知四边形 $ABCD$ 的三边 AD,DC,CB 长,以及 $\angle A$,$\angle B$,求作此四边形.

13.已知圆 O 及两定点 A,B,求作互相垂直的两半径 OP,OQ,使 $AP=BQ$.

14.求作一正三角形,使得三顶点在三条已知的平行线上.

15.从两已知圆外一点到两已知圆作两条相等的线段,使它们的夹角等于已知角.

16.已知三条直线 l_1,l_2,l_3,求作正方形 $ABCD$,使点 A,C 在 l_2 上,点 B,D 分别在 l_1,l_3 上.

17.已知矩形一边上一定点 K,以 K 为一顶点求作内接平行四边形,使这平行四边形周长最小.

18.设 A,B 是定直线 XY 同侧的两定点,在 XY 上求一点 O,使 $\angle AOX=2\angle BOY$.

19.已知两边的比及这两边的夹角和周长,求作三角形.

20.已知共点三直线及线外一点 P,过点 P 作一直线 l 交三直线于点 A,B,C,使 $AB:BC$ 为定值.

21.求过两已知点作一圆,使之与一已知圆正交.

22.已知两定圆,求作一圆,使切其中一定圆于定点,且切于另一圆.

23.已知线段 a,b,c,求作下列各式所表示的线段:

(1)$x=\dfrac{a^2b+b^2c}{a^2+3b^2}$;

(2)$x=\sqrt[4]{a^3b-b^3a}$.

24.已知一直角扇形 OAB 及以 A 为圆心,OA 为半径的圆 A,求作一圆,使切于圆 A 及直角扇形的半径 OB,并且圆心落在直角扇形的弧 $\overset{\frown}{AB}$ 上.

25. 在已知菱形内作内接矩形，使它的边平行于菱形的对角线，且面积等于已知菱形面积的三分之一.

26. 定角$\angle XOY$内有一定点P，过点P作一直线交OX，OY于点M，N，使$OM-ON=m$(定长).

27. 试证明下列各题是尺规作图不能问题：

(1)在已知圆中，求作内接等腰三角形，使一腰上的高落在一条定弦上.

(2)已知两直角边的立方之比和斜边长，求作直角三角形.

(3)已知内心至三顶点的距离，求作三角形.

(4)已知垂心至三边的距离，求作三角形.

第 6 章　立体几何

从平面几何到立体几何的过渡，主要困难是空间观念的变化，而培养空间想象力正是立体几何教学的主要目的. 这种能力的培养包括三个方面：

一、通过对实物、模型的观察，培养观察力；

二、通过直观图的绘制，培养绘图能力；

三、通过识图，培养能从平面上的直观图想象出空间的立体图形，从平面和空间图形的区别和联系上发展想象力.

正如爱因斯坦所说："想象力比知识更重要，是知识进化的源泉，世界上任何创造性的劳动成果无一不是想象力的结晶."

回顾中学教学中的立体几何，其内容就是直线和平面、多面体和旋转体两章，而有关拟柱体以及多面角和正多面体属于选修内容. 正如在第 1 章所指出的，传统教材是选用点、直线、平面为基本元素，而距离、角度、面积、体积这些合同变换下的不变量，在教材中也经常使用着. 我国从 1936 年至 1949 年在中学理科班曾开设过《空间解析几何》，1960 年北京、上海等地编写的中学数学试用教材中也包括这部分内容；国外有些中学教材已经将立体几何与空间解析几何融为一体. 因此，为了适应教改的需要，在本章的后两节中，将适当加强用向量法、解析法解决立体几何问题的训练.

§1　点、直线、平面

复杂的立体图形可以分解为若干简单的基本图形. 只有学会分解的方法，熟悉基本图形的性质，在解决较复杂的立体几何问题时，才能应付自如.

(一)平面的基本性质

公理 1　如果一条直线上的两点在一个平面内，那么这条直线上所有的点都在这个平面内.

公理 2　如果两个平面有一个公共点，那么它们有且只有一条通过这个点的公共直线.

公理 3　经过不在同一条直线上的三点，有且只有一个平面.

推论1 经过一条直线和这条直线外的一点,有且只有一个平面.

推论2 经过两条相交直线,有且只有一个平面.

推论3 经过两条平行直线,有且只有一个平面.

(二)两条直线的位置关系

1. 相交直线——在同一个平面内,有且只有一个公共点;

2. 平行直线——在同一个平面内,且没有公共点;

3. 异面直线——不同在任何一个平面内,且没有公共点.

需要指出,现行教材将三线平行定理作为公理4,这样虽然避免了复杂的证明,但是会导致逻辑上的混乱.现补证如下:

已知 直线 $a /\!/ b, c /\!/ b$.

求证 $a /\!/ c$.

证明 当三直线 a,b,c 共面时,在平面几何中已证,故略.

当 a,b,c 不共面时,过 a,b 所确定的平面 α 与过直线 b,c 所确定的平面 β 相交于 b.在 c 上任取一点 P(如图6.1),设 a,P 所确定的平面 γ 与 β 相交于 c',则 c' 与 a 可能相交或平行.

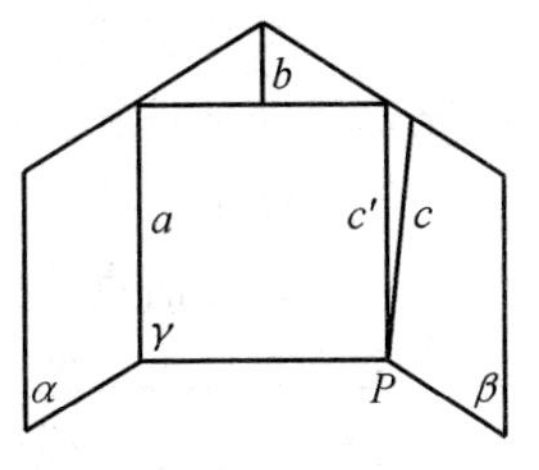

图6.1

若 c' 与 a 相交于点 M,则点 M 在 α,β 内,必在 b 上,与 $a /\!/ b$ 矛盾.

若 c' 与 a 平行,且 c' 与 b 不平行.可设 c 与 b 相交于点 Q,则点 Q 在 γ,α 内,必在 a 上,这与 $c' /\!/ a$ 矛盾,所以 $c' /\!/ b$.

因为 $c' \cap c = P, c' /\!/ b, c /\!/ b$,所以 c' 与 c 重合(平行公理),故 c 与 a 平行.

(三)直线和平面的位置关系

1. 直线在平面内——直线与平面有无数个公共点;

2. 直线和平面相交——直线与平面有唯一的公共点;

3. 直线和平面平行——直线与平面没有公共点.

(四)两个平面的位置关系

1. 两平面平行——两平面没有公共点;

2. 两平面相交——两平面有一条公共直线.

(五)平行关系的判定定理和性质定理

1. 如果平面外一条直线和这个平面内的一条直线平行,那么这条直线和这个平面平行.

2. 如果一条直线和一个平面平行,经过这条直线的平面和这个平面相交,那么这条直线和交线平行.

3.如果一个平面内有两条相交直线都平行于另一个平面,那么这两个平面互相平行.

4.如果两个平行平面同时和第三个平面相交,那么它们的交线平行.

(六)垂直关系的判定定理和性质定理

1.如果一条直线和一个平面内的两条相交直线都垂直,那么这条直线垂直于这个平面.

2.如果两条直线同垂直于一个平面,那么这两条直线平行.

3.如果一个平面经过另一个平面的一条垂线,那么这两个平面互相垂直.

4.如果两个平面垂直,那么在一个平面内垂直于它们交线的直线垂直于另一个平面.

5.三垂线定理及其逆定理:平面内的一条直线和这个平面的一条斜线垂直的充要条件是它和斜线在平面上的射影垂直.

(七)度量关系

1.两条异面直线所成的角是通过平行线的传递性转化为两条相交直线所成的锐角或直角来度量的.

直线与平面所成的角是通过直线与它在平面内的射影所成的锐角来度量的.

平面与平面的交角是通过二面角的平面角来度量的.

2.线段 AB(或平面图形 σ)与它在平面 α 内的射影 $A'B'$(或图形 σ')的关系是

$$A'B'=AB\cos\theta, S(\sigma')=S(\sigma)\cos\theta$$

其中 θ 是 AB(或 σ 所在平面)与平面 α 的夹角,$S(\sigma')$,$S(\sigma)$ 分别是 σ',σ 的面积.

3.两点集间的距离是指一点集的任一点与另一点集的任一点之间的距离的下确界.由于平行线、平行平面、直线与其平行平面间的距离处处相等,故平行线的距离可转化为一直线上任一点到另一直线的距离;平行平面间的距离可转化为一平面上的任一点到另一平面的距离;而互相平行的线面之间的距离,可转化为一直线上的任一点到平面的距离.

4.求异面直线间的距离常用下列方法:

(1)作公垂线段;

(2)线面平行法;

(3)面面平行法;

(4)极值法;

(5)体积法；

(6)公式法.

现就上述六种方法逐一举例说明.

例1　正方体 $ABCD-A_1B_1C_1D_1$ 的棱长为 a，求 A_1B 和 B_1D_1 间的距离.

解法一　如图6.2所示，取 A_1B_1 的中点 M，作平面 AC_1M 分别交 A_1B，B_1D_1 于点 E，F.

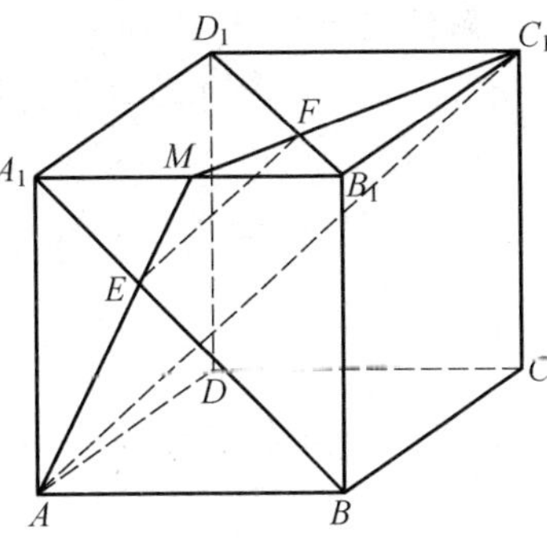

图6.2

根据三垂线定理易知

$$AC_1\perp A_1B, AC_1\perp B_1D_1$$

因此只要证明 $EF/\!/AC_1$ 便知 EF 是 A_1B，B_1D_1 的公垂线.

因为

$$\frac{ME}{EA}=\frac{A_1M}{AB}=\frac{1}{2}, \frac{FM}{FC_1}=\frac{MB_1}{C_1D_1}=\frac{1}{2}$$

所以

$$EF/\!/AC_1$$

且

$$EF=\frac{1}{3}AC_1=\frac{\sqrt{3}}{3}a$$

此法是直接作出公垂线段，但作法不易想到，常用的是下面的线面法：

解法二　如图6.3所示，连 BD，因为

$$BD/\!/B_1D_1$$

所以

$$平面\ A_1BD/\!/B_1D_1$$

而 B_1D_1 上任一点到平面 A_1BD 的距离即为异面直线 A_1B 与 B_1D_1 间的距离.

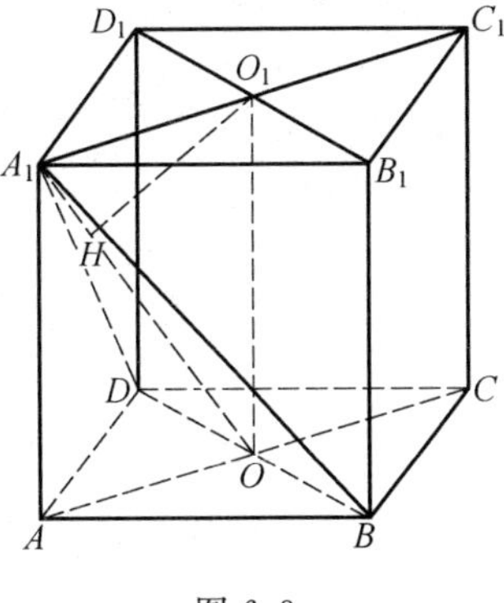

图6.3

作对角面 AC_1 交 BD 于点 O，交 B_1D_1 于点 O_1，过点 O_1 作 $O_1H\perp A_1O$ 于点 H.

因为 $BD\perp$ 平面 AC_1，所以 $BD\perp O_1H$，$O_1H\perp$ 平面 A_1BD，故 O_1H 就是 A_1B 与 B_1D_1 间的距离.

又因为

$$O_1H\cdot A_1O=OO_1\cdot A_1O_1=\frac{\sqrt{2}}{2}a^2, A_1O=\sqrt{\frac{3}{2}}a$$

所以

$$O_1H=\frac{\sqrt{3}}{3}a$$

本题还可以采用面面平行法来解：

解法三 显见，平面 A_1BD // 平面 B_1D_1C，并将对角线 AC_1 三等分(如对角面图 6.4).

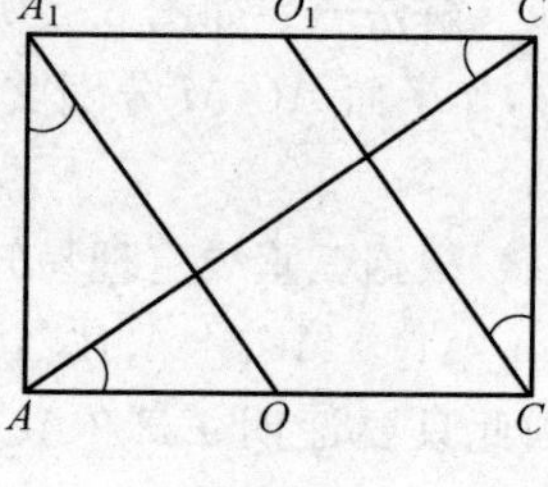

图 6.4

因为

$$AC=\sqrt{2}a, AO=\frac{1}{2}AC$$

所以

$$A_1A : AO=a : \frac{\sqrt{2}}{2}a=\sqrt{2} : 1=A_1C_1 : A_1A$$

又因为

$$\angle A_1AO=\angle C_1A_1A=90^\circ$$

所以

$$\triangle A_1AO\backsim\triangle C_1A_1A$$
$$\angle AA_1O=\angle A_1C_1A$$

因此

$$A_1O\perp AC_1$$

又因为

$$BD\perp AC_1$$

所以

$$AC_1\perp \text{平面 } A_1BD$$

因为

$$AC_1\perp A_1B, AC_1\perp B_1D_1$$

所以 A_1B 与 B_1D_1 间的距离为 $\frac{1}{3}AC_1=\frac{\sqrt{3}}{3}a$.

本题若采用体积法来解则要简便些：

解法四 由图 6.3 知

$$B_1D_1 \text{ // 平面 } A_1BD$$

设点 B_1 到平面 A_1BD 的距离为 h，则 h 即为 A_1B 与 B_1D_1 间的距离.易知三棱锥 B_1A_1BD 的体积为

$$V_{B_1-A_1BD}=\frac{1}{3}S_{\triangle A_1BD}\cdot h=\frac{1}{3}\left[\frac{\sqrt{3}}{4}(\sqrt{2}a)^2\right]h$$

$$V_{D-A_1B_1B}=\frac{1}{3}S_{\triangle A_1B_1B}\cdot DA=\frac{1}{3}\cdot\frac{1}{2}a^2\cdot a$$

又因为

$$V_{B_1-A_1BD}=V_{D-A_1B_1B}$$

即

$$\frac{1}{3}\left[\frac{\sqrt{3}}{4}(\sqrt{2}a)^2\right]h=\frac{1}{6}a^3$$

所以

$$h=\frac{\sqrt{3}}{3}a$$

因为异面直线间的距离是两直线上的点之间的距离最小值，所以还可以用求极值的方法来解：

解法五 在 A_1B 上任取一点 P，作 $PQ\perp A_1B_1$ 于点 Q，过点 Q 作 $QR\perp B_1D_1$ 于点 R.

设 $PQ=x$，则

$$A_1Q=x, QR:QB_1=A_1D_1:B_1D_1$$

因为

$$PQ\perp QR$$

故

$$PR^2=PQ^2+QR^2=x^2+\frac{1}{2}(a-x)^2=\frac{3}{2}\left(x-\frac{a}{3}\right)^2+\frac{a^2}{3}$$

因此当 $x=\frac{1}{3}a$ 时，PR 即是公垂线段，其长度为$\frac{\sqrt{3}}{3}a$.

为了便于求异面直线间的距离，下面给出一般的计算公式.

设四面体 $ABCD$ 的体积为 V_{ABCD}，一组对棱 AB 与 CD 间的距离为 d，夹角为 φ，AB，CD 的长度分别为 a，b，则它们之间有关系式

$$V_{ABCD}=\frac{1}{6}abd\sin\varphi$$

证明 如图 6.5 所示，作三棱柱 $ABC-A'B'D$，过点 B 作平面 $BEF\perp CD$ 于点 E，交 AA' 于点 F，过点 E 作 $EH\perp BF$ 于点 H. 则

$$EH\perp CD, EH\perp AA'$$

因此

$$EH\perp 面 AA'B'B, EH\perp AB$$

故

$$|EH|=d$$

显然三棱柱 $ABC-A'B'D$ 的体积等于 $3V_{ABCD}$，又等于直截面 BEF 的面积

$\frac{1}{2}ad\sin\varphi$ 与棱长 b 的积,即有

$$3V_{ABCD}=\frac{1}{2}abd\sin\varphi$$

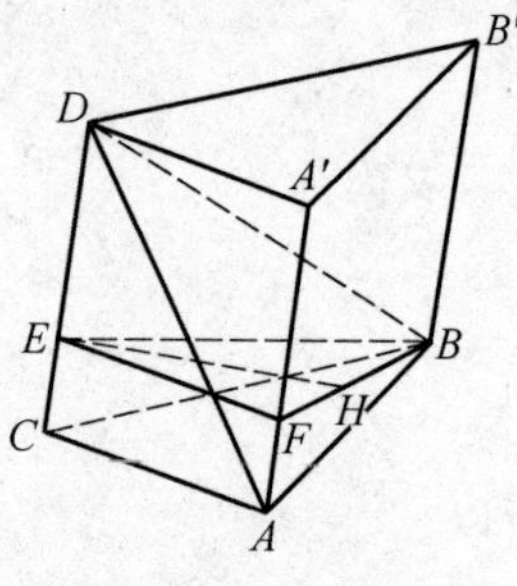

图 6.5

运用这个公式来解例 1,由于 $A_1B=B_1D_1=\sqrt{2}a$,$\varphi=60°$,$V_{A_1BB_1D_1}=\frac{1}{6}a^3$,代入上述公式便得 A_1B 与 B_1D_1 间的距离

$$d=\frac{\sqrt{3}}{3}a$$

上面通过例 1 介绍了求异面直线间的距离的各种方法,同时也用到了前面复习的若干定理. 下面再看几个例子.

例 2 如图 6.6 所示,斜边为 AB 的 Rt△ABC,过点 A 作 $AP\perp$ 平面 ABC,且 $PA=AB=2$,$AE\perp PB$ 于点 E,$AF\perp PC$ 于点 F.

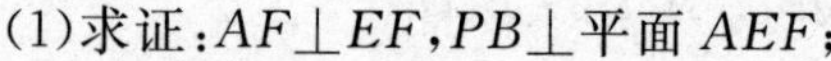

(1)求证:$AF\perp EF$,$PB\perp$ 平面 AEF;

(2)若$\angle BPC=\theta$,问 θ 为何值时,△AEF 的面积最大?

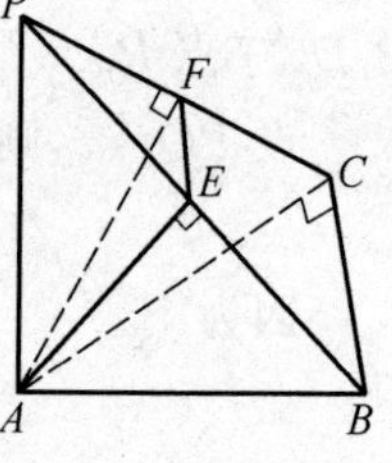

图 6.6

证明 (1)因为

$$BC\perp AC, BC\perp PA$$

所以

$$BC\perp \text{平面 } PAC, \text{平面 } PBC\perp \text{平面 } PAC$$

又因为

$$AF\perp PC$$

所以

$$AF\perp \text{平面 } PBC$$

$$AF\perp EF$$

又 $AF\perp PB$,已知 $AE\perp PB$,所以

$$PB\perp \text{平面 } AEF$$

(2)因为

$$PA=AB=2$$

所以

$$AE=\sqrt{2}$$

由于$\angle AFE=90°$,故当 $AF=EF=1$ 时,△AEF 的面积最大. 这时

$$PE=\sqrt{2},\angle PEF=90^\circ$$

所以

$$\tan\theta=\frac{1}{\sqrt{2}}$$

答：当 $\theta=\arctan\frac{\sqrt{2}}{2}$ 时，$\triangle AEF$ 的面积最大为 $\frac{1}{2}$.

例 3 把一付如图 6.7(a)所示的三角板拼接起来. 设 $BC=2\sqrt{3}$，$\angle A=90^\circ$，$AB=AC$，$\angle BCD=90^\circ$，$\angle D=60^\circ$，再把三角板按图 6.7(b)折起，使面 $ABC\perp$ 面 BCD.

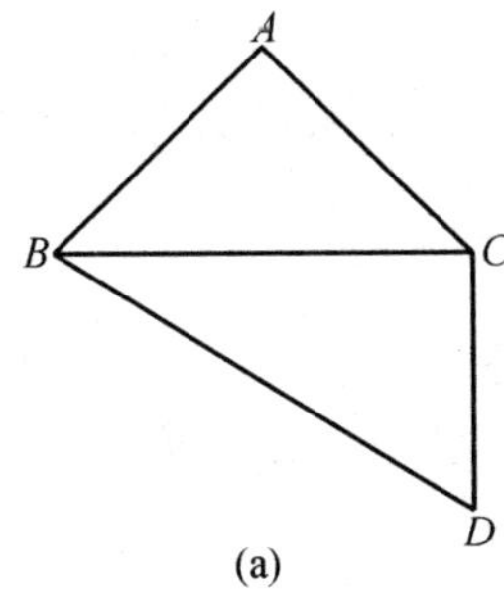

(a)

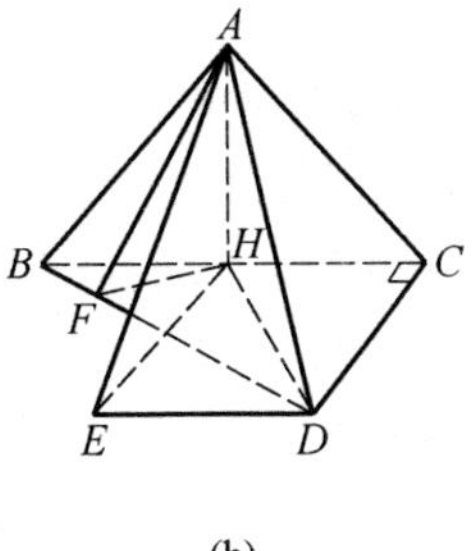

(b)

图 6.7

(1)求直线 AD 与 BC 所成角的度数；

(2)求 AD 与平面 BCD 所成角的度数；

(3)求二面角 $A-BD-C$ 的度数；

(4)求 AD 与 BC 间的距离.

解 已知 $BC=2\sqrt{3}$，则 $AB=AC=\sqrt{6}$，$CD=2$，$BD=4$.

过点 A 作 $AH\perp BC$ 于点 H，则

$$AH\perp \text{平面 } BCD$$

$$AH=HC=\sqrt{3},HD=\sqrt{7},\angle ACD=90^\circ,AD=\sqrt{10}$$

(1)直线 AD 与 BC 异面，过点 D 作 $DE /\!/ CH$ 且 $DE=CH$. 连 HE，AE，则

$$EH\perp BC,EH=CD=2,\angle AHE=90^\circ,AE=\sqrt{7}$$

$$AD\text{ 与 }BC\text{ 的夹角}=\angle ADE=\arctan\frac{AE}{DE}=\arctan\sqrt{\frac{7}{3}}$$

(2)因为 $AH\perp$ 平面 BCD，所以 $\angle ADH$ 就是 AD 与平面 BCD 所成的角，

它的度数为 $\arctan\dfrac{AH}{HD}=\text{arcan}\sqrt{\dfrac{3}{7}}$.

(3)过点 H 作 $HF\perp BD$ 于点 F,连 AF,则$\angle AFH$ 就是二面角 $A\text{-}BD\text{-}C$ 的平面角,它的度数为 $\arctan\dfrac{AH}{HF}=\arctan 2$.

(4)由
$$V_{ABCD}=2=\frac{1}{6}|AD||BC|d\sin\left(\arctan\sqrt{\frac{7}{3}}\right)$$
$$=\frac{1}{6}\sqrt{10}\cdot 2\sqrt{3}\,d\sqrt{\frac{7}{10}}$$
得
$$d=\frac{6}{\sqrt{21}}=\frac{2}{7}\sqrt{21}$$

例 4 已知圆锥的半顶角为 ω,侧面母线为 l. 一条母线 SA 与底面的一条半径 OQ 垂直,P 为 SA 的中点. 求:

(1)直线 PQ 与 SO 间的距离;

(2)在圆锥侧面上点 P 到点 Q 间的最短距离.

解 (1)如图 6.8(a)所示,作 $PH/\!/SO$ 交 OA 于点 H,则
$$SO/\!/\text{平面 } PQH$$
过点 O 作 $OB\perp QH$ 于点 B,直线 PQ 与 SO 间的距离等于 OB.

因为
$$OQ=OA=l\sin\omega,OH=\frac{1}{2}l\sin\omega$$
所以
$$QH=\frac{\sqrt{5}}{2}l\sin\omega,OB=\frac{OH\cdot OQ}{QH}=\frac{\sqrt{5}}{5}l\sin\omega$$

(2)如图 6.8(b)所示,作圆锥的侧面展开图. 圆锥面上的短程线$\overset{\frown}{QP}$(它不是平面曲线)在展开图中应是直线段.
$$\angle QSA=\frac{\overset{\frown}{QA}}{|SA|}=\frac{\frac{\pi}{2}l\sin\omega}{l}=\frac{\pi}{2}\sin\omega$$
$$|PQ|=\sqrt{SQ^2+SP^2-2\cdot SQ\cdot SP\cdot\cos\angle QSA}$$
$$=l\sqrt{\frac{5}{4}-\cos\left(\frac{\pi}{2}\sin\omega\right)}$$

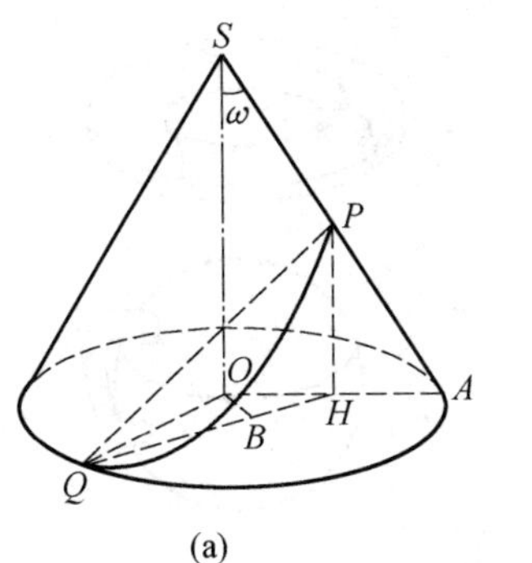

(a)

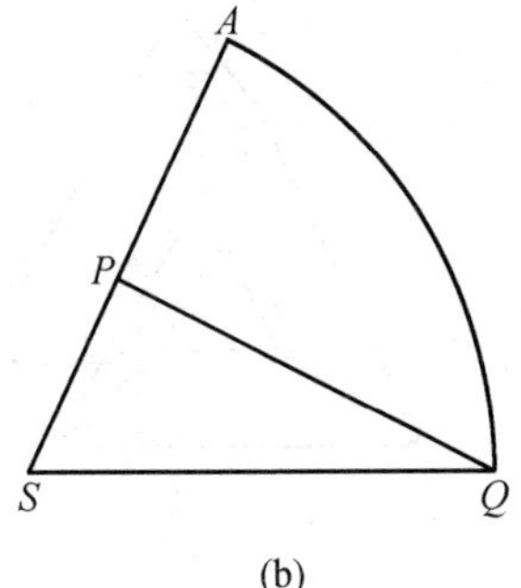

(b)

图 6.8

§2　简单多面体的欧拉公式

由有限多个平面多边形所围成的几何体，叫做多面体. 这些多边形连同其内部称为多面体的面. 面与面的公共边叫做多面体的棱. 若干个面的公共顶点叫做多面体的顶点. 由 n 个面所围成的多面体叫做 n 面体.

将多面体的任何一个面伸展为平面，如果所有其他各面都在这个平面的同侧，这样的多面体叫做凸多面体.

某些多面体（如正方体），假定它的面是用橡胶薄膜做成的，并充以气体，那么它就会连续（不破裂）变形，最后可变形为一个球面.

像这样表面连续变形、并可变形为球面的多面体叫做简单多面体. 棱柱、棱锥、棱台、凸多面体都是简单多面体.

除简单多面体外，还有不是简单多面体的多面体（如图 6.9 所示的多面体），它的表面连续变形后就不能变为一个球面，但能变为一个环面或带有几个"耳环"的球.

1750 年欧拉（Euler，L. 瑞士，1707—1783）在给哥德巴赫的信中，对多面体的顶点数 V、棱数 E 及面数 F 给出了一个优美的公式

$$V-E+F=2$$

当时他对所考虑的多面体没有作任何限制，但实际上这个公式只适用于简单多面体. 我们把 $\chi=V-E+F$ 称为多面体的欧拉示性数. 对于图 6.9 所示的有一个孔的多面体，如检验一下便知它的欧拉示性数为 0.

定理　简单多面体的顶点数 V、棱数 E、面数 F，有下面的关系

$$V-E+F=2$$

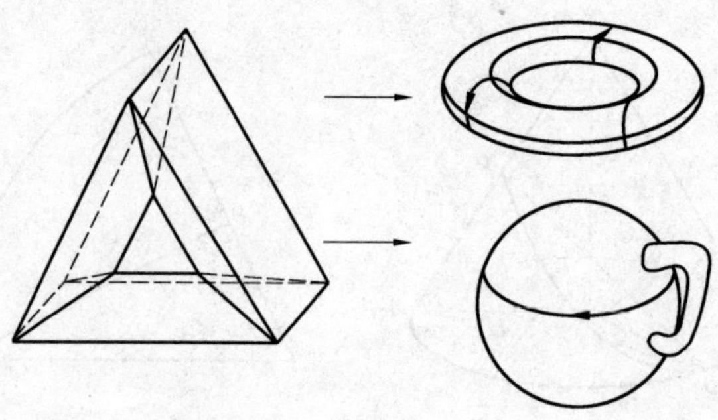

图 6.9

即简单多面体的欧拉示性数为 2.

这个定理叫做欧拉定理.它表明欧拉示性数是多面体在连续变形下的不变量.

证明 将简单多面体的一个面(如图 6.10(a)中的 ABC)去掉,再使它连续变形为平面图形(图 6.10(b)),这时多面体的顶点数 V、棱数 E 与剩下的面数 F_1(即 $F-1$)变形后都没有变.因此,要证明简单多面体的欧拉示性数为 2,只需研究对应的平面图形的 $V-E+F_1$ 的数值.现按下面两步进行:

1.由于每去掉一条棱,就减少一个面,从而得到如图 6.10(c)所示的树枝形.这时 F_1-E,V 的值都不变,当然 $V-E+F_1$ 的值也不变.

2.再从剩下的树枝形每去掉一条棱,就减少一个顶点,最后剩下一条线段 AP.在此过程中,$V-E$ 的值都不变.但这时因为面数 F_1 都是 0,所以 $V-E+F_1$ 的值也不变.由于最后只剩下 AP,这时

$$V-E+F_1=2-1+0=1$$

因此,得

$$V-E+F=2$$

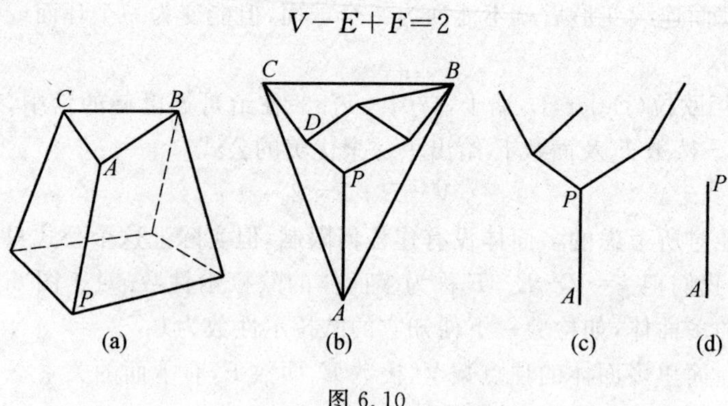

图 6.10

注记 简单多面体的任何两个顶点可以用一串棱相联结. 在它的表面上，由任何直线段(不一定是棱)构成的圈，总可以将多面体分割成两片，而对于非简单多面体(如图 6.9 所示)，用箭头表示的圈就不能将它的表面分割成两片.

经过连续变形能变为带有 g 个"耳环"的球的多面体叫做第 g 类多面体，数 g 叫做多面体的亏格. 它表示多面体上"孔"洞的个数，且与欧拉示性数 χ 有关系

$$\chi=2(1-g)$$

在有些书中，将简单多面体定义为满足下列条件的多面体：

(1)多面体的所有面都是简单多边形；

(2)任何两棱无公共内点，任何棱与面也无公共内点；

(3)各顶点不在任何面的内部，也不在任何棱的内部；

(4)相交于同一点的多面体的面只组成一个多面角.

根据这个定义，图 6.9 所示的有孔的多面体就是简单多面体了. 可见，这定义与现行中学教材中的定义不一致.

在欧拉公式的基础上，容易证明正多面体不多于五种.

正多面体是指每个面都是有同边数的正多边形，在每个顶点都有同棱数的凸多面体.

设一个正多面体有 F 个面，每个面是一个正 n 边形，每个顶点处有 m 条棱相遇. 则因每个面有 n 条棱，每条棱属于两个面，故有

$$nF=2E$$

又因每条棱有两个顶点，V 个顶点共有棱数

$$mV=2E$$

将它们代入欧拉公式，消去 V，E 得

$$\frac{nF}{m}-\frac{nF}{2}+F=2$$

即

$$F=\frac{4m}{2(m+n)-mn}$$

其中多边形的边数 n 及每个顶点处的棱数 m 都不能少于 3，即 $m\geqslant 3$，$n\geqslant 3$.

设 $n=3$，则 $F=\frac{4m}{6-m}$，这时 m 只能等于 3，4 或 5.

对于 $n=4$，则 $F=\frac{2m}{4-m}$，这时 m 只能取 3.

对于 $n=5$，则 $F=\frac{4m}{10-3m}$，这时 m 只能取 3.

对于 $n\geqslant 6$，则由 $2(m+n)-mn>0$ 得

$$2m>(m-2)n\geqslant 6(m-2)$$

这与 $m\geqslant 3$ 矛盾，故 m 无适合的数可取.

综合上述结果，可得正多面体至多有下列五种：

n	m	F	E	V
3	3	4	6	4
3	4	8	12	6
3	5	20	30	12
4	3	6	12	8
5	3	12	30	20

从表中可见，若将顶点 V 和面 F 的地位对调，而将棱 E 保持不变，则六面体和八面体是互为对偶图形，十二面体与二十面体是互为对偶图形，而四面体则与自身对偶.

这五种正多面体的存在性，可通过作图来解决(参见图 6.11 和 6.12)，也可以通过计算验证，正多面体的顶点在空间直角坐标系中的坐标可选择如下：

正四面体：$(1,1,1)$，$(1,-1,-1)$，$(-1,1,-1)$，$(-1,-1,1)$或$(1,0,0)$，$(0,1,0)$，$(0,0,1)$，$(1,1,1)$.

正六面体(正方体)：$(\pm 1,\pm 1,\pm 1)$.

正八面体：$(\pm 1,0,0)$，$(0,\pm 1,0)$，$(0,0,\pm 1)$.

正二十面体：$(\pm a,\pm 1,0)$，$(0,\pm a,\pm 1)$，$(\pm 1,0,\pm a)$.

正十二面体：$(\pm 1,\pm a^2,0)$，$(0,\pm 1,\pm a^2)$，$(\pm a^2,0,\pm 1)$、$(\pm a,\pm a,\pm a)$.

其中 $a=\frac{(\sqrt{5}+1)}{2}$(参见后面例 2).

例 1 给定棱长为 a 的正八面体(图 6.11)，以它的各面重心为顶点构成一个六面体. 求证：此六面体为正六面体，它的棱长为$\frac{\sqrt{2}}{3}a$.

证明 建立如图 6.11 所示的空间直角坐标系. 设正八面体的六个顶点的坐标为 $A(t,0,0)$，$A'(-t,0,0)$，$B(0,t,0)$，$B'(0,-t,0)$，$C(0,0,t)$，$C'(0,0,-t)$，$t>0$. 则面 ABC 的重心 G 的坐标为$\left(\frac{t}{3},\frac{t}{3},\frac{t}{3}\right)$，面 $AB'C$ 的重心 G'的坐标为$\left(\frac{t}{3},-\frac{t}{3},\frac{t}{3}\right)$.

因为

$$|AB|=\sqrt{2}t=a$$

所以

$$|GG'|=\frac{2}{3}t=\frac{\sqrt{2}}{3}a$$

类似地不难计算出六面体的其他几个顶点的坐标以及这些顶点间的距离，从而易证六面体是棱长为$\frac{\sqrt{2}}{3}a$ 的正方体.

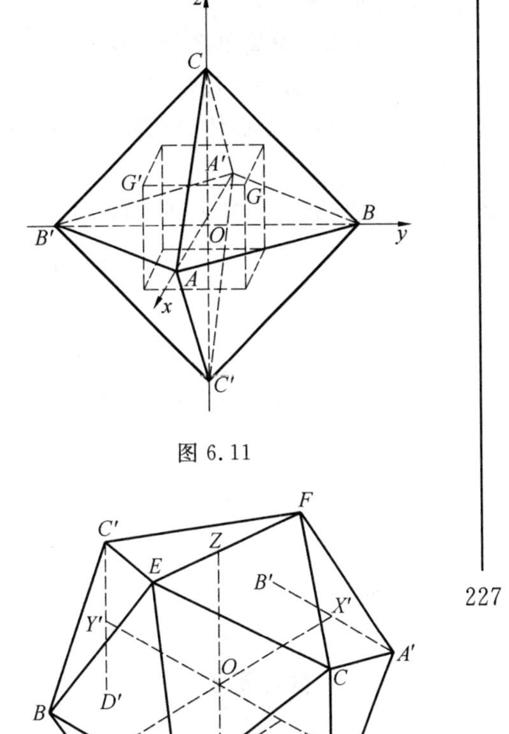

图 6.11

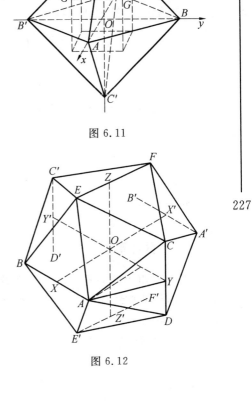

例 2　如图 6.12 所示，以 O 为公共中点，作三个两两垂直的相等线段 XX'，YY'，ZZ'，分别以 X，X'为中点作平行于 YY'的线段 AB，$A'B'$. 同样地，分别以 Y，Y'为中点作平行于 ZZ'的线段 CD，$C'D'$；以 Z，Z'为中点作平行于 XX'的线段 EF，$E'F'$，且 $XA=YC=ZE=1$. 则以 A，B，C，D，E，F，A'，B'，…这十二个点为顶点构成一凸二十面体. 设 $OX=OY=OZ=a$，求当 a 为何值时，该二十面体为正二十面体？

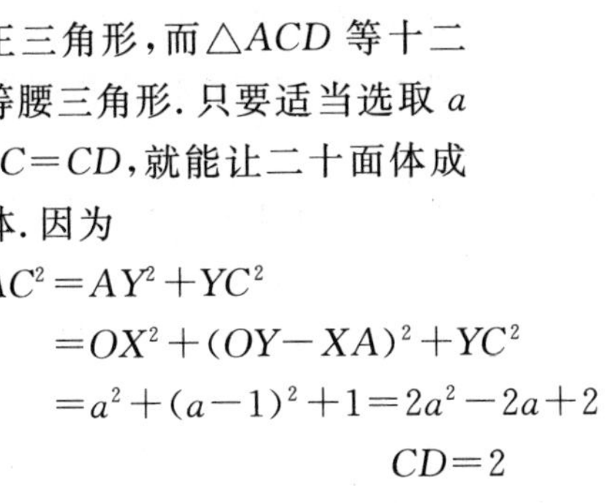

图 6.12

解　由对称性知，$\triangle ACE$ 等八个三角形显然为正三角形，而$\triangle ACD$ 等十二个三角形为等腰三角形. 只要适当选取 a 的值，使得 $AC=CD$，就能让二十面体成为正二十面体. 因为

$$\begin{aligned}AC^2&=AY^2+YC^2\\&=OX^2+(OY-XA)^2+YC^2\\&=a^2+(a-1)^2+1=2a^2-2a+2\end{aligned}$$

$$CD=2$$

故当 $2a^2-2a+2=4$，即

$$a=\frac{(\sqrt{5}+1)}{2}$$

时，该二十面体成为正二十面体.

例 3　试证：除了四面体外，不存在其他简单多面体，它的任何两个顶点的

连线都是棱.

证明 设简单多面体有 V 个顶点,它的任何两个顶点的连线都是棱,则棱数 $E=C_V^2$,每一条棱都是两个界面多边形的公共边,而每一个面至少有三条边作为棱,因此多面体的面数 F 与棱数 E 有关系

$$2E\geqslant 3F$$

将它代入欧拉公式,得

$$2=V-E+F\leqslant V-C_V^2+\frac{2}{3}C_V^2$$

即

$$V^2-7V+12\leqslant 0$$

$$(V-3)(V-4)\leqslant 0$$

由于它的整数解只有 $V=3$ 或 $V=4$,但三个顶点不能成为多面体,所以唯一的解是

$$V=4$$

§3 面积与体积

3.1 面积概念

平面多边形的面积在平面几何教材中已有论述.立体几何里所说的面积,是指多面体或旋转体的表面积或侧面积.因为多面体和圆柱、圆锥、圆台的表面都是可展曲面,所以它们的表面积可转化为平面图形的面积来解决,但是也有许多曲面,如球面、环面等,就不是可展曲面.如求它们的面积则需用到极限运算.

必须指出,中学教材出于教学法的考虑,有关面积理论是比较粗糙的,如对极限的存在唯一性就没有深入研究.需要指出:随意用内接多面体的表面来无限逼近某个曲面,并不总能求出该曲面的面积.请看施瓦兹(H. A. Schwarz)的例子:

设一个直圆柱的底面半径和高都等于1,我们知道它的侧面积 $S=2\pi$.

如果像用多边形逼近圆周那样,用内接于圆柱面的小平面块去逼近圆柱面,就会出现问题.

如图6.13(a)所示,如果把圆柱面用 n 条母线 n 等分,再用 $m-1$ 个与底面平行的圆把圆柱面 m 等分,于是圆柱面被分成全等的 mn 块.每一小块用如图6.13(b)所示的四个$\triangle ABE$,$\triangle BCE$,$\triangle CDE$,$\triangle DAE$ 去近似地表达小块曲面

$ABCD$ 的面积. 于是,整个圆柱的侧面积的近似表达式就是

$$S_{m,n}=\left[\frac{2}{m}\sin\frac{\pi}{2n}+2\sin\frac{\pi}{n}\sqrt{\left(\frac{1}{2m}\right)^2+\left(1-\cos\frac{\pi}{n}\right)^2}\,\right]mn$$

$$=\pi\frac{\sin\frac{\pi}{2n}}{\frac{\pi}{2n}}+\pi\frac{\sin\frac{\pi}{n}}{\frac{\pi}{n}}\sqrt{1+\pi^4\frac{m^2}{n^4}\left(\frac{\sin\frac{\pi}{2n}}{\frac{\pi}{2n}}\right)^4}$$

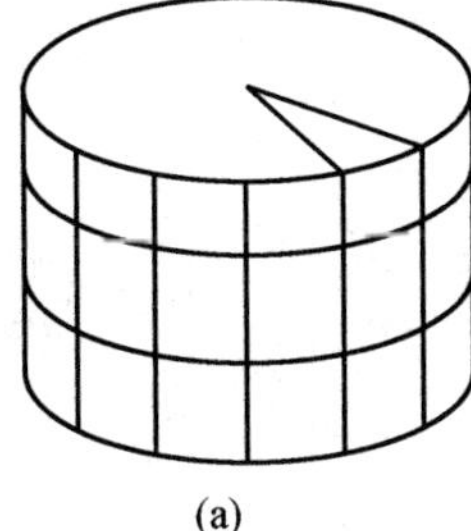
(a)

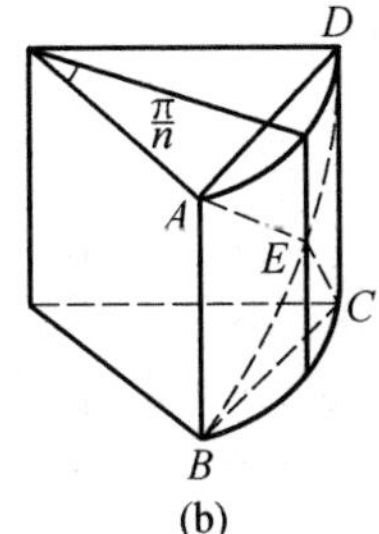

(b)

图 6.13

当 $n\to\infty$ 时:

若取 $m=n$,则有 $S_{m,n}\to 2\pi$;

若取 $m=n^2$,则有 $S_{m,n}\Rightarrow\pi+\pi\sqrt{1+\pi^4}$;

若取 $m=n^3$,则有 $S_{m,n}\to\infty$.

此例表明,在建立面积的度量理论时,应当多么仔细和慎重呀!

那么如何求一般曲面的面积呢? 这里直观地给出一个计算公式:

在空间直角坐标系下,设某曲面 σ 的参数方程为

$$r=r(u,v),(u,v)\in D$$

即
$$x=x(u,v),y=y(u,v),z=z(u,v)$$

过曲面 σ 上每一点 $P(u_0,v_0)$,有一条 u 曲线

$$r=r(u,v_0)$$

和 v 曲线

$$r=r(u_0,v)$$

这两条坐标曲线的切向量分别为

$$r_u=\frac{\partial r}{\partial u}(u_0,v_0),r_v=\frac{\partial_r}{\partial v}(u_0,v_0)$$

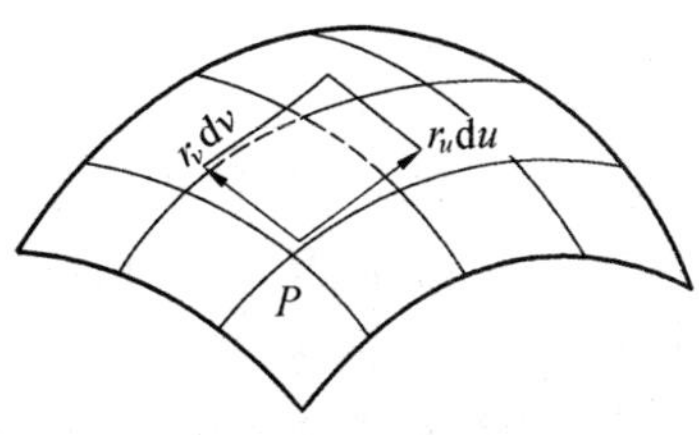

图 6.14

坐标曲线将曲面分成如图 6.14 所示的若干曲边四边形. 每一小块曲边四边形的面积可以认为近似地等于过点 $P(u_0,v_0)$ 的切平面上以 $r_u\mathrm{d}u$,$r_v\mathrm{d}v$ 为边的平

行四边形的面积

$$\mathrm{d}\sigma=|r_u\mathrm{d}u\times r_v\mathrm{d}v|=|r_u\times r_v|\mathrm{d}u\mathrm{d}v$$

因此,曲面 σ 的面积是

$$S=\iint_D |r_u\times r_v| \mathrm{d}u\mathrm{d}v$$

其中

$$r_u=\left(\frac{\partial x}{\partial u},\frac{\partial y}{\partial u},\frac{\partial z}{\partial u}\right)$$

$$r_v=\left(\frac{\partial x}{\partial v},\frac{\partial y}{\partial v},\frac{\partial z}{\partial v}\right)$$

故

$$|r_u\times r_v|^2=\begin{vmatrix}\frac{\partial y}{\partial u} & \frac{\partial z}{\partial u}\\ \frac{\partial y}{\partial v} & \frac{\partial z}{\partial v}\end{vmatrix}^2+\begin{vmatrix}\frac{\partial z}{\partial u} & \frac{\partial x}{\partial u}\\ \frac{\partial z}{\partial v} & \frac{\partial x}{\partial v}\end{vmatrix}^2+\begin{vmatrix}\frac{\partial x}{\partial u} & \frac{\partial y}{\partial u}\\ \frac{\partial x}{\partial v} & \frac{\partial y}{\partial v}\end{vmatrix}^2$$

特别地,当 $x=u,y=v,z=f(u,v)$,即曲面的方程为 $z=f(x,y)$ 时,其面积

$$S=\iint_D\sqrt{f_x^2+f_y^2+1}\,\mathrm{d}x\mathrm{d}y$$

3.2 体积概念

在现行中学教材里,选取了有关长方体的体积和祖暅原理这两条公理作为解决其他几何体体积的基础,这使几何理论体系得到简化.但要注意:

(1)在希尔伯特公理系统下,这两条公理都是可以证明的定理.

(2)教材中把“几何体占有空间部分的大小叫做它的体积”,这并不是体积的严格定义.

较严格地讲,所谓几何体的体积,指的是这样的正数,它应满足下面两个性质:

(i)两个合同的几何体有相等的体积(运动不变性);

(ii)一个几何体的体积等于它的各部分的体积之和(可加性).

此外还需证明,当体积单位选定后(通常规定单位正方体的体积为1),几何体的体积是存在唯一的.

首先来建立简单多面体的体积度量系统.

在任一四面体中,每一面与其对应的高的乘积相同(如果已经建立了直线段和面积的度量系统).

事实上,四面体 $ABCD$ 的两个面 ACD 和 BCD 是有公共底边的三角形.设

与它们对应的高分别为 BB' 和 AA'，则由 $\triangle BB'N \backsim AA'M$（其中 AM，BN 是 CD 边上的高），可得

$$\frac{S(BCD)}{S(ACD)}=\frac{BN}{AM}=\frac{BB'}{AA'}$$

因此

$$AA' \cdot S(BCD)=BB' \cdot S(ACD)$$

令 $V=kAA' \cdot S(BCD)$（这里 k 是某一固定正数，随体积单位选定而确定），则对于每个四面体都有数 V 与之对应，而且合同的四面体所对应的是相等的数.

由此我们不难确定，与任一棱锥对应的数是它的底面积与高及常数 k 的乘积，当选取单位正方体作为体积单位后，$k=\frac{1}{3}$.

进一步可以证明：对任一简单多面体，假设以任何方式将它分解为若干个四面体，这些四面体所对应的数 V_i 之和记作 V；而以空间任一点 O 为顶点，多面体各面为底的每个棱锥所对应的数（若这一棱锥与多面体在它们公共底面的同侧，则规定为正值，反之为负值）的代数和记为 W，那么和数 $W=V$. 而且数 W 与点 O 的选择无关，与多面体分解的方式无关.

于是，对于每个简单多面体，都有数 V 与之对应，而数 V 满足条件(i)，(ii)，从而建立了简单多面体的体积度量系统.

以简单多面体的体积为基础，可以解决旋转体以及由封闭曲面围成的几何体的体积.

关于曲面所围成的几何体的体积，可叙述如下：对于被曲面所包围的空间部分 S，如果存在两个无穷序列的多面体 $\{P_n\}$ 和 $\{Q_n\}$，满足条件：

(i)多面体 P_n 中无 S（及其界面）之外的点，即 $P_n \subset S$；

(ii)空间 S 中无多面体 Q_n 之外的点（S 的界面的任何部分可以在 Q_n 的表面上），即 $S \subset Q_n$；

(iii)当 n 无限增大时，足标相同的两个多面体体积之差 Q_n-P_n 趋于零（或者是比 $\frac{P_n}{Q_n}$ 趋于 1），那么称 P_n 的体积与 Q_n 的体积的共同极限 V 为 S 的体积.

这种定义下的体积，同样具有运动不变性和可加性.

注记　将直角坐标面 xOy 内一条连续曲线 $y=f(x)(\geqslant 0)$ 以及直线 $x=a$，$x=b(a<b)$ 绕轴 x 旋转一周，便得到一个旋转体（如图 6.15）. 这个旋转体的体积 V 可以这样来求：

过 x 轴上横坐标为 x_i, x_{i+1}（$i=0,1,\cdots,n$，$x_0=a, x_{n+1}=b$）的点分别作与 x 轴垂直的截面，则截面的面积分别等于 $\pi f^2(x_i), \pi f^2(x_{i+1})$. 不妨设 $f(x_i)\leqslant f(x_{i+1})$，则夹在这两个截面之间的旋转体的体积 V_i，有

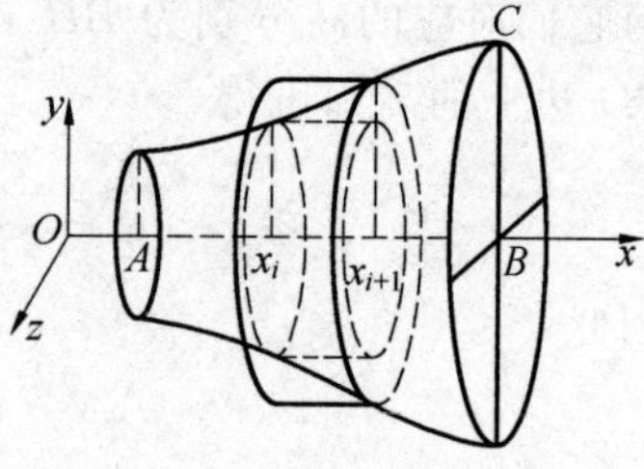

图 6.15

$$\pi f^2(x_i)\Delta x\leqslant V_i\leqslant \pi f^2(x_{i+1})\Delta x$$

其中

$$\Delta x=x_{i+1}-x_i$$

因此，整个旋转体的体积 V 满足

$$\pi\sum_{i=0}^{n} f^2(x_i)\Delta x\leqslant V\leqslant \pi\sum_{i=0}^{n} f^2(x_i+\Delta x)\Delta x$$

当 $n\to\infty, \Delta x\to 0$ 时，可得旋转体的体积公式

$$V=\pi\int_a^b f^2(x)\,\mathrm{d}x$$

例如，旋转椭球面 $\dfrac{x^2}{a^2}+\dfrac{y^2+z^2}{b^2}=1$ 所围成的椭球体的体积

$$V=2\pi\int_0^a b^2\left(1-\frac{x^2}{a^2}\right)\mathrm{d}x=\frac{4}{3}\pi ab^2$$

3.3 拟柱体与辛普生公式

所有的顶点都在两个平行平面内的多面体叫做拟柱体. 它在这两个平面内的面叫做拟柱体的底面，其余各面叫做拟柱体的侧面，两底面之间的距离叫做拟柱体的高.

显然，拟柱体的侧面是三角形、梯形或平行四边形.

定理 1 如果拟柱体的上、下底面的面积为 S', S，中截面的面积为 S_0，高为 h. 那么，它的体积是

$$V=\frac{1}{6}h(S+4S_0+S')$$

这就是著名的辛普生公式. 这个公式不仅适用于作为拟柱的棱柱、棱锥和棱台，而且适用于不是拟柱的圆柱、圆锥和圆台，甚至像椭球体等. 更一般地，可表达为下面的定理.

定理 2 一个几何体被垂直于其高（或平行于其底）的平面所截，如果截面面积是它到上底（或下底）的距离 x 的二次函数，即

$$S(x)=ax^2+bx+c \tag{1}$$

则它的体积

$$V=\frac{h}{6}\left[S(0)+4S\left(\frac{h}{2}\right)+S(h)\right] \tag{2}$$

其中 h 为几何体的高,$S(0)$,$S(h)$是上下底的面积,$S\left(\frac{h}{2}\right)$是中截面面积.

证明　假定某几何体(如图6.16)满足条件(1),用等距离的平行于其底的 $n-1$ 个截面把它分成 n 部分,而从上底面和这 $n-1$ 个截面为底的面作小柱体,就得到一个 n 层的阶梯状几何体.

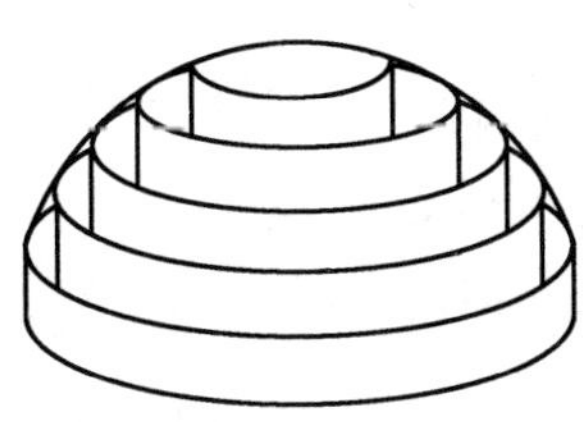

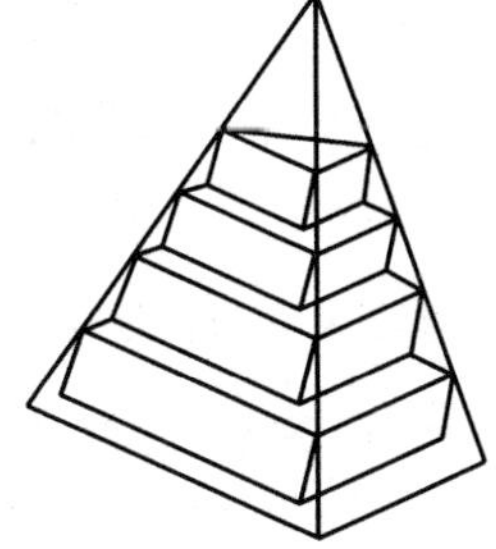

图6.16

阶梯状几何体的体积为

$$V_n=\frac{h}{n}(S_0+S_1+\cdots+S_{n-1})$$

这里 S_i 是截面的面积.根据题设有

$$S_0=S(0)=a\cdot 0+b\cdot 0+c$$

$$S_1=S\left(\frac{h}{n}\right)=ah^2\cdot\frac{1}{n^2}+bh\cdot\frac{1}{n}+c$$

$$\vdots$$

$$S_{n-1}=S\left(\frac{n-1}{n}h\right)=ah^2\ \frac{(n-1)^2}{n^2}+bh\,\frac{n-1}{n}+c$$

因此

$$\begin{aligned}V_n&=\frac{h}{n}\left\{\frac{ah^2}{n^2}[1^2+2^2+\cdots+(n-1)^2]+\right.\\&\quad\left.\frac{bh}{n}[1+2+\cdots+(n-1)]+nc\right\}\\&=\frac{h}{n}\left\{\frac{ah^2}{n^2}\cdot\frac{(n-1)n(2n-1)}{6}+\frac{bh}{n}\cdot\frac{(n-1)n}{2}+nc\right\}\\&=\frac{h}{6}\left[ah^2\left(1-\frac{1}{n}\right)\left(2-\frac{1}{n}\right)+3bh\left(1-\frac{1}{n}\right)+6c\right]\end{aligned}$$

当 $n\to\infty$ 时，$\frac{1}{n}\to 0$，$V_n\to V$（该几何体的体积），即有

$$V=\frac{h}{6}(2ah^2+3bh+6c)$$

而 $$S(0)=c, S\left(\frac{h}{2}\right)=a\left(\frac{h}{2}\right)^2+b\cdot\frac{h}{2}+c$$

$$S(h)=ah^2+bh+c$$

故 $$S(0)+4S\left(\frac{h}{2}\right)+S(h)=2ah^2+3bh+6c$$

因此公式(2)成立.

注记 将定理 2 中的条件(1)改为三次函数

$$S(x)=ax^3+bx^2+cx+d$$

这时结论(2) 仍然成立，证法与上相仿，也可用积分公式 $\int_a^h S(x)\mathrm{d}x$ 证明之.

读者可以验证：棱锥、棱台、圆锥、圆台、球等都符合辛普生公式的条件(1)，因此它们的体积都可以用辛普生公式导出来. 现以球缺为例来导出它的体积公式：

任作一平行于球缺底面的平面，设其截口到底面的距离为 $h-x$（如截面图 6.17），则截面的面积

$$S(x)=\pi y^2=\pi(2Rx-x^2)$$

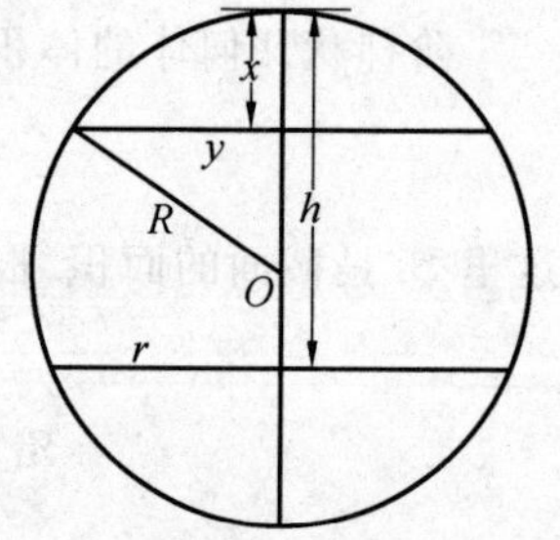

因为

$$S(0)=0$$

$$S(h)=\pi(2Rh-h^2)=\pi r^2$$

$$S\left(\frac{h}{2}\right)=\pi\left(Rh-\frac{h^2}{4}\right)$$

图 6.17

所以

$$V=\frac{h}{6}[0+\pi(2Rh-h^2)+\pi(4Rh-h^2)]$$

即 $$V=\frac{1}{3}\pi h^2(3R-h)$$

$$=\frac{1}{6}\pi h(3r^2+h^2)$$

例 1 直角梯形的两底长分别为 a 和 $b(a>b)$，以梯形垂直于两底的腰为轴，所得旋转体的体积为 $\frac{\pi}{3}(a^3-b^3)$，求这个梯形以另一腰为轴旋转所得旋转

体的体积.

解　如图 6.18(a)所示,设 $ABCD$ 为直角梯形,$AD /\!/ BC$,$AB \perp BC$,$AD=b$,$BC=a$,$AB=h$,以 AB 为轴,所得旋转体的体积

$$V=\frac{1}{3}\pi h(a^2+ab+b^2)=\frac{\pi}{3}(a^3-b^3)$$

所以

$$h=a-b,\angle DCB=45^\circ$$

如图 6.18(b)所示,以腰 DC 为轴的旋转体的体积

$$V=V_{圆台AB}+V_{圆锥BC}-V_{圆锥AD}$$

作 $AE \perp CD$,$BF \perp CD$,交轴 CD 于点 E,F,则

$$AE=\frac{\sqrt{2}}{2}b,BF=\frac{\sqrt{2}}{2}a,EF=\frac{\sqrt{2}}{2}AB=\frac{\sqrt{2}}{2}(a-b),FC=\frac{\sqrt{2}}{2}a$$

$$\begin{aligned}V'=&\frac{\pi}{3}\left[\frac{\sqrt{2}}{2}(a-b)\right]\left[\left(\frac{\sqrt{2}}{2}a\right)^2+\left(\frac{\sqrt{2}}{2}a\right)\left(\frac{\sqrt{2}}{2}b\right)+\left(\frac{\sqrt{2}}{2}b\right)^2\right]+\\&\frac{\pi}{3}\left(\frac{\sqrt{2}}{2}a\right)^2\left(\frac{\sqrt{2}}{2}a\right)-\frac{\pi}{3}\left(\frac{\sqrt{2}}{2}b\right)^2\left(\frac{\sqrt{2}}{2}b\right)\\=&\frac{\sqrt{2}}{12}\pi(a^3-b^3)+\frac{\sqrt{2}}{12}\pi a^3-\frac{\sqrt{2}}{12}\pi b^3\\=&\frac{\sqrt{2}}{6}\pi(a^3-b^3)\end{aligned}$$

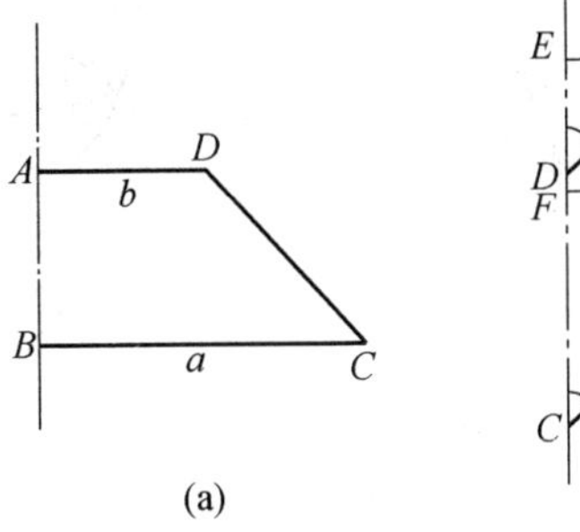

(a)

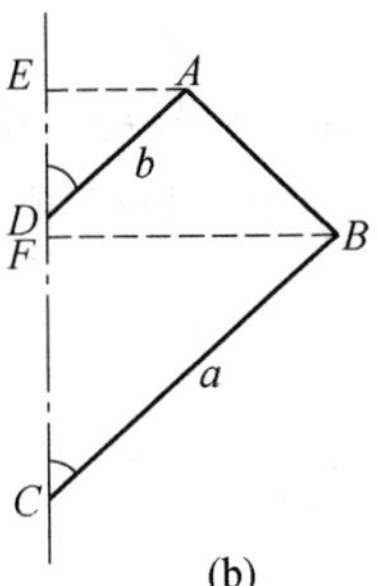

(b)

图 6.18

例 2　体积和底面形状一定的柱体,当侧面积等于一个底面积的四倍时,表面积最小.

证明　设柱体的底面周长为 x,柱体的高为 h,则底面积

$$S=kx^2\quad(k\text{ 为正的常数})$$

侧面积为

$$S'=xh$$

柱体的体积

$$V=Sh=kx^2h$$

表面积

$$y=2S+S'=2kx^2+xh$$
$$=2kx^2+\frac{V}{kx}=2kx^2+\frac{V}{2kx}+\frac{V}{2kx}\geqslant$$
$$3\sqrt[3]{2kx^2\cdot\frac{V}{2kx}\cdot\frac{V}{2kx}}=3\sqrt[3]{\frac{V^2}{2k}}$$

其中等号当且仅当$\frac{V}{2kx}=2kx^2$ 即 $S'=4S$ 时成立.

注记 本例为设计容量一定,底面形状一定的汽缸或其他容器提供了理论依据,也为解决一大类极值问题给出了捷径. 例如,设圆柱体底面半径为 r,高为 h,则当 $2\pi rh=4\pi r^2$. 即 $h=2r$ 时,圆柱体积一定而表面积最小,或者圆柱表面积一定而体积最大.

例 3 在半径为 R 的球面上一点 P 引三条相等而彼此夹角为 2α 的弦 PA,PB,PC,当 α 为何值时,三弦所成的三棱锥 $P-ABC$ 的体积最大.

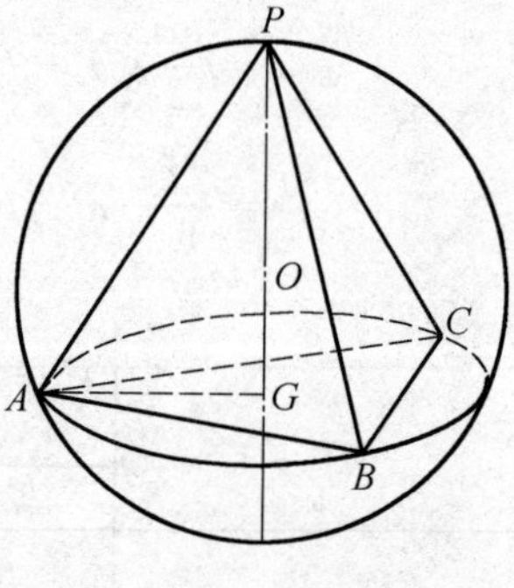

解 如图 6.19 所示,设 $PA=PB=PC=x$,则有

$$AB=BC=CA=2x\sin\alpha$$

又设底面正$\triangle ABC$ 的中心为 G,则

$$AG=\frac{2x\sin\alpha}{\sqrt{3}}$$

$$\text{高 } PG=\sqrt{x^2-\frac{4}{3}x^2\sin^2\alpha}$$

图 6.19

因为

$$PA^2=PG\cdot 2R$$

所以

$$x^2=\sqrt{x^2-\frac{4}{3}x^2\sin^2\alpha}\cdot 2R$$
$$x=2R\sqrt{1-\frac{4}{3}\sin^2\alpha}$$

三棱锥 $P-ABC$ 的体积

$$V=\frac{1}{3}\cdot\frac{\sqrt{3}}{4}AB^2\cdot PG$$

$$=\frac{\sqrt{3}}{3}x^2\sin^2\alpha\cdot x\sqrt{1-\frac{4}{3}\sin^2\alpha}$$

$$=\frac{8\sqrt{3}}{3}R^3\sin^2\alpha\left(1-\frac{4}{3}\sin^2\alpha\right)^2\leqslant$$

$$\sqrt{3}R^3\left\{\frac{\left[\frac{8}{3}\sin^2\alpha+\left(1-\frac{4}{3}\sin^2\alpha\right)+\left(1-\frac{4}{3}\sin^2\alpha\right)\right]}{3}\right\}^3$$

当 $\frac{8}{3}\sin^2\alpha=1-\frac{4}{3}\sin^2\alpha$，即 $\sin^2\alpha=\frac{1}{4}$，$\alpha=30^\circ$ 时，V 有最大值 $\frac{8}{27}\sqrt{3}R^3$，此时三棱锥为正四面体.

例 4(蜂房问题)　蜂房的形状有些像正六棱柱 $ABCDEF-A_1B_1C_1D_1E_1F_1$（如图 6.20），其外口是与棱正交的正六边形 $A_1B_1C_1D_1E_1F_1$，而顶（底）部由三个全等的菱形（如 $SAPC$ 等）所封盖，即 S 是轴线 O_1O 延长线上一点，分别过 SAC，SCE，SEA 作截面截去三个四面体 $ABCP$ 等，再添上一个四面体 $SACE$ 而形成的. 问：S 取在何处，蜂房有最小的表面积？

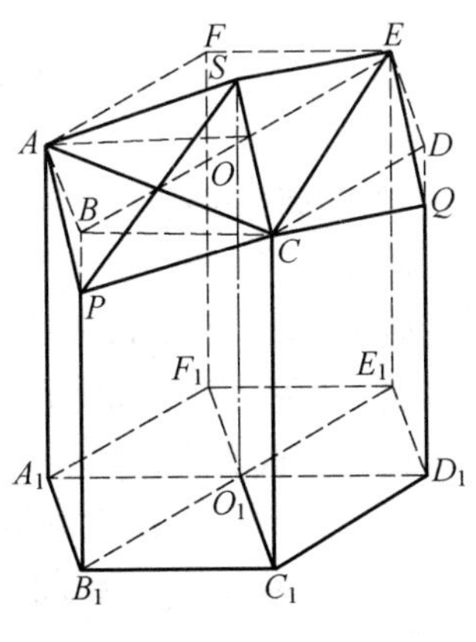

图 6.20

解　因为 $\triangle OAB$，$\triangle OBC$ 等都是正三角形，所以 $BP=OS$，四面体 $SOAC$ 与 $PBAC$ 全等，从而新柱体与原正棱柱的体积相等，只是表面积有所变化：减少的表面积为六边形 $ABCDEF$ 的面积 Δ 和六个直角 $\triangle PAB$ 的面积 $6\Delta_1$，而增加的表面积为三个全等菱形 $SAPC$ 的面积 $3\Delta_2$，所以节省下来的表面积为

$$y=\Delta+6\Delta_1-3\Delta_2$$

设 $OS=x$，正六边形边长为 $2a$，则

$$\Delta=6\sqrt{3}a^2$$

$$\Delta_1=ax$$

$$\Delta_2=2\sqrt{3}a\sqrt{a^2+x^2}$$

$$y=6\sqrt{3}a^2+6a(x-\sqrt{3}\cdot\sqrt{a^2+x^2})$$

因为

$$\sqrt{3}\cdot\sqrt{a^2+x^2}>\sqrt{a^2+x^2}>x\geqslant 0$$

所以问题转化为当 x 取何值时，$z=(\sqrt{3}\cdot\sqrt{a^2+x^2}-x)^2$ 有最小值.

因为

$$\begin{aligned}z&=3(a^2+x^2)+x^2-2\sqrt{3}x\cdot\sqrt{a^2+x^2}\\&=(\sqrt{3}x-\sqrt{a^2+x^2})^2+2a^2\end{aligned}$$

所以当$\sqrt{3}x=\sqrt{a^2+x^2}$，即 $x=\frac{\sqrt{2}}{2}a$ 时，y 有最大值. 此时，$SA=SC=\frac{3\sqrt{2}}{2}a$，$AC=2\sqrt{3}a$，$\cos\angle ASC=-\frac{1}{3}$，$\angle ASC=109°28'$.

这与实际测量的值完全一致，可见，蜜蜂不愧为天才的“建筑师”.

§4 立体几何证题法

立体几何是从三维空间的角度研究三维图形，而平面几何是从三维空间的角度研究二维图形，两者既有区别又有联系. 画在纸上的平面几何图形可以准确地表示形状、大小和位置关系；而画在纸上的立体几何图形的直观图只能部分地表示形状、大小和位置关系，需要用“矫正”的眼光去识图和绘图. 不过我们常常通过作截面或作投影而将立几问题转化为平几问题.

立体几何证题在推理证明方法上与第 2 章 §2 所讲的完全一样，在思考方法上有许多共同之处和不同之处. 我们应用时应该注意立几与平几的区别和联系，经常运用类比的方法作出猜想或探索解题途径. 现就证明的思考方法举例说明如下：

4.1 分解拼补法

一个平行六面体可以分解成两个三棱柱或六个三棱锥，延长棱台的侧棱可以拼补成一个棱锥；这种拼补思想方法对于圆锥、圆台也适用. 因此，这种从几何体之间的内在联系上、相互转化上去寻找解题思路是一种基本方法.

例 1 斜三棱柱的一个侧面积为 S，这个侧面与它所对的棱的距离为 h，求证：斜三棱柱的体积 $V=\frac{1}{2}Sh$.

分解法 如图 6.21 所示，设 $S_{ABB'A'}=S$，CC'到平面 AB'的距离为 h，则

$$V=V_{C-ABB'A'}+V_{C-A'B'C'}$$

因为

$$V_{C-A'B'C'}=V_{A'-ABC}=\frac{1}{2}V_{C-ABB'A'}$$

所以

$$V=\left(1+\frac{1}{2}\right)V_{C-ABB'A'}$$

$$=\frac{3}{2}\cdot\frac{1}{3}Sh=\frac{1}{2}Sh$$

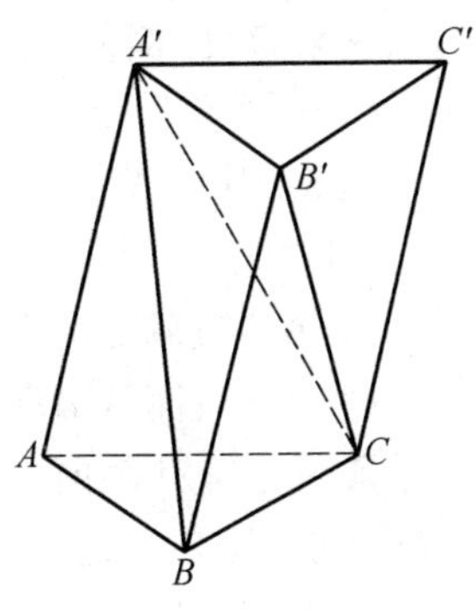

图 6.21

拼补法　将两个三棱柱拼补成平行六面体，则显然可得

$$V=\frac{1}{2}Sh$$

例 2　已知平行六面体 $ABCD-A'B'C'D'$，E 是 $B'C'$ 的中点，截面 $DBEF$ 把平行六面体分成两部分，求这两部分的体积之比.

解　如图 6.22 所示，延长 BE 与 CC' 相交于点 G，DG 与 $C'D'$ 相交于点 F.

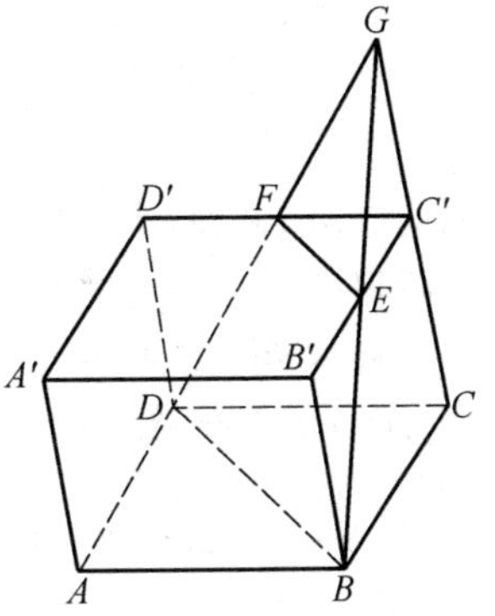

因为

$$EC'\parallel BC, EC'=\frac{1}{2}BC$$

所以 C' 是 CG 的中点，且

$$V_{G-BCD}=8V_{G-EC'F}$$

故

$$V_{BCD-EC'F}=\frac{7}{8}V_{G-BCD}$$

图 6.22

因为

$$V_{G-BCD}=\frac{1}{3}S_{BCD}\cdot 2h=\frac{1}{3}S_{ABCD}\cdot h=\frac{1}{3}V_{平行六面体AC'}$$

所以

$$V_{BCD-EC'F}=\frac{7}{24}V_{平行六面体AC'}$$

因此，两部分的体积之比为

$$(24-7):7=17:7$$

4.2　命题转换法

在立体几何中，常常通过作截面或作投影而将立体几何命题转换为平面几

何问题来解决.例如,作柱、锥、台的轴截面而得矩形、三角形、梯形就是常用方法.

例 3 如图 6.23 所示,AC'是平行六面体$ABCD-A'B'C'D'$的对角线,求证:

(1)AC'与截面$A'BD$的交点P是$\triangle A'BD$的重心;

(2)AC'被面$A'BD$及面$B'CD'$三等分.

证明 作对角面$ACC'A'$,交BD于点E,交$B'D'$于点F,点E是BD及AC的中点,则点P是$A'E$与AC'的交点.

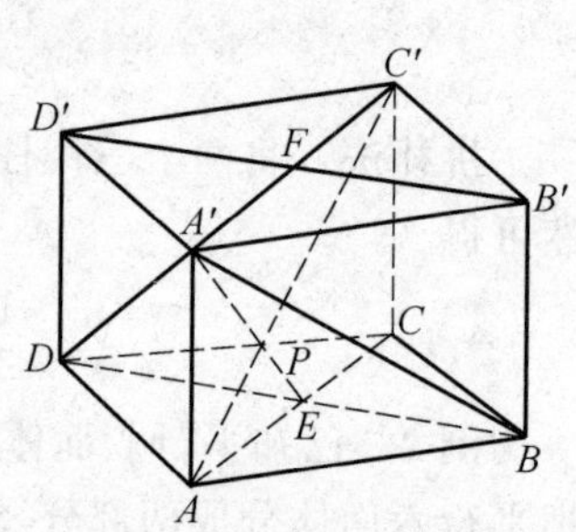

图 6.23

问题转换为:在平行四边形$ACC'A'$中,E是AC的中点,F是$A'C'$的中点,$A'E$,CF与AC'分别交于点P,Q,求证:$A'P=\frac{2}{3}A'E$,$AP=\frac{1}{3}AC'$.

这命题证明由读者完成.

例 4 已知正三棱台$ABC-A_1B_1C_1$中两底的边长分别等于 5 cm 和 8 cm,高是 3 cm.$\triangle A_1BC$为过底面一边BC和顶点A_1,所作的截面,求截面$\triangle A_1BC$和底面ABC所成的二面角,以及截面$\triangle A_1BC$的面积.

解 过A_1A作正三棱台的轴截面得梯形A_1ADD_1(如图 6.24),OO_1是正棱台的轴,$AO=2OD$,$A_1O_1=2O_1D_1$,$AD=\frac{\sqrt{3}}{2}\times 8=4\sqrt{3}$,$A_1D_1=\frac{\sqrt{3}}{2}\times 5=\frac{5}{2}\sqrt{3}$,$OO_1=3$,问题转化为求$\angle ADA_1$和$A_1D$.

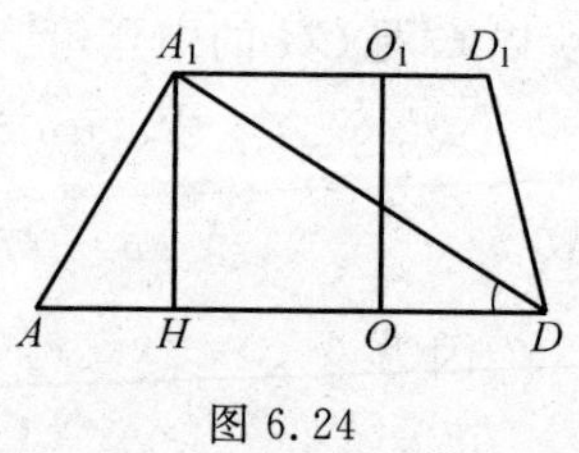

图 6.24

作$A_1H\perp AD$于点H,则

$$HO=A_1O_1=\frac{2}{3}A_1D_1=\frac{5}{3}\sqrt{3}$$

$$OD=\frac{1}{3}AD=\frac{4}{3}\sqrt{3}$$

$$A_1H=3$$

故
$$\tan\angle ADA_1=\frac{A_1H}{HD}=\frac{3}{\frac{5}{3}\sqrt{3}+\frac{4}{3}\sqrt{3}}=\frac{\sqrt{3}}{3}$$

$$\angle ADA_1=30°, A_1D=6$$

因此$\triangle A_1BC$和底面所成的二面角是 30°，$\triangle A_1BC$ 的面积为 24 cm^2.

例 5　过正四面体的高作一个平面，与四面体的三个面交于三条直线，这三条直线与四面体底面的夹角分别为 α,β,γ，求证

$$\tan^2\alpha+\tan^2\beta+\tan^2\gamma=12$$

分析　设 H 是正四面体 $DABC$ 中由顶点 D 所作高的垂足，则 H 是底面正$\triangle ABC$ 的中心.

又设 M,N,P 是通过高 DH 的平面分别与 BC,CA,AB 的交点(如图 6.25). 根据题设 DM,DN,DP 与底面$\triangle ABC$ 的夹角分别为 α,β,γ，故

$$\tan\alpha=\frac{DH}{MH},\tan\beta=\frac{DH}{MH},\tan\gamma=\frac{DH}{PH}$$

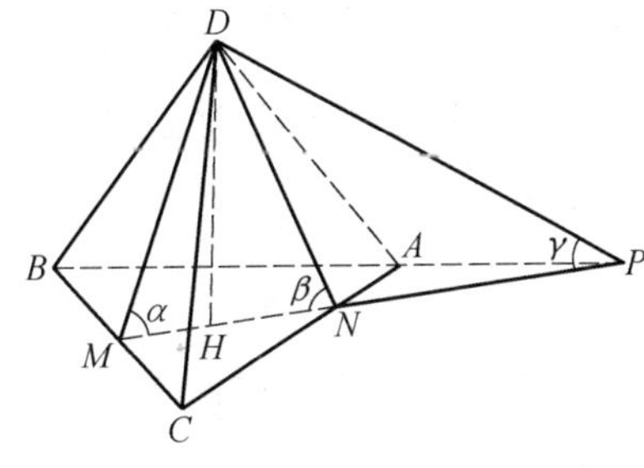

图 6.25

设正四面体的棱长为 a，则不难证明 $DH=\sqrt{\frac{2}{3}}a$. 因此本题可转化为平面几何问题：

对于边长为 a 的正$\triangle ABC$，过它的中心 H 的直线与边 BC,CA,AB 或其延长线分别交于点 M,N,P，求证

$$\frac{1}{MH^2}+\frac{1}{NH^2}+\frac{1}{PH^2}=\frac{18}{a^2}$$

此命题留给读者证明.

例 6　点 E,F 分别是单位正方体 $ABCD-A'B'C'D'$ 的棱 $B'C'$，$C'D'$ 的中点，过 E,F,A 三点作正方体的截面，并求此截面的面积.

分析　作截面时，既可用截痕法——抓住“迹线”作出截痕，也可用投影法——选定基面作出投影. 现在来比较这两种作法：

图 6.26(a)所示的是截痕法. 直线 EF 与同一平面内的直线 $A'B'$，$A'D'$ 分别交于点 P,Q，$AP\cap BB'=M$，$AQ\cap DD'=N$，则五边形 $AMEFN$ 即为所求作的截面.

图 6.26(b)所示的是投射法. 取 $A'A$ 为投射方向，底面 $ABCD$ 为投射基面，线段 EF 及其中点 G 在基面上的射影为 $E'F'$ 及其中点 G'. AG' 与 BD 交于点 H'，过点 H' 作 $H'H\parallel G'G$，交 AG 于点 H. 过点 H 作与 EF 平行的直线交 BB' 于点 M，交 DD' 于点 N，则五边形 $AMEFN$ 即为所求作的截面.

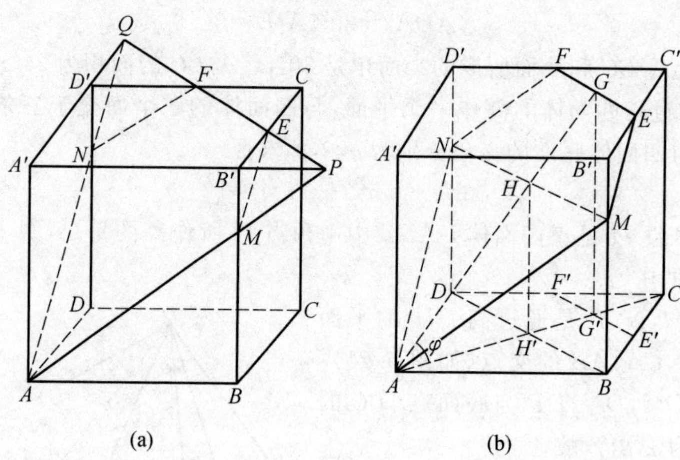

图 6.26

用投射法作截面原理简单,思路清晰,易求出截面的面积 S.

因为

$$S\cdot\cos\varphi=S_{ABE'F'D}=1-\frac{1}{8}$$

其中 φ 为截面与基面的夹角. 所以

$$\tan\varphi=\frac{G'G}{AG'}=\frac{1}{\frac{3}{4}\sqrt{2}}=\frac{2}{3}\sqrt{2}$$

故 $$S=\frac{7}{8}\sec\varphi=\frac{7}{8}\sqrt{1+\tan^2\varphi}=\frac{7}{24}\sqrt{17}$$

4.3 类比法

立体几何图形与平面几何图形中,可类比的对象很多. 例如,将一维几何图形的直线与二维几何图形的平面类比;将平面上边数最少的三角形与空间面数最少的四面体类比;将平面上对边互相平行的四边形与空间对面互相平行的平行六面体类比,等.

在立体几何中应用类比法进行思考时,常采用降维法,即考察相应的平面图形某些性质和证明方法来发现空间图形的类似性质和证明方法.

例 7 四面体 $ABCD$ 内任一点 P,连 AP,BP,CP 和 DP 分别和该顶点所对的面 BCD,CDA,DAB 和 ABC 相交于点 A',B',C'和 D'. 求证:

(1) $\frac{PA'}{AA'}+\frac{PB'}{BB'}+\frac{PC'}{CC'}+\frac{PD'}{DD'}=1$;

(2)$\frac{AP}{PA'}$,$\frac{BP}{PB'}$,$\frac{CP}{PC'}$和$\frac{DP}{PD'}$四个比值中,至少存在一个不大于3,并且至少存在一个不小于3;

(3)$PA+PB+PC+PD\geqslant(\sum_{i=1}^{4}\sqrt{t_i})^2-\sum_{i=1}^{4}t_i$,其中

$$t_1=PA',t_2=PB',t_3=PC',t_4=PD'$$

分析　将空间的四面体和平面上的三角形类比,我们联想到平面上的类似问题:

△ABC内任一点P,连AP,BP和CP,分别交对边于点A',B'和C'(如图6.27).求证:

(1)$\frac{PA'}{AA'}+\frac{PB'}{BB'}+\frac{PC'}{CC'}=1$;

(2)$\frac{AP}{PA'}$,$\frac{BP}{PB'}$和$\frac{CP}{PC'}$三个比值中至少存在一个不大于2,并且至少存在一个不小于2.

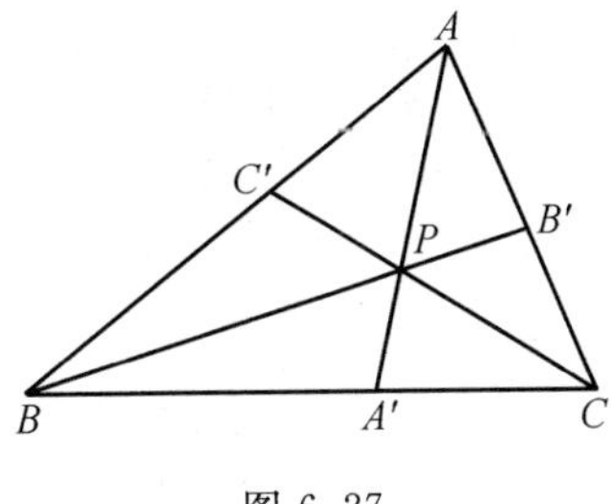

图6.27

这个平面几何问题,可以通过线段之比转化为面积之比以及根据抽屉原则来解决.因而本题可试用类似的证法.

至于例7的求证(3),使我们联想到艾多士—莫德尔(Erdös－Mordell)定理:

△ABC的内部或边上任一点P到它的各边距离分别为r_1,r_2,r_3,则有

$$PA+PB+PC\geqslant2(r_1+r_2+r_3)$$

并且当且仅当△ABC为正三角形,点P为其外心时,等号成立.

将此著名的不等式推广到空间,猜想有不等式

$$PA+PB+PC+PD\geqslant3(r_1+r_2+r_3+r_4)$$

然而这个猜想是错的.例如,对于高为$2\sqrt{3}$,侧棱长皆为$2\sqrt{7}$的正三棱锥,其底面中心P到各侧面的距离为$\sqrt{3}$,点P到四顶点的距离之和为$2\sqrt{3}+12<9\sqrt{3}$.

在习题6第21题(1)中,给出了这个著名不等式的一种推广.这里要证的是它的另一种推广.

证明　(1)如图6.28所示,过点A作$AH\perp$平面BCD于点H,连$A'H$,作$PQ\perp A'H$于点Q,则有

$$PQ/\!/AH$$

因而

$$PQ\perp平面BCD$$

所以

$$\frac{PA'}{AA'}=\frac{PQ}{AH}=\frac{\frac{1}{3}S_{\triangle BCD}\cdot PQ}{\frac{1}{3}S_{\triangle BCD}\cdot AH}$$

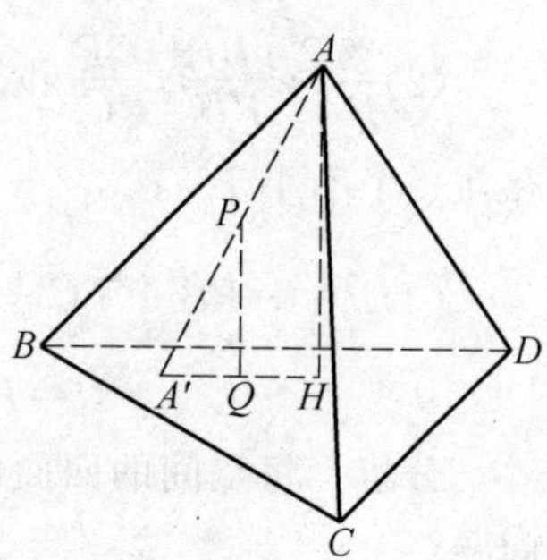

图 6.28

从而

$$\frac{PA'}{AA'}=\frac{V_{P-BCD}}{V_{A-BCD}}$$

同理

$$\frac{PB'}{BB'}=\frac{V_{P-CDA}}{V_{B-CDA}},\frac{PC'}{CC'}=\frac{V_{P-DAB}}{V_{C-DAB}},\frac{PD'}{DD'}=\frac{V_{P-ABC}}{V_{D-ABC}}$$

所以

$$\begin{aligned}&\frac{PA'}{AA'}+\frac{PB'}{BB'}+\frac{PC'}{CC'}+\frac{PD'}{DD'}\\&=\frac{V_{P-BCD}}{V_{A-BCD}}+\frac{V_{P-CDA}}{V_{B-CDA}}+\frac{V_{P-DAB}}{V_{C-DAB}}+\frac{V_{P-ABC}}{V_{D-ABC}}\\&=\frac{V_{P-BCD}+V_{P-CDA}+V_{P-DAB}+V_{P-ABC}}{V_{A-BCD}}\\&=\frac{V_{A-BCD}}{V_{A-BCD}}=1\end{aligned}$$

(2)根据抽屉原则,上式左端的四个比值中,至少有一个不大于$\frac{1}{4}$,并且至少有一个不小于$\frac{1}{4}$,不妨设

$$\frac{PA'}{AA'}\leqslant\frac{1}{4},\frac{PB'}{BB'}\geqslant\frac{1}{4}$$

于是

$$\frac{AA'}{PA'}\geqslant 4,\frac{BB'}{PB'}\leqslant 4$$

两端各减 1,便得

$$\frac{AA'-PA'}{PA'}=\frac{AP}{PA'}\geqslant 3,\frac{BB'-PB'}{PB'}=\frac{BP}{PB'}\leqslant 3$$

(3) 记 $PA=R_1,PB=R_2,PC=R_3,PD=R_4$,则(1) 即为

$$\sum_{i=1}^{4}\frac{t_i}{R_i+t_i}=1$$

运用柯西不等式有

$$\sum_{i=1}^{4}(R_i+t_i)=\sum_{i=1}^{4}\sqrt{R_i+t_i}^2\cdot\left(\sum_{i=1}^{4}\sqrt{\frac{t_i}{R_i+t_i}}\right)^2\geqslant$$

$$\left(\sum_{i=1}^{4}\sqrt{R_i+t_i}\cdot\sqrt{\frac{t_i}{R_i+t_i}}\right)^2$$

$$=\left(\sum_{i=1}^{4}\sqrt{t_i}\right)^2$$

移项便得所要证的不等式.

4.4　体积法

体积法的基本思想类似于代数中列方程解应用题,关键是利用体积的性质(如运动不变性和可加性等).在例7(1)的证明中已用了此法,现再举一例.

例8　三棱锥 $O-ABC$ 中,侧棱 OA,OB,OC 两两互相垂直,长度分别为 a,b,c,点 P 是底面$\triangle ABC$ 内一点,点 P 到三个侧面 OBC,OCA,OAB 的距离分别是 x,y,z,求证

$$\frac{x}{a}+\frac{y}{b}+\frac{z}{c}=1$$

证明　连 PA,PB,PC 得三个三棱锥,它们的体积分别为

$$V_{P-OBC}=\frac{1}{3}\left(\frac{1}{2}bc\right)\cdot x,V_{P-OCA}=\frac{1}{3}\left(\frac{1}{2}ca\right)\cdot y,V_{P-OAB}=\frac{1}{3}\left(\frac{1}{2}ab\right)\cdot z$$

三式相加得

$$V_{P-OBC}+V_{P-OCA}+V_{P-OAB}=V_{O-ABC}$$

即

$$bcx+cay+abz=abc$$

故有

$$\frac{x}{a}+\frac{y}{b}+\frac{z}{c}=1$$

4.5　向量法

欧氏空间既是线性空间,又是内积空间,因而运用向量的加法、数乘和内积运算来解决立体几何问题不但可行,而且简便.它把空间结构系统地代数化,把空间的研究从“定性”推向到“定量”的层次.

例9　已知三棱锥 $V-ABC$,G 为底面 ABC 的重心,求证

$$3(VA^2+VB^2+VC^2)-(AB^2+BC^2+CA^2)=9VG^2$$

证明　令$\overrightarrow{VA}=\boldsymbol{a},\overrightarrow{VB}=\boldsymbol{b},\overrightarrow{VC}=\boldsymbol{c}$,则

$$\overrightarrow{VG}=\frac{1}{3}(\boldsymbol{a}+\boldsymbol{b}+\boldsymbol{c}),\overrightarrow{AB}=\boldsymbol{b}-\boldsymbol{a},\overrightarrow{BC}=\boldsymbol{c}-\boldsymbol{b},\overrightarrow{CA}=\boldsymbol{a}-\boldsymbol{c}$$

$$\begin{aligned}&3(VA^2+VB^2+VC^2)-(AB^2+BC^2+CA^2)\\&=3(\boldsymbol{a}^2+\boldsymbol{b}^2+\boldsymbol{c}^2)-[(\boldsymbol{b}-\boldsymbol{a})^2+(\boldsymbol{c}-\boldsymbol{a})^2+(\boldsymbol{a}-\boldsymbol{c})^2]\\&=\boldsymbol{a}^2+\boldsymbol{b}^2+\boldsymbol{c}^2+2\boldsymbol{ab}+2\boldsymbol{bc}+2\boldsymbol{ca}\\&=(\boldsymbol{a}+\boldsymbol{b}+\boldsymbol{c})^2=9VG^2\end{aligned}$$

例 10 已知 A,B,C,D 是空间四点,求证

$$AB^2+BC^2+CD^2+DA^2\geqslant AC^2+BD^2$$

并指出等号成立的充要条件.

证明 此题条件太简单,难于下手,不妨用向量法证.

令$\overrightarrow{AB}=\boldsymbol{a},\overrightarrow{BC}=\boldsymbol{b},\overrightarrow{CD}=\boldsymbol{c}$,则

$$\overrightarrow{AD}=\boldsymbol{a}+\boldsymbol{b}+\boldsymbol{c},\overrightarrow{AC}=\boldsymbol{a}+\boldsymbol{b},\overrightarrow{BD}=\boldsymbol{b}+\boldsymbol{c}$$

$$\begin{aligned}&AB^2+BC^2+CD^2+DA^2-AC^2-BD^2\\&=\boldsymbol{a}^2+\boldsymbol{b}^2+\boldsymbol{c}^2+(\boldsymbol{a}+\boldsymbol{b}+\boldsymbol{c})^2-(\boldsymbol{a}+\boldsymbol{b})^2-(\boldsymbol{b}+\boldsymbol{c})^2\\&=(\boldsymbol{a}+\boldsymbol{c})^2\geqslant 0\end{aligned}$$

其中等号当且仅当 $\boldsymbol{a}+\boldsymbol{c}=\boldsymbol{0}$,即$\overrightarrow{AB}=\overrightarrow{DC}$时成立. 也就是当且仅当 $ABCD$ 为平行四边形时,有

$$AB^2+BC^2+CD^2+DA^2=AC^2+BD^2$$

例 11 空间四边形 $P_1P_2P_3P_4$,若 $|P_1P_2|=c,|P_2P_3|=a,|P_3P_4|=b,|P_1P_4|=d$,$\overrightarrow{P_1P_2}$与$\overrightarrow{P_4P_3}$的夹角为 θ_1,$\angle P_1P_2P_3=\theta_2$,$\angle P_2P_3P_4=\theta_3$,$\theta_1,\theta_2,\theta_3\in[0,\pi]$,求证

$$d^2=a^2+b^2+c^2-2ab\cos\theta_3-2bc\cos\theta_1-2ac\cos\theta_2$$

证明

$$\begin{aligned}d^2&=|\overrightarrow{P_1P_4}|^2=|\overrightarrow{P_1P_2}+\overrightarrow{P_2P_3}+\overrightarrow{P_3P_4}|^2\\&=\overrightarrow{P_1P_2}^2+\overrightarrow{P_2P_3}^2+\overrightarrow{P_3P_4}^2+2\overrightarrow{P_1P_2}\cdot\overrightarrow{P_2P_3}+\\&\quad 2\overrightarrow{P_2P_3}\cdot\overrightarrow{P_3P_4}+2\overrightarrow{P_1P_2}\cdot\overrightarrow{P_3P_4}\\&=c^2+a^2+b^2-2ca\cos\theta_2-2ab\cos\theta_3-2bc\cos\theta_1\end{aligned}$$

例 12 四面体若有两组对棱分别垂直,则第三组对棱必定互相垂直.

证明 设四面体 $P_0P_1P_2P_3$ 的两组对棱 P_0P_1 与 P_2P_3 垂直,P_0P_2 与 P_1P_3 垂直,则有

$$\overrightarrow{P_0P_1}\cdot\overrightarrow{P_2P_3}=0,\overrightarrow{P_0P_2}\cdot\overrightarrow{P_1P_3}=0$$

即 $(\boldsymbol{P}_1-\boldsymbol{P}_0)\cdot(\boldsymbol{P}_3-\boldsymbol{P}_2)$ (这里简记$\overrightarrow{OP_i}$为 $\boldsymbol{P}_i$)

$$=\boldsymbol{P}_1\cdot\boldsymbol{P}_3+\boldsymbol{P}_0\cdot\boldsymbol{P}_2-\boldsymbol{P}_0\cdot\boldsymbol{P}_3-\boldsymbol{P}_1\cdot\boldsymbol{P}_2=0$$

$$
\begin{aligned}
&(\boldsymbol{P}_2-\boldsymbol{P}_0)\cdot(\boldsymbol{P}_3-\boldsymbol{P}_1)\\
&=\boldsymbol{P}_2\cdot\boldsymbol{P}_3+\boldsymbol{P}_0\cdot\boldsymbol{P}_1-\boldsymbol{P}_0\cdot\boldsymbol{P}_3-\boldsymbol{P}_1\cdot\boldsymbol{P}_2=0
\end{aligned}
$$

故
$$
\begin{aligned}
&\overrightarrow{P_0P_3}\cdot\overrightarrow{P_1P_2}=(\boldsymbol{P}_3-\boldsymbol{P}_0)\cdot(\boldsymbol{P}_2-\boldsymbol{P}_1)\\
&=\boldsymbol{P}_3\cdot\boldsymbol{P}_2+\boldsymbol{P}_0\cdot\boldsymbol{P}_1-\boldsymbol{P}_0\cdot\boldsymbol{P}_2-\boldsymbol{P}_3\cdot\boldsymbol{P}_1=0
\end{aligned}
$$

即 P_0P_3 与 P_1P_2 互相垂直.

§5 四面体的度量公式

同平面几何注重三角形一样，立体几何十分注重四面体，然而四面体的许多初等性质却鲜为人知. 虽然它们是由二维的三角形向三维空间的自然推广，但是这种推广有时难度很大，有些问题尚未解决. 本节仅介绍一部分研究成果，不少还是近三十年来才解决的，目的在用向量法证题上进行更多地训练.

(一)关于四面体的体积和二面角

我们早就知道，四面体的体积 V 等于底面积 S 与高 h 的积的三分之一，即

$$V=\frac{1}{3}Sh$$

但是，如果已知一个四面体 $PABC$ 的六条棱之长：$PA=x$，$PB=y$，$PC=z$，$AB=c$，$BC=a$，$CA=b$. 那么又如何计算它的体积与各个二面角呢？

因为$\triangle PAB$ 的面积

$$S(PAB)=\frac{1}{2}|\overrightarrow{PA}\times\overrightarrow{PB}|$$

高
$$
\begin{aligned}
h&=|CH|=|PC|\cos\angle PCH\\
&=|PC|\cdot\frac{\overrightarrow{PC}\cdot(\overrightarrow{PA}\times\overrightarrow{PB})}{|\overrightarrow{PC}||\overrightarrow{PA}\times\overrightarrow{PB}|}\\
&=(\overrightarrow{PA}\times\overrightarrow{PB})\cdot\frac{\overrightarrow{PC}}{|\overrightarrow{PA}\times\overrightarrow{PB}|}
\end{aligned}
$$

故
$$V=\frac{1}{6}(\overrightarrow{PA}\times\overrightarrow{PB})\cdot\overrightarrow{PC}$$

设$\overrightarrow{PA}=(x_1,x_2,x_3)$，$\overrightarrow{PB}=(y_1,y_2,y_3)$，$\overrightarrow{PC}=(z_1,z_2,z_3)$，则

$$V^2=\frac{1}{36}\begin{vmatrix}x_1&x_2&x_3\\y_1&y_2&y_3\\z_1&z_2&z_3\end{vmatrix}\cdot\begin{vmatrix}x_1&y_1&z_1\\x_2&y_2&z_2\\x_3&y_3&z_3\end{vmatrix}$$

$$=\frac{1}{36}\begin{vmatrix}\overrightarrow{PA}^2 & \overrightarrow{PA}\cdot\overrightarrow{PB} & \overrightarrow{PA}\cdot\overrightarrow{PC}\\ \overrightarrow{PB}\cdot\overrightarrow{PA} & \overrightarrow{PB}^2 & \overrightarrow{PB}\cdot\overrightarrow{PC}\\ \overrightarrow{PC}\cdot\overrightarrow{PA} & \overrightarrow{PC}\cdot\overrightarrow{PB} & \overrightarrow{PC}^2\end{vmatrix} \tag{1}$$

因为

$$\overrightarrow{PA}^2=x^2,\overrightarrow{PA}\cdot\overrightarrow{PB}=xy\cos\angle APB=\frac{1}{2}(x^2+y^2-c^2),\cdots$$

分别代入式(1)得

$$V^2=\frac{1}{288}\begin{vmatrix}2x^2 & x^2+y^2-c^2 & x^2+z^2-b^2\\ x^2+y^2-c^2 & 2y^2 & y^2+z^2-a^2\\ x^2+z^2-b^2 & y^2+z^2-a^2 & 2z^2\end{vmatrix} \tag{2}$$

此为六棱求积公式.可将它改记为

$$V=\frac{1}{12}\sqrt{q_1+q_2+q_3-q}$$

其中

$$q_1=(ax)^2(b^2+c^2+y^2+z^2-a^2-x^2)$$
$$q_2=(by)^2(c^2+a^2+z^2+x^2-b^2-y^2)$$
$$q_3=(cz)^2(a^2+b^2+x^2+y^2-c^2-z^2)$$
$$q=(abc)^2+(ayz)^2+(bzx)^2+(cxy)^2$$

若已知棱长 x,y,z 与面角$\angle BPC=\alpha,\angle CPA=\beta,\angle APB=\gamma$,则式(1)成为

$$V=\frac{1}{6}xyz\begin{vmatrix}1 & \cos\gamma & \cos\beta\\ \cos\gamma & 1 & \cos\alpha\\ \cos\beta & \cos\alpha & 1\end{vmatrix}^{\frac{1}{2}} \tag{3}$$

类似地,用向量法不难给出二面角的计算公式.例如,求二面角$\langle B,C\rangle$,它是侧面 PAB 与 PAC 所夹的内角,等于它们的法向量$\overrightarrow{PA}\times\overrightarrow{PB}$与$\overrightarrow{PA}\times\overrightarrow{PC}$的夹角,故有

$$\cos\langle B,C\rangle=\frac{(\overrightarrow{PA}\times\overrightarrow{PB})\cdot(\overrightarrow{PA}\times\overrightarrow{PC})}{|\overrightarrow{PA}\times\overrightarrow{PB}||\overrightarrow{PA}\times\overrightarrow{PC}|}$$

$$(\text{运用拉格朗日恒等式})=\frac{\begin{vmatrix}\overrightarrow{PA}^2 & \overrightarrow{PA}\cdot\overrightarrow{PC}\\ \overrightarrow{PB}\cdot\overrightarrow{PA} & \overrightarrow{PB}\cdot\overrightarrow{PC}\end{vmatrix}}{4S(PAB)S(PAC)}$$

即

$$\cos\langle B,C\rangle=\frac{\begin{vmatrix}2x^2 & x^2+y^2-c^2\\ x^2+z^2-b^2 & y^2+z^2-a^2\end{vmatrix}}{16S(PAB)S(PAC)} \tag{4}$$

上式的分子是公式(2)中三阶行列式的一个子行列式.公式(4)在确定化学分子结构的计算中是有用的.

(二)射影定理

设四面体 $P_0P_1P_2P_3$ 的顶点 P_i 所对的面 f_i 的面积为 S_i,则有

$$\begin{aligned}S_0&=S_1\cos\langle 0,1\rangle+S_2\cos\langle 0,2\rangle+S_3\cos\langle 0,3\rangle\\S_1&=S_0\cos\langle 0,1\rangle+S_2\cos\langle 1,2\rangle+S_3\cos\langle 1,3\rangle\\S_2&=S_0\cos\langle 0,2\rangle+S_1\cos\langle 1,2\rangle+S_3\cos\langle 2,3\rangle\\S_3&=S_0\cos\langle 0,3\rangle+S_1\cos\langle 1,3\rangle+S_2\cos\langle 2,3\rangle\end{aligned}\tag{5}$$

其中的$\langle i,j\rangle$表示面 f_i 与 f_j 所夹的内二面角.这六个二面角并不独立,至于它们之间有何关系,可参见第 9 章 §4 中的有关内容.射影定理的证明请读者完成.

(三)余弦定理

$$\begin{aligned}S_0^2=&S_1^2+S_2^2+S_3^2-2S_1S_2\cos\langle 1,2\rangle-\\&2S_2S_3\cos\langle 2,3\rangle-2S_3S_1\cos\langle 1,3\rangle\end{aligned}\tag{6}$$

证明　由射影定理知

$$\begin{aligned}S_0^2&=S_0[S_1\cos\langle 0,1\rangle+S_2\cos\langle 0,2\rangle+S_3\cos\langle 0,3\rangle]\\&=S_1(S_1-S_2\cos\langle 1,2\rangle-S_3\cos\langle 1,3\rangle)+\\&\quad S_2(S_2-S_1\cos\langle 1,2\rangle-S_3\cos\langle 2,3\rangle)+\\&\quad S_3(S_3-S_1\cos\langle 1,3\rangle-S_3\cos\langle 2,3\rangle)\end{aligned}$$

整理便得式(6).

也可由

$$|\overrightarrow{P_1P_2}\times\overrightarrow{P_1P_3}|^2=(\overrightarrow{P_0P_1}\times\overrightarrow{P_0P_2}+\overrightarrow{P_0P_2}\times\overrightarrow{P_0P_3}+\overrightarrow{P_0P_3}\times\overrightarrow{P_0P_1})^2$$

再用二面角公式直接证得.

(四)正弦定理

$$\frac{S_0}{\sin P_0}=\frac{S_1}{\sin P_1}=\frac{S_2}{\sin P_2}=\frac{S_3}{\sin P_3}=2R^2\tag{7}$$

其中 R 是四面体 $P_0P_1P_2P_3$ 的外接球 O 的半径,且

记号:　$$\sin P_k=\left(-\begin{vmatrix}0 & 1\quad 1\quad 1\\1 & \\1 & -\frac{1}{2}\sin^2\frac{\angle P_iOP_j}{2}\\1 & \end{vmatrix}\right)^{\frac{1}{2}},\begin{pmatrix}i,j,k=0,1,2,3\\i,j\neq k\end{pmatrix}$$

证明 $|\overrightarrow{P_1P_2}\times\overrightarrow{P_1P_3}|^2=(2S_0)^2$

$$=\begin{vmatrix}\overrightarrow{P_1P_2}^2 & \overrightarrow{P_1P_2}\cdot\overrightarrow{P_1P_3}\\ \overrightarrow{P_1P_2}\cdot\overrightarrow{P_1P_3} & \overrightarrow{P_1P_3}^2\end{vmatrix}\quad(\text{记 } d_{ij}=|P_iP_j|)$$

$$=\begin{vmatrix}1 & 1 & 1\\ 0 & d_{12}^2 & \frac{1}{2}(d_{12}^2+d_{13}^2-d_{23}^2)\\ 0 & \frac{1}{2}(d_{12}^2+d_{13}^2-d_{23}^2) & d_{13}^2\end{vmatrix}$$

$$=\begin{vmatrix}0 & 1 & 1 & 1\\ 1 & 0 & -\frac{1}{2}d_{12}^2 & -\frac{1}{2}d_{13}^2\\ 1 & -\frac{1}{2}d_{12}^2 & 0 & -\frac{1}{2}d_{23}^2\\ 1 & -\frac{1}{2}d_{13}^2 & -\frac{1}{2}d_{23}^2 & 0\end{vmatrix}$$

将 $d_{ij}=2R\sin\frac{\angle P_iOP_j}{2}$代入即得 $2S_0=4R^2\sin P_0$，其余类推.

四面体有唯一的外接球和唯一的内切球.下面给出一个与内切球有关的性质定理.它是1897年由班(Bang)猜想,同年被格尔肯斯(Gehrke)所证明的.

班(Bang)定理 四面体的各个面与它的内切球的切点,任两个面上的这种切点同这两个面的公共边所构成的两个三角形全等;在每个面上,切点对于该面上三个顶点所张的三个角,在四个面上都是相同的.

证明 将四面体 $ABCP$ 沿着棱 PA,PB,PC 切开展平如图6.29(a)所示.设内切球与面 ABC 及 PBC 相切于点 T,Q. 因为从一点到一个球面所引的所有切线长相等,所以

$$BT=BQ,CT=CQ$$

从而

$$\triangle TBC\cong\triangle QBC,\angle BTC=\angle BQC$$

同理可给出六对等角.不妨记作 a,b,c,x,y,z,在每一切点处,有

$$2\pi=a+b+c=a+y+z=b+z+x=c+x+y$$

于是

$$b+c=y+z,b+z=c+y$$

从而

$$c-z=y-b=z-c$$

得
$$z=c$$

同理有
$$x=a, y=b$$
即每个切点与顶点的连线将周角作相同的划分.

(五)等面四面体的性质和判定

我们将三组对棱分别相等的四面体称为等面四面体.它具有许多优美的性质.

显然,它的四个面都是全等的锐角三角形;每一个顶点处的面角之和为平角.因此,它的侧面展平后成为如图6.29(b)所示的三角形与三条中位线.读者易证,等面四面体$ABCP$具有下列性质:

1. $\cos\langle P,A\rangle+\cos\langle P,B\rangle+\cos\langle P,C\rangle=1$;

2. 等面四面体的外接平行六面体是长方体(过四面体的每一双对棱分别作平行平面,这六个平面围成的六面体称为该四面体的外接平行六面体);

3. 体积$V=\frac{1}{3}\sqrt{(u^2-a^2)(u^2-b^2)(u^2-c^2)}$,其中$a,b,c$是三组对棱的长,$u^2=\frac{1}{2}(a^2+b^2+c^2)$;

4. 外接球半径$R=\frac{\sqrt{2}}{4}\sqrt{a^2+b^2+c^2}$,中线长为$\frac{1}{3}\sqrt{2(a^2+b^2+c^2)}$;

5. 对棱中点连线是这对棱的公垂线,且三条公垂线两两互相垂直平分于外心.

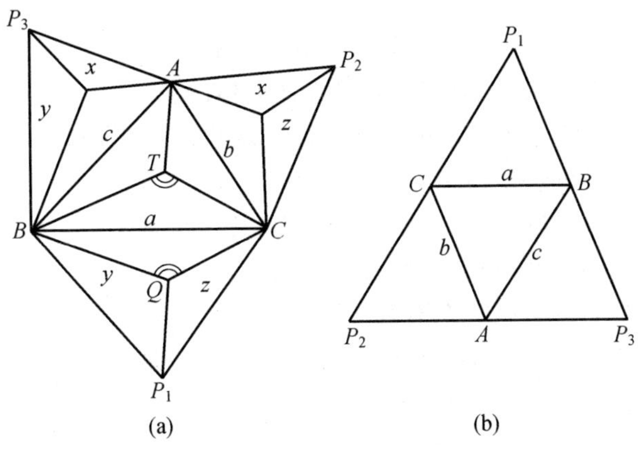

图6.29

定理1 如果一个四面体的四个面周长相等,那么它必为等面四面体.

证明 在班定理的证明中,我们用 a,b,c,x,y,z 表示角,现在改让它们来表示这些角所对的棱长(如图 6.29(a)中所示),这是容许的.因为用同一记号表示的两个小三角形是全等的,因而相仿地可由四个面的周长相等推得四面体的对棱相等.

定理 2 如果一个四面体的四个面的面积相等,那么它必为等面四面体.

证明 与定理 1 的证明相仿,改让 a,b,c,x,y,z 表示角所在的小三角形面积.也可由四个面的面积相等推得 $y=b,\cdots$,即有

$$S(P_1QB)=S(ATC),\cdots$$

设从顶点 A,B,C,P 到内切球的切线长依次为 t_1,t_2,t_3,t_4,则有

$$t_4t_2\sin\angle P_1QB=t_1t_3\sin\angle ATC$$

因为

$$\angle P_1QB=\angle ATC$$

所以

$$t_4t_2=t_1t_3$$

同理有

$$t_4t_3=t_1t_2,t_4t_1=t_2t_3$$

由三式可解得

$$t_1=t_2=t_3=t_4$$

所以

$$\triangle P_1QB\cong\triangle ATC$$

所以

$$P_1B=AC,\cdots$$

因此四面体的三组对棱分别相等,是等面四面体.

定理 3 内切球与外接球同心的四面体必为等面四面体.

证明 四面体的各个面到球心的距离相等,故它们所在的平面与外接球的交线是等圆.等圆中同弦所对的圆周角相等,故四面体的每条棱所对的两个面角相等(如图 6.30).

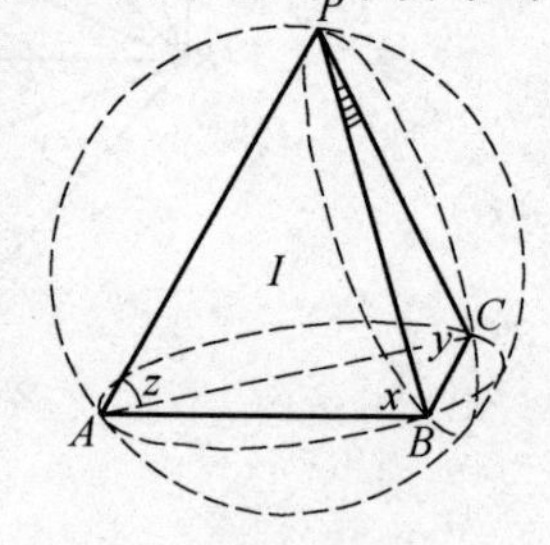

图 6.30

设棱 BC,CA,AB,PA,PB,PC 所对的两个相等的面角依次记为 a,b,c,x,y,z,则由三角形内角和定理可知

$$\begin{aligned}a+b+c&=a+y+z\\&=b+z+x\\&=c+x+y=\pi\end{aligned}$$

解之得

$$x=a, y=b, z=c$$

因而各侧面三角形全等，四面体为等面四面体.

§6　多面角的概念与球面多边形的面积

从一点 S 顺次引出不共面的若干条射线 $SA, SB, SC, \cdots, SK, SL$，以及相邻两条射线所成角如 $\angle ASB$，$\angle BSC$，…，$\angle KSL$，$\angle LSA$ 的内部组成的图形叫做多面角，记作 $S-ABC\cdots KL$（如图 6.31）. 组成多面角的各射线的公共端点 S 叫做多面角的顶点. 射线 $SA, SB, \cdots$ 叫做多面角的棱. 相邻两棱间的平面部分叫做多面角的面. 相邻两棱组成的角 $\angle ASB$，$\angle BSC$，…，$\angle LSA$ 叫做多面角的面角. 相邻两个面组成的二面角 $L-SA-B$，$A-SB-C$，…叫做多面角的二面角.

显然，一个多面角的面数等于它的棱数、面角数以及二面角数，多面角最少有三个面. 多面角依照它的面数分别叫做三面角、四面角、五面角……

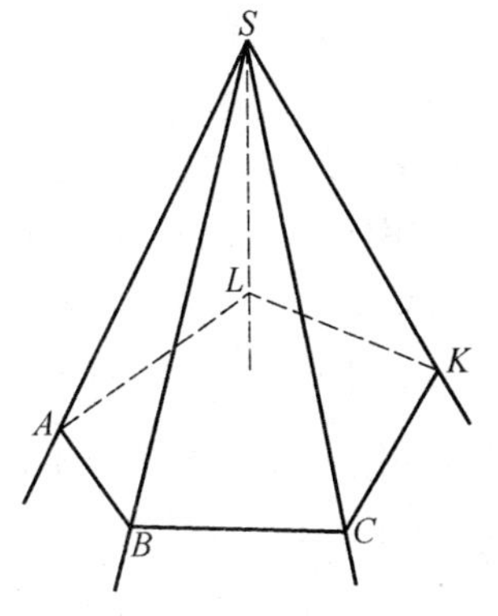

图 6.31

若多面角在其每一面所在平面的同侧，便叫做凸多面角（如图 6.31）.

定理 1　三面角的任意两个面角的和，大于第三个面角.

证明　在三面角 $S-ABC$ 中，不妨假定 $\angle ASC$ 是三个面角中最大的一个，则只需证明 $\angle ASB+\angle BSC>\angle ASC$.

在 $\angle ASC$ 的内部作射线 SD，使 $\angle ASD=\angle ASB$，并取 $SD=SB$，再过点 D 作直线与 $\angle ASC$ 两边分别交于点 A，C（如图 6.32），则

$$\triangle SAD\cong\triangle SAB, AD=AB$$

在 $\triangle ABC$ 中，$BC>AC-AB=AC-AD=DC$.

在 $\triangle SBC$ 和 $\triangle SDC$ 中，$SB=SD$，$SC=SC$，$BC>DC$.

所以

$$\angle BSC>\angle DSC$$

因此

$$\angle ASB+\angle BSC=\angle ASD+\angle BSC>$$
$$\angle ASD+\angle DSC$$
$$=\angle ASC$$

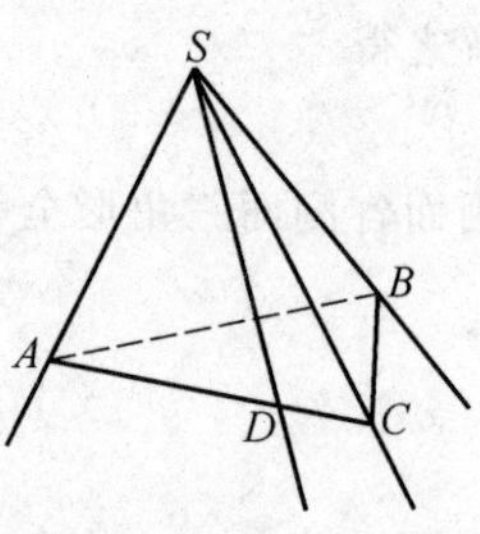

图 6.32

为了研究的方便，我们可以用球心位于多面角的顶点的单位球面去截多面角（如图 6.33）. 这样，多面角的面角的弧度数就与球面上联结两点的大圆弧的长度相等，多面角 $S-ABCD$ 就与单位球面 S 上的多边形 $ABCD$ 成一一对应的关系，而且多面角的二面角（如 $D-SA-B$）就与球面多边形的内角（如$\angle A$）的弧度数相同. 因此，有关多面角的问题与下一章球面几何中的多边形问题可以互相转化. 例如，定理 1 转化为球面几何中的相应定理就是：

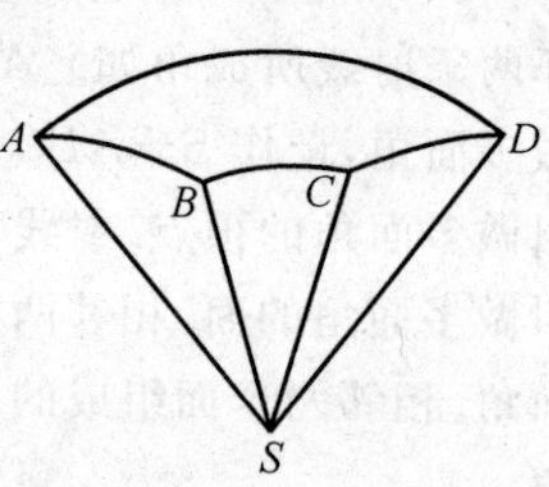

图 6.33

定理 1′ 球面三角形的任意两边之和大于第三边.

因此这里对多面角的研究就不深入下去了，仅在三维欧氏空间中讨论与球面几何的度量有关的两个基本问题：就是与球面上的距离、面积有关的问题.

定理 2 球面上联结两点（非对径点）的线中，大圆劣弧最短.

证明 如图 6.34 所示，设球面半径为 1，球心为 O，球面上联结 A,B 两点的大圆劣弧长为$\overset{\frown}{AB}$，联结 A,B 两点的任一（异于$\overset{\frown}{AB}$）球面曲线 L 长为 l_{AB}，要证 $l_{AB}>\overset{\frown}{AB}$.

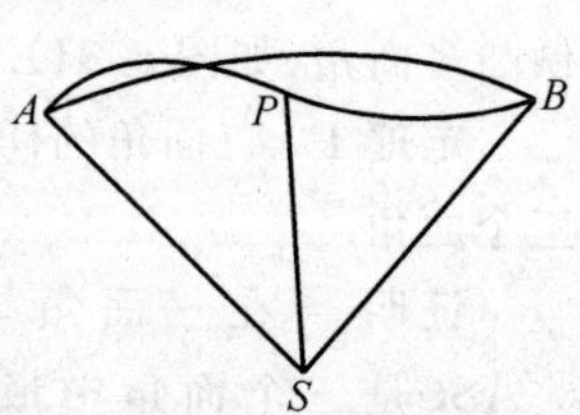

图 6.34

设 P 为 L 上一点，且不在$\overset{\frown}{AB}$上（当点 P 在$\overset{\frown}{AB}$上时，可分段证明），则恒有

$$\angle AOP+\angle POB>\angle AOB$$

即
$$\overset{\frown}{AP}+\overset{\frown}{PB}>\overset{\frown}{AB} \tag{1}$$

存在这样的实数 $\theta\in\left(0,\frac{\pi}{2}\right)$，使

$$(\overset{\frown}{AP}+\overset{\frown}{PB})\cos\theta=\overset{\frown}{AB}$$

在曲线 L 上选取点列 $P_0,P_1,\cdots,P_{n-1},P_n$，使 $P_0=A,P_n=B$，其中有一个 $P_k=P$，记

$$\angle P_{i-1}OP_i=2\alpha_i\leqslant 2\theta,i=1,2,\cdots,n$$

只要 n 足够大,这总是能办到的.因此

$$\overset{\frown}{P_{i-1}P_i}=2\alpha_i,\alpha_i\in\left(0,\frac{\pi}{2}\right)$$

$$|P_{i-1}P_i|=2\sin\alpha_i$$

$$\frac{|P_{i-1}P_i|}{\overset{\frown}{P_{i-1}P_i}}=\frac{\sin\alpha_i}{\alpha_i}>\cos\alpha_i\geqslant\cos\theta$$

即
$$|P_{i-1}P_i|>\overset{\frown}{P_{i-1}P_i}\cos\theta \tag{2}$$

故
$$\begin{aligned}l_{AB}=&l_{P_0P_1}+l_{P_1P_2}+\cdots+l_{P_{n-1}P_n}>\\&|P_0P_1|+|P_1P_2|+\cdots+|P_{n-1}P_n|>\\&(\overset{\frown}{P_0P_1}+\overset{\frown}{P_1P_2}+\cdots+\overset{\frown}{P_{n-1}P_n})\cos\theta\geqslant\\&\text{(根据式(2))}\\&(\overset{\frown}{P_0P_k}+\overset{\frown}{P_kP_n})\cos\theta\text{(反复运用式(1))}\\=&(\overset{\frown}{AP}+\overset{\frown}{PB})\cos\theta=\overset{\frown}{AB}\end{aligned}$$

球面几何有关变量的第二个基本问题是关于球面三角形的面积问题.

因为球面上两个大圆恒相交于两个对径点.我们把球面上的对径点,和以此两点为端点的两个半大圆所构成的球面图形,叫做球面二角形.两个对径点叫做它的顶点,两个半大圆叫做它的边,顶点和两边构成它的角.

显然,球面二角形的两个角相等.球面二角形的面积 $S_{二角形}$ 与它的顶角 α(弧度数)成正比.注意到球面积 $S_{球}=4\pi R^2$,便知

$$S_{二角形}=2\alpha R^2$$

运用此公式不难导出球面三角形的面积.

定理3　在半径为 R 的球面上,球面$\triangle ABC$ 的面积

$$\delta=(\alpha+\beta+\gamma-\pi)R^2$$

其中 α,β,γ 表示球面三角形的三个内角.

证明　设球面三角形三个顶点 A,B,C 的对径点分别为 A_1,B_1,C_1(如图 6.35),则根据球面二角形面积公式可知

$$\delta(ABC)+\delta(A_1BC)=2\alpha R^2$$

$$\delta(ABC)+\delta(AB_1C)=2\beta R^2$$

$$\delta(ABC)+\delta(ABC_1)=2\gamma R^2$$

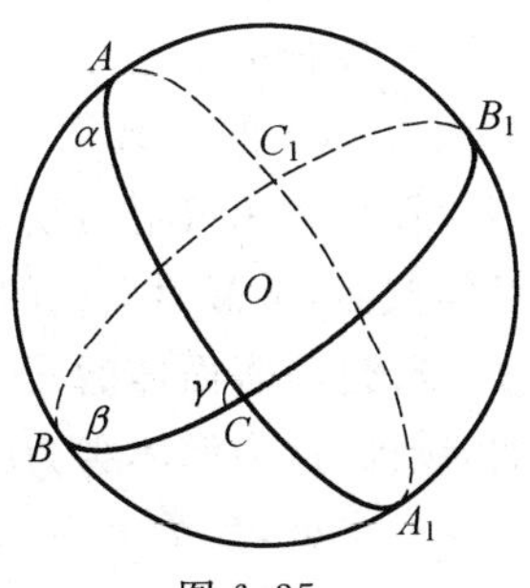

图 6.35

注意到球面$\triangle ABC_1$ 与 A_1B_1C 是关于球心 O 成中心对称的,故

$$\delta(A_1B_1C)=\delta(ABC_1)$$

以上四式相加得

$$2\delta(ABC)+[\delta(ABC)+\delta(A_1BC)+\delta(AB_1C)]+\delta(A_1B_1C)$$
$$=2(\alpha+\beta+\gamma)R^2$$

上式方括号中恰巧为半球的面积 $2\pi R^2$，因此

$$\delta(ABC)=(\alpha+\beta+\gamma-\pi)R^2$$

推论　球面凸 n 边形 $P_1P_2\cdots P_n$ 的面积

$$\delta=[\angle P_1+\angle P_2+\cdots+\angle P_n-(n-2)\pi]R^2$$

其中$\angle P_1,\angle P_2,\cdots,\angle P_n$ 表示多边形的内角.

习题 6

1. 如果两个平面分别垂直于两异面直线中的一条，那么这两个平面的交线就平行于这两条异面直线的公垂线.

2. $\triangle ABC$ 和$\triangle A'B'C'$在两个不同的平面上，且其对应边 AB 与 $A'B'$，BC 与 $B'C'$，CA 与 $C'A'$ 的延长线分别相交. 试证：三直线 AA'，BB'，CC' 或者互相平行，或者相交于一点.

3. 已知 Rt$\triangle ABC$ 中，CD 为斜边 AB 上的中线，$AC=3$. $BC=4$. 以 CD 为棱将面 ACD 翻折，使点 A 在面 BCD 内的射影落在 BC 上. 设二面角 $A-CD-B$ 为 θ，求 $\cos\theta$ 的值.

4. 在$\triangle ABC$ 中，$\angle C=90°$，$BC=AC$，O 为 AB 中点，$PO\perp$平面 ABC，PB 和平面 ABC 的交角为 α，二面角 $A-PC-B$ 为 β，求证：$\cos\beta=\dfrac{\cos^2\alpha}{\cos^2\alpha-2}$.

5. 在正四棱锥 $S-ABCD$ 的侧棱 SA，SB，SD 上分别有一点 P，Q，R，且 $SP:PA=1:2$，$SQ:SB=SR:RD=2:1$. 求证：$SC/\!/$平面 PQR.

6. 棱长为 a 的正方体 $ABCD-A_1B_1C_1D_1$ 中，M 为 CD 的中点. 求点 D_1 到平面 AMC_1 的距离 d.

7. 点 P 在单位正方体 $ABCD-A_1B_1C_1D_1$ 的棱 CD 上滑动，过 P，A，C_1 三点作截面，求截面面积的最小值.

8. 过凸多面体的任意三个顶点所得的平面多边形都是这个多面体的一个面，试证：这多面体必为四面体.

9. 求证：简单多面体的面角数等于其棱数的二倍，且有 $3F\leqslant 2E$，$3V\leqslant 2E$，其中 V，E，F 分别是多面体的顶点数、棱数、面数.

10. 证明：不存在棱数为7的多面体.

11. 证明：不存在这样的多面体，它有奇数个面，而它的每一个面都有奇数条边.

12. 证明：正四面体各棱的中点是正八面体的顶点；如果正四面体的体积等于 V，求这个正八面体的体积.

13. 正四面体相邻两面所成的二面角为 α，正八面体相邻两面所成的二面角为 β，求证：α 与 β 互补.

14. 以圆锥的顶点为球心且与圆锥底面相切的球面，把圆锥的表面分成面积相等的两部分，求圆锥轴截面的顶角.

15. 一个球内切于底面半径为 R 和 r 的圆台. 求球面的面积与圆台侧面积的比.

16. 分别以 $\triangle ABC$ 的边 BC，CA，AB 为轴，把 $\triangle ABC$ 旋转一周，所得到的旋转体的体积分别为 V_1，V_2，V_3，再在 $\triangle ABC$ 内取适当的点 P，使由点 P 到三边 BC，CA，AB 的距离的比等于 V_1，V_2，V_3 的比，那么点 P 应具有什么性质？

17. 正四棱柱 $ABCD-A_1B_1C_1D_1$ 的底面边长为 a，对角线 BD_1 与底面所成角是 θ，过 AC 作一平面平行于 BD_1，交 DD_1 于点 P. 求：

(1) 求截面 ACP 的面积；

(2) 三棱锥 $P-ACD$ 与正四棱柱的体积之比.

18. 正六边形的边长为 a，以它的一边所在的直线为轴旋转一周，求所得旋转体的体积.

19. 给定长方形 $ABCD$，$AB=9$，$BC=8$. 长为3的线段 $EF\parallel AB\parallel CD$，$EA=ED=FB=FC=13$，求此几何体（楔形）的体积及 $\angle AFC$.

20. 一个平面分球面为 $1:2$ 两部分，求这平面把球分成两球缺的体积之比.

21. 设 P 是四面体 $A_1A_2A_3A_4$ 内部的任一点. 顶点 $A_i(i=1,2,3,4)$ 所对面的面积为 S_i，点 P 到顶点 A_i 及其对面的距离分别为 R_i，r_i，试证：

(1) $S_1R_1+S_2R_2+S_3R_3+S_4R_4\geqslant 3(S_1r_1+S_2r_2+S_3r_3+S_4r_4)$；

(2) $r_1^2+r_2^2+r_3^2+r_4^2\geqslant\dfrac{9V^2}{(S_1^2+S_2^2+S_3^2+S_4^2)}$.

其中 V 是四面体的体积.

22. 已知斜三棱台 $A_1B_1C_1-ABC$ 的上底面积为 a^2，下底面积为 b^2，作截面 AB_1C_1，又 BC 与这个截面的距离等于这个三棱台的高.

求证：截面 AB_1C_1 的面积等于 ab.

23. 在棱长为 a 的正方体 $ABCD-EFGH$ 中，由顶点 A 沿着正方体的表面到达正方形 $CDHG$ 的中心 M，试求其最短路径的长度.

24. 正$\triangle ABC$ 的边长为 a，沿平行于 BC 的直线 PQ 折叠，使平面 $APQ\perp$ 平面 $BCQP$. 设点 A 到直线 PQ 的距离为 x，A，B 两点的距离为 d，

(1)用 x 表示 d^2 并求 d^2 的最小值.

(2)令$\angle BAC=\theta$，求 $\cos\theta$ 的最小值.

25. 设正方体 $A'B'C'D'-ABCD$ 的棱长为 1. 又 M 是 BB' 的中点，N 是 AB 的中点，O 是正方形 $BCC'B'$ 的中心，过点 O 的直线分别与 AM 及 CN 的延长线交于点 P，Q，试证：$PQ=\dfrac{\sqrt{14}}{3}$.

26. 棱柱的底面是一个四边形 $ABCD$，它的对角线 BD 是一条对称轴，AA'，BB'，CC'，DD' 是棱柱的侧棱，线段 BD，AC 与 BB' 的长分别等于 14，10 与 7. 有一个平面与棱 AA'，CC' 相交，它与棱柱相截得一个正六边形，求四边形 $DD'B'B$ 的面积.

27. 试证：在四面体中，它的任一个二面角的平分面分别分对棱所得两线段之比，等于组成这个二面角的两个面（三角形）的面积之比.

28. 设四面体的各顶点到对面的距离分别为 h_1，h_2，h_3，h_4，四面体内任一点到各面的距离为 d_1，d_2，d_3，d_4. 试证

$$\frac{d_1}{h_1}+\frac{d_2}{h_2}+\frac{d_3}{h_3}+\frac{d_4}{h_4}=1$$

29. 在两条异面直线 l，m 上分别有定长的动线段 AB，CD，试证：由这两条线段的端点为顶点的四面体 $ABCD$ 的体积为一定值.

30. 在四面体中，有且只有一条棱长大于 1，证明：它的体积 $V\leqslant\dfrac{1}{8}$.

31. 用向量法证明：若平行六面体 $OADB-CEFG$ 的对角线 AG 与平面 ODE 相交于点 H，OH 与侧面 $ADFE$ 相交于点 K，则 $AH=\dfrac{1}{3}AG$，$OH=\dfrac{2}{3}OK$.

32. 设有一长方体 $A'B'C'D'-ABCD$，其三棱 $A'A=a$，$A'B'=b$，$A'D'=c$. M，N，P，Q 分别为 $A'B'$，$A'D'$，BC，CD 的中点，试证：$\triangle AMN$ 与$\triangle C'PQ$ 的重心之间的距离等于$\dfrac{1}{3}\sqrt{a^2+4b^2+4c^2}$.

33. 用向量法证明：若四面体的两条高相交，则联结这两条高所含顶点的棱

垂直于此四面体内和它相对的棱.

34. 求证：正四面体的一个顶点到对面的高的中点和其他三个顶点联结的三条线段两两互相垂直.

35. 求证：四面体 $ABCD$ 的体积 $V_{ABCD}=\frac{2}{3|BC|}S_{\triangle ABC}S_{\triangle DBC}\sin\langle A,D\rangle$，其中 $S_{\triangle ABC}$，$S_{\triangle DBC}$ 分别是 $\triangle ABC$，$\triangle DBC$ 的面积，$\langle A,D\rangle$ 是顶点 A，D 所对的两面所构成的二面角.

36. 体积为 V 的四面体 $PABC$ 中，设棱 PA，PB，PC 上的二面角分别为 α，β，γ，$\triangle PBC$，$\triangle PCA$，$\triangle PAB$ 的面积依次为 S_1，S_2，S_3. 求证

$$\frac{S_1\cdot PA}{\sin\alpha}=\frac{S_2\cdot PB}{\sin\beta}=\frac{S_3\cdot PC}{\sin\gamma}=\frac{S_1S_2S_3}{1.5V}$$

37. 过四面体 $ABCD$ 的棱 BC 的截面 EBC 交对棱 AD 于点 E，并且平面 EBC 与 ABC，DBC 所成的二面角分别为 α，β，求证：

(1) $\frac{\sin(\alpha+\beta)}{S(EBC)}=\frac{\sin\alpha}{S(DBC)}+\frac{\sin\beta}{S(ABC)}$；

(2) $\frac{AE}{ED}=\frac{S(ABC)\cdot\sin\alpha}{S(DBC)\cdot\sin\beta}$.

38. 证明：等面四面体的体积公式为

$$V_{等面}=\frac{1}{3}\sqrt{(u^2-a^2)(u^2-b^2)(u^2-c^2)}$$

其中 a，b，c 为三组对棱的长，$u^2=\frac{1}{2}(a^2+b^2+c^2)$.

39. 证明：等腰四面体(从一个顶点出发的三条棱相等)的体积公式为

$$V_{等腰}=\frac{1}{12}\sqrt{16x^2p(p-a)(p-b)(p-c)-a^2b^2c^2}$$

其中 a，b，c 为底面边长，x 为腰长，$p=\frac{1}{2}(a+b+c)$.

40. 对于直角四面体 $PABC$(PA，PB，PC 两两互相垂直)，已知 $PA=a$，$PB=b$，$PC=c$，求证：

(1) $S(ABC)^2=S(PAB)^2+S(PBC)^2+S(PCA)^2$；

(2) 底面 ABC 上的高 $PH=\frac{abc}{\sqrt{a^2b^2+b^2c^2+c^2a^2}}$

(3) $\cos\alpha\cos\beta\cos\gamma\leqslant\frac{\sqrt{3}}{9}$，其中 α，β，γ 分别是以 BC，CA，AB 为棱的二面角.

41. 四面体 $ABCD$ 中，$\angle BDC$ 是直角，点 D 在平面 ABC 上的射影 H 正好

是$\triangle ABC$的垂心,试证

$$(AB+BC+CA)^2\leqslant 6(DA^2+DB^2+DC^2)$$

并说明对于怎样的四面体等号成立.

42.若四面体一个顶点在对面上的射影恰是三角形的垂心,则其他三个顶点在其对面上的射影也必为各面的垂心.

43.求证:凸多面角的所有面角的和小于2π.

44.求证:凸n面角中的n个二面角的和大于$(n-2)\pi$,而小于$n\pi$.

第 7 章　球面几何

在天文、航海、大地测量直至宇宙航行等方面都有广泛应用的球面几何，又称为双重椭圆几何. 它是研究球面空间（本章限于二维）的子集的几何性质的. 在一定意义下，它和双曲几何、欧氏几何（又称抛物几何）三者具有同等地位，有许多类似之处. 所以，有些类似的概念如多边形等就不再详述其定义了.

为了便于理解，本章取三维欧氏空间中的球面（在坐标原点位于球心 O 的直角坐标系下，其方程为 $x_0^2+x_1^2+x_2^2=r^2$）作为球面空间的直观模型，取球面上联结任两点 A,B 的大圆劣弧之长作为球面空间两点 A,B 间的距离，从而赋予这空间一种度量结构，并在此基础上应用解析方法展开球面几何理论.

§1　距离、线段、角

点集 $S_r^2=\{X\,|\,X=(x_0,x_1,x_2),x_0^2+x_1^2+x_2^2=r^2,x_0,x_1,x_2\in\mathbf{R}\}$ 称为球面（或椭圆平面），其中 (x_0,x_1,x_2) 称为点 X 的标准化齐次坐标，简称点 X 的坐标. 注意，知道了点 X 的两个坐标分量，便可以利用关系 $x_0^2+x_1^2+x_2^2=r^2$ 确定第三个坐标分量，所以只有两个分量是独立的.

对于球面 S_r^2，规定任两点 $A=(a_0,a_1,a_2)$，$B=(b_0,b_1,b_2)\in S_r^2$ 之间的（球面）距离为

$$\widehat{AB}=r\cdot\arccos\left(\frac{a_0b_0+a_1b_1+a_2b_2}{r^2}\right),\ \frac{\widehat{AB}}{r}\in[0,\pi]$$

这样规定了距离的点集 S_r^2 称为二维球面空间①，常数 $r(>0)$ 称为球面空间的曲率半径.

本章为方便计，取 $r=1$，即把曲率半径取作单位长度，并将 S_1^2 就记作 S^2. 遇到实际问题时，如果球面半径 $r\neq1$，只需将有关公式中与长度有关的量全部

① 如果规定距离 $\widehat{AB}=r\cdot\arccos\dfrac{|a_0b_0+a_1b_1+a_2b_2|}{r^2}\in\left[0,\dfrac{\pi}{2}r\right]$，则相应的几何称为单重椭圆几何.

r 倍即可.

可以验证,球面空间是度量空间,即球面距离满足距离三公理:

(Ⅰ)$\widehat{AB}\geqslant 0$,且$\widehat{AB}=0$ 的充要条件是 $A=B$.

(Ⅱ)$\widehat{AB}=\widehat{BA}$.

(Ⅲ)$\widehat{AX}+\widehat{XB}\geqslant\widehat{AB}$.

(Ⅰ)(Ⅱ)两条显然成立. 注意:$\widehat{AB}\in[0,\pi]$,且$\widehat{AB}=\pi$ 的充要条件是 $A=-B$,这样的两点 A,B 称为对径点.

为了简便起见,对点 X 引进运算

$$A\times B=\left(\begin{vmatrix}a_1 & a_2\\ b_1 & b_2\end{vmatrix},\begin{vmatrix}a_2 & a_0\\ b_2 & b_0\end{vmatrix},\begin{vmatrix}a_0 & a_1\\ b_0 & b_1\end{vmatrix}\right)$$

$$A\cdot B=a_0b_0+a_1b_1+a_2b_2$$

分别称为点 A 与 B 的外积和内积. 今后还要常用到拉格朗日恒等式

$$(A\times B)\cdot(X\times Y)=\begin{vmatrix}A\cdot X & A\cdot Y\\ B\cdot X & B\cdot Y\end{vmatrix}$$

根据规定可知,当 $A,B\in S^2$ 时,有

$$\cos\widehat{AB}=A\cdot B$$

$$\sin\widehat{AB}=|A\times B|$$

$$\left(\text{因为}|A\times B|^2=(A\times B)\cdot(A\times B)=\begin{vmatrix}1 & A\cdot B\\ B\cdot A & 1\end{vmatrix}\right).$$

现在来验证球面距离满足三角不等式(Ⅲ).

根据柯西不等式,有

$$(A\times X)\cdot(X\times B)\leqslant|A\times X|\,|X\times B| \tag{1}$$

其中等号成立的充要条件是

$$\lambda(A\times X)=\mu(X\times B),\lambda\mu\geqslant 0 \tag{2}$$

式(1)即为

$$\begin{vmatrix}A\cdot X & A\cdot B\\ X\cdot X & X\cdot B\end{vmatrix}\leqslant|A\times X|\,|X\times B| \tag{3}$$

由于 $A,B,X\in S^2$,有

$$A\cdot X=\cos\widehat{AX},\ |A\times X|=\sin\widehat{AX}$$

等,代入式(3)得

$$\cos\widehat{AX}\cos\widehat{XB}-\cos\widehat{AB}\leqslant\sin AX\sin\widehat{XB}$$

即
$$\cos(\widehat{AX}+\widehat{XB})\leqslant\cos\widehat{AB}$$

因为
$$\widehat{AX},\widehat{XB},\widehat{AB}\in[0,\pi]$$
所以
$$\widehat{AX}+\widehat{XB}\in[0,2\pi]$$

当$\widehat{AX}+\widehat{XB}\leqslant\pi$时，有$\widehat{AX}+\widehat{XB}\geqslant\widehat{AB}$；

当$\widehat{AX}+\widehat{XB}>\pi$时，有$\widehat{AX}+\widehat{XB}>\widehat{AB}$.

这就证明了式(Ⅲ).

值得特别注意的是在上面的证明过程中，使式(Ⅲ)中等号成立(即$\widehat{AX}+\widehat{XB}=\widehat{AB}$)的充要条件是
$$\lambda(A\times X)=\mu(X\times B)$$
即有
$$(\lambda A+\mu B)\times X=0,\lambda\mu\geqslant 0$$
且
$$\widehat{AX}+\widehat{XB}\leqslant\pi$$

因此，或者有
$$\lambda A+\mu B=0\tag{4}$$
或者有
$$X=\lambda A+\mu B\neq 0\tag{5}$$

由式(4)得
$$|\lambda A|=|-\mu B|$$
注意到$\lambda\mu\geqslant 0$，可推得
$$A=-B$$
即点A与B是对径点. 这就是说，球面S^2上任一点到一双对径点的距离之和总等于π.

式(5)中的λ,μ可由下面的方程组确定
$$\begin{cases}A\cdot X=\lambda A\cdot A+\mu A\cdot B\\X\cdot B=\lambda A\cdot B+\mu B\cdot B\end{cases}\tag{6}$$

记$\widehat{AB}=\alpha<\pi$(因为$A\neq -B$)，$\widehat{AX}=t\alpha$，又$\widehat{AX}+\widehat{XB}=\widehat{AB}$，故
$$\widehat{XB}=(1-t)\alpha,0\leqslant t\leqslant 1$$
式(6)即为

$$\begin{cases}\cos t\alpha=\lambda+\mu\cos\alpha\\ \cos(1-t)\alpha=\lambda\cos\alpha+\mu\end{cases}$$

解之得

$$\lambda=\frac{\sin(1-t)\alpha}{\sin\alpha},\mu=\frac{\sin t\alpha}{\sin\alpha}\quad(\text{满足 }\lambda\mu\geqslant0)$$

这就得到了如下定理：

定理1　S^2 上到两点 A,B(以后总是指非对径点)距离之和最小等于$\overset{\frown}{AB}$的点的集合(称为大圆弧或球面线段 AB)的参数方程为

$$X=\frac{[A\sin(1-t)\alpha+B\sin t\alpha]}{\sin\alpha}\tag{7}$$

其中 $\alpha=\overset{\frown}{AB}\in(0,\pi),t\in[0,1],t=\frac{\overset{\frown}{AX}}{\overset{\frown}{AB}}$.

在方程(7)中，当 $t\in(0,1)$时，点 X 称为球面线段 AB 的内点，A,B 称为线段的端点，线段的两端点间的距离$\overset{\frown}{AB}$称为该线段的长.

在方程(7)中，当 $t=\frac{\pi}{\alpha}>1$ 时，$X=-A$，即点 A 的对径点必在线段 AB 的延长线上. 我们把 $t\in\left(0,\frac{\pi}{\alpha}\right)$时的式(7)称为球面射线 AB 的参数方程，称 A 为射线 AB 的端点.

由式(7)消去参数 t 得球面直线(大圆)AB 的方程

$$(A\times B)\cdot X=0$$

即

$$\begin{vmatrix}a_0 & b_0 & x_0\\ a_1 & b_1 & x_1\\ a_2 & b_2 & x_2\end{vmatrix}=0\tag{8}$$

可见，球面直线的方程是关于齐次坐标 x_0,x_1,x_2 的一次齐次方程，其中 $x_0^2+x_1^2+x_2^2=1$.

球面 S^2 上的任一直线 AB 分 S^2 为两个半球面

$$S_1=\{X|(A\times B)\cdot X>0,X\in S^2\}$$
$$S_2=\{X|(A\times B)\cdot X<0,X\in S^2\}$$

直线 AB 的方程(8)为

$$n_0x_0+n_1x_1+n_2x_2=0$$

其系数

$$n_0:n_1:n_2=\begin{vmatrix}a_1 & a_2\\ b_1 & b_2\end{vmatrix}:\begin{vmatrix}a_2 & a_0\\ b_2 & b_0\end{vmatrix}:\begin{vmatrix}a_0 & a_1\\ b_0 & b_1\end{vmatrix}$$

可以规定 $n_0^2+n_1^2+n_2^2=1$ 为标准化系数，这样一条直线的标准化系数只有 $\pm(n_0,n_1,n_2)=\pm N$ 两组. 直观上看，这样的 $\pm N$ 所对应的点是垂直于球面大圆 AB 所在平面的直径的两个端点.

定义 1　点 $N=\dfrac{A\times B}{|A\times B|}\in S^2$ 称为球面射线 AB(或有向直线 AB)的极.

显然，球面射线 BA 的极为 $-N$. 球面直线 AB 的极是两个对径点 N 和 $-N$.

球面上任意两条直线 $N_1\cdot X=0$，$N_2\cdot X=0(N_1\neq\pm N_2)$必定相交. 事实上，它们的交点就是 $\pm\dfrac{N_1\times N_2}{|N_1\times N_2|}\in S^2$. 换句话说，球面上没有不相交的直线，球面上两直线相交于一双对径点.

定理 2　球面直线 AB 上任一点到它的极的距离恒等于 $\frac{\pi}{2}$.

证明　直线 AB 的极 $N=\dfrac{A\times B}{|A\times B|}$(或 $-N$)到 AB 上任一点 $X=\lambda A+\mu B$ 的距离

$$\begin{aligned}\widehat{NX}&=\arccos N\cdot X\\&=\arccos\frac{A\times B}{|A\times B|}\cdot(\lambda A+\mu B)\\&=\arccos 0=\frac{\pi}{2}\end{aligned}$$

定理 3　若球面上一点 P 与两个非对径点 A，B 的距离皆为 $\frac{\pi}{2}$，则点 P 必为直线 AB 的极.

证明　若 $\widehat{PA}=\widehat{PB}=\frac{\pi}{2}$，则

$$P\cdot A=P\cdot B=0$$

因此

$$P=\lambda(A\times B)$$

又

$$P\in S^2,|P|=|\lambda||A\times B|=1,|A\times B|\neq 0$$

所以

$$P=\pm\frac{A\times B}{|A\times B|}$$

即点 P 是直线 AB 的极.

定义 2　球面上如果一条直线 l_1 通过另一条直线 l_2 的极，那么称直线 l_1

垂直于 l_2，记作 $l_1 \perp l_2$.

设 l_1, l_2 的极分别为 $\pm N_1, \pm N_2$，则直线 l_1, l_2 的方程分别为

$$N_1 \cdot X=0$$

$$N_2 \cdot X=0$$

由于 l_1 过 $\pm N_2$，有

$$N_1 \cdot N_2=0$$

故 l_2 也过 l_1 的极 $\pm N_1$，即 $l_2 \perp l_1$，所以垂直关系具有对称性.

定理 4　设球面直线 AB 的极为 $\pm N$，过球面上任一非极的点 P（即 $P \neq \pm N$）与 AB 垂直的直线是唯一的，且点 P 到直线 AB 的距离等于 $\frac{\pi}{2}-\overset{\frown}{PN}$ $\left(设\overset{\frown}{PN} \leqslant \frac{\pi}{2}\right)$.

证明　与直线 AB 垂直的直线 l 必定过它的极 $\pm N$，l 又要过点 P，而 $P \neq \pm N$，过非对径点的两点确定唯一的直线，因此与 AB 垂直的直线是唯一的，就是直线 PN（如图 7.1）. 设直线 PN 与 AB 交于点 H 和 $-H$，点 X 是直线 AB 上任一点，题设 $\overset{\frown}{PN} \leqslant \frac{\pi}{2}$，根据三角形不等式有

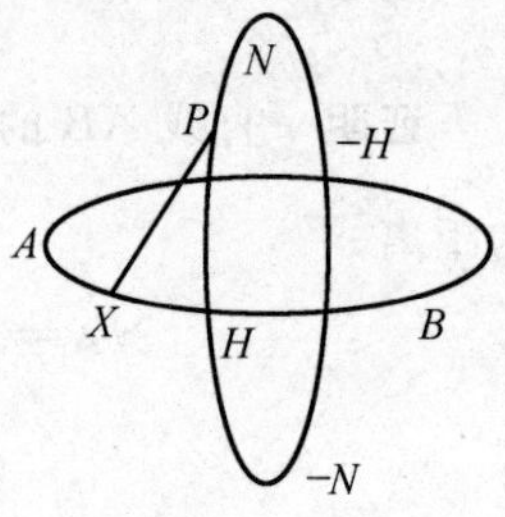

图 7.1

$$\overset{\frown}{XP}+\overset{\frown}{PN} \geqslant \overset{\frown}{XN}=\frac{\pi}{2}$$

故

$$\overset{\frown}{XP} \geqslant \frac{\pi}{2}-\overset{\frown}{PN}$$

即直线 AB 上任一点 X 到点 P 的距离的最小值为 $\frac{\pi}{2}-\overset{\frown}{PN}$.

定义 3　球 S^2 上一点 A 和以这点为公共端点的两条射线 AP，AQ 所成集合叫做球面角，记作 $\angle PAQ$ 或 $\angle QAP$. 点 A 称为角的顶点，射线 AP，AQ 称为球面角的两边.

球面角的大小可用它的两边的极之间的距离来度量（如图 7.2）.

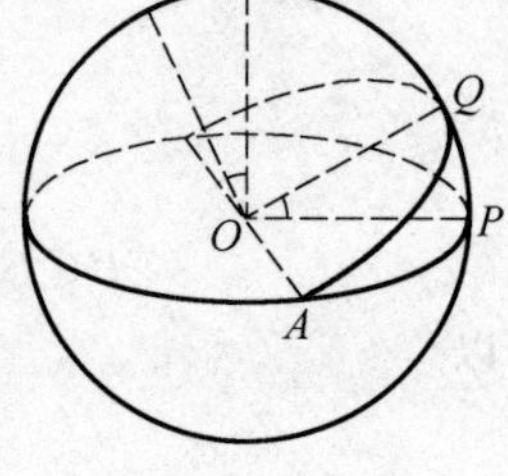

图 7.2

定义 4　球面角 $\angle PAQ$ 的两边 AP，AQ 的极 N_1 与 N_2 间的距离叫做 $\angle PAQ$ 的弧度数，即

$$\angle PAQ=\overset{\frown}{N_1 N_2}$$

下面先来证明，这样定义的角的弧度数具有可加性.

给定$\angle PAQ$，若点 X 是球面线段 PQ 的内点，即有

$$X=\lambda P+\mu Q,\lambda,\mu>0$$

则称$\angle PAQ$为$\angle PAX$与$\angle XAQ$的和.

设射线 AP,AQ,AX 的极分别为 N_1,N_2,N，即有

$$N_1=\frac{A\times P}{|A\times P|},N_2=\frac{A\times Q}{|A\times Q|}$$

$$\begin{aligned}N&=\frac{A\times X}{|A\times X|}=\frac{A\times(\lambda P+\mu Q)}{|A\times X|}\\&=\frac{\lambda(A\times P)+\mu(A\times Q)}{|\lambda(A\times P)+\mu(A\times Q)|}\\&=\lambda' N_1+\mu' N_2,\lambda',\mu'>0\end{aligned}$$

故点 N 是线段 N_1N_2 的内点，有

$$\widehat{N_1N_2}=\widehat{N_1N}+\widehat{NN_2}$$

即两角和的弧度数等于这两个角的弧度数之和(角的可加性).

推论　球面 S^2 上的夹角公式为

$$\cos\angle PAQ=\frac{A\times P}{|A\times P|}\cdot\frac{A\times Q}{|A\times Q|}$$

定义 5　球面 S^2 上到定点 Q 的球面距离等于定值 $r\left(<\frac{\pi}{2}\right)$的点的集合称为球面小圆，$Q$ 称为小圆的中心(或极)，r 称为小圆的球面半径.

定理 5　球面上不在一直线上的三点 A,B,C(不妨设$(A\times B)\cdot C>0$)确定一个小圆，且小圆的中心为

$$Q=\frac{A\times B+B\times C+C\times A}{|A\times B+B\times C+C\times A|}$$

证明　可以验证点 A,B,C 到点 Q 的球面距离皆等于

$$\arccos\frac{(A\times B)C}{|A\times B+B\times C+C\times A|}=r$$

且因

$$(A\times B)\cdot C>0$$

故

$$0<r<\frac{\pi}{2}$$

注记　小圆 ABC 中心 Q 的表达式的发现要归功于直觉. 因为过 A,B,C 三点的欧氏平面与球面 S^2 的交线就是小圆 ABC，OQ 垂直于平面 ABC，因此

$\overrightarrow{OQ}$与$\overrightarrow{AB}\times\overrightarrow{AC}=(\overrightarrow{OB}-\overrightarrow{OA})\times(\overrightarrow{OC}-\overrightarrow{OA})=\overrightarrow{OA}\times\overrightarrow{OB}+\overrightarrow{OB}\times\overrightarrow{OC}+\overrightarrow{OC}\times\overrightarrow{OA}$的方向相同.

例 (φ,θ)称为点的经度、纬度,求证:S^2 上两点 $A=(\cos\theta_1\cos\varphi_1,\cos\theta_1\cdot\sin\varphi_1,\sin\theta_1)$与 $B=(\cos\theta_2\cos\varphi_2,\cos\theta_2\sin\varphi_2,\sin\theta_2)$之间的球面距离

$$\widehat{AB}=\arccos\left[\cos(\theta_1-\theta_2)-2\cos\theta_1\cos\theta_2\sin^2\frac{\varphi_1-\varphi_2}{2}\right]$$

证明

$$\begin{aligned}\cos\widehat{AB}&=\cos\theta_1\cos\varphi_1\cos\theta_2\cos\varphi_2+\\&\quad\cos\theta_1\sin\varphi_1\cos\theta_2\sin\varphi_2+\sin\theta_1\sin\theta_2\\&=\cos\theta_1\cos\theta_2\cos(\varphi_1-\varphi_2)+\sin\theta_1\sin\theta_2\\&=\cos\theta_1\cos\theta_1\left(1-2\sin^2\frac{\varphi_1-\varphi_2}{2}\right)+\sin\theta_1\sin\theta_2\\&=\cos(\theta_1-\theta_2)-2\cos\theta_1\cos\theta_2\sin^2\frac{\varphi_1-\varphi_2}{2}\end{aligned}$$

注记 当 $B(\varphi+\mathrm{d}\varphi,\theta+\mathrm{d}\theta)\to A(\varphi,\theta)$时,应用近似公式,$\cos x\approx1-\frac{x^2}{2}$,

 $\sin x\approx x(|x|\ll1)$代入本例中的距离公式,可得

$$\widehat{AB}^2=\mathrm{d}s^2=\mathrm{d}\theta^2+\cos^2\theta\mathrm{d}\varphi^2$$

§2 球面三角

球面 S^2 上不在一直线上的三点 A,B,C 以及球面线段$\widehat{AB},\widehat{BC},\widehat{CA}$所构成的图形叫做球面三角形. 点 A,B,C 称为它的顶点,我们用$\widehat{BC}=a,\widehat{CA}=b$,$\widehat{AB}=c$ 表示三顶点的对边及其长度. 在不会引起误解的情况下,也用 A,B,C 表示球面$\triangle ABC$ 的三个内角,即 $A=\angle CAB,B=\angle ABC,C=\angle BCA$,这里 a,$b,c,A,B,C\in(0,\pi)$,这六个元素间有何关系就是球面三角学中研究的主要问题.

定理 1(余弦定律) $\cos a=\cos b\cos c+\sin b\sin c\cos A$

$$\cos b=\cos c\cos a+\sin c\sin a\cos B$$
$$\cos c=\cos a\cos b+\sin a\sin b\cos C$$

证明

$$\begin{aligned}\cos A&=\cos\angle CAB=\frac{A\times C}{|A\times C|}\cdot\frac{A\times B}{|A\times B|}\\&=\frac{1}{\sin\widehat{AC}\sin\widehat{AB}}\begin{vmatrix}A\cdot A&A\cdot B\\C\cdot A&C\cdot B\end{vmatrix}\end{aligned}$$

$$=\frac{1}{\sin b\sin c}\begin{vmatrix}1 & \cos c\\ \cos b & \cos a\end{vmatrix}$$

即

$$\sin b\sin c\cos A=\cos a-\cos b\cos c$$

这就是定理 1 中的第一式,同法证明其余两式.

定理 2(正弦定律) $\frac{\sin a}{\sin A}=\frac{\sin b}{\sin B}=\frac{\sin c}{\sin C}=\frac{\sin a\sin b\sin c}{2\Delta}$

其中

$$\Delta=\sqrt{\sin p\sin(p-a)\sin(p-b)\sin(p-c)}$$

这里

$$p=\frac{1}{2}(a+b+c)\in(0,\pi)$$

证明 $\sin^2 b\sin^2 c\sin^2 A$

$=\sin^2 b\sin^2 c(1-\cos^2 A)$

$=\sin^2 b\sin^2 c-(\cos a-\cos b\cos c)^2$

$=(\sin b\sin c+\cos a-\cos b\cos c)(\sin b\sin c-\cos a+\cos b\cos c)$

$=[\cos a-\cos(b+c)][\cos(b-c)-\cos a]$

$=4\sin\frac{a+b+c}{2}\sin\frac{b+c-a}{2}\sin\frac{a-b+c}{2}\sin\frac{a+b-c}{2}$

$=4\sin p\sin(p-a)\sin(p-b)\sin(p-c)$

$=4\Delta^2\in(0,1]$

即有

$$\Delta=\frac{1}{2}\sin b\sin c\sin A$$

同理

$$\Delta=\frac{1}{2}\sin c\sin a\sin B=\frac{1}{2}\sin a\sin b\sin C$$

故正弦定律成立.因 $a,b,c\in(0,\pi)$,有 $p-a,p-b,p-c\in(0,\pi)$,故 $\sin p>0$,又 $2p\in(0,3\pi)$,因此 $p\in(0,\pi)$.

注记 在上面的证明中,有

$4\Delta^2=\sin^2 b\sin^2 c-(\cos a-\cos b\cos c)^2$

$=(1-\cos^2 b)(1-\cos^2 c)-(\cos a-\cos b\cos c)^2$

$=1-\cos^2 b-\cos^2 c-\cos^2 a+2\cos a\cos b\cos c$

即

$$4\Delta^2=\begin{vmatrix}1 & \cos c & \cos b\\ \cos c & 1 & \cos a\\ \cos b & \cos a & 1\end{vmatrix}\in(0,1]$$

而当 $\Delta=0$ 时，A,B,C 三点共线.

推论 对于球面直角三角形$\left(\angle C=\frac{\pi}{2}\right)$，有：

(Ⅰ)$\cos c=\cos a\cos b$；

(Ⅱ)$\sin A=\frac{\sin a}{\sin c}$；

(Ⅲ)$\cos A=\frac{\tan b}{\tan c}$；

(Ⅳ)$\tan A=\frac{\tan a}{\sin b}$.

证明 (Ⅰ)由余弦定律可得.

(Ⅱ)由正弦定律可得.

(Ⅲ)
$$\begin{aligned}\cos A&=\frac{\cos a-\cos b\cos c}{\sin b\sin c}\\&=\frac{\cos a-\cos^2 b\cos a}{\sin b\sin c}\\&=\frac{\cos a\sin b}{\sin c}\cdot\frac{\cos c}{\cos a\cos b}\\&=\frac{\tan b}{\tan c}\end{aligned}$$

(Ⅳ)
$$\begin{aligned}\tan A&=\frac{\sin a\tan c}{\sin c\tan b}\\&=\frac{\sin a\sin c\cos b}{\sin c\cos c\sin b}\\&=\frac{\sin a}{\cos a\sin b}\end{aligned}$$

注记 1 在曲率半径为 r 的球面空间，公式(Ⅰ)应改写为

$$\cos\frac{c}{r}=\cos\frac{a}{r}\cos\frac{b}{r}$$

当 r 较大时.应用近似公式 $\cos x\approx1-\frac{x^2}{2}$ 代入化简并略去四次项可得 $c^2=a^2+b^2$(欧氏勾股定理)，可见式(Ⅰ)是球面几何中的勾股定理.例如，当 $a=0.3,b=0.4$ 时，$c=0.495\ 1$；而当 $a=0.03,b=0.04$ 时，$c=0.049\ 995$.因此欧氏几何是球面几何当曲率半径 $r\to\infty$ 的极限情况.要注意，在球面直角三角形中，斜边不一定大于直角边.例如，当 $a=\frac{\pi}{4},b=\frac{3\pi}{4}$ 时，$c=\frac{2\pi}{3}$.但是当一条直角边长

小于$\frac{\pi}{2}$时，斜边一定大于这条直角边，且这条直角边所对的角一定是锐角（参见上节定理4及图7.1）.

注记2　由推论中的四式还可以得到许多公式，这里不一一列出. 为了便于记住这些公式，介绍一个记忆方法.

将球面直角三角形的直角C的邻边a，b用余边（即$\frac{\pi}{2}-a$，$\frac{\pi}{2}-b$）代替，除角C外的五个未知量排成一圈如图7.3所示，则关于直角三角形的所有公式可概括为一句话：**任一量的余弦等于不相邻于它的两量的正弦之积，也等于相邻于它的两量的余切之积（纳皮尔法则）**. 例如，有

$$\cos A=\sin B\sin\left(\frac{\pi}{2}-a\right),\cos c=\cot A\cot B$$

等.

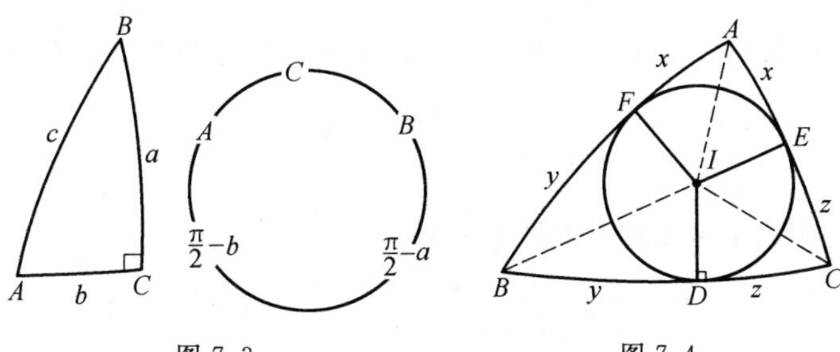

图7.3　　　　图7.4

例1　球面$\triangle ABC$的内切小圆的球面半径r满足

$$\tan r=\frac{\Delta}{\sin p}$$

其中

$$\Delta=\sqrt{\sin p\sin(p-a)\sin(p-b)\sin(p-c)}$$

$$p=\frac{1}{2}(a+b+c)$$

证明　三角形内切小圆的圆心I到各边的距离$\overset{\frown}{ID}=\overset{\frown}{IE}=\overset{\frown}{IF}=r$. 连$AI$，$BI$，$CI$，则$\triangle BDI$为球面直角三角形，根据公式（Ⅳ）有

$$\tan\frac{B}{2}=\frac{\tan r}{\sin\overset{\frown}{BD}}$$

即

$$\tan r=\sin\overset{\frown}{BD}\tan\frac{B}{2}$$

由于

$$x+y+z=p, x+z=b$$

所以

$$\overset{\frown}{BD}=y=p-b$$

根据半角公式

$$\tan\frac{B}{2}=\sqrt{\frac{\sin(p-c)\sin(p-a)}{\sin p\sin(p-b)}}\text{(见习题)}$$

因此

$$\begin{aligned}\tan r&=\sin(p-b)\sqrt{\frac{\sin(p-c)\sin(p-a)}{\sin p\sin(p-b)}}\\&=\sqrt{\frac{\sin(p-a)\sin(p-b)\sin(p-c)}{\sin p}}\\&=\frac{\Delta}{\sin p}\end{aligned}$$

例 2 球面$\triangle ABC$的外接圆(即过点A,B,C的小圆)的球面半径R满足

$$\tan R=\frac{2\sin\frac{a}{2}\sin\frac{b}{2}\sin\frac{c}{2}}{\Delta}$$

证明 根据上节定理 5 的证明可知

$$\cos R=\frac{(A\times B)\cdot C}{|A\times B+B\times C+C\times A|}, R\in\left(0,\frac{\pi}{2}\right)$$

故

$$\begin{aligned}\tan R&=\sqrt{\frac{1-\cos^2 R}{\cos^2 R}}\\&=\sqrt{\frac{|A\times B+B\times C+C\times A|^2-[(A\times B)\cdot C]^2}{[(A\times B)\cdot C]^2}}\end{aligned}$$

因为

$$\begin{aligned}[(A\times B)\cdot C]^2&=\begin{vmatrix}a_0&a_1&a_2\\b_0&b_1&b_2\\c_0&c_1&c_2\end{vmatrix}\begin{vmatrix}a_0&b_0&c_0\\a_1&b_1&c_1\\a_2&b_2&c_2\end{vmatrix}\\&=\begin{vmatrix}A\cdot A&A\cdot B&A\cdot C\\B\cdot A&B\cdot B&B\cdot C\\C\cdot A&C\cdot B&C\cdot C\end{vmatrix}\\&=\begin{vmatrix}1&\cos c&\cos b\\\cos c&1&\cos a\\\cos b&\cos a&1\end{vmatrix}=(2\Delta)^2\end{aligned}$$

$$
\begin{aligned}
&|A\times B+B\times C+C\times A|^2\\
=&|A\times B|^2+|B\times C|^2+\\
&|C\times A|^2+2(A\times B)\cdot(B\times C)+\\
&2(A\times B)\cdot(C\times A)+2(B\times C)\cdot(C\times A)\\
=&\sin^2 c+\sin^2 a+\sin^2 b+2\begin{vmatrix}A\cdot B & A\cdot C\\ B\cdot B & B\cdot C\end{vmatrix}+\\
&2\begin{vmatrix}A\cdot C & A\cdot A\\ B\cdot C & B\cdot A\end{vmatrix}+2\begin{vmatrix}B\cdot C & B\cdot A\\ C\cdot C & C\cdot A\end{vmatrix}\\
=&\sin^2 c+\sin^2 a+\sin^2 b+2(\cos c\cos a-\cos b)+\\
&2(\cos b\cos c-\cos a)+2(\cos a\cos b-\cos c)
\end{aligned}
$$

所以

$$
\begin{aligned}
&|A\times B+B\times C+C\times A|^2-[(A\times B)\cdot C]^2\\
=&2(\cos c\cos a-\cos b)+2(\cos b\cos c-\cos a)+\\
&2(\cos a\cos b-\cos c)+2-2\cos a\cos b\cos c\\
=&2(1-\cos a)(1-\cos b)(1-\cos c)\\
=&2^4\sin^2\frac{a}{2}\sin^2\frac{b}{2}\sin^2\frac{c}{2}
\end{aligned}
$$

可见结论成立.

推论　正弦定律可以改记为

$$\frac{\sin a}{\sin A}=\frac{\sin b}{\sin B}=\frac{\sin c}{\sin C}=2\cos\frac{a}{2}\cos\frac{b}{2}\cos\frac{c}{2}\tan R$$

§3　对偶原则

对于球面$\triangle ABC$,不妨设$(A\times B)\cdot C>0$(称它为正向$\triangle ABC$),若A',B',C'分别是射线BC,CA,AB的极,则球面$\triangle A'B'C'$叫做球面$\triangle ABC$的极三角形.

由$A'=\dfrac{B\times C}{|B\times C|}$,$B'=\dfrac{C\times A}{|C\times A|}$,可得

$$A'\times B'=\frac{(A\times B)\cdot C}{|B\times C||C\times A|}C$$

故$C=\dfrac{A'\times B'}{|A'\times B'|}$,即点$C$也是射线$A'B'$的极. 同理,$A,B$分别是射线$B'C'$,$C'A'$的极. 因此,正向球面$\triangle ABC$也是$A'B'C'$的极三角形,即它们是互相对偶

的，所以极三角形也称为对偶三角形.

定理 1 球面$\triangle ABC$的角（或边）与其对偶$\triangle A'B'C'$的边（或角）互补. 即有

$$A+a'=B+b'=C+c'=\pi$$

$$a+A'=b+B'=c+C'=\pi$$

证明 $$\cos a'=B'\cdot C'=\frac{C\times A}{|C\times A|}\cdot\frac{A\times B}{|A\times B|}$$

$$=-\frac{A\times C}{|A\times C|}\cdot\frac{A\times B}{|A\times B|}$$

$$=-\cos A=\cos(\pi-A)$$

又因为 $a',\pi-A\in(0,\pi)$，所以 $a'=\pi-A$. 余类推.

将上节有关球面三角形的所有公式应用于对偶$\triangle A'B'C'$，再应用定理 1，可得到与之对应的对偶公式. 例如，由边的余弦定律

$$\cos a'=\cos b'\cos c'+\sin b'\sin c'\cos A'$$

可得

$$\cos(\pi-A)=\cos(\pi-B)\cos(\pi-C)+\sin(\pi-B)\sin(\pi-C)\cos(\pi-a)$$

因而有下述定理：

定理 2(角的余弦定律) $$\cos A=-\cos B\cos C+\sin B\sin C\cos a$$

$$\cos B=-\cos A\cos A+\sin C\sin A\cos b$$

$$\cos C=-\cos A\cos B+\sin A\sin B\cos c$$

定理 3(正弦定律) $$\frac{\sin A}{\sin a}=\frac{\sin B}{\sin b}=\frac{\sin C}{\sin c}=\frac{\sin A\sin B\sin C}{2\Delta'}$$

其中

$$\Delta'=\sqrt{-\cos P\cos(P-A)\cos(P-B)\cos(P-C)}$$

$$P=\frac{1}{2}(A+B+C)$$

注记 1 易证

$$(2\Delta')^2=\begin{vmatrix}1 & -\cos C & -\cos B\\ -\cos C & 1 & -\cos A\\ -\cos B & -\cos A & 1\end{vmatrix}\in(0,1]$$

而对于欧氏平面上的三角形，由于 $A+B+C=\pi$，有

$$\cos^2 A+\cos^2 B+\cos^2 C=1-2\cos A\cos B\cos C$$

即

$$\Delta'=0$$

注记 2　根据正弦定律和它的对偶形式知

$$\Delta=\frac{1}{2}\sin a\sin b\sin C=\frac{1}{2}\sin b\sin c\sin A$$

$$\Delta'=\frac{1}{2}\sin C\sin A\sin b$$

$$\begin{aligned}\Delta^2&=\frac{1}{4}\sin a\sin^2 b\sin c\sin C\sin A\\&=\frac{1}{2}\sin a\sin b\sin c\cdot\Delta'\end{aligned}$$

由于单位球面三角形的面积 $\delta=(A+B+C)-\pi=2P-\pi$，可用半边公式证面积公式

$$\sin\frac{\delta}{2}=\frac{\Delta}{2\cos\frac{a}{2}\cos\frac{b}{2}\cos\frac{c}{2}},\cos\frac{\delta}{2}=\frac{1+\cos a+\cos b+\cos c}{4\cos\frac{a}{2}\cos\frac{b}{2}\cos\frac{c}{2}}$$

所以上节例 1、例 2 中关于内切圆半径 r 和外接圆半径 R 的公式也有对偶形式

$$\begin{aligned}\tan R&=\frac{2\sin\frac{a}{2}\sin\frac{b}{2}\sin\frac{c}{2}}{\Delta}\\&=2\sin\frac{\delta}{2}\cdot\cos\frac{a}{2}\cos\frac{b}{2}\cos\frac{c}{2}\cdot\frac{2\sin\frac{a}{2}\sin\frac{b}{2}\sin\frac{c}{2}}{\Delta^2}\\&=\frac{\sin\frac{\delta}{2}\sin a\sin b\sin c}{2\Delta^2}\end{aligned}$$

即有

$$\tan R=\frac{\sin\frac{\delta}{2}}{\Delta'}=\frac{-\cos P}{\Delta'}$$

类似地可证

$$\tan r=\frac{\Delta}{\sin p}=\frac{\Delta'}{2\cos\frac{A}{2}\cos\frac{B}{2}\cos\frac{C}{2}}$$

注记 3　S^2 上直角边长 a,b 的直角三角形面积 δ

$$\tan\frac{\delta}{2}=\tan\frac{a}{2}\tan\frac{b}{2}$$

推论 1　S^2 上三角形的三条边长 $a,b,c\in(0,\pi)$，有

$$a+b>c>|a-b|, 0<a+b+c<2\pi$$

推论 2 S^2 上三角形的三条边长 $A,B,C\in(0,\pi)$，有

$$\pi-C>|A-B|, \pi<A+B+C<3\pi$$

即球面三角形的任一个外角，大于与它不相邻的两内角之差，而小于与它不相邻的两内角之和.

注意：球面三角形的一个外角可以大于、等于或小于与它不相邻的内角.

定理 4 在一个球面三角形中，等边所对的角相等，大边所对的角较大，其逆亦真.

证明 根据余弦定律，有

$$\begin{aligned}\cos A-\cos B&=\frac{\cos a-\cos b\cos c}{\sin b\sin c}-\frac{\cos b-\cos c\cos a}{\sin c\sin a}\\&=\frac{[\sin a\cos a-\sin b\cos b+(\cos a\sin b-\cos b\sin a)\cos c]}{\sin a\sin b\sin c}\\&=\frac{1}{\sin a\sin b\sin c}[\sin(a-b)\cos(a+b)+\sin(b-a)\cos c]\\&=\frac{-2\sin(a-b)}{\sin a\sin b\sin c}\sin\frac{a+b+c}{2}\sin\frac{a+b-c}{2}\end{aligned}$$

当 $a=b$ 时，有 $\cos A-\cos B=0$；

当 $a>b$ 时，有 $\cos A-\cos B<0$.

又 $\angle A,\angle B\in(0,\pi)$，所以分别有

$$\angle A=\angle B, \angle A>\angle B$$

例 球面 S^2 上的四边形 $ABCD$，已知 $\overset{\frown}{AB}=a$，$\overset{\frown}{BC}=b$，$a,b\in\left(0,\frac{\pi}{2}\right)$，$\angle A=\angle B=\angle C=\frac{\pi}{2}$. 求证

$$\cos\angle D=-\sin a\sin b$$

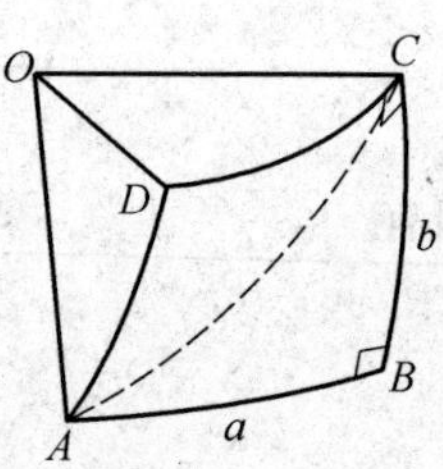

图 7.5

本题相当于：三维欧氏空间中，已知四面角 $O-ABCD$ 的两个面角 $\angle AOB=a$，$\angle OBC=b$，各以 OA，OB，OC 为棱的三个二面角皆为直角，求二面角 $A-OD-C$（如图 7.5）.

证法一 作对角线 AC，记 $\overset{\frown}{AC}=c$，$\angle ACB=\alpha$，$\angle BAC=\beta$.

因为 $a,b\in\left(0,\frac{\pi}{2}\right)$，所以

$$\angle DCA=\frac{\pi}{2}-\alpha, \angle DAC=\frac{\pi}{2}-\beta$$

对于$\triangle ACD$运用关于角的余弦定律，得

$$\begin{aligned}\cos\angle D&=-\cos\angle DCA\cos\angle DAC+\\&\quad\sin\angle DCA\sin\angle DAC\cos c\\&=-\sin\alpha\sin\beta+\cos\alpha\cos\beta\cos c\end{aligned}$$

对于直角$\triangle ABC$，有

$$\cos c=\cos a\cos b,\sin\alpha=\frac{\sin a}{\sin c},\sin\beta=\frac{\sin b}{\sin c},\cos\alpha=\frac{\tan b}{\tan c},\cos\beta=\frac{\tan a}{\tan c}$$

将它们代入，得

$$\begin{aligned}\cos\angle D&=\cos\alpha\cos\beta(\cos c-\tan\alpha\tan\beta)\\&=\frac{-\sin a\sin b}{\sin^2 c}+\frac{\tan b\tan a\cos a\cos b}{\tan c}\\&=-\sin a\sin b\,\frac{1-\cos^2 c}{\sin^2 c}\\&=-\sin a\sin b\end{aligned}$$

证法二 边BA与CD的延长线必相交，设交点为E（如图7.6），则E为BC的极（因为直线的垂线必过该直线的极）

$$\widehat{EB}=\widehat{EC}=\frac{\pi}{2},\angle E=b$$

（因为$\cos b=\cos\widehat{EB}\cos\widehat{EC}+\sin\widehat{EB}\sin\cdot\sin\widehat{EC}\cdot\cos\angle E=\cos\angle E$）

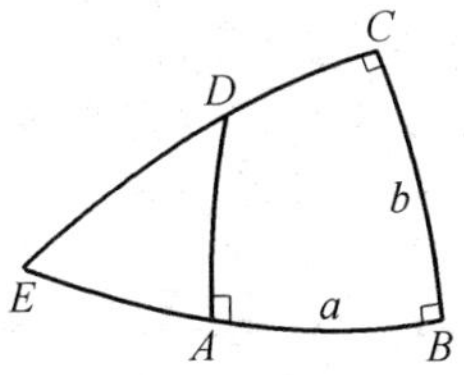

图7.6

在直角$\triangle ADE$中，有

$$\cos\angle ADE=\sin\angle E\sin\left(\frac{\pi}{2}-\widehat{AE}\right)$$

即

$$-\cos\angle D=\sin b\sin a$$

§4 图形相等与椭圆运动

如果存在着一个从S^2到S^2上的变换f，使得S^2的任两点A'，X'之间的球面距离总等于它们的原象A，$X\in S^2$之间的球面距离，即有$\widehat{A'X'}=\widehat{AX}$，其中$A'=f(A)$，$X'=f(X)$，那么称这样的变换$f$为椭圆运动. 对于两个图形$\Sigma$，$\Sigma'\subset S^2$的所有点之间，如果存在着一个椭圆运动，那么称图形$\Sigma$与$\Sigma'$全等，记作$\Sigma\cong\Sigma'$.

显然,若 $X\neq A$,即$\overset{\frown}{AX}\neq 0$,则 $A'\neq X'$,因此椭圆运动是一一变换.

我们先来考虑从球面 S^2 到 S^2 的椭圆运动 f,并选取 S^2 的点的标准化齐次坐标.

设
$$X=(x_0,x_1,x_2),f(X)=X'=(x'_0,x'_1,x'_2)$$
由$\overset{\frown}{A'X'}=\overset{\frown}{AX}$,得
$$A'\cdot X'=A\cdot X$$

依次取点 A 为$(1,0,0)=E_0$,$(0,1,0)=E_1$,$(0,0,1)=E_2$,设 $f(E_i)=(g_{0i},g_{1i}g_{2i})(i=0,1,2)$,可得

$$\begin{cases}x_0=g_{00}x'_0+g_{10}x'_1+g_{20}x'_2\\x_1=g_{01}x'_0+g_{11}x'_1+g_{21}x'_2\\x_2=g_{02}x'_0+g_{12}x'_1+g_{22}x'_2\end{cases}$$

因为
$$f(E_i)\cdot f(E_j)=E_i\cdot E_j,i,j=0,1,2$$

所以

$$g_{0i}g_{0j}+g_{1i}g_{1j}+g_{2i}g_{2j}=\delta_{ij}=\begin{cases}1,i=j\\0,i\neq j\end{cases}$$

这就得到如下定理:

定理 1 对于球面空间 S^2,如果选取点的标准化齐次坐标,则椭圆运动 $f:(x_0,x_1,x_2)\to(x'_0,x'_1,x'_2)$可表示为

$$\begin{bmatrix}x'_0\\x'_1\\x'_2\end{bmatrix}=\begin{bmatrix}g_{00}&g_{01}&g_{02}\\g_{10}&g_{11}&g_{12}\\g_{20}&g_{21}&g_{22}\end{bmatrix}\begin{bmatrix}x_0\\x_1\\x_2\end{bmatrix}$$

即
$$X'=GX$$
其中系数满足正交条件
$$g_{0i}g_{0j}+g_{1i}g_{1j}+g_{2i}g_{2j}=\delta_{ij}$$
即
$$G^{-1}=G^{\mathrm{T}}$$

可以验证:所有的椭圆运动的集合构成一个群,称之为椭圆运动群.因此,两图形的相等关系具有反身性、对称性、传递性.

下面就一些特殊图形给出相等的判别定理.

定理 2 长度相等的两条线段相等.

证明 要找出任意两条长度皆为 α 的线段之间存在着椭圆运动,只需找出它们都与给定的长度为 α 的某一条线段之间存在着椭圆运动就行了.

设任一线段 AB 的端点 $A=(a_0,a_1,a_2)$，$B=(b_0,b_1,b_2)$，因为$\widehat{AB}=\alpha$，所以

$$a_0b_0+a_1b_1a_2b_2=\cos\alpha$$

给定端点为 $C=(1,0,0)$，$D=(\cos\alpha,\sin\alpha,0)$的线段，$CD$ 的长度显然为α. 运用定理 1，用待定系数法不难找出线段 CD 到线段 AB 的变换 f

$$\begin{bmatrix}x'_0\\x'_1\\x'_2\end{bmatrix}=\begin{bmatrix}a_0 & \dfrac{b_0-a_0\cos\alpha}{\sin\alpha} & \pm\dfrac{a_1b_2-a_2b_1}{\sin\alpha}\\ a_1 & \dfrac{b_1-a_1\cos\alpha}{\sin\alpha} & \pm\dfrac{a_2b_0-a_0b_2}{\sin\alpha}\\ a_2 & \dfrac{b_2-a_2\cos\alpha}{\sin\alpha} & \pm\dfrac{a_0b_1-a_1b_0}{\sin\alpha}\end{bmatrix}\begin{bmatrix}x_0\\x_1\\x_2\end{bmatrix}$$

读者不难验证，这个变换是椭圆运动，而且 $f(C)=A$，$f(D)=B$. 它将线段 CD 上的任一点 $X=\lambda C+\mu D$ 变换为线段 AB 上的点 $X'=\lambda A+\mu B$.

定理 3　如果两个球面三角形的三条边长对应相等，那么这两个三角形全等.

如果椭圆运动的系数行列式$|G|=1$，就说它们本质相等；如果$|G|=-1$，就说这两个三角形镜照相等.

推论　弧度数相等的两个角相等.

正因为这样，我们在前面不少地方，把线段和线段的长、角和角的弧度数不加区分地使用了同一个记号. 其实，前者是几何图形，后者是描述其长短、大小的实数. 引进度量的目的就是要对图形进行定量的分析.

有了定理 3，根据球面三角公式，易证下面关于三角形全等的判定定理.

定理 4　如果两个球面三角形具备下列条件之一：

(i)两边一夹角；

(ii)两角一夹边；

(iii)三个角；

对应相等，那么这两个三角形全等.

习题 7

1. 计算上海($\varphi_1=121.5^\circ$，$\theta_1=31.2^\circ$)与乌鲁木齐($\varphi_2=88^\circ$，$\theta_2=44^\circ$)间的最短距离. 这里，φ 和 θ 分别表示点的经度和纬度，地球半径 $r=6\ 400$ km.

2. 给定球面 S^2 上不在一直线上三点 A,B,C，X 是线段 AB 的内点，Y 是线段 CX 的内点，求证：$\widehat{AB}+\widehat{AC}>\widehat{YB}+\widehat{YC}$.

3.求证:球面 S^2 上到定点 N 的距离等于$\frac{\pi}{2}$的点的集合是以$\pm N$ 为极的球面直线.

4.设点 X 为线段 AB 的内点,$\overset{\frown}{AX}=t\overset{\frown}{AB}=t\alpha$,$P$ 为任意一点,求证:

(1)$\cos\overset{\frown}{PX}=\frac{\sin(1-t)\alpha\cos\overset{\frown}{PA}+\sin t\alpha\cos\overset{\frown}{PB}}{\sin\alpha}$;

(2)线段 AB 的中点 M 到任一点 P 的距离 m 满足:

$$\cos m=\frac{\cos\overset{\frown}{PA}+\cos\overset{\frown}{PB}}{2\cos\frac{\overset{\frown}{AB}}{2}}$$

5.直线 AB 与线段 CD 相交于内点的充要条件是:混合积$(A\times B)\cdot C$ 与$(A\times B)\cdot D$ 异号.

6.分别位于球面三角形的三边 BC,CA,AB 或其延长线上的三点 D,E,F 共线的充要条件是

$$\frac{\sin\overset{\frown}{BD}}{\sin\overset{\frown}{DC}}\cdot\frac{\sin\overset{\frown}{CE}}{\sin\overset{\frown}{EA}}\cdot\frac{\sin\overset{\frown}{AF}}{\sin\overset{\frown}{FB}}=-1$$

这里仅当点在边的延长线上时,两线段长之比取负号.

7.应用球面余弦定律,证明下列公式:

(1)射影定律

$$\tan\frac{a}{2}=\frac{\sin b\cos C+\sin c\cos B}{\cos b+\cos c}$$

(2)半角公式

$$\sin\frac{A}{2}=\sqrt{\frac{\sin(p-b)\sin(p-c)}{\sin b\sin c}}$$

$$\cos\frac{A}{2}=\sqrt{\frac{\sin p\sin(p-a)}{\sin b\sin c}}$$

$$\tan\frac{A}{2}=\sqrt{\frac{\sin(p-b)\sin(p-c)}{\sin p\sin(p-a)}}$$

其中 $p=\frac{1}{2}(a+b+c)$.

8.已知 CT 是球面$\triangle ABC$ 的内角平分线,求证

$$\sin\overset{\frown}{AT}:\sin\overset{\frown}{TB}=\sin\overset{\frown}{CA}:\sin\overset{\frown}{CB}$$

9.已知球面$\triangle ABC$ 的一边长$\overset{\frown}{BC}=a$ 和这边上的高 h_a,求证

$$\Delta=\frac{1}{2}\sin a\sin h_a$$

其中

$$\Delta=\sqrt{\sin p\sin(p-a)\sin(p-b)\sin(p-c)}$$

10. 怎样的球面三角形能与它的对偶三角形重合？

11. 将半角公式(题 7)应用于对偶三角形，证明下列半边公式

$$\sin\frac{a}{2}=\sqrt{\frac{-\cos P\cos(P-A)}{\sin B\sin C}}$$

$$\cos\frac{a}{2}=\sqrt{\frac{\cos(P-B)\cos(P-C)}{\sin B\sin C}}$$

$$\tan\frac{a}{2}=\sqrt{\frac{-\cos P\cos(P-A)}{\cos(P-B)\cos(P-C)}}$$

其中 $P=\frac{1}{2}(A+B+C)$.

12. 球面四边形 $ABCD$ 中，若 $\angle A=\angle B=\angle C=\frac{\pi}{2}$，$\overset{\frown}{AD}=a$，$\overset{\frown}{BC}=b$，$a<b<\frac{\pi}{2}$，求证

$$\sin\angle D=\frac{\cos b}{\cos a}$$

13. 等腰球面三角形底边上的中线，平分顶角且垂直于底边.

14. 设球面四边形 $ABCD$ 中，$\angle A=\angle B$，$\angle C=\angle D$，求证：$\overset{\frown}{BC}=\overset{\frown}{AD}$.

15. 如果球面三角形的两内角互补，则其对边互为补弧，其逆亦真.

16. 球面四边形两双对边分别相等，则其两双对角也分别相等，其逆亦真.

17. 四边相等的球面四边形，其对角线互相垂直.

18. 两个球面三角形的两条边对应相等，夹角不等，夹角大的对边也大.

19. 证明：所有椭圆运动的集合构成一个群.

20. 1961 年 9 月 1 日报载消息：苏联不久将发射一枚多级火箭、宣布太平洋下列范围内为危险区：

	(A)	(B)	(C)	(D)
北纬(θ)：	$10°20'$	$8°5'$	$11°30'$	$9°10'$
西经($-\varphi$)：	$170°30'$	$169°20'$	$167°55'$	$166°4.5'$

假设这四点是根据火箭发射时瞄准的精确程度来确定的，瞄准方向在发射

点 P 与 A,B 及 C,D 两平面所成的二面角之内，即点 P 是球面大圆 AB 与 CD 的交点. 从这个假设出发，推算发射点 P 的位置，并计算点 P 与点 D 间的球面距离(可与 9 月 16 日报道的火箭射程达 12 000 km 相印证，地球半径 $r=$ 6 400 km).

第 8 章　双曲几何

在第 1 章中，我们曾经指出，历史上关于欧几里得第五公设的独立性证明，使数学家们烦恼了两千年. 到 17 和 18 世纪有些数学家想用反证法来证，结果导出了一系列异于直觉的推论，且没有找出什么矛盾，于是发现了一种新的几何，称为罗巴切夫斯基几何或双曲几何.

双曲几何的公理系统是将希尔伯特的五组公理中的四组公理保留不变，仅将欧氏平行公理改为双曲平行公理：

通过直线 AB 外的一点 C，在平面 ABC 上至少可以引两条直线与直线 AB 不相交.

显然，在双曲几何中，凡是由欧氏第五公设推导的命题都不能成立，而由双曲平行公理可以得到双曲几何的一组结论，其中主要有下列命题：

1. 在平面内，对于一条直线，存在不相交的垂线和斜线.
2. 存在一个三角形，它没有外接圆.
3. 存在一个三角形，它的三条高不相交.
4. 三角形的内角和小于两直角.
5. 三角形的内角和不是常数.
6. 不存在矩形.
7. 平面上不在已知直线上且与此直线等距离的三个点，不在同一直线上.
8. 在同一平面上的任何两条直线，一条直线上的点到另一条直线上的距离是无界的.
9. 如果两个三角形的三个对应角相等，那么这两个三角形全等(所以不存在相似形).
10. 在角的内部存在直线，它不通过角的顶点，而且与角的两边都不相交.
11. $\triangle ABC$ 的面积和它的角亏 $\delta=\pi-(A+B+C)$ 成正比.

这些命题都和双曲平行公理等价. 也就是说，在双曲几何公理系统中，用上述任何一个命题代替双曲平行公理，同样可以展开双曲几何.

从以上简单的介绍中就可看出，双曲几何与我们习惯的欧氏空间很不协调，那么双曲几何是否有现实意义呢?

开始，罗巴切夫斯基也将这种几何学称为“想象中的几何学”.但是，从前面所引的第 11 个命题可知，三角形面积越小，它的内角和越接近于两直角，因而与欧氏几何的性质越接近.作为宇宙空间是否可能更接近于双曲空间呢？虽然至今还没有定论，但是非欧几何在爱因斯坦(A. Einstein，德→美，1878—1955)的相对论的创建中所发挥的巨大作用，则是非常令人鼓舞的.

为了证明双曲几何不会有矛盾，可以在欧氏空间作出双曲几何的模型，这样如果双曲几何有矛盾，那么欧氏几何也就有矛盾.

在 1868 年，贝尔特拉米(Beltrami，E. 意，1835—1900)在拟球面上实现了双曲平面的片段；1870 年克莱因在射影空间中实现了双曲几何的公理系统；紧接着庞加莱(Poincare，H. 法，1854—1912)又在欧氏平面上实现了双曲几何.这样双曲几何公理系统的相容性解决了，双曲几何有了若干直观模型.

为了能简捷地研究双曲几何，本章抛弃了传统的体系，采用数学结构的思想：先规定双曲距离，从而把双曲空间作为特殊的度量空间(拓扑结构)进行定量地研究.

当然，这样可能削弱了直观，为了避免这个缺陷，有助于理解，不妨先在三维欧氏空间中，给出二维双曲几何的一个直观模型——双曲面模型，由此模型可以方便地导出克莱因模型和庞加莱模型.

双曲面模型是将双叶双曲面的一叶 H^2(如图 8.1)看做整个“双曲平面”. H^2 上的点作为“双曲点”.过任意两点 $A,B\in H^2$，以及双曲面的中心 O 作平面 OAB，它与 H^2 的交线作为“双曲直线”.显然，两点确定唯一的直线.

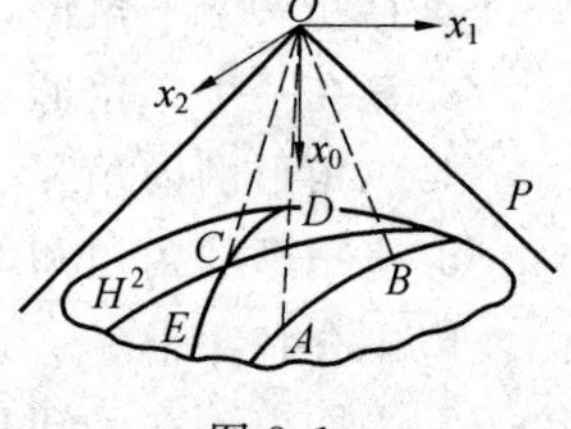

图 8.1

过双曲直线 AB 外一点 $C\in H^2$，作双曲直线 $CD\in H^2$，则当平面 OCD 与 OAB 的交线 OP 恰为 H^2 的渐近锥面的母线时(双曲直线 CD 与 AB 没有公共点)，就称双曲直线 CD 与 AB 平行.显然，过点 C 与双曲直线 AB 平行的直线有两条 CD 和 CE.除此之外，所有与双曲直线 AB 不相交的直线称为 AB 的分散线.可以看出，两条互相平行的直线在一方无限接近，而在另一方无限远离(命题 8).还可以看到，在 $\angle DCE$ 内部，存在直线 AB 与角的两边都不相交(命题 10).

在图 8.1 中，取中心 O 为原点建立如图所示的空间直角坐标系 $Ox_0x_1x_2$.设双叶双曲面的方程为 $x_0^2-x_1^2-x_2^2=r^2$，则它的渐近锥面方程为 $x_0^2-x_1^2-x_2^2=0$.对照模型就不难理解下节中的有关规定.

§1 距离,线段,角

点集

$$H_r^2=\{X\mid X=(x_0,x_1,x_2),x_0^2-(x_1^2+x_2^2)=r^2,x_0,x_1,x_2\in\mathbf{R},x_0\geqslant r>0\}$$

称为双曲平面,其中(x_0,x_1,x_2)称为点 X 的标准化齐次坐标,简称点 X 的坐标.

对于双曲平面 H_r^2,规定任两点 $A=(a_0,a_1,a_2)$,$B=(b_0,b_1,b_2)\in H_r^2$ 之间的(双曲)距离为

$$\rho(A,B)=r\cdot\mathrm{Arch}\left(\frac{a_0b_0-a_1b_1-a_2b_2}{r^2}\right)$$

这样规定了距离的点集 H_r^2 称为二维双曲空间,常数 r 称为双曲空间的曲率半径.以下为方便计,取 $r=1$,即把曲率半径取作长度单位,H_1^2 就记作 H^2.

下面来说明上述规定的合理性:

在规定中用到了双曲函数的反函数.现介绍它们的定义和性质如下:

双曲余弦:$x=\mathrm{ch}\ t=\dfrac{\mathrm{e}^t+\mathrm{e}^{-t}}{2}\geqslant 1$,当 $t\geqslant 0$ 时,单调增.

反双曲余弦:$t=\mathrm{Arch}\ x=\ln(x+\sqrt{x^2-1})$,$x\geqslant 1$.

双曲正弦:$y=\mathrm{sh}\ t=\dfrac{\mathrm{e}^t-\mathrm{e}^{-t}}{2}$,单调增.

反双曲正弦:$t=\mathrm{Arsh}\ y=\ln(y+\sqrt{y^2+1})$.

双曲正切:$u=\mathrm{th}\ t=\dfrac{\mathrm{sh}\ t}{\mathrm{ch}\ t}=\dfrac{\mathrm{e}^t-\mathrm{e}^{-t}}{\mathrm{e}^t+\mathrm{e}^{-t}}$

反双曲正切:$t=\mathrm{Arth}\ u=\dfrac{1}{2}\ln\dfrac{1+u}{1-u}$,$|u|<1$.

恒等式:$x^2-y^2=\mathrm{ch}^2t-\mathrm{sh}^2t=1$;

$\mathrm{ch}(\alpha\pm\beta)=\mathrm{ch}\ \alpha\mathrm{ch}\ \beta\pm\mathrm{sh}\ \alpha\ \mathrm{sh}\ \beta$;

$\mathrm{sh}(\alpha\pm\beta)=\mathrm{sh}\ \alpha\mathrm{ch}\ \beta\pm\mathrm{ch}\ \alpha\ \mathrm{sh}\ \beta$.

注意到反双曲余弦的定义域,前面的双曲距离公式中,首先要证

$$A\cdot\overline{B}=a_0b_0-a_1b_1-a_2b_2\geqslant 1,A\cdot\overline{A}=1$$

其中等号成立的充要条件是

$$(a_0,a_1,a_2)=(b_0,b_1,b_2)$$

依据柯西不等式,有

$$(a_1b_1+a_2b_2+1)^2\leqslant(a_1^2+a_2^2+1)(b_1^2+b_2^2+1)$$

其中等号成立的充要条件是

$$a_1:a_2:1=b_1:b_2:1$$

因 $A,B\in H^2$，则有

$$A\cdot\overline{A}=a_0^2-a_1^2-a_2^2=1,a_0\geqslant1$$

$$b_0^2-b_1^2-b_2^2=1,b_0\geqslant1$$

故
$$(a_1b_1+a_2b_2+1)^2\leqslant a_0^2b_0^2$$

而有

$$a_1b_1+a_2b_2+1\leqslant a_0b_0$$

还要验证双曲空间是度量空间，即双曲距离满足距离三公理：

（Ⅰ）$\rho(A,B)\geqslant0$，且 $\rho(A,B)=0$ 的充要条件是 $A=B$；

（Ⅱ）$\rho(A,B)=\rho(B,A)$；

（Ⅲ）$\rho(A,X)+\rho(X,B)\geqslant\rho(A,B)$.

（Ⅰ），（Ⅱ）两式显然成立. 在验证式（Ⅲ）之前，为了方便，先在本章中引进

如下记号：

记 $X=(x_0,x_1,x_2)$，$x_0,x_1,x_2\in\mathbf{R}$，则称

$$\overline{X}=(x_0,-x_1,-x_2)$$

为点 X 的共轭点. 和上一章一样，两点的内积、外积分别如下

$$A\cdot B=a_0b_0+a_1b_1+a_2b_2$$

$$A\times B=\left(\begin{vmatrix}a_1&a_2\\b_1&b_2\end{vmatrix},\begin{vmatrix}a_2&a_0\\b_2&b_0\end{vmatrix},\begin{vmatrix}a_0&a_1\\b_0&b_1\end{vmatrix}\right)$$

显然有

$$\overline{A}\times\overline{B}=\overline{A\times B},A\cdot\overline{B}=a_0b_0-a_1b_1-a_2b_2=\overline{A}\cdot B$$

本章要常用到它们. 我们将 $\overline{A}\cdot B$ 称为 A 与 B 的伪内积. 当 $A,B\in H^2$ 时，有

$$\operatorname{ch}\rho(A,B)=A\cdot\overline{B}=\overline{A}\cdot B\geqslant1$$

$$(A\times B)\cdot\overline{A\times B}=\begin{vmatrix}A\cdot\overline{A}&A\cdot\overline{B}\\B\cdot\overline{A}&B\cdot\overline{B}\end{vmatrix}$$

$$=\begin{vmatrix}1&\operatorname{ch}\rho(A,B)\\\operatorname{ch}\rho(A,B)&1\end{vmatrix}$$

$$=-\operatorname{sh}^2\rho(A,B)\leqslant0$$

下面来验证三角不等式（Ⅲ）.

运用拉格朗日恒等式，有

$$[(A\times X)\times(X\times B)]\cdot[(\overline{A\times X})\times(\overline{X\times B})]$$
$$=\begin{vmatrix}(A\times X)\cdot(\overline{A\times X}) & (A\times X)\cdot(\overline{X\times B})\\(X\times B)\cdot(\overline{A\times X}) & (X\times B)\cdot(\overline{X\times B})\end{vmatrix}$$

由于

$$(A\times X)\times(X\times B)=[(A\times X)\cdot B]X$$

记混合积

$$(A\times X)\cdot B=m\in\mathbf{R}$$

又
$$(A\times X)\cdot\overline{X\times B}=\begin{vmatrix}A\cdot\overline{X} & A\cdot\overline{B}\\X\cdot\overline{X} & X\cdot\overline{B}\end{vmatrix}$$
$$=\begin{vmatrix}\operatorname{ch}\rho(A,X) & \operatorname{ch}\rho(A,B)\\1 & \operatorname{ch}\rho(A,B)\end{vmatrix}$$

前式成为

$$m^2X\cdot\overline{X}$$
$$=\begin{vmatrix}-\operatorname{sh}^2\rho(A,X) & \operatorname{ch}\rho(A,X)\operatorname{ch}\rho(X,B)-\operatorname{ch}\rho(A,B)\\\operatorname{ch}\rho(A,X)\operatorname{ch}\rho(X,B)-\operatorname{ch}\rho(A,B) & -\operatorname{sh}^2\rho(X,B)\end{vmatrix}$$

即 $\operatorname{sh}^2\rho(A,X)\operatorname{sh}^2\rho(X,B)=m^2+[\operatorname{ch}\rho(A,X)\operatorname{ch}\rho(X,B)-\operatorname{ch}\rho(A,B)]^2$

故
$$\operatorname{sh}\rho(A,X)\operatorname{sh}\rho(X,B)\geqslant|\operatorname{ch}\rho(A,X)\operatorname{ch}\rho(X,B)-\operatorname{ch}\rho(A,B)|$$

其中等号当且仅当 $m=(A\times X)\cdot B=0$ 时成立.

当 $\operatorname{ch}\rho(A,B)\geqslant\operatorname{ch}\rho(A,X)\operatorname{ch}\rho(X,B)$ 时,有

$$\operatorname{sh}\rho(A,X)\operatorname{sh}\rho(X,B)\geqslant\operatorname{ch}\rho(A,B)-\operatorname{ch}\rho(A,X)\operatorname{ch}\rho(X,B)$$

即
$$\operatorname{ch}[\rho(A,X)+\rho(X,B)]\geqslant\operatorname{ch}\rho(A,B)$$

故
$$\rho(A,X)+\rho(X,B)\geqslant\rho(A,B)$$

当 $\operatorname{ch}\rho(A,B)<\operatorname{ch}\rho(A,X)\operatorname{ch}\rho(X,B)$ 时,有

$$\operatorname{ch}\rho(A,B)<\operatorname{ch}[\rho(A,X)+\rho(X,B)]$$

因此双曲距离满足距离三公理,双曲空间是度量空间.

尤其值得注意的是,使式(Ⅲ)中等号成立(即 $\rho(A,X)+\rho(X,B)=\rho(A,B)$)的充要条件是

$$(A\times X)\cdot B=0$$

即
$$X=\lambda A+\mu B$$

记
$$\rho(A,B)=\alpha>0,\rho(A,X)=t\alpha\geqslant0$$

则
$$\rho(X,B)=\rho(A,B)-\rho(A,X)=(1-t)\alpha,0\leqslant t\leqslant1$$

由
$$\begin{cases}\overline{A}\cdot X=\lambda\overline{A}\cdot A+\mu\overline{A}\cdot B\\ X\cdot\overline{B}=\lambda A\cdot\overline{B}+\mu B\cdot\overline{B}\end{cases}$$

即
$$\begin{cases}\mathrm{ch}\ t\alpha=\lambda+\mu\mathrm{ch}\ \alpha\\ \mathrm{ch}(1-t)\alpha=\lambda\mathrm{ch}\ \alpha+\mu\end{cases}$$

解之得

$$\lambda=\frac{\mathrm{sh}(1-t)\alpha}{\mathrm{sh}\ \alpha},\mu=\frac{\mathrm{sh}\ t\alpha}{\mathrm{sh}\ \alpha}$$

这就得如下定理：

定理 1 H^2 上到两点 A,B 距离之和等于 $\rho(A,B)$ 的点的集合（称为双曲线段 AB）的参数方程为

$$X=\frac{[A\mathrm{sh}(1-t)\alpha+B\mathrm{sh}\ t\alpha]}{\mathrm{sh}\ \alpha} \tag{1}$$

其中

$$\alpha=\rho(A,B)>0,t\in[0,1]$$

在方程(1)中，当 $t\in A(0,1)$ 时，点 X 称为双曲线段 AB 的内点，A,B 称为线段的端点.

当 $t\in(0,+\infty)$ 时，式(1)称为双曲射线 AB 的方程，A 称为射线的端点.

当 $t\in(-\infty,+\infty)$ 时，式(1)称为双曲直线 AB 的参数方程. 消去参数得普通方程

$$(A\times B)\cdot X=0$$

即
$$\begin{vmatrix}a_0 & b_0 & x_0\\ a_1 & b_1 & x_1\\ a_2 & b_2 & x_2\end{vmatrix}=0 \tag{2}$$

可见，双曲直线的方程是关于齐次坐标(x_0,x_1,x_2)的一次齐次方程，其中 $x_0^2-x_1^2-x_2^2=1$，即 $X\cdot\overline{X}=1$.

双曲平面 H^2 上任意一直线 AB 分 H^2 为两个双曲半平面

$$H_1=\{X|(A\times B)\cdot X>0,X\in H^2\}$$
$$H_2=\{X|(A\times B)\cdot X<0,X\in H^2\}$$

直线 AB 的方程(2)即为

$$n_0x_0-n_1x_1-n_2x_2=0$$

它的系数

$$n_0:(-n_1):(-n_2)=\begin{vmatrix}a_1 & a_2\\ b_1 & b_2\end{vmatrix}:\begin{vmatrix}a_2 & a_0\\ b_2 & b_0\end{vmatrix}:\begin{vmatrix}a_0 & a_1\\ b_0 & b_1\end{vmatrix}$$

因为

$$\begin{vmatrix} a_1 & a_2 \\ b_1 & b_2 \end{vmatrix}^2 - \begin{vmatrix} a_2 & a_0 \\ b_2 & b_0 \end{vmatrix}^2 - \begin{vmatrix} a_0 & a_1 \\ b_0 & b_1 \end{vmatrix}^2$$
$$=(A\times B)\cdot(\overline{A\times B})$$
$$=-\mathrm{sh}^2\rho(A,B)<0$$

所以不妨约定 $n_0^2-n_1^2-n_2^2=-1$. 这样约定了的直线方程 $n_0x_0-n_1x_1-n_2x_2=0$,即 $N\cdot\overline{X}=0$ 称为直线的标准方程. 系数 $\pm(n_0,n_1,n_2)=\pm N$ 称为直线的标准化系数. 这里

$$N=\frac{\overline{A\times B}}{\sqrt{(A\cdot B)^2-1}}$$

故点 N 和 $-N$ 都在单叶双曲面 $\overline{H^2}$: $x_0^2-x_1^2-x_2^2=-1$ 上. 我们把 $\overline{H^2}$ 称为双曲平面 H^2 的伴双曲平面.

定义 1　点 $N=\dfrac{\overline{A\times B}}{\sqrt{(A\cdot\overline{B})^2-1}}$ 称为双曲射线 AB(或有向直线 AB)的极.

注意:双曲射线 BA 的极为 $-N$,双曲直线 AB 的极是两个点 N 和 $-N$(称它们为 $\overline{H^2}$ 的一双对径点).

定理 2　双曲平面 H^2 内,极为 N_1,N_2 的两直线 l_1 : $N_1\cdot\overline{X}=0$ 与 l_2: $N_2\cdot\overline{X}=0$,这里 $N_1\neq\pm N_2$.

当 $(N_1\cdot\overline{N_2})^2<1$ 时,l_1 与 l_2 相交;

当 $(N_1\cdot\overline{N_2})^2\geqslant1$ 时,l_1 与 l_2 不相交.

证明　因为 $N_1\neq\pm N_2$, $N_1\cdot\overline{N_1}=N_2\cdot\overline{N_2}=-1$,所以 $N_1\times N_2\neq0$,方程组

$$\begin{cases} N_1\cdot\overline{X}=0 \\ N_2\cdot\overline{X}=0 \end{cases}$$

总有解

$$X=t\,\overline{N_1\times N_2},t\in\mathbf{R}$$

注意到点 $X=(x_0,x_1,x_2)\in H^2$ 的充要条件是 $X\cdot\overline{X}=1$,且 $x_0\geqslant1$.

由于

$$X\cdot\overline{X}=t^2(N_1\times N_2)\cdot(\overline{N_1\times N_2})$$
$$=t^2\begin{vmatrix} N_1\cdot\overline{N_1} & N_1\cdot\overline{N_2} \\ N_2\cdot\overline{N_1} & N_2\cdot N_2 \end{vmatrix}$$

$$=t^2[1-(N_1\cdot\overline{N_2})^2]$$

故当$(N_1\cdot\overline{N_2})^2<1$时，直线$l_1$与$l_2$有唯一的交点

$$\pm\frac{\overline{N_1\times N_2}}{\sqrt{1-(N_1\cdot\overline{N_2})^2}}$$

这里正负号的选取要使交点X的第一个坐标分量x_0为正.

当$(N_1\cdot\overline{N_2})^2\geqslant 1$时，直线$l_1$与$l_2$没有交点，因为上面的方程组的解不管$t$取何值，都不可能有$X\cdot\overline{X}=1$.

定义 2 设两条直线的极分别为N_1,N_2，若$(N_1\cdot\overline{N_2})^2=1$，则称这两条直线为平行直线；若$(N_1\cdot\overline{N_2})^2>1$，则称这两条直线为分散直线.

定义 3 双曲平面H^2上一点A和以这点为公共端点的两条射线AP，AQ所成集合叫做双曲角，记作$\angle PAQ$或$\angle QAP$. 点A称为角的顶点，射线AP，AQ称为角的两边.

设$\angle PAQ$的两边AP，AQ的极分别为N_1,N_2，我们规定实数

$$\theta=\arccos(-N_1\cdot\overline{N_2})$$

叫做$\angle PAQ$的弧度数. 当射线AP与AQ重合时，有

$$N_1=N_2,\theta=0$$

而当射线PA为AQ的反向延长线时，有

$$N_1=-N_2,\theta=\pi$$

其他情况下，角的两边所在直线总是相交的，因而

$$(N_1\cdot\overline{N_2})^2<1,0<\theta<\pi$$

下面来证明角的弧度数具有可加性.

给定$\angle PAQ$(P,A,Q三点不共线)，若点X是线段PQ的内点，即有

$$X=\lambda P+\mu Q,\lambda,\mu>0$$

则称$\angle PAQ$为$\angle PAX$与$\angle XAQ$的和.

设射线AP,AQ,AX的极依次为N_1,N_2,N，且$N_1\neq\pm N_2$，$\angle PAX$，$\angle XAQ$，$\angle PAQ$的弧度数依次为$\alpha,\beta,\theta(0<\theta<\pi)$. 现在就来证明：两个角的弧度数之和等于这两个角的和的弧度数(角的可加性)，即有

$$\alpha+\beta=\theta$$

因为

$$N_1=\frac{A\times P}{\operatorname{sh}\rho(A,P)},N_2=\frac{\overline{A\times Q}}{\operatorname{sh}\rho(A,Q)}$$

$$N=\frac{\overline{A\times X}}{\operatorname{sh}\rho(A,X)},X=\lambda P+\mu Q,\lambda,\mu>0$$

故
$$N=uN_1+vN_2,u,v>0$$

其中 u,v 满足下列三式

$$N\cdot\overline{N}=-u^2-v^2+2uvN_1\cdot\overline{N_2}=-1$$

$$N_1\cdot\overline{N}=-u+vN_1\cdot\overline{N_2}$$

$$N_1\cdot\overline{N_2}=uN_1\cdot\overline{N_2}-v$$

将 $\cos\alpha=-N_1\cdot\overline{N},\cos\beta=-N\cdot\overline{N_2},\cos\theta=-N_1\cdot\overline{N_2}$ 代入得

$$u^2+v^2+2uv\cos\theta=1$$

$$\cos\alpha=u+v\cos\theta$$

$$\cos\beta=u\cos\theta+v$$

由后两式解得

$$u=\frac{\cos\alpha-\cos\beta\cos\theta}{1-\cos^2\theta},v=\frac{\cos\beta-\cos\alpha\cos\theta}{1-\cos^2\theta}$$

代入第一式得

$$(\cos\alpha-\cos\beta\cos\theta)^2+(\cos\beta-\cos\alpha\cos\theta)^2+$$
$$2(\cos\alpha-\cos\beta\cos\theta)(\cos\beta-\cos\alpha\cos\theta)\cos\theta=(1-\cos^2\theta)^2$$

化简得

$$\cos^2\alpha+\cos^2\beta-2\cos\alpha\cos\beta\cos\theta=1-\cos^2\theta$$

即
$$(\cos\theta-\cos\alpha\cos\beta)^2=(1-\cos^2\alpha)(1-\cos^2\beta)$$

$$\cos\theta-\cos\alpha\cos\beta=\pm\sin\alpha\sin\beta$$

$$\cos\theta=\cos(\alpha\pm\beta)$$

得
$$\alpha\pm\beta=2k\pi\pm\theta,k\in\mathbf{Z}$$

因为 $\alpha+\beta\in(0,2\pi),\alpha-\beta\in(-\pi,\pi)$，所以只有

$$\alpha+\beta=\theta,\alpha-\beta=\theta\text{ 或 }\alpha+\beta=2\pi-\theta$$

若 $\alpha=\theta+\beta$ 或 $\alpha=2\pi-(\theta+\beta)$，则

$$u=\frac{\cos(\theta+\beta)-\cos\beta\cos\theta}{1-\cos^2\theta}=\frac{-\sin\theta\sin\beta}{1-\cos^2\theta}\leqslant 0$$

这与 $u,v>0$ 矛盾，故只有

$$\theta=\alpha+\beta$$

推论　双曲平面 H^2 上的夹角公式为

$$\cos\angle PAQ=-\frac{(A\times P)\cdot\overline{(A\times Q)}}{\sqrt{[(A\cdot\overline{P})^2-1][(A\cdot\overline{Q})^2-1]}}$$

定义 4 两直线相交所成的角的弧度数若为$\frac{\pi}{2}$,则称这两直线互相垂直.

推论 两直线 $N_1 \cdot \overline{X}=0$ 与 $N_2 \cdot \overline{X}=0$ 互相垂直的充要条件是它们的极 N_1 与 N_2 的伪内积 $N_1 \cdot \overline{N_2}=0$.

定义 5 双曲平面 H^2 上到定点 $Q\in H^2$ 的距离等于定值 r 的点的集合称为(双曲)圆周. Q 称为圆心,r 称为半径. 设 $Q=(q_0,q_1,q_2)$,则此圆周的方程为

$$\begin{cases} q_0x_0-q_1x_1-q_2x_2=\mathrm{ch}\, r \quad (q_0=\sqrt{1+q_1^2+q_2^2}) \\ x_0=\sqrt{1+x_1^2+x_2^2} \end{cases}$$

例如,圆心为(1,0,0)的圆周方程为$\begin{cases} x_0=\mathrm{ch}\, r \\ x_1^2+x_2^2=\mathrm{sh}^2 r \end{cases}$.

例 已知

$$A=(\mathrm{ch}\, u\ \mathrm{ch}\, v,\mathrm{ch}\, u\ \mathrm{sh}\, v,\mathrm{sh}\, u)$$
$$B=(\mathrm{ch}\, u'\ \mathrm{ch}\, v',\mathrm{ch}\, u'\ \mathrm{sh}\, v',\mathrm{sh}\, u')$$

求证:$A,B\in H^2$,且

$$\mathrm{ch}\,\rho(A,B)=\mathrm{ch}(u'-u)+2\mathrm{ch}\, u\mathrm{ch}\, u'\mathrm{sh}^2\frac{v'-v}{2}$$

证明 $$(\mathrm{ch}\, u\mathrm{ch}\, v)^2-(\mathrm{ch}\, u\mathrm{sh}\, v)^2-\mathrm{sh}^2u=\mathrm{ch}^2u-\mathrm{sh}^2u=1$$

又 $\mathrm{ch}\, u\mathrm{ch}\, v\geqslant 1$,故 $A\in H^2$. 同理 $B\in H^2$.

$$\begin{aligned}\mathrm{ch}\,\rho(A,B)&=\mathrm{ch}\, u\mathrm{ch}\, v\mathrm{ch}\, u'\mathrm{ch}\, v'-\mathrm{ch}\, u\mathrm{sh}\, v\mathrm{ch}\, u'\mathrm{sh}\, v'-\mathrm{sh}\, u\ \mathrm{sh}\, u' \\ &=\mathrm{ch}\, u\mathrm{ch}\, u'\mathrm{ch}(v'-v)-\mathrm{sh}\, u\mathrm{sh}\, u' \\ &=\mathrm{ch}\, u\mathrm{ch}\, u'\left(1+2\mathrm{sh}^2\frac{v'-v}{2}\right)-\mathrm{sh}\, u\mathrm{sh}\, u' \\ &=\mathrm{ch}(u-u')+2\mathrm{ch}\, u\mathrm{ch}\, u'\mathrm{sh}^2\frac{v'-v}{2}\end{aligned}$$

注记 对于无限邻近的两点 $A(u,v)$,$B(u+\mathrm{d}u,v+\mathrm{d}v)$,应用近似公式 $\mathrm{ch}\, x\approx 1+\frac{x^2}{2}$,$\mathrm{sh}\, x\approx x(|x|\ll 1)$代入本例中的距离公式,可得曲线弧长的微分 $\mathrm{d}s$,即

$$\rho^2(A,B)=\mathrm{d}s^2=\mathrm{d}u^2+\mathrm{ch}^2u\mathrm{d}v^2$$

§2 双曲三角

定义 双曲平面 H^2 上不在一直线上的三点 A,B,C 以及线段 AB,BC,

CA 所构成的图形叫做双曲三角形. 点 A,B,C 称为它的顶点，我们用 $\rho(B,C)=a$，$\rho(C,A)=b$，$\rho(A,B)=c$ 表过三顶点的对边及其长度. 在不会引起误解的情况下，也用 A,B,C 表示双曲$\triangle ABC$ 的三个内角，即 $A=\angle CAB$，$B=\angle ABC$，$C=\angle BCA$，这里 $A,B,C\in(0,\pi)$.

下面来研究双曲三角形的六个元素之间的关系.

定理 1(边的余弦定律) $\operatorname{ch} a=\operatorname{ch} b\operatorname{ch} c-\operatorname{sh} b\operatorname{sh} c\cos\angle A$

$$\operatorname{ch} b=\operatorname{ch} c\operatorname{ch} a-\operatorname{sh} c\operatorname{sh} a\cos\angle B$$

$$\operatorname{ch} c=\operatorname{ch} a\operatorname{ch} b-\operatorname{sh} a\operatorname{sh} b\cos\angle C$$

证明 应用夹角公式，有

$$\begin{aligned}\cos\angle A=\cos\angle CAB&=\frac{-(A\times C)\cdot(\overline{A\times B})}{\operatorname{sh} b\operatorname{sh} c}\\&=\frac{-1}{\operatorname{sh} b\operatorname{sh} c}\begin{vmatrix}A\cdot\overline{A} & A\cdot\overline{B}\\ C\cdot\overline{A} & C\cdot\overline{B}\end{vmatrix}\\&=\frac{-1}{\operatorname{sh} b\operatorname{sh} c}\begin{vmatrix}1 & \operatorname{ch} c\\ \operatorname{ch} b & \operatorname{ch} a\end{vmatrix}\\&=\frac{\operatorname{ch} b\operatorname{ch} c-\operatorname{ch} a}{\operatorname{sh} b\operatorname{sh} c}\end{aligned}$$

这就证得定理 1 中的第一式，同法证明其余两式.

注记 对于曲率半径为 r 的双曲平面，关于边的余弦公式应为

$$\operatorname{ch}\frac{a}{r}=\operatorname{ch}\frac{b}{r}\operatorname{ch}\frac{c}{r}-\operatorname{sh}\frac{b}{r}\operatorname{sh}\frac{c}{r}\cos\angle A$$

其余类推.

如果把球面余弦公式

$$\cos\frac{a}{r}=\cos\frac{b}{r}\cos\frac{c}{r}+\sin\frac{b}{r}\sin\frac{c}{r}\cos\angle A$$

中的 r 换成 $r\mathrm{i}(\mathrm{i}^2=-1)$以后，利用关系式

$$\sin z=-\mathrm{i}\operatorname{sh}\mathrm{i}z,\cos z=\operatorname{ch}\mathrm{i}z,\tan z=-\mathrm{i}\operatorname{th}\mathrm{i}z$$

就可以变成双曲余弦公式. 因此双曲三角学可以看做是虚半径的球面上的三角学.

定理 2(正弦定律) $\dfrac{\operatorname{sh} a}{\sin\angle A}=\dfrac{\operatorname{sh} b}{\sin\angle B}=\dfrac{\operatorname{sh} c}{\sin\angle C}=\dfrac{\operatorname{sh} a\operatorname{sh} b\operatorname{sh} c}{2\Delta}$

其中

$$\Delta=\sqrt{\operatorname{sh} p\operatorname{sh}(p-a)\operatorname{sh}(p-b)\operatorname{sh}(p-c)}$$

这里

$$p=\frac{1}{2}(a+b+c)$$

证明 $\text{sh}^2b\text{sh}^2c\sin^2\angle A$

$$=\text{sh}^2b\text{sh}^2c(1-\cos^2\angle A)$$

$$=\text{sh}^2b\text{sh}^2c-(\text{ch } b\text{ch } c-\text{ch } a)^2$$

$$=(\text{sh } b\text{sh } c+\text{ch } b\text{ch } c-\text{ch } a)(\text{sh } b\text{sh } c-\text{ch } b\text{ch } c+\text{ch } a)$$

$$=[\text{ch}(b+c)-\text{ch } a][\text{ch } a-\text{ch}(b-c)]$$

$$=4\text{sh }\frac{b+c+a}{2}\text{sh }\frac{b+c-a}{2}\text{sh }\frac{a-b+c}{2}\text{sh }\frac{a+b-c}{2}$$

$$=4\text{sh } p\text{sh}(p-a)\text{sh}(p-b)\text{sh}(p-c)$$

$$=4\Delta^2$$

即有

$$\Delta=\frac{1}{2}\text{sh } b\text{sh } c\sin\angle A$$

 同理

$$\Delta=\frac{1}{2}\text{sh } c\text{sh } a\sin\angle B=\frac{1}{2}\text{sh } a\text{sh } b\sin\angle C$$

故正弦定律成立.

注记 在上面的证明中,有

$$4\Delta^2=\text{sh}^2b\text{sh}^2c-(\text{ch } b\text{ch } c-\text{ch } a)^2$$

$$=(\text{ch}^2b-1)(\text{ch}^2c-1)-(\text{ch } b\text{ch } c-\text{ch}a)^2$$

$$=1-\text{ch}^2b-\text{ch}^2c-\text{ch}^2a+2\text{ch } a\text{ch } b\text{ch } c$$

即

$$4\Delta^2=\begin{vmatrix}1 & \text{ch } c & \text{ch } b\\ \text{ch } c & 1 & \text{ch } a\\ \text{ch } b & \text{ch } a & 1\end{vmatrix}>0$$

而当 $\Delta=0$ 时,A,B,C 三点共线.

定理 3(角的余弦定律) $\cos\angle A=-\cos\angle B\cos\angle C+\sin\angle B\sin\angle C\text{ch } a$

$$\cos\angle B=-\cos\angle C\cos\angle A+\sin\angle C\sin\angle A\text{ch } b$$

$$\cos\angle C=-\cos\angle A\cos\angle B+\sin\angle A\sin\angle B\text{ch } c$$

证明 $\sin\angle B\sin\angle C\text{ch } a-\cos\angle B\cos\angle C$

$$=\frac{4\Delta^2\text{sh } a-(\text{ch } c\text{ch } a-\text{ch } b)(\text{ch } a\text{ch } b-\text{ch } c)}{\text{sh } c\text{sh}^2 a\text{sh } b}$$

$$=[(1-\text{ch}^2a-\text{ch}^2b-\text{ch}^2c+2\text{ch } a\text{ch } b\text{ch } c)\text{ch}a-$$

$$(\text{ch}^2 a\text{ch } b\text{ch } c+\text{ch } b\text{ch } c)-$$

$$\text{ch } a\text{ch}^2 b-\text{ch } a\text{ch}^2 c)]/\text{sh}^2 a\text{sh } b\text{sh } c$$

$$=\frac{\text{ch } a-\text{ch}^3 a+\text{ch}^2 a\text{ch } b\text{ch } c-\text{ch } b\text{ch } c}{\text{sh}^2 a\text{sh } b\text{sh } c}$$

$$=\frac{\text{ch } b\text{ch } c\text{sh}^2 a-\text{ch } a\text{sh}^2 a}{\text{sh}^2 a\text{sh } b\text{sh } c}$$

$$=\cos\angle A$$

余类推.

定理4 双曲三角形的三个内角之和小于 π.

证明 不妨设三边长有 $a\geqslant b\geqslant c$,则

$$\text{ch } a\text{ch } c>\text{ch } a\geqslant\text{ch } b$$

故

$$\cos\angle B=\frac{\text{ch } a\text{ch } c-\text{ch } b}{\text{sh } a\text{sh } c}>0,\angle B<\frac{\pi}{2}$$

同理

$$\angle C<\frac{\pi}{2}$$

有

$$\angle B+\angle C<\pi$$

因

$$\text{ch } a=\frac{\cos\angle B\cos\angle C+\cos\angle A}{\sin\angle B\sin\angle C}>1$$

即

$$\cos\angle B\cos\angle C+\cos\angle A>\sin\angle B\sin\angle C$$

$$\cos(\angle B+\angle C)>\cos(\pi-\angle A)$$

因

$$\angle B+\angle C,\pi-\angle A\in(0,\pi)$$

故

$$\angle B+\angle C<\pi-\angle A$$

即

$$\angle A+\angle B+\angle C<\pi$$

注记 易证

$$\sin^2\angle B\sin^2\angle C\text{sh}^2 a$$

$$=(\cos\angle B\cos\angle C+\cos\angle A)^2-\sin^2\angle B\sin^2\angle C$$

$$=\cos^2\angle A+\cos^2\angle B+\cos^2\angle C+2\cos\angle A\cos\angle B\cos\angle C-1$$

故对于双曲$\triangle ABC$,有

$$\begin{vmatrix} 1 & -\cos\angle C & -\cos\angle B \\ -\cos\angle C & 1 & -\cos\angle A \\ -\cos\angle B & -\cos\angle A & 1 \end{vmatrix}<0$$

推论 对于双曲直角三角形$\left(\angle C=\frac{\pi}{2}\right)$,有

(Ⅰ) $\operatorname{ch} c=\operatorname{ch} a\operatorname{ch} b$;

(Ⅱ) $\operatorname{ch} a=\dfrac{\cos\angle A}{\sin\angle B}$

(Ⅲ) $\sin\angle A=\dfrac{\operatorname{sh} a}{\operatorname{sh} c}$;

(Ⅳ) $\cos\angle A=\dfrac{\operatorname{th} b}{\operatorname{th} c}$;

(Ⅴ) $\tan\angle A=\dfrac{\operatorname{th} a}{\operatorname{sh} b}$;

(Ⅵ) $\operatorname{ch} c=\cot\angle A\cot\angle A$

证明 (Ⅰ),(Ⅱ)和(Ⅲ)分别由边的、角的余弦定律和正弦定律可得.

(Ⅳ)
$$\cos\angle A=\frac{\operatorname{ch} b\operatorname{ch} c-\operatorname{ch} a}{\operatorname{sh} b\operatorname{sh} c}=\frac{\operatorname{ch}^2 b\operatorname{ch} a-\operatorname{ch} a}{\operatorname{sh} b\operatorname{sh} c}=\frac{\operatorname{ch} a\operatorname{sh} b}{\operatorname{sh} c}\cdot\frac{\operatorname{ch} c}{\operatorname{ch} a\operatorname{ch} b}=\frac{\operatorname{th} b}{\operatorname{th} c}$$

(Ⅴ)
$$\tan\angle A=\frac{\operatorname{sh} a}{\operatorname{sh} c}\cdot\frac{\operatorname{th} c}{\operatorname{th} b}=\frac{\operatorname{sh} a\operatorname{ch} b}{\operatorname{ch} c\operatorname{sh} b}=\frac{\operatorname{sh} a}{\operatorname{ch} a\operatorname{sh} b}$$

(Ⅵ)
$$\cot\angle A\cot\angle B=\frac{\operatorname{sh} b}{\operatorname{th} a}\cdot\frac{\operatorname{sh} a}{\operatorname{th} b}=\operatorname{ch} a\operatorname{ch} b=\operatorname{ch} c$$

注记 1 在曲率半径为 r 的双曲平面上,公式(Ⅰ)应为

$$\operatorname{ch}\frac{c}{r}=\operatorname{ch}\frac{a}{r}\operatorname{ch}\frac{b}{r}$$

当 r 较大时,应用近似公式 $\operatorname{ch} x\approx 1+\dfrac{x^2}{2}(|x|\ll 1)$ 代入并略去四次项,可得

$$c^2=a^2+b^2\quad(\text{欧氏勾股定理})$$

可见式(Ⅰ)是双曲平面几何中的勾股定理. 例如,当 $a=0.3$,$b=0.4$ 时,$c=0.504\ 7$;而当 $a=0.03$,$b=0.04$ 时,$c=0.050\ 005$. 可见,欧氏几何也是双曲几何当曲率半径 $r\to\infty$ 的极限情况. 在双曲几何中,直角三角形的斜边一定大于直角边,因为 $\operatorname{ch} c=\operatorname{ch} a\operatorname{ch} b>\operatorname{ch} a$.

注记 2 过直线 l 外一点 P 作直线 l 的垂线,H 为垂足(如图 8.2),M 为 l 上异于点 H 的任一点,则

$$\rho(P,M)>\rho(P,H)=x$$

PH 的长就是点 P 到直线 l 的距离. 记 $\rho(H,M)=y$,$\angle HPM=\alpha$,则 $\cot\alpha=\dfrac{\operatorname{sh} x}{\operatorname{th} y}$. 当 $y\to\infty$ 时,直线 PM 的极限位置 PE 就是与有向直线 HM 同向平行的

直线，这时 $\alpha\to\omega=\angle HPE$，th $y\to1$，故有

$$\cot\omega=\operatorname{sh}x$$

可见角 ω 是 x 的函数，角 ω 称为线段 PH 的平行角.

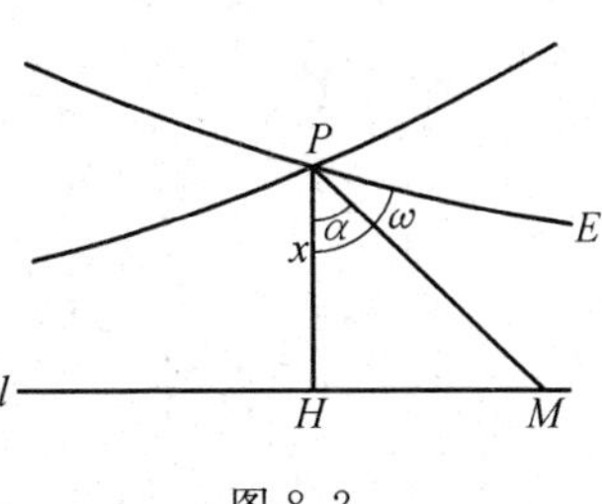

图 8.2

由于

$$\tan\frac{\omega}{2}=\frac{1-\cos\omega}{\sin\omega}=\sqrt{1+\cot^2\omega}-\cot\omega$$
$$=\sqrt{1+\operatorname{sh}^2x}-\operatorname{sh}x$$
$$=\operatorname{ch}x-\operatorname{sh}x=\mathrm{e}^{-x}$$

可得罗巴切夫斯基公式(对于 H_r^2，上式中的 x 换成$\frac{x}{r}$)

$$\omega=2\arctan\mathrm{e}^{-\frac{x}{r}}<\frac{\pi}{2}$$

例 1 双曲$\triangle ABC$如果存在外接圆的话，求证：外接圆半径 R 满足

$$\operatorname{th}R=\frac{2\operatorname{sh}\frac{a}{2}\operatorname{sh}\frac{b}{2}\operatorname{sh}\frac{c}{2}}{\Delta}$$

证明 不妨设$(A\times B)\times C>0$，容易验证，过三点 A,B,C 的圆心 $Q=(q_0,q_1,q_2)$和半径 R 可由下面两式确定

$$\overline{Q}=(q_0,-q_1,-q_2)=t(A\times B+B\times C+C\times A)$$
$$\operatorname{ch}R=A\cdot\overline{Q}=tA\cdot(B\times C)$$

其中实数 $t\neq0$ 可由 $Q\cdot\overline{Q}=1$ 及 $q_0\geqslant1$ 而唯一确定①

$$\operatorname{th}R=\sqrt{1-\frac{1}{\operatorname{ch}^2R}}=\sqrt{1-\frac{1}{t^2[A\cdot(B\times C)]^2}}$$

因为

$$[A\cdot(B\times C)]^2$$
$$=\begin{vmatrix}a_0&a_1&a_2\\b_0&b_1&b_2\\c_0&c_1&c_2\end{vmatrix}\begin{vmatrix}a_0&b_0&c_0\\-a_1&-b_1&-c_1\\-a_2&-b_2&-c_2\end{vmatrix}$$

① 当 $A\times B+B\times C+C\times A$ 的第一分量

$$\begin{vmatrix}a_1&a_2\\b_1&b_2\end{vmatrix}+\begin{vmatrix}b_1&b_2\\c_1&c_2\end{vmatrix}+\begin{vmatrix}c_1&c_2\\a_1&a_2\end{vmatrix}=0$$

时，满足条件 $q_0\geqslant1$ 的点 Q 不存在，即过这样的三点 A,B,C 的外接圆不存在.

$$=\begin{vmatrix} A\cdot\overline{A} & A\cdot\overline{B} & A\cdot\overline{C} \\ B\cdot\overline{A} & B\cdot\overline{B} & B\cdot\overline{C} \\ C\cdot\overline{A} & C\cdot\overline{B} & C\cdot\overline{C} \end{vmatrix}$$

$$=\begin{vmatrix} 1 & \text{ch } c & \text{ch } b \\ \text{ch } c & 1 & \text{ch } a \\ \text{ch } b & \text{ch } a & 1 \end{vmatrix}=4\Delta^2$$

$$\frac{1}{t^2}=\frac{Q\cdot\overline{Q}}{t^2}$$

$$=(A\times B+B\times C+C\times A)\cdot(\overline{A\times B+B\times C+C\times A})$$

$$=(A\times B)\cdot(\overline{A\times B})+(B\times C)\cdot(\overline{B\times C})+$$

$$(C\times A)\cdot(\overline{C\times A})+2(A\times B)\cdot(\overline{B\times C})+$$

$$2(A\times B)\cdot(\overline{C\times A}+2(B\times C)\cdot(\overline{C\times A}))$$

$$=-\text{sh}^2 c-\text{sh}^2 a-\text{sh}^2 b+2\begin{vmatrix} A\cdot\overline{B} & A\cdot\overline{C} \\ B\cdot\overline{B} & B\cdot\overline{C} \end{vmatrix}+$$

$$\begin{vmatrix} A\cdot\overline{C} & A\cdot\overline{A} \\ B\cdot\overline{C} & B\cdot\overline{A} \end{vmatrix}+\begin{vmatrix} B\cdot\overline{C} & B\cdot\overline{A} \\ C\cdot\overline{C} & C\cdot\overline{A} \end{vmatrix}$$

$$=-\text{sh}^2 c-\text{sh}^2 a-\text{sh}^2 b+2(\text{ch } c\text{ch } a-\text{ch } b)+$$

$$2(\text{ch } b\text{ch } c-\text{ch } a)+2(\text{ch } a\text{ch } b-\text{ch } c)$$

所以

$$\text{th}^2 R=\frac{\left(4\Delta^2-\frac{1}{t^2}\right)}{4\Delta^2}$$

$$=[2\text{ch } a\text{ch } b\text{ch } c-2(\text{ch } c\text{ch } a+\text{ch } b\text{ch } c+\text{ch } a\text{ch } b)-$$

$$2+2(\text{ch } a+\text{ch } b+\text{ch } c)]/4\Delta^2$$

$$=\frac{2[(\text{ch } a-1)(\text{ch } b-1)(\text{ch } c-1)]}{4\Delta^2}$$

$$=\frac{4\text{sh}^2\frac{a}{2}\text{sh}^2\frac{b}{2}\text{sh}^2\frac{c}{2}}{\Delta^2}$$

推论 关于双曲三角形的正弦定律可以改记为

$$\frac{\text{sh } a}{\sin\angle A}=\frac{\text{sh } b}{\sin\angle B}=\frac{\text{sh } c}{\sin\angle C}=2\text{ch }\frac{a}{2}\text{ch }\frac{b}{2}\text{ch }\frac{c}{2}\text{th } R$$

例 2 双曲平面上的四边形 $ABCD$，已知 $\rho(A,B)=a$，$\rho(B,C)=b$，$\angle A=$

$\angle B=\angle C=\frac{\pi}{2}$，求证

$$\cos\angle D=\text{sh } a\text{sh } b$$

证明　如图8.3所示，连AC，记$\angle ACB=\alpha$，$\angle BAC=\beta$，则$\alpha,\beta\in\left(0,\frac{\pi}{2}\right)$，且

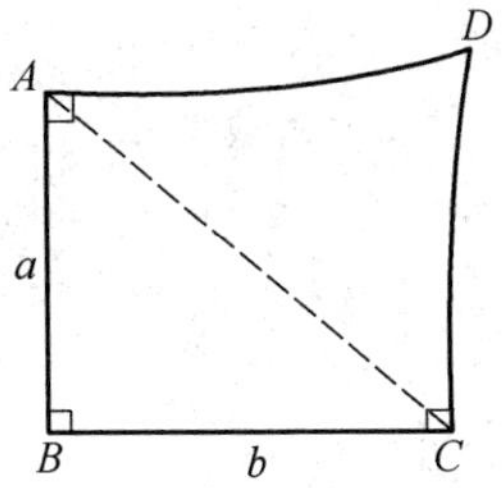

$$\tan\alpha=\frac{\text{th } a}{\text{sh } b},\tan\beta=\frac{\text{th } b}{\text{sh } a}$$

$$\text{ch }\rho(A,C)=\text{ch } a\text{ch } b$$

在$\triangle ACD$中，应用角的余弦定律得

$$\cos\angle D=-\cos\left(\frac{\pi}{2}-\alpha\right)\cos\left(\frac{\pi}{2}-\beta\right)+\sin\left(\frac{\pi}{2}-\alpha\right)\sin\left(\frac{\pi}{2}-\beta\right)\text{ch }\rho(A,C)$$

$$=-\sin\alpha\sin\beta+\cos\alpha\cos\beta\text{ch } a\text{ch } b$$

$$=\cos\alpha\cos\beta(\text{ch } a\text{ch } b-\tan\alpha\tan\beta)$$

$$=\frac{1}{\sqrt{1+\tan^2\alpha}\sqrt{1+\tan^2\beta}}(\text{ch } a\text{ch } b-\tan\alpha\tan\beta)$$

$$=\frac{\text{sh } b\text{sh } a}{\sqrt{\text{sh}^2b+\text{th}^2a}\sqrt{\text{sh}^2a+\text{th}^2b}}\left(\text{ch } a\text{ch } b-\frac{\text{th } a}{\text{sh } b}\frac{\text{th } b}{\text{sh } a}\right)$$

$$=\frac{\text{sh } a\text{sh } b(\text{ch}^2a\text{ch}^2b-1)}{[(\text{ch}^2a\text{sh}^2b+\text{sh}^2a)(\text{ch}^2b\text{sh}^2a+\text{sh}^2b)]^{\frac{1}{2}}}$$

$$=\text{sh } a\text{sh } b$$

图8.3

注记　如果将图8.3中的四边形$ABCD$作关于BC的对称图形$A'BCD'$，则四边形$AA'D'D$称为萨开里四边形．由$\angle D'=\angle D<\frac{\pi}{2}$的假设，萨开里在推证他的第33个命题时发现这样的推论：平面上存在这样两条直线，它们在一方向上无限地相互接近，而在反向上则无限制地分开．

由例2所证的公式可知，从$\angle B$的两边上的点A和C分别作边的垂线，仅当$\text{sh } a\text{sh } b<1$时，两垂线才相交．

§3　图形相等与双曲运动

如果存在着一个H^2到H^2上的变换f，使得H^2的任两点A',X'之间的双

曲距离总等于它们的原象 $A,X\in H^2$ 之间的双曲距离，即有 $\rho(A',X')=\rho(A,X)$，其中 $A'=f(A)$，$X'=f(X)$，那么称这样的变换 f 为双曲运动.

对于两个图形 $\Sigma,\Sigma'\subset H^2$ 的所有点之间，若存在着一个双曲运动，则称图形 Σ 与 Σ' 全等，记作 $\Sigma\cong\Sigma'$.

显然，双曲运动是一一变换.

因为 $\rho(A,X)=\operatorname{arch} A\cdot\overline{X}$，$\rho(A',X')=\operatorname{arch} A'\cdot\overline{X'}$，由 $\rho(A',X')=\rho(A,X)$ 可得

$$A'\cdot\overline{X'}=A\cdot\overline{X}$$

即有

$$f(A)\cdot\overline{f(X)}=A\cdot\overline{X}$$

因此双曲运动 f 保持伪内积不变.

如果选取 H^2 的点的标准化齐次坐标，设 A 依次取 $(1,0,0)=E_0$，$(\sqrt{2},1,0)=E_1$，$(\sqrt{2},0,1)=E_2$，并设 $f(E_0)=(g_{00},g_{10},g_{20})$，$f(E_i)=(\sqrt{2}g_{00}+g_{0i},\sqrt{2}g_{10}+g_{1i},\sqrt{2}g_{20}+g_{2i})$ $(i=1,2)$，$X=(x_0,x_1,x_2)$，$f(X)=(x'_0,x'_1,x'_2)$，将它们代入

$$f(A)\cdot\overline{f(X)}=A\cdot\overline{X}$$

可得

$$\begin{cases}g_{00}x'_0-g_{10}x'_1-g_{20}x'_2=x_0\\(\sqrt{2}g_{00}+g_{01})x'_0-(\sqrt{2}g_{10}+g_{11})x'_1-(\sqrt{2}g_{20}+g_{21})x'_2=\sqrt{2}x_0-x_1\\(\sqrt{2}g_{00}+g_{02})x'_0-(\sqrt{2}g_{10}+g_{12})x'_1-(\sqrt{2}g_{20}+g_{22})x'_2=\sqrt{2}x_0-x_2\end{cases}$$

化简得双曲运动所应具有的关系式

$$\begin{cases}x_0=g_{00}x'_0-g_{10}x'_1-g_{20}x'_2\\x_1=-g_{01}x'_0+g_{11}x'_1+g_{21}x'_2\\x_2=-g_{02}x'_0+g_{12}x'_1+g_{22}x'_2\end{cases}$$

因为

$$f(E_i)\cdot\overline{f(E_j)}=E_i\cdot\overline{E_j}\quad(i,j=0,1,2)$$

从这六个式子可以确定九个系数 g_{ij} 应满足如下六个条件(称为双曲条件)

$$g_{00}^2-g_{10}^2-g_{20}^2=1$$

$$g_{0i}g_{0k}-g_{1i}g_{1k}-g_{2i}g_{2k}=0$$

$$g_{01}^2-g_{11}^2-g_{21}^2=1$$

$$i\neq k,i,k=0,1,2$$

$$g_{02}^2-g_{12}^2-g_{22}^2=-1$$

双曲条件可以用前面的变换式中的系数矩阵表示如下

$$\begin{bmatrix} g_{00} & -g_{10} & -g_{20} \\ -g_{01} & g_{11} & g_{21} \\ -g_{02} & g_{12} & g_{22} \end{bmatrix} \begin{bmatrix} g_{00} & g_{01} & g_{02} \\ g_{10} & g_{11} & g_{11} \\ g_{20} & g_{21} & g_{22} \end{bmatrix} = \begin{bmatrix} 1 & 0 & 0 \\ 0 & 1 & 0 \\ 0 & 0 & 1 \end{bmatrix}$$

值得指出，著名物理学家爱因斯坦以相对性原理和光速不变原理为依据，于 1905 年发表了狭义相对论，又于 1916 年发表了广义相对论. 其中非欧几何在他的理论创建中发挥了巨大作用. 例如，在狭义相对论运动学中，具有基础作用的洛仑兹变换(这里限于二维平面运动)

$$\begin{cases} ct' = \dfrac{ct - \beta x}{\sqrt{1-\beta^2}} \\ x' = \dfrac{x - \beta ct}{\sqrt{1-\beta^2}} \\ y' = y \end{cases} \quad \left(\beta = \frac{v}{c}\right)$$

就是形如

$$\begin{cases} x'_0 = x_0 \operatorname{ch} \alpha + x_1 \operatorname{sh} \alpha \\ x'_1 = x_0 \operatorname{sh} \alpha + x_1 \operatorname{ch} \alpha \\ x'_2 = x_2 \end{cases}$$

的特殊的双曲运动. 相当于取

$$x_0 = ct, x_1 = x, x_2 = y$$

$$\operatorname{ch} \alpha = \frac{1}{\sqrt{1-\beta^2}} \geqslant 1, \operatorname{sh} \alpha = \frac{-\beta}{\sqrt{1-\beta^2}}$$

其中 c 是光速，$v = c\beta$ 是两个参考系的相对速度.

洛仑兹变换保持两个“事件”(ct_1, x_1, y_1)与(ct_2, x_2, y_2)的间隔

$$\Delta s = [c^2(t_2 - t_1)^2 - (x_2 - x_1)^2 - (y_2 - y_1)^2]^{\frac{1}{2}}$$

不变.

与球面几何完全类似地可以证明下列定理：

定理 1　长度相等的两条线段相等.

定理 2　弧度数相等的两个角相等.

定理 3　如果两个双曲三角形具备下列条件之一：

(Ⅰ)三条边；

(Ⅱ)两边一夹角；

(Ⅲ)三个角；

(Ⅳ)两角一夹边.

对应相等，那么这两个三角形相等.

* §4 双曲几何模型

前面我们在欧氏空间选用双叶双曲面的一叶作为双曲平面的直观模型，而在很多著作中是选用的克莱因模型或者庞加莱模型. 它们之间有没有什么关系呢？本节就来揭露它们之间的内在联系. 首先，这些模型都是同构的，用分析的观点看，实质上是给出了几种参变量代换.

4.1 克莱因模型

在三维欧氏空间中，过双叶双曲面 $H^2: x_0^2-x_1^2-x_2^2=1, x_0\geqslant 1$ 上一点 $E=(1,0,0)$ 作平面 σ（如图 8.4），使它与坐标面 Ox_1x_2 平行，则 σ 的方程为：$x_0=1$. 平面 σ 与 H^2 的渐近锥面 $x_0^2-x_1^2-x_2^2=0$ 的交线就是圆周 $x_1^2+x_2^2=1$. 这圆周称为绝对形（平面 σ 也可以不平行于 Ox_1x_2，这时绝对形就是一般的二次曲线）.

在图 8.1 中已经指出，过 H^2 上两点 A'，B' 的双曲直线就是平面 $OA'B'$ 与双曲面 H^2 的交线. 如图 8.4 所示，设 OA'，OB' 与平面 σ 的交点分别为 A，B，则平面 $OA'B'$ 与平面 σ 的交线就是直线 AB. 设直线 AB 与绝对形交于两点 P，Q，双曲直线 $A'B'$ 上任意一点 X' 与点 O 的连线交线段 PQ 于一点 X. 显然点 X' 与 X 之间具有一一对应的关系，双曲平面 H^2 与绝对形内域成一一对应，双曲直线与绝对形内的弦成一一对应，弦的端点 P，Q 对应于双曲直线 $A'B'$ 上的无穷远点，过直线 $A'B'$ 外一点 $C'\in H^2$ 与 $A'B'$ 平行的直线在绝对形中就是 CP，CQ 所在的弦 PS，QT（如图 8.5），与弦 PQ 没有公共点的任一条弦 $P'Q'$ 就是直线 AB 的分散直线，这样我们就得到了克莱因模型.

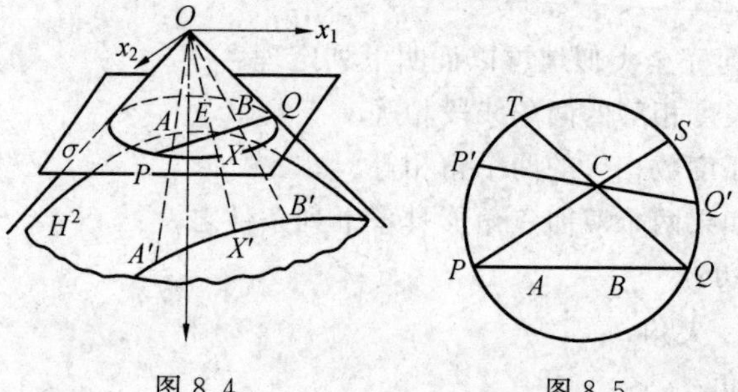

图 8.4　　图 8.5

克莱因模型是把圆内的点看做双曲平面的点，圆的弦（不包括端点）看做双曲直线. 克莱因不仅给出了这个模型，还给出了这个模型上的两点间的距离公式.

我们先找出图 8.4 中点 $X=(1,x,y)$ 与 $X'=(x_0,x_1,x_2)$($x_0^2-x_1^2-x_2^2=1$, $x_0\geqslant 1$)之间的关系式，这里的(x,y)也是平面 σ 上以绝对形中心 E 为坐标原点的点 X 的平面直角坐标.

因为点 X,X',O 共线. 即有

$$\frac{1}{x_0}=\frac{x}{x_1}=\frac{y}{x_2}$$

所以点 X' 到点 X 的变换为

$$\begin{cases} x=\dfrac{x_1}{x_0} \\ y=\dfrac{x_2}{x_0} \end{cases} \tag{1}$$

其逆变换为

$$\begin{cases} x_0=\dfrac{1}{\sqrt{1-x^2-y^2}} \\ x_1=\dfrac{x}{\sqrt{1-x^2-y^2}} \\ x_2=\dfrac{y}{\sqrt{1-x^2-y^2}} \end{cases} \tag{2}$$

这就是双曲点的标准齐次坐标(x_0,x_1,x_2)与绝对形内点的平面直角坐标(x,y)(绝对形中心为坐标原点)之间的变换式. 它将 H^2 上的点变为绝对形内部的点，将极为$\pm N=\pm(n_0,n_1,n_2)$的双曲直线 $A'B'$

$$n_0x_0-n_1x_1-n_2x_2=0\quad (n_0^2-n_1^2-n_2^2=-1)$$

变为绝对形内过点 A,B 的弦 PQ

$$n_1x+n_2y=n_0\quad (x^2+y^2<1) \tag{3}$$

这正是点 $N\left(\dfrac{n_1}{n_0},\dfrac{n_2}{n_0}\right)$对于绝对形 $x^2+y^2=1$ 的极线之方程. 所以，分别过点 P, Q 作绝对形的切线，这两条切线的交点恰巧就是点 N.

下面就来找出克莱因模型中，两点 $A=\left(\dfrac{a_1}{a_0},\dfrac{a_2}{a_0}\right)$, $B=\left(\dfrac{b_1}{b_0},\dfrac{b_2}{b_0}\right)$之间的双曲距离公式.

设$\dfrac{AP}{PB}=\lambda_1$, $\dfrac{AQ}{QB}=\lambda_2$, $\lambda_2<\lambda_1<0$，则

$$P=\frac{A+\lambda_1B}{1+\lambda_1},Q=\frac{A+\lambda_2B}{1+\lambda_2}$$

因点 P,Q 在绝对形 $x^2+y^2=1$ 上，故有

$$\left(\frac{a_1}{a_0}+\lambda_i\frac{b_1}{b_0}\right)^2+\left(\frac{a_2}{a_0}+\lambda_i\frac{b_2}{b_0}\right)^2=(1+\lambda_i)^2$$

即
$$(a_0^2b_0^2-a_0^2b_1^2-a_0^2b_2^2)\lambda_i^2+2\lambda_i(a_0^2b_0^2-a_0b_0a_1b_1-a_0b_0a_2b_2)+$$
$$a_0^2b_0^2-a_1^2b_0^2-a_2^2b_0^2=0$$

因
$$\operatorname{ch}\rho(A',B')=a_0b_0-a_1b_1-a_2b_2$$

故方程可化简为

$$a_0^2\lambda_i^2+2\lambda_ia_0b_0\operatorname{ch}\rho(A',B')+b_0^2=0$$

故
$$\lambda_1+\lambda_2=\frac{-2b_0}{a_0}\operatorname{ch}\rho(A',B'),\lambda_1\lambda_2=\frac{b_0^2}{a_0^2}$$

因此

$$\operatorname{ch}\rho(A',B')=-\frac{\lambda_1+\lambda_2}{2\sqrt{\lambda_1\lambda_2}}$$

$$\rho(A',B')=\ln\left[\frac{-\lambda_1-\lambda_2}{2\sqrt{\lambda_1\lambda_2}}+\sqrt{\frac{(\lambda_1+\lambda_2)^2}{4\lambda_1\lambda_2}-1}\right]$$
$$=\ln\frac{-\lambda_1-\lambda_2+\lambda_1-\lambda_2}{2\sqrt{\lambda_1\lambda_2}}$$
$$=\ln\sqrt{\frac{\lambda_2}{\lambda_1}}=-\frac{1}{2}\ln\left(\frac{AP}{BP}:\frac{AQ}{BQ}\right)$$

对于曲率半径为 r 的双曲平面 H_r^2，在克莱因模型中，两点 A,B 间的双曲距离公式就是

$$\rho(A,B)=-\frac{r}{2}\ln(AB,PQ) \tag{4}$$

这正是克莱因用四点 A,B,P,Q 的交比 (AB,PQ) 所给出的公式.

指出这一点也许是有益的，在前面图 8.4 中，平面 σ 是过点 $E=(1,0,0)$ 的双曲面 H^2 的切平面. 设 $A=(a_0,a_1,a_2)$，$B=(b_0,b_1,b_2)\in H^2$，则双曲角 $\angle AEB$ 的余弦值为

$$\cos\angle AEB=\frac{-(E\times A)\cdot\overline{(E\times B)}}{\sqrt{(E\cdot\overline{A})^2-1}\sqrt{(E\cdot\overline{B})^2-1}}$$
$$=\frac{a_1b_1+a_2b_2}{\sqrt{a_1^2+a_2^2}\sqrt{b_1^2+b_2^2}}$$

此式与欧氏平面上顶点在坐标原点处的夹角公式恰巧一致. 正因为这样，在克莱因模型中，顶点位于绝对形中心的双曲角与欧氏平面中的角是一致的.

然而，顶点在其他处的双曲角则与直观有差异. 例如，图 8.5 中双曲角$\angle BQC=0°$(因双曲直线 BQ 与 CQ 同向平行). 不过下面介绍的庞加莱模型可以克服这一缺点，而且可在欧氏平面上准确画图.

4.2　庞加莱模型

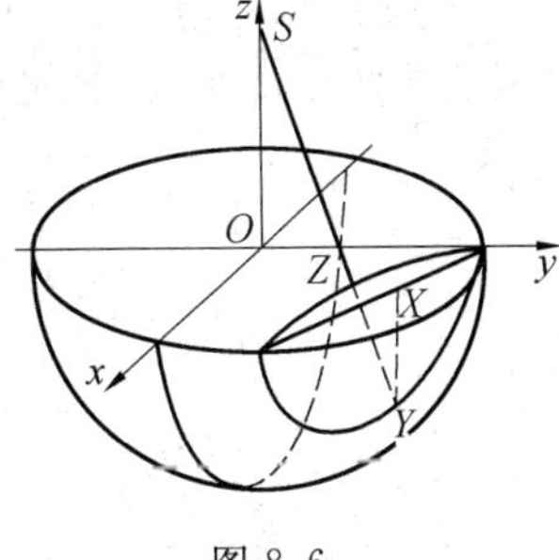

图 8.6

在欧氏空间直角坐标系 $Oxyz$ 下，取坐标面 Oxy 上的单位圆内部

$$x^2+y^2<1, z=0$$

作为双曲平面(克莱因模型，如图 8.6)从绝对形内任一点 $X(x,y,0)$ 作坐标面 Oxy 的垂线，它与半球面

$$x^2+y^2+z^2=1, z<0$$

的交点是

$$Y=(x,y,-\sqrt{1-x^2-y^2})$$

再以点 $S=(0,0,1)$ 为投影中心，将半球面上的点 Y 投影到平面 $z=0$ 上去，得到点 $Z=(u,v,0)$(这里的(u,v)也是绝对形内点 Z 的平面直角坐标)，则因点 S,Z,Y 共线，有

$$\frac{u}{x}=\frac{v}{y}=\frac{-1}{-\sqrt{1-x^2-y^2}-1}$$

由此可得克莱因模型中的点 $X=(x,y,0)$ 到绝对形内的点 $Z=(u,v,0)$ 的变换式

$$\begin{cases} u=\dfrac{x}{\sqrt{1-x^2-y^2}+1} \\ v=\dfrac{y}{\sqrt{1-x^2-y^2}+1} \end{cases} \tag{5}$$

其逆变换为

$$\begin{cases} x=\dfrac{2u}{1+u^2+v^2} \\ y=\dfrac{2v}{1+u^2+v^2} \end{cases} \tag{6}$$

变换式(5)，(6)将克莱因模型变为庞加莱模型，它把绝对形内部的点映射为绝对形内部的点，将双曲直线(3)映射为

$$n_0(u^2+v^2)-2n_1u-2n_2v+n_0=0 \tag{7}$$

这是与绝对形 $u^2+v^2=1$ 正交的圆弧或直线.

因此,这种庞加莱模型是把单位圆周内的所有点的集合看做双曲平面,与单位圆正交的且在单位圆内部的圆弧或单位圆的直径看做双曲直线,从而给予双曲几何又一种直观解释.

将变换式(6)代入变换式(2)可得庞加莱模型中的点(u,v)与双曲点的标准齐次坐标(x_0,x_1,x_2)之间的关系式

$$\begin{cases}x_0=\dfrac{1+u^2+v^2}{1-u^2-v^2}\\ x_1=\dfrac{2u}{1-u^2-v^2}\\ x_2=\dfrac{2v}{1-u^2-v^2}\end{cases}\tag{8}$$

在此对应关系下,任两点$A=(a_0,a_1,a_2)$,$B=(b_0,b_1,b_2)$在庞加莱模型中的对应点的平面直角坐标分别设为(x,y),(x',y'),则它们间的双曲距离$\rho(A,B)$由公式

$$\begin{aligned}\text{ch}\,\rho(A,B)&=a_0b_0-a_1b_1-a_2b_2\\&=\frac{(1+x^2+y^2)(1+x'^2+y'^2)-4xx'-4yy'}{(1-x^2-y^2)(1-x'^2-y'^2)}\end{aligned}$$

可得

$$\text{sh}^2\frac{\rho(A,B)}{2}=\frac{(x-x')^2+(y-y')^2}{(1-x^2-y^2)(1-x'^2-y'^2)}\tag{9}$$

这是庞加莱模型中两点$A(x,y)$,$B(x',y')$之间的双曲距离公式.

注记 对于无限邻近的两点$A(u,v)$,$B(u+\mathrm{d}v,v+\mathrm{d}v)$,由式(9)易得双曲平面上曲线弧长$s$的微分$\mathrm{d}s$的公式,即

$$\rho^2(A,B)=\mathrm{d}s^2=4\,\frac{\mathrm{d}u^2+\mathrm{d}v^2}{(1-u^2-v^2)^2}$$

或写成一般形式

$$\mathrm{d}s^2=\frac{\mathrm{d}x^2+\mathrm{d}y^2}{\left[1+\dfrac{K}{4}(x^2+y^2)\right]^2}$$

对于曲率半径为r的双曲平面H_r^2,这里的$K=-\dfrac{1}{r^2}$称为高斯曲率.

上面介绍的是双曲几何庞加莱模型Ⅰ,还有第二个模型,它可以从庞加莱模型Ⅰ作反演变换而得到(如图8.7).

取绝对形中心E为坐标原点建立平面直角坐标系Euv,v轴与单位圆周的交点为S,O两点;再取O为原点建立新坐标系Oxy,使x轴与u轴同向平行,y

轴与 v 轴重合.

取绝对形上的点 S 为反演中心，$|SO|=2$ 为反演半径，并设绝对形内任一点 X 关于圆 $S(2)$ 的反演点为 X'，点 X 的旧坐标为 (u,v)，则新坐标为 $(u,v-1)$，又点 X'，S 的新坐标分别为 (x,y)，$(0,-2)$，且有

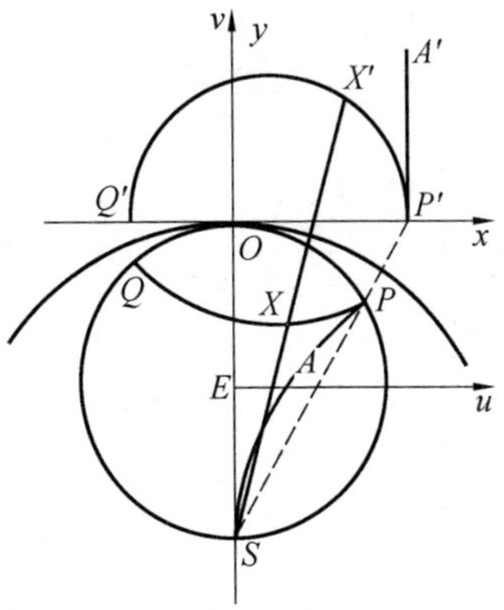

$$\begin{cases} X'\text{在射线 } SX \text{ 上} \\ |SX||SX'|=4 \end{cases}$$

即
$$\begin{cases} \dfrac{x}{u}=\dfrac{y+2}{v+1}=t>0 \\ \sqrt{u^2+(v+1)^2}\sqrt{x^2+(y+2)^2}=4 \end{cases} \tag{10}$$

图 8.7

解之得点 $X(u,v)$ 与反演点 $X'(x,y)$ 之关系式

$$\begin{cases} x=\dfrac{4u}{u^2+(v+1)^2} \\ y=\dfrac{2(1-u^2-v^2)}{u^2+(v+1)^2} \end{cases} \quad (u^2+v^2<1) \tag{11}$$

其逆变换为

$$\begin{cases} u=\dfrac{4x}{x^2+(y+2)^2} \\ v=\dfrac{4-x^2-y^2}{x^2+(y+2)^2} \end{cases} \quad (y>0) \tag{12}$$

将式(12)代入式(8)便得庞加莱模型Ⅱ的点 (x,y) 与标准齐次坐标之间的关系式，即

$$\begin{cases} x_0=\dfrac{4+x^2+y^2}{4y} \\ x_1=\dfrac{x}{y},y>0 \\ x_2=\dfrac{4-x^2-y^2}{4y} \end{cases} \tag{13}$$

在此对应关系下，设任两点 $A=(a_0,a_1,a_2)$，$B=(b_0,b_1,b_2)\in H^2$ 在庞加莱模型Ⅱ中的对应点的直角坐标为 (x,y)，(x',y')，则此两点间的双曲距离 $\rho(A,B)$ 由公式

$$\begin{aligned}\operatorname{ch}\rho(A,B)&=a_0b_0-a_1b_1-a_2b_2\\&=\frac{(x^2+y^2+4)(x'^2+y'^2+4)-16xx'-(4-x^2-y^2)(4-x'^2-y'^2)}{16yy'}\\&=\frac{(x-x')^2+y^2+y'^2}{2yy'}\end{aligned}$$

可得

$$\operatorname{ch}\rho(A,B)=1+\frac{(x-x')^2+(y-y')^2}{2yy'} \tag{14}$$

即

$$\operatorname{sh}^2\frac{1}{2}\rho(A,B)=\frac{1}{4yy'}[(x-x')^2+(y-y')^2] \tag{15}$$

这就是庞加莱模型Ⅱ中两点 $A(x,y)$，$B(x',y')$之间的双曲距离公式.

注记 1 对于无限邻近的两点 $A(x,y)$，$B(x+\mathrm{d}x,y+\mathrm{d}y)$，由(15)式易得双曲平面上曲线弧长 s 的微分 $\mathrm{d}s$ 的公式

$$\rho^2(A,B)=\mathrm{d}s^2=\frac{1}{y^2}(\mathrm{d}x^2+\mathrm{d}y^2)$$

注记 2 变换式(11)是将单位圆内部变为上半平面，如果用复数来表示这个变换，可记

$$w=x+y\mathrm{i},z=u-v\mathrm{i}$$

则由式(10)得

$$\begin{cases}w+2\mathrm{i}=t(\bar{z}+\mathrm{i}),t>0\\|\bar{z}+\mathrm{i}||w+2\mathrm{i}|=4\end{cases}$$

解之得

$$t=\frac{4}{|\bar{z}+\mathrm{i}|^2}$$

故

$$w=2\mathrm{i}\frac{\mathrm{i}+z}{\mathrm{i}-z} \tag{11$'$}$$

其中 z 是单位圆内部的点，w 为上半平面的点.

习题 8

1. 验证点 $A=(\sec u\sec v,\sec u\tan v,\tan u)$ 和 $B=(\operatorname{sh}u,\operatorname{ch}u\cos v,\operatorname{ch}u\sin v)$分别是双曲平面 H^2 和伴双曲平面 $\overline{H^2}$ 中的点，其中 $u,v\in\left(-\frac{\pi}{2},\frac{\pi}{2}\right)$.

2. 利用和差的双曲函数公式证明半元公式

$$\mathrm{sh}\,\frac{x}{2}=\pm\sqrt{\frac{\mathrm{ch}\,x-1}{2}}\quad (x>0，取正号；x<0，取负号)$$

$$\mathrm{ch}\,\frac{x}{2}=\sqrt{\frac{\mathrm{ch}\,x+1}{2}}$$

$$\mathrm{th}\,\frac{x}{2}=\frac{\mathrm{sh}\,x}{\mathrm{ch}\,x+1}=\frac{\mathrm{ch}\,x-1}{\mathrm{sh}\,x}$$

3. 判断下列各对双曲直线的位置关系（$n_1^2+n_2^2=1+n_0^2>1$）：

(1) $n_0x_0-n_1x_1-n_2x_2=0$ 与 $n_0x_0+n_1x_1+n_2x_2=0$；

(2) $n_0x_0+n_1x_1+n_2x_2=0$ 与 $n_2x_1-n_1x_2=0$；

(3) $2x_0+2x_1-x_2=0$ 与 $x_0+x_1-3x_2=0$.

4. 验证 H^2 中不共线的三点 A,B,C 到点 $Q=t(\overline{A\times B}+\overline{B\times C}+\overline{C\times A})$ 的双曲距离皆相等. 其中实数 t 取怎样的值，才能使 $Q\cdot\overline{Q}=1$，且点 Q 的第一坐标为正，即 $Q\in H^2$.

5. 求到两点 $A,B\in H^2$ 的距离相等的轨迹方程，并指出该轨迹（双曲直线）的极.

6. 已知 $(A\times B)\cdot C\neq 0$，点 D,E,F 分别位于双曲直线 BC,CA,AB 上. 求证：D,E,F 三点共线的充要条件是

$$\frac{\mathrm{sh}\,\rho(B,D)}{\mathrm{sh}\,\rho(D,C)}\cdot\frac{\mathrm{sh}\,\rho(C,E)}{\mathrm{sh}\,\rho(E,A)}\cdot\frac{\mathrm{sh}\,\rho(A,F)}{\mathrm{sh}\,\rho(F,B)}=-1$$

这里当点 D 在线段 BC 的延长线上时，$\frac{\mathrm{sh}\,\rho(B,D)}{\mathrm{sh}\,\rho(D,C)}$ 取负号.

7. 在双曲 $\triangle ABC$ 中，大边对大角，等边对等角.

8. 对于双曲三角形，有下列半角公式

$$\sin\frac{\angle A}{2}=\sqrt{\frac{\mathrm{sh}(p-b)\mathrm{sh}(p-c)}{\mathrm{sh}\,b\,\mathrm{sh}\,c}}=\frac{\Delta}{\mathrm{sh}\,b\,\mathrm{sh}\,c}$$

$$\cos\frac{\angle A}{2}=\sqrt{\frac{\mathrm{sh}\,p\,\mathrm{sh}(p-a)}{\mathrm{sh}\,b\,\mathrm{sh}\,c}}$$

$$\tan\frac{\angle A}{2}=\sqrt{\frac{\mathrm{sh}(p-b)\mathrm{sh}(p-c)}{\mathrm{sh}\,p\,\mathrm{sh}\,(p-a)}}=\frac{\Delta}{\mathrm{sh}\,p\,\mathrm{sh}(p-a)}$$

其中

$$p=\frac{1}{2}(a+b+c)$$

9. 在双曲平面上，已知直线 l 的极 $\pm N$ 和一点 P，过点 P 作直线 l 的垂线，

求证：垂足 $H=\pm\frac{P+(N\cdot\overline{P})N}{\sqrt{1+(N\cdot\overline{P})^2}}$，其中±号的选取要使 H 的第一坐标为正.

10. 已知双曲$\triangle ABC$的三边长 a,b,c，求证：BC 边上的高 h_a 满足

$$\operatorname{sh} h_a=\frac{2\Delta}{\operatorname{sh} a}=\frac{2\sqrt{\operatorname{sh} p\operatorname{sh}(p-a)\operatorname{sh}(p-b)\operatorname{sh}(p-c)}}{\operatorname{sh} a}$$

11. 双曲平面上的四边形 $ABCD$，已知 $\rho(A,B)=a,\rho(C,D)=c,\angle A=\angle B=\angle C=\frac{\pi}{2}$，求证：

(1) $\operatorname{ch} b=\frac{\operatorname{th} c}{\operatorname{th} a}$（其中 $b=\rho(B,C)$）；

(2) $\sin\angle D=\frac{\operatorname{ch} a}{\operatorname{ch} c}$.

12. 验证下列变换皆为双曲运动：

(1) $\begin{cases}x'_0=x_0\\ x'_1=x_1\cos\alpha-x_2\sin\alpha;\\ x'_2=x_1\sin\alpha+x_2\cos\alpha\end{cases}$

(2) $\begin{cases}t'=t\sec\beta+x\tan\beta\\ x'=t\tan\beta+x\sec\beta.\\ y'=y\end{cases}$

（顺便指出，洛仑兹变换与这里的变换(2)较接近，但这里的 $\beta=\frac{v}{c}$ 却可以大于1，即允许 v 超过光速 c）.

13. 求证：双曲角的角平分线上一点到角的两边距离相等.

14. 求证：双曲$\triangle ABC$的内切圆半径 r 的公式为

$$\operatorname{th} r=\frac{\Delta}{\operatorname{sh} p}=\frac{\sqrt{\operatorname{sh} p\operatorname{sh}(p-a)\operatorname{sh}(p-b)\operatorname{sh}(p-c)}}{\operatorname{sh} p}$$

其中 $p=\frac{1}{2}(a+b+c)$ 为半周长.

15. 双曲$\triangle ABC$的 BC 边上任一点 X，若 $\rho(B,X)=t\rho(B,C)=ta$，记 $\rho(A,X)=x$，求证

$$\operatorname{ch} x=\frac{\operatorname{sh}(1-t)a\operatorname{ch} c+\operatorname{sh} ta\operatorname{ch} b}{\operatorname{sh} a}$$

16. 极分别为 $N=(n_0,n_1,n_2)$，$N'=(n'_0,n'_1,n'_2)$（$n_0n'_0\neq 0$）的两条双曲直线在庞加莱模型Ⅰ中的方程分别为

$$\left(x-\frac{n_1}{n_0}\right)^2+\left(y-\frac{n_2}{n_0}\right)^2=\frac{1}{n_0^2}$$

$$\left(x-\frac{n'_1}{n'_0}\right)^2+\left(y-\frac{n'_2}{n'_0}\right)^2=\frac{1}{(n'_0)^2}$$

并验证这两圆在交点处的夹角之余弦值为

$$\cos\theta=-N\cdot\overline{N'}$$

17. 在庞加莱模型Ⅱ中，若用复数表示点的坐标，验证两点 $z=x+y\mathrm{i}$，$z'=x'+y'\mathrm{i}$ 之间的双曲距离 $\rho(z,z')$ 之公式为 $\operatorname{th}\frac{1}{2}\rho(z,z')=\frac{|z-z'|}{|z-\overline{z'}|}$.

18. 对于双曲平面 H^2 中无限邻近的两点 $A=(x_0,x_1,x_2)$，$B=(x_0+\mathrm{d}x_0,x_1\mid\mathrm{d}x_1,x_2+\mathrm{d}x_2)$，应用近似公式 $\operatorname{ch}x\approx1+\frac{x^2}{2}$，推证曲线弧长 s 的微分的公式：

(1)在双曲面模型中，$\mathrm{d}s^2=\mathrm{d}x_1^2+\mathrm{d}x_2^2-\mathrm{d}x_0^2$；

(2)在克莱因模型中，$\mathrm{d}s^2=\frac{\mathrm{d}x^2+\mathrm{d}y^2-(y\mathrm{d}x-x\mathrm{d}y)^2}{(1-x^2-y^2)^2}$.

提示：$1+\frac{1}{2}\mathrm{d}s^2=\operatorname{ch}\rho(A,B)=$

$$\begin{aligned}&=x_0(x_0\mathrm{d}x_0)-x_1(x_1+\mathrm{d}x_1)-x_2(x_2+\mathrm{d}x_2)\\&=(x_0^2-x_1^2-x_2^2)+\frac{1}{2}[(x_0+\mathrm{d}x_0)^2-\\&\quad(x_1+\mathrm{d}x_1)^2-(x_2+\mathrm{d}x_2)^2-(x_0^2-x_1^2-x_2^2)-\\&\quad(\mathrm{d}x_0^2-\mathrm{d}x_1^2-\mathrm{d}x_2^2)]\\&=1-\frac{1}{2}(\mathrm{d}x_0^2-\mathrm{d}x_1^2-\mathrm{d}x_2^2)\end{aligned}$$

*第9章　n 维欧氏几何简介

非欧几何的解释给我们提供了一个重要启示：在几何中，被叫做“平面”的，不像我们想象中那么平坦；被叫做“直线”的，也不必处处像拉紧的细线，没有弯曲. 几何学离不开直观，但这种直观允许打一些“折扣”，不必“形似”，只要“神似”就可以了.

例如，平面上一点可以用一对有序实数(x,y)表示，这里的点和平面都是直观的几何图形，有序数对仅仅作为用数表示形的一种方式. 但是，可将原有几何术语的含义加以引申，把有序实数对(x,y)也叫做一个点，并将所有这些点的集合叫做一个二维空间，又称平面. 这种引申意义上的平面已不具有直观性，但可利用坐标平面来直观地表示它.

类似地，把任一有序实数组$(x_1,x_2,\cdots,x_n)$叫做一个点，所有这些点的集合叫做一个 n 维空间，这样就把空间概念推广了.

引入 n 维空间的概念，对于代数和分析等学科有着明显的益处. 事实上，n 维几何的奠基人格拉斯曼(Grassmann，H. G.，德，1809—1877)为此而引进的“超复数”导致了各种推广和张量理论的出现；震动科学界的爱因斯坦相对论则激起了数学家对于 n 维几何学的研究兴趣.

本章主要介绍 n 维欧氏几何的常识性的概念和一些基本公式，使读者了解平面几何、立体几何是怎样向高维空间推广的，主要结果又如何呢？这样，可减少在研究中学数学时的重复性劳动，扩大研究范围，为更新知识、革新教材创造条件.

§1　距离、线段、凸集、变换

设 n 为任意正整数，我们把有序 n 实数组$(x_1,x_2,\cdots,x_n)$叫做点，记为 X；所有这样的点 X 的集合叫做一个 n 维空间，并规定任两点 $X=(x_1,x_2,\cdots,x_n)$，$Y=(y_1,\cdots,y_n)$之间的距离为

$$\rho(X,Y)=\sqrt{(x_1-y_1)^2+\cdots+(x_n-y_n)^2} \tag{1}$$

这样的空间称为 n 维欧几里得空间，简称 n 维欧氏空间，记作 E^n.

显然，存在着 $E^n \to E^n$ 的平移变换 τ

$$(x'_1, x'_2, \cdots, x'_n) = (x_1, x_2, \cdots, x_n) + (h_1, h_2, \cdots, h_n)$$

即
$$\tau(X) = X + H$$

它保持 E^n 中任意两点 X, Y 间的距离不变，即有

$$\rho(\tau(X), \tau(Y)) = \rho(X, Y)$$

因为所有的平移变换构成一个可换群，所以在 E^n 中可以引进一种等价关系，谓之两向量的相等. 我们把有序点偶 (X, Y) 叫做向量，记作 $\overrightarrow{XY}$. 若 $\tau(X) = X'$，$\tau(Y) = Y'$，则说向量 $\overrightarrow{X'Y'}$ 与 $\overrightarrow{XY}$ 相等，记作 $\overrightarrow{X'Y'} = \overrightarrow{XY}$. 在本章中，把起点为原点的固定向量 $\overrightarrow{OX}$（称为向径）与点 X、有序实数组 $(x_1, x_2, \cdots, x_n)$ 三者使用同一个记号 X.

平移变换 $\tau(X) = X - A$ 将点 A 变为原点 $O = (0, 0, \cdots, 0)$. 设它将点 B 变为点 P，则

$$\overrightarrow{AB} = \overrightarrow{OP} = P = B - A = \overrightarrow{OB} - \overrightarrow{OA} \tag{2}$$

一般地，有：

(1) $\overrightarrow{AB} + \overrightarrow{BC} = \overrightarrow{AC}$（三角形法则）；

(2) $\overrightarrow{AB} = \overrightarrow{DC} \Leftrightarrow A - B + C - D = O$；

(3) 若 $\overrightarrow{AB} = \overrightarrow{DC}$，则 $\overrightarrow{AD} = \overrightarrow{BC}$，$\overrightarrow{AC} = \overrightarrow{AB} + \overrightarrow{AD}$（平面四边形法则）.

对所有向量引进加法、数乘运算后便构成 n 维向量空间，记作 L. 在 E^n 中还可以引进内积运算

$$X \cdot Y = \frac{1}{2}[\rho^2(O, X) + \rho^2(O, Y) - \rho^2(X, Y)] \tag{3}$$

距离公式(1)可改记作

$$\rho(X, Y) = \sqrt{\overrightarrow{XY} \cdot \overrightarrow{XY}} = |X - Y| \tag{1$'$}$$

应用柯西不等式容易证明，由式(1)限定的欧氏空间 E^n 是特殊的度量空间，即满足距离三公理，这里仅验证三角不等式成立，即

$$\rho(A, X) + \rho(X, B) \geqslant \rho(A, B)$$

就是

$$|A - X| + |X - B| \geqslant |A - B| \tag{4}$$

事实上

$$\begin{aligned} |A - B|^2 &= (A - X + X - B)^2 \\ &= (A - X)^2 + (X - B)^2 + 2(A - X)(X - B) \leqslant \\ &\quad |A - X|^2 + |X - B|^2 + 2|A - X||X - B| \end{aligned}$$

$$=(|A-X|+|X-B|)^2$$

值得特别重视的是其中等号成立的充要条件为

$$\lambda(A-X)+\mu(B-X)=0,\lambda,\mu\text{ 不全为零}$$

且
$$(A-X)\cdot(X-B)\geqslant 0$$

即
$$X=\frac{\lambda A+\mu B}{\lambda+\mu}$$

且
$$\lambda\mu\geqslant 0$$

令$\frac{\mu}{\lambda+\mu}=t$,则$\frac{\lambda}{\lambda+\mu}=1-t$,上式可改记为

$$X=(1-t)A+tB,t\in[0,1] \tag{5}$$

定义 1 集合

$$\{X|X=(1-t)A+tB,0\leqslant t\leqslant 1\}$$

称为以 A,B 为端点的线段 AB,式(5)称为线段 AB 的方程,参数

$$t=\frac{\rho(A,X)}{\rho(A,B)}$$

 $\rho(A,B)$称为线段 AB 的长度.

在式(5)中,如果允许 t 分别取$(0,+\infty)$和$(-\infty,+\infty)$中的值,则对应点 X 的集合称为射线 AB 和直线 AB.

定义 2 已知点 C 和实数 $r>0$,E^n 的子集

$$S^{n-1}=\{X||X-C|=r\}$$

叫做中心为 C、半径为 r 的 $n-1$ 维球面.$|X-C|=r$,即

$$(x_1-c_1)^2+\cdots+(x_n-c_n)^2=r^2$$

称为球面方程.特别地,S^0 是数直线上的两点 $c_1\pm r$;S^1 是平面上的圆周;S^2 是 E^3 中的球面.

定义 3 设 K 是 E^n 的子集,若联结 K 中任两点的线段含于 K 中,则称 K 为凸集.E^n 本身是凸集,空集和只含一个点的集合也是凸集.

例 求证:任一 n 维开球 $U=\{X||X-C|<r\}$是凸集.

证明 设任两点 $A,B\in U$,$Y=(1-t)A+tB,t\in[0,1]$,则

$$|A-C|<r,|B-C|<r$$

$$Y-C=(1-t)(A-C)+t(B-C)$$

$$|Y-C|\leqslant(1-t)|A-C|+t|B-C|<r$$

因此 $Y\in U$,故 U 为凸集.

定理 1 若 $K_1,\cdots,K_m$ 是凸集,则它们的交 $K_1\cap\cdots\cap K_m$ 是凸集.

证明 设 A,B 是 $K_1\cap\cdots\cap K_m$ 中的任两点，l 是联结 A,B 两点的线段，则 $A,B\in K_j(j=1,\cdots,m)$. 因为 K_j 是凸集，故 $l\subset K_j(j=1,\cdots,m)$，于是

$$l\subset K_1\cap\cdots\cap K_m$$

与二维、三维欧氏几何一样. 下面来寻求 n 维欧氏几何的合同变换群.

定义 4 对于空间 E^n 中任意两点 X,Y，若变换 $\omega: E^n\to E^n$ 保持两点间的距离不变，即有

$$|\omega(X)-\omega(Y)|=|X-Y|$$

则称变换 ω 为合同变换.

定义 5 若合同变换 ω 至少有一个不动点 A（即 $\omega(A)=A\in E^n$），则称 ω 为正交变换.

下面先来寻求不动点为原点 O（即有 $\omega(O)=O$）的正交变换 ω 的表达式.

因为正交变换是合同变换，有

$$|\omega(X)-\omega(Y)|=|X-Y|$$

故 $$|\omega(X)|^2-2\omega(X)\cdot\omega(Y)+|\omega(Y)|^2=|X|^2-2X\cdot Y+|Y|^2$$

依次取 $X=O,Y=O$，且因 $\omega(O)=O$，则分别有

$$|\omega(Y)|^2=|Y|^2,\ |\omega(X)|^2=|X|^2$$

代入可得

$$\omega(X)\cdot\omega(Y)=X\cdot Y \tag{6}$$

即正交变换保持任意两向量的内积不变.

在式(6)中，依次取 $\boldsymbol{Y}=\boldsymbol{e}_i=(0,\cdots,0,1,0,\cdots,0)$（第 i 个分量为1，其余皆为0），$i=1,2,\cdots,n$. 设 $\omega(\boldsymbol{e}_i)=(g_{1i},g_{2i},\cdots,g_{ni})$，$\boldsymbol{X}=(x_1,x_2,\cdots,x_n)$，$\boldsymbol{\omega}(\boldsymbol{X})=(x'_1,x'_2,\cdots,x'_n)=\boldsymbol{X}'$，则得

$$\begin{cases} g_{11}x'_1+g_{21}x'_2+\cdots+g_{n1}x'_n=x_1\\ g_{12}x'_1+g_{22}x'_2+\cdots+g_{n2}x'_n=x_2\\ \qquad\vdots\\ g_{1n}x'_1+g_{2n}x'_2+\cdots+g_{nn}x'_n=x_n \end{cases} \tag{7}$$

其中的系数 g_{ij} 根据式(6)应满足如下的正交条件

$$\omega(\boldsymbol{e}_i)\cdot\omega(\boldsymbol{e}_j)=\boldsymbol{e}_i\cdot\boldsymbol{e}_j=\delta_{ij}=\begin{cases}1, i=j\\0, i\neq j\end{cases}$$

即 $$\sum_{k=1}^{n}g_{ki}g_{kj}=\delta_{ij} \tag{8}$$

用矩阵表示式(7)，即为（用矩阵表达时，列矩阵与向量本章用同一个记号）

$$\boldsymbol{G}^T\boldsymbol{X}'=\boldsymbol{X} \tag{7$'$}$$

其中的系数矩阵 $\boldsymbol{G}=(g_{ij})$ 满足正交条件(8),即

$$\boldsymbol{G}^T\boldsymbol{G}=\boldsymbol{I} \tag{8$'$}$$

这样的 $\boldsymbol{G}$ 被称为正交矩阵.

由式(7)′易得逆变换

$$\boldsymbol{X}'=\boldsymbol{G}\boldsymbol{X} \tag{9}$$

公式(7)和(9)就是正交变换及其逆变换公式(原点为不动点).正交矩阵 $\boldsymbol{G}$ 的行列式 $|\boldsymbol{G}|=\pm1$. $|\boldsymbol{G}|=1$ 的正交变换称为第一类的或旋转, $|\boldsymbol{G}|=-1$ 的正交变换称为第二类的或反射.

一般的合同变换 $\omega: E^n\to E^n$ 可表示为

$$\boldsymbol{X}'=\boldsymbol{G}\boldsymbol{X}+\boldsymbol{H} \tag{10}$$

其中 $\boldsymbol{G}$ 为正交矩阵.

因为所有的合同变换构成一个群,所以可以引进一个等价关系,谓之两图形的合同(或全等).

定义 6 E^n 的子集又称为图形,若两个图形之间存在着一个合同变换,即两个图形的所有点之间存在着一一对应的关系,而且对应点间的距离相等,则称这两个图形合同.当合同变换是第一类的,则称这两个图形真正合同:当合同变换是第二类的,则称它们是镜像合同.

定理 2 与某个图形镜像合同的两个图形真正合同.

§2 超平面、凸多胞形

定义 1 E^n 的子集合 $\{\boldsymbol{X}\mid\boldsymbol{N}\cdot\boldsymbol{X}=p\}$ 称为 $n-1$ 维超平面,其中 $\boldsymbol{N}$ 和 p 是已知的向量和实数, $\boldsymbol{N}(\neq O)$ 称为超平面的法向量.

显然二维空间的超平面就是直线.

对任意非零实数 A, $\{\boldsymbol{X}\mid\boldsymbol{N}\cdot\boldsymbol{X}=p\}=\{\boldsymbol{X}\mid(\lambda\boldsymbol{N})\cdot\boldsymbol{X}=\lambda p\}$,因此我们总可以限取 $|\boldsymbol{N}|=1$, $p\geqslant0$.这样限定了的方程 $\boldsymbol{N}\cdot\boldsymbol{X}-p=0$ 称为超平面的法线式方程.

对任意 $p\neq p'$,超平面 $\Pi=\{\boldsymbol{X}\mid\boldsymbol{N}\cdot\boldsymbol{X}=p\}$ 与 $\Pi'=\{\boldsymbol{X}\mid\boldsymbol{N}\cdot\boldsymbol{X}=p'\}$ 没有公共点,称为互相平行,记作 $\Pi/\!/\Pi'$.,若 $p=0$,则 Π 含有零向量 $\boldsymbol{0}$,这时 Π 是 E^n 的 $n-1$ 维向量子空间.

两个 $n-1$ 维超平面 $\boldsymbol{N}_1\cdot\boldsymbol{X}=p_1$ 与 $\boldsymbol{N}_2\cdot\boldsymbol{X}=p_2$ 的法向量 $\boldsymbol{N}_1,\boldsymbol{N}_2$ 间的夹角 θ 称为这两个超平面的夹角.这里 $\theta\in[0,\pi]$,且

$$\cos\theta=\frac{\boldsymbol{N}_1\cdot\boldsymbol{N}_2}{|\boldsymbol{N}_1||\boldsymbol{N}_2|} \tag{1}$$

应用柯西不等式，易求一点 A 到超平面 $\boldsymbol{N}\cdot\boldsymbol{X}-p=0$ 上任一点 $\boldsymbol{X}$ 的距离的最小值.

$$|\boldsymbol{A}-\boldsymbol{X}|=\frac{|\boldsymbol{A}-\boldsymbol{X}||\boldsymbol{N}|}{|\boldsymbol{N}|}\geqslant\frac{|(\boldsymbol{A}-\boldsymbol{X})\cdot\boldsymbol{N}|}{|\boldsymbol{N}|}$$
$$=\frac{|\boldsymbol{N}\cdot\boldsymbol{A}-\boldsymbol{N}\cdot\boldsymbol{X}|}{|\boldsymbol{N}|}\geqslant\frac{|\boldsymbol{N}\cdot\boldsymbol{A}-p|}{|\boldsymbol{N}|}$$

其中等号成立的充要条件是

$$\begin{cases}\boldsymbol{A}-\boldsymbol{X}=\lambda\boldsymbol{N}\\ \boldsymbol{N}\cdot\boldsymbol{X}-p\end{cases}$$

即 $\boldsymbol{X}=\boldsymbol{A}-\dfrac{\boldsymbol{N}\cdot\boldsymbol{A}-p}{|\boldsymbol{N}|^2}\boldsymbol{N}$（它是点 A 在超平面上的射影）.

因此点 A 到超平面上任一点的距离有最小值

$$d=\frac{|\boldsymbol{N}\cdot\boldsymbol{A}-p|}{|\boldsymbol{N}|} \tag{2}$$

称为点 A 到超平面 $\boldsymbol{N}\cdot\boldsymbol{X}=p$ 的距离.

例如，点 $A=(a_1,\cdots,a_n)$ 到超平面 $x_i=0$ 的距离为 $|a_i|$，这就是点 A 的坐标分量 a_i 的几何意义.

现在我们可以证明直观上似乎不可思议的情景：将三维空间的封闭球面放在四维空间中，就可以从封闭的球外进入球内而不必穿破该球面.

在四维欧氏空 E^4 内，点 $O=(0,0,0,0)$ 与点 $Q=(2r,0,0,0)$ 分别在球面 $S^3:x_1^2+x_2^2+x_3^2+x_4^2=r^2$ 的内部和外部，球面 S^3 与超平面 $x_4=0$（是三维子空间 E^3）的交集就是 E^3 中的二维球面 $S^2:x_1^2+x_2^2+x_3^2=r^4$. E^4 中任一点 $P(p_1,p_2,p_3,p_4)(p_4\neq0)$ 与点 O,Q 的连线分别为

$$X=(1-t)O+tP,Y=(1-t)Q+tP$$

易证它们与二维球面 S^2

$$\begin{cases}x_4=0\\ x_1^2+x_2^2+x_3^2+x_4^2=r^2\end{cases}$$

无交点. 事实上，假设有交点 P_0，相应的参数取 $t_0\neq0,1$. 由直线 PO,PQ 的参数方程可知，点 P_0 的第四个坐标分量为 $t_0p_4\neq0$，显然不适合上面的方程组，故直线 PO,PQ 与球面 S^2 无交点.

定义 2 设 $N\neq O$，形如 $\{X|N\cdot X\geqslant p\}$ 的集称为闭半空间；形如 $\{X|N\cdot X>p\}$ 的集称为开半空间.

显然,形如$\{X|N\cdot X\leqslant p\}$的集也是闭半空间.超平面$\Pi=\{X|N\cdot X=p\}$把$E^n$分成两个半空间.更严格地说,$E^n-\Pi$是两个开半空间

$$\{X|N\cdot X>p\}与\{X|N\cdot X<p\}$$

的并集.

容易证明,超平面、半空间都是凸集.

定义3 E^n内有限个闭半空间的交集叫做凸多胞形.

注记 凸多胞形显然是凸集,它是满足形如$N_i\cdot X\geqslant p_i, i=1,\cdots,m$的有限线性不等式组的所有点$X$之集,将服从这样的线性不等式组的线性函数极大化或极小化,正是线性规划理论所研究的问题.对于经济与工程,它有着多种有价值的应用.可以证明,线性函数的极大、极小值一定会出现在凸多胞形的"极点"处(这种点不是凸集内任何线段的内点),如凸多边形、凸多面体的顶点就是极点.

下面我们介绍两类特殊的凸多胞形.

一类是三角形、四面体的高维推广;另一类是平行四边形、平行六面体的高维推广.

在空间E^3中,四面体$P_0P_1P_2P_3$内部任一点X与顶点P_0的连线交对面$P_1P_2P_3$于点Y,则

$$X=(1-u)P_0+uY, u\in(0,1)$$

又设P_1与Y的连线交棱P_2P_3于Z,则

$$Y=(1-v)P_1+vZ, v\in(0,1)$$

$$Z=(1-\omega)P_2+\omega P_3, \omega\in(0,1)$$

故
$$X=(1-u)P_0+u(1-v)P_1+uv[(1-\omega)P_2+\omega P_3]$$

即
$$X=\lambda_0P_0+\lambda_1P_1+\lambda_2P_2+\lambda_3P_3$$

其中

$$\lambda_i>0, \sum_{i=0}^{3}\lambda_i=1$$

若X是四面体$P_0P_1P_2P_3$侧面上的点,则至少有一个$\lambda_i=0$.例如,当$\lambda_0=0$时,X就是侧面$P_1P_2P_3$上的点.而当$(\lambda_0,\lambda_1,\lambda_2,\lambda_3)=(1,0,0,0)$时,所对应的点$X=P_0$,显然$(0,1,0,0)$,$(0,0,0,1)$所对应的点分别是顶点$P_1$,$P_3$.

定义4 设$P_0,P_1,\cdots,P_k(k\leqslant n)$是$E^n$的无关的点(即$P_1-P_0,P_2-P_0,\cdots,P_k-P_0$是线性无关的),则点集$\Delta_k=\{X|X=\sum_{j=0}^{k}\lambda_jP_j, \sum_{j=0}^{k}\lambda_j=1, \lambda_j\geqslant 0\}$称为以$P_0,P_1,\cdots,P_k$为顶点的$k$维单(纯)形.二维单形就是三角形,三维单形就是

四面体.

显然,当某一个 $\lambda_i=0$ 时,Δ_k 成为 $k-1$ 维单形,称之为顶点 P_i 所对的面. k 维单形有 $k+1$ 个顶点和 $k+1$ 个面,联结两顶点的线段称为棱. k 维单形共有 $C_{k+1}^2=\frac{1}{2}k(k+1)$ 条棱. 所有棱长皆相等的单形称为正则单形. 例如一个四维正则单形,它有五个顶点、五个面,每个面就是一个三维正则单形(即正四面体).

需要指出,如果 $P_0,P_1,\cdots,P_k$ 不是无关的,则单形称为退化的,其维数小于 k. 今后说 k 纯单形总是指非退化的.

再看平行六面体的表示方法:从一个顶点(取作原点 O)出发的三条棱对应三个线性无关的向量 $\boldsymbol{p}_1,\boldsymbol{p}_2,\boldsymbol{p}_3$,则此平行六面体内部或侧面上任一点 X 所对应的向径

$$\overrightarrow{OX}=t_1\boldsymbol{p}_1+t_2\boldsymbol{p}_2+t_3\boldsymbol{p}_3$$

这里 $t_i\in[0,1](i=1,2,3)$. 当 $t_3=0$ 时,就是以 $\boldsymbol{p}_1,\boldsymbol{p}_2$ 为边的平行四边形.

定义 5 设 $\boldsymbol{p}_1,\boldsymbol{p}_2,\cdots,\boldsymbol{p}_k(k\leqslant n)$是 E^n 的一组线性无关的向量,点集

$$K=\{X\mid\overrightarrow{OX}=\sum_{j=1}^{k}t_j\boldsymbol{p}_j,0\leqslant t_j\leqslant 1,j=1,\cdots,k\leqslant n\}$$

叫做以 O 为顶点的,由 $\boldsymbol{p}_1,\boldsymbol{p}_2,\cdots,\boldsymbol{p}_k$ 为棱的 k 维平行体.

当 $\boldsymbol{p}_1,\boldsymbol{p}_2,\cdots,\boldsymbol{p}_k$ 是标准正交基时,点集 K 为 k 维正方体. 四维正方体如图 9.1 所示,它有 16 个顶点,32 条棱,24 个(二维)面,8 个立体胞腔(三维超平面). 四维正方体又称正则八胞形.

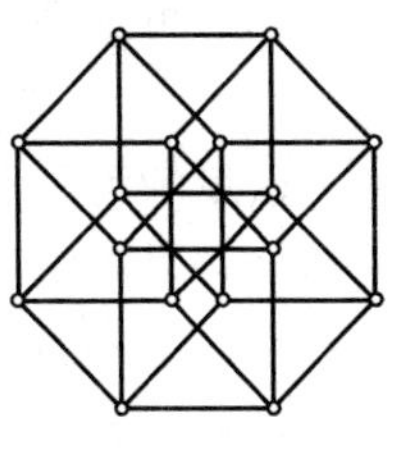

图 9.1

注记 n 维欧氏空间中,正则多胞形有多少种,这个问题已有解答:$n=2$ 时,正多边形有无数种;$n=3$ 时,正多面体有五种(正四面体、正方体、正八面体、正十二面体、正二十面体);$n=4$ 时,正则四维多胞形有六种(5,8,16,24,120,600 胞形):$n>4$ 时,有三种(正则单形、超正方体,十字交叉多胞形)(参见《科学技术百科全书》).

§3 单形的体积

在三维空间中,以向量 $\boldsymbol{p}_1,\boldsymbol{p}_2$ 为邻边的平行四边形的有向面积可以用$\boldsymbol{p}_1\times\boldsymbol{p}_2$ 来表示,它的模$|\boldsymbol{p}_1\times\boldsymbol{p}_2|$就是平行四边形的面积,它的正方向与 $\boldsymbol{p}_1,\boldsymbol{p}_2$ 皆垂直,且 $\boldsymbol{p}_1,\boldsymbol{p}_2,\boldsymbol{p}_1\times\boldsymbol{p}_2$ 成右手系.

为了便于推广到高维情形，把向量积 $\boldsymbol{p}_1\times\boldsymbol{p}_2$ 换成另外一种积，记为 $\boldsymbol{p}_1\wedge\boldsymbol{p}_2$，叫做外积."$\wedge$"是外积运算符号，读作外乘，$\boldsymbol{p}_1\wedge\boldsymbol{p}_2$ 也称为一个二重向量．正像有向线段$\overrightarrow{AB}$和$\overrightarrow{BA}$，虽然有着相等的长度，但表示着两个相反的方向一样，我们规定以 $\boldsymbol{p}_1,\boldsymbol{p}_2$ 为邻边的平行四边形和以 $\boldsymbol{p}_2,\boldsymbol{p}_1$ 为邻边的平行四边形，具有相反的两个定向，也就是

$$\boldsymbol{p}_1\wedge\boldsymbol{p}_2=-\boldsymbol{p}_2\wedge\boldsymbol{p}_1$$

所以用二重向量可以表示以 $\boldsymbol{p}_1,\boldsymbol{p}_2$ 为边的有向平行四边形的有向面积．

同样的，一个以 $\boldsymbol{p}_1,\boldsymbol{p}_2,\boldsymbol{p}_3$ 为棱的平行六面体的有向体积可以用 $\boldsymbol{p}_1\wedge\boldsymbol{p}_2\wedge\boldsymbol{p}_3$ 表示，称为 $\boldsymbol{p}_1,\boldsymbol{p}_2,\boldsymbol{p}_3$ 的外积或三重向量，它可以视为由向量 $\boldsymbol{p}_1$ 和有向平行四边形 $\boldsymbol{p}_2\wedge\boldsymbol{p}_3$ 张成的，所以有

$$\boldsymbol{p}_1\wedge(\boldsymbol{p}_2\wedge\boldsymbol{p}_3)=(\boldsymbol{p}_1\wedge\boldsymbol{p}_2)\wedge\boldsymbol{p}_3\quad（结合律）$$

一般地，在 E^n 中，以向量 $\boldsymbol{p}_1,\boldsymbol{p}_2,\cdots,\boldsymbol{p}_k(k<n)$ 为棱的 k 维平行体的有向体积（这是 k 重向量的一种几何解释）规定为

$$\alpha=\boldsymbol{p}_1\wedge\boldsymbol{p}_2\wedge\cdots\wedge\boldsymbol{p}_k$$

 称 α 为 k 重向量，它满足结合律，且具有下列两个基本性质：

（Ⅰ）定向：若交换任何两个 $\boldsymbol{p}_i,\boldsymbol{p}_j$，则 α 改变符号；

（Ⅱ）可加性：$(\lambda\boldsymbol{a}+\mu\boldsymbol{b})\wedge\boldsymbol{p}_2\wedge\cdots\wedge\boldsymbol{p}_k=\lambda\boldsymbol{a}\wedge\boldsymbol{p}_2\wedge\cdots\wedge\boldsymbol{p}_k+\mu\boldsymbol{b}\wedge\boldsymbol{p}_2\wedge\cdots\wedge\boldsymbol{p}_k(\lambda,\mu\in\mathbf{R})$.

这里的可加性是说，以 $\lambda\boldsymbol{a}+\mu\boldsymbol{b},\boldsymbol{p}_2,\cdots,\boldsymbol{p}_k$ 为棱的平行体（如图 9.2）的有向体积等于以 $\lambda\boldsymbol{a},\boldsymbol{p}_2,\cdots,\boldsymbol{p}_k$ 为棱的平行体的有向体积与以 $\mu\boldsymbol{b},\boldsymbol{p}_2,\cdots,\boldsymbol{p}_k$ 为棱的平行体的有向体积之和．

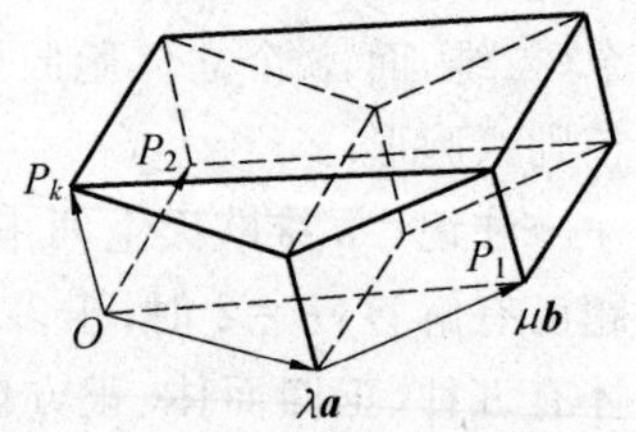

图 9.2

从运算角度看，性质（Ⅰ），（Ⅱ）分别是反交换律和线性分配律．运用这两条不难得到下列推论：

推论 1 若 $1\leqslant i<j\leqslant k,\boldsymbol{p}_i=\boldsymbol{p}_j$，则

$$\boldsymbol{p}_1\wedge\boldsymbol{p}_2\wedge\cdots\wedge\boldsymbol{p}_k=0$$

证明 $\quad\boldsymbol{p}_1\wedge\cdots\wedge\boldsymbol{p}_i\wedge\cdots\wedge\boldsymbol{p}_j\wedge\cdots\wedge\boldsymbol{p}_k$

$=\boldsymbol{p}_1\wedge\cdots\wedge\boldsymbol{p}_j\wedge\cdots\wedge\boldsymbol{p}_i\wedge\cdots\wedge\boldsymbol{p}_k$（已知）

$=-\boldsymbol{p}_1\wedge\cdots\wedge\boldsymbol{p}_i\wedge\cdots\wedge\boldsymbol{p}_j\wedge\cdots\wedge\boldsymbol{p}_k$（反交换律）

移项便得结论．

下面先就基底为$\{\boldsymbol{e}_1,\boldsymbol{e}_2,\boldsymbol{e}_3\}$的三维空间中若干个向量

$$\boldsymbol{p}_i=p_{i1}\boldsymbol{e}_1+p_{i2}\boldsymbol{e}_2+p_{i3}\boldsymbol{e}_3\quad(i=1,2,\cdots)$$

的外积作具体的运算，以便熟悉和理解后面的推论. 根据外乘的线性分配律和推论 1，有

$$\begin{aligned}\boldsymbol{p}_1\wedge\boldsymbol{p}_2&=p_{11}p_{22}\boldsymbol{e}_1\wedge\boldsymbol{e}_2+p_{11}p_{23}\boldsymbol{e}_1\wedge\boldsymbol{e}_3+p_{12}p_{21}\boldsymbol{e}_2\wedge\boldsymbol{e}_1+\\&\quad p_{12}p_{23}\boldsymbol{e}_2\wedge\boldsymbol{e}_3+p_{13}p_{21}\boldsymbol{e}_3\wedge\boldsymbol{e}_1+p_{13}p_{22}\boldsymbol{e}_3\wedge\boldsymbol{e}_2\\&=\begin{vmatrix}p_{12}&p_{13}\\p_{22}&p_{23}\end{vmatrix}\boldsymbol{e}_2\wedge\boldsymbol{e}_3+\begin{vmatrix}p_{11}&p_{13}\\p_{21}&p_{23}\end{vmatrix}\boldsymbol{e}_1\wedge\boldsymbol{e}_3+\begin{vmatrix}p_{11}&p_{12}\\p_{21}&p_{22}\end{vmatrix}\boldsymbol{e}_1\wedge\boldsymbol{e}_2\end{aligned}$$

上式中的二阶行列式就是下面三阶行列式

$$\det(p_{ij})=\begin{vmatrix}p_{11}&p_{12}&p_{13}\\p_{21}&p_{22}&p_{23}\\p_{31}&p_{32}&p_{33}\end{vmatrix}$$

中的元素 $p_{3j}(j=1,2,3)$ 的余子式 M_{3j}.

如果记

$$\boldsymbol{e}_1^*=\boldsymbol{e}_2\wedge\boldsymbol{e}_3,\boldsymbol{e}_2^*=-\boldsymbol{e}_1\wedge\boldsymbol{e}_3,\boldsymbol{e}_3^*=\boldsymbol{e}_1\wedge\boldsymbol{e}_2$$

则

$$\boldsymbol{e}_i^*\wedge\boldsymbol{e}_i=\boldsymbol{e}_1\wedge\boldsymbol{e}_2\wedge\boldsymbol{e}_3,\boldsymbol{e}_i^*\wedge\boldsymbol{e}_j=0\quad(i\neq j)$$

$$\boldsymbol{p}_1\wedge\boldsymbol{p}_2=M_{31}\boldsymbol{e}_1^*-M_{32}\boldsymbol{e}_2^*+M_{33}\boldsymbol{e}_3^*$$

它与两向量的向量积 $\boldsymbol{p}_1\times\boldsymbol{p}_2$ 类似. 而

$$\begin{aligned}&\boldsymbol{p}_1\wedge\boldsymbol{p}_2\wedge\boldsymbol{p}_3\\&=(M_{31}\boldsymbol{e}_1^*-M_{32}\boldsymbol{e}_2^*+M_{33}\boldsymbol{e}_3^*)\wedge(p_{31}\boldsymbol{e}_1+p_{32}\boldsymbol{e}_2+p_{33}\boldsymbol{e}_3)\\&=M_{31}p_{31}\boldsymbol{e}_1^*\wedge\boldsymbol{e}_1-M_{32}p_{32}\boldsymbol{e}_2^*\wedge\boldsymbol{e}_2+M_{33}p_{33}\boldsymbol{e}_3^*\wedge\boldsymbol{e}_3\\&=(M_{31}p_{31}-M_{32}p_{32}+M_{33}p_{33})\boldsymbol{e}_1\wedge\boldsymbol{e}_2\wedge\boldsymbol{e}_3\\&=\mathrm{dt}(p_{ij})\boldsymbol{e}_1\wedge\boldsymbol{e}_2\wedge\boldsymbol{e}_3\end{aligned}$$

这与三个向量的混合积 $(\boldsymbol{p}_1\times\boldsymbol{p}_2)\cdot\boldsymbol{p}_3$ 也类似. 显然

$$\boldsymbol{p}_1\wedge\boldsymbol{p}_2\wedge\boldsymbol{p}_3\wedge\boldsymbol{p}_4=0$$

一般地，有：

推论 2　设 $\boldsymbol{e}_1,\cdots,\boldsymbol{e}_n$ 是实数域 **R** 上 n 维向量空间的一组基，$\boldsymbol{p}_i=\sum\limits_{j=1}^{n}p_{ij}\boldsymbol{e}_j(i=1,\cdots,k\leqslant n)$，则有

$$\boldsymbol{p}_1\wedge\cdots\wedge\boldsymbol{p}_k=\sum_{1\leqslant i_1<\cdots<i_k\leqslant n}\begin{vmatrix}p_{1i_1}&\cdots&p_{1i_k}\\\vdots&&\vdots\\p_{ki_1}&\cdots&p_{ki_k}\end{vmatrix}\boldsymbol{e}_{i_1}\wedge\cdots\wedge\boldsymbol{e}_{i_k}$$

式中 $\boldsymbol{e}_{i_1}\wedge\cdots\wedge\boldsymbol{e}_{i_k}$ 是从基底中任取 k 个按下标从小到大的顺序作成的 k 重向量，共有 C_n^k 个. 若将这 C_n^k 个 k 重向量作基底，则推论 2 是说 n 维向量空间 L 中

的任意 k 个向量外乘所得的 k 重向量，总可以用这组基底来线性表示. 例如，任意两个四维向量作成的二重向量

$$\begin{aligned}\boldsymbol{p}_1\wedge\boldsymbol{p}_2=&\begin{vmatrix}p_{11}&p_{12}\\p_{21}&p_{22}\end{vmatrix}\boldsymbol{e}_1\wedge\boldsymbol{e}_2+\begin{vmatrix}p_{11}&p_{13}\\p_{21}&p_{23}\end{vmatrix}\boldsymbol{e}_1\wedge\boldsymbol{e}_3+\\&\begin{vmatrix}p_{11}&p_{14}\\p_{21}&p_{24}\end{vmatrix}\boldsymbol{e}_1\wedge\boldsymbol{e}_4+\begin{vmatrix}p_{12}&p_{13}\\p_{22}&p_{23}\end{vmatrix}\boldsymbol{e}_2\wedge\boldsymbol{e}_3+\\&\begin{vmatrix}p_{12}&p_{14}\\p_{22}&p_{24}\end{vmatrix}\boldsymbol{e}_2\wedge\boldsymbol{e}_4+\begin{vmatrix}p_{13}&p_{14}\\p_{23}&p_{24}\end{vmatrix}\boldsymbol{e}_3\wedge\boldsymbol{e}_4\end{aligned}$$

可以把它看成是一个六维向量. 一般地，k 重向量 $\sum\lambda(\boldsymbol{p}_1\wedge\cdots\wedge\boldsymbol{p}_k)(\lambda\in\mathbf{R},\boldsymbol{p}_k\in L)$ 的全体构成一个 C_n^k 维向量空间，记作 $\wedge^k L$，叫做 k 重向量空间.

由于 k 个向量 $\boldsymbol{p}_1,\cdots,\boldsymbol{p}_k$ 线性无关的充要条件是它们的分量所成的 $k\times n$ 矩阵 (p_{ij}) 的秩为 k，即它至少有一个 k 阶子行列式不为零. 根据推论 2 便有下面的重要推论：

推论 3 n 维向量空间 L 中的 k 个向量 $\boldsymbol{p}_1,\cdots,\boldsymbol{p}_k$ 线性无关的充要条件是 $\boldsymbol{p}_1\wedge\cdots\wedge\boldsymbol{p}_k\neq 0$.

因此 $\boldsymbol{p}_1,\cdots,\boldsymbol{p}_k$ 线性相关的充要条件是 $\boldsymbol{p}_1\wedge\cdots\wedge\boldsymbol{p}_k=0$.

下面我们对 k 重向量引进内积运算.

在 n 维向量空间 L 中有一个内积 $\boldsymbol{p}_i\cdot\boldsymbol{q}_j(\boldsymbol{p}_i,\boldsymbol{q}_j\in L)$，则对于空间 $\wedge^k L$ 中的两元素：k 重向量 $\boldsymbol{\alpha}=\boldsymbol{p}_1\wedge\cdots\wedge\boldsymbol{p}_k$ 和 $\boldsymbol{\beta}=\boldsymbol{q}_1\wedge\cdots\wedge\boldsymbol{q}_k$，可以规定 α 与 β 的内积为

$$(\alpha,\beta)=(\boldsymbol{p}_1\wedge\cdots\wedge\boldsymbol{p}_k,\boldsymbol{q}_1\wedge\cdots\wedge\boldsymbol{q}_k)=\begin{vmatrix}\boldsymbol{p}_1\cdot q_1&\boldsymbol{p}_1\cdot\boldsymbol{q}_2&\cdots&\boldsymbol{p}_1\cdot\boldsymbol{q}_k\\\boldsymbol{p}_2\cdot q_1&\boldsymbol{p}_2\cdot\boldsymbol{q}_2&\cdots&\boldsymbol{p}_2\cdot\boldsymbol{q}_k\\\vdots&\vdots&&\vdots\\\boldsymbol{p}_k\cdot q_1&\boldsymbol{p}_k\cdot\boldsymbol{q}_2&\cdots&\boldsymbol{p}_k\cdot\boldsymbol{q}_k\end{vmatrix}\tag{1}$$

不难验证，这样规定的 $(\boldsymbol{\alpha},\boldsymbol{\beta})$ 满足四条内积公理. 例如，当 $\alpha\neq 0$（即 $\boldsymbol{p}_1,\cdots,\boldsymbol{p}_k$ 是线性无关的向量）时，由列向量 $\boldsymbol{p}_1,\cdots,\boldsymbol{p}_k$ 所构成的秩为 k 的 $n\times k$ 阶矩阵，记为 $\boldsymbol{P}=[\boldsymbol{p}_1,\cdots,\boldsymbol{p}_k]$，则 $(\boldsymbol{\alpha},\boldsymbol{\alpha})$ 是 k 阶对称矩阵 $\boldsymbol{P}^T\boldsymbol{P}$ 的行列式，因此 $(\boldsymbol{\alpha},\boldsymbol{\alpha})>0$. $(\boldsymbol{\alpha},\boldsymbol{\alpha})=\mathbf{0}$ 的充要条件是 $\boldsymbol{\alpha}=\mathbf{0}$ 即 $\boldsymbol{p}_1,\cdots,\boldsymbol{p}_k$ 线性相关.

我们将非负实数 $\sqrt{(\boldsymbol{\alpha},\boldsymbol{\alpha})}$ 称为 k 重向量 $\boldsymbol{\alpha}$ 的模，记作 $|\boldsymbol{\alpha}|$. 即

$$|\boldsymbol{\alpha}|=|\boldsymbol{p}_1\wedge\cdots\wedge\boldsymbol{p}_k|=\begin{vmatrix}\boldsymbol{p}_1\cdot\boldsymbol{p}_1&\boldsymbol{p}_1\cdot\boldsymbol{p}_2&\cdots&\boldsymbol{p}_1\cdot\boldsymbol{p}_k\\\boldsymbol{p}_2\cdot\boldsymbol{p}_1&\boldsymbol{p}_2\cdot\boldsymbol{p}_2&\cdots&\boldsymbol{p}_2\cdot\boldsymbol{p}_k\\\vdots&&&\vdots\\\boldsymbol{p}_k\cdot\boldsymbol{p}_1&\boldsymbol{p}_k\cdot\boldsymbol{p}_2&\cdots&\boldsymbol{p}_k\cdot\boldsymbol{p}_k\end{vmatrix}^{\frac{1}{2}}\tag{2}$$

在 E^n 中，上式就是以 $\boldsymbol{p}_1,\cdots,\boldsymbol{p}_k$ 为棱的 k 维平行体的体积或容度. 因为当 $k=1$ 时，$|\boldsymbol{\alpha}|=\sqrt{\boldsymbol{p}_1\cdot\boldsymbol{p}_1}=|\boldsymbol{p}_1|$，就是有向线段 $\boldsymbol{p}_1$ 的长度；当 $k=2$ 时，$|\boldsymbol{\alpha}|=|\boldsymbol{p}_1\wedge\boldsymbol{p}_2|=[|\boldsymbol{p}_1|^2|\boldsymbol{p}_2|^2-(\boldsymbol{p}_1\cdot\boldsymbol{p}_2)^2]^{\frac{1}{2}}=|\boldsymbol{p}_1||\boldsymbol{p}_2|\cdot\sin\theta$ 是以 $\boldsymbol{p}_1,\boldsymbol{p}_2$ 为边的平行四边形的面积；当 $k=3$ 时，$|\boldsymbol{\alpha}|$ 就是以 $\boldsymbol{p}_1,\boldsymbol{p}_2,\boldsymbol{p}_3$ 为棱的平行六面体的体积. 所以容度的概念将这些情况统一起来了.

由于容度仅与向量的内积有关，而内积是合同变换下的不变量，所以容度是合同变换下的不变量. 又由于 k 维平行体可以剖分成 $k!$ 个体积相等的 k 维单形，故有以下推论：

推论 4　以 $P_0,P_1,\cdots,P_k$ 为顶点的 k 维单形 Δ_k 的体积为

$$V(\Delta_k)=\frac{1}{k!}|(P_1-P_0)\wedge(P_2-P_0)\wedge\cdots\wedge(P_k-P_0)|$$

$$=\frac{1}{k!}\rho_{01}\rho_{02}\rho_{0k}\begin{vmatrix}1 & \cos\theta_{12} & \cdots & \cos\theta_{1k}\\ \cos\theta_{21} & 1 & \cdots & \cos\theta_{2k}\\ \vdots & \vdots & & \vdots\\ \cos\theta_{k1} & \cos\theta_{k2} & \cdots & 1\end{vmatrix}^{\frac{1}{2}} \tag{3}$$

其中 $\rho_{0i}=|P_i-P_0|$ 是棱 P_0P_i 的长度，θ_{ij} 是 $\angle P_iP_0P_j$ 的度数，$\theta_{ij}=\theta_{ji}$.

对于 $V(\Delta_k)$：当 $k=2$ 时，就是 $\triangle P_0P_1P_2$ 的面积 $\frac{1}{2}\rho_{01}\rho_{02}\sin\theta_{12}$；当 $k=3$ 时，就是四面体 $P_0P_1P_2P_3$ 的体积，θ_{ij} 是棱 P_0P_i 与 P_0P_j 所夹的角.

不难验证，如果 $\{\boldsymbol{e}_i,i=1,\cdots,n\}$ 是 n 维内积空间 L 的一组标准正交基，即有 $\boldsymbol{e}_i\cdot\boldsymbol{e}_j=\delta_{ij}$，那么 $\{\boldsymbol{e}_{i_1}\wedge\cdots\wedge\boldsymbol{e}_{i_k},1\leqslant i_1<\cdots<i_k\leqslant n\}$ 必是 k 重向量空间 $\wedge^kL$ 的一组标准正交基(习题 9 第 9 题).

在 k 重向量空间 $\wedge^kL$ 中定义了内积之后便构成了内积空间，必然有柯西不等式：

$$|(\boldsymbol{\alpha},\boldsymbol{\beta})|\leqslant|\boldsymbol{\alpha}||\boldsymbol{\beta}| \tag{4}$$

其中等号成立的充要条件是 $\lambda\boldsymbol{\alpha}+\mu\boldsymbol{\beta}=\mathbf{0}$，$\lambda,\mu\in\mathbf{R}$ 且不全为零，$\boldsymbol{\alpha},\boldsymbol{\beta}\in\wedge^kL$.

由此可以定义两个 k 重向量 $\boldsymbol{\alpha},\boldsymbol{\beta}$ 的夹角 θ

$$\cos\theta=\frac{(\boldsymbol{\alpha},\boldsymbol{\beta})}{|\boldsymbol{\alpha}||\boldsymbol{\beta}|}=\frac{(\boldsymbol{p}_1\wedge\cdots\wedge\boldsymbol{p}_k,\boldsymbol{q}_1\wedge\cdots\wedge\boldsymbol{q}_k)}{|\boldsymbol{p}_1\wedge\cdots\wedge\boldsymbol{p}_k||\boldsymbol{q}_1\wedge\cdots\wedge\boldsymbol{q}_k|} \tag{5}$$

用它可以求方位向量分别为 $\boldsymbol{\alpha},\boldsymbol{\beta}$ 的两个 k 维平面的夹角.

所谓 k 维平面是指 E^n 中的点集：$\{\boldsymbol{X}\mid\boldsymbol{X}=\boldsymbol{P}_0+\sum\limits_{i=1}^{k}t_i\boldsymbol{p}_i,\boldsymbol{p}_1\wedge\cdots\wedge\boldsymbol{p}_k\neq\mathbf{0},1\leqslant k\leqslant n-1\}$，其中向量 $\boldsymbol{p}_1,\cdots,\boldsymbol{p}_k$ 称为 k 维平面的方位向量，它们是线性无关

的.

根据推论 3,由 k 维平面的参数方程

$$\boldsymbol{X}=\boldsymbol{P}_0+\sum_{i=1}^{k}t_i\boldsymbol{p}_i \tag{6}$$

消去参数可以改记为

$$\boldsymbol{p}_1\wedge\cdots\wedge\boldsymbol{p}_k\wedge(\boldsymbol{X}-\boldsymbol{P}_0)=0 \tag{6$'$}$$

因此也把 k 重向量 $\boldsymbol{p}_1\wedge\cdots\wedge\boldsymbol{p}_k\neq\boldsymbol{0}$ 称为 k 维平面的方位向量,这样平面间的夹角问题就转化为方位向量之间的夹角问题.

注记 对于不同维数超平面的夹角问题(这是三维空间中直线与平面的夹角问题之高维推广),也可以转化为 p 重向量 $\boldsymbol{\alpha}=\boldsymbol{p}_1\wedge\cdots\wedge\boldsymbol{p}_p$ 与 q 重向量 $\boldsymbol{\beta}=\boldsymbol{q}_1\wedge\cdots\wedge\boldsymbol{q}_q$ 的夹角 θ 问题. 计算公式如下

$$\cos^2\theta=\frac{[\boldsymbol{\alpha}_1\boldsymbol{\beta},\cdots,\boldsymbol{\alpha}_m\boldsymbol{\beta}][\boldsymbol{\alpha}_i\boldsymbol{\alpha}_j]^{-1}[\boldsymbol{\alpha}_1\boldsymbol{\beta},\cdots,\boldsymbol{\alpha}_m\boldsymbol{\beta}]^{\mathrm{T}}}{|\boldsymbol{\beta}|^2} \tag{7}$$

其中 $1\leqslant q<p\leqslant n-1$,$\boldsymbol{\alpha}_i$ 是从 $\boldsymbol{p}_1,\cdots,\boldsymbol{p}_p$ 中任取 q 个作成的 q 重向量,故 $m=\mathrm{C}_p^q$. $[\boldsymbol{\alpha}_i\boldsymbol{\alpha}_j]$是以内积 $\boldsymbol{\alpha}_i\boldsymbol{\alpha}_j$ 为元素的 m 阶矩阵(详见左铨如,E^n 中 p 维与 q 维平面间的夹角公式,数学杂志,第 10 卷(1990)第 2 期).

推论 5 设 $\boldsymbol{\alpha}=\boldsymbol{p}_1\wedge\cdots\wedge\boldsymbol{p}_j\in\wedge^jL$,$\boldsymbol{\beta}=\boldsymbol{q}_1\wedge\cdots\wedge\boldsymbol{q}_k\in\wedge^kL$,$1\leqslant j,k\leqslant n$,$\boldsymbol{\alpha}\neq\boldsymbol{0}$,$\boldsymbol{\beta}\neq\boldsymbol{0}$,则恒有

$$|\boldsymbol{\alpha}\wedge\boldsymbol{\beta}|\leqslant|\boldsymbol{\alpha}||\boldsymbol{\beta}| \tag{8}$$

其中等号成立的充要条件是 $j+k\leqslant n$,且所有的 $\boldsymbol{p}_i\cdot\boldsymbol{q}_l=0$,$i=1,\cdots,j$,$l=1,\cdots,k$.

证明 若 $j+k>n$,则 $\boldsymbol{\alpha}\wedge\boldsymbol{\beta}=0$,不等式恒成立. 下面考虑 $j+k\leqslant n$ 的情形.

由于 $\boldsymbol{\alpha}\neq\boldsymbol{0}$,$\boldsymbol{\beta}\neq\boldsymbol{0}$,即 $\boldsymbol{p}_1,\cdots,\boldsymbol{p}_j$ 线性无关,$\boldsymbol{q}_1,\cdots,\boldsymbol{q}_k$ 也线性无关,故由列向量 $\boldsymbol{p}_1,\cdots,\boldsymbol{p}_j,\boldsymbol{q}_1,\cdots,\boldsymbol{q}_k$ 所构成的矩阵 $\boldsymbol{A}=[\boldsymbol{p}_1\cdots\boldsymbol{p}_j]$,$\boldsymbol{B}=[\boldsymbol{q}_1\cdots\boldsymbol{q}_k]$的秩分别为 j,k. 因此对称矩阵 $\boldsymbol{A}^T\boldsymbol{A}$,$\boldsymbol{B}^T\boldsymbol{B}$ 是正定的,即有

$$|\boldsymbol{\alpha}|^2=\det(\boldsymbol{A}^T\boldsymbol{A})>0,\ |\boldsymbol{\beta}|^2=\det(\boldsymbol{B}^T\boldsymbol{B})>0$$

分块矩阵$[\boldsymbol{A},\boldsymbol{B}]=[\boldsymbol{p}_1,\cdots,\boldsymbol{p}_i,\boldsymbol{q}_1,\cdots,\boldsymbol{q}_k]$是 $n\times(j+k)$阶,且

$$\begin{aligned}|\boldsymbol{\alpha}\wedge\boldsymbol{\beta}|^2&=\det([\boldsymbol{A},\boldsymbol{B}]^T[\boldsymbol{A},\boldsymbol{B}])\\&=\det\begin{bmatrix}\boldsymbol{A}^T\boldsymbol{A}&\boldsymbol{A}^T\boldsymbol{B}\\\boldsymbol{B}^T\boldsymbol{A}&\boldsymbol{B}^T\boldsymbol{B}\end{bmatrix}\leqslant\\&\det(\boldsymbol{A}^T\boldsymbol{A})\det(\boldsymbol{B}^T\boldsymbol{B})\end{aligned}$$

其中等号成立的充要条件是 $\boldsymbol{A}^T\boldsymbol{B}=0$,即所有的 $\boldsymbol{p}_i\cdot\boldsymbol{q}_l=0$,$i=1,\cdots,j$,$l=1,\cdots,$

k.

运用推论 5 易求一点 A 到 k 维超平面 $\boldsymbol{X}=\boldsymbol{P}_0+\sum\limits_{i=1}^{k}t_i\boldsymbol{p}_i$（$\boldsymbol{p}_1\wedge\cdots\wedge\boldsymbol{p}_k\neq 0$）的距离 h.

记 $\boldsymbol{A}-\boldsymbol{P}_0=\boldsymbol{p}_{k+1}$，则

$$
\begin{aligned}
|\boldsymbol{A}-\boldsymbol{X}|=|\boldsymbol{p}_{k+1}-\sum_{i=1}^{k}t_k\boldsymbol{p}_i|\geqslant&\\
&\frac{|(\boldsymbol{p}_{k+1}-\sum\limits_{i=1}^{k}t_i\boldsymbol{p}_i)\wedge\boldsymbol{p}_1\wedge\cdots\wedge\boldsymbol{p}_k|}{|\boldsymbol{p}_1\wedge\cdots\wedge\boldsymbol{p}_k|}\\
=&\frac{|\boldsymbol{p}_1\wedge\cdots\wedge\boldsymbol{p}_k\wedge\boldsymbol{p}_{k+1}|}{|\boldsymbol{p}_1\wedge\cdots\wedge\boldsymbol{p}_k|}\\
=&\frac{k+1\text{ 维平行体的体积}}{k\text{ 维平行体的体积}}=h
\end{aligned}
$$

这也是平行六面体的体积等于它的底面积乘以高的高维推广.

推论 6（Cayley 定理）　E^n 中任意 $m+1$ 个点 $P_0,P_1,\cdots,P_m$ 的 Cayley-Menger 行列式（这里与第 7 页中的行列式相差一个常数倍，但没有实质性的差别）

$$
K(P_0,P_1,\cdots,P_m)=\begin{vmatrix}0 & 1 & \cdots & 1\\ 1 & & & \\ \vdots & & D & \\ 1 & & & \end{vmatrix}=\begin{cases}0 & ,m>n\\ -(m!\ V)^2 & ,m\leqslant m\end{cases}\tag{9}
$$

其中 $\boldsymbol{D}=\left(-\frac{1}{2}\rho_{ij}^2\right)$ 是 $(m+1)$ 阶方阵，$\rho_{ij}=|P_iP_j|$，$i,j=0,1,\cdots,m$，V 是以 P_0，$P_1,\cdots,P_m$ 为顶点的 m 维单形的体积.

证明　记 $\boldsymbol{p}_i=P_i-P_0$，$i=1,\cdots,m$，则有

$$|\boldsymbol{p}_1\wedge\cdots\wedge\boldsymbol{p}_m|^2=\det(\boldsymbol{p}_i\cdot\boldsymbol{p}_j)$$

对于 n 维欧氏空间 E^n，有

$$\boldsymbol{p}_i\cdot\boldsymbol{p}_j=\frac{1}{2}(|\boldsymbol{p}_i|^2+|\boldsymbol{p}_j|^2-|\boldsymbol{p}_i-\boldsymbol{p}_j|^2)=\frac{1}{2}(\rho_{0i}^2+\rho_{0j}^2-\rho_{ij}^2)$$

所以

$$\det(\boldsymbol{p}_i\boldsymbol{p}_j)=\begin{vmatrix} 1 & 1 & \cdots 1 \\ 0 & & \\ \vdots & \multicolumn{2}{c}{\left[\frac{1}{2}(\rho_{0i}^2+\frac{1}{2}\rho_{0j}^2-\frac{1}{2}\rho_{ij}^2)\right]} \\ 0 & & \end{vmatrix}$$

$$=\begin{vmatrix} 1 & 0 & 0 & \cdots & 0 \\ 0 & 1 & 1 & \cdots & 1 \\ 1 & -\frac{1}{2}\rho_{01}^2 & & & \\ \vdots & \vdots & \multicolumn{3}{c}{\left[-\frac{1}{2}\rho_{0j}^2-\frac{1}{2}\rho_{ij}^2\right]} \\ 1 & -\frac{1}{2}\rho_{0m}^2 & & & \end{vmatrix}$$

$$=-\begin{vmatrix} 0 & 1 & 1 & \cdots & 1 \\ 1 & 0 & -\frac{1}{2}\rho_{01}^2 & \cdots & -\frac{1}{2}\rho_{0m}^2 \\ 1 & -\frac{1}{2}\rho_{01}^2 & & & \\ \vdots & \vdots & \multicolumn{3}{c}{\left[-\frac{1}{2}\rho_{ij}^2\right]} \\ 1 & -\frac{1}{2}\rho_{0m}^2 & & & \end{vmatrix}$$

$$=-K(P_0,P_1,\cdots,P_m)=|\boldsymbol{p}_1\wedge\cdots\wedge\boldsymbol{p}_m|^2$$

$$=\begin{cases} 0 & ,m>n \\ (m!\ V)^2 & ,m\leqslant n \end{cases}$$

运用 Cayley 定理于 n 维单形 Δ_n 的 $n+1$ 个顶点和它的外心(即取 $m=n+2$),易得 Δ_n 的外接球半径 R 的公式

$$R^2=\frac{|\boldsymbol{D}|}{K(\Delta_n)}=-\frac{\det\left(-\frac{1}{2}\rho_{ij}^2\right)}{(n!\ V)^2} \tag{10}$$

§4 关于单形的射影定理、余弦定理和正弦定理

本节研究 E^n 中以 $P_0,P_1,\cdots,P_n$ 为顶点的 n 维单形 Δ_n 的基本元素之间的

关系.

设顶点 P_i 所对的侧面记作 f_i，f_i 是 $n-1$ 维单形，它的体积记作 $|f_i|$，侧面 f_i 与 f_j 所夹的内角记作 $\langle i,j\rangle$（是两个 $n-1$ 维平面所成的二面角），记 $|\overrightarrow{P_0P_i}|=\boldsymbol{p}_i(i=1,\cdots,n)$，根据上节推论 4 知 Δ_n 的体积

$$V=\frac{1}{n!}|\boldsymbol{p}_1\wedge\cdots\wedge\boldsymbol{p}_n|$$

显然 $\boldsymbol{\alpha}_i=(-1)^i\boldsymbol{p}_1\wedge\cdots\wedge\boldsymbol{p}_{i-1}\wedge\boldsymbol{p}_{i+1}\wedge\cdots\wedge\boldsymbol{p}_n$ 是侧面 f_i 的方位向量，$\boldsymbol{\alpha}_0=(\boldsymbol{p}_2-\boldsymbol{p}_1)\wedge(\boldsymbol{p}_3-\boldsymbol{p}_1)\wedge\cdots\wedge(\boldsymbol{p}_n-\boldsymbol{p}_1)$ 是侧面 f_0 的方位向量. 将 $\boldsymbol{\alpha}_0$ 展开即得

$$\boldsymbol{\alpha}_0=-\boldsymbol{\alpha}_1-\boldsymbol{\alpha}_2-\cdots-\boldsymbol{\alpha}_n \tag{1}$$

因为 $\langle i,j\rangle$ 是内角，与 $\boldsymbol{\alpha}_i$ 和 $\boldsymbol{\alpha}_j$ 的夹角互补，根据上节公式(5)有

$$\cos\langle i,j\rangle=-\frac{(\boldsymbol{\alpha}_i,\boldsymbol{\alpha}_j)}{|\boldsymbol{\alpha}_i||\boldsymbol{\alpha}_j|}=-(N_i,N_j) \tag{2}$$

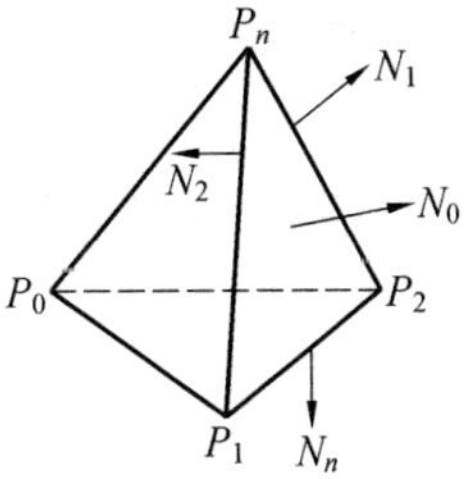

图 9.3

其中 N_i 是侧面 f_i 的单位外法向量如(图 9.3).

又侧面 f_i 的体积

$$|f_i|=\frac{1}{(n-1)!}|\boldsymbol{\alpha}_i| \tag{3}$$

所以

$$\begin{aligned}\sum_{\substack{j=0\\j\neq i}}^{n}|f_j|\cos\langle i,j\rangle&=\sum_{\substack{j=0\\j\neq i}}^{n}|f_j|\frac{-(\boldsymbol{\alpha}_i,\boldsymbol{\alpha}_j)}{[(n-1)!]^2|f_i||f_j|}\\&=\frac{-1}{[(n-1)!]^2|f_i|}(\boldsymbol{\alpha}_i,\sum_{j=0,j\neq i}^{n}\boldsymbol{\alpha}_j)\\&=\frac{-1}{[(n-1)!]^2|f_i|}(\boldsymbol{\alpha}_i,-\boldsymbol{\alpha}_i)\\&=\frac{|\boldsymbol{\alpha}_i|^2}{[(n-1)!]^2|f_i|}=|f_i|\end{aligned}$$

这就推得射影定理

$$|f_i|=\sum_{\substack{j=0\\j\neq i}}^{n}|f_j|\cos\langle i,j\rangle,i=0,1,\cdots,n \tag{4}$$

即
$$\begin{cases}|f_0|-|f_1|\cos\langle 0,1\rangle-\cdots-|f_n|\cos\langle 0,n\rangle=0\\-|f_0|\cos\langle 1,0\rangle+|f_1|-\cdots-|f_n|\cos\langle 1,n\rangle=0\\\qquad\vdots\\-|f_0|\cos\langle n,0\rangle+|f_1|\cos\langle n,1\rangle-\cdots+|f_n|=0\end{cases}$$

这是关于 $|f_0|,|f_1|,\cdots,|f_n|$ 的线性齐次方程组，其系数矩阵

$$\boldsymbol{A}=\begin{bmatrix}1 & & & -\cos\langle i,j\rangle \\ & 1 & & \\ & & 1 & \\ & & & \ddots & \\ -\cos\langle i,j\rangle & & & & 1\end{bmatrix} \tag{5}$$

为对称矩阵，因为线性方程组有不全为零的解，所以相应的行列式

$$|\boldsymbol{A}|=0$$

例如，对于二维单形 ABC，就有

$$\begin{vmatrix}1 & -\cos C & -\cos B \\ -\cos C & 1 & -\cos A \\ -\cos B & -\cos A & 1\end{vmatrix}=0$$

即 $$\cos^2 A+\cos^2 B+\cos^2 C=1-2\cos A\cos B\cos C$$

这是我们早已熟知的事实. 不过，对于四面体的六个内二面角之关系式，就是一个不简单的结果了.

若将式(1) 即 $\boldsymbol{\alpha}_0=-\sum\limits_{j=1}^{n}\boldsymbol{\alpha}_j$ 的两边作内积，得

$$|\boldsymbol{\alpha}_0|^2=\sum_{j=1}^{n}|\boldsymbol{\alpha}_j|^2+2\sum_{1\leqslant i<j\leqslant n}(\boldsymbol{\alpha}_i,\boldsymbol{\alpha}_j)$$

将式(2),(3) 代入就得到余弦定理

$$|f_0|^2=\sum_{j=1}^{n}|f_j|^2-2\sum_{1<i<j<n}|f_i||f_j|\cos\langle i,j\rangle$$

一般地

$$|f_k|^2=\sum_{\substack{j=0\\ j\neq k}}^{n}|f_j|^2-2\sum_{\substack{0\leqslant i<j\leqslant n\\ ij\neq k}}|f_i||f_j|\cos\langle i,j\rangle \tag{6}$$

此式右端是关于 $|f_j|$ 的二次型，它所对应的系数矩阵为

$$\boldsymbol{A}_k=\begin{bmatrix}1 & & & -\cos\langle i,j\rangle \\ & 1 & & \\ & & 1 & \\ & & & \ddots & \\ -\cos\langle i,j\rangle & & & & 1\end{bmatrix} \tag{7}$$

$(0\leqslant i<j\leqslant n$，且 $i,j\neq k,k=0,1,\cdots,n)$.

显然 $\boldsymbol{A}_k$ 是矩阵 $\boldsymbol{A}$ 的主子阵. 可以证明：$\boldsymbol{A}$ 的所有主子行列式

$$|\mathbf{A}_k|>0$$

又 $|\mathbf{A}|=0$,故矩阵 $\mathbf{A}$ 是半正定的.还可以证明

$$0<|\mathbf{A}_k|\leqslant 1, k=0,1,\cdots,n$$

下面就 $k=0$ 予以证明.由式(2),(7) 得

$$|\mathbf{A}_0|=\begin{vmatrix} 1 & & & & -\cos\langle i,j\rangle \\ & 1 & & & \\ & & 1 & & \\ & & & \ddots & \\ -\cos\langle i,j\rangle & & & & 1 \end{vmatrix} \quad (i,j=1,\cdots,n)$$

$$=\begin{vmatrix} 1 & & & & \langle N_i,N_j\rangle \\ & 1 & & & \\ & & 1 & & \\ & & & \ddots & \\ \langle N_i,N_j\rangle & & & & 1 \end{vmatrix} \quad (\text{据 } k \text{ 重向量的内积定义})$$

$$=|N_1\wedge\cdots\wedge N_n|^2$$

根据上节推论 3,5 知

$$0<|\mathbf{A}_0|\leqslant 1$$

由于 $0<|\mathbf{A}_k|\leqslant 1$,而且对于 $n=2$ 的情形,$|\mathbf{A}_k|=\sin^2\langle i,j\rangle$,所以对于任何 n,我们可以将 $\arcsin|\mathbf{A}_k|^{\frac{1}{2}}$ 称为单形 Δ_n 的侧面 f_k 所对的顶点角,记作 $\angle P_k^{(n)}$,即

$$\begin{aligned}\sin\angle P_k^{(n)}&=|\mathbf{A}_k|^{\frac{1}{2}}\\&=\det(N_0,\cdots,N_{k-1},N_{k+1},\cdots,N_n)\end{aligned}\tag{8}$$

后式是 P. Bartos 在 1968 年引进“顶点角”的概念时采用的.

现在来证下面的 n 维单形的体积公式

$$V(\Delta_n)=\frac{1}{n}[(n-1)!\times |f_0|\cdots|f_{k-1}||f_{k+1}|\cdots|f_n|\sin\angle P_k^{(n)}]^{\frac{1}{n-1}}\tag{9}$$

证明　设 $\{\boldsymbol{e}_i,i=1,\cdots,n\}$ 是 E^n 的标准正交基,则 $n-1$ 重向量

$$\boldsymbol{e}_i^*=(-1)^i\boldsymbol{e}_1\wedge\cdots\wedge\boldsymbol{e}_{i-1}\wedge\boldsymbol{e}_{i+1}\wedge\cdots\wedge\boldsymbol{e}_n$$

是 $\wedge^{n-1}L$ 的一个标准正交基,即有

$$\boldsymbol{e}_i^i\cdot\boldsymbol{e}_j^*=\delta_{ij}$$

又设 $\boldsymbol{p}_i=\sum_{j=1}^n p_{ij}\boldsymbol{e}_j(i=1,\cdots,n)$,矩阵 $\boldsymbol{P}=(p_{ij})$ 的元素 p_{ij} 的代数余子式记

作 $P_{ij}=(-1)^{i+j}M_{ij}$，这里 M_{ij} 是余子式. 根据上节推论 2，有

$$\boldsymbol{\alpha}_j=(-1)^j\boldsymbol{p}_1\wedge\cdots\wedge\boldsymbol{p}_{j-1}\wedge\boldsymbol{p}_{j+1}\wedge\cdots\wedge\boldsymbol{p}_n$$

$$=(-1)^j\sum_{k=1}^{n}M_{jk}(-1)^k\boldsymbol{e}_k^*=\sum_{k=1}^{n}P_{jk}\boldsymbol{e}_k^*$$

注意到 $\boldsymbol{e}_k^*\cdot\boldsymbol{e}_i^*=\delta_{ki}$，则内积

$$(\boldsymbol{\alpha}_i,\boldsymbol{\alpha}_j)=(\sum_{k=1}^{n}P_{ik}\boldsymbol{e}_k^*)\cdot(\sum_{i=1}^{n}P_{ji}\boldsymbol{e}_i^*)=\sum_{k=1}^{n}P_{ik}P_{jk}$$

因此

$$\sin^2\angle P_0^{(n)}=|A_0|$$

$$=\begin{vmatrix} 1 & & & & \frac{(\boldsymbol{\alpha}_i,\boldsymbol{\alpha}_j)}{|\boldsymbol{\alpha}_i||\boldsymbol{\alpha}_j|} \\ & 1 & & & \\ & & 1 & & \\ & & & \ddots & \\ \frac{(\boldsymbol{\alpha}_i,\boldsymbol{\alpha}_j)}{|\boldsymbol{\alpha}_i||\boldsymbol{\alpha}_j|} & & & & 1 \end{vmatrix}$$

$$=\frac{\det(\boldsymbol{\alpha}_i,\boldsymbol{\alpha}_j)}{|\boldsymbol{\alpha}_1|^2|\boldsymbol{\alpha}_2|^2\cdots|\boldsymbol{\alpha}_n|^2}$$

由于

$$\det(\boldsymbol{\alpha}_i,\boldsymbol{\alpha}_j)=\det\begin{pmatrix} P_{11} & P_{12} & \cdots & P_{1n} \\ P_{21} & P_{22} & \cdots & P_{2n} \\ \vdots & \vdots & & \vdots \\ P_{n1} & P_{n2} & \cdots & P_{nn} \end{pmatrix}\begin{pmatrix} P_{11} & P_{21} & \cdots & P_{n1} \\ P_{12} & P_{22} & \cdots & P_{n2} \\ \vdots & \vdots & & \vdots \\ P_{1n} & P_{2n} & \cdots & P_{nn} \end{pmatrix}$$

$$=\begin{vmatrix} P_{11} & P_{21} & \cdots & P_{n1} \\ P_{12} & P_{22} & \cdots & P_{n2} \\ \cdots & \cdots & \cdots & \cdots \\ P_{1n} & P_{2n} & \cdots & P_{nn} \end{vmatrix}^2=(\det\boldsymbol{P}^*)^2$$

这里 $\boldsymbol{P}^*$ 是矩阵 $\boldsymbol{P}$ 的伴随矩阵，$\boldsymbol{P}^*=\boldsymbol{P}^{-1}\det\boldsymbol{P}$，所以

$$\det\boldsymbol{P}^*=(\det\boldsymbol{P})^{n-1}$$

而 $$(\det\boldsymbol{P})^2=\det{}^2(p_{ij})=|\boldsymbol{P}_1\wedge\cdots\wedge\boldsymbol{p}_n|^2=(n!\ V)^2$$

$$|\boldsymbol{\alpha}_i|=(n-1)!\ |f_i|$$

因此

$$\sin^2\angle P_0^{(n)}=\frac{(n!\ V)^{2n-2}}{[(n-1)!]^{2n}|f_1|^2|f_2|^2\cdots|f_n|^2}$$

即 $$(nV)^{n-1}=(n-1)!\ |f_1||f_2|\cdots|f_n|\sin\angle P_0^{(n)}$$

这就证明了 n 维单形的体积公式(9)中 $k=0$ 的情形，其余类推. 由体积公式(9)立刻得到关于 n 维单形的正弦定理

$$\frac{|f_0|}{\sin\angle P_0^{(n)}}=\frac{|f_1|}{\sin\angle P_1^{(n)}}=\cdots=\frac{|f_n|}{\sin\angle P_n^{(n)}}$$
$$=\frac{(n-1)!\ |f_0||f_1|\cdots|f_n|}{(nV)^{n-1}} \qquad (10)$$

由于 n 维单形的各个侧面是 $n-1$ 维单形，上述四个基本公式对于低维的单形依然成立.

§5　关于单形的几何不等式

利用几何不等式解极值问题有很大的优越性，因为几何不等式受一定条件约束，而条件极值问题如果运用分析中的拉格朗日乘数法求解，往往复杂得令人望而却步. 另一方面，利用计算机证明几何问题，对于几何不等式目前还有一定的困难，所以数学中有关不等式的研究至今还是一个热门课题. 当然，我们必须十分重视不等式中等号成立的条件，否则不好用来解决极值问题.

一、关于单形的顶点角的不等式(蒋星耀 1987 年证)

$$\sum_{k=0}^{n}\sin^2\angle P_k^{(n)}\leqslant\left(1+\frac{1}{n}\right)^n<\mathrm{e}=2.71828\cdots \qquad (1)$$

其中等号成立的充要条件是单形为正则单形.

证　$\sin^2\angle P_k^{(n)}=|\boldsymbol{A}_k|$ 是半正定矩阵

$$\boldsymbol{A}=\begin{pmatrix}1 & & & & -\cos\langle i,j\rangle\\ & 1 & & & \\ & & 1 & & \\ & & & \ddots & \\ -\cos\langle i,j\rangle & & & & 1\end{pmatrix}$$

的主子阵的行列式(见上节余弦定理后). $\boldsymbol{A}$ 的特征方程

$$\det(\boldsymbol{A}-\lambda\boldsymbol{I})=0$$

是关于 λ 的 $n+1$ 次方程

$$\lambda^{n+1}+c_1\lambda^n+\cdots+c_n\lambda+c_{n+1}=0$$

其中

$$|c_1|=n+1,\ |c_n|=\sum_{k=0}^{n}|\boldsymbol{A}_k|=\sum_{k=0}^{n}\sin^2\angle P_k^{(n)},\ |c_{n+1}|=|\boldsymbol{A}|=0$$

因此特征方程可以改记为

$$\lambda^n + c_1\lambda^{n-1} + \cdots + c_n = 0$$

由于 $\boldsymbol{A}$ 是半正定的，这个方程有 n 个非负实根 $\lambda_1,\lambda_2,\cdots,\lambda_n$，再根据韦达定理有

$$\lambda_1\lambda_2\cdots\lambda_n = |c_n|, \lambda_1 + \lambda_2 + \cdots + \lambda_n = |c_1|$$

因此，有

$$|c_n|^{\frac{1}{n}} \leqslant \frac{1}{n}|c_1| = \frac{n+1}{n}$$

故有

$$\sum_{k=0}^{n}\sin^2\angle P_k^{(n)} \leqslant \left(\frac{n+1}{n}\right)^n$$

其中等号成立的充要条件是 $\boldsymbol{A}$ 的特征根除一个为 0 外，其余 n 个皆等于$\frac{n+1}{n}$.

可以证明，当矩阵 $\boldsymbol{A}$ 的特征根 $\lambda_1 = \cdots = \lambda_n = \frac{n+1}{n}, \lambda_{n+1} = 0$ 时，单形 Δ_n 必为正则单形.

二、关于单形体积 V 与侧面积 $|f_k|$ 的不等式（张景中，杨路，1981 年证）

$$V \leqslant \sqrt{n+1}\left(\frac{n!^2}{n^{3n}}\right)^{\frac{1}{2(n-1)}}\prod_{k=0}^{n}|f_k|^{\frac{n}{n^2-1}} \tag{2}$$

其中等号当且仅当单形为正则单形时成立.

证明 由 Bartos 的体积公式，得

$$\sum_{k=0}^{n}\sin^2\angle P_k^{(n)} = \frac{(nV)^{2n-2}}{(n-1)!^2\prod_{k=0}^{n}|f_k|^2}\sum_{k=0}^{n}|f_k|^2$$

所以

$$\left(\frac{n+1}{n}\right)^n \geqslant \frac{(nV)^{2n-2}}{(n-1)!^2\prod_{k=0}^{n}|f_k|^2}(n+1)\prod_{k=0}^{n}|f_k|^{\frac{2}{n+1}}$$

整理便得(2) 式.

运用不等式(2) 和数学归纳法不难证明下面的不等式(3).

三、关于单形体积 V 与棱长 ρ_{ij} 的不等式（1970 年 Veljan, D. 猜测，1974 年 Korchmaros 证明）

$$n!\,V \leqslant \left(\frac{n+1}{2^n}\right)^{\frac{1}{2}}\prod_{0\leqslant i<j\leqslant n}\rho_{ij}^{\frac{2}{n+1}} \tag{3}$$

其中等号当且仅当单形为正则单形时成立.

四、关于单形外接球半径 R 有下列两个不等式

(i) $$R \leqslant \left(\frac{n}{2^{n+1}}\right)^{\frac{1}{2}} \frac{1}{n!\ V} \prod_{0 \leqslant i < j \leqslant n} \rho_{ij}^{\frac{2}{n}} \tag{4}$$

等号当且仅当所有的 $\frac{\rho_{ij}}{\rho_{0i}\rho_{0j}}(i \neq j, i, j = 1, \cdots, n)$ 都相等时成立. 对于 $n = 2$,式 (4) 就是

$$2R = \frac{abc}{2\Delta}$$

证明　据 §3 末的公式

$$R^2 = -\frac{\det\left(-\frac{1}{2}\rho_{ij}^2\right)}{(n!\ V)^2}$$

因为

$$-\det\left(-\frac{1}{2}\rho_{ij}^2\right) = -\left(-\frac{1}{2}\right)^{n+1}\det(\rho_{ij}^2)$$

而 $$|\det(\rho_{ij}^2)| \leqslant n \prod_{0 \leqslant i < j \leqslant n} \rho_{ij}^{\frac{4}{n}}$$

(此式的证明见中国科技大学学报 11(1981),杨路,张景中,“一个代数定理的几何证明”),其中等号成立的充要条件是所有的 $\frac{\rho_{ij}}{\rho_{0i}\rho_{0j}}(i \neq j, i, j = 1, \cdots, n)$ 都相等,故有

$$R^2 \leqslant \frac{n}{2^{n+1}} \prod_{0 \leqslant i < j \leqslant n} \frac{\rho_{ij}^{\frac{4}{n}}}{(n!\ V)^2}$$

开平方即得式(4).

(ii) $$\sum_{0 \leqslant i < j \leqslant n} \rho_{ij}^2 \leqslant (n+1)^2 R^2 \tag{5}$$

其中等号成立的充要条件是单形的外心与其重心重合.

证明　取单形 $P_0P_1\cdots P_n$ 的外心 S 为原点,则

$$|P_i| = R, \text{重心 } G = \frac{1}{n+1}\sum_{i=0}^{n} P_i$$

应用恒等式,得

$$\left(\sum_{i=0}^{n} P_i\right)^2 + \sum_{0 \leqslant i < j \leqslant n} (P_i - P_j)^2 = (n+1)\sum_{i=0}^{n} P_i^2$$

即得

$$(n+1)^2 \mid SG \mid^2 + \sum_{0\leqslant i<k\leqslant n} \rho_{ij}^2 = (n+1)^2 R^2$$

故式(5) 成立.

注记 更一般地,设 $\varphi=\{P_i(m_i), i=0,1,\cdots,N\}$ 是 $E^n(n\leqslant N)$ 中位于球面 S 上的质点组,m_i 是点 P_i 所赋有的质量(可正可负),$\mid SP_i \mid = R$,则有

$$\sum_{0\leqslant i<j\leqslant N} m_i m_j \rho_{ij}^2 \leqslant \left(\sum_0^N m_i\right)^2 R^2$$

值得指出,不要因为不等式(5) 的证明既简单又初等而小看它,就二维的情况来说,式(5) 就是有关三角形的三边长 a,b,c 与外接圆半径 R 的不等式

$$a^2+b^2+c^2 \leqslant 9R^2$$

由它运用关系式

$$\sqrt[3]{abc} \leqslant \frac{a+b+c}{3} \leqslant \sqrt{\frac{a^2+b^2+c^2}{3}}$$

和
$$2R=\frac{abc}{2\Delta}=\frac{a}{\sin A}=\frac{b}{\sin B}=\frac{c}{\sin C}$$

可以立刻导出许多熟知的不等式. 例如

$$a+b+c \leqslant 3\sqrt{3}R$$

$$\Delta \leqslant \frac{\sqrt{3}}{4}(abc)^{\frac{2}{3}} \quad (这也是式(3) 中 n=2 的情形)$$

$$abc \leqslant 3\sqrt{3}R^3$$

即
$$\sin A \sin B \sin C \leqslant \left(\frac{\sqrt{3}}{2}\right)^3$$

$$4\sqrt{3}\Delta \leqslant a^2+b^2+c^2 \quad (1919 年 Weitzenbock 不等式)$$

还要指出,也可以由不等式(4),(5) 而直接证明不等式(3).

五、关于单形的二面角的不等式(尹景尧,苏化明,1987 年证).

由矩阵 $\boldsymbol{A}$ 是半正定的便知,对任意实数 $x_i(i=0,\cdots,n)$ 和单形的内二面角 $\langle i,j\rangle$,恒有

$$\sum_{k=0}^n x_k^2 \geqslant 2\sum_{0\leqslant i<j\leqslant n} x_i x_j \cos\langle i,j\rangle \tag{6}$$

其中等号成立的充要条件是单形的侧面积 $\mid f_k \mid$ 或

$$\mid \boldsymbol{A}_k \mid^{\frac{1}{2}} = \begin{vmatrix} 1 & & & & -\cos\langle i,j\rangle \\ & 1 & & & \\ & & 1 & & \\ & & & \ddots & \\ -\cos\langle i,j\rangle & & & & 1 \end{vmatrix}$$

$(0 \leqslant i, j \leqslant n, i, j \neq k$ 且 $k = 0, 1, \cdots, n)$ 与 x_k 的比值都相等.

特别地，当所有的 x_k 取 1 时，即得

$$\sum_{0 \leqslant i < j \leqslant n} \cos\langle i, j\rangle \leqslant \frac{n+1}{2} \tag{7}$$

其中等号成立的充要条件是 $\langle i, j\rangle$ 为等面单形的内二面角.

§ 6　重心坐标

在 § 2 定义 4 中，我们曾将点集

$$\Delta_k = \{X \mid X = \sum_{j=0}^{k} \lambda_j, P_j \sum_{j=0}^{k} \lambda_j = 1, \lambda_j \geqslant 0\}$$

称为以 $P_0, P_1, \cdots, P_k$ 为顶点的 k 维单形，其中 $P_1 - P_0, P_2 - P_0, \cdots, P_k - P_0$ 是线性无关的，$k \leqslant n$.

当 $k = n$ 时，取定 E^n 中的 n 维单形 $\Delta_n = \{P_0, P_1, \cdots, P_n\}$，称之为坐标单形，则 E^n 中任一点 X 总可以唯一地表示为

$$X = \sum_{j=0}^{n} \lambda_j P_j, \sum_{j=0}^{n} \lambda_j = 1 \tag{1}$$

有序实数组 $(\lambda_0, \lambda_1, \cdots, \lambda_n)$ 称为点 X 的重心坐标，又称 Mobius 坐标.

式(1) 可以改记为

$$X - P_0 = \sum_{j=1}^{n} \lambda_j (P_j - P_0)$$

记 $\boldsymbol{p}_j = P_j - P_0, \boldsymbol{x} = X - P_0$，则上式是说：$E^n$ 中任一向量 $\boldsymbol{x}$ 可以唯一地用 n 个线性无关的向量 $\boldsymbol{p}_1, \boldsymbol{p}_2, \cdots, \boldsymbol{p}_n$ 来线性表示，即

$$\boldsymbol{x} = \sum_{j=1}^{n} \lambda_j \boldsymbol{p}_j \tag{1$'$}$$

将式(1)$'$ 两边外乘 $\boldsymbol{p}_1 \wedge \cdots \wedge \boldsymbol{p}_{j-1} \wedge \boldsymbol{p}_{j+1} \wedge \cdots \wedge \boldsymbol{p}_n$ 即得

$$\begin{aligned} \lambda_j &= \frac{\boldsymbol{x} \wedge \boldsymbol{p}_1 \wedge \cdots \wedge \boldsymbol{p}_{j-1} \wedge \boldsymbol{p}_{j+1} \wedge \cdots \wedge \boldsymbol{p}_n}{\boldsymbol{p}_j \wedge \boldsymbol{p}_1 \wedge \cdots \wedge \boldsymbol{p}_{j-1} \wedge \boldsymbol{p}_j \wedge \boldsymbol{p}_{j+1} \wedge \cdots \wedge \boldsymbol{p}_n} \\ &= \frac{\text{单形 } P_0 P_1 \cdots P_{j-1} X P_{j+1} \cdots P_n \text{ 的有向体积 } V_j}{\text{单形 } P_0 P_1 \cdots P_{j-1} P_j P_{j+1} \cdots P_n \text{ 的有向体积 } V} \end{aligned} \tag{2}$$

正因为重心坐标有如上十分重要的几何意义，它在有限元方法中已被广泛采用，重心坐标是具有上述几何意义的特殊的齐次坐标. 如果在式(1)$'$ 中 $\boldsymbol{p}_1, \cdots, \boldsymbol{p}_n$ 是一组标准正交基，相应的坐标单形称为标准 n 维单形，这时 $(\lambda_1, \cdots,$

λ_n）是点 X 的直角坐标，而重心坐标即为（$\lambda_0,\lambda_1,\cdots,\lambda_n$），其中 $\lambda_0=1-\sum_{j=1}^{n}\lambda_j$，因此直角坐标是特殊的重心坐标.

下面就来给出重心坐标下的有关公式.

一、重心坐标与直角坐标的互换公式

若已知坐标单形的顶点 P_i 的直角坐标

$$P_j=(p_{jl},\cdots,p_{jn})^T,j=0,1,\cdots,n$$

任一点 X 的直角坐标和重心坐标分别为

$$X^T=(x_1,\cdots,x_n)$$
$$\lambda^T=(\lambda_0,\lambda_1,\cdots,\lambda_n)$$

据式(1) 得互换公式

$$\begin{cases}x_1=\lambda_0 p_{01}+\lambda_1 p_{11}+\cdots+\lambda_n p_{n1}\\ \quad\vdots\\ x_2=\lambda_0 p_{0n}+\lambda_1 p_{1n}+\cdots+\lambda_n p_{nn}\\ 1=\lambda_0+\lambda_1+\cdots+\lambda_n\end{cases}\tag{3}$$

用矩阵表示，即为

$$\begin{bmatrix}X\\1\end{bmatrix}=\begin{bmatrix}P_0 & P_1 & \cdots & P_n\\ 1 & 1 & \cdots & 1\end{bmatrix}\lambda=\begin{bmatrix}\boldsymbol{P}^T\\ \boldsymbol{e}^T\end{bmatrix}\lambda \tag{3$'$}$$

其中 $\boldsymbol{P}^T=[P_0,P_1,\cdots,P_n]$，$\boldsymbol{e}^T=[1\quad 1\quad \cdots\quad 1]$.

二、单形的体积公式

已知坐标单形 $P_0P_1\cdots P_n$ 的体积为 $V(P)$，空间 E^n 中任意 $n+1$ 个点 X_i 的重心坐标为（$\lambda_{i0},\lambda_{i1},\cdots,\lambda_{in}$）（$i=0,1,\cdots,n$），则以 $X_0,X_1,\cdots,X_n$ 为顶点的单形（包括退化情形）的体积 $V(X)$ 为

$$V(X)=V(P)\mid\det(\lambda_{ij})\mid \tag{4}$$

证明 由 $X_i=\sum_{j=0}^{n}\lambda_{ij}P_j$，$\sum_{j=0}^{n}\lambda_{ij}=1$

得
$$X_i-X_0=\sum_{j=0}^{n}(\lambda_{ij}-\lambda_{oj})P_j,i=1,\cdots,n$$

$$\begin{aligned}V(X)&=\frac{1}{n!}\mid(X_1-X_0)\wedge(X_2-X_0)\wedge\cdots\wedge(X_n-X_0)\mid\\&=\frac{1}{n!}\mid\det(\lambda_{ij}-\lambda_{0j})\mid\mid(P_1-P_0)\wedge(P_2-P_0)\wedge\cdots\wedge(P_n-P_0)\mid\\&=V(P)\mid\det(\lambda_{ij}-\lambda_{0j})\mid\end{aligned}$$

其中

$$\det(\lambda_{ij}-\lambda_{0j})=\begin{vmatrix}\lambda_{11}-\lambda_{01} & \lambda_{12}-\lambda_{02} & \cdots & \lambda_{1n}-\lambda_{0n}\\ \lambda_{21}-\lambda_{01} & \lambda_{22}-\lambda_{02} & \cdots & \lambda_{2n}-\lambda_{0n}\\ \vdots & \vdots & & \vdots\\ \lambda_{n1}-\lambda_{01} & \lambda_{n2}-\lambda_{02} & \cdots & \lambda_{nn}-\lambda_{0n}\end{vmatrix}$$

$$=\cdots=\begin{vmatrix}1 & \lambda_{01} & \lambda_{02} & \cdots & \lambda_{0n}\\ 1 & \lambda_{11} & \lambda_{12} & \cdots & \lambda_{1n}\\ 1 & \lambda_{21} & \lambda_{22} & \cdots & \lambda_{2n}\\ \vdots & \vdots & \vdots & & \vdots\\ 1 & \lambda_{n1} & \lambda_{n2} & \cdots & \lambda_{nn}\end{vmatrix}$$

再将此行列式中的“1”用“$\sum_{j=0}^{n}\lambda_{ij}$”代替，且作恒等变形，便知式(4) 成立.

推论　E^n 中 $n+1$ 个点 $X_j=(\lambda_{j0},\lambda_{j1},\cdots,\lambda_{jn})$(重心坐标)共面的充要条件是

$$\det(\lambda_{ij})=0 \tag{5}$$

因此，过 n 个点 $X_j=(\lambda_{j0},\lambda_{j1},\cdots,\lambda_{jn})(j=1,\cdots,n)$ 的超平面的重心坐标方程为

$$\begin{vmatrix}x_0 & x_1 & \cdots & \lambda_n\\ \lambda_{10} & \lambda_{11} & \cdots & \lambda_{1n}\\ \vdots & \vdots & & \vdots\\ \lambda_{n0} & \lambda_{n1} & \cdots & \lambda_{nn}\end{vmatrix}=0 \tag{6}$$

三、两点间的距离公式

给定坐标单形 $P_0P_1\cdots P_n$，已知 $\rho_{ij}=|P_i-P_j|(i,j=0,1,\cdots,n)$ 和任两点 X,Y 的重心坐标分别为

$$\lambda=(\lambda_0,\lambda_1,\cdots,\lambda_n)^T,\mu=(\mu_0,\mu_1,\cdots,\mu_n)^T$$

则此两点间的距离之平方

$$\rho^2(X,Y)=(\lambda-\mu)^T\boldsymbol{D}(\lambda-\mu)=-\sum_{0\leqslant i<j\leqslant n}\rho_{ij}^2(\lambda_i-\mu_i)(\lambda_j-\mu_j) \tag{7}$$

其中 $\boldsymbol{D}=\left(-\frac{1}{2}\rho_{ij}^2\right)$，矩阵 $-2\boldsymbol{D}=(\rho_{ij}^2)$ 称为平方距离阵.

证明　根据公式(3)′，有

$$\begin{bmatrix}X\\1\end{bmatrix}=\begin{bmatrix}\boldsymbol{P}^T\\ \boldsymbol{e}^T\end{bmatrix}\lambda,\begin{bmatrix}Y\\1\end{bmatrix}=\begin{bmatrix}\boldsymbol{P}^T\\ \boldsymbol{e}^T\end{bmatrix}\mu$$

故

$$\begin{bmatrix}X-Y\\0\end{bmatrix}=\begin{bmatrix}\boldsymbol{P}^T\\ \boldsymbol{e}^T\end{bmatrix}(\lambda-\mu)=\begin{bmatrix}\boldsymbol{P}^T(\lambda-\mu)\\ \boldsymbol{e}^T(\lambda-\mu)\end{bmatrix}$$

注意到

$$e^T(\lambda-\mu)=0$$

任取两个列向量

$$\boldsymbol{g}=(g_0\cdots g_n)^T,\boldsymbol{h}=(h_0\cdots h_n)^T$$

则 $$(\lambda-\mu)^T\boldsymbol{g}\boldsymbol{e}^T(\lambda-\mu)=0,(\lambda-\mu)^T\boldsymbol{e}\boldsymbol{h}^T(\lambda-\mu)=0$$

$$\begin{aligned}\rho^2(X,Y)&=(X-Y)^T(X-Y)\\&=(\lambda-\mu)^T\boldsymbol{P}\boldsymbol{P}^T(\lambda-\mu)\\&=(\lambda-\mu)^T(\boldsymbol{P}\boldsymbol{P}^T+\boldsymbol{g}\boldsymbol{e}^T+\boldsymbol{e}\boldsymbol{h}^T)(\lambda-\mu)\end{aligned}$$

因为

$$\begin{aligned}\boldsymbol{P}\boldsymbol{P}^T&=(P_0P_1\cdots P_n)^T(P_0P_1\cdots P_n)\\&=(P_i^TP_j)=\left(\frac{1}{2}\mid P_i\mid^2+\frac{1}{2}\mid P_j\mid^2-\frac{1}{2}\rho_{ij}^2\right)\end{aligned}$$

又 $$\begin{aligned}\boldsymbol{g}\boldsymbol{e}^T+\boldsymbol{e}\boldsymbol{h}^T&=(g_0\cdots g_n)^T(1\ 1\cdots 1)+(1\ 1\cdots 1)^T(h_0\cdots h_n)\\&=(g_i+h_j)\end{aligned}$$

338 所以

$$\rho^2(X,Y)=(\lambda-\mu)^T\left(\frac{1}{2}\mid P_i\mid^2+\frac{1}{2}\mid P_j\mid^2-\frac{1}{2}\rho_{ij}^2+g_i+h_j\right)(\lambda-\mu)$$

若取

$$g_i=-\frac{1}{2}\mid P_i\mid^2,h_j=-\frac{1}{2}\mid P_j\mid^2$$

便知结论成立.

四、坐标单形的重心 G,内心 I,外心 S 的重心坐标依次为

$$G=\frac{1}{n+1}\sum_{j=0}^{n}P_j=\left(\frac{1}{n+1},\frac{1}{n+1},\cdots,\frac{1}{n+1}\right)\tag{8}$$

$$I=\frac{1}{\sum\limits_{j=0}^{n}\mid f_j\mid}\sum_{j=0}^{n}\mid f_j\mid P_j=\frac{(\mid f_0\mid,\mid f_1\mid,\cdots,\mid f_n\mid)}{\sum\limits_{j=0}^{n}\mid f_j\mid}\tag{9}$$

$$\lambda_S=-R^2\boldsymbol{D}^{-1}\boldsymbol{e}\tag{10}$$

其中 $R^2=\dfrac{-1}{\boldsymbol{e}^T\boldsymbol{D}^{-1}\boldsymbol{e}}$ 是外接球半径的平方.

由式(8),(9)易知,现在来证式(10).

由于外接球半径的平方

$$R^2=\mid P_0S\mid^2=\mid P_1S\mid^2=\cdots=\mid P_nS\mid^2$$

而 $$\mid P_jS\mid^2=(\lambda_S-\boldsymbol{e}_j)^T\boldsymbol{D}(\lambda_S-\boldsymbol{e}_j)$$

其中 $\boldsymbol{e}_j=(0,\cdots,0,1,0,\cdots,0)^T$ 是坐标单形顶点 P_j 的重心坐标. 注意到

$$\boldsymbol{e}_j^T\boldsymbol{D}\boldsymbol{e}_j=0$$

故有

$$|P_jS|^2=\lambda_S^T\boldsymbol{D}\lambda_S-2\boldsymbol{e}_j^T\boldsymbol{D}\lambda_S$$

因此

$$\begin{bmatrix}|P_0S|^2\\|P_1S|^2\\\vdots\\|P_nS|^2\end{bmatrix}=(\lambda_S^T\boldsymbol{D}\lambda_S)\begin{bmatrix}1\\1\\\vdots\\1\end{bmatrix}-2\begin{bmatrix}1&0&\cdots&0\\0&1&\cdots&0\\\vdots&\vdots&&\vdots\\0&0&\cdots&1\end{bmatrix}\boldsymbol{D}\lambda_S$$

即

$$R^2\boldsymbol{e}=(\lambda_S^T\boldsymbol{D}\lambda_S)\boldsymbol{e}-2\boldsymbol{D}\lambda_S$$

上式两边左乘 λ_S^T，注意到 $\lambda_S^T\boldsymbol{e}=1$，则有

$$R^2=-\lambda_S^T\boldsymbol{D}\lambda_S$$

将它代入上式，得

$$\boldsymbol{D}\lambda_S=-R^2\boldsymbol{e}$$

当 $|\boldsymbol{D}|\neq 0$ 时，$\boldsymbol{D}^{-1}$ 存在，从而式(10) 成立；

当 $|\boldsymbol{D}|=0$ 时，$\boldsymbol{D}^{-1}$ 不存在，这里不研究了.

推论　坐标单形的外接球面的重心坐标方程为

$$\lambda^T\boldsymbol{D}\lambda=0 \tag{11}$$

证明　设任一点 X 的重心坐标为 λ，则

$$\begin{aligned}|SX|^2&=(\lambda-\lambda_S)^T\boldsymbol{D}(\lambda-\lambda_S)\\&=\lambda^T\boldsymbol{D}\lambda-\lambda^T\boldsymbol{D}\lambda_S-\lambda_S^T\boldsymbol{D}\lambda+\lambda_S^T\boldsymbol{D}\lambda_S\end{aligned}$$

将 $\lambda_S=-R^2\boldsymbol{D}^{-1}\boldsymbol{e}$ 代入，注意到 $\lambda^T\boldsymbol{e}=1=\boldsymbol{e}^T\lambda$，有

$$|SX|^2=\lambda^T\boldsymbol{D}\lambda+R^2 \tag{12}$$

点 X 在坐标单形的外接球面上的充要条件为

$$|SX|^2=R^2$$

即

$$\lambda^T\boldsymbol{D}\lambda=0$$

顺便指出，由于单形的内切球半径

$$r=\frac{nV}{\sum\limits_{i=0}^{n}|f_i|}$$

将内心 I 的重心坐标式(9) 代入式(12)，得

$$R^2=|SI|^2+\frac{r^2}{n^2V^2}\sum_{0\leqslant i<j\leqslant n}\rho_{ij}^2|f_i||f_j| \tag{13}$$

应用上节的不等式(2),(3),易证

$$\sum_{i<j}\rho_{ij}^{2}\mid f_i\mid\mid f_j\mid\geqslant\frac{n(n+1)}{2}\prod_{i<j}\rho_{ij}^{\frac{4}{n(n+1)}}\prod_{k=0}^{n}\mid f_k\mid^{\frac{2}{n+1}}\geqslant n^4V^2$$

从而得到 M. S. Klamkin 不等式(1985 年证)

$$R^2\geqslant\mid SI\mid^2+n^2r^2 \tag{14}$$

其中等号成立的充要条件是单形为正则的.

习题 9

1. 对任一向量 $\boldsymbol{X}=(x_1,\cdots,x_n)$,求证:$\sum_{i=1}^{n}\mid x_i\mid\leqslant\sqrt{n}\mid\boldsymbol{X}\mid$.

2. (Stewart 定理) 设 X 是直线 AB 上任一点,$t=\frac{\overrightarrow{AX}}{\overrightarrow{AB}}$,求证

$$\overrightarrow{CX}^2=(1-t)\cdot\overrightarrow{CA}^2+t\cdot\overrightarrow{CB}^2-t(1-t)\overrightarrow{AB}^2$$

3. 证明:$\{X\mid\mid X-A\mid=k\mid X-B\mid,0<k<1\}$ 是 $n-1$ 维球面,其中 A,B 是 E^n 的已知点.

4. 证明:E^n 内的任一直线是凸集.

5. 证明:$\mid X+Y\mid\mid X-Y\mid\leqslant\mid X\mid^2+\mid Y\mid^2$,其中等号当且仅当 $X\cdot Y=0$ 成立,对于平行四边形,此式说明什么呢?

6. 给定 n 维内积空间 L 的一组基$\{\boldsymbol{p}_1,\cdots,\boldsymbol{p}_n\}$,令

$$\boldsymbol{e}_1=\mid\boldsymbol{p}_1\mid^{-1}\boldsymbol{p}_1$$
$$\boldsymbol{x}_2=\boldsymbol{p}_2-(\boldsymbol{p}_2\cdot\boldsymbol{e}_1)\boldsymbol{e}_1$$
$$\boldsymbol{e}_2=\mid\boldsymbol{x}_2\mid^{-1}\boldsymbol{x}_2$$
$$\boldsymbol{x}_3=\boldsymbol{p}_3-(\boldsymbol{p}_3\cdot\boldsymbol{e}_1)\boldsymbol{e}_1-(\boldsymbol{p}_3\cdot\boldsymbol{e}_2)\boldsymbol{e}_2$$
$$\boldsymbol{e}_3=\mid\boldsymbol{x}_3\mid^{-1}\boldsymbol{x}_3,\cdots,\boldsymbol{e}_n=\mid\boldsymbol{x}_n\mid^{-1}\boldsymbol{x}_n$$

验证:$\{\boldsymbol{e}_1,\cdots,\boldsymbol{e}_n\}$ 是 L 的一组标准正交基.

7. 求证:点 A 关于 $n-1$ 维超平在 $N\cdot X-p=0$ 的对称点为

$$B=A-2\frac{N\cdot A-p}{\mid N\mid^2}N$$

8. 若五个点

$$P_1=(1,0,0,0),P_2=(0,1,0,0),P_3=(0,0,1,0),P_4=(0,0,0,1)$$
$$P_0=(a,a,a,a)$$

是正则单形的顶点，验证：$a=\dfrac{1\pm\sqrt{5}}{4}$.

9. 已知$\{\boldsymbol{e}_1,\cdots,\boldsymbol{e}_n\}$是标准正交基，即

$$\boldsymbol{e}_i\cdot\boldsymbol{e}_j=\delta_{ij}$$

$$\boldsymbol{e}_i^*=\boldsymbol{e}_1\wedge\cdots\wedge\boldsymbol{e}_{i-1}\wedge\boldsymbol{e}_{i+1}\wedge\cdots\wedge\boldsymbol{e}_n$$

求证：$\{\boldsymbol{e}_1^*,\cdots,\boldsymbol{e}_n^*\}$也是标准正交基，即有$\boldsymbol{e}_i^*\cdot\boldsymbol{e}_j^*=\delta_{ij}$.

10. E^n 中 $n+1$ 个点 $\boldsymbol{P}_i=\boldsymbol{e}_i=(0,\cdots,0,1,0,\cdots,0)(i=1,\cdots,n)$，$\boldsymbol{P}_0=\lambda\boldsymbol{e}=\lambda(1,1,\cdots,1)$. 试确定 λ 的值，使得以 $P_0,P_1,\cdots,P_n$ 为顶点的单形为正则单形，并计算该正则单形的体积.

11. 求证：单形 $\Delta_n=\{P_0,P_1,\cdots,P_n\}$ 的侧面 f_i 与 f_j 所夹的内二面角$\langle i,j\rangle$公式为

$$\cos\langle i,j\rangle=\frac{K_{ij}(\Delta_n)}{\sqrt{K(\frac{\Delta_n}{P_i})K(\frac{\Delta_n}{P_j})}}$$

其中 $K_{ij}(\Delta_n)$ 是单形 Δ_n 的 $n+1$ 个顶点的 Cayley－Menger 行列式 $K(\Delta_n)$ 的代数余子式.

12. 已知四面体的棱长 $\rho_{01}=\rho_{23}=2\sqrt{2}$，其余四条棱长$\sqrt{6}$，计算 $\cos\langle 0,1\rangle$，$\cos\langle 1,2\rangle$ 和 $\sin\angle P_0^{(3)}$.

13. a,b,c 和 Δ 是 $\triangle ABC$ 的边长和面积，求证：

(1)$4\sqrt{3}\Delta\leqslant\dfrac{9abc}{a+b+c}\leqslant ab+bc+ca$；

(2)$a^2+b^2+c^2-4\sqrt{3}\Delta\geqslant(a-b)^2+(b-c)^2+(c-a)^2$.

（这是 Finsler-Hadwiger 于 1938 年加强了的 Weitzen bock 不等式）

14. 设 $x,y,z,\alpha,\beta,\gamma$ 为任意实数，$\alpha+\beta+\gamma=(2k+1)\pi,k\in\mathbf{Z}$，则有

$$x^2+y^2+z^2\geqslant 2xy\cos\gamma+2yz\cos\alpha+2zx\cos\beta$$

其中等号当且仅当 $x:y:z=\sin\alpha:\sin\beta:\sin\gamma$ 时成立. 试用配方证明之.

15. 设 G,S 分别是单形 $\Delta_n=\{P_0,P_1,\cdots,P_n\}$ 的重心和外心，R 是外接球半径，求证

$$\sum_{i=0}^{n}|GP_i|^2=(n+1)(R^2-|SG|^2)$$

16. E^n 中，内接于半径为 R 的 $n-1$ 维球的一切 n 维单形中，以正则单形的体积为最大，最大值为$\dfrac{1}{n!}\sqrt{\dfrac{(n+1)^{n+1}}{n^n}}R^n$.

17. 求证：n 维单形的内切球半径 r 和单形的体积 V 之间有不等式

$$r^n \leqslant \frac{n!\ V}{\sqrt{n^n(n+1)^{n+1}}}$$

其中等号当且仅当单形为正则时成立.

18. 设 $T_i(i=0,\cdots,n)$ 是单形 $\Delta_n=\{P_0,P_1,\cdots,P_n\}$ 的内切球与侧面 f_i 的切点，$V(\Delta_n)$，$V(T)$ 分别是单形 Δ_n 和切点单形 $T=\{T_0,T_1,\cdots,T_n\}$ 的体积，求证

$$V(\Delta_n) \geqslant n^n V(T)$$

习题答案和提示

习题 1

4. 托勒密定理：圆内接四边形两条对角线的乘积，等于两双对边乘积的和.

5. 由 $|x-0|=|x'-h|$ 得 $x=x'-h$ 或 $x=-x'+h$.

6. $b^2+c^2-a^2=(C-A)^2+(A-B)^2-(B-C)^2=2(B-A)\cdot(C-A)=2\cdot\overrightarrow{AB}\cdot\overrightarrow{AC}$.

7. $K(A,B,C)=-2^4p(p-a)(p-b)(p-c)$，这里 $p=\frac{1}{2}(a+b+c)$.

8. (1) $\Delta=1+\cos\alpha\cdot[\cos(\beta+\gamma)+\cos(\beta-\gamma)]-\cos^2\alpha-\frac{1}{2}(1+\cos 2\beta)-\frac{1}{2}(1+\cos 2\gamma)=\cos\alpha[\cos(\beta+\gamma)-\cos\alpha]+\cos\alpha\cos(\beta-\gamma)-\cos(\beta+\gamma)\cos(\beta-\gamma)=[\cos(\beta+\gamma)-\cos\alpha]\cdot[\cos\alpha-\cos(\beta-\gamma)]$；

(2) 应用恒等式

$$\operatorname{ch} x+\operatorname{ch} y=2\operatorname{ch}\frac{x+y}{2}\operatorname{ch}\frac{x-y}{2}$$

$$\operatorname{ch} x-\operatorname{ch} y=2\operatorname{sh}\frac{x+y}{2}\operatorname{sh}\frac{x-y}{2}$$

9. $$\frac{\rho_1}{1+\rho_1}+\frac{\rho_2}{1+\rho_2}=\frac{\dfrac{(\rho_1+\rho_2+2\rho_1\rho_2)(1+\rho_3)}{1+\rho_1+\rho_2\rho_1\rho_2}}{1+\rho_3}\geqslant$$

$$\frac{\dfrac{\rho_3+2\rho_1\rho_2+(\rho_1+\rho_2)\rho_3+2\rho_1\rho_2\rho_3}{1+\rho_1+\rho_2+\rho_1\rho_2}}{1+\rho_3}\geqslant$$

$$\frac{\rho_3}{1+\rho_3}$$

显然 $\rho'<1$.

10. 欧氏空间⊂内积空间 $\begin{cases}\text{⊂向量空间}\\ \text{⊂度量空间⊂拓扑空间}\end{cases}$.

16. I_1 至 I_8 及 II_1 皆成立，II_2 至 II_4 皆不成立.

17.(i)平行公理⇒第五公设：假设两直线不相交，根据平行公理可推它们与第三直线相交所成的同旁内角之和等于两直角，这与题设两个同旁内角之和小于两直角矛盾.

(ii)第五公设⇒平行公理：假设对直线 a 外一点有两条直线与直线 a 都不相交，则至少有一对同旁内角之和小于两直角，再根据第五公设，这两条直线至少有一条与直线 a 相交，与假设矛盾.

20. 不妨设$\angle A$ 与$\angle A'$重合或互为邻补角，有

$$\frac{S(ABC)}{S(A'B'C')}=\frac{S(ABC)}{S(AB'C)}\cdot\frac{S(A'B'C)}{S(A'B'C')}=\frac{AB}{A'B'}\cdot\frac{AC}{A'C'}$$

21. 可证与它同真假的命题：设 P,Q 两点在直线 AB 的同侧，则直线 PQ 与 AB 相交的充要条件是 $S(PAB)\neq S(QAB)$. 证明：(i)若 PQ 与 AB 相交于点 N，则由共边比例定理，得

$$\frac{S(PAB)}{S(QAB)}=\frac{PN}{QN}\neq 1$$

(ii)若 $S(PAB)\neq S(QAB)$，不妨设 $S(PAB)>S(QAB)$，在射线 PQ 上取一点 M，使

$$\frac{PM}{QM}=t=\frac{S(PAB)}{S(PAB)-S(QAB)}>1$$

根据分点公式，有

$$S(MAB)=(1-t)S(PAB)+tS(QAB)=S(PAB)+t[S(QAB)-S(PAB)]=0$$

则点 M 与 A,B 两点共线，即直线 PQ 与 AB 相交于点 M.

22.(i)存在性：设 PB 的中点为 M，连 AM 并延长至点 Q，使 $AQ=2AM$，则

$$S(QAB)=2S(MAB)=S(PAB)$$

据题 21，直线 PQ 与 AB 不相交.

(ii)唯一性：假设过点 P 另有一条异于 PQ 的直线 PX 与 AB 不相交，则或者 PX 与 BQ 相交于点 Q'，而有

$$S(Q'AB)<S(QAB)=S(PAB)$$

根据题 21 知 PX 与 AB 必相交，矛盾；或者 PQ 与 BX 相交于点 Q'，而有

$$S(Q'AB)<S(XAB)=S(PAB)$$

因此，PX 与 AB 相交，矛盾.

23. 由共边比例定理：

(i)$\dfrac{PD}{AD}=\dfrac{S(PBC)}{S(ABC)}$，…，三式相加；

(ii) $\frac{AF}{BF}=\frac{S(PCA)}{S(PCB)}$,…,三式相乘.

24. (i) $\frac{S(ABC')}{S(BCC')}=\frac{AE}{EC}=\frac{1}{\mu}$, $\frac{S(BDC')}{S(BCC')}=\frac{BD}{BC}=\frac{\lambda}{\lambda+1}$,又

$$\frac{S(ABD)}{S(ABC)}=\frac{BD}{BC}=\frac{\lambda}{\lambda+1}$$

所以

$$\frac{S(ABC')}{S(BDC')}=\frac{1+\lambda}{\lambda\mu},\frac{S(ABC')}{S(ABC')+S(BDC')}=\frac{1+\lambda}{1+\lambda+\lambda\mu}$$

(ii) $S(A'B'C')=S(ABC)-[S(ABC')+S(BCA')+S(CAB')]$. 特例. 当 $\lambda=\mu=\rho=2\left(或\frac{1}{2}\right)$时, $S(A'B'C')=\frac{1}{7}S(ABC)$;当 $\lambda\mu\rho=1$ 时, AD,BE,CF 共点,恰如题 23(2)的逆命题.

25. 若 A,B,C 三点共线,则

$$\frac{1}{2}PA\cdot PB\cdot\sin(\alpha+\beta)=\frac{1}{2}PA\cdot PC\cdot\sin\alpha+\frac{1}{2}PB\cdot PC\cdot\sin\beta$$

反之有

$$S(ABC)=S(PAB)-S(PAC)-S(PCB)=0$$

故 A,B,C 三点共线.

26. 由余弦定理得

$$b\cos C+c\cos B=\frac{b^2+a^2-c^2}{2a}+\frac{a^2+c^2-b^2}{2a}=a$$

反之由射影定理得

$$\begin{aligned}a^2&=a(b\cos C+c\cos B)\\&=b(b-c\cos A)+c(c-b\cos A)\\&=b^2+c^2-2bc\cos A\end{aligned}$$

27. 由余弦定理得

$$\begin{aligned}\sin A&=\sqrt{1-\cos^2 A}\\&=\sqrt{1-\left(\frac{b^2+c^2-a^2}{2bc}\right)^2}\\&=\frac{1}{2bc}\sqrt{4b^2c^2-(b^2+c^2-a^2)^2}\\&=\frac{2}{bc}\sqrt{p(p-a)(p-b)(p-c)}\end{aligned}$$

又 $\cos(A+B)=\cos A\cos B-\sin A\sin B$

$$=\frac{b^2+c^2-a^2}{2bc}\cdot\frac{c^2+a^2-b^2}{2ca}-\frac{2a^2b^2+2b^2c^2+2c^2a^2-a^4-b^4-c^4}{4abc^2}$$

$$=\frac{c^2-a^2-b^2}{2ab}$$

$$=-\cos C=\cos(\pi-C)$$

所以

$$A+B=2k\pi\pm(\pi-C)$$

因为 $A+B\in(0,2\pi)$，$\pi-C\in(0,\pi)$，所以

$$A+B=\pi\pm C$$

同理

$$B+C=\pi\pm A, C+A=\pi\pm B$$

因此

$$A+B+C=\pi$$

反之

$$\begin{aligned}\sin^2 A&=\sin^2(\pi-B-C)\\&=(\sin B\cos C+\cos B\sin C)^2\\&=\sin^2 B(1-\sin^2 C)+2\sin B\sin C\cos B\cos C+(1-\sin^2 B)\sin^2 C\\&=\sin^2 B+\sin^2 C+2\sin B\sin C\cos(B+C)\\&=\sin^2 B+\sin^2 C-2\sin B\sin C\cos A\end{aligned}$$

由 $\frac{a}{\sin A}=\frac{b}{\sin B}=\frac{c}{\sin C}=\frac{1}{2R}>0$ 代入即得余弦定理.

28. 过点 P 作与 A_3A_1 平行的直线交 A_3A_2 于点 M，再过点 Q 作与 A_3A_2 平行的直线交 MP 于点 N，则

$$\angle PNQ=\angle A_3(\text{或 }\pi-\angle A_3)$$

$$N=(q_1,p_2,s-q_1-p_2)$$

易证

$$\overrightarrow{NP}=\frac{p_1-q_1}{s}\overrightarrow{A_3A_1}, \overrightarrow{NQ}=\frac{q_2-p_2}{s}\overrightarrow{A_3A_2}$$

由余弦定理得

$$|PQ|^2=\frac{1}{s^2}[a_2^2(p_1-q_1)^2+a_1^2(p_2-q_2)^2+(a_1^2+a_2^2-a_3^2)(p_1-q_1)(p_2-q_2)]$$

因为

$$p_1+p_2+p_3=s=q_1+q_2+q_3$$

所以

$$(p_3-q_3)^2=(p_1-q_1+p_2-q_2)^2$$
$$=(p_1-q_1)^2+(p_2-q_2)^2+2(p_1-q_1)(p_2-q_2)$$

消去乘积项即得.

习题 2

2.(1)犯了“预期理由”的错误.作 $AE\perp BC$,$CF\perp AD$,点 E,F 不一定落在线段 BC,AD 上.

(2)犯了“循环论证”的错误.“在 AB 上取点 E,使 $AE=AC$”的前提条件就是“$AB>AC$”.

3.利用比例线段.

4.易证$\angle XML=\angle XDL=\angle XNL=90°$,所以,$X,M,L,D,N$ 五点共圆,同理 Y,L,E,M,N 五点共圆,Z,F,M,N,L 五点共圆,故九点共圆.

5.欲证 $PE\perp CD$,需证$\angle PEC+\angle ECD=90°$,即证$\angle PEB=\angle PBE$.因 $PB=PA$,故需证 $PE=PA$.连 PO 交 AE 于点 R.由于

$$\angle ACE=\angle POB$$

所以$\angle OPB=\angle REB$,P,E,B,R 四点共圆,$\angle PAE=\angle PBR=\angle PRE$,$PE=PA$.

6.用同一法,且延长 HM 至点 M'',使 $HM=MM''$,证明 M''与 M' 两点重合.类似可证 $DH=DD'$.

7.同一法.设在梯形 $ABCD$ 中,$AB/\!/CD$,$AB+CD=AD$,M 为 BC 中点.若$\angle A$ 的平分线交 BC 于点 M',设法证明点 M'为 BC 中点,从而 M 与 M'两点重合.

8.反证法.设圆 O 与四边形 $ABCD$ 三边 AB,BC,CD 相切于点 E,F,G,但与 AD 不相切.不妨设与 AD 相离,过点 A 作圆 O 之切线交 CD 于点 D'.由条件推得 $DD'=AD-AD'$,与 ADD'是三角形矛盾.

10.同一法.设 AB 中点为 M,则点 M 在 OP 上.连 EM 交圆 O 于点 F',交圆 O'于点 F''.因 $AM^2=EM\cdot MF'$,$OM\cdot MP=EM\cdot MF''$,$AM^2=OM\cdot MP$,所以 $EM\cdot MF''=EM\cdot MF'$,F'与 F''两点重合于点 F.

11.(1)反证法.若存在一点 P 不被四个圆覆盖,则$\angle APB<90°$,$\angle BPC<90°$,$\angle CPD<90°$,$\angle DPA<90°$,矛盾.(2)若点 P 同时被四个圆覆盖,易证点 P 为相互垂直的对角线 AC,BD 之交点,故至多有一个.

12.扩充法:延长 BC 至点 B',使 $B'C=BC$.由 $AB'>BB'$得 $2\angle A<\angle B$.

分解法：在 AB 上取中点 F，则 $\angle CFB=2\angle A$. 再由 $FC>BC$ 得证.

13. 作 $\triangle ABC$ 的外接圆与 AD 的延长线交于点 N. 易证点 M 为圆 ABC 之圆心. 过点 M 作 AN 垂线，垂足为 G，则

$$\triangle AMG\backsim\triangle ADH$$

$$AM:AG=AD:AH$$

$$AD^2<AD\cdot AG=AM\cdot AH$$

14. 在 EF 上取点 M，使 D,C,M,F 四点共圆. 易证 A,D,M,E 四点也共圆，利用圆幂定理可证得结论.

15. 延长 BH 与直线 AC 交于点 D，则 H 为 BD 中点. 连 HM 延长交 AB 于点 N，则 N 为 AB 中点. 由§3 例 4 结论知，$PQ/\!/AB$.

17. C,D,E,O 四点共圆，$\angle CDE=\angle AOB$. AB,CE 为等圆 ABO，圆 CDO 中的弦，故 $CE=AB$.

18. 过点 B 作圆 BCD 之切线，交 AC 于点 A'，然后证明 A 与 A' 两点重合.

20. 运用梅涅劳斯定理于 $\triangle EAB$ 和截线 OY，应用塞瓦定理于 $\triangle EAB$.

21. (1)设 BH,CF 交于点 K. 易知点 K 在两个正方形的外接圆上. 连 EK，KG，易证 E,K,G 三点共线. (2)延长 DA 至点 M，使 $AM=BC$. 连 MB,MC，则 MD 为 $\triangle MBC$ 的高线. 再证 BG,CE 为另两条高线即可.

23. 过点 E,F 作 BC 的垂线 EM',FN'，易知

$$EM'=2PN,FN'=2PM$$

$$PL=\frac{1}{2}(EM'+FN')=PN+PM$$

25. 设 $\triangle ABC$ 面积为 S，$AB=a$，$AC=b$，证明 $a+\frac{2S}{a}\geqslant b+\frac{2S}{b}$ 即可.

27. 设外心 O 在 BC,CA,AB 上的射影为 A',B',C'. 由 O,C',B,A' 四点共圆，得

$$R\cdot\frac{b}{2}=\frac{c}{2}\cdot d_a+\frac{a}{2}\cdot d_c$$

同理得

$$R\cdot a=b\cdot d_c+c\cdot d_b,R\cdot c=a\cdot d_b+b\cdot d_a$$

再由

$$r(a+b+c)=ad_a+bd_b+cd_c$$

可得结论.

28. 设圆 PAB，圆 PBC，圆 PCD，圆 PDA 的圆心为 O_1,O_2,O_3,O_4，则

$O_1O_2O_3O_4$ 为平行四边形. 仿照§3例15可证$\square O_1O_2O_3O_4$对角线交点 O 为 $\triangle PQR$ 的外心. 再证 PN,PM 的中垂线过点 O 即可.

29. 利用命题"正三角形外接圆上一点到三顶点的距离中,最长的是其余两条的和"的结论.

30. 利用西姆松定理(见§2例7).

31. 设 BN,CM 交于点 P,可证 $PB:PN=1:3$,对$\triangle ONB$ 运用梅涅劳斯定理即可.

33. 易知 $AF:FE=AG:GE$,而 $GE=BG$,故 $AF:FE=AG:GB$,$GF\parallel BE$.

35. 若点 P,Q 到梯形 $ABCD$ 四边距离之和相等,则 PQ 与梯形两腰夹等角. 由此证得原结论成立.

36. 运用特殊化方法,知定直线可能为 AC. 然后证明 A,C,Q 三点共线.

37. 设$\triangle ABC$ 外接圆半径为 x,$\angle ABC=\alpha$,$\angle AEC=\beta$,易证

$$\sin\beta:\sin\alpha=\sqrt{r}:\sqrt{R}$$

由 $x=\dfrac{AC}{2\sin\angle ABC}$得

$$x=\sqrt{Rr}\quad(定值)$$

38. 设$\triangle A'B'C'$为切点三角形,$\triangle ABC$ 边长为 a,则利用余弦定理可求得

$$QA'^2+QB'^2+QC'^2=\frac{1}{2}a^2$$

由于 PA',PB',PC'为$\triangle PBC,\triangle PAC,\triangle PAB$ 的中线,再利用中线公式得

$$QA^2+QB^2+QC^2=\frac{5}{4}a^2$$

40. 过$\triangle ABC$ 重心 G 作 BC 的平行线交 AB,AC 于点 E,F,则

$$S_{BCFE}-S_{\triangle AEF}=\frac{1}{9}$$

若过点 G 的任一直线交 AB,AC 于点 E',F'. 则只需证 $S_{BCE'F'}-S_{\triangle AE'F'}<S_{BCEF}-S_{\triangle AEF}$ 即可.

41. 与三角形海伦公式进行类比.

42. 与§3例26类比.

43. 同上,然后利用抽屉原则.

44. 同42.

45. 利用等积变形证明 $S_{\triangle MCE}=S_{\triangle NGB}$.

47. 与§3 例 29 类似.

48. $S_{\triangle APC}=\frac{1}{2}AP\cdot AC\cdot\sin\angle PAC,S_{\triangle QBC}=\frac{1}{2}QB\cdot QC\cdot\sin\angle QBC$,因 $S_{\triangle APC}:S_{\triangle BQC}=PC:QC=(AP\cdot AC\cdot\sin\angle PAC):(QB\cdot BC\cdot\sin\angle QBC)$,故 $\sin\angle PAC=\sin\angle QBC,\angle PAC=\angle QBC$.

49. 易知$\triangle OEB\backsim\triangle OFD$,所以 $OE\cdot FD=OF\cdot EB$. GE,GF 交 DC,BC 的延长线于点 K,H. 只需证明 $S_{\triangle GKO}=S_{\triangle KGC}+S_{\triangle KOC}$ 即可.

50. 利用§3 例 30 中当 $\lambda=\mu=1$ 时的结论.

51. (1) $r_b+r_c=\frac{\Delta}{p-b}+\frac{\Delta}{p-c}=\frac{a\Delta}{(p-c)(p-c)}\geqslant\frac{4\Delta}{a}=2h_a$. 同理,$r_b+r_a\geqslant 2h_c,r_c+r_a\geqslant 2h_b$. 故 $r_a+r_b+r_c\geqslant h_a+h_b+h_c$.

(2) $\frac{1}{p-a}+\frac{1}{p-b}+\frac{1}{p-c}=\frac{r_a+r_b+r_c}{\Delta}\geqslant\frac{h_a+h_b+h_c}{\Delta}=2\left(\frac{1}{a}+\frac{1}{b}+\frac{1}{c}\right)$.

(3) $\left(\frac{1}{a}+\frac{1}{b}+\frac{1}{c}\right)^2\geqslant 3\left(\frac{1}{ab}+\frac{1}{bc}+\frac{1}{ca}\right)=3\cdot\frac{2p}{abc}$,又 $\frac{2p}{abc}=\frac{1}{2Rr}\geqslant\frac{1}{R^2}$,所以,

$\left(\frac{1}{a}+\frac{1}{b}+\frac{1}{c}\right)\geqslant\frac{\sqrt{3}}{R}$.

52. 面积之比为 1∶13.

53. 设$\angle BAH=\alpha,\angle HAC=\beta$,则

$$\frac{AB}{AF}=\frac{AB}{AE}=\frac{BH}{EG}=\frac{BH}{HC}=\frac{S_{\triangle ABH}}{S_{\triangle AHC}}=\frac{\sin\alpha}{\sin\beta}$$

又 $\sin\alpha=\frac{BM}{AB},\sin\beta=\frac{MF}{AF}$,所以

$$\frac{AB^2}{AF^2}=\frac{BM}{MF}$$

然后利用同一法证明$\triangle BAF$ 为直角三角形.

54. (1)分别对$\triangle ABZ,\triangle ABY,\triangle ACZ,\triangle ACY$ 运用正弦定理;

(2)设法证明 $\tan(2\angle DAE)=\tan\angle BAF$;

(3)利用 M,R,D,Q 以及 M,P,C,Q 四点共圆,对$\triangle MRN,\triangle MPN$ 运用正弦定理;

(4)利用 $AB=r\cot\frac{B}{2}+r\cot\frac{A}{2},AB=q\left(\tan\frac{B}{2}+\tan\frac{A}{2}\right)$得

$$r:q=\cot\frac{A}{2}\cdot\cot\frac{B}{2}$$

55. (1)设 $AB=a,BC=b,BD=m,AC=n$,则 m^2,n^2 是一元二次方程 x^2-

$2(a^2+b^2)x+a^4+b^4=0$ 的两个根.

(2)令 $OE=x,OF=y$,由勾股定理可求得 $BC=\sqrt{\frac{1}{5}(b^2+c^2)}$,且 $\frac{1}{2}<\frac{b}{c}<2$;

(4)设 $OQ=x$,则 $l^2=(x-\sqrt{R^2-x^2})^2+R^2-x^2$,$l\min=\frac{\sqrt{5}-1}{2}R$.

56.(1)以 CA 为 x 轴,CB 为 y 轴建立坐标系,分别求出直线 BM,DM 的方程.

(2)以弦 PQ 中点为原点,PQ 为 x 轴建立坐标系,圆方程为

$$x^2+(y-b)^2=c^2$$

AB,CD 方程为

$$y=k_1x,y=k_2x$$

则过 A,B,C,D 四点的二次曲线的方程为

$$[x^2+(y-b)^2-c^2]+\lambda[(y-k_1x)\cdot(y-k_2x)]=0$$

令 $y=0$,得

$$(1+\lambda k_1k_2)x^2+b^2-c^2=0,x_1+x_2=0$$

即 $M(x_1,0)$与 $N(x_2,0)$关于原点对称.

(3)以 C 为原点,CD 为 x 轴,分别求得直线 CP,MP 的方程.

(4)运用$\triangle ABC$ 的面积公式

$$S=\frac{1}{2}\begin{vmatrix}1&1&1\\x_1&x_2&x_3\\y_1&y_2&y_3\end{vmatrix}$$

$(x_1,y_1),(x_2,y_2),(x_3,y_3)$为三顶点的坐标,然后通过行列式的变形,得

$$S_{\triangle FMN}=\frac{1}{4}(S_{\triangle FAB}+S_{\triangle FCD})$$

57.(2)设$\overrightarrow{AM}=x\overrightarrow{AP},\overrightarrow{BM}=y\overrightarrow{BK}$,由$\overrightarrow{AK}=\frac{3}{4}\overrightarrow{AC},\overrightarrow{BP}=\frac{2}{3}\overrightarrow{BC}$,建立向量方程,解之,得 $x=\frac{9}{11},y=\frac{8}{11}$.

(3)用复数法.

(4)不妨设点 A,B,C,D,E,F 在圆上依逆时针方向排列,对应复数为 z_A,z_B,z_C,z_D,z_E,z_F,则

$$z_B=z_A\cdot\omega,z_D=z_C\cdot\omega,z_F=z_E\cdot\omega,\omega=e^{i\frac{\pi}{3}}$$

然后求得点 P,Q,R 对应的复数.

(5)以点 P 为坐标原点,设顶点 A,B,C,D 按逆时针方向排列且对应复数为 z_1,z_2,z_3,z_4.因为

$$S_{\triangle PAB}=\frac{1}{2}Im(\overline{z_1}z_2)$$

故条件可写成

$$Im(\overline{z_1}z_2)=Im(\overline{z_2}z_3),Im(\overline{z_3}z_4)=Im(\overline{z_4}z_1)$$

故
$$Im(z_1\overline{z_2})=Im(z_2\overline{z_3})$$

于是

$$\overline{z_1}z_2+z_2\overline{z_3}=\overline{z_2}z_3+z_1\overline{z_2},z_2(\overline{z_1}+\overline{z_3})=\overline{z_2}(z_1+z_3)$$

同理

$$z_4(\overline{z_1}+\overline{z_3})=\overline{z_4}(z_1+z_3)$$

若 $z_1+z_3=0$,则 P 为 AC 中点;若 $z_1+z_3\neq 0$,则 $\frac{z_2}{z_4}=\frac{\overline{z_2}}{\overline{z_4}}$,$\frac{z_2}{z_4}$ 是实数,B,P,D 三点共线.

(6)用复数法.

(7)用向量法或复数法.

(8) 设 $P_1,P_2,\cdots,P_n$ 对应的复数为 $z_1,z_2,z_3,\cdots,z_n$,构造多项式

$$f(z)=z\prod_{j=1}^{n}(z-z_k)=z^{n+1}+a_nz^n+\cdots+a_1z$$

对于 $n+1$ 次单位根 $\omega=e^{\frac{2\pi}{n+1}i}$,有

$$f(1)=1+a_n+\cdots+a_1$$
$$f(\omega)=1+a_n\omega^n+\cdots+a_1\omega$$
$$\vdots$$
$$f(\omega^n)=1+a_n(\omega^n)^n+\cdots+a_1\omega^n$$

记
$$\omega^k=\omega_k$$

总有

$$\sum_{j=0}^{n}\omega_k^j=0$$

所以

$$f(1)+f(\omega)+\cdots+f(\omega^n)=n+1$$
$$|f(1)|+|f(\omega)|+\cdots+|f(\omega^n)|\geqslant n+1$$

从而存在 ω^j,使 $|f(\omega^j)|\geqslant 1$,即

$$\left|\prod_{k=1}^{n}(\omega^{j}-z_{k})\right|\geqslant 1$$

习题 3

2. 令 $P\xrightarrow{T(\overrightarrow{AD})}P'$，则 $P,C,P'D$ 四点共圆. $\angle PBC=\angle PP'C=\angle PDC$.

3. 在平面上取一点 O，过点 O 分别作七条直线的平行线，然后用反证法证明.

4. 令 $DC\xrightarrow{T(\overrightarrow{DB})}BF$，连 DF,EF 交 BC 于点 M,N，则 M,N 分别是 DF，EF 的中点. 在 $\triangle NCE$，$\triangle NCF$ 中，由于

$$CF=BD>EC$$

故

$$\angle CNF>\angle CNE$$

于是，在 $\triangle BNE$，$\triangle BNF$ 中，有

$$BE>BF=DC$$

5. 令 $\triangle PAD\xrightarrow{R(A,-90^\circ)}\triangle P'AB$. 易知

$$\angle PP'B=90^\circ,\angle AP'P=45^\circ$$

在 $\triangle AP'B$ 中，有

$$AB^2=1+7+\sqrt{14}=8+\sqrt{14}$$

6. 设 O 为正六边形中心，由于

$$ED\xrightarrow{R(0,60^\circ)}DC$$

所以

$$N\xrightarrow{R(0,60^\circ)}M$$

又

$$B\xrightarrow{R(0,60^\circ)}A$$

故

$$BN\xrightarrow{R(0,60^\circ)}AM$$

且 BN 与 AM 夹角为 60°. 由于四边形 $NDCB\xrightarrow{R(0,60^\circ)}MCBA$，所以

$$S_{NDCB}=S_{MCBA}$$

故 $S_{\triangle ABL}=S_{LNDM}$.

7. 设 P 为 $\triangle ABC$ 内动点，令 $\triangle APB\xrightarrow{R(B,-60^\circ)}\triangle A'P'B$，则 C,P,P',A' 四点共线，令 $\angle B=\alpha$，则

$$\angle CBA' = 60° + \alpha$$

利用余弦定理求得

$$\angle B = 30° \text{或} 60°$$

8. 令 $Q \xrightarrow{R(M,180°)} Q'$，由于 $B \xrightarrow{R(M,180°)} A$，故

$$BQ = AQ', \angle QBM = \angle Q'AM$$

$$\angle PAQ' = 90°$$

$$AP^2 + AQ'^2 = PQ'^2 = PQ^2$$

9. 令 $P \xrightarrow{S(BC)} A'$，$P \xrightarrow{S(AC)} B'$，$P \xrightarrow{S(AB)} C'$，则六边形 $AC'BA'CB'$ 的面积 $= 2S_{\triangle ABC}$. 因 $S_{\triangle AB'C'} = \frac{1}{2}a^2\sin 120° = \frac{\sqrt{3}}{4}a^2$，$S_{\triangle BA'C'} = \frac{\sqrt{3}}{4}b^2$，$S_{\triangle CA'B'} = \frac{\sqrt{3}}{4}c^2$，又 $B'C' = \sqrt{3}a$，$A'C' = \sqrt{3}b$，$A'B' = \sqrt{3}c$. 所以

$$S_{\triangle A'B'C'} = 3\sqrt{p(p-a)(p-b)(p-c)}$$

$$S_{\triangle ABC} = \frac{\sqrt{3}}{8}(a^2 + b^2 + c^2) + \frac{3}{2}\sqrt{p(p-a)(p-b)(p-c)}$$

$(p = \frac{1}{2}(a+b+c))$.

10. 令 $P \xrightarrow{S(ON)} P'$，则点 P' 在直线 OE 上，且

$$\frac{OR}{OP} = \frac{OR}{OP'} = \frac{QR}{QP'} = \frac{QR}{QP}$$

同理

$$\frac{OR}{OQ} = \frac{PR}{PQ}$$

两式相加得

$$\frac{OR}{OP} + \frac{OR}{OQ} = 1$$

$$\frac{1}{OP} + \frac{1}{OQ} = \frac{1}{OR}$$

11. 仿照 §2 例 10.

12. 运用直线反射变换. 当槽底与侧面宽度相等，且侧面与底面夹角为 120°，截面积最大.

13. 因 $B \xrightarrow{R(D,90°)} A \xrightarrow{R(E,90°)} C$，$R(E,90°) \circ R(D,90°)$ 是个中心反射变换，其对称中心为 BC 的中点 M，且

$$\angle DEM=\angle EDM=45°$$
$$DM=EM, DM\perp EM$$

14. 在正方形内作正$\triangle ADO$,则

$$B\xrightarrow{R(A,30°)}O\xrightarrow{R(D,30°)}C$$

由于

$$\angle DAE=\angle ADE=15°$$

所以

$$R(D,30°)\cdot R(A,30°)=R(E,60°)$$

即

$$B\xrightarrow{R(E,60°)}C$$

故$\triangle EBC$为正三角形.

15. $A\xrightarrow{R(O_1,90°)}B\xrightarrow{R(O_2,90°)}C\xrightarrow{R(O_3,90°)}D\xrightarrow{R(O_4,90°)}A$,由于$R(O_2,90°)\cdot R(O_1,90°)$是个中心反射变换,其对称中心为$AC$的中点$M$. $\triangle O_1O_2M$是个等腰直角三角形.由于$R(O_4,90°)\cdot R(O_3,90°)\cdot R(M,180°)$是恒等变换,所以

$$\angle O_4MO_3=90°, \angle MO_4O_3=\angle MO_3O_4=45°, MO_3=MO_4$$

故

$$\triangle O_4O_2M\xrightarrow{R(M,90°)}\triangle O_3O_1M$$
$$O_2O_4=O_1O_3$$

若O_1与O_3两点重合,则O_2与O_4两点重合.

17. 设D,E,F分别为边BC,CA,AB的中点,H,G是$\triangle ABC$的垂心,重心,易知$\triangle ABC$的外心O是$\triangle DEF$的垂心,则

$$\triangle ABC\xrightarrow{H(G,-\frac{1}{2})}\triangle DEF$$

故

$$H\xrightarrow{H(G,-\frac{1}{2})}O$$

且O,G,H三点共线.

18. 圆$O_1\xrightarrow{H\left(P,\frac{OA}{O_1M}\right)}$圆$O$,$M,A$是$H\left(P,\dfrac{OA}{O_1M}\right)$下的一对对应点,故$P$,$M,A$三点共线.

19. 易知K是$\triangle O_1O_2O_3$的外心,且$\triangle O_1O_2O_3\xrightarrow{H\left(I,\frac{IA}{IO_1}\right)}\triangle ABC$,所以,$K,O$是位似变换的一对对应点,且$K,O,I$三点共线.

20. 过点G作$B'C'\parallel BC$交AB,AC于点B',C',作位似变换$H\left(A,\dfrac{AP}{AG}\right)$,

则内切圆圆 I 变为旁切圆圆 I_a,$B'C'$变为 BC.由于圆 I 切 $B'C'$于点 G,故圆 I_a 切 BC 于点 P.设半周长为 p,易知

$$BP=p-c=CD$$

21.由于内切圆圆 I 与旁切圆圆 I_a 位似,A 是位似中心,故点 D 是点 E 的对应点,点 I 与 I_a 是一对对应点,从而 $EI\parallel DI_a$,但 $IF\parallel DI_a$,故 E,F,I 三点共线.易证 $MD=MF$,又 $IE=IF$,故 $IM\parallel ED$.

22. $\triangle ABC\xrightarrow{H(G,-\frac{1}{2})}\triangle DEF\xrightarrow{H(P,2)}\triangle MNS$,由于 $H(P,2)\cdot H\left(G,-\frac{1}{2}\right)$又是个位似变换,所以对应点的连线 AM,BN,CS 交于一点 Q,Q 为新位似变换的中心,且 P,Q,G 三点共线.

25.以 P 为反演中心,P 到 ω_1 的圆幂为反演幂进行反演变换,则 ω_1 是不变圆,作 ω_2 的反形圆 ω'_2,过 ω_1,ω'_2 的圆心作一直线 l,则直线 l 的反形就是所求作的圆.

26.设 O_1 与 O_2,O_2 与 O_3,O_3 与 O_4,O_4 与 O_1 相切的切点为 P,Q,R,S,以 P 为反演中心进行反演变换,令圆 $O_1\rightarrow$直线 l_1,圆 $O_2\rightarrow$直线 l_2,圆 $O_3\rightarrow$圆 O'_3,圆 $O_4\rightarrow$圆 O'_4,圆 O'_3与圆 O'_4相切于点 R',l_1 与圆 O'_4相切于点 S',l_2 与圆 O'_3切于点 Q',则 $l_1\parallel l_2$,Q',R',S'分别为 Q,R,S 的反点.于是改证 Q',R',S'三点共线.

27.以 D 为反演中心进行反演变换.令 A,B,C 的反点为 A',B',C',则 A',B',C'三点共线,记为 l,l 为外接圆的反形.过点 D 作直线 l 的垂线 DQ,设其长为 h,则

$$AB:A'B'=p:h$$
$$BC:B'C'=q:h$$
$$AC:A'C'=r:h$$

再由 $A'B'+B'C'=A'C'$得证.

28.点 A',B',C'是点 A,B,C 在以 O 为反演中心的反演变换 $I(O,k^2)$下的反点,而 AB,BC,CA 是圆 $OA'B'$,圆 $OB'C'$,圆 $OC'A'$的反形.过点 O 作 BC,CA,AB 的垂线,垂足为 L,M,N.若 D 为 N 的反点,易知 OD 是圆 $OA'B'$的直径,即

$$OD=d_1,d_1=\frac{k^2}{ON}$$

同理

$$d_2=\frac{k^2}{OL},d_3=\frac{k^2}{OM}$$

又易证 $OL^2=OM\cdot ON$,故

$$d_2^2=d_1\cdot d_3$$

29. 仿照§4例3.

30. 仿照§4例4.

习题 4

3. 设 I 为 $\triangle OPQ$ 的内心,易证 $\angle OIP=135^\circ$,而 $\angle OIA=\angle OIP=135^\circ$,$O$,$A$ 为定点,命题得证.

5. 设 $\angle A$ 的两边为射线 Ax,Ay,在 Ax,Ay 上分别取点 B_0,C_0,使 $AB_0=AC_0=l$,则 AB_0,AC_0 的中点 B_1,C_1 是两个临界点. 然后证明点 M 的轨迹就是线段 B_1C_1.

6. 运用描迹法可知,所求轨迹可能是一个圆. 设 OO' 中点为 Q,过点 O,Q,O' 分别作 BC 的垂线,垂足为 G,N,H,又 M 为 BC 中点,G 为 AB 中点,H 为 AC 中点,N 为 GH 中点,故易证 $AN=NM$,所以 $QM=QA$(定值). 所求轨迹是以 Q 为圆心,QA 为半径的圆.

7. 因 $\mathrm{Rt}\triangle FDC\backsim\mathrm{Rt}\triangle BDE$,故

$$FD\cdot DE=BD\cdot DC$$

由条件知

$$DP^2=BD\cdot DC$$

所求轨迹是以 BC 为直径的圆.

8. 设对角线交点为 M,则点 M 在以 AB 为直径的圆 O 上. 因动点 P 是 $\triangle ABC$ 的重心,$BM:BP=3:2$,故点 P 的轨迹是圆 O 在位似变换 $H\left(B,\frac{2}{3}\right)$ 下的位似形.

9. 点 B 的轨迹是圆 O 在平移变换(以 l 为平移距离,$\overrightarrow{MN}$ 或 $\overrightarrow{NM}$ 的方向为平移方向)下的象.

10. 在 AB 上取点 O,使 $BO=n$,则点 D 的轨迹是圆 $O(m)$.

11. 点 C 的轨迹是定直线 l 在旋转变换 $R(A,\alpha)$,$R(A,-\alpha)$ 下的象.

12. 令 $O\xrightarrow{R(A,60^\circ)}O'$,$O\xrightarrow{R(A,-60^\circ)}O''$,则圆 O' 中在直线 AO' 的右侧的半圆,以及圆 O'' 中在直线 AO'' 左侧的半圆是所求轨迹.

13. 令 $O \xrightarrow{H(A,2)} O'$，则所求轨迹是以 O' 为圆心，AO' 为半径的圆.

14. 令 $O \xrightarrow{H\left(B,\frac{1}{2}\right)} O'$，则点 P 轨迹是以 O' 为圆心，$\frac{1}{2}OB$ 长为半径的圆.

15. 易证 $\angle BPC=120^\circ$，所以点 P 轨迹可能是以 BC 为弦，圆周角等于 120° 的弓形弧.

16. 设 $\angle XOY=\alpha$，点 P 到 OY 的距离为 PD，则

$$PA : PD = PA : (PB \cdot \sin\alpha) = 1 : \sin\alpha \quad \text{(定值)}$$

所以点 P 轨迹是定比双交线的部分.

17. 设动圆与圆 O 交点为 C，D，则

$$PO^2 = PC^2 - CO^2$$

所以

$$PA^2 - PO^2 = CO^2 \quad \text{(定值)}$$

所求轨迹是关于定点 A，O 的定差幂线.

18. 所求轨迹是阿氏圆.

19. 所求轨迹是关于两定圆圆心的定差幂线在定圆外的部分.

20. 设两个同心圆圆心为 O，半径分别为 r_1，$r_2(r_1>r_2)$，以 O 为原点建立坐标系，则动点 $P(x,y)$ 满足条件

$$\frac{\sqrt{x^2+y^2-r_1^2}}{\sqrt{x^2+y^2-r_2^2}}=\frac{r_2}{r_1}$$

22. 取 A 为原点，过点 A 且分别与 l_1，l_2 平行的直线为 x 轴，y 轴. 设 l_1，l_2 方程分别为

$$y=k, x=h \quad (k, h \text{ 为已知数})$$

BC 的法线式方程为

$$x\cos\alpha + y\sin\alpha - p = 0$$

则点 R 坐标为

$$x = p\cos\alpha, y = p\sin\alpha$$

易求得点 B，C 坐标分别为

$$\left(\frac{p-k\sin\alpha}{\cos\alpha}, k\right), \left(h, \frac{p-h\cos\alpha}{\sin\alpha}\right)$$

由 $AB \perp AC$，得

$$\frac{h(p-k\sin\alpha)}{\cos\alpha}+\frac{k(p-h\cos\alpha)}{\sin\alpha}=0$$

即

$$hp\sin\alpha + kp\cos\alpha = kh$$

故点 R 轨迹方程为 $kx+hy=kh$.

23. 以直线 m 为 x 轴，过点 A 且垂直于 m 的直线为 y 轴建立坐标系. 设 $A(O,a)$，$B(k,0)$，$C(k+l,0)$（a 为常数，k 为参数），$O(x,y)$，则由

$$OA=OB=OC$$

得轨迹方程

$$4x^2-8ay-4a^2+l^2=0$$

24. 以 BC 直线为 x 轴，BC 上的高为 y 轴. 设 $A(0,a)$，$B(-b,0)$，$C(b,0)$，$P(x,y)$，则由

$$PD\cdot PF=PE^2$$

得轨迹方程

$$\left(y+\frac{b^2}{a}\right)^2+x^2=b^2+\frac{b^4}{a^2}\quad(y>0)$$

易知，这是以 $\left(0,-\frac{b^2}{a}\right)$ 为圆心，与 AB，AC 相切于点 B，C 的圆在 $\triangle ABC$ 内的一段弧.

习题 5

1. 交轨法.

2. 交轨法. 作法：(1) 以 PQ 为直径作圆 O；(2) 作直线 c，使 $c/\!/a/\!/b$，且 c 到 a，b 等距；(3) 若 c 与圆 O 有交点，记为 M，连 QM，则 QM 为所求.

3. 交轨法.

4. 交轨法. 令顶角 α，高 h，周长 l. 作法：(1) 作线段 $B'C'=l$，以 $B'C'$ 为弦，$\frac{\pi}{2}+\frac{\alpha}{2}$ 为圆周角作弓形弧 $\overset{\frown}{B'C'}$；(2) 作与 $B'C'$ 相距 h 的平行直线 l，若与 $\overset{\frown}{B'C'}$ 相交，交点记为 A；(3) 作 AB'，AC' 的中垂线，交 $B'C'$ 于点 B，C. 则 $\triangle ABC$ 为所求.

5. 三角形奠基法.

6. 三角形奠基法. 作法：(1) 作 $\mathrm{Rt}\triangle BDC$，使 $\angle BDC=90°$，$BC=a$，$DC=h_c$；(2) 以 BD 为一直角边作 $\mathrm{Rt}\triangle BEM$，使 $BM=m_b$，$EM\perp BM$，$EM=\frac{1}{2}h_c$；(3) 连 CM，延长 CM 到点 A，使 $AM=CM$，则 $\triangle ABC$ 为所求.

7. 作法：(1) 作 $\mathrm{Rt}\triangle ADT$，$\mathrm{Rt}\triangle ADM$，使得 $AD\perp MD$，$AD\perp TD$，点 M，T 在点 D 的同侧，且 $AD=h_a$，$AM=m_a$，$AT=t_a$；(2) 过点 M 作 MD 的垂线，与 AT 的延长线交于点 G；(3) 作 AG 的中垂线，与 MG 交于点 O，则 O 为所求作三

角形外接圆圆心.

8.先作奠基$\triangle ABE$,使$AE=l$(边长与对角线之和),$\angle BAE=45°$,$\angle BEA=22.5°$.然后作BE的中垂线,与AE相交,求得点C,则正方形$ABCD$可以作出.

9.与上题8类似.

10.设两已知圆圆心O_1,O_2在定直线l上的射影分别为M,N,令

$$圆\ O_1 \xrightarrow{T(\overrightarrow{MN})} 圆\ O'$$

若圆O'与圆O_2相交于点A,B,则直线AB为所求.

11.在BA上取点C',使$BC'=l$,在$\triangle ABC$内作$\angle BC'C''=\frac{1}{2}\angle A$,与$BC$交于点$C''$.过点$C''$作$AC$的平行线与$AB$交于点$E$,过点$E$作$BC$的平行线交$AC$于点$F$.

12.令$AD=a$,$DC=b$,$CB=c$,$\angle A=\alpha$,$\angle B=\beta$.

(1)作$\triangle BCE$,使$\angle CBE=\alpha+\beta$,$BC=c$,$BE=a$;

(2)在$\angle CBE$内作$\angle CBT=\beta$,延长EB至点D',使$BD'=BE$;

(3)过点D'作BT的平行线,与圆$C(b)$交于点D;

(4)过点D作BD'的平行线交BT于点A.

则$ABCD$为所求.

13.令$A\xrightarrow{R(0,90°)}A'$.作$A'B$的中垂线$l$,若$l$与圆$O$相交于点$Q$,令$Q\xrightarrow{R(0,-90°)}P$,则$OP$,$OQ$为所求.本题至多有四解.

14.仿照§2例9.

15.运用旋转变换.

16.令$l_1\xrightarrow{S(l_2)}l'_1$,若$l'_1$与$l_3$相交,记交点为$D$.令$D\xrightarrow{S(l_2)}B$,则$B\in l_1$,且$BD\perp l_2$.然后正方形$ABCD$可作出.

17.设K为矩形$ABCD$的AD边上一点.令

$$K\xrightarrow{S(AB)}K_1,K\xrightarrow{S(DC)}K_2\xrightarrow{S(BC)}K_3$$

连K_1K_3,若与AB,BC相交,记交点为E,F,则平行四边形$KEFG$可以作出.

18.令$B\xrightarrow{S(XY)}B'$,以B'为圆心作圆与XY相切.过点A作圆B'的切线,设切线与XY交于点O,则点O为所求.

19.位似法,与§2例12类似.

20.令三直线为OX,OY,OZ,$AB:BC=m:n$.作法:(1)作$A'C'=m+n$,

在 $A'C'$ 上取点 B'，使 $A'B'=m$. 然后运用交轨法作 $\angle A'O'B'=\angle XOY$，$\angle B'O'C'=\angle YOZ$；(2)在 OX,OY,OZ 上分别取 $OA''=OA'$，$OB''=OB'$，作直线 $A''B''$；(3)过点 P 作直线平行于 $A''B''$，交 OX,OY,OZ 于点 A,B,C，则此直线为所求.

21.22. 与§2 例 13，例 14 类似，运用反演法.

24. 设求作圆的半径为 x，直角扇形 AOB 半径为 r，由

$$r^2+(x-r)^2=(x+r)^2$$

得
$$x=\frac{r}{4}$$

25. 设菱形对角线长为 $a,b(a\geqslant b)$，矩形长为 x，宽为 y，由

$$\frac{x}{b}=\frac{a-y}{a},xy=\frac{ab}{6}$$

得
$$x=\frac{3\pm\sqrt{3}}{6}b,y=\frac{3\mp\sqrt{3}}{6}a$$

于是矩形可以作出.

26. 设 $ON=x$，则

$$OM=x+m$$

作 $PT/\!/OM$ 交 Oy 于点 T. 设 $PT=c,OT=a,(c,a$ 为定长)，则

$$PT:OM=NT:ON,c:(x+m)=(x-a):x$$

于是

$$x^2+(m-a-c)x-am=0$$

x 可作出.

27. (1)设圆 O 是定圆，BE 是定弦，$\triangle ABC$ 内接于圆，$AB=AC$，且 AC 上的高 BD 落在定弦 BE 上. 作直径 AF，则

$$\angle CAE=\angle CBE=\angle BAF=\angle CAF$$

C 为定弧 $\overset{\frown}{BE}$ 的三等分点，这是尺规作图不能问题.

(2)设两直角边为 x,y，斜边为 a. 由 $x^3:y^3=m:n$(定比)知

$$x=\sqrt[3]{\frac{m}{n}}y$$

于是

$$y^2+\sqrt[3]{\left(\frac{m}{n}\right)^2}y^2=a^2$$

这个方程的根不能仅用尺规作出.

(3)与§3例3类似.

(4)垂心是垂足三角形的内心.

习题 6

1. 过异面直线 a,b 的公垂线 l 和 a 作平面交与 a 垂直的平面于 c,证明 $l/\!/c$.

2. 易知 AA' 与 BB' 在同一平面上,再分 AA' 与 BB' 平行或相交两情况论证.

3. 对于原平面图形,作 $AE\perp CD$ 于点 E,AE 的延长线交 BC 于点 H,则

$$AE=\frac{AC\cdot BC}{AB}=\frac{12}{5}$$

$$AC^2=AE\cdot AH$$

$$AH=\frac{15}{4}$$

$$\cos\theta=\frac{9}{16}$$

4. 作 $BD\perp PC$ 于点 D,可证 $AD\perp PC$,$\angle ADB=\beta$. 设 $CO=1$,$CD=x$,则

$$OA=BO=1$$

$$\angle PCO=\angle PBO=\alpha$$

$$\sin\alpha=x,AD^2=BD^2=1+x^2$$

在$\triangle ABD$ 中用余弦定理求 $\cos\beta$.

5. 取 SA 的中点 M,则平面 $PQR/\!/$平面 MBD.

6. 用体积法解. $V_{D_1-AMC_1}=V_{A-C_1D_1M}$,$d=\frac{\sqrt{6}}{3}a$.

7. 截面是以 AC_1 为底边的两个等积三角形,点 P 到 AC_1 的最小距离为 $\frac{\sqrt{2}}{2}$,故截面面积最小为$\frac{\sqrt{6}}{2}$.

8. 设多面体有 C_n^3 个面,每个面为三角形,共有 $\frac{3}{2}C_n^3$ 条棱,故

$$n-\frac{3}{2}C_n^3+C_n^3=2$$

得

$$n=4$$

10. 这多面体的面只能是三角形(否则棱数>7),故有 $\frac{3}{2}F$ 条棱,$\frac{3}{2}F=7$ 无

整数解.

12. 正八面体的体积=0.5V.

13. $\cos\alpha=\dfrac{1}{3}=-\cos\beta$.

14. 圆锥表面积 $\pi r\sqrt{r^2+h^2}+\pi r^2=2\pi r'h$，将$\dfrac{r'}{r}=\dfrac{h}{\sqrt{r^2+h^2}}$代入化简得

$$r^2+r\sqrt{r^2+h^2}=h^2$$

解得半顶角的正切值

$$\frac{r}{h}=\frac{1}{\sqrt{3}}$$

故顶点角为 60°.

15. $\dfrac{4Rr}{(R+r)^2}$.

16. $V_1:V_2:V_3=\dfrac{1}{a}:\dfrac{1}{b}:\dfrac{1}{c}$，点 P 到三边的距离之比为

$$h_1:h_2:h_3=V_1:V_2:V_3$$

因此$\triangle PBC$，$\triangle PCA$，$\triangle PAB$ 的面积相等，点 P 为$\triangle ABC$ 的重心.

17. (1)$S_{ACP}\cdot\cos\theta=S_{ACD}=\dfrac{1}{2}a^2$；

(2)1：12.

18. $\dfrac{9}{2}\pi a^3$.

19. $V=336$，$\angle AFC=\arccos\dfrac{55}{91}$.

20. 7：20.

21. 设顶点 A_i 到对面的距离为 h_i，则

$$R_i+r_i\geqslant h_i$$

$$\sum_{i=1}^{4}S_i(R_i+r_i)\geqslant\sum_{i=1}^{4}S_ih_i=12V$$

又

$$\sum_{i=1}^{4}S_ir_i=3V$$

22. 三棱台的体积 $V=\dfrac{1}{3}h(a^2+ab+b^2)=V_{B-AB_1C_1}+V_{C_1-ABC}+V_{A-A_1B_1C_1}$.

23. $\dfrac{\sqrt{10}}{2}a$.

24. $d^2=x^2+\left(\frac{\sqrt{3}}{2}a-x\right)^2+\frac{a^2}{4}=2\left(x-\frac{3}{4}a\right)^2+\frac{5}{8}a^2\geqslant\frac{5}{8}a^2$. $\cos\theta=\frac{d^2+d^2-a^2}{2d^2}=1-\frac{a^2}{2d^2}$，当 d^2 取最小值$\frac{5}{8}a^2$ 时，$\cos\theta$ 取最小值$\frac{1}{5}$.

25. $MO/\!/DA$，直线 OP 在平面 MOA 内，又直线 OP 与 CN 相交于点 Q，因此点 Q 在平面 ABC 与平面 MOA 的交线 DA 上. N 是 AB 的中点，故

$$AO=BC=1$$

$$AP=\frac{2}{3}AM=\frac{\sqrt{5}}{3}, PQ=\sqrt{AQ^2+AP^2}$$

26. 因截口为正六边形，对角线 BD 是四边形 $ABCD$ 的对称轴，可知截平面平行于 AC. 正六边形的边长为 5，对角线长为 10 和 $5\sqrt{3}$. 设截面与 $B'B$，DD' 的延长线分别交于点 E，F，则

$$EF=10\sqrt{3}, BE=D'F=\frac{1}{2}BB'$$

可知四边形 $DD'B'B$ 的面积等于三边长为 $10\sqrt{3}$，14，14 的三角形面积 $55\sqrt{3}$.

27. 设二面角 $A-CD-B$ 的平分面交 AB 于点 E. 顶点 A，B 到此平分面的距离分别为 a，b. 则

$$\frac{S(ACD)}{S(BCD)}=\frac{a}{b}=\frac{AE}{EB}$$

28. $3V=h_1S_1=h_2S_2=h_3S_3=h_4S_4$，又 $3V=d_1S_1+d_2S_2+d_3S_3+d_4S_4$，两式相除即得.

29. 设两异面直线 l，m 间的距离为 h，夹角为 θ，作平行六面体 $ABC'D'-CB'A'D$，它的体积 $=AB\cdot CD\cdot\sin\theta\cdot h=$ 四面体 $ABCD$ 的体积的六倍.

30. 四面体 $ABCD$ 中，设 $AB>1$，$CD=x\in(,1]$，则点 A，B 到 CD 的距离

$$h_i\leqslant\sqrt{1-\frac{x^2}{4}}\quad(i=1,2)$$

$$\begin{aligned}V&=\frac{1}{3}S\cdot h\leqslant\\&\frac{1}{6}x\cdot h_1h_2\\&=\frac{1}{6}x\left(1-\frac{x^2}{4}\right)\\&=\frac{1}{3}\left(1+\frac{x}{2}\right)\frac{x}{2}\left(1-\frac{x}{2}\right)\leqslant\end{aligned}$$

$$\frac{1}{3}\left(1+\frac{1}{2}\right)\cdot\left[\frac{\frac{x}{2}+\left(1-\frac{x}{2}\right)}{2}\right]^2=\frac{1}{8}$$

其中符号当$\frac{x}{2}=1-\frac{x}{2}$时成立.

31. 记$\overrightarrow{OA}=\boldsymbol{a},\overrightarrow{OB}=\boldsymbol{b},\overrightarrow{OC}=\boldsymbol{c}$,设$\overrightarrow{AH}=\lambda\overrightarrow{AG},\overrightarrow{OH}=\mu\overrightarrow{OK},\overrightarrow{OK}=(1-t)\overrightarrow{OD}+t\overrightarrow{OE}$,因为

$$\overrightarrow{AH}=\overrightarrow{OH}-\boldsymbol{a},\overrightarrow{AG}=\overrightarrow{OG}-\overrightarrow{OA}=\boldsymbol{b}+\boldsymbol{c}-\boldsymbol{a}$$

所以

$$\overrightarrow{OH}=\boldsymbol{a}+\lambda(\boldsymbol{b}+\boldsymbol{c}-\boldsymbol{a})$$

又$\overrightarrow{OH}=\mu\overrightarrow{OK}=\mu[(1-t)(\boldsymbol{a}+\boldsymbol{b})+t(\boldsymbol{a}+\boldsymbol{c})]$,故

$$(1-\lambda-\mu)\boldsymbol{a}+[\lambda-\mu(1-t)]\boldsymbol{b}+(\lambda-\mu t)\boldsymbol{c}=0$$

由 $\boldsymbol{a},\boldsymbol{b},\boldsymbol{c}$ 线性无关知

$$1-\lambda-\mu=0$$
$$\lambda-\mu+\mu t=0$$
$$\lambda-\mu t=0$$

解得

$$\lambda=\frac{1}{3},\mu=\frac{2}{3}$$

32. 记$\overrightarrow{A'A}=\boldsymbol{a},\overrightarrow{A'B'}=\boldsymbol{b},\overrightarrow{A'D'}=\boldsymbol{c}$,则

$$\boldsymbol{a}=a,|\boldsymbol{b}|=b,|\boldsymbol{c}|=c$$

设$\triangle AMN,\triangle C'PQ$ 的重心分别为 G,H,则

$$\overrightarrow{A'G}=\frac{1}{3}(\overrightarrow{A'M}+\overrightarrow{A'N}+\overrightarrow{A'A})$$

$$=\frac{1}{6}\boldsymbol{b}+\frac{1}{6}\boldsymbol{c}+\frac{1}{3}\boldsymbol{a}$$

$$\overrightarrow{CH}=\frac{1}{3}(\overrightarrow{CC'}+\overrightarrow{CP}+\overrightarrow{CQ})=\frac{-1}{3}\boldsymbol{a}-\frac{1}{6}\boldsymbol{c}-\frac{1}{6}\boldsymbol{b}$$

故

$$\overrightarrow{GH}=\overrightarrow{A'C}+\overrightarrow{CH}-\overrightarrow{A'G}$$

$$=\frac{1}{3}\boldsymbol{a}+\frac{2}{3}\boldsymbol{b}+\frac{2}{3}\boldsymbol{c}$$

$$|GH|=\sqrt{\overrightarrow{GH}^2}$$

33. 设四面体 $ABCD$ 的两条高 AE 与 BF 相交于点 H. 则

$$\overrightarrow{AH}\cdot\overrightarrow{DB}=\overrightarrow{AH}\cdot\overrightarrow{DC}=0$$

$$\overrightarrow{BH}\cdot\overrightarrow{DA}=\overrightarrow{BH}\cdot\overrightarrow{DC}=0$$

因此

$$\overrightarrow{AB}\cdot\overrightarrow{CD}=(\overrightarrow{AH}+\overrightarrow{HB})\cdot\overrightarrow{CD}=0$$

AB 与 CD 垂直.

34. 取正四面体 $P_0P_1P_2P_3$ 的垂心(也是重心)为原点 O,则

$$\sum_{i=0}^{3}\overrightarrow{OP_i}=\mathbf{0}$$

这里

$$|\overrightarrow{OP_i}|=1,\overrightarrow{OP_i}\cdot\overrightarrow{OP_j}=-\frac{1}{3}\quad(i\neq j)$$

设高 P_0H 的中点为 M,则

$$\overrightarrow{OH}=\frac{1}{3}(\overrightarrow{OP_1}+\overrightarrow{OP_2}+\overrightarrow{OP_3})=-\frac{1}{3}\overrightarrow{OP_0}$$

$$\overrightarrow{OM}=\overrightarrow{OP_0}+\overrightarrow{P_0M}=\overrightarrow{OP_0}+\frac{1}{2}\overrightarrow{P_0H}=\frac{1}{2}\overrightarrow{OP_0}+\frac{1}{2}\overrightarrow{OH}=\frac{1}{3}\overrightarrow{OP_0}$$

$$\overrightarrow{MP_1}\cdot\overrightarrow{MP_2}=(\overrightarrow{OP_1}-\frac{1}{3}\overrightarrow{OP_0})\cdot(\overrightarrow{OP_2}-\frac{1}{3}\overrightarrow{OP_0})=0$$

故 $MP_1\perp MP_2$.

36. 运用题 35 的公式.

37. 运用题 35 的公式于 $V_{ABCD}=V_{ABCE}+V_{EBCD}$ 和 $\dfrac{AE}{ED}=\dfrac{V_{ABCE}}{V_{EBCD}}$.

38. 运用六棱求积公式及对称式的因式分解.

39. $2a^2b^2+2b^2c^2+2c^2a^2-a^4-b^4-c^4=16p(p-a)(p-b)(p-c)$.

40. (1)
$$\begin{aligned}16S(ABC)^2&=2(a^2+b^2)(b^2+c^2)+2(b^2+c^2)(c^2+a^2)+\\&\quad 2(c^2+a^2)(a^2+b^2)-(a^2+b^2)^2-\\&\quad (b^2+c^2)^2-(c^2+a^2)^2\\&=4(a^2b^2+b^2c^2+c^2a^2)\end{aligned}$$

(3) $\cos\alpha\cos\beta\cos\gamma=\dfrac{S_1S_2S_3}{S^3}$,又 $S_1^2+S_2^2+S_3^2=S^2$.

41. 用三垂线定理易证它为直角四面体.对于等腰直角四面体等号成立.

42. 证四面体的对棱垂直.

43. 用一平面截顶点为 S 的凸多面角的各面得一凸多边形 $ABC\cdots K$.则

$$\angle ABC<\angle ABS+\angle SBC,\cdots,\angle KAB<\angle KAS+\angle SAB$$

故 $$n\pi-(\angle ABC+\cdots+\angle KAB)>(\pi-\angle BAS-\angle ABS)+\cdots$$

得
$$2\pi > \angle ASB + \cdots + \angle KSA$$

44.用球心位于多面角顶点的单位球面截凸 n 面角而得球面凸 n 边形 $P_1P_2\cdots P_n$. 其面积 δ
$$0 < \delta = P_1 + P_2 + \cdots + P_n - (n-2)\pi < 2\pi(\text{半球面积})$$

习题 7

1. $\overset{\frown}{AB} = r \cdot \arccos[\cos 12.8° - 2\cos 31.2° \cos 44° \sin^2 16.75°]$
$= r \cdot \arccos 0.872\,9$
$= 6\,400 \times 0.509\,7 \approx 3\,300$ km

2. $\overset{\frown}{AB} + \overset{\frown}{AC} = \overset{\frown}{AX} + \overset{\frown}{XB} + \overset{\frown}{AC} > \overset{\frown}{XB} + \overset{\frown}{XC} = \overset{\frown}{XB} + \overset{\frown}{XY} + \overset{\frown}{YC} > \overset{\frown}{BY} + \overset{\frown}{YC}$.

3. $\cos \overset{\frown}{NX} = \cos \frac{\pi}{2}$, $N \cdot X = 0$,这就是以 $\pm N$ 为极的直线方程.

4. (i) $X = \dfrac{A\sin(1-t)\alpha + B\sin t\alpha}{\sin \alpha}$,两边点乘 P 即得;(ii) 在(i) 中取 $t = \frac{1}{2}$
即得.

5. 直线 AB:$(A \times B) \cdot X = 0$ 通过线段 CD 的内点
$$X = \lambda C + \mu D \quad (\lambda, \mu > 0)$$
则有
$$(A \times B) \cdot (\lambda C + \mu D) = 0, \lambda(A \times B) \cdot C + \mu(A \times B) \cdot D = 0$$
因此 $(A \times B) \cdot C$ 与 $(A \times B) \cdot D$ 异号,反之亦然.

6. $$D = \frac{B\sin(1-t_1)a + C\sin t_1 a}{\sin a}, a = \overset{\frown}{BC}, t_1 a = \overset{\frown}{BD}$$
$$E = \frac{C\sin(1-t_2)b + A\sin t_2 b}{\sin b}, b = \overset{\frown}{CA}, t_2 b = \overset{\frown}{CE}$$
$$F = \frac{A\sin(1-t_3)c + B\sin t_3 c}{\sin c}, c = \overset{\frown}{AB}, t_3 c = \overset{\frown}{AF}$$
则 D,E,F 共线的充要条件是
$$(D \times E) \cdot F = 0$$
即
$$[\sin(1-t_1)a\sin(1-t_2)b\sin(1-t_3)c + \sin t_1 a\sin t_2 b\sin t_3 c] \cdot (A \times B) \cdot C = 0$$

7. (1) $$\text{右端} = \frac{(\cos c - \cos a\cos b) + (\cos b - \cos c\cos a)}{\sin a(\cos b + \cos c)}$$
$$= \frac{1 - \cos a}{\sin a} = \tan \frac{a}{2}$$

(2) $\cos a = \cos b\cos c + \sin b\sin c\left(1 - 2\sin^2 \dfrac{A}{2}\right)$,故

$$
\begin{aligned}
2\sin b\sin c\sin^2 \frac{A}{2} &= \cos(b-c) - \cos a \\
&= 2\sin \frac{1}{2}(a+b-c)\sin \frac{1}{2}(a-b+c) \\
&= 2\sin(p-c)\cdot\sin(p-b)
\end{aligned}
$$

又以 $2\cos^2 \dfrac{A}{2} - 1$ 代 $\cos A$ 可得

$$2\sin b\cos^2 \frac{A}{2} = \cos a - \cos(b+c) = 2\sin p\sin(p-a)$$

由此得半角公式.

8. 应用正弦定律,有

$$\frac{\sin \overset{\frown}{AT}}{\sin \angle ACT} = \frac{\sin \overset{\frown}{AT}}{\sin \angle ACT}, \frac{\sin \overset{\frown}{TB}}{\sin \angle TCB} = \frac{\sin \overset{\frown}{CB}}{\sin \angle CTB}$$

已知 $\angle ACT = \angle TCB$, $\angle ATC = \pi - \angle CTB$,故结论真.

9. $\Delta = \dfrac{1}{2}\sin a\sin b\sin C$,因为 $\sin C = \dfrac{\sin h_a}{\sin b}$,所以 $\Delta = \dfrac{1}{2}\sin a\sin h_a$.

10. 若 $\triangle ABC$ 与其对偶 $\Delta A'B'C'$ 重合,即

$$A' = A, B' = B, C' = C$$

因 A' 是直线 BC 的极,故

$$\overset{\frown}{A'B} = \frac{\pi}{2}, \overset{\frown}{AB} = \frac{\pi}{2}$$

同理

$$\overset{\frown}{BC} = \overset{\frown}{CA} = \frac{\pi}{2}$$

11. $A + a' = \pi$,故 $\dfrac{A}{2} = \dfrac{\pi}{2} - \dfrac{a'}{2}$,又 $a + A' = b + B' = c + C' = \pi$,故 $b = \pi - B'$, $c = \pi - C'$, $p = \dfrac{3\pi}{2} - P'$(其中 $P' = \dfrac{1}{2}(A' + B' + C')$), $p - a = \dfrac{\pi}{2} - (P' - A')$,将它们代入半角公式,略去撇号即得半边公式.

12. 延长 AD 与 BC 必相交,交点 E 是 AB 的极, $\overset{\frown}{AE} = \overset{\frown}{BE} = \dfrac{\pi}{2}$. 在直角 $\triangle CDE$ 中, $\sin \angle D = \sin \angle CDE = \dfrac{\sin \overset{\frown}{CE}}{\sin \overset{\frown}{DE}}$, $b + \overset{\frown}{CE} = a + \overset{\frown}{DE} = \dfrac{\pi}{2}$,代入即得.

13. 三边对应相等的两个三角形相等.

14. 延长 AD 与 BC 必相交于一点 E,应用等角对等边可得

$$\overset{\frown}{EA}=\overset{\frown}{EB},\overset{\frown}{ED}=\overset{\frown}{EC}$$

15. 延长 AB 与 AC 必交于点 A 的对径点 $\overline{A}$,则

$$\triangle ABC=\triangle \overline{A}CB \quad (角、边、角)$$

$$\overset{\frown}{AB}+\overset{\frown}{AC}=\overset{\frown}{AB}+\overset{\frown}{\overline{A}B}=\pi$$

反之,已知$\overset{\frown}{AB}+\overset{\frown}{AC}=\pi$,$\overset{\frown}{AB}+\overset{\frown}{B\overline{A}}=\pi=\overset{\frown}{AC}+\overset{\frown}{C\overline{A}}$,故

$$\overset{\frown}{AC}=\overset{\frown}{\overline{A}B},\overset{\frown}{AB}=\overset{\frown}{\overline{A}C}$$

$$\triangle ABC=\triangle \overline{A}CB \quad (边、边、边)$$

所以

$$\angle ABC+\angle ACB=\angle ABC+\angle \overline{A}BC=\pi$$

16. 作四边形 $ABCD$ 的对角线 AC,则

$$\triangle ABC=\triangle CDA \quad (边,边,边)$$

故

$$\angle B=\angle D$$

同理

$$\angle A=\angle C$$

反之,双方延长 AB 与 CD 交于一双对径点 P,Q,则

$$\triangle PAD=\triangle QCB \quad (角、角、角)$$

故

$$AD=\overset{\frown}{CB}$$

同理

$$\overset{\frown}{AB}=\overset{\frown}{CD}$$

17. 设四边形 $ABCD$ 的两对角线交于点 P,则

$$\triangle ABC=\triangle ADC \quad (边、边、边)$$

$$\angle BAC=\angle DAC$$

故

$$\triangle BAP=\triangle DAP \quad (边、角、边)$$

$$\angle APB=\angle APD$$

又

$$\angle APB+\angle APD=\pi$$

所以

$$AP\perp BD$$

18. 已知 $b=b'$,$c=c'$,$\angle A>\angle A'$,$a,b,c\in(0,\pi)$,则

$$\cos a-\cos a'=2\sin b\cdot\sin c(\cos A-\cos A')<0$$

故 $a>a'$.

19. 要证所有椭圆运动 $X'=\boldsymbol{G}X(\boldsymbol{G}^T\boldsymbol{G}=\boldsymbol{I})$ 构成群，只需证正交矩阵 $\boldsymbol{G}$ 的集合关于乘法运算构成群. 满足：(i) 设 $\boldsymbol{G}_1,\boldsymbol{G}_2$ 是正交阵，即 $\boldsymbol{G}_1^T\boldsymbol{G}_1=\boldsymbol{I},\boldsymbol{G}_2^T\boldsymbol{G}_2=\boldsymbol{I}$，则 $(\boldsymbol{G}_1\boldsymbol{G}_2)^T(\boldsymbol{G}_1\boldsymbol{G}_2)=\boldsymbol{G}_2^T\boldsymbol{G}_1^T\boldsymbol{G}_1\boldsymbol{G}_2=\boldsymbol{G}_2^T\boldsymbol{G}_2=\boldsymbol{I}$，故 $\boldsymbol{G}_1\boldsymbol{G}_2$ 也是正交阵，对乘法运算是封闭的. (ii) 存在逆元 $\boldsymbol{G}^{-1}=\boldsymbol{G}^T$，亦为正交阵，因为 $(\boldsymbol{G}^T)\boldsymbol{G}^T=\boldsymbol{G}\boldsymbol{G}^T=\boldsymbol{I}$.

20. 球面大圆 AB：$X=\lambda A+\mu B$ 与 CD：$(C\times D)\cdot X=0$ 的交点 P 由

$$(C\times D)\cdot(\lambda A+\mu B)=0$$

得 $\dfrac{\lambda}{\mu}=-(C\times D)\cdot\dfrac{B}{(C\times D)}\cdot A$，从而可取

$$X_0=\pm[(A,C,D)B-(B,C,D)A]$$

$$P=\frac{X_0}{|X_0|}$$

因为

$$A=(\cos\theta\cos\varphi,\cos\theta\sin\varphi,\sin\theta)=(-0.970\,3,-0.162\,4,0.179\,4)$$

$$B=(-0.972\,7,-0.183\,2,0.140\,6)$$

$$C=(-0.958\,1,-0.205\,1,0.199\,4)$$

$$D=(-0.961\,0,-0.226\,2,0.159\,3)$$

所以

$$(A,C,D)=-0.002\,21,(B,C,D)=-0.002\,19$$

$$X_0=\pm10^{-5}(-221B+219A)=\pm0.001(2.471,4.922,8.216)$$

$$P=\pm(0.249\,8,0.497\,6,0.830\,6)$$

$$=\pm(\cos 56.16°\cdot\cos 63.35°\cdot\cos 56.16°\cdot\sin 63.35°,\sin 56.16°)$$

注意到发射点 P 在苏联境内，应取"+"号，点 P 位于北纬 56.16°，东经 63.35°.
$\overset{\frown}{PD}=r\arccos(P\cdot D)=6\,400\times\arccos(-0.220\,3)\approx11\,500$ km.

习题 8

1. $A\cdot\overline{A}=1$，且 $\sec u\sec v\geqslant1$，故 $A\in H^2$，$B\cdot\overline{B}=-1$，故 $B\in\overline{H}^2$.

2. $\operatorname{ch}2x=\operatorname{ch}^2x+\operatorname{sh}^2x=1+2\operatorname{sh}^2x=2\operatorname{ch}^2x-1$

$$\operatorname{th}\frac{x}{2}=\frac{2\operatorname{sh}\frac{x}{2}\operatorname{ch}\frac{x}{2}}{2\operatorname{ch}^2\frac{x}{2}}=\frac{\operatorname{sh}x}{\operatorname{ch}x+1}$$

3.(1)$N_1=(n_0,n_1,n_2)$,$N_2=(n_0,-n_1,-n_2)$,$N_1\cdot\overline{N_2}=n_0^2+n_1^2+n_2^2=1+2n_0^2>1$,不相交(分散);

(2)$N_1=(n_0,-n_1,-n_2)$,$N_2=(0,-n_2,n_1)/\sqrt{n_1^2+n_2^2}$,$N_1\cdot\overline{N_2}=0$,相交(互相垂直);

(3)$N_1=(2,-2,1)$,$N_2=\left(\frac{1}{3},-\frac{1}{3},1\right)$,$N_1\cdot\overline{N_2}=\frac{2}{3}-\frac{2}{3}-1=-1$,互相平行.

4.$A\cdot\overline{Q}=tA\cdot(B\times C)$,所以 $\rho(A,Q)=\mathrm{Arch}\ tA\cdot(B\times C)$.

5.$\mathrm{Arch}\ A\cdot\overline{X}=\mathrm{Arch}\ B\cdot\overline{X}$,即$(A-B)\cdot\overline{X}=0$,它是双曲直线的方程,且直线的极为

$$\pm\frac{A-B}{\sqrt{2A\cdot\overline{B}-2}}=\pm\frac{A-B}{2\mathrm{sh}\frac{\rho(A,B)}{2}}$$

6. $$D=\frac{B\mathrm{sh}(1-t_1)a+C\mathrm{sh}t_1a}{\mathrm{sh}\ a},a=\rho(B,C),t_1a=\rho(B,D)$$

$$E=\frac{C\mathrm{sh}(1-t_2)b+A\mathrm{sh}\ gt_2b}{\mathrm{sh}\ b},b=\rho(C,A),t_2b=\rho(C,E)$$

$$F=\frac{A\mathrm{sh}(1-t_3)c+B\mathrm{sh}\ t_3c}{\mathrm{sh}\ c},c=\rho(A,B),t_3c=\rho(A,F)$$

则 D,E,F 三点共线的充要条件是

$$(D\times E)\cdot F=0$$

即 $[\mathrm{sh}(1-t_1)a\mathrm{sh}(1-t_2)b\mathrm{sh}(1-t_3)c+\mathrm{sh}\ t_1a\mathrm{sh}t_2\mathrm{sh}\ t_3c](A\times B)\cdot C=0$

7. $$\cos A-\cos B=\frac{\mathrm{ch}\ b\mathrm{ch}\ c-\mathrm{ch}\ a}{\mathrm{sh}\ b\mathrm{sh}\ c}-\frac{\mathrm{ch}\ c\mathrm{ch}\ a-\mathrm{ch}\ b}{\mathrm{sh}\ c\mathrm{sh}\ a}$$

$$=\frac{\mathrm{ch}\ c(\mathrm{sh}\ a\mathrm{ch}\ b-\mathrm{ch}\ a\mathrm{sh}\ b)-(\mathrm{ch}\ a\mathrm{sh}\ a-\mathrm{ch}\ b\mathrm{sh}\ b)}{\mathrm{sh}\ a\mathrm{sh}\ b\mathrm{sh}\ c}$$

$$=\frac{\mathrm{ch}\ c\mathrm{sh}(a-b)-\frac{1}{2}(\mathrm{sh}\ 2a-\mathrm{sh}\ 2b)}{\mathrm{sh}\ a\mathrm{sh}\ b\mathrm{sh}\ c}$$

$$=\frac{\mathrm{ch}\ c\mathrm{sh}(a-b)-\mathrm{sh}(a-b)\cdot\mathrm{ch}(a+b)}{\mathrm{sh}\ a\mathrm{sh}\ b\mathrm{sh}\ c}$$

$$=\frac{\mathrm{sh}(a-b)[\mathrm{ch}\ c-\mathrm{ch}(a+b)]}{\mathrm{sh}\ a\mathrm{sh}\ b\mathrm{sh}\ c}$$

因为 $a+b>c>0$,所以 $\mathrm{ch}\ c-\mathrm{sh}(a+b)<0$,当 $a>b$ 时,$\cos A-\cos B<0$,有$\angle A>\angle B$. 当 $a=b$ 时,$\cos A-\cos B=0$,有$\angle A=\angle B$.

8. (i) $\operatorname{ch} a=\operatorname{ch} b\operatorname{ch} c-\operatorname{sh} b\operatorname{sh} c\left(1-2\sin^2\dfrac{A}{2}\right)$，故

$$\begin{aligned}2\operatorname{sh} b\operatorname{sh} c\sin^2\frac{A}{2}&=\operatorname{ch} a-(\operatorname{ch} b\operatorname{ch} c-\operatorname{sh} b\operatorname{sh} c)\\&=\operatorname{ch} a-\operatorname{ch}(b-c)\\&=2\operatorname{sh}\frac{a+b-c}{2}\operatorname{sh}\frac{a-b+c}{2}\end{aligned}$$

(ii) $$\begin{aligned}2\operatorname{sh} b\operatorname{sh} c\cos^2\frac{A}{2}&=\operatorname{ch} b\operatorname{ch} c+\operatorname{sh} b\operatorname{sh} c-\operatorname{ch} a\\&=\operatorname{ch}(b+c)-\operatorname{ch} a\\&=2\operatorname{sh}\frac{a+b+c}{2}\cdot\operatorname{sh}\frac{b+c-a}{2}\end{aligned}$$

9. 垂线 PH 的极

$$N'=\frac{\overline{P\times H}}{\operatorname{sh}\rho(P,H)}$$

$PH\perp l$ 的充要条件是

$$N\cdot\overline{N'}=0$$

即

$$N\cdot(P\times H)=0$$

故
$$H=\lambda P+\mu N$$

点 H 在直线 $l:N\cdot\overline{X}=0$ 上，有

$$N\cdot(\overline{\lambda P}+\overline{\mu N})=0$$

因为

$$N\cdot\overline{N}=-1$$

所以

$$\mu=\lambda N\cdot\overline{P}$$

故
$$H=\lambda P+\lambda(N\cdot\overline{P})N$$

又 $H\cdot\overline{H}=1$，即

$$\lambda^2[P+(N\cdot\overline{P})N]\cdot\overline{[P+(N\cdot\overline{P})N]}=1$$

10. $\Delta=\dfrac{1}{2}\operatorname{sh} a\operatorname{sh} b\sin C$，又 $\sin C=\dfrac{\operatorname{sh} h_a}{\operatorname{sh} b}$ 代入得

$$\operatorname{sh} h_a=\frac{2\Delta}{\operatorname{sh} a}$$

本题也可以用上题结论 $\operatorname{ch} h_a=\overline{C}\cdot H=\overline{C}\cdot[C+(N\cdot\overline{C})N]/\sqrt{1+(N\cdot\overline{C})^2}=$

$\sqrt{1+(N\cdot\overline{C})^2}$，$\mathrm{ch}^2 h_a \mathrm{sh}^2 a=\mathrm{sh}^2 a+\mathrm{sh}^2 a\cdot(N\cdot\overline{C})^2=\mathrm{sh}^2 a+[(A\times B)\cdot\overline{C}]^2=\mathrm{sh}^2 a+4\Delta^2$.

11.(1)连 BD，在$\triangle ABD$ 中，有

$$\angle A=\frac{\pi}{2},\cos\angle ABD=\frac{\mathrm{th}\,a}{\mathrm{th}\,x}\quad (x=\rho(B,D))$$

在$\triangle BCD$ 中，有

$$\angle C=\frac{\pi}{2},\sin\angle DBC=\frac{\mathrm{sh}\,c}{\mathrm{sh}\,x}$$

因为$\angle ABD+\angle CBD=\frac{\pi}{2}$，所以$\frac{\mathrm{sh}\,c}{\mathrm{sh}\,x}=\frac{\mathrm{th}\,a}{\mathrm{th}\,x}$，$\mathrm{ch}\,x=\frac{\mathrm{sh}\,c}{\mathrm{th}\,a}$，又 $\mathrm{ch}\,x=\mathrm{ch}\,b\mathrm{ch}\,c$，所以 $\mathrm{ch}\,b=\frac{\mathrm{sh}\,c}{\mathrm{ch}\,c\mathrm{th}\,a}=\frac{\mathrm{th}\,c}{\mathrm{th}\,a}$；

(2)连 AC，记 $\rho(A,C)=y$，$\angle BAC=\alpha$，则 $\cos\alpha=\frac{\mathrm{th}\,a}{\mathrm{th}\,y}$，$\mathrm{ch}\,y=\mathrm{ch}\,a\mathrm{ch}\,b$. 在$\triangle ACD$ 中，$\frac{\sin D}{\mathrm{sh}\,y}=\frac{\sin\left(\frac{\pi}{2}-\alpha\right)}{\mathrm{sh}\,c}$，所以 $\sin D=\frac{\mathrm{sh}\,y\cos\alpha}{\mathrm{sh}\,c}=\frac{\mathrm{sh}\,y\mathrm{th}\,a}{\mathrm{th}\,y\mathrm{sh}\,c}=\frac{\mathrm{ch}\,a\mathrm{ch}\,b\ \mathrm{th}\,a}{\mathrm{sh}\,c}=\frac{\mathrm{sh}\,a\mathrm{ch}\,b}{\mathrm{sh}\,c}$，将(1)代入得 $\sin D=\frac{\mathrm{ch}\,a}{\mathrm{ch}\,c}$.

12.(1)因为

$$\begin{bmatrix}1&0&0\\0&\cos\alpha&-\sin\alpha\\0&\sin\alpha&\cos\alpha\end{bmatrix}\begin{bmatrix}1&0&0\\0&\cos\alpha&\sin\alpha\\0&-\sin\alpha&\cos\alpha\end{bmatrix}=\begin{bmatrix}1&0&0\\0&1&0\\0&0&1\end{bmatrix}$$

所以系数 g_{ij} 满足双曲条件.

(2) $\begin{bmatrix}\sec\beta&\mathrm{tg}\,\beta&0\\\mathrm{tg}\,\beta&\sec\beta&0\\0&0\end{bmatrix}\begin{bmatrix}\sec\beta&-\mathrm{tg}\,\beta&0\\-\mathrm{tg}\,\beta&\sec\beta&0\\0&0\end{bmatrix}=\begin{bmatrix}1&0&0\\0&1&0\\0&0&1\end{bmatrix}$是双曲运动.

13.从角平分线上任一点向两边作垂线，所成两个直角三角形相等.

14.先证$\triangle ABC$ 的三内角平分线交于一点 I(称为内心)，它到各边的距离为 r. 设内切圆与边 BC，CA，AB 的切点分别为 D，E，F，则

$$\rho(A,E)=\rho(A,F)=p-a$$

在$\triangle AEI$ 中，有

$$\tan\frac{A}{2}=\frac{\mathrm{th}\,r}{\mathrm{sh}(p-a)}$$

运用题 8 半角公式即获证.

15. $X=\dfrac{B\mathrm{sh}(1-t)a+C\mathrm{sh}\ ta}{\mathrm{sh}\ a}$,两边点乘 $\overline{A}$ 即得.

16. 设两圆 $C_1(r_1)$ 与 $C_2(r_2)$ 的交点为 P,则

$$\angle C_iPC_2=\theta$$

$$\cos\theta=\cos\angle C_1PC_2=\frac{r_1^2+r_2^2-|C_1C_2|^2}{2r_1r_2}=$$

$$\frac{\left(\frac{1}{n_0}\right)^2+\left(\frac{1}{n_0'}\right)^2-\left[\left(\frac{n_1}{n_0}-\frac{n_1'}{n_0'}\right)^2+\left(\frac{n_2}{n_0}-\frac{n_2'}{n_0'}\right)^2\right]}{\frac{2}{n_0n_0'}}$$

注意到

$$n_0^2-n_1^2-n_2^2=-1$$

17. 因为 $\mathrm{sh}\ \frac{1}{2}\rho(z,z')=\frac{|z-z'|}{2\sqrt{yy'}}$. 所以

$$\mathrm{th}\ \frac{1}{2}\rho(z,z')=\mathrm{sh}\ \frac{1}{2}\frac{\rho}{\sqrt{\mathrm{sh}^2\ \frac{1}{2}\rho+1}}=\frac{|z-z'|}{\sqrt{(x-x')^2+(y-y')^2+4yy'}}$$

$$=\frac{|z-z'|}{\sqrt{(x-x')^2+(y+y')^2}}$$

$$=\frac{|z-z'|}{|z-\overline{z'}|}$$

18. $\mathrm{ch}\ \rho(A,B)=x_0(x_0+\mathrm{d}x_0)-x_1(x_1+\mathrm{d}x_1)-x_2(x_2+\mathrm{d}x_2)$

$$=\frac{1}{2}\{(x_0^2-x_1^2-x_2^2)+[(x_0+\mathrm{d}x_0)^2-$$

$$(x_1+\mathrm{d}x_1)^2-(x_2+\mathrm{d}x_2)^2]-(\mathrm{d}x_0^2-\mathrm{d}x_1^2-\mathrm{d}x_2^2)\}$$

$$=\frac{1}{2}\{2-(\mathrm{d}x_0^2-\mathrm{d}x_1^2+\mathrm{d}x_2^2)\}=\mathrm{ch}\ \mathrm{d}s\approx 1+\frac{1}{2}\mathrm{d}s^2$$

所以

$$\mathrm{d}s^2=\mathrm{d}x_1^2+\mathrm{d}x_2^2-\mathrm{d}x_0^2$$

将 §4 变换式(2)两边微分代入即得.

习题 9

1. 用柯西不等式.

2. 对 $X-C=(1-t)(A-C)+t(B-C)$ 平方得

$\overline{CX^2}=(1-t)^2(A-C)^2+t^2(B-C)^2+2(1-t)t(A-C)\cdot(B-C)$

$=(1-t)\overline{CA^2}+t\,\overline{CB^2}-t(1-t)[(A-C)^2+(B-C)^2-2(A-C)(B-C)]$

3. $(X-A)^2=k^2(X-B)^2$ 即

$$(1-k^2)X^2-A(A-k^2B)\cdot X+A^2-k^2B^2=0$$

4. 直线 AB: $X=(1-t)A+tB, t\in(-\infty,+\infty)$. 设 $X_1(t)$, $X_2(t_2)$ 是直线 AB 上任两点，则以 X_1, X_2 为端点的线段上任一点

$$Y=(1-u)X_1+uX_2=(1-t_1+ut_1-ut_2)A+(t_1-ut_1+ut_2)B$$

位于直线 AB 上.

5. $|A-B|^2+|A+B|^2=2(|A|^2+|B|^2)\geqslant 4|A||B|$. 令 $A-B=X$, $A+B=Y$ 代入便得. 等号成立的充要条件是 $|A|=|B|$，即

$$|X+Y|=|X-Y|\Leftrightarrow X\cdot Y=0$$

说明平行四边形对角线乘积小于或等于两邻边的平方和. 等号当且仅当矩形时成立.

7. 证明 AB 的中点在超平面上，且 AB 的方向与法向量 N 相同或相反.

10. $l=|P_0-P_1|=|\lambda\boldsymbol{e}-\boldsymbol{e}_1|=|\boldsymbol{e}_1-\boldsymbol{e}_2|=\sqrt{2}$, $(\lambda\boldsymbol{e}-\boldsymbol{e}_1)^2=2$，即

$$n\lambda^2-2\lambda-1=0$$

$$\lambda=\frac{1\pm\sqrt{n+1}}{n}$$

$$V=\frac{1}{n!}l^n\sqrt{\frac{n+1}{2^n}}$$

11. 仿凯利定理的证明可得.

12. 可用题 11 的夹角公式计算得 $\cos\langle 0,1\rangle=0$, $\cos\langle 1,2\rangle=\frac{1}{2}$. 由于四面体是等面的，$|f_i|=2\sqrt{2}$，体积 $=\frac{4}{3}\sqrt{2}$，用正弦定理计算得 $\sin\angle P_0^{(3)}=\frac{\sqrt{2}}{2}$.

13. (1) $\sin A+\sin B+\sin C\leqslant 3\sin\frac{A+B+C}{3}$，即 $2\Delta\left(\frac{1}{bc}+\frac{1}{ca}+\frac{1}{ab}\right)\leqslant\frac{3\sqrt{3}}{2}$；

(2) 不妨设 $a\geqslant b\geqslant c$，则

$$\begin{aligned}a^2+b^2+c^2-4\sqrt{3}\Delta&=2(a^2+c^2)-2ac\cos B-2\sqrt{3}ac\sin B\\&=2(a^2+c^2)-4ac\cos\left(B-\frac{\pi}{3}\right)\\&=2(a-c)^2+4ac\left[1-\cos\left(B-\frac{\pi}{3}\right)\right]\geqslant\end{aligned}$$

$$(a-b+b-c)^2+(a-c)^2 \geqslant$$
$$(a-b)^2+(b-c)^2+(c-a)^2$$

证法二：令 $p-a=x, p-b=y, p-c=z$，只需证

$$xy+yz+zx \geqslant \sqrt{3(x+y+z)xyz}$$

14. $$x^2+y^2+z^2-2xy\cos\gamma-2yz\cos\alpha-2zx\sin\beta$$
$$=x^2+y^2+z^2+2xy(\cos\alpha\cos\beta-\sin\alpha\sin\beta)-2yz\cos\alpha-2zx\cos\beta$$
$$=(x\sin\beta-y\sin\alpha)^2+(z-x\cos\beta-y\cos\alpha)^2 \geqslant 0$$

15. $$\sum_{i=0}^{n} |GP_i|^2=\sum_{0}^{n}(\overrightarrow{SP_i}-\overrightarrow{SG})^2$$
$$=\sum_{0}^{n}|SP_i|^2+(n+1)|SG|^2-2\overrightarrow{SG}\cdot\sum_{0}^{n}\overrightarrow{SP_i}$$
$$=(n+1)R^2+(n+1)|SG|^2-2(n+1)\overrightarrow{SG}\cdot\overrightarrow{SG}$$

16. 用数学归纳法证明，由单形的棱长与外接球半径 R 的不等式知正则单形有

$$(n+1)^2R^2=\frac{n(n+1)}{2}l^2$$

代入题 10 中 $V=\frac{1}{n!}l^n\sqrt{\frac{n+1}{2^n}}$ 便得.

17. $r\sum_{0}^{n}|f_i|=nV_g\sum_{0}^{n}|f_i| \geqslant (n+1)\prod_{i=0}^{n}|f_i|^{\frac{1}{n+1}}$，再运用张－杨不等式 (2) 可得.

18. $$\frac{n!\ V(\Delta_n)}{\sqrt{n^n(n+1)^{n+1}}} \geqslant r^n(\Delta_n)$$

(注意到

$$R(T)=r(\Delta_n)$$

运用 §5 中的不等式(5)，(3) 证 $R^n(T) \geqslant \sqrt{\frac{n^n}{(n+1)^{n+1}}}n!\ V(T)$，据题 17 有)

哈尔滨工业大学出版社刘培杰数学工作室已出版(即将出版)图书目录

书　　名	出版时间	定　价	编号
新编中学数学解题方法全书(高中版)上卷	2007—09	38.00	7
新编中学数学解题方法全书(高中版)中卷	2007—09	48.00	8
新编中学数学解题方法全书(高中版)下卷(一)	2007—09	42.00	17
新编中学数学解题方法全书(高中版)下卷(二)	2007—09	38.00	18
新编中学数学解题方法全书(高中版)下卷(三)	2010—06	58.00	73
新编中学数学解题方法全书(初中版)上卷	2008—01	28.00	29
新编中学数学解题方法全书(初中版)中卷	2010—07	38.00	75
新编中学数学解题方法全书(高考复习卷)	2010—01	48.00	67
新编中学数学解题方法全书(高考真题卷)	2010—01	38.00	62
新编中学数学解题方法全书(高考精华卷)	2011—03	68.00	118
新编平面解析几何解题方法全书(专题讲座卷)	2010—01	18.00	61
新编中学数学解题方法全书(自主招生卷)	2013—08	88.00	261
数学眼光透视	2008—01	38.00	24
数学思想领悟	2008—01	38.00	25
数学应用展观	2008—01	38.00	26
数学建模导引	2008—01	28.00	23
数学方法溯源	2008—01	38.00	27
数学史话览胜	2008—01	28.00	28
数学思维技术	2013—09	38.00	260
从毕达哥拉斯到怀尔斯	2007—10	48.00	9
从迪利克雷到维斯卡尔迪	2008—01	48.00	21
从哥德巴赫到陈景润	2008—05	98.00	35
从庞加莱到佩雷尔曼	2011—08	138.00	136
数学解题中的物理方法	2011—06	28.00	114
数学解题的特殊方法	2011—06	48.00	115
中学数学计算技巧	2012—01	48.00	116
中学数学证明方法	2012—01	58.00	117
数学趣题巧解	2012—03	28.00	128
三角形中的角格点问题	2013—01	88.00	207
含参数的方程和不等式	2012—09	28.00	213

哈尔滨工业大学出版社刘培杰数学工作室已出版(即将出版)图书目录

书　　名	出版时间	定　价	编号
数学奥林匹克与数学文化(第一辑)	2006－05	48.00	4
数学奥林匹克与数学文化(第二辑)(竞赛卷)	2008－01	48.00	19
数学奥林匹克与数学文化(第二辑)(文化卷)	2008－07	58.00	36′
数学奥林匹克与数学文化(第三辑)(竞赛卷)	2010－01	48.00	59
数学奥林匹克与数学文化(第四辑)(竞赛卷)	2011－08	58.00	87
数学奥林匹克与数学文化(第五辑)	2014－09		370

书　　名	出版时间	定　价	编号
发展空间想象力	2010－01	38.00	57
走向国际数学奥林匹克的平面几何试题诠释(上、下)(第1版)	2007－01	68.00	11,12
走向国际数学奥林匹克的平面几何试题诠释(上、下)(第2版)	2010－02	98.00	63,64
平面几何证明方法全书	2007－08	35.00	1
平面几何证明方法全书习题解答(第1版)	2005－10	18.00	2
平面几何证明方法全书习题解答(第2版)	2006－12	18.00	10
平面几何天天练上卷·基础篇(直线型)	2013－01	58.00	208
平面几何天天练中卷·基础篇(涉及圆)	2013－01	28.00	234
平面几何天天练下卷·提高篇	2013－01	58.00	237
平面几何专题研究	2013－07	98.00	258
最新世界各国数学奥林匹克中的平面几何试题	2007－09	38.00	14
数学竞赛平面几何典型题及新颖解	2010－07	48.00	74
初等数学复习及研究(平面几何)	2008－09	58.00	38
初等数学复习及研究(立体几何)	2010－06	38.00	71
初等数学复习及研究(平面几何)习题解答	2009－01	48.00	42
世界著名平面几何经典著作钩沉——几何作图专题卷(上)	2009－06	48.00	49
世界著名平面几何经典著作钩沉——几何作图专题卷(下)	2011－01	88.00	80
世界著名平面几何经典著作钩沉(民国平面几何老课本)	2011－03	38.00	113
世界著名解析几何经典著作钩沉——平面解析几何卷	2014－01	38.00	273
世界著名数论经典著作钩沉(算术卷)	2012－01	28.00	125
世界著名数学经典著作钩沉——立体几何卷	2011－02	28.00	88
世界著名三角学经典著作钩沉(平面三角卷Ⅰ)	2010－06	28.00	69
世界著名三角学经典著作钩沉(平面三角卷Ⅱ)	2011－01	38.00	78
世界著名初等数论经典著作钩沉(理论和实用算术卷)	2011－07	38.00	126
几何学教程(平面几何卷)	2011－03	68.00	90
几何学教程(立体几何卷)	2011－07	68.00	130
几何变换与几何证题	2010－06	88.00	70
计算方法与几何证题	2011－06	28.00	129
立体几何技巧与方法	2014－04	88.00	293
几何瑰宝——平面几何500名题暨1000条定理(上、下)	2010－07	138.00	76,77
三角形的解法与应用	2012－07	18.00	183
近代的三角形几何学	2012－07	48.00	184
一般折线几何学	即将出版	58.00	203
三角形的五心	2009－06	28.00	51
三角形趣谈	2012－08	28.00	212
解三角形	2014－01	28.00	265
三角学专门教程	2014－09	28.00	387
距离几何分析导引	2015－02	68.00	446

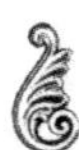 哈尔滨工业大学出版社刘培杰数学工作室已出版(即将出版)图书目录 

书　　名	出版时间	定　价	编号
圆锥曲线习题集(上册)	2013－06	68.00	255
圆锥曲线习题集(中册)	2015－01	78.00	434
圆锥曲线习题集(下册)	即将出版		
俄罗斯平面几何问题集	2009－08	88.00	55
俄罗斯立体几何问题集	2014－03	58.00	283
俄罗斯几何大师——沙雷金论数学及其他	2014－01	48.00	271
来自俄罗斯的 5000 道几何习题及解答	2011－03	58.00	89
俄罗斯初等数学问题集	2012－05	38.00	177
俄罗斯函数问题集	2011－03	38.00	103
俄罗斯组合分析问题集	2011－01	48.00	79
俄罗斯初等数学万题选——三角卷	2012－11	38.00	222
俄罗斯初等数学万题选——代数卷	2013－08	68.00	225
俄罗斯初等数学万题选——几何卷	2014－01	68.00	226
463 个俄罗斯几何老问题	2012－01	28.00	152
近代欧氏几何学	2012－03	48.00	162
罗巴切夫斯基几何学及几何基础概要	2012－07	28.00	188
超越吉米多维奇——数列的极限	2009－11	48.00	58
超越普里瓦洛夫——留数卷	2015－01	28.00	437
Barban Davenport Halberstam 均值和	2009－01	40.00	33
初等数论难题集(第一卷)	2009－05	68.00	44
初等数论难题集(第二卷)(上、下)	2011－02	128.00	82,83
谈谈素数	2011－03	18.00	91
平方和	2011－03	18.00	92
数论概貌	2011－03	18.00	93
代数数论(第二版)	2013－08	58.00	94
代数多项式	2014－06	38.00	289
初等数论的知识与问题	2011－02	28.00	95
超越数论基础	2011－03	28.00	96
数论初等教程	2011－03	28.00	97
数论基础	2011－03	18.00	98
数论基础与维诺格拉多夫	2014－03	18.00	292
解析数论基础	2012－08	28.00	216
解析数论基础(第二版)	2014－01	48.00	287
解析数论问题集(第二版)	2014－05	88.00	343
解析几何研究	2015－01	38.00	425
初等几何研究	2015－02	58.00	444
数论入门	2011－03	38.00	99
代数数论入门	2015－03	38.00	448
数论开篇	2012－07	28.00	194
解析数论引论	2011－03	48.00	100
复变函数引论	2013－10	68.00	269
伸缩变换与抛物旋转	2015－01	38.00	449

哈尔滨工业大学出版社刘培杰数学工作室已出版(即将出版)图书目录

书　名	出版时间	定　价	编号
无穷分析引论(上)	2013－04	88.00	247
无穷分析引论(下)	2013－04	98.00	245
数学分析	2014－04	28.00	338
数学分析中的一个新方法及其应用	2013－01	38.00	231
数学分析例选:通过范例学技巧	2013－01	88.00	243
三角级数论(上册)(陈建功)	2013－01	38.00	232
三角级数论(下册)(陈建功)	2013－01	48.00	233
三角级数论(哈代)	2013－06	48.00	254
基础数论	2011－03	28.00	101
超越数	2011－03	18.00	109
三角和方法	2011－03	18.00	112
谈谈不定方程	2011－05	28.00	119
整数论	2011－05	38.00	120
随机过程(Ⅰ)	2014－01	78.00	224
随机过程(Ⅱ)	2014－01	68.00	235
整数的性质	2012－11	38.00	192
初等数论 100 例	2011－05	18.00	122
初等数论经典例题	2012－07	18.00	204
最新世界各国数学奥林匹克中的初等数论试题(上、下)	2012－01	138.00	144,145
算术探索	2011－12	158.00	148
初等数论(Ⅰ)	2012－01	18.00	156
初等数论(Ⅱ)	2012－01	18.00	157
初等数论(Ⅲ)	2012－01	28.00	158
组合数学	2012－04	28.00	178
组合数学浅谈	2012－03	28.00	159
同余理论	2012－05	38.00	163
丢番图方程引论	2012－03	48.00	172
平面几何与数论中未解决的新老问题	2013－01	68.00	229
法雷级数	2014－08	18.00	367
代数数论简史	2014－11	28.00	408
摆线族	2015－01	38.00	438
拉普拉斯变换及其应用	2015－02	38.00	447

历届美国中学生数学竞赛试题及解答(第一卷)1950－1954	2014－07	18.00	277
历届美国中学生数学竞赛试题及解答(第二卷)1955－1959	2014－04	18.00	278
历届美国中学生数学竞赛试题及解答(第三卷)1960－1964	2014－06	18.00	279
历届美国中学生数学竞赛试题及解答(第四卷)1965－1969	2014－04	28.00	280
历届美国中学生数学竞赛试题及解答(第五卷)1970－1972	2014－06	18.00	281
历届美国中学生数学竞赛试题及解答(第七卷)1981－1986	2015－01	18.00	424

哈尔滨工业大学出版社刘培杰数学工作室已出版(即将出版)图书目录

书　　名	出版时间	定　价	编号
历届 IMO 试题集(1959—2005)	2006—05	58.00	5
历届 CMO 试题集	2008—09	28.00	40
历届中国数学奥林匹克试题集	2014—10	38.00	394
历届加拿大数学奥林匹克试题集	2012—08	38.00	215
历届美国数学奥林匹克试题集:多解推广加强	2012—08	38.00	209
保加利亚数学奥林匹克	2014—10	38.00	393
圣彼得堡数学奥林匹克试题集	2015—01	48.00	429
历届国际大学生数学竞赛试题集(1994—2010)	2012—01	28.00	143
全国大学生数学夏令营数学竞赛试题及解答	2007—03	28.00	15
全国大学生数学竞赛辅导教程	2012—07	28.00	189
全国大学生数学竞赛复习全书	2014—04	48.00	340
历届美国大学生数学竞赛试题集	2009—03	88.00	43
前苏联大学生数学奥林匹克竞赛题解(上编)	2012—04	28.00	169
前苏联大学生数学奥林匹克竞赛题解(下编)	2012—04	38.00	170
历届美国数学邀请赛试题集	2014—01	48.00	270
全国高中数学竞赛试题及解答.第 1 卷	2014—07	38.00	331
大学生数学竞赛讲义	2014—09	28.00	371
高考数学临门一脚(含密押三套卷)(理科版)	2015—01	24.80	421
高考数学临门一脚(含密押三套卷)(文科版)	2015—01	24.80	422
整函数	2012—08	18.00	161
多项式和无理数	2008—01	68.00	22
模糊数据统计学	2008—03	48.00	31
模糊分析学与特殊泛函空间	2013—01	68.00	241
受控理论与解析不等式	2012—05	78.00	165
解析不等式新论	2009—06	68.00	48
反问题的计算方法及应用	2011—11	28.00	147
建立不等式的方法	2011—03	98.00	104
数学奥林匹克不等式研究	2009—08	68.00	56
不等式研究(第二辑)	2012—02	68.00	153
初等数学研究(Ⅰ)	2008—09	68.00	37
初等数学研究(Ⅱ)(上、下)	2009—05	118.00	46,47
中国初等数学研究　2009 卷(第 1 辑)	2009—05	20.00	45
中国初等数学研究　2010 卷(第 2 辑)	2010—05	30.00	68
中国初等数学研究　2011 卷(第 3 辑)	2011—07	60.00	127
中国初等数学研究　2012 卷(第 4 辑)	2012—07	48.00	190
中国初等数学研究　2014 卷(第 5 辑)	2014—02	48.00	288
数阵及其应用	2012—02	28.00	164
绝对值方程—折边与组合图形的解析研究	2012—07	48.00	186
不等式的秘密(第一卷)	2012—02	28.00	154
不等式的秘密(第一卷)(第 2 版)	2014—02	38.00	286
不等式的秘密(第二卷)	2014—01	38.00	268

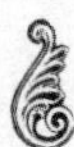

哈尔滨工业大学出版社刘培杰数学工作室已出版(即将出版)图书目录

书　　名	出版时间	定　价	编号
初等不等式的证明方法	2010－06	38.00	123
初等不等式的证明方法(第二版)	2014－11	38.00	407
数学奥林匹克在中国	2014－06	98.00	344
数学奥林匹克问题集	2014－01	38.00	267
数学奥林匹克不等式散论	2010－06	38.00	124
数学奥林匹克不等式欣赏	2011－09	38.00	138
数学奥林匹克超级题库(初中卷上)	2010－01	58.00	66
数学奥林匹克不等式证明方法和技巧(上、下)	2011－08	158.00	134,135
近代拓扑学研究	2013－04	38.00	239
新编640个世界著名数学智力趣题	2014－01	88.00	242
500个最新世界著名数学智力趣题	2008－06	48.00	3
400个最新世界著名数学最值问题	2008－09	48.00	36
500个世界著名数学征解问题	2009－06	48.00	52
400个中国最佳初等数学征解老问题	2010－01	48.00	60
500个俄罗斯数学经典老题	2011－01	28.00	81
1000个国外中学物理好题	2012－04	48.00	174
300个日本高考数学题	2012－05	38.00	142
500个前苏联早期高考数学试题及解答	2012－05	28.00	185
546个早期俄罗斯大学生数学竞赛题	2014－03	38.00	285
548个来自美苏的数学好问题	2014－11	28.00	396
博弈论精粹	2008－03	58.00	30
数学 我爱你	2008－01	28.00	20
精神的圣徒　别样的人生——60位中国数学家成长的历程	2008－09	48.00	39
数学史概论	2009－06	78.00	50
数学史概论(精装)	2013－03	158.00	272
斐波那契数列	2010－02	28.00	65
数学拼盘和斐波那契魔方	2010－07	38.00	72
斐波那契数列欣赏	2011－01	28.00	160
数学的创造	2011－02	48.00	85
数学中的美	2011－02	38.00	84
数论中的美学	2014－12	38.00	351
王连笑教你怎样学数学:高考选择题解题策略与客观题实用训练	2014－01	48.00	262
王连笑教你怎样学数学:高考数学高层次讲座	2015－02	48.00	432
最新全国及各省市高考数学试卷解法研究及点拨评析	2009－02	38.00	41
高考数学的理论与实践	2009－08	38.00	53
中考数学专题总复习	2007－04	28.00	6
向量法巧解数学高考题	2009－08	28.00	54
高考数学核心题型解题方法与技巧	2010－01	28.00	86
高考思维新平台	2014－03	38.00	259
数学解题——靠数学思想给力(上)	2011－07	38.00	131
数学解题——靠数学思想给力(中)	2011－07	48.00	132
数学解题——靠数学思想给力(下)	2011－07	38.00	133
我怎样解题	2013－01	48.00	227

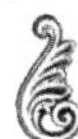

哈尔滨工业大学出版社刘培杰数学工作室已出版(即将出版)图书目录

书　　名	出版时间	定　价	编号
和高中生漫谈:数学与哲学的故事	2014-08	28.00	369
2011 年全国及各省市高考数学试题审题要津与解法研究	2011-10	48.00	139
2013 年全国及各省市高考数学试题解析与点评	2014-01	48.00	282
全国及各省市高考数学试题审题要津与解法研究	2015-02	48.00	450
新课标高考数学——五年试题分章详解(2007～2011)(上、下)	2011-10	78.00	140,141
30 分钟拿下高考数学选择题、填空题(第二版)	2012-01	28.00	146
全国中考数学压轴题审题要津与解法研究	2013-04	78.00	248
新编全国及各省市中考数学压轴题审题要津与解法研究	2014-05	58.00	342
高考数学压轴题解题诀窍(上)	2012-02	78.00	166
高考数学压轴题解题诀窍(下)	2012-03	28.00	167
自主招生考试中的参数方程问题	2015-01	28.00	435
近年全国重点大学自主招生数学试题全解及研究.华约卷	2015-02	38.00	441
近年全国重点大学自主招生数学试题全解及研究.北约卷	即将出版		

书　　名	出版时间	定　价	编号
格点和面积	2012-07	18.00	191
射影几何趣谈	2012-04	28.00	175
斯潘纳尔引理——从一道加拿大数学奥林匹克试题谈起	2014-01	28.00	228
李普希兹条件——从几道近年高考数学试题谈起	2012-10	18.00	221
拉格朗日中值定理——从一道北京高考试题的解法谈起	2012-10	18.00	197
闵科夫斯基定理——从一道清华大学自主招生试题谈起	2014-01	28.00	198
哈尔测度——从一道冬令营试题的背景谈起	2012-08	28.00	202
切比雪夫逼近问题——从一道中国台北数学奥林匹克试题谈起	2013-04	38.00	238
伯恩斯坦多项式与贝齐尔曲面——从一道全国高中数学联赛试题谈起	2013-03	38.00	236
卡塔兰猜想——从一道普特南竞赛试题谈起	2013-06	18.00	256
麦卡锡函数和阿克曼函数——从一道前南斯拉夫数学奥林匹克试题谈起	2012-08	18.00	201
贝蒂定理与拉姆贝克莫斯尔定理——从一个拣石子游戏谈起	2012-08	18.00	217
皮亚诺曲线和豪斯道夫分球定理——从无限集谈起	2012-08	18.00	211
平面凸图形与凸多面体	2012-10	28.00	218
斯坦因豪斯问题——从一道二十五省市自治区中学数学竞赛试题谈起	2012-07	18.00	196
纽结理论中的亚历山大多项式与琼斯多项式——从一道北京市高一数学竞赛试题谈起	2012-07	28.00	195
原则与策略——从波利亚"解题表"谈起	2013-04	38.00	244
转化与化归——从三大尺规作图不能问题谈起	2012-08	28.00	214
代数几何中的贝祖定理(第一版)——从一道 IMO 试题的解法谈起	2013-08	18.00	193
成功连贯理论与约当块理论——从一道比利时数学竞赛试题谈起	2012-04	18.00	180
磨光变换与范·德·瓦尔登猜想——从一道环球城市竞赛试题谈起	即将出版		
素数判定与大数分解	2014-08	18.00	199
置换多项式及其应用	2012-10	18.00	220
椭圆函数与模函数——从一道美国加州大学洛杉矶分校(UCLA)博士资格考题谈起	2012-10	28.00	219
差分方程的拉格朗日方法——从一道 2011 年全国高考理科试题的解法谈起	2012-08	28.00	200

哈尔滨工业大学出版社刘培杰数学工作室已出版(即将出版)图书目录

书　名	出版时间	定　价	编号
力学在几何中的一些应用	2013－01	38.00	240
高斯散度定理、斯托克斯定理和平面格林定理——从一道国际大学生数学竞赛试题谈起	即将出版		
康托洛维奇不等式——从一道全国高中联赛试题谈起	2013－03	28.00	337
西格尔引理——从一道第 18 届 IMO 试题的解法谈起	即将出版		
罗斯定理——从一道前苏联数学竞赛试题谈起	即将出版		
拉克斯定理和阿廷定理——从一道 IMO 试题的解法谈起	2014－01	58.00	246
毕卡大定理——从一道美国大学数学竞赛试题谈起	2014－07	18.00	350
贝齐尔曲线——从一道全国高中联赛试题谈起	即将出版		
拉格朗日乘子定理——从一道 2005 年全国高中联赛试题谈起	即将出版		
雅可比定理——从一道日本数学奥林匹克试题谈起	2013－04	48.00	249
李天岩－约克定理——从一道波兰数学竞赛试题谈起	2014－06	28.00	349
整系数多项式因式分解的一般方法——从克朗耐克算法谈起	即将出版		
布劳维不动点定理——从一道前苏联数学奥林匹克试题谈起	2014－01	38.00	273
压缩不动点定理——从一道高考数学试题的解法谈起	即将出版		
伯恩赛德定理——从一道英国数学奥林匹克试题谈起	即将出版		
布查特－莫斯特定理——从一道上海市初中竞赛试题谈起	即将出版		
数论中的同余数问题——从一道普特南竞赛试题谈起	即将出版		
范·德蒙行列式——从一道美国数学奥林匹克试题谈起	即将出版		
中国剩余定理:总数法构建中国历史年表	2015－01	28.00	430
牛顿程序与方程求根——从一道全国高考试题解法谈起	即将出版		
库默尔定理——从一道 IMO 预选试题谈起	即将出版		
卢丁定理——从一道冬令营试题的解法谈起	即将出版		
沃斯滕霍姆定理——从一道 IMO 预选试题谈起	即将出版		
卡尔松不等式——从一道莫斯科数学奥林匹克试题谈起	即将出版		
信息论中的香农熵——从一道近年高考压轴题谈起	即将出版		
约当不等式——从一道希望杯竞赛试题谈起	即将出版		
拉比诺维奇定理	即将出版		
刘维尔定理——从一道《美国数学月刊》征解问题的解法谈起	即将出版		
卡塔兰恒等式与级数求和——从一道 IMO 试题的解法谈起	即将出版		
勒让德猜想与素数分布——从一道爱尔兰竞赛试题谈起	即将出版		
天平称重与信息论——从一道基辅市数学奥林匹克试题谈起	即将出版		
哈密尔顿－凯莱定理:从一道高中数学联赛试题的解法谈起	2014－09	18.00	376
艾思特曼定理——从一道 CMO 试题的解法谈起	即将出版		

哈尔滨工业大学出版社刘培杰数学工作室已出版(即将出版)图书目录

书　　名	出版时间	定　价	编号
一个爱尔特希问题——从一道西德数学奥林匹克试题谈起	即将出版		
有限群中的爱丁格尔问题——从一道北京市初中二年级数学竞赛试题谈起	即将出版		
贝克码与编码理论——从一道全国高中联赛试题谈起	即将出版		
帕斯卡三角形	2014－03	18.00	294
蒲丰投针问题——从2009年清华大学的一道自主招生试题谈起	2014－01	38.00	295
斯图姆定理——从一道"华约"自主招生试题的解法谈起	2014－01	18.00	296
许瓦兹引理——从一道加利福尼亚大学伯克利分校数学系博士生试题谈起	2014－08	18.00	297
拉格朗日中值定理——从一道北京高考试题的解法谈起	2014－01		298
拉姆塞定理——从王诗宬院士的一个问题谈起	2014－01		299
坐标法	2013－12	28.00	332
数论三角形	2014－04	38.00	341
毕克定理	2014－07	18.00	352
数林掠影	2014－09	48.00	389
我们周围的概率	2014－10	38.00	390
凸函数最值定理:从一道华约自主招生题的解法谈起	2014－10	28.00	391
易学与数学奥林匹克	2014－10	38.00	392
生物数学趣谈	2015－01	18.00	409
反演	2015－01		420
因式分解与圆锥曲线	2015－01	18.00	426
轨迹	2015－01	28.00	427
面积原理:从常庚哲命的一道CMO试题的积分解法谈起	2015－01	48.00	431
形形色色的不动点定理:从一道28届IMO试题谈起	2015－01	38.00	439
柯西函数方程:从一道上海交大自主招生的试题谈起	2015－02	28.00	440
三角恒等式	2015－02	28.00	442
无理性判定:从一道2014年"北约"自主招生试题谈起	2015－01	38.00	443
中等数学英语阅读文选	2006－12	38.00	13
统计学专业英语	2007－03	28.00	16
统计学专业英语(第二版)	2012－07	48.00	176
幻方和魔方(第一卷)	2012－05	68.00	173
尘封的经典——初等数学经典文献选读(第一卷)	2012－07	48.00	205
尘封的经典——初等数学经典文献选读(第二卷)	2012－07	38.00	206
实变函数论	2012－06	78.00	181
非光滑优化及其变分分析	2014－01	48.00	230
疏散的马尔科夫链	2014－01	58.00	266
马尔科夫过程论基础	2015－01	28.00	433
初等微分拓扑学	2012－07	18.00	182
方程式论	2011－03	38.00	105
初级方程式论	2011－03	28.00	106
Galois理论	2011－03	18.00	107
古典数学难题与伽罗瓦理论	2012－11	58.00	223
伽罗华与群论	2014－01	28.00	290
代数方程的根式解及伽罗瓦理论	2011－03	28.00	108
代数方程的根式解及伽罗瓦理论(第二版)	2015－01	28.00	423

哈尔滨工业大学出版社刘培杰数学工作室已出版(即将出版)图书目录

书　名	出版时间	定　价	编号
线性偏微分方程讲义	2011－03	18.00	110
N体问题的周期解	2011－03	28.00	111
代数方程式论	2011－05	18.00	121
动力系统的不变量与函数方程	2011－07	48.00	137
基于短语评价的翻译知识获取	2012－02	48.00	168
应用随机过程	2012－04	48.00	187
概率论导引	2012－04	18.00	179
矩阵论(上)	2013－06	58.00	250
矩阵论(下)	2013－06	48.00	251
趣味初等方程妙题集锦	2014－09	48.00	388
趣味初等数论选美与欣赏	2015－02	48.00	445
对称锥互补问题的内点法:理论分析与算法实现	2014－08	68.00	368
抽象代数:方法导引	2013－06	38.00	257
闵嗣鹤文集	2011－03	98.00	102
吴从炘数学活动三十年(1951～1980)	2010－07	99.00	32
函数论	2014－11	78.00	395
数贝偶拾——高考数学题研究	2014－04	28.00	274
数贝偶拾——初等数学研究	2014－04	38.00	275
数贝偶拾——奥数题研究	2014－04	48.00	276
集合、函数与方程	2014－01	28.00	300
数列与不等式	2014－01	38.00	301
三角与平面向量	2014－01	28.00	302
平面解析几何	2014－01	38.00	303
立体几何与组合	2014－01	28.00	304
极限与导数、数学归纳法	2014－01	38.00	305
趣味数学	2014－03	28.00	306
教材教法	2014－04	68.00	307
自主招生	2014－05	58.00	308
高考压轴题(上)	2014－11	48.00	309
高考压轴题(下)	2014－10	68.00	310
从费马到怀尔斯——费马大定理的历史	2013－10	198.00	Ⅰ
从庞加莱到佩雷尔曼——庞加莱猜想的历史	2013－10	298.00	Ⅱ
从切比雪夫到爱尔特希(上)——素数定理的初等证明	2013－07	48.00	Ⅲ
从切比雪夫到爱尔特希(下)——素数定理100年	2012－12	98.00	Ⅲ
从高斯到盖尔方特——二次域的高斯猜想	2013－10	198.00	Ⅳ
从库默尔到朗兰兹——朗兰兹猜想的历史	2014－01	98.00	Ⅴ
从比勃巴赫到德布朗斯——比勃巴赫猜想的历史	2014－02	298.00	Ⅵ
从麦比乌斯到陈省身——麦比乌斯变换与麦比乌斯带	2014－02	298.00	Ⅶ
从布尔到豪斯道夫——布尔方程与格论漫谈	2013－10	198.00	Ⅷ
从开普勒到阿诺德——三体问题的历史	2014－05	298.00	Ⅸ
从华林到华罗庚——华林问题的历史	2013－10	298.00	Ⅹ

哈尔滨工业大学出版社刘培杰数学工作室已出版(即将出版)图书目录

书　　名	出版时间	定　价	编号
吴振奎高等数学解题真经(概率统计卷)	2012－01	38.00	149
吴振奎高等数学解题真经(微积分卷)	2012－01	68.00	150
吴振奎高等数学解题真经(线性代数卷)	2012－01	58.00	151
高等数学解题全攻略(上卷)	2013－06	58.00	252
高等数学解题全攻略(下卷)	2013－06	58.00	253
高等数学复习纲要	2014－01	18.00	384
钱昌本教你快乐学数学(上)	2011－12	48.00	155
钱昌本教你快乐学数学(下)	2012－03	58.00	171
三角函数	2014－01	38.00	311
不等式	2014－01	28.00	312
方程	2014－01	28.00	314
数列	2014－01	38.00	313
排列和组合	2014－01	28.00	315
极限与导数	2014－01	28.00	316
向量	2014－09	38.00	317
复数及其应用	2014－08	28.00	318
函数	2014－01	38.00	319
集合	即将出版		320
直线与平面	2014－01	28.00	321
立体几何	2014－04	28.00	322
解三角形	即将出版		323
直线与圆	2014－01	28.00	324
圆锥曲线	2014－01	38.00	325
解题通法(一)	2014－07	38.00	326
解题通法(二)	2014－07	38.00	327
解题通法(三)	2014－05	38.00	328
概率与统计	2014－01	28.00	329
信息迁移与算法	即将出版		330
第19～23届"希望杯"全国数学邀请赛试题审题要津详细评注(初一版)	2014－03	28.00	333
第19～23届"希望杯"全国数学邀请赛试题审题要津详细评注(初二、初三版)	2014－03	38.00	334
第19～23届"希望杯"全国数学邀请赛试题审题要津详细评注(高一版)	2014－03	28.00	335
第19～23届"希望杯"全国数学邀请赛试题审题要津详细评注(高二版)	2014－03	38.00	336
第19～25届"希望杯"全国数学邀请赛试题审题要津详细评注(初一版)	2015－01	38.00	416
第19～25届"希望杯"全国数学邀请赛试题审题要津详细评注(初二、初三版)	2015－01	58.00	417
第19～25届"希望杯"全国数学邀请赛试题审题要津详细评注(高一版)	2015－01	48.00	418
第19～25届"希望杯"全国数学邀请赛试题审题要津详细评注(高二版)	2015－01	48.00	419
物理奥林匹克竞赛大题典——力学卷	2014－11	48.00	405
物理奥林匹克竞赛大题典——热学卷	2014－04	28.00	339
物理奥林匹克竞赛大题典——电磁学卷	即将出版		406
物理奥林匹克竞赛大题典——光学与近代物理卷	2014－06	28.00	345

哈尔滨工业大学出版社刘培杰数学工作室已出版(即将出版)图书目录

书　　名	出版时间	定　价	编号
历届中国东南地区数学奥林匹克试题集(2004～2012)	2014－06	18.00	346
历届中国西部地区数学奥林匹克试题集(2001～2012)	2014－07	18.00	347
历届中国女子数学奥林匹克试题集(2002～2012)	2014－08	18.00	348
几何变换(Ⅰ)	2014－07	28.00	353
几何变换(Ⅱ)	即将出版		354
几何变换(Ⅲ)	2015－01	38.00	355
几何变换(Ⅳ)	即将出版		356
美国高中数学竞赛五十讲.第1卷(英文)	2014－08	28.00	357
美国高中数学竞赛五十讲.第2卷(英文)	2014－08	28.00	358
美国高中数学竞赛五十讲.第3卷(英文)	2014－09	28.00	359
美国高中数学竞赛五十讲.第4卷(英文)	2014－09	28.00	360
美国高中数学竞赛五十讲.第5卷(英文)	2014－10	28.00	361
美国高中数学竞赛五十讲.第6卷(英文)	2014－11	28.00	362
美国高中数学竞赛五十讲.第7卷(英文)	2014－12	28.00	363
美国高中数学竞赛五十讲.第8卷(英文)	2015－01	28.00	364
美国高中数学竞赛五十讲.第9卷(英文)	2015－01	28.00	365
美国高中数学竞赛五十讲.第10卷(英文)	2015－02	38.00	366
IMO 50年.第1卷(1959－1963)	2014－11	28.00	377
IMO 50年.第2卷(1964－1968)	2014－11	28.00	378
IMO 50年.第3卷(1969－1973)	2014－09	28.00	379
IMO 50年.第4卷(1974－1978)	即将出版		380
IMO 50年.第5卷(1979－1983)	即将出版		381
IMO 50年.第6卷(1984－1988)	即将出版		382
IMO 50年.第7卷(1989－1993)	即将出版		383
IMO 50年.第8卷(1994－1998)	即将出版		384
IMO 50年.第9卷(1999－2003)	即将出版		385
IMO 50年.第10卷(2004－2008)	即将出版		386
历届美国大学生数学竞赛试题集.第一卷(1938—1949)	2015－01	28.00	397
历届美国大学生数学竞赛试题集.第二卷(1950—1959)	2015－01	28.00	398
历届美国大学生数学竞赛试题集.第三卷(1960—1969)	2015－01	28.00	399
历届美国大学生数学竞赛试题集.第四卷(1970—1979)	2015－01	18.00	400
历届美国大学生数学竞赛试题集.第五卷(1980—1989)	2015－01	28.00	401
历届美国大学生数学竞赛试题集.第六卷(1990—1999)	2015－01	28.00	402
历届美国大学生数学竞赛试题集.第七卷(2000—2009)	即将出版		403
历届美国大学生数学竞赛试题集.第八卷(2010—2012)	2015－01	18.00	404

哈尔滨工业大学出版社刘培杰数学工作室已出版(即将出版)图书目录

书　　名	出版时间	定　价	编号
新课标高考数学创新题解题诀窍:总论	2014－09	28.00	372
新课标高考数学创新题解题诀窍:必修1～5分册	2014－08	38.00	373
新课标高考数学创新题解题诀窍:选修2－1,2－2,1－1,1－2分册	2014－09	38.00	374
新课标高考数学创新题解题诀窍:选修2－3,4－4,4－5分册	2014－09	18.00	375
全国重点大学自主招生英文数学试题全攻略:词汇卷	即将出版		410
全国重点大学自主招生英文数学试题全攻略:概念卷	2015－01	28.00	411
全国重点大学自主招生英文数学试题全攻略:文章选读卷(上)	即将出版		412
全国重点大学自主招生英文数学试题全攻略:文章选读卷(下)	即将出版		413
全国重点大学自主招生英文数学试题全攻略:试题卷	即将出版		414
全国重点大学自主招生英文数学试题全攻略:名著欣赏卷	即将出版		415
数学王者　科学巨人——高斯	2015－01	28.00	428
数学公主——科瓦列夫斯卡娅	即将出版		
数学怪侠——爱尔特希	即将出版		
电脑先驱——图灵	即将出版		
闪烁奇星——伽罗瓦	即将出版		

联系地址:哈尔滨市南岗区复华四道街10号　哈尔滨工业大学出版社刘培杰数学工作室

网　　址:http://lpj.hit.edu.cn/

邮　　编:150006

联系电话:0451－86281378　　13904613167

E-mail:lpj1378@163.com